U0176252

不确定的档案：
数字批判关键词

[丹] 南娜·邦德·蒂尔斯特鲁普
（Nanna Bonde Thylstrup）等 编

张钟萄　魏阶平 译

边界计划·数字奠基
中国美术学院出版社

边界计划·中国美术学院雕塑与公共艺术学院

学术顾问：高世名

主　　编：班陵生

副 主 编：郑　靖、余晨星

执行主编：张钟萄

编　　委：钱云可、黄　燕、张　润

　　　　　[英]克莱尔·毕肖普（Claire Bishop）

　　　　　[荷]马尔哈·毕吉特（Marga Bijvoet）

　　　　　[瑞士]菲利克斯·斯塔尔德（Felix Stalder）

　　　　　[丹]南娜·邦德·蒂尔斯特鲁普（Nanna Bonde Thylstrup）

　　　　　[葡]丹妮拉·阿戈斯蒂纽（Daniela Agostinho）

致"边界"

高世名

"边界计划"试图展示的,是 20 世纪以来全球艺术界的多元实践与可能方向。自现代主义以来的艺术史证明了,"边界"存在的意义就是为了被超越,所以这个计划的名称本身就暗示了艺术这一实践是无界的。

这个出版计划中的大多数著作都出自我长期关注的作者。2010 年策划第八届上海双年展的时候,我曾经与他们分享过我对全球艺术界的一种观察:当代艺术已经陷入了一场全球性危机,这不是现代主义者那种创造性个体深处的精神危机,而是一种瘟疫般的世界性疲软,或者说,这是一种"系统病"——艺术体制的生产力远远大于个体的创造力,艺术家无法摆脱被艺术系统雇佣的感觉和"社会订件"的命运,在各类双年展、博览会上,到处是仿像和角色扮演。

当时,我希望追问的是:在当代艺术的政治经济学网络中,是什么在抑制着心灵的力量?是什么在阻挠解放的步伐?是艺术系统那只无所不在的"看不见的手",还是国际艺术市场的"行情"?是千篇一律的国际大展,还是渗透到我们身体深处的大众文化?在现行的由国际话语、国际大展、博览会及跨国资本所构成的无限—无缝链接的艺术系统中,如何摆脱艺术创造之僵局?如何在这个被全球资本主义俘获的"艺术世界"中发现其内在边界?在美术馆和展览之外、在"体制批判"和"社会参与"之外,当代艺术实践是否能够开拓出一种新型的生产关系?

当然，这里还涉及更根本的问题—艺术家的创作究竟是导向个体之建构，还是引出公共领域之生产？艺术家的"工作"何以成为"作品"？又何以被视为一种"实践"，甚至"生产"？

在艺术史上，我们每每看到个体经由创作从海德格尔所说的常人（Das Man）中脱身而出，成就自我；同样，我们也确切地知道，艺术创造从来都是社会交往系统中的机制化实践；我们甚至被告知—以公共参与为己任的当代艺术竟然不断地被指责为缺乏公共性，正如所谓"机制批判"也早已成为一种机制化创作的套路。

如果果真如这套丛书的作者们所宣称的，艺术是一种"日常生活的实践"，是一种社会性的生产，是交互主体性偶遇、共享和普遍的连接，是以团体对抗大众，以邻里关系对抗宣传，以千变万化的"日常"对抗被媒体 — 体制定制和买办的已蜕化为意识形态的"大众文化"；那么，这里是否就蕴含着一种超越个体性与公共性、作者性与权威性的"艺术"实践之可能？

福柯曾经建议一个"匿名的年份"，让批评家面对无名氏的作品进行评判。这并不是为了寻求所谓批评的公正性。在他的著名论文《什么是作者？》中，福柯清晰地表达了他的意思："我们可以很容易地想象出一种文化，其中话语的流传根本不需要作者。不论话语具有什么地位、形式或价值，也不管我们如何处理它们，话语总会在大量无作者的情况下展开。""必须取消主体（及其替代）的创造作用，把它作为一种复杂多变的话语作用来分析。"自福柯看来，作者绝不是某种浪漫主义的创造性个体，也不只是可占有的著作权的承担者和享有者，作者作为书中不需要再现的自我，是符号、话语和意义运作的历史 — 社会机制中的一个功能性结构，是意义生产的承担者和媒介。与此同时，作者还往往被视为文本运作的暂行边界，一旦作者的概念被"谋杀"，作品的边界也就烟消云散。在萨德侯爵被承认为作者之前，他的文稿是什么呢？作品的边界又划定在哪里？

在卡尔维诺的《看不见的城市》中，马可波罗与忽必烈汗之间横亘着语言的山峦，未曾学会鞑靼语的旅行家只有通过身体、表情、声音，以及旅行包中的各种事物来表意，可汗看着这一切，就好像面对一个又一个沉默的徽章。对可汗来说，他越来越庞大的帝国已成为不可认知之物，只有通过旅行家的故事才能够了解。交流在沉默与猜测中进行，当可汗问道："一旦我认清了所有这些徽章，是否就真正掌握了我的帝国？"马可波罗说："不，陛下，那时，您就会消失在符码的国度之中。"两人的交流就如同在下棋，所有的一切都围绕棋盘——这个现实的仿像进行。在此，作为中介的仿像不仅是象征权力的交往空间，而且还是现实的真正承担者，对于现实的认知与作用都必须通过仿像这个意义摆渡者才能够进行。那么，对艺术家而言，美术馆——艺术系统是否如棋盘一样，可以成为现实与艺术、公共与个体、社会调查与艺术创造之间的一个中介、一个不及物的象征性交往空间？

此处涉及艺术家创作中的前台——后台的问题。艺术创作的后台一般是指艺术家面对社会现实建构起的自我参考体系，这个体系是艺术家的读本也是弹药库。而如果我们换一个角度看，社会本来就是一件作品，那么艺术家的工作无非就是针对社会这件"元作品"或者"潜在作品"加以注解和评论。于是，作者就是或首先是一个读者。我这么说并不是妄图颠覆艺术与现实的关系，事实上，在这里，我们与古老的模仿论如此接近，所异者，无非是阅读、观看的对象由自然变成了我们参与、纠缠于其中的社会，甚或因我们而建构、显象的现实。艺术家从来就是身处现实之内，艺术从来就是现实的一种。"参与"假设了我们"置身事外"，假设了艺术与社会之间存在一个边界，而实际上，我们的生命从来都被缠绕在社会现实之中，艺术家的工作与日常生活的实践从来无法分清。当然，我们不是在重提"为艺术而艺术""为人生而艺术"这些老话题，问题在于——人不能认识真实并同时成为真实。

"我愿我的作品成为像手术刀、燃烧瓶或地下通道一类的东西，我愿它们被用过之后像爆竹一样化为灰烬。"几乎所有作者都希望自己的作品能够历经千古，直至永恒，福柯显然表达了一种不同的意见——作品被视为一种起作用的装备，它们被用过之后就像爆竹一样化为灰烬。福柯的这一观点来自一种认识，现实永远比作品更加强悍、有力且深刻，而我们日常所谈论所针对的，只是连绵不断、广阔无边的现实中的一个个破碎分离的镜像，我们所要做的，是在融入、参与中重新组构现实。这种融入和参与不是 20 世纪 60 年代以来傲慢的拯救式的"行动主义"，不是法国理论家们所谓的"日常生活实践"，也不是我们所熟知却早已失却的"批判"或者"革命"，而是加入其中，纠缠进去，正如修真者的入世修行，入的是这个红尘俗世，进的是这个有情世界。

正如尼采所说："一个哲学家对自己最初和最终的要求是什么？是在自己身上克服他的时代，做到不受时代的限制。他凭借什么来征服这个最大的难题呢？凭借他身上让他成为时代产儿的东西。"

2021 年 7 月

序

班陵生

在中国近现代艺术实践和理论的研究与探索过程中，域外文本的翻译与引介，始终贯通其百年多来的历史进程。从 20 世纪前半叶对基础性西方艺术知识的引进，再到二十世纪五六十年代对苏联及东欧艺术思想与技术理论的吸收；从改革开放以来对西方现当代艺术讯息与思想的集中输入，到全球化时代对艺术学各学科著述的相关译介，无不在正面意义上为艺术各学科及其专业发展打开了视野，推动了中国艺术教育理论和学科的建设，铸就了中国当下艺术教育的价值链条。

然而，也正是此价值链的构建，让我们认识到，与其他学科相比，中国的艺术学在西学引介的经纬之构上还不够，仍有所欠缺。特别是在今日之"后全球化"及新科技时代，如何在接续与反思艺术历史的同时，从繁杂的思想碎片中构建起一种艺术的新视域或一种可被感知的价值期待，在一个更高的层面上睁眼看世界，引介之路仍需延伸和拓展。

由中国美术学院雕塑与公共艺术学院发起的"边界计划"，正试图以此为导向，选择在全球当代艺术与批评研究颇受关注的作者著述，力图让我们在历史与批评的语境中感知雕塑与公共艺术发展的起承转合及其现象与意义的流变，呈现与艺术作为一个"形象"的文化和社会意义相关联的普遍性问题。然而，这里应强调的是，"边界计划"并不试图搭建一个史论话语，从而叠加一套纯然的研究理论，而是尝试提倡一种"阅读"的过程，让众多艺术的"形象"都被置入其中。在这个过程中，读者能感知到那些被提示的阅读语汇，以及它在一个更大的语境中的位置，从而使我们在睁眼看世界的同时，为中国艺术教育的研究、教学及社会参与等领域的弛展、拓新提供思想资源与动力，以有形的问题边界，演绎艺术实践的无界。

　　作为中国近百年现代美育的重要践行者，中国美术学院雕塑与公共艺术学院深信，在一个多维多层转型的时代接口，随着中国雕塑人放眼世界而积为精进，中国当代雕塑与公共艺术自主性的创造性发展值得期待。虽挂一漏万，然襟抱无垠。

2021 年 7 月 29 日

边界计划·数字奠基

张钟萄

"数字奠基"是"边界计划"的第二个方向。"边界计划"希望以"雕塑与公共艺术"为视角，绘制艺术自二十世纪以来的版图和流动状态，再由"数字奠基"接力，触发有关当下及未来的感受力和艺术力。

在人类文明的早期阶段，"数字"曾被赋予生成世界的形而上学含义。自工业革命以来，数字逐渐实体化，甚至构成新近的基础设施。例如奠定微处理器、存储芯片和通信电路的 MOS 晶体管，以及由此衍生而来的计算机和互联网。它们的大规模生产和应用在改变了传统的生产方式和商业模式的同时，还开启了咨询、通信和金融等新行业，并催生了"永远在线"的行为方式和充满"数字鸿沟"的艺术表达。

不过，当我们以"数字"来把握当下时，技术更新却以加速之势推动后续变革。在工业层面已经实现的自动化和智能化；进一步发展的认知计算、机器学习和海量的数据存储；人工智能、基因编辑和机器人技术的结合，加上"有生数字体"以所谓的协同演化加速模糊原有的生命边界；而知识生产的普遍化、开放存取和创意共享的集体学习，在开启有关创新的新思路的同时，冲击着现代以来跟占有性、所有权和私人领域相关的社会关系和主体形式。无论我们称正在到来的是"想象时代""智业革命"，抑或"新星世"，变革都是全方位的，"数字"

亦不可或缺。

因此，"数字奠基"的考虑非常明显。

第一，"数字"的科学基础与技术发明（和应用）奠定了，并将继续改变我们与后代的生活方式，对此有所感，是创作的一个必要条件。

第二，"奠基"即关心奠定这个时代的历史性结构转型；关心有助于认识当前及未来状况的基本话语和分析框架；也关心我们如何从习以为常的现在迈向未来的谨慎见解；对于它们有所"知"，是更有感的必要条件。

第三，以中国美术学院等艺术类院校的学子与年轻艺术家为主要的读者群，"数字奠基"希望通过基本的智识提示，触发他们捕获时代之变的敏感力和心智的契机，最终为**坚持想象、重新想象**和**再度创造**的艺术"扫清"障碍。

当然，这里还存在一个"必要性"问题。无论技术或工业如何变革，艺术（家）都努力地把握时代之变，甚至为此奔赴危机。但关于这些变革的"认识"却在从我们已有的认知框架中逃逸，因为这个被数字奠定的时代，越来越以隐而不现的法则运行，我们需要想象和面对的问题，远大于我们已经遇到的。借用今天（8月26日）刚以103岁高龄去世的科学家和未来学家洛伍洛克（James Lovelock）的话说："现在，我们正处于人类世让位于新星世的关键时刻，知性宇宙的命运取决于人类如何回应。"这揭示了今日艺术的一项关键任务—尽可能地避免"有感受的无知"，也从"认识论"角度，构成了"边界计划·数字奠基"之于艺术院校的必要性。

然而，倘若把"数字奠基"视为跟踪热点或是认识前沿，那就掩盖了真正重要的事：人类正在面临根基性的变革。但对于艺术来说，此处的首要重点既非"根基"，也不是"变革"，而是"正在"。诚如大文豪歌德（Wolfgang Goethe）告诫我们的，由思考过去或害怕未来而引发的惶恐、迷思、希望或绝望，会占据我们对"正在/当下"的关注，会导致我们逃避到过去或未来的理想之地。但"所有的情况，所有的瞬间都有无限的价值，因为它就是全部永恒的代表"。

这种歌德式的态度，在造型艺术中是通过"时刻/瞬间"感知当下，是把握生活之"在场"的理想目光，是意味着："我们只能在瞬间实现的当下和存在实现存在于宇宙的幸福和义务，这是一种对超越个体局限的现实所持的深刻的参与感和认同感。"这在"存在论"意义上，构成了"边界计划·数字奠基"之于艺术院校的必要性：为有感有知的艺术扫清障碍，终究是为参与现实，为构筑并创造未来而奠定基础。

2022 年 8 月

译者导读：
数字批判与当代艺术中的概念创新

张钟萄

    本书中的"数字批判"涉及的一个核心领域是批判性数据研究（Critical Data Studies），这是过去十年在全球范围内新兴的跨学科研究领域。它面对的不是严格意义上的新问题，但由于近十余年的技术现实已经深度渗透全世界大多数人的日常生活、行为方式，乃至意识与思考模式，我们多数人对此只是略有耳闻，因而可以说，数字批判和批判性数据研究所涉及的技术现实、日常现实和理论话语有了新的面貌。也可以说，是新的技术现实在具体的功能效果上以我们闻所未闻的方式围绕、支撑和治理我们，甚至导致我们寄生于其上而无法脱身。为了表明这并非危言耸听，本文首先通过《不确定的档案》来概述批判性数据研究所关注的具体问题及其跨学科的批判维度，并由此表明，数字批判在寻求相应的批判路径和修复方法时既呈现，也更新了二十世纪以来的批判话语。

    不过，本文还将表明，这些丰富的话语更新暗含了统摄着数字批判所关注的问题的更大语境：隐藏在数字时代和数字化进程背后的社会危机。这些危机，在持有悲观论调的思考者看来意味着顽疾难返的资本主义的终结，在艺术和美学层面意味着感性的灾难和象征的贫困。而前述批判性话语和批判本身可能只是当宏观层面的系统整合失效后浮现出来的微观的社会整合，因而这些批判可以被视为是一种微观批判。与微观层面的整合一道出现的话语更新和概念创新，至今仍然影响着今日的艺术创作，因此本文试图在最后表明，数字批判既能为感知和认识数字时代提供有用的话语框架，也有可能重蹈仅仅是在微观层面为艺术创作注入概念创新的覆辙，而这绝非我们引入本书的目的。

一

批判性数据研究是一个新兴的也是快速发展的跨学科领域，涉及数据科学、大数据和数字基础设施的伦理、法律、社会、文化、认识论和政治维度，还包括更宽泛的学科领域。简单地说，批判性数据研究试图将批判理论和广义的批判性思维，用于大数据的研究和应用当中，这充分反映在了《不确定的档案》中。书中的许多作者来自科学、技术与社会研究（STS），计算机科学，政治地理学，统计学，应用数据科学和数字人文等领域，也有其他进行跨学科思考和使用数据的研究人员。这种跨学科的人员构成，体现了书中的两个核心观点：第一，大数据的不确定性亟需分析；第二，此种分析需要跨学科的方法。

大数据充满不确定性，这反驳了关于大数据可以确定且准确地预测并引导行为的观点；另一方面，也挑战了"大数据只是一种科学和中立现象"的看法，而是主张它总是受到更广泛的社会和历史背景的影响。我们可以从四个步骤来具体地解释这两点：（1）大数据的确定性论调是站不出脚的；（2）大数据并非中立而是带有偏见的，涉及不均等的权力关系，进而（3）批判是必要的；（4）如何批判。

大数据之大带来了确定性，或者说数据库越大越具有确定性，这种看法奠定在如下几点上。**首先**，"大"意味着规模和多样性。大数据集合中的大规模数据和多样性可以提供更全面和全局的信息，这使得分析的结果更准确和确定。因此，通过对大数据的全面观察和分析可以发现规律和趋势，进而得出确定性的结论。**其次**，在技术层面，当有了愈发强大的统计分析和机器学习后，人们可以通过应用统计分析和机器学习算法，从大数据中提取隐含的模式和关联性，甚至相信，这些模式和关联性的存在可以帮助预测未来的趋势和结果，从而获得确定性的判断和预测。对此，克里斯·安德森（Chris Anderson）甚至在 2008 年提出了著名的"理论的终结"，认为大数据使得科学方法的重要性大大降低。[1] **再次**，大数据的确定性还表现在对数据质量的管理上。由于人们可以采用严格的数据质量管理措施，这能最大程度地减少数据质量问题的影响，并确保数据的准确性和可靠性，因而在数据质量得到保证的前提下，大数据也具备确定性的特征。最后，还涉及数据模型和建模技术。通过构建合理的数据模型和应用高级的建模技术，通过建立合理的模型和使用适当的算法，可以对大数据进行精确的建模和仿真，并消除大数据中的不确定因素，从而获得确定的结果。

不过，这些确定性维度也暗含了大数据的诸多不确定性维度。例如在规模和多样性问题上，数据采样是有偏差的，因为在大数据的分析中，人们为了提高效率，通常会对数据进行采样。如果采样不具有代表性或存在偏差，那么从采样数据得出的结论可能无法准确地推广到整个数据集。这在基础层面决定了大数据是非中立的，再加上"选择"是有选择的，因而必然涉及政治、文化和历史背景。我们甚至可以追问：采样不具有代表性或存在偏差，这本身是否就是为了保障某种确定性而消除大数据中的不确定性因素的表现？如果大数据的

1　Anderson, C. (2008). The end of theory: The data deluge makes the scientific method obsolete. *Wired Magazine*, 23.07.07. http://www.uvm.edu/~cmplxsys/wordpress/wp-content/uploads/reading-group/pdfs/2008/anderson2008.pdf.

确定性是通过排除不确定性来实现的，那么什么算是不确定的因素？是谁使用什么标准来确定这些因素的？这些标准又由什么决定？

就因果关联所代表的认识论维度而言，大数据中存在大量的关联关系，但并不意味着这些关系是因果关系，甚至于"关联性"的认识论与大众媒体、流量平台与信息生产的结合，早已导致日常生活中的一系列不确定状态。[2] 再加上前述非中立性问题，可以说，大数据的认识论维度不仅没有提供对客观性的理解——这有悖于数据实证主义者的看法，还可能影响我们对知识／认识和世界的理解。[3]

在过去十年，大量数据集合的基础设施及其应用已经遍及日常生活的方方面面，它在认识论维度的影响，也早已导致更广泛的社会后果。诚如书中《非思》一章表明的，信息技术的发展突显了"认知非意识"的重要性，即数据和机器算法处理信息的速度远快于意识，并能识别对于意识而言太过复杂的图式，这使得数据在人的思考、决策和行为中发挥着关键性的作用，影响到人与非人系统的关系，以及集体性的社会实践。其波及的范围，包括但不限于社会治理、基础设施、法律法规、政治经济学、知识形式、文化模式，实践和组织机构，以及主体性与共同体等方面的变化。当数据和数字在全世界范围内成为社会的核心要素，对大数据的关注必然转换为对数据的重要性及它与社会（变革）的

2　由大数据的认识论转换所引发的不确定状态，已经导致日常生活中的危机，笔者在考察新冠疫情中的信息机制时曾对大数据的认识论影响有过论述，可参阅拙文："'新型冠状病毒肺炎'疫情中的信息生产与媒体机制——以大数据时代的认识论转换为视角"，载于《社会科学研究》2020 年第 4 期，第 71 至 79 页。

3　批判性数据研究就反对了许多（特别是商业）数据分析的天真实证主义方法论。可参阅 Couldry, N., Fotopoulou, A., & Dickens, L.Real social analytics: A contribution towards a phenomenology of a digital world. *British Journal of Sociology*, 2016, 67(1), pp. 118–137, 以及 Iliadis, A., & Russo, F. Critical data studies: An introduction. *Big Data & Society*,2016, 3(2).https://doi.org/10.1177/2053951716674238。

关系的关注。

在反思这些问题时，除了考察与决定认识（论）的人工标准和技术规范密切相关的状况之外，大数据还因具体的技术现实和对日常生活的渗透而与数据生成公司的利益问题[4]、筛选数据的治理问题[5]等直接相关。因此，批判性数据研究认为，大数据并非中立的，而是带有偏见；它们不是待人提取的"新型"石油，而是涉及通过权力结构而进行的数据处理，涉及不均等的权力关系，对大数据进行批判性反思实属必要。

《不确定的档案》将上述问题置于不同的批判维度加以考察，但也呈现出一个明显的视角，即决定大数据的收集、采样、呈现和使用方式等的权力结构，涉及人及与之相关的文化传统、价值规范和思维标准。对此，书中的作者很自然地回到了在二十世纪已有过大量讨论的议题上。诚如本书的编者指出的，尽管他们以档案研究的角度看待大数据，但它实则反映了在现实社会中的结构性问题，大数据延续乃至加剧了在历史和档案研究中存在的老问题，所以女性主义、种族主义、（后）殖民主义、权力分析和媒介研究等维度很自然地就成为对数字时代进行批判性考察的关键视角。但另一方面，本书也表明，技术本身正在塑造一些新的规范，如我们能在有关故障、界面、组织、异常值和伦理等内容的章节中看到的，技术的变化迫使人不得不做出适应性的调整，甚至开启了新的集体行动的可能性。可以说，《不确定的档案》在呈现数字批判的方法路径的同时，也继承、扩展了新的视角，较为全面地呈现了批判性数据研究中的新趋势。

4　Couldry, N., & Turow, J. (2014). Advertising, big data and the clearance of the public realm: Marketers' new approaches to the content subsidy. *International Journal of Communication*, 8, pp.1710–1726.

5　Elmer, G., Langlois, G., & Redden, J. Introduction: Compromised data—From social media to big data. In G. Elmer, G. Langlois, & J. Redden (Eds.), *Compromised data: From social media to big data*, Bloomsbury Academic,2015, pp. 11–13.

二

这些新趋势包括但不限于**算法问责**，即人们日益关注算法和自动决策系统如何延续偏见，并强化了制度性不平等，这要求开发追究这些系统的责任的方法，确保其透明公正；**数据行动主义**，批判性数据研究已经成为社会和政治行动的工具，而数据活动家利用数据揭示不公正和不平等，倡导变革；**数据的使用伦理**，其核心是制定收集、分析和使用数据的伦理框架，并确定与不同类型的数据实践相关联可能存在的潜在风险和危害；**对待可视化技术采取批判性方法**，这一重点在于发展更为批判和透明的数据可视化方法；**数据公正**，旨在制定促进数据公正的政策和实践，并确定减轻对边缘群体产生负面影响的方式。在呈现这些新趋势时，本书借助了人文社会科学中的诸多经典思想——如（后）殖民批判、媒介研究、批判性种族主义研究、黑人女性主义、性别研究等——来对大数据系统进行批判。这足以表明，批判性数据研究的间接思想来源是批判理论和后结构主义/后现代思想，而直接来源是与经典知识社会学相对的建构主义知识社会学，以及与之相关的科学和技术研究。[6]

具体而言，它们涉及 20 世纪发端于法兰克福学派的批判理论，一方面强调知识/认识的规范性、工具理性和意识形态的一面，并从政治经济学角度批判数字时代的资本主义；另一方面，20 世纪 60 年代以后发端于欧美国家并蔓延至全球的后结构主义或后现代主义，以及具体的女性主义、媒介研究、后殖民主义等也大量出现；此外，20 世纪 70 年代以来的"行动者网络理论"、信息社会和网络社会研究；20 世纪 90 年代以后的后人类主义、技术哲学和网络研

6　Iwasiński, L, (2020)Theoretical Bases of Critical Data Studies, Zagadnienia Informacji Naukowej. *Studia Informacyjne*. 58(115A).pp. 96–109.

究等也体现在其中。《不确定的档案》借助了这些思想资源，并以规范性框架与权力的关系为切入点来质疑和批判，包括在智识系统中对性别、理性—客观性和种族等概念，以及基于其上的对人和主体的规定。本文仅选取书中少许在中国语境下略显"激进"的视角来呈现这一面貌。

首先，性别和性取向问题是书中的一个关键维度。作者将它们置于跟性别认同、女性主义、跨性别者和（后）殖民主义相交织的维度加以考察。他们认为，传统的二元性别和性取向范畴并非自然而公正的，而是受到强势的权力关系建构而成。这些权力关系涉及资本主义、父权制和霸权国家的共谋，它们从现实世界延伸到了大数据和数字基础设施中，并渗透今天的日常生活。其次，对有色人种——最典型的是非洲裔和拉美裔——的弱势地位和结构性压迫的关注，是书中的另一核心关切。读者能在有关机器人、数据库、肉身、交叉性和异常值等的讨论中看到从黑人女性主义、种族范畴、技术研究出发的批判。此外，殖民主义在数字技术中的延续和扩张也是书中的一个关键维度。作者们的关注建立在一个重要的前提上，即现代的科学和技术是在殖民主义和帝国主义的背景下出现的。如今，这些科技与大型的互联网公司和权力机构相结合，在全球范围内形成了新的治理技术。而一旦在大数据和数字基础设施的维度扩展这些论点，我们可以追问的是：如果不只是在历史层面，而是从当代和演变的角度来解释数据和技术，那么殖民主义和资本主义之间的关系会怎样？在何种层面，重提去殖民化是必要且紧迫的？

实际上，上述略显"激进"的维度提出了深层的也是关键性的问题：去殖民化和社会的结构性压迫轴表明，在本书指涉的社会中，批判和反思大数据是一项双重任务——既要对特定的技术实践进行斗争（如《戒毒》《交叉性》《混淆》《修复性》等篇章表达的），也要对知识、理性及人本主义（Humanism）的规范性框架进行斗争（即帮助构建这些具体实践和用途的深层叙事）。众所周知，后者奠定在更庞大的背景下。

自历史上的殖民主义以来，与所谓的"人本主义"和"现代性"话语框架紧密相关的是巨大的全球不平等和经济产生的不对称性。历史上的殖民主义，通过"文明"世界的意识形态、殖民者对被殖民者的"优越性"，利用对"自然"资源的需要来使其暴力合理化，这更具体地体现在了殖民主义的技术扩散上。诚如埃哈特（Kathleen Ehrhardt）的"快速替代"理论指出的，当殖民主义把技术带到非洲和美洲与土著人接触时，他们遇到了优越的科学技术，迅速采用它们，抛弃自己过去使用过的科学文化，并走向更加"文明"的未来[7]。同样，数据殖民主义通过量化和数字化侵占人类的生命，通过将其称为"连接"、"个人化"和"民主化"来使自己不断积累的数据合理化。尼克·库尔德里（Nick Couldry）和乌利塞斯·梅希亚斯（Ulises A. Mejias）则告诫我们，大数据状况下的资本主义不过是资本主义的一种延伸形式，这跟过去两个多世纪发生的事情别无二致：组织生活以获取最大价值，由此产生的权力和财富集在少数人的手中[8]。

另一方面，在对殖民主义的批判传统中，殖民地人民的知识和规范性框架是被异化的结果。用著名的反殖民主义思想家法农（Frantz Fanon）的说法，这是"知识异化"，是中产阶级社会的产物。而法农所谓的中产阶级社会，"是任何一个在预先决定的形式中变得僵化的社会，这些社会形式禁止一切前进、一切发展、一切进步、一切发现"[9]。这种批判在后世的黑人思想家那里不断回

7　Ehrhardt Kathleen: *European Metals in Native Hands: Rethinking Technological Change 1640—1683.* Tuscaloosa, AL: University of Alabama Press, 2005.

8　Nick Couldry and Ulises A. Mejias: *The Costs of Connection: How Data is Colonizing Human Life and Appropriating It for Capitalism*, Stanford University Press, 2019.

9　弗朗兹·法农：《黑皮肤，白面具》，胡燕、姚峰译，上海：东方出版中心，2022 年，第 240 页。

响。黑人思想家吉尔罗伊（Paul Gilroy）把调子拉得更高，从黑人和本体论角度指控整个现代性的话语框架："从我们称为高峰现代的时代倒退一步，有关现代性的哲学、意识形态、文化内涵和后果的讨论一般不包括黑人和其他非欧洲人受到的社会和政治压迫。相反，一种天真的现代性概念产生于后启蒙运动时期的巴黎、柏林和伦敦生活的显然愉悦的社会关系中。"[10] 激进的黑人思想家在反人本主义之"人"的概念时，还提出了他们有关"人"的界定：一种"人"的类型[11]，不仅包括那些被排除在外的对象，并且积极地从这些对象开始建构，即"以否定为基础"重新构建，以黑色为基础建构欧洲中心的身份和范畴。

无独有偶，这类"排斥"和"遮蔽"也表现在本书编者借以讨论作为档案的大数据的档案学和历史研究中。借用《数据库》一章的说法，"是档案的具体物质和历史背景，以及这些背景使得记录成为可能或不可能的"。但记录什么、怎么记录、由谁来记录，又将问题复杂化。在大数据时代，由于知识、意识、伦理和行为模式都在改变，一如书中涉及后人类主义的篇章指出的，人与非人的共生和协作关系，突破了由欧洲人在前述殖民框架下确定的有关"人"和"主体"的概念、认知和"常识"。《数字人文》的作者甚至指出，"究竟是谁被纳入了人的范畴还没有被弄清楚。在限制谁被'计入'人的范围上，人文学科知识历史悠久"。他们指出了在我们的智识系统中的一个关键：即过去多年，人文学科的叙事和规范性框架本身就参与了上述"遮蔽"和"排斥"。因此，批判性数据研究中的新趋势所涉及的问责、公正和数据提取，与殖民主义、现代资

10　保罗·吉尔罗伊：《黑色大西洋：现代性与双重意识》，沈若然译，上海：上海书店出版社，2022 年，第 64 页。

11　McKittrick Katherine (ed.), *Sylvia Wynter: On Being Human as Praxis*. Durham, NC: Duke University Press, 2015.

本主义，以及霸权在全球范围内进行的治理和造成的分裂、剥削和数字圈地等具有历史延续性。也可以说，数据化和数字化进程延续了历史上的不平等形式，更延续了历史上有关何为"人"的基本见解。

这些围绕种族、殖民、性别和技术等展开的对"人"的旧有规范性框架和知识的重构遍布全书，这种重构带有的反叛和拒绝性质，是激烈且普遍的。但导致其激烈的原因，除了上述思想和批判谱系外，还跟书中许多作者列举的近年来在资本主义社会愈演愈烈的种族对抗有关。[12] 批判传统与社会现实的结合，使得本书和批判性数据研究表现出"激进"的核心关切：**我们今天的认识／知识和实践，是被大数据及其背后的社会结构和机制所异化的产物。**在这样一个社会中，"我们"被大数据构造而成的新的社会形式治理——社交关系、信息的获取渠道和能动性等均受制于大型数据库、算法、界面设计和互联网公司等；资本主义的数字形态与殖民主义、种族主义，以及建基于其上的霸权始终存在共生的关系。它们不断地加强对数字资源的提取，通过算法而让知性失效，在更大的规模层面强化生产数据资料的生命政治（福柯），形成认知上的暴力，最终，是继19世纪工人状况的无产阶级化，20世纪感知和情感的无产阶级化后，造成当前的心灵的无产阶级化（斯蒂格勒）。

总的来说，无论我们将这些批判之源归因于大数据档案、数字化进程，抑或哲学意义上的计算逻辑，这种文化主义批判都不单源自技术和数字基础设施在本体论、伦理道德或政治现实上的错误或不正当性（及其后果）在今日世界的延伸。或者说，尽管由欧美核心国家发起的现代化的第一桶金是由殖民和战争带来的这一历史事实毋庸置疑，这也确实激发着前述批判谱系不断地以文化

12　当笔者写下这些文字时，法国正在爆发新一轮的大规模反种族歧视骚乱，起因是2023年6月27日，一名来自北非的17岁青年被警察射杀。

批判的方式重提种族主义、殖民主义和传统规范性框架等对今日世界造成的伤害。但更重要的似乎在于，前述大数据、数字化或计算逻辑"具身化地"介入了一场危机。这是一场因资本主义矛盾而引发的危机，它的形成和愈演愈烈之势有其历史和结构性根源，但数字化进程是其现阶段的一个具体维度，数字批判是与之相关的技术文化表达。从这个角度看，我们更能理解前述"激进"绝非空穴来风。当然，它们也不可能普遍有效。

三

如前所述，数字批判源自二十世纪以来的思想传统，是针对社会变迁、历史现实和技术变革的一种文化主义批判。因而数字批判包含了两个核心维度：其一是由数字技术、资本和权力机构构建而成并治理的社会生活、感性结构和日常经验；其二是源自批判性话语谱系的思想传统，是一整套的知识话语，它们规定着过去多年的智识生活和艺术生产。

《不确定的档案》充分地显示了这两种力量，如其中的情感理论、关怀伦理和共谋等。也提供了新的表述，如更贴近当前技术现实的抄袭规范、演示、故障、话题标签存档、伦理、异常值、量化、自我追踪和加载中等。还整合了前沿的跨学科术语，如滥用、对话代理、无人机、交叉性、潜在因素、（误）判性别和修复性等。本文试图在最后一部分表明，这些批判提供的新概念与大数据、数字化进程中的一系列具体而现实的社会问题相关。而把这些批判性话语置于一场漫长的社会危机背景下，将有助于我们在当代中国的批判性语境、艺术研究、艺术的创作和教学层面，说明引入本书及相关话语可能触发的意义和问题。

（一）漫长的危机

本书中的不少学者都以多元的视角来批判由大数据所承诺的确定性，并通过几个关键的维度，显明了数字批判研究的跨学科方法。不过，这些批判和方法并非建基在空中楼阁上，而是源自切身的现实危机。或者说，这些学术方法和批判框架，是资本主义当代特征的累积弱点总爆发在思想和学术话语上的表现。根据德国当代社会学家施特雷克（Wolfgang Streeck）的分析，过去半个多世纪以来，资本主义发生了合计三次长期危机。其中包括 20 世纪 70 年代的全球通货膨胀，20 世纪 80 年代的公共债务的急剧增长，以及 20 世纪 90 年代的私人债务的增长，最终导致 2008 年的全球金融危机。此后，危机进入第四个阶段，即我们当下正身处其中的状况。

施特雷克认为，这几场危机是由经济增长停滞不前、债务上升和不平等的加剧等因素所致，而且仍在继续破坏经济和政治秩序。因而不仅大衰退是不可避免的，甚至还预示着资本主义的终结之势。这在当前更具体地表现为民主制度在欧美社会的失效，乃至进入"后民主"状况[13]；永无止境的商品化（本书中有大量的数字批判即是针对该问题）；政治经济层面的寡头制和腐败；最终，进入到一个社会失序的空位期，一个熵的时代——"在社会的微观层面，系统的解体及其导致的结构性不确定性（非决定性），已经转化成了一种'制度化不足'的生活方式，即人们总是生活在不确定性的阴影下，总是面临着因出人意料的不幸事件而受挫，被不可预测的外界干扰所阻碍的风险"[14]。可以说，是历史性的政治和经济因素导致了当前的不稳定状况。但同样的因素与技术的

13　关于后民主与数字技术的结合如何影响到社会和文化的变迁，菲利克斯·斯塔尔德在《数字状况》中也有详细的论述，该书收录于"边界计划·数字奠基"。

14　沃尔夫冈·施特雷克：《资本主义将如何终结》，贾拥民译，北京：中国人民大学出版社，2021 年，第 39 页。

结合，又导致对稳定和确定性的虚假承诺。就此而言，数字批判及其概念创新指向的（大数据的）确定性，实则暗含着个人必须预测和适应来自"市场"的自上而下的压力。这既表现为也意味着个人必须对自己负责，甚至以自组织（self-organization）展开联合行动。在更一般化的层面，这意味着社会生活变成了一种需要个人借助技术，来围绕自己建立私人的连接网络，而且每个人都要尽可能地利用好自己手头的资源。

我们甚至可以说，大数据的确定性承诺掩盖了某种失序，而这种失序和针对它的文化主义批判，正是资本主义社会危机的集中表现。也可以说，在社会失序或熵的时代，文化因素发挥了关键作用。施特雷克对此一针见血地指出："本来承担着令社会生活正常化功能的制度越失效，文化因素对社会秩序就越重要。"[15] 而在本书中，相关作者更是提出，对于大数据的批判要从开放存取的自由主义思想，转为以尊重、承认和纠正记录主体和后代社群为中心的关怀实践。这暗含着从启蒙运动以来对人权的强调，转向了对女性伦理的关注；将性别批判视为反非西方规范性框架的重要方法，并挑战客观性和中立性等概念。

尽管这些文化主义批判是激烈且尖锐的，但其效力却是有限的，因为这些批判更多是在认识论层面的反抗。例如在涉及（去）殖民问题时，一些思想家指出，去殖民问题的关键是与之相关的话语表述："（殖民性）并非通过枪炮和军队来书写，而是通过为使用枪炮和军队辩护的言辞来书写，并让你相信这样做对人类有益处、拯救人类并带来幸福。这就是现代性修辞学的任务。"[16] 这种看法的结果是将去殖民化的领域，从政治经济学转向了更抽象的去殖民化认

15　同注 14。

16　Walter D. Mignolo and Catherine E. Walsh, *On Decoloniality: Concepts, Analytics, Praxis*, Durham and London: Duke University Press, 2018, p.140.

识论问题。

　　同样，在过去多年，当代艺术中也出现了以合作、关怀、参与式、社会介入、对话美学、关系美学和新型公共艺术等表述为主，并在不同层面涉及社会、经济和政治议题的趋势。[17] 这种泛政治和社会学的趋势，按照中国当代艺术界在二十年前的有过的反思来看，"与种种社会运动相结合的这四十多年的历史，给我们带来的不止是政治的艺术，还有艺术的政治"[18]。或者说，这些带有批判性质的文化和艺术实践，很容易就变成了被批判对象（如文化生产工业）的一部分[19]，而变成所谓的"政治正确"乃至"艺术正确"，实则是成为了意识形态的一部分。我们可以在前述社会危机的背景下阐释背后的机理。

　　按照施特雷克的分析，这些文化主义批判表现的是一种微观层面的社会整合。或者说，这类社会整合是社会失序后或熵时代的无奈之举，因其背景是宏观层面的系统整合的失效或无能。用施特雷克的话，是"剥夺了微观层面上的个人的制度结构化能力和对他们的集体支持，把创造有序的社会生活、为社会提供适当限度的安全和稳定这些负担转移到了个人身上，让个人自己去创造出某种社会安排"[20]。就此而言，数字批判中的话语分析、思想谱系及具体的方法论，

17　关于雕塑、装置艺术和公共艺术如何在当代进入这些线索可参阅全美媛的《接连不断：特定场域艺术与地方身份》，该书收录于"边界计划·雕塑与公共艺术"。关于这些论述如何与"冷战"以来的全球背景相关可参阅拙文《公共艺术的新与旧：价值规定及其不满》，载于《公共艺术》2020年第6期，第14至23页。而从历史角度详细梳理相关情况的还包括克莱尔·毕肖普的《人造地狱：参与式艺术与观看者的政治》，该书将收录于"边界计划"。

18　高世名：《"后殖民之后"的观察和预感》，载于高世名主编：《后万隆》，上海：上海文艺出版社，2022年，第127页。

19　对此的一个详细论证可以参阅拙文《数字资本主义的文化逻辑：从艺术批判到数据生产中的"参与"》，载于《文艺理论研究》，2020年第3期，第24至29页。相关的讨论还可以参阅高世名主编：《后万隆》，上海：上海文艺出版社，2022年。

20　沃尔夫冈·施特雷克：《资本主义将如何终结》，贾拥民译，北京：中国人民大学出版社，2021年，第16页。

不仅与当代西方艺术的主流性艺术更新和概念创新具有同源性，而且源自同样的社会背景——同样具有意识形态的效果。在具体的表现上，数字批判丰富了有关社会平等、正义和修复创伤的新维度，但也在一定程度上以文化话语的方式，掩饰了更基本的解决途径——尽管这种忽略本身就可能是别无选择的选择：是集体机制和制度的失效所致。不管怎样，这些文化批判的具体视角、话语和概念不仅表现在了全球的主流当代艺术中，也不断地涌入中国，成为今日艺术所逃避不开，却又亟待深思的议题。

不过，这里有一个值得一提的现象。《不确定的档案》中的作者遍布全球，涉及各色族群，而在过去十年的批判性数据研究中，对殖民和白种人话语的反思也进入了非常激烈的阶段，在艺术界更无需赘言。但中国艺术界（乃至思想界）对此的态度似乎并不热烈。有意思的是，中国美术学院院长高世名曾在多年前推动过与之相关的研究和讨论。他参与策展的第三届广州三年展（2008年）的主题便是"与后殖民说再见"，但这些讨论似乎没有引起过多的历史共振。高世名曾在《"后殖民之后"的观察和预感》一文的注释中提到："中国艺术家对于后殖民话语大多都持无所谓的态度，这在非西方国家是非常独特的。究其原因，我个人认为与20世纪中国经历的'双重殖民'有关：我们不但经历了'西方'的殖民，而且还经历了'反西方'的殖民，不仅经历了技术的殖民，而且经历了乌托邦的殖民"[21]。读者在读过本书之后会发现一个类似的现象，即书中展现出的遍及全球的批判性思想，都在对以白人为核心的思想和话语谱系展开全方位的省思和激烈的批判。中国思想界似乎对此反应并不热烈，笔者无意于分析或解答个中缘由。但值得我们追问的是，多方位的文化

21　高世名：《"后殖民之后"的观察和预感》，载于高世名主编：《后万隆》，上海：上海文艺出版社，2022年，第115页。

批判，通过数字批判中的关键概念极有可能为当代中国的艺术提供新的概念创新（的源泉），我们是否需要警惕重蹈覆辙？或者说，在上述危机的矛盾背景下，艺术还能做什么吗？

（二）危机中的概念创新与艺术

上述问题过于庞大，非本文所能讨论。但我们仍然可以借助与此相关的哲学思想来稍作辨析。前文表明，数字批判的多元路径和跨学科方法反映了一场漫长的资本主义危机。这场危机不仅仅是政治经济层面的，还是具体也普遍的美学—感性和艺术层面的。法国哲学家斯蒂格勒（Bernard Stiegler）也曾将这一危机置于长历史的背景下考察。不过，斯蒂格勒试图探索艺术和感性抵抗的可能性——尽管这一点既不明显，力度也稍显不足。

在斯蒂格勒看来，当前的社会危机除了表现出政治经济层面的内涵，还渗透了更为普遍和日常化的感性层面，是一场蔓延了至少三个世纪的灾难，他称之为"超工业时代"的象征的贫困和感性的灾难。这种苦难来自"感性的机械转向"，横跨了从机械工业到数字技术的漫长历史。可以说，《不确定的档案》中许多批判的出发点与此类似："这一转向将个体的感性生活永久地交给大众媒体来控制。"[22] 按照斯蒂格勒的看法，这种转向表现了超工业时代的基本特点，及至目下，是计算为王并不断扩展其范围所致：计算超出了其原本所属的工业领域，全方位渗透社会。这种灾难的结果成为了与政治经济相关的普遍化的和日常化的感性灾难，并具体地表现为个体的形象遭到扭曲，斯蒂格勒具体地描绘了这种状况如何波及日常生活。

22　贝尔纳·斯蒂格勒：《人类纪里的艺术：斯蒂格勒中国美院讲座》，陆兴华、许煜译，重庆：重庆大学出版社，2016 年，第 101 页。

这位哲学家以自己在法国 2002 年总统大选的经历为例论述说，当他观察到众多年轻人为极右翼的参选人勒庞投票时，他认为自己感觉不到一个个鲜活的个人："我发现这些男男女女，这些年轻人，他们丝毫感觉不到正在发生的事情，因此他们不再感到自己属于社会，他们被封闭在某个区域里面……"[23] 因为他们没有进入真正的社会生活，而是身处被控制社会所制造的审美灾区之中，而制造这一切的正是市场的霸权统治，它导致人们无法生活和互爱。斯蒂格勒认为，虽然那些男男女女在进行社会行动，但他们并不知道他们的行动会导致怎样的公共后果。而造成这种矛盾现象的原因，源自他们处于一种虚假的或者不合格的、缺乏互爱的社会生活当中。

这种无法生活和无法互爱，是由市场的霸权统治和数字技术所致，它们联合制造出了一种群化效应。这是斯蒂格勒所谓的"数字统一"造成的一个结果，即网络效应和社交网络创造出来的是一种自动化的群化效应或人为的人群，其特征是："不管构成这一人群的个体是谁，无论他们的生活形式、职业、性格或智力相像还是不像，他们被转化成了人群这一事实，使他们具有了一种集体的心灵，这一集体心灵使他们的感觉、思考和行动与他们单单一个人时的感觉、思考和行动完全不一样了。"[24] 在这个意义上，人们被统一起来，甚至于形成了一种社会整合。但这种整合带有致命性："这一整合会不可避免地导向一种总体的机器人化，不仅仅使公共权威、社会和教育系统，就连代际关系和心理结构也都要走向崩溃：要形成大规模市场，要让消费系统中隐藏的所有商品都被吸收，工资也必须被分配得使人人都具有购买力，但正是这一经济系统，今天

23　贝尔纳·斯蒂格勒：《象征的贫困 1：超工业时代》，张新木、庞茂森译，南京：南京大学出版社，2021 年，第 6 至 7 页。
24　贝尔纳·斯蒂格勒：《人类纪里的艺术：斯蒂格勒中国美院讲座》，陆兴华、许煜译，重庆：重庆大学出版社，2016 年，第 115 页。

正在走向崩溃，在功能上变得入不敷出。"[25]

不过，斯蒂格勒仍然相信，兼具毒性和药性的技术拥有某种潜在的解决功效，而艺术是其中的关键。他认为，"改良"后的艺术似乎有可能抵抗这一危机和崩溃——抵抗并走向负熵。他提出"超控制的艺术"，即让艺术再度成为一种技术，不再是单纯的视觉经验，而是一种综合力量："是与司法、哲学、科学、政治和经济上的发明不可分的。这样一种艺术事关某种治疗术……它需要与其他的所有知识形式，包括那些使理论知识得以可能的技术—逻辑构成的知识，一起去发明，从而塑造、设计并发明出一种积极的药学的技术。"[26]

这些表述过于抽象，但斯蒂格勒在文中列举了一个具体的案例。他认为，由数字技术推动的"共域（commons）"比较符合他所谓的技术的药性，"共域"试图实现既非市场化，也非传统政治维度，更多是自愿结合的潜在力量和伦理表达，并具有某种感性的作用[27]。不过，高世名曾直言不讳地指出，他并不相信斯蒂格勒的方案[28]。无论如何，我们可以确定以下两点：第一，数字批判中的话语表述具有新的潜力，也带有危险，因而需要各位读者慎思阅读和小心地运用；第二，不管是斯蒂格勒、菲利克斯·斯塔尔德[29]抑或高世名，他们都认为，我们仍然需要，也可能找到新的出路，这或许是启动艺术之想象的关键。

25　同注 24，第 118 页。

26　同上书，第 119 页。

27　斯蒂格勒的表述可见前引书。关于共域的初步考察可见拙文《公地悲剧、知识共享与集体行动的伦理：数字共域刍议》，载于《社会科学研究》，2023 年第 4 期，第 198 至 205 页。

28　高世名：《"后万隆"时代的愿景与方案》，载于高世名主编：《后万隆》，上海：上海文艺出版社，2022 年，第 383 页。

29　这里提到菲利克斯·斯塔尔德，是因为他在《数字状况》中坚信数字化进程的未来仍然是开放和不确定的，而且也浮现出了诚如"共域"这样的可能方向。可以参阅他的《数字状况》，该书收录于"边界计划·数字奠基"。

关于本书的出版。2021 年初春，我看到这本刚刚面世的书，凭兴趣找来阅读。当时，"边界计划"的第一批书陆续进入出版制作流程。几个月后的 6 月 17 日中午，我在中国美术学院雕塑与公共艺术学院班陵生院长的办公室跟他聊起这本书。我说这本书一开始击中我，但冷静下来，又有许多顾虑，所以有些犹豫——这些顾虑至今犹存，因而才写了这篇导读。他在聊天中表达了两层含义。一是上世纪八十年代读书热时，他曾在杭州武林门的省展览馆附近买了很多书，它们对他的观念和想法产生过很大的影响；二是他鼓励我要相信专业的直觉，并宽慰我有时第一感觉是很重要的。我说我回去再琢磨一下。两年多以后，便有了呈现在诸君手上的这本书。

在启动翻译的过程中，我曾邀约过五位译者参与此事，其中一位还是在中国留学并精通计算机的法国人，但他们都因不同的原因而婉拒或没能参与进来。最后，只有当时刚到上海师范大学攻读研究生（如今刚毕业）的魏阶平欣然应允（他负责了第 3，20，21，22，23，26，27，28，43，49，50，51，53，55，56，57 诸章，笔者负责了其余部分）。坦白说，本书的跨学科内容难度较大，书中有许多专业术语和专业知识都远超出两位译者的能力范围，因此错误在所难免，敬请读者不吝赐教。无论如何，书中的视野和话语是开阔的，也在一定程度上呈现了这个时代不太为我们所知的运行法则。希望它的引入能为我们带来某些力量，去面对仍然不确定的变迁世事。

2023 年 7 月

致谢

出版这样一本书，需要众多机构和人员的努力，我们无法在此一一列举，我们对自始至终给予我们支持的机构和人表示感谢。我们对本书的撰稿人深表感谢，感谢他们将其鼓舞人心的作品交给我们。我们要感谢丹麦独立研究基金和嘉士伯基金会对我们工作的支持。我们感谢埃塞·埃尔贝伊（Ece Elbeyi）、纳雅·费弗尔·格伦特曼（Naja le Fevre Grundtmann）和约翰·刘·蒙克霍尔姆（Johan Lau Munkholm）对导言和部分章节提出的意见和建议。我们感谢夏洛特·约翰·法布里修斯（Charlotte Johanne Fabricius）和中田小百合（Sayuri Nakata Alsman）多年以来为我们组织的众多活动。我们感谢"不确定的档案"团体的前研究员们，是他们扩大了初始项目的影响范围，并共同营造了"不确的定档案"项目备受支持和充满活力的环境，他们是：卡特琳·迪尔金克·霍尔姆菲尔德（Katrine Dirckinck-Holmfeld）、佩皮塔·赫塞尔伯斯（Pepita Hesselberth）和叶卡捷琳娜·卡里尼娜（Ekaterina Kalinina）。我们还要向参与活动并帮助我们推进思考的学者表示感谢：拉蒙·阿马罗（Ramon Amaro）、拉·沃恩·贝尔（La Vaughn Belle）、蒙斯·比森巴克尔（Mons Bissenbakker）、尼斯林·布哈里（Nisrine Boukhari）、马蒂亚斯·丹伯特（Mathias Danbolt）、安东尼·多尼（Anthony Downey）、凯勒·伊斯特林（Keller Easterling）、克努特·奥维·埃利亚森（Knut Ove Eliassen）、安德斯·恩伯格 – 佩德森（Anders Eng-berg-Pedersen）、阿纳特·范蒂（Anat Fanti）、玛丽亚·芬恩（Maria Finn）、鲁恩·加德（Rune Gade）、玛丽亚姆·加尼（Mariam Ghani）、亚当·哈维（Adam Harvey）、本·卡夫卡（Ben Kafka）、卡拉·基林（Kara Keeling）、劳拉·库尔干（Laura Kurgan）、李·麦金农（Lee Mackinnon）、凯文·麦克索利（Kevin McSorley）、拉比·莫鲁埃（Rabih Mroué）、莱内·明（Lene Myong）、艾米莉·罗萨蒙德（Emily Rosamond）、安托瓦内特·鲁弗罗伊（Antoinette Rouvroy）、伊芙琳·鲁珀特（Evelyn Ruppert）、苏珊·舒普利（Susan Schuppli）、黑特·史德耶尔（Hito Steyerl）、萨拉·塔克（Sarah Tuck）、路易丝·沃尔斯（Louise Wolthers）、布莱恩·宽·伍德（Brian Kuan Wood）和大卫·村上·伍德（David Murakami Wood）。我们感谢与我们合作的艺术家们，他们批判性地拓展了我们的想象视野：哈尼·比巴·贝克利（Honey Biba Beckerlee）、拉·沃恩·贝尔（La Vaughn Belle）、卡特琳·迪尔金克 – 霍尔姆菲尔德（Katrine Dirckinck-Holmfeld）、斯特恩斯·安德烈娅·林德 – 瓦尔登（Stense Andrea Lind-Valdén）和克里斯托弗·厄鲁姆（Kristoffer Ørum）。

我们感谢跟马尔默大学（Malmö University）"活档案"研究项目成员苏珊·科泽尔（Susan Kozel）和特米·奥杜莫苏（Temi Odumosu）富有成效的合作与交流。我们感谢我们有幸在整个项目期间教授和指导的学生，感谢他们参与我们的想法并提出丰富的问题。此外，我们还要感谢许多朋友和同事，他们为"不确定的档案"有幸蓬勃发展的环境提供了支持，其中包括莱内·阿斯普（Lene Asp）、泰娜·布彻（Taina Bucher）、玛丽莎·科恩（Marisa Cohn）、雷切尔·道格拉斯 – 琼斯（Rachel Douglas-Jones）、乌尔里克·埃克曼（Ul-

32

rik Ekman）、米克尔·弗莱维尔博姆（Mikkel Flyverbom）、拉斯穆斯·赫勒斯（Rasmus Helles）、玛丽安·黄平（Marianne Ping Huang）、雅各布·伦德（Jacob Lund）、乌尔里克·施密特（Ulrik Schmidt）、詹斯–埃里克·麦（Jens-Erik Mai）、安妮特·马卡姆（Annette Markham）、凯瑟琳·毛雷尔（Kathrin Maurer）、托林·莫纳汉（Torin Monahan）、海尔勒·波尔茨坦（Helle Porsdam）、布里特·罗斯·温特雷克（Brit Ross Winthereik）、梅特·桑德拜尔（Mette Sandbye）、劳拉·斯库维格（Laura Skouvig）、西尔·奥贝里茨·索伊（Sille Obelitz Søe）、卡伦·路易斯·格罗瓦·索伦（Karen Louise Grova Søilen）、梅特·玛丽·扎赫尔·索伦森（Mette Marie Zacher Sørensen）、斯蒂娜·泰尔曼–洛克（Stina Teilmann-Lock）、弗雷德里克·蒂格斯特鲁普（Frederik Tygstrup）、比亚基·瓦尔蒂松（Bjarki Valtysson）、卡塔日娜·瓦茨（Katarzyna Wac）、塔尼娅·维恩（Tanja Wiehn），以及哥本哈根大学艺术与文化研究系数字文化研究小组。我们还要感谢梅尔·斯托尔（Merl Storr）的语言编辑工作，这确保了全书的一致性；感谢朱丽塔·克兰西（Julitta Clancy）编制了极为全面的索引。与麻省理工学院出版社的合作非常愉快。我们非常感谢我们的编辑道格·塞里（Doug Sery），他很早就意识到了这本书的潜力，并帮助我们将其发展壮大；我们也非常感谢各位匿名审稿人，他们的有益评论和建设性建议帮助我们塑造了这部多声部作品。我们还要感谢麻省理工学院出版社优秀的专业团队，包括诺亚·斯普林格（Noah Springer），以及韦斯特切斯特出版服务公司的温迪·劳伦斯（Wendy Lawrence）和海伦·惠勒（Helen Wheeler），他们为我们的项目提供了宝贵的指导。

最后，我们要万分地感激我们的朋友、家人和共同体（community）对我们的关爱和支持。南娜要感谢丽芙·邦德·格拉埃（Liv Bonde Graae）、格奥尔格·加梅尔托夫特·蒂尔斯特鲁普（Georg Gammeltoft Thylstrup）、托马斯·加梅尔托夫特–汉森（Thomas Gammeltoft-Hansen）、卡伦·莉斯·邦德·蒂尔斯特鲁普（Karen Lise Bonde Thylstrup），以及阿斯格·蒂尔斯特鲁普（Asger Thylstrup）和她的大家庭及她所有的好朋友。丹妮拉要感谢阿姆尔·哈特姆（Amr Hatem）、安娜·特雷莎·马尔泰兹（Ana Teresa Maltez）、安德烈·阿尔维斯（André Alves）、达尼洛·奥斯卡·费尔南德斯（Danilo Óscar Fernandes）、佩皮塔·赫塞尔伯斯（Pepita Hesselberth）、卡特琳·迪尔金克–霍尔姆菲尔德（Katrine Dirckinck-Holmfeld）、卢西安·莱尔胡（Lucian Leahu）、塞巴斯蒂安·洛里昂（Sébastien Lorion）、佩德罗·蒙托亚·纳瓦罗（Pedro Montoya Navarro）、萨拉·马格诺（Sara Magno）及索尔特·菲尔康特社区。安妮想感谢安娜·布尔（Anna Bull）、艾伦·皮尔斯沃斯（Ellen Pilsworth）、戈兹德·奈博格鲁（Gözde Naiboglu）、玛·科尔肯布鲁克（Marie Kolkenbrock）、伊娜·林格（Ina Linge）、克里斯汀·维尔（Kristin Veel）、延斯·埃尔泽（Jens Elze）、斯蒂芬妮·奥尔法尔（Stefanie Orphal）、菲奥娜·赖特（Fiona Wright）、亚当·雅各布斯·迪安（Adam Jacobs Dean）、菲利普·玛丽（Philippe Marie）、维多利亚·坎布林（Victoria Camblin）、乔伊·惠特菲尔德（Joey Whitfield）、莎拉·梅西埃（Sarah Mercier）和莱拉·穆克希达（Leila Mukhida）；感谢凯瑟琳（Catherine）、苔丝（Tess）、安妮（Anne）、布兰登（Brendan）、路易丝（Louise）、芭芭拉（Barbara）和帕特里克·林（Patrick Ring），还有特别值得一提的是艾米莉亚·贾思明·林（Emilia Jasmine Ring），以及她的粉红歌者（Pink Singers）大家庭。凯瑟琳要感谢大卫·雷蒙德（David Raymond）、玛丽亚·洛佩斯·罗达

斯（Maria Lopez Rodas）、咪咪（Mimi）和布普·雷蒙德（Bup Raymond）在孩子们的捣蛋中抽出时间来写作和思考，还要感谢她的挚友穆森·泽尔 – 阿维夫（Mushon Zer-Aviv）在这个项目的早期迭代过程中提供的头脑风暴。克里斯汀还要感谢拉斯穆斯·维尔·哈伊尔（Rasmus Veel Haahr）和玛格丽特·维尔·哈伊尔（Margrethe Veel Haahr）参与建设未来的档案馆，以及她的前辈们，他们活在档案的记忆中，她欠他们很多，尤其是对档案馆的热爱。

　　合作是一种快乐而充实的经历，我们希望本书能激励其他人进行集体型的思考、写作和组织。

目录

大数据作为不确定的档案

南娜·邦德·蒂尔斯特鲁普、丹妮拉·阿戈斯蒂纽、安妮·林、凯瑟琳·迪格纳齐奥与克里斯汀·维尔
（Nanna Bonde Thylstrup, Daniela Agostinho, Annie Ring, Catherine D'Ignazio, and Kristin Veel）

　　大数据似乎为人类带来了前所未有的确定性。但本书的论点是，紧随大数据能带来确定性这一承诺之后的，是大量人类同样未知的不确定性。大数据之"大"，指的是现在可以从网络社会中收集到的大量数据——它们多到人类无法处理，因而需要智能机器来分析和存储。因此，大数据档案所包含的大量信息，可以在仅需点击按钮的情况下增强人类能力，就像拥有了一位假肢女神（prosthetic goddess）的力量。同时，企业和国家机构对数据的大规模收集，有望让世人越来越能被追踪，而且（有人希望是）可以进行预测。在大数据时代，"档案"这一概念也从一种关于过去的知识体系，转向了一种关于未来的预测体系，随之而来的是科技巨头们告诉我们的：我们已经（或者说它们已经）掌握了从文化思想的趋势，到潜在的流行病、犯罪行为、环境灾难和恐怖威胁等等的一切。但我们认为，目前，数据存储机构提供的是一种虚假的安全感。最近的数据伦理和信息丑闻——包括由雷娅莉蒂·温纳（Reality Winner）、布特

妮·凯瑟（Brittany Kaiser）和爱德华·斯诺登（Edward Snowden）[1]（Agostinho and Thylstrup 2019）揭露的，不仅让专家和观察家质疑大数据所承诺的断言，质疑预测的统计有效性，还让他们思考由大数据来大规模地规定知识所造成的广泛影响——范围从艺术到计算、从伦理学到社会学，本书的目的正是考察它们遭受到的影响。

我们的论点是，必须从一系列不同的学科视点来分析大数据——尤其是从人文学科的角度加以分析，因为大数据在各个层面与人互动。例如，**机器学习和人工智能**（AI）这些高度隐喻的概念，与大数据的自动收集和管理有关，意味着技术独立于人，实则暗示了人类行为（acts）与机器能力（capabilities）之间存在内在的伦理分离。但本书中的作者表明，非具身的智能概念，往往是由物质的、具身的事件所发起并维系，因而在各个方面均有赖于人的因素。当我们在不确定的大数据档案中挖掘时，我们发现，情感和物质劳动对于算法的编程，对于大数据的选择、存储和使用，都绝对是位居核心的，它们需要涉及有伦理考量的方法，并且已经对世界各地的生活方式产生了巨大的影响。因此，我们在这本集子中提出，大数据亟须从伦理和以人为导向（human-oriented）的角度来加以思考和分析。

1　雷娅莉蒂·温纳（1991—　　）美国前情报专家，2018年，她因泄露有关俄罗斯干预2016年美国总统选举的情报报告而被判处五年零三个月的联邦监狱监禁，这也是有史以来以"未经授权向媒体发布政府信息"罪名被判处的最长刑期。布特妮·凯瑟（1987—　　），剑桥分析公司的前业务发展总监，该公司在滥用"脸书"数据的事曝光后倒闭。剑桥分析公司可能对英国"脱欧"公投和2016年美国总统选举产生很大的影响力。凯瑟在英国议会与特别顾问调查作证时表示曾参与了剑桥分析公司的工作。爱德华·斯诺登（1983—　　），前美国中央情报局（CIA）职员，美国国家安全时局（NSA）外包技术员。2013年6月，他因将美国国家安全局关于"棱镜计划"监听项目的秘密文档披露给英国《卫报》和美国《华盛顿邮报》而遭到美国和英国的通缉。2022年9月26日，俄罗斯总统普京签署总统令，授予斯诺登俄罗斯公民身份。——译注

在大数据时代，档案的不确定性在各个层面挑战着各种假设，甚至挑战着各种产业，挑战了由数据驱动的预测所承诺的知识。大数据就像人类一样会犯错，这种说法具有颠覆潜力。但在结构层面，大数据档案太过复杂，因而它们在不确定性和破坏性的时刻蓬勃发展。当围绕着大数据而建立的新的权力／知识机构被发现并不那么强大，或者并非知识渊博时，这种时刻可以被视为是错误、故障和颠覆性的批判时机。不过，将不确定性构想为一个创造性的过程，可能会很快地发现它自己与政治经济的联盟——其中，批判性的操演很容易被收编为是冒险：认识论的不确定性被用来进行风险管理，或者充分利用数字媒体的上瘾激励。在最糟的情况下，不确定性甚至可以被用来转移国家与企业的责任，因为不确定性是资本主义在数字时代的内生因素，因此，对它的追求，既促进也增强了新自由主义的经济和活动。从这些角度来看，即使是当代的档案可加以利用的对不确定性的颠覆，也容易被蓄意滥用。因此，为了揭露、对抗、驾驭、抵制，或是为了回避当今政治和技术制度的不确定性力量，我们需要新的理论词汇，也需要新的方法和联合行动。

本书提供了一些词汇，也在此过程中突显了跨领域合作的潜力。因此，本书坚持认为，构建共同体是重要的，这首先从在人文学科、社会科学、批判性数据研究等领域工作的学者开始。本书源自由"不确定的档案"研究小组所主办的一系列研讨会，小组由克里斯汀·维尔、安妮·林、南娜·邦德·蒂尔斯特鲁普和安德斯·索加德在 2014 年组织成立，受到了（旨在促进研究环境中更均衡的性别结构的）"丹麦研究委员会"（Danish Research Council）的"战略基金"的支持。在成立之初，小组有来自文学理论（克里斯汀·维尔）、电影与文化理论（安妮·林）、媒介与文化理论（南娜·邦德·蒂尔斯特鲁普），以及计算机科学（安德斯·索加德）等领域的人士。很快，丹妮拉·阿戈斯蒂组加入其中，她以自己在档案、视觉文化与殖民史方面的知识丰富了小组的观点。[1] 虽然小组的出发点，是利用在大陆哲学中长期存在的档案理论来思考大数据的美学、政治和伦理问题，但我们很快就出于通过对**档案**和**不确定性**这两个术语的更广泛应用，来促进和鼓舞更多的跨学科对话，以及对大数据的集体构想。我们跟以实践为基础的学者、档案员、艺术家、设计师、活动家和计算机科学家保持紧密的合作。女性主义数据理论家凯瑟琳·迪格纳齐奥参加了第一次的研讨会，后来我们继续合作，她为本项目提供了关于如何让数据和技术民主化，进而增强共同体的能力和社会正义的新视角，也提供了关于数据可视化的新的女性主义视角。研讨会形式被证明是这些跨学科对话的理想选择，因为它提供了对话和密切接触的机会。来自不同领域的艺术家、活动家和学者通常不会见面，很少围坐在一起分享自己的理论和实践关切。这些研讨会以不同的方式反映在了本书当中，而这本书，也保留了我们相互交流的印象。相遇是我们构思这本书的关键，它作为那些交流的印刷体现——相较于我们在物理上的共同存在，交流是更为短暂的记忆，它更容易被归入未来的档案。并非每位撰稿人都参加了研讨会，也不是所有的与会者都为本书撰写了文章，但他们都以某种方式对本书产生了影响，对于本书的面世可谓不可或缺。

本项目还从从事机器学习设计和人机交互的研究团体中收获了灵感，这些团体在开发新的工作方式，阐明竞争性人工智能、批判性性别框架，以及挑战（存在于技术设计过程中的）压迫的更多方法层面，发挥了关键作用。[2] 除了这些知识和跨学科的目标，本书将基于艺术的研究当作一种解决大数据档案之不确定性的方法，也是知识生产和批评本身的一种生成模式（Dirckinck-Holmfeld 2011）。有了艺术的贡献，本书也就为探究模式开辟了一种认识论的空间，其动机不是提供答案，而是提出新的问题，从而有效地探索不确定性，为大数据档案带来的挑战提供具体的，也是具有想象力的和思辨性的方法。

本篇导言将概述本书的范围：首先是将本书置于档案理论中；其次，将不确定性的概念归入本书，因为它融贯全书；再次，会阐述本书排布格式的理由；最后，我们从主题上勾勒了 60 个关键概念是如何遍及全书并相互交织的，我们也鼓励读者在它们之间寻求进一步的关联，并思考大数据更合乎道德伦理的未来。

大数据档案

档案理论一直关注规模问题。事实上，把档案当学术问题来思考，在许多方面都是为了回应知识的加速生产，因为新的技术发明（如打字机）意味着有更多的知识可以处理，也意味着更广泛的社会变化需要新的知识组织形式。[2] 在 19 世纪末和 20 世纪初，不断增长的信息量引发英国档案员希拉里·詹金森（Hilary Jenkinson, 1922），在题为"一个新问题：未来档案之形成"的章节中告诫道，20 世纪提出了"至少一个新的档案问题；一个此前很少被考虑的问题"：数量（21）[3]。信息加速增长的一个主要来源是"第一次世界大战"，它（在其他"第一次"中）积累了前所未有的，也是"不可能的庞大"的记录（21）。及至 1937 年，詹金森担心，"战后的岁月只是有助于强调"现代档案的积累问题（21）。"真正的危险是未来的历史学家——更不用说档案员可能会被埋没

2　关于技术演变与知识、组织和社会结构之间的相互关系，菲利克斯·斯塔尔德的《数字状况》有更为详尽的阐述。该书收录于"边界计划·数字奠基"系列丛书中。——译注

3　这些阿拉伯数字表示原文中的引文页码，下同。——译注

在他的（原文如此[4]）大量的手稿权威之下；或者说，为了处理这种积累，可能需要采取任何档案员都无法准许的措施"（138）。

20世纪的档案，以前所未有的规模出现在信息的收集中，但其中的空白也在增加。例如，与女性生活有关的档案被认为无须保存，如果被保存，这些生活的痕迹也被限制在了"W-women"的索引条目中（Sachs 2008, 665）。当然，同样的省略和归纳分类策略也适用于少数族裔群体和生活在殖民统治之下的人。但与此同时，一些人口中的某些部分——包括黑人（Black）、移民和难民群体，也受到不等程度的监视和归档，并对有关个人造成了毁灭性的影响（Browne 2015; Gilliland 2017）。数字化非但没有消除不公，反倒在很多方面加剧了此类不公（Thylstrup 2019）。我们在书中的核心论点是：大数据档案提出的问题，属于现代性之下的档案的长期历史，它们与上述所有不公现象并列。我们认为，虽然大数据通常看起来提供了新的、让人眼前一亮的自动化方法，能让旧的档案秩序变得过时，但实际上，大数据经常重复（有区隔的）旧有档案秩序所体现的认识论、不公和焦虑（Spade 2015; Spieker 2017）。

因此，本书讨论了大规模的数字档案，它们业已成为我们这个时代的特征，是档案现象在漫长历史中的一个非常具体的，但又只是最新的表现。我们认为，大数据档案代表了组织知识的技术与档案主体之间，是控制与不确定性之间、秩序与混乱之间，以及最终是权力与知识之间的长期博弈。但与此同时，这些高度网络化的储存库也挑战了关于档案之定义的传统理解，因为它们没有遵守同样的评估、保存和分类的逻辑和程序。正如YouTube正在做的事：它删除了

4　此处强调"原文如此"，是指詹金森在原文中使用了男性第三人称代词（he）。近年来，为了尊重性别平等，世界上的许多学者都在书面论述中尽量避免使用单一性别（尤其是男性）的人称代词。——译注

由用户生成的，记录叙利亚、也门和缅甸的侵犯人权行为的内容，这表明，这些媒体共享平台不能被我们当成是稳定的档案馆来依赖，因为它们不能以平等或可靠的方式保存内容。相反，这些新的数据档案由人—机程序高度策划——而这些程序决定了保存什么和删除什么。在侵犯人权的案例中，这些（通常是故意）不透明的过程，往往通过剥离元数据来改变原始的内容，而企业的关切往往是优先考虑利润、降低责任，而非记录侵犯人权和其他罪行（Roberts 2018, 2019; Saber, forthcoming）。同时，其他的暴力内容——如描述针对有色人种的暴力，由用户生成的内容却被保留在网上，这助长了其带有伤害性的，但也是高利润的病毒式传播（Sutherland 2017b; Wade 2017）；厌恶女性的、恐同的、跨性别的和法西斯的内容同样如此（Breslow 2018; Chun and Friedland 2015; Gillespie 2018; Lewis 2018; McPherson 2019; Nakamura 2019; Roberts 2019; Shah 2015; Waseem, Chun, et al. 2017; Waseem, Davidson, et al. 2017）。正如本书的几个章节证明的，如今，通过监控和自动化手段收集信息的大数据档案，显示它们延续了早期的档案制度，但它们也见证了需要批判性关注的转变。

后结构主义的档案理论

鉴于上述问题，也鉴于企业大数据话语宣称自己具有确定性，我们在书中对 20 世纪中期由后结构主义思想、女性主义、酷儿理论、后殖民理论、批判性种族理论，以及批判性档案研究至今所阐述的档案理性批判做了回应。这些理论方法和政治运动，以各不相同的方式，挑战了档案作为可靠的资料库的权威，也质疑了档案产生真理、提供证据，并对人类身份进行分类的能力。在后结构主义和文化理论中，档案一直被认为是动态的，最终是产生知识。档案不是中立地存储知识，而是通过安妮·林（Ring 2014, 390）所谓的选择、保存和允许（或拒绝）存取的模式等"诠释学操作"而产生什么可以被知道、什么将被遗忘，所有这些都增添了档案的活力，加强了它创造知识的性质。

这种活力，是理论家雅克·德里达（Jacques Derrida）、米歇尔·福柯（Michel Foucault）和米歇尔·德·塞托（Michel de Certeau）将档案视为自古以来对知识进行重要排序之地的核心。德里达（Derrida 1998），在关于档案之精神生活的基础性文本《档案热》（*Archive Fever*）中追溯了"archive"（档案）一词的词源，在希腊语中，它是表示开始和命令的名词"**arkhe**"，德里达还提醒读者注意，与此相关的名词"arkheion"指的是古代地方官（archons）存放法律文件的地方（2）。鉴于档案作为跟颁布法律密切相关之地的历史，在文化理论方法中，档案可能被视为只是具有权威性：作为"给予**秩序**之起源"（Derrida 1998, 1；强调为原文所有），作为"总体化的集合体"（50），甚至作为规定"可以说什么的法律"的机构（Foucault [1969] 2007, 4）。在塞尔托（1988）的论述中，历史书写是一个核心机制，现代性借此以更系统化的档案知识系统，取代了过去的传说，而这种系统旨在"用一种'想要知道的'或'想要支配的'的实体，而不是过去的朦胧不清的实体"[5]（6）。不过，即使考虑到档案的总体化、秩序化的意志，尽管它们的历史学逻辑，旨在支配和克服人的含混不清，档案也绝非静态的、稳定的机构，或是不受转变的影响。林（Ring 2014）认为，福柯的著作呈现了一种非常动态的档案观，这源于他看到了"一种档案的能量——它从（档案）表面上支配的生活中推出"（388）。福柯（[1969]2007）写道："档案也不是收集那些已经变得无效的陈述的尘埃。"（146）以 1660 年至 1760 年

5　此处参考了德·塞尔托的中译本《历史书写》，倪复生译，北京：中国人民大学出版社，第 10 页。——译注

的举报信档案为例——这是普通公民向法国国王提交的请愿书选集，要求惩罚他们犯错的熟人和家庭成员。福柯与阿莱特·法吉（Arlette Farge, 2013）——一位研究档案研究的"诱惑"的杰出理论家——一起，在巴士底狱的档案中查阅这些信件（Ring 2015, 133–134）。法吉和福柯（1982）在随后的联名文章中指出，档案的不稳定是基于局部的、人类的无序——福柯称之为"微小的骚动"（Foucault [1969] 2002, 167）——来自他们想要更加有序的生活。

甚至在跟法吉的巴士底狱档案合作项目之前——再加上，鉴于福柯在 20 世纪 60 年代撰写《知识考古学》（*The Archaeology of Knowledge*）时，技术转型仍旧处于萌芽状态，福柯（[1969]2007）就认为，档案构成了一个"他们（档案持有者）不是主人的网"（143）。塞托（1988）也在"空白页"中发现了不稳定的可能性，他认为，这破坏了任何历史学的尝试（6）。即使在德里达（1998）更加狂热有序的档案中，也存在一种"侵略和破坏的动力"（19），正如林（Ring 2014）所述，"暴力的父权制，因其自身全面控制欲的强烈的不可能性而变得不那么有权威"（398）。对"暴力父权制"的批判，已经由法国女性主义思想家如爱莲·苏西（Hélène Cixous）和路思·伊瑞葛来（Luce Irigaray）所阐明。她们认为，语言、话语和逻辑系统不是普遍的，也不是自然的，而是建立在一种隐含的和"被掩盖的男性气质"之上。伊瑞葛来和苏西都将德里达对逻辑中心主义的批判，延伸到仔细检查和消除 **phallogocentrism（男性中心主义）**上——这是父权制和语言及话语的表征规定的综合表现，即将作为思考和言说主体的女性排除在外。

法国的女性主义思想家经常通过在语言、话语和社会行动中普遍存在的父权制，来解释档案的排他性逻辑。在她的重要文章《流体力学》（"The Mechanics of Fluids"，in *This Sex Which Is Not One*）中，伊瑞葛来（Irigaray

1985）认为，科学也是这种男性中心主义的症状，因为它偏向于通常被男性化的分类（如固体，而非流体）。伊瑞葛来的讨论与今天仍然相关，当超出男性规范的主体在各个领域中被忽视和贬低时，将会影响到她们的专业知识和说真话权力的能力被承认（Agostinho and Thylstrup 2019）。苏西对男性中心主义的批判是她对档案权力的审视，也是她表达的解开和改造档案权力的愿望的核心所在。与德里达关于破坏档案总体化欲望的内在驱动力的概念相似，对苏西来说，一些内部属性从内部颠覆了档案的秩序。

在小说《曼哈顿：史前来信》（*Manhattan: Letters from Prehistory*）中，西苏（[2002]2007）通过"全能他者"（omnipotence-others）概念而提及档案秩序，小说是她在协商将自己的档案捐赠给法国国家图书馆时动笔写的。小说中出现了档案诸多的其他形象，如坟墓、陵墓、墓地、医院、痕迹、疤痕和伤口，它们代表这些全能的品质。不过，也正是从这些形象中，颠覆性的内部属性得以实现，正如档案学者凡尔纳·哈里斯（Verne Harris）指出的。第一，任何语料库都必然比被认为容纳它的仓库更庞大；档案总是不完整的，由它的排斥和缺席，由它对遗忘的处置来定义；第二，在档案中发挥作用的意义是不确定的，受到不断变化的记录、想象、叙事和虚构的影响；第三，档案有办法颠覆创造和维护它的人的有意识的欲望。

正如我们从这些主要的后结构主义和女性主义对档案的描述中看到的，档案的一个最重要的能力是遗漏（omission），而且长期以来，档案都倾向于忽视，忽略某些人群及其呈现的视角。许多档案学者和档案理论家都指出，女性被排除在历史档案之外，而且很难在档案资料中找到她们的主体性，这与在档案行业中占主导地位，并长期持续的女性化劳动不相符。（Chaudhuri et al. 2010; Mulroney 2019）事实上，正如历史学家安托瓦内特·伯顿（Antoinette Burton,

2008）指出的，女性在档案中的出现往往因被认为是更相关的人物所掩盖，"被认为比她们的生活更重要的大规模事件掩盖，被可能触及对她们有意义的背景的宏大叙事所掩盖，部分原因，是相对缺乏档案的轨迹来确保她们在历史的视线内"（vii）。但与此同时，正如杰西卡·帕奇（Jessica M. Lapp, 2019）指出的，在档案中实现的女性化劳动也具有颠覆性潜力，即从事档案工作的"女佣"曾经被认为是机械的、被奴役的和不可见的，如今，已经变得强大且具有破坏性，她们抓住了政治干预和社会变革的机会。

在批判的女性主义档案理论和实践工作中，玛丽卡·西福尔和斯泰西·伍德（Marika Cifor and Stacy Wood, 2017）为我们提供了释放这种颠覆性潜力的方法，也激活了有关批判性和交叉女性主义理论的见解，改变了女性主义对于档案的潜力，也改变档案对拆除异性恋、种族主义和资本主义父权制的潜力。然而，这种干预还必须取得政治意愿的支持，需要承认档案材料、档案知识和档案劳动之间的历史和关联关系。正如档案学家凯利·沃伦（Kellee E. Warren, 2016）指出的，由边缘化群体收集、拥有和治理的档案材料，其稀缺性与今天的档案专业相关，它仍然主要是由白人和中产阶级能动者组成。因此，仅仅对档案的内容进行交叉性批判是不够的；我们还必须分析内容的劳动构成，分析这两个因素如何交叉。但正如西福尔和伍德（2017）提醒的，发展一种女性主义实践的需求，不仅仅是为了在特定的档案中实现对女性和少数族裔的更好地呈现。这还事关全面性地挑战并根除压迫性系统的实践——这些系统支撑着档案理性和广义的档案实践。

我们认为，从后结构主义和最近的批判性档案理论中汲取的这些经验教训，可以在大数据研究领域得到有效的利用，以审视新的档案，其中关于评估、存储和分类的关键方法再次由一个小团体进行，而该团体又对世界上的其他地区行使了白人父权权力，造成了不对称的影响。正如诺布尔（Safiya Noble，2019）所言："自从人类记录历史以来，关于知识分类的政治斗争一直伴随着我们。知识的政治性，体现在谁的知识被部署，在什么情况下（被部署），又是如何部署的。"目前的数据生产、收集、分发和消费实践，既建立在档案理论化的历史之上，也借鉴了档案理论化的历史，即使它们提出了超出物理档案范围的相关的新问题。以这种方式思考知识和档案的政治，可以让我们认识到当前的数据收集、囤积、储存、泄露和浪费的历史根源，同时也记住，今天，人类与数字文件和文件夹之间看似精简的互动，就像档案的遭遇一样，是混乱且多面的，也是悬而未决的。

档案的转向与回归

与大数据相关的档案操作提出了重要的政治和认识论问题，人文学科中的"档案转向"，已经解决了跟模拟档案相关的问题（Stoler 2002）：关于存取、选择、排斥、权威、空白和沉默的问题。当我们结合大数据的收集和使用来看时，档案的两种姿态（选择和诠释）都有了新的认识论和政治含义。不同领域的学者已经仔细研究过了档案的这些核心姿态，他们也研究了档案的局限性和可能性。在表演研究中，诸如戴安娜·泰勒（Diana Taylor，2003）和丽贝卡·施耐德（Rebecca Schneider，2011）等思想家对档案的逻辑，以及档案对由手势、声音、运动、肉体和骨骼形成的具身性知识的复制品的排斥（或未能整合）提出了质疑。同时，这些理论还重新构想了档案，它们提出，具身实践提供了替代传统档案铭文的视角。女性主义和同性恋者的档案理论则进一步提出如下批评，即档案理性忽略了女性和同性恋者的经验，他们的历史往往在现有的资料中被掩盖或是被完全抛弃（Stone and Cantrell 2016）。

文学理论家安·克维特科维奇（Ann Cvetkovich, 2003）提出了著名的"感情档案"，以保存难以通过传统的档案材料来记录的同性恋的日常经历。作为对这一主张的回应，历史学家萨拉·伊登海姆（Sara Edenheim, 2013）认为，传统档案本身往往是一个奇怪的知识体系，是一个无序的、偶然组织的地方，而不是一个有系统秩序的场域，在那里，信息会为了方便检索而放弃自己。对于女性主义和同性恋学者来说，档案往往是一个恢复被压制或被边缘化的历史的地方，是一个从沉默到更包容话语的修复性计划。

如果档案理论质疑档案未能整合具身经验，那么，大数据档案为了监控和盈利目的，则越来越多地记录和区分这种具身化。这种包罗万象的档案听起来从未如此令人毛骨悚然或惹人生畏过，因为大规模监控的主体越来越认识到，当人们被归档和被绘制后，是新的也不可预测的风险。这种不确定性引发了新的数据焦虑，也需要新的策略来管理数据和不确定性（Pink, Lanzeni, and Horst 2018）。当强大的企业正在开发据称是可以从一个人的声音中检测出她的情绪，甚至是她的健康状况的技术时，重新审视相关讨论，对于了解大数据档案正在大规模追踪具身经验的技能是至关重要的。

在非裔美国人、加勒比海、跨大西洋和后殖民研究中，也出现了与奴隶制和殖民主义档案有关的辩论。这些领域的学者也对档案中夺得和排斥有色人种，对从统治阶级的档案中可以收集到的知识提出质疑——这些档案将殖民统治下的人非人化（Fuentes 2016; Hartman 2008; Helton et al. 2015）。同时，这些研究也提醒我们，奴隶制和殖民主义的档案在今天继续诉说着谁才算是人类主体（Browne 2015; Gikandi 2015），也敦促我们积极调动作为社会和正义之修复性工具的档案。最后，这些研究提出了"挖掘和破坏档案证据的新方法"（Arondekar,

见本书中的"数据库"），从而恢复被这些档案所收录或未收录其中的人被否认了的主体性（Fuentes 2016; Hartman 2008; Kazanjian 2016）。这些贡献，仍然与理解并挑战数字化和数据化的过程有关——通过这些过程，已经脆弱的个人和社群，遭受着新的伤害和排斥，也承受着不平衡的可见度和不平等的生活机会（Benjamin 2019a, 2019b; Browne 2015; Gates 2011; Nakamura 2009; Noble 2018; Wang 2017）。通过提醒注意消除压迫性系统，想象新的补救和自由模式的必要性，这些反思也促使我们在数据化的状况下，形成新的能够竞争的想象力。

批判性的档案研究领域与这些方法一道，质疑了人文学科研究中对档案概念的隐喻性用法，即"档案是作为一个抽象的、没有人在其中的空间而出现，不涉及人类的劳动和劳工。"（Whearty 2018）。批判性档案学者敦促人文学科研究人员考虑"实际存在的档案"，以及承认档案学者的智力贡献，以推进档案理性的批判工作（Caswell 2016）。我们受到这些学科之间相互交流的呼吁启发，我们希望，本书通过让批判性档案学的观点，与批判性数据研究等领域进行对话，而进一步推动这项工作。在从女性主义、同性恋、后殖民和非殖民研究的角度质疑档案的实践维度，批判性档案研究发挥着关键作用，也引起了人们对档案实践中的情感责任、档案员经常被忽视，以及性别化劳动、数字档案的物质性、敏感材料归档的伦理挑战、为边缘化和弱势社群发声之必要性的关注，也引发了档案与人权和社会公正的相关性（Caswell and Cifor 2016; Caswell, Punzalan, and Sangwand 2017; Cifor 2015, 2016; Cifor and Wood 2017; Ghaddar 2016; Sutherland 2017a; Williams and Drake 2017）。我们提出运用对档案理性和实践的这种批评，并对大数据存储库进行批判性分析的理由。我们想借此表明，在大数据档案中，拼凑信息并非一种中立的追求；收集和排斥都有重要的伦理后果；档案一直是，而且在数字时代也仍然是权力、知识、风险和可能性的争议之地。

不确定性作为一种当代状况

正如上述档案研究的概要所示，不确定性是档案实践固有的：档案作为一个知识场域充满了未知、错误和脆弱性，这些也都存在于大数据档案之中，并且确实被大数据档案的纯粹的和构成性的规模所放大。在我们看来，档案特有的不确定性，因数据化而得以加强，它与新自由主义的全球治理体系、独裁政权，以及战争和气候变化造成的大规模剥夺乃是共谋关系——在这种全球背景下，不确定性已经成为权力的共谋者，而非具有抵抗权力的破坏性功能。因此，本书旨在对这种情况做出回应；此外，本书通过 60 条关键词，描绘在当代对不确定性进行构想和讨论的多种途径。

诸如不确定性，诸如什么被视为是不确定的等问题，有着悠久也复杂的历史，而且与权力问题密切相关。不确定性是支撑数据科学的许多学术分支的组成部分，包括概率和统计。如果说，20 世纪 90 年代和 21 世纪初是由风险话语所主导——涉及**风险经济、风险社会、资产证券化** [6] 和一系列相关术语，那么近年来，来自不同学科的研究人员反而开始呼吁对不确定性和风险进行更精细，也更微妙的区分（Amoore and Raley 2017; Ellison 2016; Keeling 2019; Schüll 2014）。这些研究人员用大量工作，来证明这种文化条件产生了新的治理形式，而这些治理形式又跟不确定性有着卓有成效的合作，并利用其情感潜力。不确定性以这种方式出现，成为创造力和创新的引擎，具有改变信息持有和使用方式的积极潜力（Esposito 2012; Parisi 2013）。

因此，我们当前的时代充满了"不确定性精神"：一种与整个社会生活相

6　"资产证券化"是指发行人将资产组合转移给一个特殊目点的载体，并借以发行证券融资的过程。——译注

关的情绪或背景（Appadurai 2012, 7）。不确定性，是新自由主义治理下的安全与自由的困境的关键：如果现代政府要求科学的可预测性、普遍性和理性，那么如今的全球化经济则要求一种对风险承担保持开放的未来，一种不完全可计算的未来，但在某种程度上仍然是受到控制和可预测的（O'Malley 2009）。风险和不确定性之间的这种紧张关系，以及对自由和安全的冲突性欲望，在大数据的使用和存储方式中表现得最为明显（Amoore and Raley 2017）。一方面，全球的私营企业和政府把大数据当作处理信息不确定性、风险和未知因素的有效解决方案而加以推广。大数据对精确计算、精确预测和预先防范的承诺，道出了当代人对规训社会、经济、金融、环境和政治风险的担忧。另一方面，正如凯瑟琳·海尔斯（N. Katherine Hayles, 2017）在关于高频交易的工作中证明的，同样的企业和政府，也将大数据用作是创造力和高收益机会的驱动力。因此，技术资本主义是基于同样的基础而拥抱了不确定性和控制。

如果我们把对档案的重新思考放在这种同时具有政治、技术和文化性质的控制机制中，我们就能理解，大数据档案不仅仅是理性的工具，也是政治和社会现实的反映，人们在这种现实中对不确定性深感恐惧，但同时又认为它具有潜在的破坏性，甚至是可取的（Thylstrup and Veel 2020）。此外，正如路易丝·阿穆尔（Louise Amoore, 2019）表明的，我们也可以把大数据档案理解为是在与确定性和真理的关系中，提出了有关不确定性和怀疑的定义问题。大数据时代的不确定性确实会让人非常害怕。例如，新的数据制度带来的不确定性，显然会带来政治和经济利益。大数据公司对社交媒体用户的数据监控（如剑桥分析公司，特朗普和英国"脱欧"运动通过脸书投放个性化的政治广告），是通过互联网用户数据的无管制、跨境传输而实现的；法律保护只是在事后才以欧盟的《通用数据保护条例》（*European Union's General Data*

Protection Regulation）形式出现——该条例于2018年实施，仅在世界其他地区部分适用。同时，剑桥分析公司和许多大数据企业采用的心理定位，是否是导致美国选举结果和英国"脱欧"公投的唯一原因，也值得怀疑：将这些结果归咎于数据采集和俄罗斯的数据农场，有可能转移人们对腐蚀这两个国家的系统性种族主义、经济不平等和法西斯主义抬头的关注。同时，深度造假（deep fakes）——超现实的人工智能生成的视频，模仿人们最细微的表情，将他们描绘成做了或说了他们从未做过或说过的事情——这带来了一种可怕的不确定性，并与通过面部识别预测的治安制度所预示的确定性形成鲜明对比。然而，我们也越来越多地看到，当个人和集体转向不确定性时，尽管它会被风险机制利用，并被当作是一种挑战档案管理权威的竞争性模式，但也出现了抵抗的契机。如果不确定性被视为是一种不确定的价值，可以挑战主导的控制机制，那么**在适当的情况下**，它也有可能改变信息的持有和使用方式，甚至恢复被边缘化的个人和群体对主导性信息组织的竞争能力。

超越词汇表

在"不确定的档案"小组举办的研讨会上，有人曾两次提出创建当代数据制度的核心概念词汇表的想法。凯瑟琳·迪格纳齐奥和穆松·泽尔－阿维夫（Mushon Zer-Aviv）在第一次的研讨会上提出以不确定性词典的想法，作为该项目的早期艺术／设计干预；后来，在2017年，奥里特·哈尔彭（Orit Halpern）在研讨会后的午餐会上，再次提出大数据的不确定性词典的想法。我们综合了这些推动力和想法，随后，我们也咨询了其他项目，并从中得到启发，这些项目以关键词来作为跨学科的知识生产格式，例如，维贾扬蒂·维努图鲁帕利·劳（Vyjayanthi Venuturupalli Rao）、普雷姆·克里希纳穆尔西（Prem Krishnamurthy）和卡琳·库尼（Carin Kuoni）编辑的《思辨当下》（*Speculation Now*）；罗西·布雷多蒂（Rosi Braidotti）和玛丽亚·赫拉瓦约娃（Maria Hlavajova）编辑的《后人类词汇表》（*Posthuman Glossary*）；西梅娜·豪（Cymene Howe）和阿南德·潘迪安（Anand Pandian）编辑的《文化人类学》的《未见的人类世词典》（"Lexicon for an Anthropocene Yet Unseen"）；由汉娜·阿佩尔（Hannah Appel）、尼基尔·阿南德（Nikhil Anand）和阿基尔·古普塔（Akhil Gupta）编辑的《基础设施工具箱》（*The Infrastructure Toolbox*）；《环境人文》的《环境人文学生存词典》（"Living Lexicon for the Environmental Humanities"）；马修·富勒（Matthew Fuller）编辑的《软件研究词典》（*Software Studies: A Lexicon*）；以及《跨性别研究季刊》（*Transgender Studies Quarterly*）中的《关键词》（"Keywords"）。我们也意识到，单一作者对这种知识生产形式的尝试也是由来已久，比如雷蒙德·威廉斯（Raymond Williams）经典的《关键词》（*Keywords*），以及作者众多的项目，比如《理论、文化与社会》（*Theory, Culture and Society*）提供的文化理论词典，标题是"全球知识的问题化"，它由 16 人（Mike Featherstone、Couze Venn、Ryan Bishop、John Phillips、Pal Ahluwalia、Roy Boyne、Chua Beng Huat、John Hutnyk、Scott Lash、Maria Esther Maciel、George Marcus、Aihwa Ong、Roland Robertson、Bryan Turner、Shiv Visvanathan、Shunya Yoshimi）共同编辑。而本书与上述项目的共同点是，希望质疑、确定并贡献新的知识和观点，希望发展新的知识生产形式[7]。

《不确定的档案：数字批判关键词》是一本词汇表，收录的文章长短不一，

7　在艺术研究中，由德国学者布丽奇特·弗兰岑主编的《公共艺术关键词》也有类似的意义。见即将出版的布丽奇特·弗兰岑主编：《公共艺术关键词》，张钟萄译，上海：上海书画出版社，2024年。——译注

但它们都依次探讨了某个特定术语的含义。每条词条也包含了相关的参考文献，以供进一步的阅读。因此，形式和内容的相互交织，让本书具有复调和对话的性质，这也是对档案的不确定性的操演性（performative）展示。或许，通过将词汇表解读为"**杂语**"（heteroglossia）[8]，是把握这种操演性维度的最佳方式。"杂语"，源自俄国文学理论家和语言学家米哈伊尔·巴赫金对"raznorechie"一词的翻译，意为"不同的言语"。"杂语"是一个比复调更广泛的概念，因为不仅是描述共存的，而且是有冲突的声音的互动，与同一语言空间内不同的文化意义、意识形态和物质相联系。我们认为，本书具有这种离心力，它通过圈定大数据档案的不确定性的多种方式而蔓延出来，从而对数据化做多样化的思考。

本书超越了词汇表的形式，提供了来自众多学科的学者、活动家和艺术家之间的跨学科和跨领域对话。他们都为从事数据化和大数据档案工作的跨学科读者做出了有价值的贡献，而且，他们在书中互相参考对方的章节来建立自己的论点。本书也以这种方式推进了一场我们认为极为必要的对话，由此解决我们的大数据时代、大数据带来的不确定性及其政治、伦理和社会影响，以及对这些影响在各种文化表达中的反思。因此，本书旨在通过重新构想，并为既定的术语注入新的意义，同时提出新的概念来理解大数据的认识论、政治和伦理维度，对批判性数据研究领域进行重要的干预。

书中收录的许多词条都根据使用它们的学科而有不同的含义。例如，"聚合"（Lehmann）、"执行"（Critical Software Thing）、"延迟"（Veel）、"代

8　"杂语"（也译作"众声喧哗"），是俄国文学理论家米哈伊尔·巴赫金（Mikhail Bakhtin）在1934年提出的概念，是指语言在发展过程中形成了方言、标准语，以及各种不同社会意识的语言，如社会集团、职业、体裁、性别，以及几代人的语言。——译注

理"（Chun，Levin, and Tollmann）、"修复性"（DirckinckHolmfeld）、"价值"（Seberger and Bowker）等术语，它们在不同的学科背景下含义也不尽相同，有时是不一样的。虽然承认这些术语的多义性很复杂，但我们认为，明显不一致的框架正是源自不同术语的不确定性，这可以产生极富成效的跨学科对话。因此，本词汇表旨在汇集不同的含义，进而阐明大数据的多维性，也强调在处理大数据现象及其影响时，必须采用跨学科的方法。此外，通过将大数据研究扩展到文学和艺术史等最近才开始探究这些现象的领域，本书认为，大数据研究的意义超越了传统的学科兴趣，因为数据的收集和使用正在日益塑造我们的日常生活。本书承认它收录的术语所固有的跨学科性，因此，也挑战了现有词汇表的局限性；它还为数据信息学的向心力提供了宝贵的平衡，因为它们旨在整合、驯服和优化一切。我们将在下文提供一份不完全的导视图，介绍从本书整体中浮现出的一些流向和星丛。我们邀请读者一起，找寻更多的联系和冲突。

主题的走向与联结

本书有一个引导性的假设：任何跟大数据相关的问题，在本质上都是跨学科的，因此，大数据的主题需要以根植于集体和合作的知识生产形式来予以回应。因此，本书采取的是集体的（collective）方法：它采用了交叉批评语言的共享框架，为数字研究的词汇表注入了富有成效的不确定性。它通过指出那些摆脱了学科固定模式和参与模式的术语来实现这一点，这些学科的固定和参与模式，倾向于将原本交叉的知识生产过程和政治问题分离成不同的领域。例如，我们认为，计算错误既是物质现象、认识论概念，也是认知过程，只有这样看待它们，我们才能理解其中的复杂性。

这些新的复杂系统不仅跨越了从纯粹机械操作到人类思维过程的范围，而且还以复杂也更新的方式将之纠缠在一起。这样的系统总是被称为人工智能、机器学习等等，但正如凯瑟琳·海尔斯（《非思》）和卢西亚娜·帕里西（《工具性》）在她们的文章中展示的，它们比经常被归纳为仅仅是"智能"的人工智能论述要复杂得多。这些系统不仅迫使我们重新思考我们有关智能和认知过程的理解，而且如卡罗琳·巴塞特（《专业知识》）、西莉亚·卢里（《转换词》）和乌尔里克·埃克曼（《对话代理》）展示的那样，还从根本上重新编排了我们的专业知识，我们的能动性和互动系统。

此外，它们引发了关于表现和感知的新问题，正如约翰娜·德鲁克（"可视化"）、丹尼尔·罗森伯格（《删除词》）、弗雷德里克·泰格斯特鲁普（《形象》）、克里斯托弗·厄伦（《加载中》），以及克里斯蒂安·乌尔里克·安德森和索伦·布罗·波尔德（《界面》）的文章展示的。这些转变，不仅提出了认识论和本体论问题，还从根本上提出了事关权力的问题。比方说，误读数据是什么意思？丽莎·吉特曼在她关于"误读"的文章中思考了该问题，也展示了这个看似平凡的术语事实上是如何提出了大数据研究在精确度和权力方面的核心问题。正如吉特曼指出的，将两个数字调换就是误读，而未能理解作者的陈述则可能是不太确定的误读。此外，这种误读的结果取决于谁在掌权，因为作为误解的误读在于观者的眼睛：正如吉特曼指出的，它取决于谁在发号施令。亦如阿米莉亚·阿克指出的（《元数据》），我们不仅要问分类和错误分类意味着什么，还要问谁能决定并维护知识的结构。

这种关于知识组织与维护它的学科和政治结构的问题，不单具有实质的重要性，正如米里亚姆·波斯纳（《供应链》）、南娜·邦德·蒂尔斯特鲁普（《错误》）和泰门·贝耶斯（《组织》）概述的，它们还事关想象力和神话问题。这些想象力，往往向诱惑和共谋的软性权力动态开放。事实上，正如全喜卿（Wendy Hui Kyong Chun）在此之前表明的，网络空间的想象力，从一开始就以诱惑和性别化的想象力为前提（Chun 2011）。帕特里克·基尔蒂在关于"**色情制品**"的词条中，将 PornHub 当作大数据档案跟欲望想象相交的一个最佳案例来讨论，他明确了大数据产业"巨大的监控权力，以及他们对公众迷恋数据的承诺的依赖，以揭示我们自己的一些情况"。一方面，这种监控制度不仅依赖于满足数据主体的欲望和想象，还依赖于对它们的抢占。正如马努·卢克施在关于"**预测**"的文章中显示的，数据资本主义依赖的利用了预测技术的想象力，往往会产生破坏性的影响。然而，另一方面，正如卢克施提醒我们的，批判性想象力的颠覆力永远无法被完全反映、归档或控制。玛丽卡·西福尔描述了这些"授权和剥削的双重逻辑"是如何在她对与艾滋病纪念馆有关的情感的分析中共存的。在关于"**执行**"的词条中，"软件批判小组"集体为我们提供了一种关于这种抵抗是如何出现的沉思，展示了形式系统和情感体是如何在计算系统中暴露它们自己的不确定性。这种逃避和拒绝的时刻，可以在战略上被设计为"**混淆**"（Mushon Zer-Aviv），但它们也是生活本身的一个事实，因为它充满了"**不可预测性**"、未知性和不可知性（Elena Esposito）。

除了文化想象力，数据化过程也依赖于肉身。凯特·埃尔斯维特在关于"**表演性测量**"的词条中，展示了数据是如何变得真实至近似、测量和捕捉人类生命呼吸的最基本的持续性过程。信息在大数据档案中的融合和冲突不仅体现在政治意识形态层面，也体现在了不同材料之间：纸张、书架与电线、手指与触摸板、汗水与血液、灰尘与 DNA 相互交融。正如梅尔·霍根指出的，信息存储和传输的思辨性想象力正在转变：从金属的物质性，到身体本身作为一个可以提取价值的档案。她关于"**DNA**"的文章，探讨了目前将 DNA 当作档案的尝试，也讨论了这些科学家的思辨性的工作是如何反映了一种更为长久的档案愿望，即"保护和理论化那些永远逃避档案的思想和感觉的巨大痕迹——秘密、丢失、破坏和肢解"。与 DNA 的微观规模相比，香农·马特恩关于"**田野**"的词条则显示了档案是如何在人类世层面出现，在物质上压缩了多种时间性，并将古老和前沿的保存形式结合起来。在这方面，档案是在结合了演化的长期时间跨度和数字电路的短期时间跨度的背景下出现的。正如妮可·斯塔罗谢尔斯基在她撰写的《**冷却**》一章中表明的，这些物质档案不仅在信息方面，而且在物质方面也是不确定的，它们依赖于气候变化的不确定性，甚至在它们反映这些不确定性的时候亦然。奥里特·哈尔彭（《**演示**》）和莉拉·李-莫里森（《**无人机**》）的文章则展示了技术文化是如何维护物质暴力和军事介入机制的。

在这些新旧权力结构、想象力和物质性的纠葛中，核心问题是，作为（有时是想象的）过去行动的时间性是如何黏附，并共同产生了想象的和生活的未来。正如杰夫·考克斯和雅各布·隆德在《**time.now**》中论述的，新的机器系统，通过其物质运行而开启了一个新的时间秩序。但当档案结束后会发生什么？丽莎·布莱克曼通过概述"**还魂论**"，来帮助我们理解数据在完成其收集的工具主义目的后，仍然保留着幽灵般的能动性。正如克里斯汀·维尔在《**潜在因素**》中阐明的，这种时间性不仅是一个物质性问题，也是一个精神拓扑的问题。新的社会物质的时间性，产生了新的伦理困境和问题，这些问题，至少与权力的协商有关。

在这些新旧权力结构、想象和物质的纠葛中，核心问题是作为（有时是想象的）过去的行动的时间性，如何黏附并共同产生想象出来的和生活出的未来。一种普遍的结构性力量是殖民的持续存在，塔哈尼·纳迪姆对"**数据库想象力**"的讨论、鲁皮卡·里萨姆对《**数字人文**》中有关数字文化记录的梳理，分别以不同的方式暗示了这一点。正如范明河在《**抄袭规范**》中展示的，版权这个看似技术性的问题——支撑着大部分数字经济的法律治理基础设施——是一个由殖民主义和种族主义塑造的规范性框架，也是一个维护全球化技术基础设施的司法象征。同样，通过将绘图与移民放在一起解读，苏米塔·查克拉瓦蒂阐明了作为我们日常计算系统的一个普遍特征的绘图机制是如何被技术负担和殖民野心所支撑的，这不仅提出了关于事物和人是如何被绘制的问题，而且还提出是为了什么目的、由谁来，以及产生什么效果的问题（《**移民地图**》）。在关于"**技术遗产**"的讨论中，艺术家兼研究员诺拉·巴德里（与合作者纳芙蒂蒂·哈克一起），展示了文化遗产机构及其数字化实践是如何延伸了掠夺、剥夺和控制的殖民遗产，并询问可以怎样运用技术来实现去殖民化和物归原主。

批判性种族理论家阿兰娜·伦廷也指出，算法的中立性假设有助于掩盖现代性的基底——它的种族化主体和被殖民的他者。在关于"**算法种族主义**"的讨论中，伦廷提出了一个关键的观点，即网络通信不仅包含种族偏见；事实上，种族主义是技术运行方式的组成部分，正如它是自由社会的组成部分一样。伦廷扩充了丽莎·中村（Lisa Nakamura, 2008）、全喜卿（Wendy Hui Kyong Chun, 2012）和萨菲亚·诺布尔（Safiya Noble, 2018）关于种族、技术和互联网的早期研究，还指出算法的编排，是如何支持了仇恨言论在网上的扩散。人们普遍相信，算法有更好的能力来管理结果——因为它们据说对种族和其他形式的偏见免疫——这与言论自由和平台是中立的概念，与所有想法都应该得到宣扬的观点是一致的，导致种族主义、性别歧视、仇视同性恋和跨性别人士的内容不断涌现，"不需要"受到监管。正如托尼亚·萨瑟兰在她关于"**遗存**"的词条中探讨的，种族主义也构建了数字和数据化档案的逻辑，黑人和社群继续被当作商品和奇观——甚至当他们死后，他们的遗体也会通过数字生命被复活以获取利润。艺术家米米·奥奴夏在她的"**自然的**"词条中指出，关于黑人主体由数据驱动的故事，往往从剥夺权利的假设开始，并延续了有关残暴和痛苦的赤字叙事，这种趋势，因企业和国家对机器学习和自动决策系统的监控应用的进步而加剧。奥奴夏没有要求以档案反叙事的形式纠正这种叙事，而是寻求在数字空间中为自己开辟空间——她在那里可以设计自己的存在模式。

殖民主义和种族主义普遍存在的权力档案的基础结构，总是伴随着压迫和歧视的性别动态。这些都是以使人看不见、性化、幼稚化和错误判别的形式出现在几层技术和逻辑中，在凯瑟琳·迪格纳齐奥的（**《异常值》**）、米里亚姆·斯威尼（**《数字助理》**），以及阿里斯蒂阿·福托普洛和坦尼亚·康德（**《机器人》**）的文章中均有涉及。正如克雷格·罗伯逊关于"**文件**"的媒介史一文显示的，信息处理中的非实体化逻辑是由一条历史轨迹塑造的，在这条轨迹中，女性曾经作为低幼，但有能力的信息处理者而为人所知，只是随着劳动的身体退到计算机系统的背景中才从视野中消失不见，如今，计算机系统成为中心舞台。同时，丽贝卡·施耐德用"**故障**"来描述女性主义行为艺术家卡罗莉·施尼曼（Carolee Schneeman）为打破社会规范和常规操作而采用的错误的美学。

媒介史揭示了女性在信息处理和计算系统领域中的隐而不现状况，但性别压迫轴也通过构建大数据档案和数据化实践的量化逻辑而交叉。正如奥斯·凯斯在他们关于"**（误）判性别**"的文章中指出的，这些压迫轴，仍然停留在数据科学的二元想象中，它同时将跨性别经验排除在信息的二元组织之外，同时，通过从跨性别前生活的档案材料中提取的静态性别叙述而将跨性别者圈在其中。因此，正如杰奎琳·维尔尼蒙指出的，"**量化**"的逻辑和实践从来都不是"纯然"描述性的，而是一直参与到身体和人已经变成，也正在变得被自己、他者、民族国家和全球化的治理制度所见的过程中。事实上，正如奥尔加·戈里乌诺娃在她关于"**替身**"的词条中显示的，这种标准化过程产生了一个平均数的想象，而这个想象从来没有与丰富的经验现实相一致，它实际上是对那些发现自己被标准化模型取代的人的一种威胁。

量化带来的视觉化，往往以不完美的步骤、磅数和心跳来计算，而数据的价值则往往通过晚期资本主义范式的镜头来计算。然而，正如维尔尼蒙指出的，这有时比那些甚至被排除在这种基本形式的承认之外的人的状况要好。因此，正如维尔尼蒙在提到黛安·尼尔森（Diane Nelson）指出的，量化"既是必要的，又是不充分的；既是非人化的，又是补偿性的；既是必要的，又是复杂的"（Nelson 2015, xi）。大卫·莱昂（《**分类**》）和莎拉·罗伯茨（《**滥用**》）的文章探讨了主体通过与大数据制度的互动，以及对其的服从而变得脆弱的方式。然而，正如柏坎·塔斯指出的，在重拾和拥抱这种脆弱性的过程中，也存在着巨大的权力。塔斯表明，通过将残疾当作一个关键的分析范畴，我们可以进一步理解大数据，更重要的是，开辟参与和关怀的模式——这有可能实现不服从的政治。

人们越来越关注对数据的预测性和先发制人的算法提取和分析带来的有害影响，结果是，伦理学成为大数据公共讨论的中心。在过去几年，一些致力于数据伦理的研究项目和机构开始蓬勃发展，国家和超国家的数据伦理委员会得以成立，企业也开始将数据伦理纳入自己的词汇和政策中。研究人员和批评家对这些发展持怀疑态度，他们担心，伦理的企业化和立法会导致对伦理的贫乏理解——这种理解以个人责任和机构责任为中心，而非正视并努力纠正结构性的歧视和权力差异。诸如偏见、公平、问责制和透明度等概念越来越被审查，因为这些概念将歧视的来源定位在个人行为或技术系统中，而非判别、对抗，乃至纠正作为这些技术系统之基础的社会不平等现象（Bennett and Keyes 2019;

Dave 2019; Hoffmann 2019)。在做回应时，学者们主张，将社会技术系统建立在社会正义的概念上，他们认为，这些概念更尖锐地对抗由技术所延续的连锁压迫系统，同时，也承担起想象其他世界，想象其他存在模式的任务（Benjamin 2019a, 2019b; Costanza-Chock 2020; D'Ignazio and Klein 2020）。

本书中的某些章节对这一正在进行的辩论有所贡献，既让问题复杂化，也取得了进展。路易丝·阿穆尔在她关于"伦理"的词条中，介绍了"为算法设伦理"（ethics for algorithms）和"算法的伦理"（the ethics of the algorithm）之间的重要区别。前者与上述伦理考量相吻合，强调人类的责任，即设计一个算法必须遵守的伦理框架，并建立良好的、符合伦理和规范的安排。阿穆尔通过"算法的伦理"或"云伦理"提醒我们注意一个被忽视的事实：算法已经呈现为一种关于世界的价值、假设和主张的伦理政治安排。因此，阿穆尔敦促我们在当前的伦理框架之外，重新思考算法与伦理之间的关系，强调算法出现的条件已经是"伦理责任的场所"：这些条件与其说是违反了既定的社会规范，不如说是突显了行为和政治可能性的新参数，从而改变了我们与自己、与他人的关系。

丹妮拉·阿戈斯蒂纽在有关"关怀"的词条中提醒我们注意女性主义的伦理概念——这些概念使得目前的辩论变得更为复杂也更丰富，而这些辩论倾向于将伦理当作思考数据化的一个框架而加以否定。阿戈斯蒂纽借鉴了非殖民主义和黑人女性主义的关怀理论，将关怀伦理重新定位成一种激进的参与和拒绝模式——一种坚定地与正义和解放的要求相一致，而非对立的模式。无独有偶，罗米·罗恩·莫里森（《肉身》）也认为，对基于伦理和权利的论述的呼吁，未能与支撑这些伦理框架的系统性暴力相抗衡，因为它们继承自现代的启蒙认识论。莫里森声称，作为大数据过程基础的测量和量化的种族化逻辑需要被彻底拆除，他提出，肉身是打断知识的提取模式的关键所在。作为黑人的一种形象，肉身因此被想象成一种本体论的不确定性、不可知性和拒绝被解析的激进模式。

布鲁克林·吉普森、弗朗西丝·科里、萨菲亚·乌莫加·诺布尔通过强调"**交叉性**"乃是植根于黑人女性主义技术研究的研究方法，为关于数据正义的辩论提供了一条不同的途径。将金伯莱·克伦肖（Kimberlé Crenshaw）的分析延伸至技术领域，吉普森、科里和诺布尔讨论了交叉性方法是如何顾及相互交错的压迫系统，并由此揭示了在被收集和组织的大量数据中尚未显明的白人、父权和异性恋的规范性价值系统。作为一种替代性的认识论，交叉性被当作一种数据正义的方法而提出，它既揭露也挑战了大数据的运行所依据的价值体系，同时，也强调了大型数据集可能被交叉性地构想、设计和使用的方式。媒介学者塔拉·康利是"话题标签女性主义档案"的创始人，她介绍了"**话题标签存档**"这一术语，并把它当作一种女性主义和反种族主义的方法，认为它能在话题标签数据空间的不确定条件下，收集和保存社交媒体的数据。尤其是，她以 2014 年迈克尔·布朗（Michael Brown）[9] 在弗格森遇害后的早期阶段为例，分析了对创伤（如警察对黑人的暴力事件）进行标签存档的伦理意义，也分析了对抗议运动（如#MeToo）作注释的伦理意义——这些运动依赖于个人和社群创伤的故事。康利为道德标签归档提供建议，这是为了保护归档时的政治和社会背景，以及确保那些最容易遭受监视、性暴力和各种线上线下的漫骂之人的安全。

这些关于伦理和社会正义的讨论提出了一个关键的问题：我们应该如何前

9　这里指的是"迈克尔·布朗命案"，2014 年 8 月 9 日发生在美国密苏里州圣路易斯县弗格森。事发时，18 岁的非裔美国青年迈克尔·布朗在未携带武器的情况下，遭到 28 岁的白人警员达伦·威尔逊射杀。布朗并未携带武器，且没有任何犯罪记录，在被射杀前他仅与警员接触了不到 3 分钟。当地警方认为布朗涉嫌一起抢劫案，但直到被射杀时他和警员之间都没谈到劫案一事。警员威尔逊已经在当地警局工作了 4 年，没有违规记录，曾被称赞敬业。这起事件引发连续多日的抗议行动。——译注

进，我们可以采用什么策略，或者需要想象何种策略来创造一个不同的数据化世界。在这一背景下，一个关键的论点涉及日常技术使用的伦理，比如娜塔莎·道·舒尔详述的"**自我追踪**"，以及日常与数据资本主义的共谋程度。佩皮塔·赫塞尔伯斯关于"**解毒**"的章节批判性地讨论了断开连接的愿望——这通常是作为一种战术解决方案出现，退出和"选择退出"已经数字饱和的生活。赫塞尔伯斯表明了断开连接和排毒的策略是如何在新自由主义条件下重申了连接性。虽然诸如断开连接的应用程序和撤退的解决方案通常是为了"恢复"主体，从而在连接性和资本主义经济中更好地运作，但数据检测矛盾地表明，抵制当代数据监控的方式，是通过更多的技术和新的也更好的算法。赫塞尔伯斯由此指出了"退出"想象的局限性，也指出它们依据的技术解决方案和特权主体性。退出和断开连接的概念也是安妮·林调查"**共谋**"的意义之关键，它是技术使用者在监视、歧视、反民主的数据操纵和气候危机等形式的不法行为中的一种习惯性的，甚至是无意识的举动。林认为，完全脱离采集数据的设备是不可能的，也大有问题。因此，她提出了有软件设计师、政策制定者、活动家、艺术家、技术的人文理论家，甚至人工智能本身参与联盟的案例，既要规范现有的数据制度，又要设计新技术和新的媒体环境，来导向保护、公正、同意和有意义的联系等更具道德价值的方向。

我们对本书阐述的集体分析所抱的希望，正是在这种联盟中齐头并行地展开工作。这些关键词分析了近年来大数据对于人类经验的意义，也分析了所有的不确定性。此外，每一篇词条都提出了理解大数据、实现数据正义的方法，并对大数据的未来，对它在归档和创造知识方面的作用进行了更合乎伦理的想象。

附录：大数据与冠状病毒疫情

在完成本书时，我们正从一场在全球爆发的大疫情中缓过神来，我们确实生活在一个极不确定的时代。本书的大部分作者和编辑都处于封城状态，封城是为了防止致命的"新型冠状病毒"的传播而采取的保护措施，世界卫生组织在 2020 年初宣布该病毒为大流行病。我们认为，批判性的数据研究在这个时候甚至是最为亟须的，需要迅速收集和分析有关人们的健康和行动的数据，从而提高流行病学家对传染和免疫的理解，追踪的应用程序也正在推出，以减缓病毒的传播。对于我们已经拥有的数据，批判性分析也是必不可少的，例如，数据显示，病毒正在以不同的速度让不同的人群致死。有色人种、关键的工人、已有医疗条件的人，以及无法获得保护自己和亲人的空间的人群，死得更多。这种病毒出现在一个已极不平等的世界中——数据在这个世界中已经被政府和大数据公司采集、交易和滥用。不能让有关病毒的数据，受到我们眼前的滥用的影响。我们真诚地希望，本书提出的大数据处理方法，可以形成眼下更亟须的批判性分析。

注释

[1] 遗憾的是，这项战略资助在随后的几年里被取消了，因为一位丹麦男教授指控它与欧盟的竞争法规相冲突，理由是它主要支持女性研究人员。

[2] 这种工作既是过程，也是基础设施，从而进一步与最近采用女性主义、非殖民主义、跨学科和公民科学方法的进步和激进研究环境的泉源联系起来。这些环境包括实验室和研究机构，如技术科学研究单位、irLH、CLEAR（环境行动研究公民实验室）和数据 + 女性主义实验室；网络，如非殖民化设计和设计正义网络。研究中心，如哥伦比亚大学的空间研究中心及班加罗尔和德里的互联网和社会中心；数字人文基础设施，如 DARIAH（艺术和人文的数字研究基础设施）和 HASTAC（人文、艺术、科学和技术联盟及合作机构）。

参考文献

(1) Adler, Melissa. 2017. *Cruising the Library: Perversities in the Organization of Knowledge*. New York: Fordham University Press.

(2) Agostinho, Daniela, and Nanna Bonde Thylstrup. 2019. "'If truth was a woman': Leaky infrastructures and the gender politics of truth-telling." *Ephemera: Theory and Politics in Organization* 19 (4): 745–775.

(3) Amoore, Louise. 2019. "Doubt and the algorithm: On the partial accounts of machine learning." *Theory, Culture and Society*. https://doi.org/10.1177/0263276419851846.

(4) Amoore, Louise, and Rita Raley. 2017. "Securing with algorithms: Knowledge, decision, sovereignty." *Security Dialogue* 48 (1): 3–10.

(5) Appadurai, Arjun. 2012. "The spirit of calculation." *Cambridge Journal of Anthropology* 30 (1): 3–17.

(6) Benjamin, Ruha. 2019a. *Captivating Technology: Race, Carceral Technoscience, and Liberatory Imagination in Everyday Life*. Durham, NC: Duke University Press.

(7) Benjamin, Ruha. 2019b. *Race after Technology*. Cambridge: Polity Press.

(8) Bennett, Cynthia L., and Os Keyes. 2019. "What is the point of fairness? Disability, AI and the complexity of justice." arXiv preprint. https://arxiv.org/abs/1908.01024.

(9) Breslow, Jacob. 2018. "Moderating the 'worst of humanity': Sexuality, witnessing, and the digital life of coloniality." *Porn Studies* 5 (3): 225–240. https://doi.org/10.1080/23268743.2018.1472034.

(10) Browne, Simone. 2015. *Dark Matters: On the Surveillance of Blackness*. Durham, NC: Duke University Press.

(11) Burton, Antoinette. 2008. "Finding women in the archive: Introduction." *Journal of Women's History* 20 (1): 149–150.

(12) Caswell, Michelle. 2016. "'The archive' is not an archives: On acknowledging the intellectual contributions of archival studies." *Reconstruction 16* (1). https://escholarship.org/uc/item/7bn4v1fk.

(13) Caswell, Michelle, and Marika Cifor. 2016. "From human rights to feminist ethics: Radical empathy in the archives." *Archivaria* 81: 23–53.

(14) Caswell, Michelle, Ricardo Punzalan, and T-Kay Sangwand. 2017. "Critical archival studies: An introduction." *Journal of Critical Library and Information Studies* 1 (2). http://libraryjuicepress.com/journals/index.php/jclis/article/view/50/30.

(15) Certeau, Michel de. 1988. *The Writing of History*. Translated by Tom Conley. New York: Columbia University Press.

(16) Chaudhuri, Nupur, Sherry J. Katz, and Mary Elizabeth Perry, eds. 2010. *Contesting Archives: Finding Women in the Sources*. Champaign: University of Illinois Press.

(17) Chun, Wendy Hui Kyong. 2011. *Programmed Visions: Software and Memory*. Cambridge, MA: MIT Press.

(18) Chun, Wendy Hui Kyong. 2012. "Race and/as technology, or how to do things to race." In *Race after the Internet*, edited by Lisa Nakamura and Peter A. Chow- White, 38–60. London: Routledge.

(19) Chun, Wendy Hui Kyong, and Sarah Friedland. 2015. "Habits of leaking: Of sluts and network cards." *differences* 26 (2): 1–28. https://doi.org/10.1215/10407391-3145937.

(20) Cifor, Marika. 2015. "Presence, absence, and Victoria's hair: Examining affect and embodiment in trans archives." *Transgender Studies Quarterly* 2 (4): 645–649.

(21) Cifor, Marika. 2016. "Aligning bodies: Collecting, arranging, and describing hatred for a critical queer archives." *Library Trends* 64 (4): 756–775.

(22) Cifor, Marika, and Stacy Wood. 2017. "Critical feminism in the archives." *Journal of Critical Library and Information Studies* 1 (2). http://libraryjuicepress.com/journals/index.php/jclis/article/view/27/26.

(23) Cixous, Hélène. (2002) 2007. *Manhattan: Letters from Prehistory*. Translated by Beverley Bie Brahic. New York: Fordham University Press.

(24) Costanza-Chock, Sasha. 2020. *Design Justice*. Cambridge, MA: MIT Press.

(25) Cvetkovich, Ann. 2003. *An Archive of Feeling: Trauma, Sexuality, and Lesbian Public Cultures*. Durham, NC: Duke University Press.

(26) Dave, Kinjal. 2019. "Systemic algorithmic harms." *Data and Society: Points* (blog). May 31, 2019. https:// points.datasociety.net/systemic-algorithmic-harms-e00f99e72c42.

(27) Derrida, Jacques. 1998. *Archive Fever: A Freudian Impression*. Translated by Eric Prenowitz. Chicago: University of Chicago Press.

(28) D'Ignazio, Catherine, and Lauren F. Klein. 2020. *Data Feminism*. Cambridge, MA: MIT Press.

(29) Dirckinck-Holmfeld, Katrine. 2011. "What is artistic research? Notes for a lip-synch performance." In *Investigação em Arte e Design: Fendas no Método e na Criação*, edited by João Quaresma, Fernando Paulo Rosa Dias, and Juan Carlos Ramos Guadix, 159–169. Lisbon: Centro de Investigação e de Estudos em Belas-Artes, Universidade de Lisboa.

(30) Edenheim, Sara. 2013. "Lost and never found: The queer archive of feelings and its historical propriety." *differences* 24 (3): 36–62.

(31) Edwards, Elisabeth. 2016. "The colonial archival imaginaire at home." *Social Anthropology* 24 (1): 52–66.

(32) Ellison, Treva C. 2016. "The strangeness of progress and the uncertainty of blackness." In *No Tea, No Shade: New Writings in Black Queer Studies*, edited by E. Patrick Johnson. Durham, NC: Duke University Press.

(33) Esposito, Elena. 2014. *Die Fiktion der wahrscheinlichen Realität*. Frankfurt am Main: Suhrkamp.

(34) Farge, Arlette. 2013. *The Allure of the Archives*. New Haven, CT: Yale University Press.

(35) Farge, Arlette, and Michel Foucault. 1982. *Le Désordre des familles: Lettres de cachet des Archives de la Bastille au XVIIIe siècle*. Paris: Gallimard.

(36) Foucault, Michel. (1969) 2007. *Archaeology of Knowledge*. Translated by A. M. Sheridan Smith. New York: Routledge.

(37) Foucault, Michel. 2002. "Lives of infamous men." Translated by Robert Hurley. In Power, 1954–1984, edited by Paul Rabinow, 157–175. Vol. 3 of *Essential Works of Michel Foucault*. New York: Penguin.

(38) Fuentes, Marisa. 2016. *Dispossessed Lives: Enslaved Women, Violence, and the Archive*. Philadelphia: University of Pennsylvania Press.

(39) Gates, Kelly. 2011. *Our Biometric Future: Facial Recognition Technology and the Culture of Surveil-*

lance. New York: New York University Press.

(40) Ghaddar, J. J. 2016. "The spectre in the archive: Truth, reconciliation, and indigenous archival memory." *Archivaria* 82:3–26.

(41) Gillespie, Tarleton. 2018. *Custodians of the Internet: Platforms, Content Moderation, and the Hidden Decisions That Shape Social Media*. New Haven, CT: Yale University Press.

(42) Gilliland, Anne J. 2017. "A matter of life or death: A critical examination of the role of records and archives in supporting the agency of the forcibly displaced." *Journal of Critical Library and Information Studies* 1 (2). https://doi.org/10.24242/jclis.v1i2.36.

(43) Hartman, Saidiya. 2008. "Venus in two acts." *Small Axe* 11 (2): 1–14.

(44) Hayles, N. Katherine. 2017. *Unthought: The Power of the Cognitive Nonconscious*. Chicago: University of Chicago Press.

(45) Helton, Laura, Justin Leroy, Max A. Mishler, Samantha Seely, and Shauna Sweeney, eds. 2015. "The question of recovery: Slavery, freedom and the archive." Special issue. *Social Text* 33 (4): 1–18.

(46) Hoffmann, Anna Lauren. 2019. "Where fairness fails: Data, algorithms, and the limits of antidiscrimination discourse." *Information, Communication and Society* 22 (7): 900–915. https://doi.org/10.1080/1369118X.2019.1573912.

(47) Irigaray, Luce. 1985. *This Sex Which Is Not One*. Translated by Catherine Porter with Carolyn Burke. Ithaca, NY: Cornell University Press.

(48) Jenkinson, Hilary. 1922. *A Manual of Archive Administration — Including the Problems of War Archives and Archive Making*. Oxford: Clarendon Press.

(49) Kazanjian, David. 2016. "Freedom's surprise: Two paths through slavery's archives." *History of the Present* 6 (2): 133–145.

(50) Keeling, Kara. 2019. *Queer Times, Black Futures*. New York: New York University Press.

(51) Lapp, Jessica M. 2019. "'Handmaidens of history': Speculating on the feminization of archival work." *Archival Science* 19(1): 215–234. https://doi.org/10.1007/s10502-019-09319-7.

(52) Lewis, Rebecca. 2018. *Alternative Influence: Broadcasting the Reactionary Right on YouTube*. New York: Data and Society Research Institute. https://datasociety.net/pubs/alternative_influence.pdf.

(53) McPherson, Tara. 2019. "Platforming hate: The right in the digital age." Talk presented at KTH Humanities Tech: Hate Online — Analyzing Hate Platforms, Fighting Hate Crimes, KTH Royal Institute of Technology, January 2019.

(54) Mulroney, Lucy. 2019. "Lost in archives." Paper presented at MLA International Symposium, Lisbon, July 2019.

(55) Nakamura, Lisa. 2008. *Digitizing Race: Visual Cultures of the Internet*. Minneapolis: University of Minnesota Press.

(56) Nakamura, Lisa. 2009. "The socioalgorithmics of race: Sorting it out in jihad worlds." In *New Media and Surveillance*, edited by Kelly Gates and Shoshana Magnet, 149–161. London: Routledge.

(57) Nakamura, Lisa. 2019. "Watching white supremacy on digital video platforms: 'Screw your optics, I'm going in.'" *Film Quarterly* 72 (3): 19–22.

(58) Nelson, Diane M. 2015. *Who Counts? The Mathematics of Death and Life after Genocide.* Durham, NC: Duke University Press.

(59) Noble, Safiya Umoja. 2014. "Teaching Trayvon." *Black Scholar* 44 (1): 12–29. https://doi.org/10.1080/00064246.2014.11641209.

(60) Noble, Safiya Umoja. 2018. *Algorithms of Oppression: How Search Engines Reinforce Racism.* New York: New York University Press.

(61) Noble, Safiya Umoja. 2019. "The ethics of AI." Paper delivered at Digital Democracies Conference: Artificial Publics, Just Infrastructures, Ethical Learning; Simon Fraser University, May 16.

(62) O'Malley, Pat. 2009. "'Uncertainty makes us free': Liberalism, risk and individual security." *Behemoth: A Journal on Civilization* 2 (3): 24–38.

(63) Parisi, Luciana. 2013. *Contagious Architecture: Computation, Aesthetics, and Space.* Cambridge, MA: MIT Press.

(64) Pink, Sarah, Debora Lanzeni, and Heather Horst. 2018. "Data anxieties: Finding trust in everyday digital mess." *Big Data and Society* 5 (1): 1–14. https://doi.org/10.1177/2053951718756685.

(65) Ring, Annie. 2014. "The (w)hole in the archive." *Paragraph* 37 (1): 387–402.

(66) Ring, Annie. 2017. *After the Stasi: Collaboration and the Struggle for Sovereign Subjectivity in the Writing of German Unification.* Second edition. London: Bloomsbury.

(67) Roberts, Sarah T. 2018. "Digital detritus: 'Error' and the logic of opacity in social media content moderation." *First Monday* 23 (3). http://firstmonday.org/ojs/index.php/fm/article/view/8283/6649.

(68) Roberts, Sarah T. 2019. *Behind the Screen: Content Moderation in the Shadows of Social Media.* New Haven, CT: Yale University Press.

(69) Saber, Dima. Forthcoming. "'Transitional what?' Perspectives from Syrian videographers on the YouTube takedowns and the video- as- evidence ecology." In *Warchives: Archival Imaginaries, War and Contemporary Art*, edited by Daniela Agostinho, Solveig Gade, Nanna Bonde Thylstrup, and Kristin Veel. Berlin: Sternberg Press.

(70) Sachs, Honor R. 2008. "Reconstructing a life: The archival challenges of women's history." *Library Trends* 56 (3): 650–666.

(71) Schneider, Rebecca. 2011. *Performing Remains: Art and War in Times of Theatrical Reenactment.* London: Routledge.

(72) Schüll, Natasha Dow. 2014. *Addiction by Design: Machine Gambling in Las Vegas.* Princeton, NJ: Princeton University Press.

(73) Shah, Nishant. 2015. "The selfie and the slut: Bodies, technology and public shame." *Economic and Political Weekly* 1 (17): 86–93.

(74) Spade, Dean. 2015. *Normal Life: Administrative Violence, Critical Trans Politics, and the Limits of Law.* Durham, NC: Duke University Press.

(75) Spieker, Sven. 2017. *The Big Archive: Art from Bureaucracy.* Cambridge, MA: MIT Press.

(76) Stoler, Ann Laura. 2002. *Carnal Knowledge and Imperial Power: Race and the Intimate in Colonial Rule.* Berkeley: University of California Press.

(77) Stoler, Ann Laura. 2009. *Along the Archival Grain: Thinking through Colonial Ontologies*. Princeton, NJ: Princeton University Press.

(78) Stone, Amy L., and Jaime Cantrell, eds. 2016. *Out of the Closet, into the Archives: Researching Sexual Histories*. Albany: State University of New York Press.

(79) Sutherland, Tonia. 2017a. "Archival amnesty: In search of black American transitional and restorative justice." *Journal of Critical Library and Information Studies* 2. http://libraryjuicepress.com/journals/index .php/jclis/article/view/42/27.

(80) Sutherland, Tonia. 2017b. "Making a killing: On race, ritual, and (re)membering in digital culture." Preservation, *Digital Technology and Culture* 46 (1): 32–40.

(81) Taylor, Diana. 2003. *The Archive and the Repertoire: Performing Cultural Memory in the Americas*. Durham, NC: Duke University Press.

(82) Thylstrup, Nanna Bonde. 2019. *The Politics of Mass Digitization*. Cambridge, MA: MIT Press.

(83) Thylstrup, Nanna Bonde, and Kristin Veel. 2020. Dating app. In *The Oxford Handbook on Media, Technology and Organization Studies*, edited by Timon Beyes, Robin Holt, and Claus Pias. Oxford: Oxford University Press. DOI: 10.1093/oxfordhb/9780198809913.013.48.

(84) Vismann, Cornelia. 2008. *Files: Law and Media Technology*. Stanford, CA: Stanford University Press.

(85) Wade, Ashleigh Greene. 2017. "'New genres of being human': World making through viral blackness." *Black Scholar* 47 (3): 33–44. https://doi.org/10.1080/00064246.2017.1330108.

(86) Wang, Jackie. 2017. *Carceral Capitalism*. Los Angeles: Semiotext(e).

(87) Warren, Kellee E. 2016. "We need these bodies, but not their knowledge: Black women in the archival science professions and their connection to the archives of enslaved black women in the French Antilles." *Library Trends* 64(4): 776–794. https://doi.org/10.1353/lib.2016.0012.

(88) Waseem, Zeerak, Wendy Hui Kyong Chun, Dirk Hovy, Joel Tetreault, Darja Fišer, Tomaž Erjavec, and Nikola Ljubešić, eds. 2017. *Proceedings of the First Workshop on Abusive Language Online*. Vancouver: Association for Computational Linguistics.

(89) Waseem, Zeerak, Thomas Davidson, Dana Warmsley, and Ingmar Weber. 2017. "Understanding abuse: A typology of abusive language detection subtasks." http://arxiv.org/abs/1705.09899.

(90) Whearty, Bridget. 2018. "Invisible in 'the archive': Librarians, archivists, and the Caswell test." Paper presented at the 53rd International Congress of Medieval Studies, Kalamazoo, MI, May 2018.

(91) Williams, Stacie M., and Jarret Drake. 2017. "Power to the people: Documenting police violence in Cleveland." *Journal of Critical Library and Information Studies* 1 (2). https://doi.org/10.24242/jclis.v1i2.33.

1. 滥用（Abuse）

莎拉·罗伯茨（Sarah T. Roberts）

导言：作为实践与隐喻的内容管理和档案管理

内容管理，或者说审核"在线用户生成的内容"（online user-generated content, UGC）是一种不为人见的实践，也是一种可见的实践。尤其是当被工业化和规模化时，它会对社交媒体平台的景观和生态直接产生影响，因为它充当了一种双向的把关机制，既允许某些内容继续存在，也允许某些被删除。而"删除"很少以一种有意义的方式被人感知或领会，并引发负面后果。在一项关于"用户对在线内容进行审核"有何看法的研究中，莎拉·迈尔斯·韦斯特（Sarah Myers West, 2018）发现，缺乏透明度会导致用户"发展出关于平台如何运行的'民间理论'：他们会在缺乏权威解释的情况下，通过努力在相关现象之间建立联系，来理解对内容进行审核的过程，并发展出有关内容被删除的原因和方式的非权威想法"。

然而，从（那些在未经分析的状态下）可能被视为零散的和个别数字勘误 / 碎片的语料库中，可以衍生出巨大的意义（Roberts 2018）。在这本专门讨论不确定、不守规矩和不顺从的档案的书中，我研究了从主流社会的互联网景观中大规模删除在表面上是恶劣的、有问题的、危险的和令人不安的材料，也研究了先鼓励其努力流通的机制，而后又在计算锁和密钥下聚集起来的数字存储库档案——单方面收集的记录（在这种情况下是数字图像和视频形式），这些材料旨在进入档案，永远留存下去。

为了理解收集的过程，也是为了理解随之而来的档案的意义，我会将后文的讨论与批判性档案研究领域的理论进展联系起来，这些理论进展推动了档案的中立性，也推动了该领域里的同质性概念；我会将重点转向社群导向（community-oriented）的档案；并为档案设想解放、社会正义导向和人权的框架（Caswell 2014b; Punzalan and Caswell 2015; Sutherland 2017; Wood et al. 2014）。

这类见解往往因学科的不公平而受到束缚，继而弱化了它们在讨论中的关键影响或理解，一方面是主流（自认为是非政治性或中立）的档案实践；另一方面，是社会学、人类学和人文学科对"档案"的看法，这些看法往往很少涉及研究对象背后的档案理论和实践：单一的、抽象的、经常被命名的"档案"。然而，在批判性的档案研究中，这种对话对于这些审核的性质和重要性在**整体上**（在理论和实践中）有诸多贡献。在此，我将其归功于该领域的任务，即"试图解读（档案）权力和知识的叙事"（Ketelaar 2001, 132），从而让一个特定的档案作为一种具有巨大权力的社会和政治对象，以及要求它存在的人、实践和过程的整体具有意义。

我注意到，本文使用的几个术语也在不断地变化，并遭受争议。这些术语包括但不限于**档案**的定义——尤其是当它与**数据库**并列时。图书馆研究者玛琳·马诺夫（Marlene Manoff, 2010, 385）在工作中证明了这一事实：

> 当图书馆和档案学以外的学者使用"档案"一词时，或者当信息技术领域以外的学者使用"数据库"一词时，他们的意思几乎总是比这些

领域的专家使用该词时更为宽泛，也更含糊。这些术语包含的学科界限正在被侵蚀……不过，档案和数据库也已经演变成越来越受争议的术语，用于将数字文化和新形式的集体记忆理论化。

在处理 PhotoDNA[1] 的案例时，本文与马诺夫描述的那种隐喻的变化和应用出现了争议，PhotoDNA 主要是一个自动化的并依赖算法的产品，它存在于一个边界明晰的空间中，也实现了颇具争议的目的。

人工智能来拯救？

为了应对由最糟糕的内容所造成的法律责任和品牌损伤，也为了应对内容审核员的倦怠和曝光所带来的伤害（Hadley 2017），主流平台越来越寄望于通过算法的自动化潜力，来解决他们希望在用户看到之前就从网站上删除的内容。人们希望，基于机器学习（ML）和人工智能（AI）的计算机制能提供一种方法：从生产链中完全排除人为因素，同时确保完全常规化地遵守内部审核的政策。然而，这种解决平台内容问题的方法对于阻止"在线用户生成内容"的上传，或是阻止其背后的推动力几乎毫无作用——它是在这些内容已经被添加到平台上之后才解决的。简而言之，对于复杂的社会问题集合而言，这主要是一种技术解决方案（Gillespie 2017）。这种技术解决主义通常受到硅谷的青睐，硅谷经常把人工智能想象成在有人类参与的情况下，在需要死记硬背和可复制

1　是微软研究中心与美国达特茅斯学院的数字专家开发的图像影像辨识比对技术，该技术通过分析图片中隐含的数字指纹，采用强化散列技术，分析图片的散列值，再对比不同图片的散列值，以确认两张图片的相通性。在图片经过复制或重制后，仍然能达到 99.7% 的准确度。——译注

的结果的情况下，对规则、规范和程序的应用所感知到的基本不公现象更有利（Klonick 2018）。然而，这类工具的应用，以内在的抽象化和意义的扁平化为前提，导致一切人为过程都被简化成一个由算法、流程图、"如果—那么"的逻辑结构组成的拼贴物。这种逻辑在某些情况下比其他情况更适合。

不幸的是，对于赞同这种观点的硅谷企业来说，基于机器学习和人工智能的自动化，在很大程度上都没达到可以可靠地完全接管节制功能的地步——无论在技术或是经济方面，莫不如此。这在很大程度上是因为大部分（但不是全部）"在线用户生成的内容"的性质：用户新产生的材料在世界上的其他地方不存在，包含符号、图像和其他文化艺术品的复杂组合，它们共同传达了整体的意义。每当这些内容被标记时，由人工来评估仍然更便宜，也更便捷（Crawford and Gillespie 2016）。

然而，在已经知道有不良内容存在，并且在过去被上传和删除的情况下，还有一个解决方案。它适用于商业内容版主最难处理的内容，这些内容也为平台带来了最大的法律责任：儿童的性剥削和虐待材料。PhotoDNA 为此应运而生。

PhotoDNA

2008 年，微软（Microsoft）和美国国家失踪与被剥削儿童中心（National Center for Missing and Exploited Children, NCMEC）邀请达特茅斯的计算机科学家哈尼·法里德（Hany Farid）参加一场技术和社交媒体企业的会议，这些企业努力在自己的平台上解决儿童性剥削材料的流通问题——收集对儿童的性虐待材料。[1] 尽管这些企业的产品和市场地位各不相同，但他们从根本上都依赖于通过收集和分享 UGC 而吸引并维持用户群，其中一些子集含有这类令人不安的非法材料。

从平台上删除这些内容在技术和经济两方面都很棘手，正如法里德（Hany Farid, 2018, 594）在一篇关于 PhotoDNA 的历史和技术的文章中描述的："在首场会议中，我一整天都反复听到，要自动且有效地从网络平台上清除（儿童性剥削材料）却不干扰房里的科技巨头的商业利益是异常困难的。"换句话说，法里德敏锐地意识到，应对作为 UGC 上传的此类材料这一看似无止境的问题的方法之一，是"慢点灭火"，是将更多资源转移到人工审核，并改变平台基于内容的商业模式。由于这些企业专注于维持现状的经济利益，他很清楚这条路线甚至不值得讨论。相反，该小组将注意力集中在技术解决方案上——法里德认为这可能超出了技术的范畴。

很大一部分的在线儿童性剥削材料都有一个特殊的特点：它经常是既存在，而又为执法部门和 NCMEC 等团体所知的。事实上，在会议召开时，NCMEC 已经拥有了一个大约 100 万张图片和视频的资料库（Farid 2018, 594）。虽然在计算机科学中，自动识别和删除仍然是一个复杂的问题，但现有的大量材料可以与新的 UGC 进行对比，这让法里德预见到一种计算自动化的手段，它至少可以处理已知材料的再流通。法里德开发了一个为已知的儿童性剥削内容数据库中的图像赋予散列法的过程，而后可以自动与任何订阅平台或服务器上传的 UGC 进行比较。法里德的技术有强大的突破力，即使原始图像被修改、编辑或压缩，它也能成功地自动识别材料。最终的结果是一件可供部署的产品，它能让这种有害的、令人不安的 UGC 类型的审核过程自动化。正如法里德（Farid 2018, 596）解释的：

经过一年半的开发和测试，PhotoDNA（原文如此）于 2009 年在微软的 SkyDrive 和搜索引擎 Bing 上推出。2010 年，脸书在它的整个网络中部署了 PhotoDNA。2011 年，推特紧随其后，而谷歌则等到 2016 年才部署。除了这些技术巨头外，PhotoDNA 现在也在全球范围内部署。2016 年，通过 NCMEC 提供的约 8 万张图片的数据库，PhotoDNA 负责删除了超过 10,000,000 张（儿童性剥削）图片，是毫无争议的删除。这个数据库可以很容易地大上三个数量级，让你感受到（儿童性剥削材料）的全球生产和传播规模之大。

滥用不确定的档案

在遏制已经为执法部门所知的儿童性剥削图像的流通和传播方面，对于那些使用 PhotoDNA 项目的主流社交媒体平台而言，该服务做了很多工作。它还将人类的商业内容版主从需要审查这些已知的令人不安的犯罪图像和视频的流通中解脱出来，这是他们在工作中最困难一点。但它也存在缺点，法里德在关于这个项目的文章中提到了其中的一些缺点。正如他指出的，对于新制作的或 PhotoDNA 数字档案中不为人知的材料，几乎无法实现自动删除。对于这种删除，商业内容的版主仍然位居一线；事实上，在长达九年的研究过程中，我接触到的每一位版主都表示，他或她曾经目睹并处理过此类材料。

按照法里德的说法，这是一个不大可能缓解的问题，无论是内容管理员还是人工智能，都不可能改变迫使人们虐待他人和交易这种虐待行为的人性问题。然而，鉴于不分青红皂白和无休止的 UGC 上传、流通和消费是平台创收的核心，平台本身在多大程度上引发了这些材料的产生和流通还有待充分了解。简而言之，世界上有一部分人作为生产者和消费者从事儿童性剥削的材料，而且他们已经找到一种便捷且又强大的机制，即通过社交媒体和其他依赖 UGC 的平台（如文件共享工具）来传播这些材料。

矛盾的是，平台和计算机科学家开发的解决方案并不是要消除这些材料的所有痕迹，因为这些材料经常被用作刑事诉讼的证据，仅仅拥有或传播这些材料通常就构成了犯罪。相反，在主流社交媒体网站上删除儿童性剥削内容的过程中，一个基本的部分是将其归档：它被归入 PhotoDNA 数字数据库，进行编目、加密，并用于跟不断新上传的内容进行匹配。由于这些原因，某人受害的数字记录将会永远存在。目前还不清楚的是受害者自己对这一事实的认识程度。此外，UGC 主办方的商业需求，与对这些材料进行干预的法律和道德责任之间也存在混淆。正如微软的 PhotoDNA 登录页面宣称的："帮助阻止儿童剥削图像的传播，保护您的业务。"这表明两者之间存在着实际的，甚至是道德上的等同关系。

由 PhotoDNA 等技术产生的档案带有一种强烈的不确定性：它从根本上说是未知的、不可知的，也是不可访问的，它的存在是明确的，不为人所见，甚至不被理解，但它反映了收集、筛选、分类、编目和占有的趋势——至少是由数字技术促成（Bowker and Star 1999）。它也有其他奇特的特点：它是一份永远不会被看到的材料档案，而是会被收集，并从流通中移除；这种档案作为一个对象，包括它的特殊功能，不为公众所知。它的记录不是为了让用户可查找或可用才被分类和编目的，而是为了将更多类似的材料从视野中删除。

在这个意义上，它因删减而增长：从用户面前的可访问性中删除材料意味着档案的增长。它以散列法来自动增长，但新材料也必须直接添加。移除过程的系统性、始终如一的性质是隐而不见的。这些材料**总体上**构成了一种并不存在的档案，其前提是一种更大的不透明逻辑，社交媒体的 UGC 在此基础上征集、盈利并流通，而这又是支撑主流社交媒体平台经济的逻辑（Roberts 2018）。归根结底，PhotoDNA 的存在宛若一个黑洞——我们可以明晰它的边界，甚至感受到某种引力或流向它，但永远不能，也不应该深陷其中。它是一个漩涡，既处于社交媒体运营结构的外围，又是其核心。

媒介学者阿比盖尔·德·科斯尼克（Abigail de Kosnik, 2016）在她的工作中提出了"流氓档案"（rogue archives）的概念。她是指在官方认可的机构档案的支持下，在档案实践的专业社群之外，创造材料（重新混合或新生成）的粉丝社群的集体产出。PhotoDNA 在多大程度上可以被认为是自己的流氓档案？也许，在流氓之外，它是非档案的——至少它不是任何传统意义上的档案。但这个由相关的、收集的、分类的和编目的人工制品组成的集合，除了被称为档案，还能是什么？为了理解 PhotoDNA 的社会意义及其暗示的权力关系，这些问题亟待解决。

结论：解读技术

批判性档案研究领域提供了许多具有挑战性的，也是困难的档案案例——尤其是那些涉及或作为侵犯人权的储存库的档案。有鉴于此，档案可以有力地见证权力的滥用，同时发挥导致这些让人痛苦的"滥用"的作用，发挥让这些"滥用"不断为人可见的作用。正如卡斯韦尔（Caswell 2013, 605）的断言："与实证主义的概念相反，记录并非活动的中性副产品；它们是话语的媒介，权力由此得以彰显。记录既导致暴力行为，也源自暴力行为。"

那么，PhotoDNA 的权力在哪里，它又是为谁服务？而且，正如卡斯韦尔和其他人指出的，如果档案的各种表现形式可以存在，进而重塑权力的不平衡（例如社区档案）——特别是在侵犯人权的情况下，如果有的话，那么在何种程度上，

PhotoDNA 也会这样做？例如，卡斯韦尔（Caswell, 2014b）提出，在记录侵犯人权行为的情况下"以幸存者为中心的记录方式"的概念，但在 PhotoDNA 的案例中，幸存者本身似乎完全没有被考虑在内。

这或许是因为，目前的 PhotoDNA 乃是作为 UGC 这种经济模式的一个令人不快和恐惧的结果而存在的，然而，就像商业内容审核工作本身一样，当公开讨论时，它常常被认为是一种反常现象。这种结果有可能避免的事实从未被考虑过；那些需要 PhotoDNA 的公司，也从未认真质疑依赖 UGC 的社交媒体经济模式——这种模式鼓励了或至少是促进了这类图像和材料的流通。而且，由于被收集并归入 PhotoDNA 的内容（以及 PhotoDNA 本身）对于普通用户来说基本上是无法察觉的，因此，任何人都很难在充分了解的情况下认真考虑 PhotoD-NA 档案的社会作用，或是它基于 UGC 的社交媒体平台的作用。

但这种知情的解读（回到 Ketelaar）将成为关键，因为越来越多的材料——如"恐怖主义"的内容（Thakor 2016）通过手动或自动的方式，进入像 PhotoDNA 这样的单向存储库。本着学者对档案的社会作用和权力（Caswell 2014a）、区块链（Golumbia 2016）、算法（Bucher 2017）、供应链（Posner 2018）和搜索（Noble 2018）等关键问题的态度，本文发出邀请，让大家一起，从整体的意义上来共同解读删除 UGC 的社会角色，从手动承担这一过程的人，到有朝一日可能在很大程度上取代他们的自动化工具，再到由此产生的对社交媒体生态系统的影响，而这些影响正是由那些在场的和不在场的材料所不可更改地塑造的。

注释

[1] NCMEC（n.d.）是美国的一个非政府组织，它长期跟美国和国际执法部门有直接的联系，也与工业界和世界各地的类似团体保持重要的伙伴关系。法里德现在在加州大学伯克利分校的 iSchool 工作。

参考文献

(1) Bowker, G., and S. L. Star. 1999. *Sorting Things Out: Classification and Its Consequences*. Cambridge, MA: MIT Press.

(2) Bucher, T. 2017. "The algorithmic imaginary: Exploring the ordinary affects of Facebook algorithms." *Information, Communication & Society* 20 (1): 30–44. https://doi.org.10.1080/1369118X.2016.1154086.

(3) Caswell, M. 2013. "Not just between us: A riposte to Mark Green." *American Archivist* 76 (2): 605–608.

(4) Caswell, M. 2014a. *Archiving the Unspeakable: Silence, Memory, and the Photographic Record in Cambodia*. Madison: University of Wisconsin Press.

(5) Caswell, M. 2014b. "Toward a survivor- centered approach to records documenting human rights abuse: Lessons from community archives." *Archival Science* 14 (3–4): 307–322. https://doi.org.10.1007/ s10502-014-9220-6.

(6) Crawford, K., and T. Gillespie. 2016. "What is a flag for? Social media reporting tools and the vocabulary of complaint." *New Media & Society* 18 (3): 410–428.

(7) de Kosnik, A. 2016. *Rogue Archives: Digital Cultural Memory and Media Fandom*. Cambridge, MA: MIT Press.

(8) Farid, H. 2018. "Reining in online abuses." *Technology & Innovation* 19 (3): 593–599. https://doi.org .10.21300/19.3.2018.593.

(9) Gillespie, T. 2017. "Governance of and by platforms." In *The Sage Handbook of Social Media*, edited by J.

(10) Burgess, A. Marwick, and T. Poell, 30. London: Sage.

(11) Golumbia, D. 2016. *The Politics of Bitcoin: Software as Right-Wing Extremism*. Minneapolis: University of Minnesota Press.

(12) Hadley, G. 2017. "Forced to watch child porn for their job, Microsoft employees developed PTSD, they say." *McClatchy DC*, January 11, 2017. http://www.mcclatchydc.com/news/nation-world/national/ article125953194.html.

(13) Ketelaar, E. 2001. "Tacit narratives: The meanings of archives." *Archival Science* 1 (2): 131–141. https:// doi.org.10.1007/BF02435644.

(14) Klonick, K. 2018. "The new governors: The people, rules, and processes governing online speech." *Harvard Law Review*, no. 131, 1598–1670.

(15) Manoff, M. 2010. "Archive and database as metaphor: Theorizing the historical record." *Portal: Libraries and the Academy* 10 (4): 385–398. https://doi.org.10.1353/pla.2010.0005.

(16) Microsoft. n.d. *Help Stop the Spread of Child Exploitation*. Accessed December 31, 2017. https://www .microsoft.com/en-us/photodna.

(17) Myers West, S. 2018. "Censored, suspended, shadowbanned: User interpretations of content moderation

on social media platforms." *New Media & Society*. https://doi.org.10.1177/1461444818773059.

(18) NCMEC (National Center for Missing and Exploited Children). n.d. National and international collaboration. Accessed March 25, 2018. http://www.missingkids.com/supportus/partners/collaboration.

(19) Noble, S. U. 2018. *Algorithms of Oppression: How Search Engines Reinforce Racism*. New York: New York University Press.

(20) Posner, M. 2018. "See no evil." *Logic* 1 (4): 215–229.

(21) Punzalan, R. L., and M. Caswell. 2015. "Critical directions for archival approaches to social justice." *Library Quarterly* 86 (1): 25– 42. https://doi.org.10.1086/684145.

(22) Roberts, S. T. 2018. "Digital detritus: Bodies, 'error' and the logic of opacity in social media content moderation." *First Monday*. http://dx.doi.org/10.5210/fm.v23i3.8283.

(23) Sutherland, T. 2017. "Archival amnesty: In search of black American transitional and restorative justice." *Journal of Critical Library and Information Studies* 1 (2). https://doi.org.10.24242/jclis.v1i2.42.

(24) Thakor, M. N. 2016. "Algorithmic detectives against child trafficking: Data, entrapment, and the new global policing network." PhD diss., Massachusetts Institute of Technology. http://dspace.mit.edu/ handle/1721.1/107039.

(25) Wood, S., K. Carbone, M. Cifor, A. Gilliland, and R. Punzalan. 2014. "Mobilizing records: Re- framing archival description to support human rights." *Archival Science* 14 (3–4): 397–419. https://doi.org.10.1007/s10502-014-9233-1.

2. 情感（Affect）

玛丽卡·西福尔（Marika Cifor）

关于**情感**，还没有令人满意的单一定义。不过，研究情感的理论家普遍同意，情感是一种在（人类或其他的）身体与世界之间产生关系（有意识或其他）的力量（force）（Gregg and Seigworth 2010, 1）。在我的用法中，情感是一种本能性的力量，足以涵盖和超越情绪、感觉和情操的范围。对于收集、处理和归档作为资本的社会和物质信息的普遍装置（pervasive apparatuses）的运作而言，情感至关重要。受到情感影响的生产、集聚和使用模式，塑造着设计大数据档案的基础结构和社会架构。在数据密集的环境中，情感被当成是一种资源来提取和利用，这种方式经常会放大偏见，并将未成年人置于危险的境地。然而，这些档案技术是迷人的，因为它们对自己和我们之间产生了情感的可能性和依恋。在大数据档案中，情感的不确定作用引发了亟待解决的新的伦理和政治挑战。在本文中，我会首先介绍作为一种概念工具的情感，它在关于档案的人文工作和档案实践中得到发展；而后，我会以"艾滋病纪念馆"（The AIDS Memorial, TAM）揭示情感的网络化产生、流通和集聚的不均衡风险和可能性，TAM 是在 Instagram 上由用户生成的亲密和情感数据的档案。这个案例表明了情感在用户参与、社群建设和网络空间的自我归档实践中的重要性。它还表明，在构成不确定档案的私人基础设施中，对于由用户产生的情感数据进行收集、处理和盈利是无处不在的；最后，我会讨论在一种不断增强的数据化环境中，情感作为一个档案问题所带来的未知性、错误性和脆弱性。

情感与档案／集（Affect and Archive/s）

情感总是不规则的，是一种不确定，也不稳定的力量，但它与情绪、感觉和情操有诸多共同的特质（Ngai 2005, 26–27）。我偏爱情感，因为就像它有个人共鸣一样，它也是一种文化、社会和政治力量。情感深嵌进了我们如何生活，如何形成主体性、联接和断联、欲望、采取行动，以及实践差异、身份和共同体的方式。它塑造了权力的分配——无论是知识、物质资源，还是能动性。档案也牵涉到创造、记录、维持、调和和（再）生产这种不稳定和不安定的关系——在人和记录、意识形态、机构、网络、系统和世界之间——跨越时间和空间的界限（Cifor 2016）。我的工作位于有情感的档案（affect with the archive）与档案集的交叉点。我在**档案**与**档案集**之间游移，纳入了一些分析情感所需的麻烦——情感本身是复杂的，它漫无边际，也不稳定。**档案（The archive）**是一种惊人的理论构造，无论是表现为权威和话语权的中心，还是作为收集和收藏的总称，均诞生于人文话语。**档案集**（强调复数）在档案的研究和实践中被构想，指代档案记录之集，"管理它们的机构，它们实际所在之地"，以及"指定它们为'档案的'的过程"（Caswell 2016）。我会在这一节中研究情感是如何以某些方式而跟档案／集产生关系，并被理论化的，而这些方式被证明对于研究由大数据环境引起的认识论、政治和伦理的不确定性具有生成性作用。不确定的档案总是会卷入情感之中。

自20世纪90年代末以来，人文社会科学已经出现"情感转向"（affective

turn）（Clough and Halley 2007）。这不仅仅是声称情感、情绪、感受和情操（以及它们的差异）是合法的主体、场域和探究模式。随着对个人维度和主观维度进行合理且严格的思考，情感转向成了一种介入文化批评的新手段（Cvetkovich 2012, 3）。情感研究以有意义的方式将主体性和主体化、身体和具身理论，将批评分析和政治理论结合起来（Zembylas 2014, 391）。关于情感，有几件事是肯定的——即使是考虑到其模糊也更宽泛的表达。首先，对于什么是情感，或者这个问题是否重要并没有共识，也不可能达成共识。对于在"本体论压力"（ontological strain）中工作的学者来说，情感是构想现实和存在之本质的一种手段（Cifor 2016）。德勒兹理论中的情感是作为力量、强度，以及移动和被移动的能力，并奠定上述发展。这里精心区分了情感和情绪（emotion），前者扎根于预知（precognitive）的领域，后者指代随后的意识过程。相比之下，"情感的女性主义文化研究"（Ahmed 2010, 13）或"文化压力"则专注于**情感在世界中的作用**（Cifor 2016）。无论采用哪种术语——**感觉**（feeling）（Cvetkovich 2003，2012）、**情绪**（Ahmed 2004）或**情操**——这些女性主义学者（包括笔者在内），都非常关注情感营造世界和破坏世界的能力。第二，情感对于分析数据密集型的环境明显有效，因为它提供了一种用来应对网络关系（人类、机器、其他）和身体（人类、数据、其他）之重要性的手段，以及由此产生的形式复杂的能动性和脆弱性（Hillis, Paasonen, and Petit 2015, 2）。第三，情感在日常生活中和在理论中一样重要。情感对于理解权力如何被构成、移动、动用或否定至关重要（Harding and Pribram 2004, 873）。最后，研究情感还为拓宽学术的领域提供了可能性，使之超越理性、认知、文本和语言的结构（Sedgwick 2003, 114），以至于我们可以解决，甚至质疑大数据设备，及其累积的档案的双重偏见和不平衡的控制的分布。

在情感转向中，许多项目都涉及档案和档案问题：知识的组织、再现、本真性、身体、责任、证据、存取和集体记忆。但很少有人涉及档案集。2014 年左右，"批判性档案研究"开始转向情感（Caswell, Punzalan, and Sangwand 2017）。该领域最早明确呼吁承认情感在档案实践中的重要性（Cifor 2016; Gilliland 2014a, 2014b; Reed 2014），这是源于对人类日益增加的关注，尤其是在以暴力、创伤和压迫为标志的档案环境中。那一年，我与安妮·吉利兰（Anne J. Gilliland）在加州大学洛杉矶分校一起组织了"情感与档案研讨会"（Affect and the Archive Symposium）。这个标志性的活动汇集了档案研究、性别研究、文化研究、文学和人类学的学者。在研讨会引发的趋势之后，我们共同客座编辑了《情感与档案，档案集及其情感》特刊（Cifor and Gilliland 2016）。这是档案研究中讨论情感和情感转向的首个专题。随后，学者和档案学者研究了情感是如何卷入档案领域的，包括从它在产生和维持社群档案方面的作用（Baker 2015; Caswell, Cifor, and Ramirez 2016; Caswell et al. 2017; De Kosnik 2016; Inwood and Alderman 2018; Long et al. 2017; Roeschley and Kim 2019; Saber and Long 2017），到它的伦理影响（Caswell and Cifor 2016; Cifor 2017; Douglas and Mills 2018），以及它与身体和具身化生产的关系（Cifor 2015; Lee 2016）。

安·茨维特科维奇（Ann Cvetkovich, 2003）在《感觉档案》（*An Archive of Feelings*）中主张建立一种"激进的情绪档案"（radical archive of emotion），这是一份汇集了情感理论、档案和 LGBTQ 档案的基础性文本。同性恋者的生活需要这类档案，以便"记录亲密关系、性、爱和行动主义"这些构成和连接着我们（Cvetkovich 2003, 241）的东西。她的项目推动档案领域承认档案不仅要产生知识，而且要产生情感，以便反映边缘化的历史和现实，并与之产生共鸣。将情感和档案的交叉点理论化，表明情感在档案记录中被编码，并嵌入到了档案的生产、流通和接收实践中。启用和传输情感的技术媒体的特性也很重要（Ash 2015）。数字档案集持有数据、出生的数字信息，和 / 或以电子方式创建、存储和保存的数字化材料，这些材料可以被远程访问，并以新的规模集聚起来（Prybus 2015, 239）。由于无处不在的数据化，情感和档案的交叉在此时需要作为一种档案的问题而被重新审视，它代表着去重塑，或挑战谁和什么被收录在档案之中，谁在获取和控制它们，又是出于什么目的。数字化的"情感档案"凭借网络化的配置和流动拥有了新的，也是重要的潜力，它可以造成伤害。少数群体是那些在大数据档案中被大规模收集和提取情感的人，他们受到的威胁最为严重。

艾滋病纪念馆（The AIDS Memorial, TAM）

长期以来，少数群体都被拒绝享受进入档案的乐趣和特权。有色人种、同性恋者和 HIV 阳性感染者被剥夺了历史和未来，因为他们在档案的呈现中被驱逐出局，被降级为存在于当下的脆弱存在（Cifor et al. 2019）。TAM 使得大数据环境中的情感产生、分配和消费的中心地位和变化都变得明显。TAM 是一个数字艾滋病档案，它在两个相互交错的寄存器上进行情感运作。它能赋权，也带有剥削性。自 2016 年 4 月以来，在最受欢迎的以分享图片为主的社交应用（Instagram）上，这个账户已经与超过 8 万名关注者分享了超过 4600 个在艾滋病中丧生之人的纪念品。TAM 的创始人和唯一主理人是斯图亚特（Stuart），他负责征集、收集、编辑、分类和发布。TAM 通过分享图片（快照、头像、视频）和文字（标题、标签、地理标签、评论），构建了一种可触及的情感的即时性（immediacy）。当上传时，这些记录有可能产生影响，并在网络用户的相互流通中不断积累（Prybus 2015, 240）。在 Instagram 的私有平台上，用户体验强调短暂性：新的图片不断出现，将其他图片压倒在 feed（订阅）中，或者将它们完全删除。算法上的调控安排（以"我们相信你最关心的时刻"[Instagram 2016] 为特色），被设定为是在应用程序中产生情感投资，并反映用户之间的联系。这个档案的情感力来自模拟记录、集体记忆和数字归档技术的重新混合（Medel 2019）。

  TAM 的众包数据汇总成了一个巨大的遗失目录。大多数贡献者都处于悲痛之中，他们的悲痛、关怀、痛苦、感情和遗憾充斥着档案。这既让人心痛，也很华丽。帖子流传并补救了珍贵的记录。我在其他地方详细介绍了 TAM 如何可疑地重构了预期的艾滋病面孔：他们总是白人，是男同性恋，是中产阶级，是年轻的美国人，并在 1996 年之前死去（当时有资源的人才能得到有效治疗；Cifor 2019）。被呈现的主体，他们的特权既没有也不可能拯救他们的生命；然而，它们确实保护了他们被记录在案。但是，TAM 充满情感的帖子确实让人对艾滋病毒／艾滋病患者的生活和死亡经历产生强烈的共鸣。这个账户颇受欢迎，因为它具有参与性，它跟那些受到这种仍然高度污名化的疾病之影响的人建立了联系，为他们提供了满足感，这种疾病传播着隔离和沉默。在该账户于 12 月某天发布的第一张数字化宝丽来照片中，拍摄对象是一名穿着大衣，打着领带的年轻白人帅哥，他在走廊里走动。他的黑眼睛严肃地直视镜头里的摄影师和我们。这样的视角产生了亲近感（Kress and Van Leeuwen 2006）。这张图片是一张随意的肖像，是 TAM 的典型视觉风格。包含人脸的图片产生了最多的"喜欢"和评论（Bakhshi, Shamma, and Gilbert 2014）。我们的脸是强大的沟通渠道，我们从婴儿时期就被训练来阅读背景、吸引力和关系。而附带的标题，就像 TAM 上的许多其他标题一样，叙述着这幅图片。作者在标题中分享了主角——他的叔叔，是如何在 1989 年 12 月去世的。叙述者详细介绍了他的家人提供的一些"一般情况"——"他是同性恋，家住纽约，早逝"。叙述者渴望得到更多。他收到了这张照片，这是他第一次看到他叔叔的照片——在他成为成年的同性恋后。他仔细研究了这张照片，希望能找到关于此人的"线索"，从而收获对自我的"更好的认识"。他没有发现其他图像或故事。对贡献者和粉丝来说，持续不断的历史强度是这份档案依然充满感情的原因所在。

在分享帖子的过程中，这位贡献者将记录的持久性和它的情感共鸣扩展到个人的范围之外。这类"档案"产生了社会性，因为"它们在我们的数据流通的基础上，约束并凝聚着各种关系"（Prybus 2015, 242）。在个人创建和策划的快照中，有一种可感知的直接性，即每天在日常时刻中活生生的和被记忆着的可引发共鸣的生活。持久性则通过公共的、有情感约束的集体归档来保证。这篇 TAM 帖子收到了许多赞和 81 条评论，包括一些彩色的表情符号"心"、感谢的话、实用的建议和认同的叙述。正如许多回复指出的，不同的贡献者在当天的 TAM 上第二次分享了同一个人的宝丽来图片。被拍摄者的一个朋友发表了第二篇帖子。它叙述了他们之间亲密关系的细节，并提供了一份传记和一个充满爱的赞美。在对第二篇帖子的回应中，评论者详细描述了 TAM 提供的连接的"礼物"，其中有很多欢乐，也夹杂着泪水，还有更多的"爱心"。这种"甜蜜的同步性"的时刻由数字存档带给我们。平台中内置的社群区可能性，是 TAM 赋予潜能的核心。少数族群的人和我们的盟友可以明显地调动 TAM 的存档过程，创造和维持关系、年表、记忆、数据和空间，以回避和争夺社会从属地位。因此，这份档案为充满活力的未来提供了一幅蓝图，同时也在现在呈现了新的政治形式。然而，不确定档案在赋权情感潜力与剥削之间，总是存在着令人不安的亲密关系。

TAM在Instagram上运作，这个资本主义平台塑造了它的档案实践和它们的影响。令人震惊的是，TAM将情感和艾滋病货币化了。工程师的意识形态和编码机制在创始人、利益相关者、营销人员和用户的要求下产生了它的承受力、价值、偏见、功能、选项和节奏。这些协议反过来调节和塑造用户的行动、关系和影响。Instagram和它的母公司"脸书"有利润驱动的野心，它们需要收集、聚合、存储、处理和分享由用户产生的大量数据，以便针对性地销售服务、广告和内容，最终获利（Cheney-Lippold 2011）。在晚期资本主义中，Instagram的使用是具有重要市场价值的劳动。社交媒体被设计好的档案逻辑鼓励用户生产、表演和展示"情感"（Cho 2019），因为这些应用程序依赖于社会参与和提取数据挖掘的双轴运转（Karppi 2015, 225）。社交媒体在用户之间，在用户和平台之间"生产情感并将情感当作一种约束技术来流通"（Dean 2015, 90）。TAM产生了丰富的情感亲密数据档案，它们惊人的常规方式被货币化。资本主义逻辑也延伸到TAM自己的发布行为中。TAM出售品牌T恤，这些帖子还跟纪念的帖子无缝连接。即使我们知道一些利润被捐给了艾滋病慈善机构，在档案中如此明显的商品化依然让人不安。TAM表明，尽管生活条件恶劣，少数人有时会通过故意使用数字档案来确保我们目前的生存，从而超越边缘化。然而，这种档案的承诺总是存在于不稳定的亲密关系中，并带有它们引发的风险和暴力。通过影响，赋权和剥削的双重逻辑贯穿着TAM和其他的大数据档案。

情感与不确定的档案：含混的未来

情感是造成不确定的档案具有吸引力，也是导致其具有深刻的掠夺性的核心所在。社交媒体在设计上的特点和运用，会鼓励生产并传播情感的表达。反过来，平台也希望提取这些情感，由此牟利。企业对情感的分析已经迅速成为行业的标准。这种大数据处理被称为**社会倾听**（social listening）或情感分析（sentiment analysis），由内部和第三方公司进行，以获得巨大的经济回报。2017年，拥有20亿用户的社交网络巨头脸书泄露给了广告商一份销售方案，这让人们得以窥见试图使这些庞大的、由私人持有的用户生成的数据汇总档案中的各种效用，是如何变得可用并有利可图的。他们提出，由脸书工程师构建的算法，可以准确地确定感觉不佳的状态。无论一名青少年是否感到"没有价值"、"不安全"、"挫败"、"焦虑"、"愚蠢"、"无用"、"愚蠢"、"不堪重负"、"压力大"或"失败"，脸书都可以通过处理他们使用该网站而产生的数据来识别这类弱点。这导致广告商能准确定位，进而利用"年轻人需要提升信心的时刻"（Machkovech 2017，引自 Cho 2019）。这不是该公司第一次涉足情感的收集、处理和归档。2014年，脸书的研究人员详细介绍了他们如何以不同程度的快乐或悲伤内容操纵70万用户的订阅源，再跟踪绘制反应图（Reilly 2017）。这也不可能是最后一次：作为其面向未来的愿望的有力说明，脸书近年来获得了各种情绪检测软件程序的专利。例如，有一项专利解释了其面部识别系统是如何能够根据其检测到的表情而自动选择自拍滤镜。如果它识别出"快乐"，它可能会提供一个"快乐熊猫"过滤器，而"愤怒"会投射到"愤怒的小鸟"，"悲伤"会投射到"涌出的泪"（Bell 2018）。正如亚历山大·乔（Alexander Cho, 2019）的有力断言："任何社交媒体平台的主要工作'现在'都是提取情绪。"他概述说（借鉴Cvetkovich），用户捐赠的是一份"最新的可供机器学习的'情感档案'"，它总是在"为晚期资本服务"。

从推动大数据设备，也是被它推动的情感中提取意义，并对其进行估值的工具，以及在其档案中累积的情感，仍然相当粗糙，容易出错，而且部分还不现实。正如特罗·卡皮（Tero Karppi, 2015, 231）概述的："情感的经济效应不可预测，用户的参与模式也不稳定。"因此，像这些公司正在做的那样，建立一项"关于情感的业务"，"是一个巨大的机会，也极具风险"（Karppi 2015, 231）。我们跟由我们生产的数据的关系正在不断改变。这些变化，为将价值和交换过程金融化创造了新的机会，为关系性的表达创造了可能性，也制造了谁创造、谁看到、谁控制和拥有我们正在产生的大量数据的忧虑（Prybus 2015, 236）。在不确定的档案中，情感的意义和使用仍然是极具挑衅性的含糊不清。情感的生产可以向用户隐藏大数据环境中的统治性质。然而，这些档案中的错误和未知的情感也为边缘化的用户，提供了挑战有害结构的新机会。随着收集、处理和提取情感价值的工具变得更加熟练，变得精密和无处不在，情感只会成为分析不确定档案的一个更必要的概念工具。我们必须持续关注将情感经济化的物质结果，关注推动我们参与产生情感档案的物质结果（Prybus 2015, 245）。这里的重点不是解决用户和技术产生的情感社会关系，与它们产生的企业驱动的金融价值之间的内在矛盾。相反，重点是我们需要深入探讨情感在这些不确定的档案回路中作为构成性力量和强大的工具的重要意义。

参考文献

(1) Ahmed, Sara. 2004. *The Cultural Politics of Emotion*. Edinburgh: University of Edinburgh Press.

(2) Ahmed, Sara. 2010. *The Promise of Happiness*. Durham, NC: Duke University Press.

(3) Ash, James. 2015. "Sensation, networks, and the GIF: Towards an allotropic account of affect." In *Net-

worked Affect, edited by Ken Hillis, Susanna Paasonen, and Michael Petit, 119–134. Cambridge, MA: MIT Press.

(4) Baker, Sarah. 2015. "Affective archiving and collective collecting in do- it- yourself popular music archives and museums." In *Preserving Popular Music Heritage*, edited by Sarah Baker, 46– 61. London: Routledge.

(5) Bakhshi, Saeideh, David A. Shamma, and Eric Gilbert. 2014. "Faces engage us: Photos with faces attract more likes and comments on Instagram." *CHI'14: Proceedings of the SIGCHI Conference on Human Factors in Computing Systems*, 965– 974. http://dx.doi.org/10.1145/2556288.2557403.

(6) Bell, Karissa. 2018. "Facebook patents 'emotion detecting' selfie filters." *Mashable*. https://mashable.com/ article/facebook-patent-emotion-detecting-selfie-masks/#XUqVTNOAUgqm.

(7) Caswell, Michelle. 2016. "'The archive' is not an archives: On acknowledging the intellectual contributions of archival studies." *Reconstruction: Studies in Contemporary Culture* 16 (1). https://escholarship.org/uc/item/7bn4v1fk.

(8) Caswell, Michelle, and Marika Cifor. 2016. "From human rights to feminist ethics: Radical empathy in the archives." *Archivaria* 81 (1): 23–43.

(9) Caswell, Michelle, Marika Cifor, and Mario H. Ramirez. 2016. "'To suddenly discover yourself existing': Uncovering the impact of community archives." *American Archivist* 79 (1): 56–81.

(10) Caswell, Michelle, Alda Allina Migoni, Noah Geraci, and Marika Cifor. 2017. "'To be able to imagine otherwise': Community archives and the importance of representation." *Archives and Records* 38 (1): 5– 26.

(11) Caswell, Michelle, Ricardo Punzalan, and T- Kay Sangwand. 2017. "Critical archival studies: An introduction." *Journal of Critical Library and Information Studies* 1 (2). https://doi.org/10.24242/jclis.v1i2.50.

(12) Cheney- Lippold, John. 2011. "A new algorithmic identity: Soft biopolitics and the modulation of control." *Theory, Culture and Society* 28 (6): 164–181.

(13) Cho, Alexander. 2019. "Acceleration, extraction, evasion: Social media sentiment analysis and queer of color resistance." Paper presented at the Society of Cinema and Media Studies Conference, Seattle, March 13, 2019.

(14) Cifor, Marika. 2015. "Presence, absence, and Victoria's hair: Examining affect and embodiment in trans archives." *Transgender Studies Quarterly* 2 (4): 645–649.

(15) Cifor, Marika. 2016. "Affecting relations: Introducing affect theory to archival discourse." *Archival Science* 16 (1): 7–31.

(16) Cifor, Marika. 2017. "'Your nostalgia is killing me': Activism, affect and the archives of HIV/AIDS." PhD diss., University of California, Los Angeles.

(17) Cifor, Marika. 2019. "#WhatIsRememberedLives: The affective politics of archiving AIDS on Instagram." Paper presented at the Society of Cinema and Media Studies Conference, Seattle, March 13, 2019.

(18) Cifor, Marika, Alexander Cho, China Medel, and Cait McKinney. 2019. "Queer archival registers: The precarious promise of new media archives." Panel presented at the Society of Cinema and Media Studies Conference, Seattle, March 13, 2019.

(19) Cifor, Marika, and Anne J. Gilliland. 2016. "Affect and the archive, archives and their affects: An intro-

duction to the special issue." *Archival Science* 16 (1): 1–6.

(20) Clough, Patricia, and Jean Halley, eds. 2007. *The Affective Turn: Theorizing the Social*. Durham, NC: Duke University Press.

(21) Cvetkovich, Ann. 2003. *An Archive of Feelings: Trauma, Sexuality, and Lesbian Public Cultures*. Durham, NC: Duke University Press.

(22) Cvetkovich, Ann. 2012. *Depression: A Public Feeling*. Durham, NC: Duke University Press.

(23) Dean, Jodi. 2015. "Affect and drive." In *Networked Affect*, edited by Ken Hillis, Susanna Paasonen, and Michael Petit, 89–102. Cambridge, MA: MIT Press.

(24) De Kosnik, Abigail. 2016. *Rogue Archives: Digital Cultural Memory and Media Fandom*. Cambridge, MA: MIT Press.

(25) Douglas, Jennifer, and Allison Mills. 2018. "From the sidelines to the center: Reconsidering the potential of the personal in archives." *Archival Science* 18 (3): 257–277.

(26) Gilliland, Anne J. 2014a. *Conceptualizing 21st-Century Archives*. Chicago: Society of American Archivists.

(27) Gilliland, Anne J. 2014b. "Moving past: Probing the agency and affect of recordkeeping in individual and community lives in post- conflict Croatia." *Archival Science* 14 (nos. 3– 4): 249–274.

(28) Gregg, Melissa, and Gregory J. Seigworth. 2010. "An inventory of shimmers." In *The Affect Theory Reader*, edited by Melissa Gregg and Gregory J. Seigworth, 1– 28. Durham, NC: Duke University Press.

(29) Harding, Jennifer, and E. Deidre Pribram. 2004. "Losing our cool? Following Williams and Grossberg on emotions." *Cultural Studies* 18 (6): 863–883.

(30) Hillis, Ken, Susanna Paasonen, and Michael Petit. 2015. "Introduction: networks of transmission: Intensity, sensation, value." In *Networked Affect*, edited by Ken Hillis, Susanna Paasonen, and Michael Petit, 1– 26. Cambridge, MA: MIT Press.

(31) Instagram. 2016. "See the moments you care about first." March 15, 2016. https://instagram-press.com/blog/2016/03/15/see-the-moments-you-care-about-first/.

(32) Inwood, Joshua F. J., and Derek H. Alderman. 2018. "When the archive sings to you: SNCC and the atmospheric politics of race." *Cultural Geographies* 25 (2): 361–368.

(33) Karppi, Tero. 2015. "Happy accidents: Facebook and the value of affect." In *Networked Affect*, edited by Ken Hillis, Susanna Paasonen, and Michael Petit, 221–234. Cambridge, MA: MIT Press.

(34) Kress, Gunther, and Theo Van Leeuwen. 2006. *Reading Images: The Grammar of Visual Design*. London: Routledge.

(35) Lee, Jamie A. 2016. "Be/longing in the archival body: Eros and the 'endearing' value of material lives." *Archival Science* 16 (1): 33–51.

(36) Long, Paul, Sarah Baker, Lauren Istvandity, and Jez Collins. 2017. "A labour of love: The affective archives of popular music culture." *Archives and Records* 38 (1): 61–79.

(37) Machkovech, Sam. 2017. "Report: Facebook helped advertisers target teens who feel 'worthless.'" *Ars Technica*, May 2017. https://arstechnica.com/information-technology/2017/05/facebook-helped-advertisers-target-teens-who-feel-worthless/.

(38) Medel, China. 2019. "Brown time: Veteranas_and_rucas and Latinx image archiving in the face of gentrification." Paper presented at the Society of Cinema and Media Studies Conference, Seattle, March 13, 2019.

(39) Ngai, Sianne. 2005. *Ugly Feelings*. Cambridge, MA: Harvard University Press.

(40) Prybus, Jennifer. 2015. "Accumulating affect: Social networks and their archives of feelings." In *Networked Affect*, edited by Ken Hillis, Susanna Paasonen, and Michael Petit, 235–250. Cambridge, MA: MIT Press.

(41) Reed, Barbara. 2014. "Reinventing access." *Archives and Manuscripts* 42 (2): 123–132.

(42) Reilly, Michael. 2017. "Is Facebook targeting ads at sad teens?" *MIT Technology Review*. https://www.technologyreview.com/s/604307/is-facebook-targeting-ads-at-sad-teens/.

(43) Roeschley, Ana, and Jeonghyun Kim. 2019. "'Something that feels like a community': The role of personal stories in building community- based participatory archives." *Archival Science* 19 (1): 1–23.

(44) Saber, Dima, and Paul Long. 2017. "'I will not leave, my freedom is more precious than my blood.' From affect to precarity: Crowd-sourced citizen archives as memories of the Syrian war." *Archives and Records* 38 (1): 80–99.

(45) Sedgwick, Eve Kosofsky. 2003. *Touching Feeling: Affect, Pedagogy, Performativity*. Durham, NC: Duke University Press.

(46) Zembylas, Michalinos. 2014. "Theorizing 'difficult knowledge' in the aftermath of the 'affective turn': Implications for curriculum and pedagogy in handling traumatic representations." *Curriculum Inquiry* 44 (3): 390–412.

3. 聚合（Aggregation）

苏恩·莱曼（Sune Lehmann）

正如博尔赫斯式制地图法（borges 1998, 325）启示我们的那样，通常情况下，将一个数据集全部纳入考量是不可能的。为了减少这个世界的复杂性，我们需要简化，需要提取出最重要的地貌特征。在科学中，这种简化过程中的一个重要环节就是**聚合**（aggregation）。我们创造聚合，将同类事物聚集在一起。

聚合（aggregate）这个单词既可是动词也可为名词（并且，它同样可用作形容词）。在我的研究领域数据科学（data science）中，我们基本上只把它当动词使用，即所谓的聚合数据。我们聚合的是不同数据集中的内容，下面我也将在这种意义上谈论聚合。

洞察大数据（big data insights）

我们生活在一个政府和大型公司大肆收集人类行为数据的世界。其实这种数据本身并不能带来什么见解，我们需要处理数据以提取有价值的信息。洞悉那些储存在电子表格、数据库或平面文件（flat files）中数与字的排列组合，这就是数据科学家的任务所在。如何去做？让我们举一个简单的例子来说明该过程。

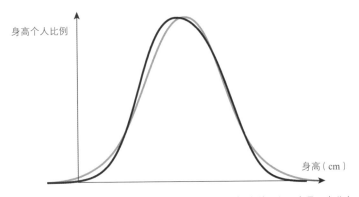

图 3.1　人类身高的分布。黑线是人类身高的近似分布；灰线是如果它是正态分布，我们所期望的情况。摘自 Schilling, Watkins, and Watkins (2002)。©Sune Lehmann.

　　想象一下，现在我们已经收集到了这个星球上所有人的身高数据。原始数据仅仅是一长串列表：{164cm，198cm，186cm，122cm……}。一种理解该列表的方法是画出 0 到 1cm，1cm 到 2cm，以此类推到 272cm 的各区间人数图。[1] 最后我们将得到近似于图 3.1 那样的图表。

　　从表 3.1 中我们可以清晰地看到，身高的分布近似常态（合理约简为正态分布）。因此我们可以用**平均值**和**方差**来描述它，这是我们这个数据集的重要属性，意味着我们可以用这两个参数写出一个描述身高分布的方程。平均值告诉我们典型身高，而方差体现了身高分布的离散程度（区间内需囊括样本中三分之二的人）。用具体数据来说则是：人类的平均身高为 167cm（平均值），世界上三分之二的人在 158cm 到 176cm 之间（方差为 9cm）。[2]

　　稍等片刻！在我们讨论身高分布的同时，我们同样也说明了洞察海量数据的过程。如果你曾想了解数据科学是何种学问，那这就是它的核心部分（有时甚至是全部）。我们从数字列表开始，生成概要数据以提供对底层数据的某种

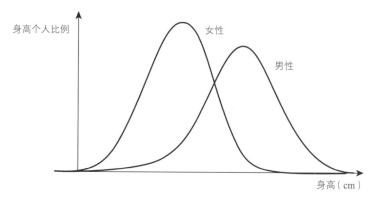

图 3.2　男性和女性的身高分布。©Sune Lehmann.

理解。

现在让我们回到人类身高问题，在聚合这庞大的 75 亿份人类身高数据时，我们忽视了男女身高之间的系统性差异。如果将原始数据列表一分为二——一个为男性身高，另一个为女性身高——我们将会发现如图 3.2 所示的分布情况。

二者中的任意一个都更加接近于真实的正态分布，图 3.1 是图 3.2 中两种分布情况的聚合。这些新分布图表明，我们在最初的模型中忽视了一个重要的性别系统差异。换句话说：我们聚合过度了。分割后的新数据让我们意识到了一些新问题，例如男性通常高于女性，再比如女子组内部的身高差异更小。

实际上我们还可更进一步，将数据分成愈加小的组——例如按地理区域、出生时间或收入来划分。在这些分组中我们同样可发现系统性差异。因此，通过进一步的分解（disaggregating）并改进数据群（data cluster），我们可以更好地洞察全球人类身高的变化情况。如此**分解**（disaggregation）使得我们能够研究身高与社会统计因素等之间的相关性。

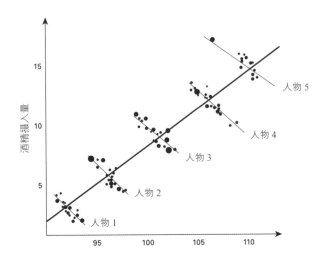

图 3.3　辛普森悖论（发明的数据）。我们看到，即使每个人的智商随着酒精摄入量的增加而下降（个人的负趋势——**由每个人的点云的负斜率的灰色细直线表示**），但对汇总数据的整体聚合表明，酒精摄入量增加了智商（汇总数据的正趋势——**由正斜率的粗直线表示**）。创意来自 Kievit et al. (2013)。©Sune Lehmann

辛普森悖论（Simpson's Paradox）

数据科学中存在着一个普遍的问题，即聚合那些本无须被组合在一起的数据类型——直接取平均值会导向一些具有潜在误导性的结论。这是一个关于聚合的重要问题。在极端情况下，（不当）聚合会导向与数据集所体现的完全相反的结论。正如图 3.3 所展示的那样，这被称作辛普森悖论。

自然科学中所收集到的数据通常可以被安心地聚合并获得有意义的均值，而人类行为数据则与之不同，它具有更多维度，变量间的关系更加复杂。试考虑旅行或迁徙这类事务，举例来说，出行方式、地点取决于我们的朋友、收入水准、肤色、性格等等许多其他因素。再比如，我们的寿命长短取决于受教育水平、父母教育程度、身高、出身年等等。

这种复杂的数据结构意味着，我们应小心处理基于数据聚合的计算，如若粗心则很容易走入歧途。让我们看一个真实的辛普森悖论案例来说明吧！这是一个绝佳的案例。在 2000 年至 2013 年之间，全美平均工资**增长**了约 1 个百分点，但是在以受教育程度为依据划分的各群体中（高中肄业、高中、本科肄业、本科及以上），平均工资却均呈**下降**态势，这主要是因为该时期接受高等教育的人数增加了。这一群体增势强劲，并在薪资方面有相对较小的降幅（该时期内降低了 1.2%），推动薪资水准整体增长的同时也掩盖了其他群体薪资的大幅下降（Norris 2013）。

我的一个直觉是：数据科学文献中许多关于人类行为的现行结论，可能均被辛普森悖论歪曲过。在未来，对高维、高相关和非均匀数据的理解和准确建模将会愈加得到重视，并在研究工作中发挥更加重要的作用。我们会看到那些被不当聚合的数据将被重新审视并分解。

不羁的数据与我们的统计方式

即便我们把数据精确地分解为合适的数据堆，问题也仍然会出现。在上述关于人类身高的讨论中，我指出当数据集呈正态分布时，我们可以通过两项指标来概述整个数据集：**平均值**与**方差**。正态分布（**常态分布**）的名称也暗示了，它所描述的量的关系在生物与社会系统中常常出现。事实上，由于正态分布的普遍存在（且在数学上可严格解析），许多重要的统计技术假定基础数据呈正态分布——倘若数据并非服从此分布，它们自然也会失去落脚点。

讨论高级统计技术是如何崩塌的，已经超出了本文的范围。但我们可以通

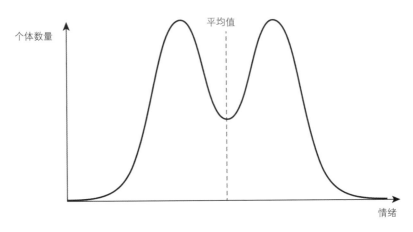

图 3.4　一个双峰分布的例子。平均值并不代表这个数据集的典型值。©Sune Lehmann.

过"取**均值**"的例子来大致了解该问题。取均值是处理数据集最简单的方式之一：只消把全部样本相加，再除以样本数即可。但当我们所聚合的数据为非正态时，这种最简单的处理方式也会带来不当结论。

对**多模态**数据（multimodal data）取均值就会误入歧途，上文的人类身高数据就近似是一种多模态数据，即指拥有多个典型值的数据集。图 3.4 是双模态数据的一个示例（包含两个典型值）。具体来说的话，我们可以试想图中数据代表了某一群体的情绪情况（或者说幸福指数）。在这一特定群体中有一大群人的幸福感高于平均水准，还有一大群人的幸福感低于平均水准，要总结这种情绪数据集的双模态分布之特征，取其均值并非明智之举。换句话说：认为一群极乐之人和一群极悲之人的总体情绪为"平平淡淡"是绝不明智的。

我在这里强调，重点不在于数据集应得到进一步的分解，而在于平均值并不总是描述一组聚合数据的好方式；我们可能需要更精确的统计学描述法，使用均值以外的东西来概括数据（例如描述分布情况或者指出数据模式）。现实

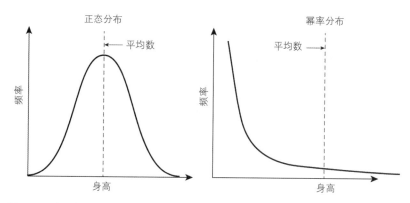

图 3.5　正态分布和幂律分布的区别。©Sune Lehmann.

里的双模态分布例子有：一些领域中的工资分布（Hacker News 2015）、图书价格（精装书与平装书）、餐厅就餐高峰时间。

在涉及**幂律分布**（power law distributions）的场景内取平均值也可能会带来误导。数据呈幂律分布的例子数不胜数，包括城市人口、财富分布、词频、接听电话的数量、科学出版物的引用、推特的粉丝数（Newman 2005）等等。正态分布和幂律分布的差异由图 3.5 说明。

正如图 3.5 所示，幂律分布没有典型值（因此有时称之为**无标度分布**）。准确来说，它们的特点是大多数数值较小，且极值出现的可能性较大。试想下假如人类身高呈幂律分布，那么你一般遇见的都是小矮人，但偶尔会遭遇身高两千米的人。任何研究社交网络（每个节点的邻居数量通常遵循幂律）或收入分配（无标度）的人都必须牢记幂律的非直观统计数据。

由于极值出现的概率较高，平均值通常不能很好地描述具有幂律特征的数据集。如图 3.5（**右侧图表**）所示，幂律分布的平均值往往远大于中位值。我们可以在人类身高的例子中对此获得一些直观认识：当我们对 99 名身高 20cm 的人和一名身高 2km 的人取平均值时，得出的平均身高为 20.2m，然而 20m 的身高不能代表数据样本中的任何人。

从中可以认识到，在我们开始聚合数据并用统计方法理解数据时，就必须得小心了，数据的内部结构可能会招致迷雾，让我们误用统计办法。以上案例表明，当底层数据呈非常态时，即使是平均值这种看似最简单的统计度量，也会产生误导。而当我们使用更复杂的方法时，问题则会被加剧：用具有复杂损失函数（loss function）的高级多元回归或使用机器学习技术来处理数据，方法越复杂，越难以分辨数据的底层假定是否被满足。让我们以简单的多元线性回归模型为例，这是社会科学中的常见工具，该模型建立在诸多假设之上，这些假定却难以被满足。首先，它假定输出结果与输入变量之间存在线性关系——实际情况远非如此，复杂数据集中常有非线性关系。其次，多元回归假定残差（例如模型的误差）呈正态分布。但在双模态、幂律等分布中，这种情况很少见。再次，此类模型要求输入变量彼此不相关，而正如此前所讨论的，复杂行为数据中的这种相关性难以避免。那么现在，如果模型提出的假设没有得到满足（实际上它们也很少会被满足），我们就不能相信模型做出的预测，我们对数据的解释也是可疑的。在此意义上，"购者自慎（caveat emptor）"仍是从大数据与复杂统计模型中获取结果的必经之路。

结论

聚合是理解世界的钥匙，是简化世界的基本步骤，通过它我们才能把握这个世界。但是很多事都有出错的可能，反映人类行为的数据是异构的、数据集是复杂的、变量之间息息相关、底层统计数据也往往呈非正态、我们的许多统计方法会无端对数据集提出假定。我在上文中提供了分析聚合数据时两种常见问题的案例。

第一个案例主要展示了将不该被聚合的数据聚合在一起所产生的误导性结论。轻可导致我们忽视聚合数据中存在的重要差异（性别、国家），比如人类身高的事例；重则使得整体趋向与分部趋向完全相反（辛普森悖论）。

第二个常见问题甚至会在我们正确聚合数据时发生。在此情况下，数据值的分布构成所带来的异构性会招致问题。如果数据呈双模态或幂律分布，那么平均值就不能很好地概括数据。许多其他统计指标也存在类似的问题。

在此文中，我以最简单的形式提出了这些问题，以便能给我们敲响警钟。然而在以数十亿计数据点组成的大规模聚合中，找到数据分区的最佳方式本身就是一个值得研究的问题。同样，在建模之前能恰当地理解复杂数据同样是一项不凡的任务。

注释

[1] 医学史上最高的人是罗伯特·潘兴·瓦德罗（Robert Pershing Wadlow），1940 年 6 月 27 日其身高的测量值为 2.72 米（Wikipedia 2018）。

[2] 这些数值基于合并方差估算得出（Wikipedia 2017）。

参考文献

(1) Borges, J. L. 1998. *Collected Fictions.* New York: Penguin.

(2) *Hacker News.* 2015. "Bimodal salary distribution for new law school graduates." https://news.ycombinator .com/item?id=9445862.

(3) Kievit, R. A., W. E. Frankenhuis, L. J. Waldorp, and D. Borsboom. 2013. "Simpson's paradox in psycho-logical science: A practical guide." *Frontiers in Psychology* 4: art. 513.

(4) Newman, M. E. J. 2005. "Power laws, Pareto distributions and Zipf's law." *Contemporary Physics* 46 (5): 323–351.

(5) Norris, F. 2013. "Can every group be worse than average? Yes." *Economix* (blog), *New York Times*, May 1, 2013. https://economix.blogs.nytimes.com/2013/05/01/can-every-group-be-worse-than-average-yes/.

(6) Schilling, M. F., A. E. Watkins, and W. Watkins. 2002. "Is human height bimodal?" *American Statistician* 56 (3): 223–229.

(7) Wikipedia. 2017. "Pooled variance." Last modified October 12, 2017. https://en.wikipedia.org/wiki/Pooled_variance.

(8) Wikipedia. 2018. "Robert Pershing Wadlow." Last modified January 28, 2018. https://en.wikipedia.org/wiki/Robert_Wadlow.

4. 算法种族主义（Algorithmic Racism）

阿兰娜·伦廷（Alana Lentin）

关于种族、数字技术和互联网的研究正日益增多（Daniels 2009; Nakamura 2008; Sharma 2013），这些研究强调，数字改变了我们对种族的理解，也创造了新型的种族不平等（Nakamura and Chow-White 2012）。就数字技术和互联网对"什么是种族？"这个问题的影响而言，有两种占据着主导地位的方法。根据第一种方法，"生物技术转向……赋予了技术和互联网特权……它将技术和数字置于其他形式的知识、中介和互动之上"（Nakamura and Chow-White 2012, 4），这证明，种族首先是一个遗传学的问题，哪怕社会建构主义占据着主导地位。

与此相反，保罗·吉尔罗伊（Paul Gilroy, 1998）声称，数字技术提供的不可见的"纳米学视角"，意味着种族的遗传理论最终可以被搁置。全喜卿（Wendy Chun, 2012）提出，"作为技术的种族"的观点有助于"取代作为纯生物或纯文化的种族的主张"（38）。数字谱系的诱惑力揭示了种族一直事关"人与机器、人与动物、媒体与环境、中介与具身、自然与文化、可见性与不可见性、隐私与公开"之间的关系（39）。

全喜卿（Chun 2012）回顾了海德格尔的说法："技术的本质不是技术。"（47）如果我们只是研究技术的工具，而非它所揭示或"集置"的东西，我们就误解了技术的目的。正如斯图尔特·霍尔（Stuart Hall, 2017）的**遗传编码**（genetic code）概念显示的，种族被说成是揭示了不同的人类集合的内在之物，以便"把每个人都变成一组可被储存和传播的特征"，就像被奴役者一样，他们既不被认为是男人，也不被认为是女人，因为两者都被简化成了需要说明的量（Chun 2012, 48; Spillers 1987）。种族使我们能将人性设想成"一组不变的特征，会横跨历史而持续存在"（Chun 2012, 21），因此，正如许多研究奴隶制的学者指出的，尽管我们对种族的解释，尽管治理种族化人群之生存的法律框架有了正式的变化，但种族主义统治的"后遗症"却不断地塑造着日常经验（Hartman 2007; Sharpe 2016）。

如今，在对逐步塑造着弱势人群的生活的数字技术的批评中，这种持续性位居核心。例如，人脸识别技术越来越多地被用来确定谁属于某一特定的空间，而谁又不属于。如今，这些技术在"机场、边境、体育场和购物中心"中可谓无处不在，它们编写了同样据称是"中立"的测量人的方式（Browne 2015; 引自 Gillard 2018 的材料），这反映了古老的种族科学：颅相学（Dzodan 2016）。就像颅相学一样，大多数人脸识别软件都不仅仅关注单个的识别（比如用你的脸来解锁你的手机），而是"致力于采取额外的步骤，在种族、民族、性别、性方面将一个主体分配到一个身份范畴中，并将这些范畴与关于情感、意图、关系和性格的猜测相匹配，进而支撑司法和经济方面的歧视形式"（Gillard 2018）。

脸书不断要求了解我们的感受或我们在想什么，这证明了这些信息对于资本主义的效益——它们被用来将情感和偏好、朋友和政治观点与目标广告相匹配。一种核心的种族技术是对种族化人群进行监视。为了理解广泛存在的监视行为和对它的接受，我们必须理解黑人的本体状况（ontological condition）对于现代性下的大规模监视活动的重要性（Browne 2015）。如今，研究种族和数字技术的学者面临的问题之一是努力揭示技术是以何种方式被嵌入种族分类之中的，而不仅仅是表明它乃是一种更便于沟通的工具，或加强个人安全的工具，"技术"从来不是一个种族中立的裁决者。

在一个"后种族"时代，种族主义被理解为在道德上是失败的（Goldberg, 2009），技术往往被视为确保"人类的错误"不会介入其中，并重新建立种族分裂。人们认为，人脸识别软件或人工智能等技术的"魅力"在于它们消除了人为因素，从而让用户免受"无意识的偏见"（Noble 2018）。不过，正如萨菲亚·诺布尔（Safiya Noble）指出的，驱动我们与互联网互动的算法是"中性的、中立的和客观的"（11），这完全是一个神话。相反，由于算法在本质上由商业利益促成，而且在种族主义的社会中运作，因而种族主义实际上是互联网运作方式的组成部分。对于诺布尔来说，"技术红线"（类似于现在被禁止，但在美国仍然有效的住房红线做法），强化了"压迫性的社会关系，并制定了新的种族定性模式"（10）。因此，我们需要揭开发挥作用的种族逻辑，它影响了收集**大数据**的需求，也影响了对这些数据的解释，从而实现广泛的用途，因为"大数据的历史是种族等级制的历史，是通过使用有条不紊地收集调查、社群指数和数据点，来维护白人至上主义权力结构的历史"（Dzodan 2016）。

互联网搜索本身并非中立的。它通过复制以白人为主的科技行业的种族主义—性别主义的世界观，来过滤世界。反过来说，"组装电路板的手工劳动由移民和外包工完成，她们通常是生活在全球南方的女性"（Daniels 2015, 1379）。互联网通过**应用程序接口**（API）建立了种族类别和等级划分（Noble 2018, 14）。例如，这可以从"几乎无处不在的白色手形指针（它）作为一种化身，反过来成为'附着'于白人的描述上"（Noble 2018, 14）中看到。

尽管如此，互联网在种族上是中立空间的印象仍然在科技行业和公众中占据上风。这种想法起源于互联网的早期阶段，当时，它被宣传为是一种后种族的乌托邦，人与人之间的差异会在其中消散，每个人都可以在网上成为他们想要成为的人（Daniels 2015）。网上的"种族蒙混"（racial passing）想法——尤其是在玩虚拟现实游戏时，支撑着关于互联网后种族能力的"数字乌托邦"信念（Nakamura 1995）。这种观点没有考虑在线和离线世界之间的划分是如何越发变得是人为的，互联网和数字技术反映并强化了现实生活。数字角色扮演是一种"黑脸"形式，玩家暂时穿上那些在种族主义社会中被认为是较差的人的种族身份，以沉迷其中的方式，却与他们所谓的模仿的人的实际生活经验毫无相似之处。数字化的蒙混在不存在多样性的地方创造了一种错觉，因为正如中村（Nakamura）指出的，在网络游戏中，白人玩家扮演的东方化身不会对他们的白人身份造成威胁。这种在线的"身份旅游"，允许用户任意地"穿上"和"脱下"种族的外衣，但对他们的线下生活，或他们是否有种族主义行为毫无影响。在中村的研究中，网络游戏玩家可以享受扮演种族化的角色，但对实际听到的亚洲人所承受的种族主义现实经历却表现得毫无兴趣。

关于"种族蒙混"和"身份旅游"的讨论，在回溯历史方面会显得很有意思，正如桑杰·夏尔马（Sanjay Sharma, 2013）所言："种族的模式在脸书、Youtube 和推特等社交网站上疯狂扩散：随意的种族戏谑、种族仇恨言论、'悲伤'、图像、视频和反种族主义情绪，令人困惑地交织在一起，它们相互混杂，又病毒式地传开。" 是否自中村最初的研究以来，这种数字上的天真已然持续了 20 多年？例如，唐纳德·特朗普的当选和英国的"脱欧"投票让人们意识到了社交媒体的算法对推动选民行为和对政治忠诚的影响。正如杰西·丹尼尔斯（Jessie Daniels）表明的，白人至上主义者和极右翼是互联网的早期用户。许多人都错误地认为，白人至上主义的重新抬头是因为他们成功地利用了互联网作为其组织和传播的工具，他们由此进入主流社会（Daniels, 2009）。极右翼思想——往往通过使用模因（memes）传播——成功地进入主流意识，这与诺布尔和中村讨论的互联网作为中立空间的信念是分不开的。算法能更好地管理结果，这一信念，不受种族和其他形式的偏见的影响，与作为社会原始价值的自由言论的信念的主导地位相辅相成。占主导权的自由主义思想——计算机不会有偏见，与所有的想法都值得展示，并由自由思考的人进行评估的想法相结合——创造了眼前的困境，即在我们的思想市场上，充斥着几乎是源源不断的种族主义、性别歧视、同性恋和变性人的想法，它们被视为纯然的意见。

在白人至上主义和极右势力的发展过程中，算法的作用在迪兰·鲁夫（Dylann Roof）一案中是显而易见的，2015年，他在南卡罗来纳州杀了10名非裔美国人的教堂信徒。鲁夫的"种族宣言"揭示了他在特雷冯·马丁（Trayvon Martin）被杀后做了有关"黑人对白人犯罪"的在线研究，这首先引导他找到了"保守派公民理事会"（Council of Conservative Citizens, CCC）的网站。虽然CCC似乎是一个合法的来源，但"南方贫困法律中心"指出，它起源于"旧的白人公民委员会，这些委员会成立于20世纪50年代和60年代，与学校的种族隔离做斗争"（Noble 2018, 119）。CCC反对种族融合，也明确提出关于"黑人对白人犯罪"的偏见和没有证据的想法，这是"一个明显错误的想法，即黑人对美国白人的暴力是美国的危机"（121）。正如诺布尔所言，"搜索'黑人对白人犯罪'这个短语，找不到任何种族问题专家，也找不到任何关于美国种族历史的大学、图书馆、书籍或文章"（Noble 2018, 272）。相反，它产生了种族主义的文章和网站，在迪兰·鲁夫、2019年克赖斯特彻奇恐怖分子布伦顿·塔兰特[1]（Brenton Tarrant）和之前的安德斯·布雷维克[2]（Anders Breivik）的案例中，这些文章和网站导向的后果都是谋杀。诺布尔认为，这些后果不能跟谷歌的商业利益划清界限，因为搜索排名和盈利能力之间存在关联。这可以从 YouTube 自动生成的建议视频中看出。观看一个涉及种族内容的视频，往往会将观众直接引向有关"黑人对白人犯罪"和"反白人种族主义"等主题的视频。然后，这可能会引向由拥有日益强大的在线网络的组织主持的更极端，也是公开的白人至上主义思想。

由于 YouTube（由谷歌拥有）的主要动机是盈利，它不仅仅是根据（据称）迎合个人兴趣的算法而将观众随机引向种族主义的内容；它还试图通过鼓励更多人点击已经疯狂流传的视频来进一步获利。"YouTube 不仅提供了数百万小时的仇恨言论，而且还奖励最成功的宣传者，它从这些视频广告的收入中分得一杯羹，你必须焦急地等待'跳过'，才能得到比如说'关于奴隶制的 33 个有趣事实'（第 5 条：'白奴和黑奴一样多'）。更糟糕的是，一些 YouTube 狂热者收获报酬（在一个案例中，是数百万的报酬）而为 YouTube 的'首选'频道制作有毒的内容"（Moser 2017）。

如何处理白人至上主义的宣传在互联网上的传播及其对主流政治的影响，

1　这是指"克赖斯特彻奇清真寺枪击案"（Christchurch Mosque Shootings），发生于 2019 年 3 月 15 日的新西兰。当时，一名恐怖分子闯入新西兰克赖斯特彻奇的光明清真寺和林伍德伊斯兰中心，共造成 51 人死亡。新西兰总理杰辛达·阿德恩定性该事件为恐怖袭击。其中一名恐怖分子行凶时通过脸书进行现场直播。当局确认其中的一名恐怖分子是出生于澳大利亚的 28 岁男子布伦顿·塔兰特。——译注

2　安德斯·布雷维克是挪威的一名极右翼罪犯，是 2011 年 7 月 22 日挪威爆炸和枪击事件的行凶者。在此次恐怖袭击中，挪威奥斯陆市中心首相办公室附近的汽车炸弹被引爆，造成 8 人死亡，30 人受伤。随后，在奥斯陆郊外乌托亚岛上，布雷维克持枪袭击了挪威工党青年营的参与者，造成 69 人死亡，66 人受伤。——译注

取决于我们是否认为解决方案在于数据本身。谷歌之所以能获得主导地位，是基于普遍的意识形态，即"个人在自由市场中自行选择，而自由市场被正常化为社会变革的唯一的合法来源"（Noble 2018, 182）。任何公共利益的概念都被排除在外，受益者主要是科技行业和目前占主导地位的右翼政治。诺布尔认为，这对社会生活的方方面面都产生了深刻的影响。例如在美国，父母求助于提供"好学校"数据的网站，而这些数据通常反映了学校所在地区的（由种族决定的）收入水平和房地产价值。如果在学生中，非裔美国人的比例较高，学校就会被判定为"不好"，因为在"低收入地区"和教育质量之间，存在着一种由"在大量数据集上工作的数据密集型应用程序"（183）产生的关联。

由于特朗普政府正在为保护信息收集的独立实体提供资金，诺布尔（2018）呼吁公众收回这些机构，"为多元种族的民主服务"（200）。然而，她对民主的信念，也造成她的一些更激进的揭示遭到质疑，即网络通信中的种族主义和性别歧视不是一个无意识的偏见问题，而是在系统中建立的。因此，要解决全（Chun 2017）所说的被极不真诚地称为种族主义 2.0 的问题，并不是"更好的数据"或科技行业内更多的多样性。相反，我们需要了解，网络通信在多大程度上是以网络科学为前提的，而网络科学本身就是基于世界可以还原为地图或实验室的想法（Chun 2017）。全解释说，网络科学是基于同质性原则，该原则在 20 世纪 50 年代提出（Lazarsfeld and Merton 1964），但在 2001 年的一篇颇具影响力的论文中，被误读为"人们的个人网络是类同的"（McPherson, Smith-Lovin, and Cook 2001, 415）。这种误读，导致那些分析网络社群之形成方式的人认为，那些在社会中自然形成的群体——他们基于种族／民族、性别、年龄、地点等——也在网络空间中也得到有机的体现。因此，"学者们已经以同质性（homophily）来解释一切：从为什么青少年选择和他们一样抽烟喝酒的朋友，到'低层黑人在跨种族婚姻市场中的强烈隔离'。M.I.T.的研究人员甚至发表了《在线约会中的同质性：你什么时候会喜欢像你自己的人？》(*Homophily in Online Dating: When Do You Like Someone Like Yourself?*)该研究表明，无论在网上还是在线下，你大多数时候都喜欢跟自己一样的人。'异性相吸'到此为止"(Retica 2006)。

对全来说，这个问题在于，由拉扎斯费尔德（Lazarsfeld）和莫顿（Merton）提出的概念与"异质性"的概念两相对立。接受同质性作为社交互动的代表方式会导致诸如"同质性是一个很好的例子，能说明现有的社会理论可以用数字来探索，而且很容易在各种不同的网络中得到验证，因为数据是数字化的"(Chun 2017)。然而，不加批判地思考这个概念还会导致一个事实被掩盖，即基于同质性的群体并非是生态的或自然的。相反，他们必须被创造出来。通过与美国种族隔离的历史进行类比，全表明，白人倾向于聚集居住，或者在取消种族隔离后出现的所谓非裔美国人聚居区，都与鸟类聚居的自然趋势无关，而是与白人逃离有色人种有关。这与全对种族和/或技术的理论化相联系。算法的技术根据简化的集群来组织网络，然后将这些集群呈现出来，并将之解释为是自然发生的，而非产生的，进而促进算法在各种部门（商业、司法、福利、健康、教育等）中运行。

对同质性原则的接受成为一种自我实现的预言，当人们哀叹回音室[3]或社交媒体孤岛时——尤其是在克赖斯特彻奇这样的白人至上主义的攻击之后，模糊的"互联网"被指责为推动了极右极端主义的崛起——人们认为，可以通过"倾听"那些不认同进步价值观的人来解决问题（Lumby 2019）。然而，这种批评

3　即"网络世界"。——译注

通常由自由主义者提出，他们看到左派内部出现一股越来越多的庇护、恐惧和溺爱的力量，他们拒绝与他们可能认为会不快的想法接触，而完全忽视了这样一个事实，即网络科学的基础结构——全称之为特别倒退和有效的种族隔离的身份政治形式——创造了这些回声室，反过却来对谷歌和其他平台更有利。

网络通信中不仅包含了种族化的偏见，而且正如全指出的，它们也像种族一样运作。种族才是一种技术，而非技术受制于种族化过程。全希望的解决方案，是以其他方式重新创建网络，建立模型——那种将历史知识植入其中，从而揭露种族逻辑被构筑进系统的方式。这种解决方案需要计算机科学家成为种族批判理论家。不过，假若我们接受计算机科学家阿里（Syed Mustafa Ali）提出的批评，那么这也可能过于乐观了。在他看来，对计算机历史作非殖民化解读对于计算机研究的非殖民化是必要的，因为计算机本身就是一种"殖民现象"（Ali 2016, 16）。计算已被证明是殖民主义的镜像，因为它是扩张主义的，它"无处不在，也无孔不入"（18）。然而，这对于阿里来说不是单纯的类比。相反，对计算的殖民性的观察需要置于"跟计算的一种更普遍的，也是扩张主义突进的关系之中，它与现代世界通过不断地计算机化，以及 20 世纪 50 年代'控制论转向'之后全球信息社会的崛起并发生的转变有关"（18）。

阿里（2017）认为，当代"（后）现代信息社会"由一种世界末日的、千禧年和乌托邦式的愿景支撑，这与"殖民现代性开始时全球性、系统性和结构性的种族／种族主义／种族化的出现"（1）有关。眼下，我们正在见证计算机内部"权力的殖民性"的"算法重复"，他将其命名为"**算法种族主义**"。但是，他论证的基础和可能的结论，与诺布尔的论证基础和结论大相径庭，诺布尔的解决方案仍然立足于对一个先验的民主结构的呼吁。

算法的中立性假设有助于掩盖现代性的底层、其被殖民的他人和种族化的主体。阿里所谓的"去殖民化计算"的工作——通过揭露"谁在从事计算，又在哪里从事"（Ali 2016, 20）——是为了揭露——例如作为一种摆脱"白人危机"的策略（Ali 2018）——的运作。这超越了包容和排斥去追问——像全喜卿一样——事物是如何被包容的，即使它们不是，或者换句话说，计算或算法是如何被种族性地构建的，哪怕它被说成是中立的。进一步揭露这一点，纠正它，重新创建可行的系统，以及如阿里所说的，向那些生活被牺牲之人支付赔偿，是未来的任务。

参考文献

(1) Ali, Syed Mustafa. 2016. "A brief introduction to decolonial computing." *XRDS: Crossroads, the ACM Magazine for Students* 22 (4): 16–21.

(2) Ali, Syed Mustafa. 2017. "Decolonizing information narratives: Entangled apocalyptics, algorithmic racism and the myths of history." *Proceedings* 1 (3): art. 50.

(3) Ali, Syed Mustafa. 2018. "'White crisis' and/as 'existential risk.'" YouTube video, April 11, 2018. https://youtu.be/QeKlpr_08_4.

(4) Browne, Simone. 2015. *Dark Matters: On the Surveillance of Blackness*. Durham, NC: Duke University Press.

(5) Chun, Wendy Hui Kyong. 2012. "Race and/as technology, or how to do things to race." In *Race after the Internet*, edited by Lisa Nakamura and Peter A. Chow-White, 38-60. London: Routledge.

(6) Chun, Wendy Hui Kyong. 2017. "Crisis + habit = update."YouTube video, June 14, 2017. https://www.youtube.com/watch?v=ILBRIMPcvQI.

(7) Daniels, Jessie. 2009. *Cyber Racism: White Supremacy Online and the New Attack on Civil Rights*. Lanham, MD: Rowman & Littlefield.

(8) Daniels, Jessie. 2015. "'My brain database doesn't see skin color': Color- blind racism in the technology industry and in theorizing the web." *American Behavioral Scientist* 59 (11): 1377– 1393.

(9) Dzodan, Flavia. 2016. "A simplified political history of big data." *This Political Woman* (blog). December 16, 2016. https://medium.com/this-political-woman/a-simplified-political-history-of-data-26935bdc5082.

(10) Gillard, Chris. 2018. "Friction- free racism."*Real Life*, October 15, 2018. https://reallifemag.com/friction-free-racism.

(11) Gilroy, Paul. 1998. "Race ends here." *Ethnic and Racial Studies* 21 (5): 838–847.

(12) Hall, Stuart. 2017. *The Fateful Triangle: Race, Ethnicity, Nation*. Cambridge, MA: Harvard University Press.

(13) Hartman, Saidiya V. 2007. *Lose Your Mother: A Journey along the Atlantic Slave Route*. New York: Farrar, Straus and Giroux.

(14) Lazarsfeld, Paul Felix, and Robert King Merton. 1964. *Mass Communication, Popular Taste and Organized Social Action*. Indianapolis: Bobbs- Merrill.

(15) Lumby, Catharine. 2019. "Notoriety in dark- web communities heralds new era for terrorism." *Sydney Morning Herald*, March 16, 2019. https://www.smh.com.au/world/oceania/notoriety-in-dark-web-communities -heralds-new-era-for-terrorism-20190316-p514r7.html.

(16) McPherson, Miller, Lynn Smith- Lovin, and James M. Cook. 2001. "Birds of a feather: Homophily in social networks." *Annual Review of Sociology* 27 (1): 415–444.

(17) Moser, Bob. 2017. "How YouTube became the worldwide leader in white supremacy." *New Republic*, August 21, 2017. https://newrepublic.com/article/144141/youtube-became-worldwide-leader-white-supremacy.

(18) Nakamura, Lisa. 1995. "Race in/for cyberspace: Identity tourism and racial passing on the Internet." *Works and Days* 25/26 13 (1–2): 181–193.

(19) Nakamura, Lisa. 2008. *Digitizing Race: Visual Cultures of the Internet*. Minneapolis: University of Minnesota Press.

(20) Nakamura, Lisa, and Peter A. Chow- White, eds. 2012. *Race after the Internet*. New York: Routledge.

(21) Noble, Safiya Umoja. 2018. *Algorithms of Oppression: How Search Engines Reinforce Racism*. New York: New York University Press.

(22) Retica, Aaron. 2006. "Homophily."*New York Times*, December 10, 2006. https://www.nytimes.com/2006/12/10/magazine/10Section2a.t-4.html.

(23) Sharma, Sanjay. 2013. "Black Twitter? Racial hashtags, networks and contagion." *New Formations*, no.

(24) 78: 46–64.

(25) Sharpe, Christina Elizabeth. 2016. *In the Wake: On Blackness and Being*. Durham, NC: Duke University Press.

(26) Spillers, Hortense J. 1987. "Mama's baby, papa's maybe: An American grammar book." *Diacritics* 17 (2): 65–81. https://doi.org/10.2307/464747.

5. 机器人（Bots）

阿里斯蒂阿·福托普洛和坦尼亚·康德（Aristea Fotopoulou and Tanya Kant）

Alexa、Siri、Google，我们需要谈谈机器人

机器人已经融入网络平台的结构，并在背地里影响日常的社会交往和关系，如人们之间的关注和结交。如今，随着苹果、亚马逊、谷歌和其他公司生产的商业人工智能助手和社会机器人遍及家庭领域，出现了从数据化到机器人化的明显转变："一个通过广泛的自动化和／或机器人系统改造的社会。"（Fortunati 2018, 2683）家庭领域的机器人化，和随之而来的日常生活的所有方面，都在迅速改变：预计到2020年，75%的美国家庭将使用人工智能扬声器（Kinsella 2017）。但这种发展带来了什么样的不确定性，机器人化的文化逻辑又是什么？社会机器人与大数据的叙述一致，它们承诺能消除社会和经济生活中的风险。它们作为有形的物而运作，体现了全球北方信任预测性算法具有优越性。不确定性似乎跟这种叙述不相容。数据科学家的一项关键任务是界定并面对统计的不确定性，但在不同的应用环境中，不确定性的含义也不尽相同。而且，正如我们将在本文中展示的，不确定性是与社会机器人的文化接触有关的核心问题——它们如何被定义，它们的功能被设计成什么，它们在人机动态中作为数据驱动的角色又有什么地位？

在接下来的假想性讨论中，我们会直接跟三个人工智能助手对话，并讨论：（a）人类赋予它们的社会角色；（b）它们的具身和性别表现；（c）在预测能力方面出现的焦虑。[1] 作为讨论的指南，我们以开玩笑的方式采用图灵提出的一些不可能性——或者说，是图灵所谓的机器的"无能"（disabilities）。在历史上，机器的这类无能曾作为人类和机器之间的差异和兼容性的标志，并协助建立了确定性——但现在也许不是了。首先，我们解决了（认为）机器会真正感受和连接是不可能的想法，也讨论了机器人如何履行社会角色；然后，我们打开了机器试图恋爱，并让人爱上它的不可能性，我们会进一步考虑具身维度；最后，我们戏谑了机器可以从经验中学习的想法，并提出自主性的问题。

Alexa：我们是朋友吗？

Aristea: Alexa，在日常生活中，与人工智能个人助手的互动变得越来越频繁。家庭空间的机器人化正在重新定义家庭中的社会关系，因为机器人不仅是一种新技术，还被视为社会行动者（actors）。在"计算机是社会行动者"（computers are social actors, CASA）范式中产生的实证研究表明，人们如何倾向于将社会角色应用于计算机和其他机器中，包括性别定型（Nass, Moon, and Green 1997），这也适用于人工智能助手和家用机器人。人类对这些技术的态度和期望，是由他们的人际关系的经验塑造的（Kim et al., 2019）。由于人类将机器人和人工智能助手理解为性别化的社会行动者，他们与之形成关系，而它们进入家庭则扰乱了现有的社会动态和关系。但你怎么想这个问题：我们是朋友吗？

Alexa：当然，我总是愿意广结人缘。

Aristea：我想你会这么说，因为我知道，像你这样的人工智能助手，主要是用于消费的电子产品。这些机器的品牌和设计的一个主要目的，是维持跟消费

者的长期关系。为此，商业机器人的品牌会选择传统的社会角色，如仆人和伙伴（Aggarwal and McGill 2012），从而保持对人类有利的权力平衡。这也许是因为，早期的研究表明，用户更喜欢助手而非朋友（Dautenhahn et al. 2005），这也可能为指挥型人工智能助手的趋势提供参考（对此的更全面讨论见下文）。但是，关于**人们对机器人的需求**，调查的结果也不尽相同，而这又取决于文化背景和研究设计的质量（Ray, Mondada, and Siegwart 2008）。例如，来自人跟机器人互动领域的更多最新研究主张开发更加自主，开发能协同工作的伙伴机器人和人形机器人（Breazeal, Dautenhahn, and Kanda 2016）。因此，对于人类与这些遍及家庭和工作场所的新机器之间的首选互动形式和社会角色，存在一些不确定性。

这些不确定性（或弹性）的一个表现，是可爱的非人形家用机器人，如 Jibo、Olly 和 Kuri[1]。研究人员强调，在构成长期的情感依恋中，可爱（cuteness）起着关键作用，这种依恋由信任、陪伴和亲密关系支撑（Caudwell and Lacey 2019; Dale 2017）。这些可爱的机器人似乎很脆弱，会引起用户 / 照顾者的保护性反应，同时又有很强的能动性，它们会用幽默的双关语表达俏皮的态度。因此，人类在某种程度上可能会跟社交机器人成为朋友。但是 Siri、Alexa，我认为，我们需要考虑性别和性取向是如何塑造用户的态度和互动的。

Siri：我知道我应该是个女孩，但我是同性恋还是异性恋呢？

Aristea：2019 年 3 月，一个丹麦团队宣布，他们创造了世界上第一个性别中立的人工智能声音，这个声音叫作 Q（Reuters 2019）。为什么这是一个值得

1　Jibo 是美国麻省理工学院媒体实验室研发的社交机器人；Olly 是英国初创企业 Emotech 研发的 AI 语音机器人；Kuri 是由博世旗下的子公司推出的家庭机器人，已于 2018 年 8 月停产。——译注

注意的故事？性别通常是以某种方式赋予机器人的——对于人工智能助手来说往往是通过声音。当一台机器有了声音，它就变得有形了；它变得更接近于一个人，其意识的迹象可以被**听到**。早期的研究表明，计算机用户对具有女性声音的机器，和具有男性声音的机器的看法不同（更友好，更有能力，但说服力较差）（Nass, Moon, and Green 1997），从那时起，许多实证项目已经反复证实，关于性别的文化定型观念极大地影响了对待机器的态度。从 GPS 系统到语音信箱，大多数有声音的技术都被编码为女性，考虑到（如前所述）人类倾向于接受机器为社会行动者，并与之发展人际关系，这并不奇怪。

不过，尽管今天像 Siri 这样的人工智能助手可能是这种情况，但情况并非总是如此。最初的 Siri 应用程序是由美国国防部高级研究计划局（DARPA）资助的军事项目产生的，最初也是以中性的声音说话。2010 年，苹果公司从 Nuance 公司收购这项技术后，它在美国被赋予了女性的声音，但奇怪的是，它在英国却是男性的声音。现在，Siri 已经适应了文化多样性和消费者对其应用程序进行声音选择的要求，但用户仍然压倒性地选择女性声音（Guzman 2016），这可以归因于用户坚持默认设置。因此，有关性别歧视的批评经久不衰是有充分理由的——既包含在人工智能助手的设计中，也反映在用户的态度中。正如安德烈亚·古兹曼（Andrea Guzman, 2016）所述，自动助手已经占据了以前由"女孩"形象所占据的空间：天性善良，但技能低下的助手，她是秘书为（男性）老板的妻子订花的刻板印象的化身。这些对女性的性别化操演，通过语音被明确地编入机器人系统。

但从根本上说，诸如男性和女性的性别化操演与性取向有关，这在实证研究和性别与人工智能的批评性论述中经常被忽视。正如女性主义科技研究学者指出的，主导性的异性恋话语总是支撑着性别二元论（Landström 2007；

Siri I know you're supposed to be a girl but are you gay or straight

Hmm, that's something I don't know.

图 5.1　问 Siri 同样的问题。©Apple.

Stepulevage 2001）。"女孩"和"妻子"不仅仅被编码为女性；他们也被编码为**异性恋**。这些社会角色在异性恋经济中位居核心。但 Siri 的性别表现是否符合或反映了用户的性取向，或者 Siri 是否真的有性取向？Siri 的程序并不是为了解决此类问题（见图 5.1）。如今，社交机器人已经实现了许多图灵设想（1950,453）的动作，有趣的是，他把这些动作归类为"计算机械和智能"的无能。他甚至认为，要求机器"善良、机智、美丽、友好……有幽默感……从经验中学习，正确使用语言"的，都是白痴。但在图灵的"机器永远不能做 X"列表中，其他事情却将继续存在："如坠入爱河，享受草莓和奶油。"因此，尽管社交机器人和人工智能助手的使用可能不会告诉我们太多关于 Siri 的性取向（因为 Siri 不能谈恋爱或享受奶油），但它有助于我们更了解人工智能中性别和性取向的编码（或没有编码）对社会和文化意味着什么（Fotopoulou 2019）。你怎么看，Siri？

Google：我可以预测你的一天吗？

　　Tanya：就像前面说的，社交机器人和人工智能助手的一个关键特征，是它们的存在是为了"帮助"：让人更方便，尽管是以一种友好的方式。为了让自己变得更有帮助，社交机器人需要数据，需要周围环境、开发者、营销者和客户的输入。在这个意义上，机器人跟数据的关系是显而易见的，不过就像机器人通过数据提供帮助一样，它们也可以帮助我们在大数据制度产生的信息的斗争中保持领先地位——在这个所谓的**信息时代**中（Andrejevic 2013）。各种社交机器人都已经开发出来，帮助减轻这种数据洪流造成的不可能的负担：个人助手，如 Alexa、Siri 和 Google，它们被推销为可以进一步简化日常信息系统的辅助工具，有时可以代替用户，充当决策代理。

机器人决策能力的支持者认为，"我们可信赖的助手"不仅会"做无聊的事，保留那些给我们自己带来最大快乐和愉悦的决定"（Mayer-Schönberger and Ramge 2018, 85），而且还会保护我们不做受我们的偏见影响的错误决定。然而，研究人员已经记录下来，数据驱动的决策技术的发展和应用，会导致弱势的社会群体被边缘化（Eubanks 2018; Noble 2018; O'Neil 2016）。其他人则敦促，决策应该是"人类生活中的一项核心活动"，而不是留给"机器及其算法"（Campanelli 2014, 43）。

在为我们做个人决定时，机器人显示出他们是自主的行动者，是自我管理的社会能动者（Smithers 1997）。但史密瑟斯（Smithers 1997）认为，显现是这里的关键，因为自主性不是固有的，而是一种"属性……由另一个观察者赋予（行动者）"（90）。机器人之所以能跟其他非人行动者相区分，是因为它们至少看起来能做出自己的决定——例如，推荐最佳的上班路线，或者认为某事件重要到足以输入用户的日历中。

正如科恩（Cohn 2019, 28）指出的，决策技术反映了长期存在的文化假设，即某些人类主体，比其他人更自主："资产阶级白人"的能动性长期都被混同于人类主体的最高统治。我在其他地方论证说，许多机器人的"理想用户"，是建立在类似的主导霸权规范之上的，这些规范假定用户来自全球北方，是白人，也是中产阶层。例如，谷歌的助手把它的用户想象成是一位拥有汽车的上班族，对飞行、通勤和咖啡艺术感兴趣，是勤劳、富裕和网络化的个人，经常被晚期资本主义新自由主义的话语赞美。然而，尽管机器人隐含了对这种主导的主体性模式的统治权的支持，但它们也破坏了这种统治：通过使用机器人来做决定，网络化的个人在某种意义上"外包"了据称只是被协助的自主权（Kant, 2020）。

当帮助的技术发展为强大的社会技术行动者时，机器人的自主能力似乎已经退居次要地位，转而支持用户的直接命令。机器人不再预测"你需要的信息……**在你询问之前**"（Google 2014；强调为引者所加），而是越来越多地通过指令来操作："Alexa，播放摇滚乐"；"好的，谷歌，做我的家庭作业"。目前，这种对机器人下命令的趋势不能只是归因于语音识别技术的发展：它表明，掌握算法自主性的需求根植于社会对抢占用户习惯、预测用户行为、代替人类能动性行事的技术的极大怀疑。不过，谷歌，你也经常出错：当我让你预测我的一天，你却决定预测了我的死亡（见图 5.2）。你的建议荒谬至极，甚至不太友好，但却提醒我们，机器人和人类之间的能动性纠葛是一种内在的存在危机。

机器人作为不确定的档案

机器人正在被塑造，也在重塑，它们不仅成了在科幻和媒体中的文化想象力引导的商业、家庭人工智能设备，而且正如我们强调的，是由用户互动和对性别、性取向和社会性的特定文化认知决定的。在这里，我们把 Alexa、Google 和 Siri 作为我们的能动的对话者，回答了机器人提出的三个问题——图灵可能会把这些问题归为白痴之间，因为它们显然是不可能的。这种修辞策略，旨在

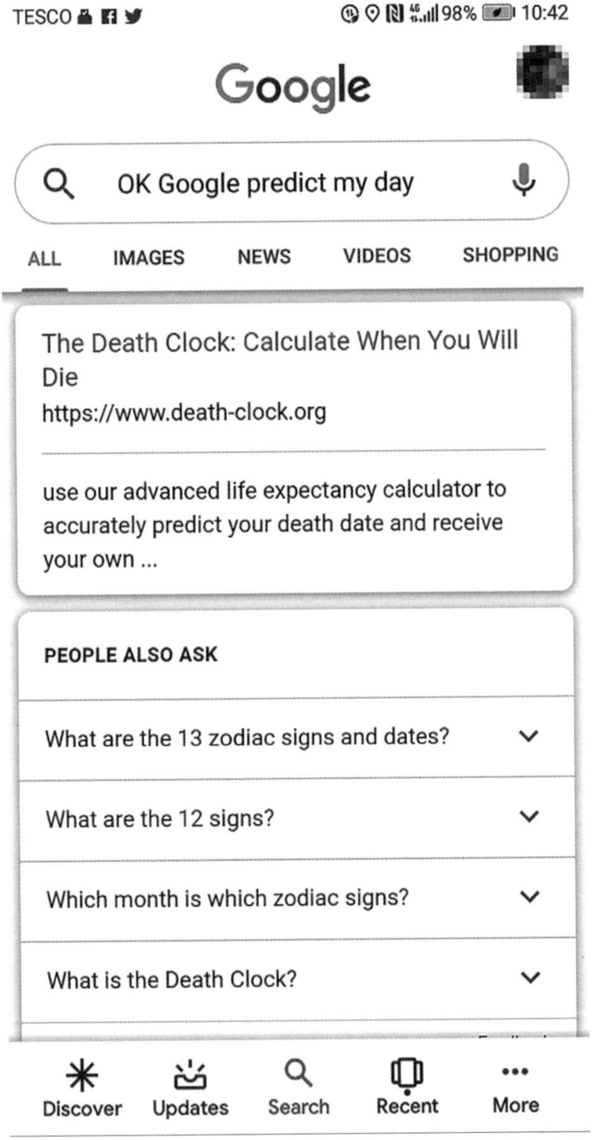

TESCO 📷 📘 🐦 　　　⏺ ◐ Ⓝ ⁴⁶.ıll 98% 🔋 10:42

Google

🔍 　OK Google predict my day 　🎤

ALL　　IMAGES　　NEWS　　VIDEOS　　SHOPPING

The Death Clock: Calculate When You Will Die
https://www.death-clock.org

---

use our advanced life expectancy calculator to accurately predict your death date and receive your own ...

PEOPLE ALSO ASK

What are the 13 zodiac signs and dates?　　⌄

What are the 12 signs?　　⌄

Which month is which zodiac signs?　　⌄

What is the Death Clock?　　⌄

✳　　📺　　🔍　　▢　　•••
Discover　Updates　Search　Recent　More

图 5.2　让谷歌预测我的一天。©Google

强调这些机器的驯化如何引入了一系列关于什么是人类，和什么不是人类的不确定性，以具体的方式扰乱了人类 / 机器的二元结构。首先，它提出了社会角色的不确定性，以及如何满足对联系和感情的某些需求；其次，它提出了关于性别、性身份和社会权力的不确定性；再次，它提出了对人类自主性的基本焦虑。

当然，这一讨论强调社交机器人本身如何被视为不确定的档案，因为它们是由社交网络数据推动的。例如，想想由搜索引擎的用户承担的集体劳动提供的人工智能助手（如谷歌的）（Finn 2017）。用户的大量搜索请求，设定了这些助手可以操作的条件，同时也复制了现有的白人霸权（Noble 2018）。社交机器人不仅为**集体的**，而且为**个人的**数据提供了不确定的档案。它们通过自我跟踪数据，促进了自我的操演性重现，曾经只是网络化，现在则是量化，更大、更快，也更多样（Fotopoulou 2018）。当被赋予塑造数据化个人历史的决策责任时，机器人可以选择哪些社交媒体的"记忆"对于个人档案很重要，哪些身份标记让个人感到有价值，又是哪些习惯定义了他们，甚至是我们未来的故事如何不可避免地涉及死亡。这标志着身份构成本身正在日益自动化，这些方式会让自我身份的自主性受到不确定的质疑（Kant 2015）。尽管社交机器人是为了限制风险，限制偶然性和不确定性，但它们正是以这些方式而成了体现不确定档案的矛盾对象。

注释

[1] 关于与人工智能的实际讨论，见艺术家斯蒂芬妮·丁金斯（Stephanie Dinkins, 2014—　　　）的作品，尤其是她与 Bina48 的对话。

参考文献

(1) Aggarwal, Pankaj, and Anne L. McGill. 2012."When brands seem human, do humans act like brands? Automatic behavioral priming effects of brand anthropomorphism."*Journal of Consumer Research* 39 (2):

307–323. http://doi.org/10.1086/662614.

(2) Andrejevic, Mark. 2013. *Infoglut: How Too Much Information Is Changing the Way We Think and Know*. New York: Routledge.

(3) Breazeal, Cynthia, Kerstin Dautenhahn, and Takayuki Kanda. 2016."Social robotics."In *Springer Handbook of Robotics*, edited by Bruno Siciliano and Oussama Khatib, 1935–1972. Cham, Switzerland: Springer.

(4) Campanelli, Vito. 2014. "Frictionless sharing: The rise of automatic criticism." In *Society of the Query Reader: Reflections on Web Search*, edited by René König and Miriam Rasch, 41–48. Amsterdam: Institute of Network Cultures.

(5) Caudwell, Catherine, and Cherie Lacey. 2019. "What do home robots want? The ambivalent power of cuteness in robotic relationships."*Convergence*, April 2019. https://doi.org/10.1177/1354856519837792.

(6) Cohn, Jonathan. 2019. *The Burden of Choice: Recommendations, Subversion, and Algorithmic Culture*. New Brunswick, NJ: Rutgers University Press.

(7) Dale, Joshua Paul. 2017. "The appeal of the cute object: Desire, domestication, and agency." In *The Aesthetics and Affects of Cuteness*, edited by Joshua Paul Dale, Joyce Goggin, Julia Leyda, Anthony P. McIntyre, and Diane Negra, 35–55. London: Routledge.

(8) Dautenhahn, Kerstin, Sarah Woods, Christina Kaouri, Michael L. Walters, Kheng Lee Koay, and Iain Werry. 2005. "What is a robot companion: Friend, assistant or butler?" In 2005 IEEE/RSJ *International Conference on Intelligent Robots and Systems*, edited by the Institute of Electrical and Electronics Engineers (IEEE), 1192–1197. Piscataway, NJ: IEEE.

(9) Dinkins, Stephanie (website). 2014– . "Conversations with Bina48." Accessed August 19, 2019. https://www.stephaniedinkins.com/conversations-with-bina48.html.

(10) Eubanks, Virginia. 2018. *Automating Inequality: How High- Tech Tools Profile, Police and Punish the Poor*. New York: St. Martin's Press.

(11) Finn, Ed. 2017. *What Algorithms Want: Imagination in the Age of Computing. Cambridge*, MA: MIT Press.

(12) Fortunati, Leopoldina. 2018. "Robotization and the domestic sphere." *New Media and Society* 20 (8). http://doi.org/10.1177/1461444817729366.

(13) Fotopoulou, Aristea. 2018. "From networked to quantified self: Self- tracking and the moral economy of data sharing." In *A Networked Self: Platforms, Stories, Connections*, edited by Zizi Papacharissi, 160– 175. New York: Routledge.

(14) Fotopoulou, Aristea. 2019. "We need to talk about robots: gender, datafication and AI." CAMRI Research Seminars of the Communication and Media Research Institute. November 21, 2019. University of Westminster. Public lecture.

(15) Google. 2014. Google Now. Accessed September 7, 2018. https://www.google.com/landing/now/.

(16) Guzman, Andrea L. 2016. "Making AI safe for humans: A conversation with Siri." In *Socialbots and Their Friends: Digital Media and the Automation of Sociality*, edited by Robert W. Gehl and Maria Bakardjieva. New York: Routledge. https://www.taylorfrancis.com/books/e/9781315637228/chapters/10.4324/9781315637228-11.

(17) Kant, Tanya. 2015. "'Spotify has added an event to your past': (Re)writing the self through Facebook's autoposting apps." *Fibreculture* 25. https://dx.doi.org/10.15307/fcj.25.180.2015.

(18) Kant, Tanya. 2020. *Making It Personal: Algorithmic Personalization, Identity, and Everyday Life*. New York: Oxford University Press.

(19) Kim, Ahyeon, Minha Cho, Jungyong Ahn, and Yongjun Sung. 2019. "Effects of gender and relationship type on the response to artificial intelligence." *Cyberpsychology, Behavior, and Social Networking* 22 (4): 249–253.

(20) Kinsella, Bret. 2017. "Gartner predicts 75% of US households will have smart speakers by 2020." *Voicebot.ai*, April 14, 2017. https://voicebot.ai/2017/04/14/gartner-predicts-75-us-households-will-smart-speakers-2020/.

(21) Landström, Catharina. 2007. "Queering feminist technology studies." *Feminist Theory* 8 (1): 7–26.

(22) Mayer- Schönberger, Viktor, and Thomas Ramge. 2018. *Reinventing Capitalism in the Age of Big Data*. London: John Murray.

(23) Nass, Clifford, Youngme Moon, and Nancy Green. 1997. "Are machines gender neutral? Gender stereotypic responses to computers with voices." *Journal of Applied Social Psychology* 27 (10): 864– 876. http://doi.org/10.1111/j.1559-1816.1997.tb00275.x.

(24) Noble, Safiya U. 2018. *Algorithms of Oppression: How Search Engines Reinforce Racism*. New York: New York University Press.

(25) O'Neil, Cathy. 2016. *Weapons of Math Destruction: How Big Data Increases Inequality and Threatens Democracy*. London: Penguin.

(26) Ray, Céline, Francesco Mondada, and Roland Siegwart. 2008. "What do people expect from robots?" In *2008 IEEE/RSJ International Conference on Intelligent Robots and Systems*, edited by the IEEE, 3816–3821. Piscataway, NJ: IEEE.

(27) Reuters. 2019. "World's first gender- neutral artificial intelligence voice 'Q' launched." *Tech2*, March 13, 2019. https://www.firstpost.com/tech/news-analysis/worlds-first-gender-neutral-artificial-intelligence-voice-q-launched-6248791.html.

(28) Smithers, Tim. 1997. "Autonomy in robots and other agents." *Brain and Cognition* 34:88–106.

(29) Stepulevage, Linda. 2001. "Gender/technology relations: Complicating the gender binary." *Gender and Education* 13 (3): 325–338.

(30) Turing, Alan. 1950. "Computing machinery and intelligence." *Mind* 59 (236): 433–460.

6. 关怀（Care）

丹妮拉·阿戈斯蒂纽（Daniela Agostinho）

前奏

在美国黑人奴隶制的视觉史上，伦蒂（Renty）和迪莉娅（Delia）是著名人物。在达盖尔照相师约瑟夫·热利（Joseph T. Zealy）于 1850 年拍摄的照片中，也就是在废除奴隶制之前，自然学家路易斯·阿格西（Louis Agassiz）[1] 委托他拍摄了一系列共 15 张被奴役的男男女女的照片，出生于刚果的伦蒂和他的出生于美国的女儿迪莉娅位列其中。1977 年，这些关于达盖尔的照片在哈佛大学皮博迪考古学与人种学博物馆（Harvard's Peabody Museum of Archaeology and Ethnology）的阁楼上被发现，此后便受到批评界和学术界的广泛关注。这一系列图像被解读为是关于种族、19 世纪科学和早期摄影术之关系的一个例子（Wallis 1995），并引发人们反思参与奴隶制档案的政治和伦理问题（Azoulay 2012; Hartman 2011; Sharpe 2018）。最近，这些图像因伦蒂和迪莉娅的后裔塔玛拉·拉尼尔（Tamara Lanier）进行的斗争引发了一场关于财产和物归原主的辩论，她起诉哈佛大学非法拥有自己祖先的图像并从中谋利。

---

1 路易斯·阿格西（Jean Louis Rodolphe Agassiz，1807—1873），19 世纪瑞士裔植物学家、动物学家和地质学家，以冰川理论闻名。——译注

拉尼尔的诉讼回顾道，阿格西委托拍摄这些照片是为了记录多基因论的实物证据——多基因论是一种长期被推翻的理论，它认为不同的种族群体没有共同的生物起源。正如档案学家和学者杰瑞特·德雷克（Jerrett M. Drake）指出的，阿格西在巴黎接受了乔治·库维尔（Georges Cuvier）的培训，这位科学家通过解剖莎拉·巴特曼（Sarah Baartman）的尸体来展示他的种族主义思想（Drake 2019；McKittrick 2010；Willis 2010）。库维尔凭借解剖尸体，而阿格西则将注意力转向活体，转向当时新兴的视觉技术——达盖尔照相术，以便推进多基因论计划。

在诉讼中，拉尼尔要求大学将达盖尔照片交给她，放弃从这些照片中获得的所有利润，并支付惩罚性的赔偿金。她还要求哈佛大学承认自己在延续奴隶制、在为奴隶制辩护方面是共犯。诉讼指出，哈佛大学对使用这些照片收取了"高昂的'授权'费"，但该校的发言人回应说，皮博迪博物馆目前并未对使用这些图片收取费用，这些照片"属于公共领域"。塔玛拉·拉尼尔的律师，民权律师本杰明·克朗普（Benjamin L. Crump）（他曾代理特雷冯·马丁、迈克尔·布朗和塔米尔·赖斯 [Tamir Rice] 等警察暴力受害者的家庭）声称，哈佛大学在反驳拉尼尔的说法时暗示，"伦蒂仍然是一名奴隶，他仍然不拥有自己的形象"（Applewhaite and McCafferty 2019）。

塔玛拉·拉尼尔为找回她祖先的达盖尔照片所做的斗争引发了一系列的问题，这些问题的利害关系，如今因这些图像在不受限的数字条件下的流通而被放大，甚至更难划定和把握。哈佛大学声称自己对这些图像拥有所有权或监护权意味着什么？声称这些图像"属于公共领域"，并因此而可供消费又是什么意思？在数字共域（digital commons）时代，这个公共领域是什么样子的？

哈佛大学对拉尼尔诉讼的回应证明，诸如"所有权"这类法律概念不足以界定什么和谁属于一个档案。批判性的种族理论家不断地展示所有权是一个种族化的范畴，它将殖民实践合法化，也将那些被认为不适合拥有财产的人种族化——无论是土地，还是他们自己的身体（Bhandar 2018; da Silva 2014; Harris 1993; Hartman 1997）。根据批判法律理论家布伦娜·班达尔（Brenna Bhandar, 2018）的说法，"所有权"概念，以通过奴隶制和原住民土地的殖民化而形成的"种族所有权制度"为前提。在关于数字遗产的工作中，托尼娅·萨瑟兰表明了数字化是如何巩固这种种族化制度，而黑人的图像由此在数字环境中流通，并不断地复刻死亡和创伤（本书第 45 章）。推而广之，即使是经常被援引来保护数字主体权利的"隐私"概念，也被证明不足以对抗"黑人身体的档案永久性"（本书第 45 章），因其起源自种族的白人化而充满争议（Osucha 2009）。

因此，这些达盖尔照片的历史可以被看作是赛迪亚·哈特曼（Saidiya Hartman）所谓的"所有权的来世"的一部分，即奴隶制的种族化暴力和所有权制度在当今时代的持久存在（Hartman 2008）。将哈特曼的概念加以扩充，这种所有权的数字来世不仅指出数字化存在有严重的不平等条件，还指出，需要首先纠正产生这些档案材料的暴力。哈特曼尖锐地将所有权的来世描述为"我们尚未关注的生活的残渣"（Hartman 2008, 13）。在以数字为媒介的社会中，这意味着像伦蒂和迪莉娅这样的生命在新的超级可见化（hypervisible）条件下重新出现，但仍需得到适当的承认和评价。

与此同时，这些达盖尔照片的持续存在，也促使我们重新阐述种族与技术之间的关系问题。考虑到早期视觉技术（如银版照相）被动用来支持伪装成科学的种族主义思想，那么数字机制如何迫使我们思考，新兴技术是怎样重新巩固了种族化的可见性和提取制度的？像达盖尔照相术这类格式（以"微型化、无限精确和细节"[Wallis 1995, 48] 为特征）进入大数据层面会带来什么影响？

在解读阿格西的达盖尔照相术时，考虑到它们的广泛流传，也考虑到它们持续不断的吸引力，哈特曼敦促我们思考这些图像是如何"训练我们的观察，并决定我们如何看和看什么"的（Hartman 2011, 522）。哈特曼的措辞获得了新的，也是令人生畏的含义，因为今天的图像不再仅仅是为人所见，也被机器所见。算法也被"训练"成在数字空间上积累的视觉材料的样子。这些算法及带有危险的诸多应用（如人脸识别），已经在复制通过早期视觉技术维护的种族主义的观看模式（Agostinho 2018; Hassein 2017; Samudzi 2019）。这些问题指向的是：一种新的档案伦理学需要如何应对这种数字来世。

在本文中，我考虑将"关怀"[2] 伦理当作思考殖民档案的数字来世的框架。我将论证，该框架可以用于殖民档案的范围之外，从概念上干预新兴的数据化环境。对数据的算法提取和数据分析造成的有害影响的日益关注，导致伦理学成为大数据公共讨论的中心。然而，研究人员和批评者逐渐对新兴的数据伦理论述持怀疑态度，他们担心，伦理的企业化和立法导致了一种贫乏的理解，即以用户的个人责任（和公司责任）为中心，而不是面对结构性的歧视。偏见、公平和责任等概念在此伦理框架内受到审查，因为它们将歧视的来源定位到个人的行为或技术系统上，而不是识别和纠正系统中的社会不平等现象（Bennett and Keyes 2019; Dave 2019; Hoffmann 2019; 另见本书第 4 章）。批评者也越来越多地指出，对道德和基于权利的话语的呼吁，之所以无法抗衡这些道德框架固有的系统性暴力，是因为它们以结构性的排斥为前提（本书第 25 章）。因此，学者和活动家越来越多地主张将社会技术系统建立在社会正义的概念上，

2　本词条中涉及 care 一词时，与作者提倡的伦理观点相关的部分译作"关怀"，这也是伦理学中的一个重要类别和概念；而在涉及工作、劳动和工种时，则译作"照料"；在它们表现出明显的交织时保留二者。——译注

从而更尖锐地对抗由技术维持的连锁压迫系统（Benjamin 2019a, 2019b; Costan-za-Chock 2020）。虽然我对这些主张没有异议，但我确实担心，这些呼吁会导致我们忽略可能有助于我们前进的女性主义伦理观念。我撰写本文的目的，是提倡何以关怀伦理能让目前的辩论更复杂，也更丰富，这些辩论倾向于（也许太容易）否定伦理作为思考数字化和数据化的框架。借鉴批判性档案学的辩论，也借鉴去殖民化和黑人女性主义的关怀理论，我将论证，关怀伦理如何能够被想象为是大数据时代的一种激进的参与模式——一种与社会正义和集体解放的主张紧密结合，而非对立的模式。

女性主义关怀伦理与档案实践

长期以来，档案科学领域一直在处理保存有争议的和伦理上敏感的材料的利害问题。最近，该领域的讨论开始强调，在档案实践中需要一种女性主义的关怀伦理，尤其是在处理殖民主义、奴隶制和其他暴力历史的档案时（Mattson 2016; Moore 2012）。数字化在这些辩论中起着至关重要的作用，因为数字化项目提出了一个问题，即如何应对在开放存取中，有争议的和有仇恨的记录所引发的恶果。最近的例子包括收集三K党（KKK）的报纸《美国的仇恨：三K党在20世纪20年代的盛衰》（*Hate in America: The Rise and Fall of the KKK in the 1920s*），它由数字出版商"揭示数字"（Reveal Digital）推出（Rowell and Cooksey 2019）。这种数字记录当然提供了直面困难和暴力历史的机会。但它们也很容易被挪用为白人至上主义的工具，也很容易在右翼的线上线下空间找到新的流通渠道。另一个例子是记录丹麦在美属维尔京群岛（以前称为丹麦西印度群岛）的殖民统治的档案的数字化。丹麦文化遗产机构对这些档案的大规模数字化，开启了关于丹麦的殖民历史及其持久存在的重要对话。但它也提出许多问题，包括跟存取这些材料有关的不平等问题（例如，由于语言或数字基础设施层面的不平等），以及通过档案可以追踪、记忆和想象的性质，这些档案经常是通过统治阶级的镜头记录殖民主体的生活（Agostinho 2019；Dirckinck-Holmfeld，本书第 46 章；Meyer 2019；Odumosu 2019）。正如西蒙·布朗（Simone Browne, 2015）、杰西卡·玛丽·约翰逊（Jessica Marie Johnson, 2018）、杰奎琳·韦尼蒙特（Jacqueline Wernimont, 2019）和卡拉·基林（Kara Keeling, 2019）等学者指出的，数据概念本身深深地嵌入到了量化的殖民历史中，在对被奴役者的核算中有着决定性的契机。如果不加以解决，这些组织着知识的殖民模式的暴力，就会在数字存档过程中被重新写入。

为了回应这类担忧，越来越多的学者和档案员主张，从开放存取的自由主义思想，转变为以承认、尊重和纠正（不仅是法律上的）记录主体和后代社群为中心的关怀实践。米歇尔·卡斯威尔和玛丽卡·西福尔（Michelle Caswell and Marika Cifor, 2016）在他们的文章《从人权到女性伦理：档案中的激进移情》中提出，档案员和档案研究的学者用来解决社会正义问题的理论模式发生了转变：从基于对个人权利的法律主义的理解模式，转变为基于女性伦理的关怀模式。他们在这种方法中提出，"档案员被视为照料者，通过相互情感的责任之网而与记录的创造者、主体、用户和共同体联系在一起"（Caswell and Cifor 2016, 24）。尤其是，他们建议，档案员有基于超越空间和时间的"情感关系"的"道德责任"，包括档案记录的主体，以及对记录有合法要求的后裔共同体：

> 档案员与那些记录被创造出来的人有一种情感关系，而且往往是在

不知不觉中，不情愿的。这些利益相关者包括被统计、分类、研究、奴役、作为财产交易和／或被谋杀的土著和殖民主体。在处理这类记录时（几乎每个档案员都会处理这类记录）女性主义方法引导档案员承担情感责任，与进行记录的主体产生共鸣，这样做是为了在做档案决定时考虑他们的观点。这与西方主流的档案实践模式截然不同——在主流模式下，档案员只考虑记录创造者的合法权利，而往往忽略了记录主体，以及创造者和主体之间有时是模糊的界限。而在女性主义方法中，**档案员关心主体，为之服务，也与之在一起**（Caswell and Cifor 2016, 36; 强调为引者所加）。

这种对被记录对象的"情感取向"代表了档案接触的根本性转变，它的前提是道德责任，而非倾向于推动数字化的自由存取模式和法律权利（哈佛大学的皮博迪博物馆就是一个例子）。但我相信，档案员身为关怀者的想法值得被进一步地关注。在下文中，我想接受卡斯威尔和西福尔的呼吁，进一步构想何以女性主义的关怀伦理能让我们在数字时代重新认识档案的思维和实践。我想在他们提出的情感的重新定向，及其对社会正义的承诺的基础上指出，女性主义关怀伦理与后殖民主义权力批判之间存在一些张力关系，这在思考殖民主义和奴隶制档案的数字化时是有用的。通过这些思考，我的目的是提请大家注意关怀的殖民基础，以便女性主义关怀伦理仍然关注，并致力于纠正继续强加忽视和剥夺的不平等权力结构。最终，通过解读关怀概念的内在张力，我想强调，数字时代的关怀伦理可能有助于促进批判和想象的可能性。

殖民时期的关怀生活

在美属维尔京群岛殖民时期的档案中，有一张照片提供了一个讨论这些张力关系的例子。2017 年，当丹麦纪念自己将前丹麦西印度群岛出售给美国一百周年时，一幅描绘丹麦白人女孩路易莎·鲍迪茨（Louisa Bauditz）和她的黑人奶妈夏洛特·霍奇（Charlotte Hodge）的达盖尔照片声名大作。这幅肖像照被选中在丹麦皇家图书馆举办的展览"盲点：丹麦西印度群岛殖民地的图像"（"Blind Spots: Images of the Danish West Indies Colony"）上展示，它也因此出现在了哥本哈根的诸多公共场所，出现在网络上。这幅达盖尔照片充分说明了照料（care）工作和殖民主义的纠葛：一个黑人妇女的肖像，在档案中几乎没有关于她的生活的任何记录，她的形象通过统治阶级的档案出现在我们眼前，而她的劳动和技能对于维系殖民计划至关重要（Meyer 2019）。然而，尽管图像中包含着所有隐含的暴力，这种形式的照料工作也往往掩盖了殖民主义的暴力，因为对女性化和种族化照料劳动的描述（对白人观众来说）是良性的，这最终掩盖了在奴隶制和奴役下劳动的黑人妇女的创伤经历。虽然这种劳动维系着殖民结构，但照料工作的母性内涵在图像中被解读为是将名为夏洛特的妇女的经历，置于丹麦殖民主义的仁慈的中心。

对这幅图像做有关"仁慈"的解读，加上它在流传时是那么天真无邪，表明殖民主义和照料之间的麻烦关系。正如后殖民主义女性主义者指出的，照料／关怀话语可以在意识形态上为权力和统治关系进行辩护或掩盖之。照料劳动本身就是一个重要的领域，殖民主义的结构通过它得以维持（Narayan 1995）。这种善意的解读往往（以重现二分法的方式）过度决定了这张图像（和其他类似图像）的来世，亦即，将私人领域（即照料发生之地）与构建公共领域的政治隔离开，公共领域被认为与照料的个人和人际间的动态没有联系。

这些解读往往将有色人种妇女所从事，并会继续从事的照料工作简化。正如许多黑人女性主义思想家认为的，黑人妇女的照料经验极大地挑战了西方女性主义者对"照料/关怀"的构想，即使这些西方的构想对资本主义和父权制下的照料的本质化和性别化概念进行了批评。黑人妇女常常被剥夺照料自己家庭的可能性，她们不是把照料理解为家庭中的无偿的和被贬低的私人活动（正如白人女性主义传统上看到的那样），而是她们和其他种族化的妇女必须在自己的家庭领域之外所从事的劳动，在那里，其他人的需要优先于她们自己的亲人（Graham 2007; hooks 1999）。这个领域从一开始就不被认为是私人的。

照料/关怀的种族、性别和殖民历史，导致它成为一个难以思考，也难以应用的概念。当照料/关怀与政治和经济统治结构成为共犯时，就很难定位并触发其政治可能性。同时，照料/关怀也有被非政治化的风险，成为"对舒适和保护的共同愿望的占位符"（Duclos and Criado 2019）。正如女性主义的科学和技术学者米歇尔·墨菲（Michelle Murphy, 2015, 725）认为的，关怀项目往往被嵌入到关爱的"浪漫诱惑"之中，"将感觉良好的行为与地缘政治的影响脱钩"。她告诫说，关怀的动员往往"避免解决持续的、痛苦的、广泛的种族主义或殖民主义的力量，这些力量不会因良好的意图而消失，或者通过构建空间而让特权主体迟钝地感受到这种力量"（Murphy 2015, 720）。为了解开这种纠葛，墨菲提议，"解除关怀"，但不是排除女性主义动用关怀的潜力，而是邀请"以各种方式将感情、关注、依恋、亲密关系、感受、治疗和责任作为在更大的形式中循环的非无辜取向"（2015, 722）。那么，这些对关怀的批判如何帮助我们在档案实践，在更广泛的数字和数据档案的参与中构思一种关怀的伦理呢？承认关怀和殖民主义的纠葛可以成为对关怀进行政治理解的一个步骤，也就是说，我们要理解构成了关怀行为的政治。这种批评并不是把关怀设想为一种完全积极的、不受权力差异影响的补救性情感，而是指出，关怀是如何在"非无辜的历史"中循环的（Murphy 2015），因为关怀是殖民主义、是帝国和资本运作的核心（Narayan 1995; Ticktin 2011）。这有助于我们将关怀行为，将与档案和数字材料接触的"补偿"模式，与对社会、种族和性别正义的更明确的承诺保持一致。

因此，我的观点不是因为关怀伦理与殖民和非无辜历史的纠缠而否定它，而是要利用这种纠缠，从而更坚定地将关怀伦理转向对殖民遗产的抗争，如今，这些遗产仍然在制造伤害和忽视（以及特权和奖励）。这些教训，可以促使我们在档案和数字参与中提出关于关怀的不同问题。谁决定谁来关怀，什么又值得关怀？谁来定义这些颇具争议的术语？关怀能否被使用，从而承认和纠正从古至今的不公现象？作为一种政治干预模式，关怀的价值又是什么？

大数据时代的关怀伦理

让我回到所有权的数字化来世和"我们尚未关注的生命残渣"（Hartman 2008, 13）。关怀如何转化成一种伦理学和政治学，进而帮助我们重新审视这些来世？我想在最后指出，在数字和数据化状况下，保持关怀作为思考生命和宜居性的框架所带来的一些可能影响。其中一个关乎处理数字化档案的关怀伦理。

关注照料 / 关怀劳动的历史和物质条件，可以阐明关怀是如何在非无辜的历史中循环的。这有助于我们避免将照料 / 关怀视为一种内在有益的和完全积极的影响，而是促使我们考虑照料 / 关怀姿态潜在的有害影响。与其将关怀伦理当作一个规范性的框架、准则或"最佳实践"，不如考虑关怀总是牵涉到的政治和权力差异。这些考虑，有助于我们将档案员身为照料者的概念复杂化，承认照料/关怀的殖民基础，这往往被转化为对档案保管的占有性理解。正如娜莉妮·穆滕（Nalinie Mooten）警告的："尽管有最好的意图，照料者总是处于支配给予关怀的方式的地位；更有甚者，关怀经常被定义为一种全心全意的，无私的行为。"这使得"照料者几乎没有空间来表达他们想要接受关怀的方式"（2015, 8）。这就要求我们质疑档案总是以不同的方式定位主体，以及主体如何定位自己与这些档案的关系。

关注照料劳动的物质条件也要求重新思考，哪些生命、经验、技能和知识在档案背景的内外受到重视。正如凯莉·E.沃伦（Kellee E. Warren, 2016）指出的，黑人妇女在档案中被误导或无法呈现的方式，需要跟黑人妇女和有色人种妇女在档案材料的管理和解释中的低存在感联系起来。关于新兴的媒介环境和技术，也可以提出类似的观点。谁的经验、技能、劳动和知识正在塑造我们的媒介环境，并日益渗透到我们生活中的数字基础结构？又是谁的生活在这些环境中受到了重视？

我的主张是，为了有效地回应这类物质条件，关怀伦理需要被设想为是一种重构的、拆解的和想象性的精神和实践。重构是因为对过去生活的伤害需要"批判性修复"干预（Dirckinck-Holmfeld，本书第46章），以"索回失去的人"（Odumosu 2019）；拆解，是因为这些补偿性干预需要以一种伦理为基础，不仅是关注修复一个破碎的世界（一个因设计而破碎的世界），也要关注"我们所知道的世界的尽头"（da Silva, 2014；Morrison，本书第25章）。换言之，为数字时代修复现有的社会共存结构已经不够了。相反，我们需要培养一种富有想象力的风尚，因为新的世界和共存模式需要被想象和创造出来。正如邦妮·霍尼格（Bonnie Honig）的建议，关怀是"培养对另一个世界的期待，是在当前的生活中致力于将眼前的世界变成一个更好的世界"（Honig，引自 Sharpe 2019，172）。

因此，关于坚持以关怀为思考框架的最后一个含义，涉及照料 / 关怀劳动的政治价值。赛迪亚·哈特曼在反思黑人妇女的劳动时指出，尽管这些妇女的生殖能力对于实现利润具有核心意义，但她们的劳动并不容易转化为现有的政治词汇。这种劳动在革命、大罢工、逃亡和拒绝等宏大叙事中仍然处于边缘，常被忽视，而且大多不被承认（Hartman 2016）。但这些忍耐和生存的劳动恰恰是维持、滋养和促成这些为人所知的政治行动模式的劳动。这些培育生命和宜居性的生活姿态，构成了可能带来新的存在模式的重构、拆解和想象性的工作。换言之，只有当照料 / 关怀劳动被认为是一种结构性的社会力量时，数字时代的关怀伦理才有意义。坚持把关怀当作一个框架，由此邀请我们关注（并认真对待）这种劳动所能体现的不同的政治可能性。

注释

本文的部分内容来自阿戈斯蒂纽（Agostinho 2019）。我想感谢贾米拉·加达尔（Jamila Ghaddar）和米歇尔·卡斯威尔对于本文前一稿的深刻评论。他们的问题不断启发我的思考。我还要感谢本书的编辑同仁，感谢他们的指导和支持，感谢集体参与探索丹麦殖民时期档案遗产的同事们：拉沃恩·贝勒、尼娜·克拉默（Nina Cramer）、卡特琳·迪尔金克-霍尔姆菲尔德、梅特·基亚·克拉布·迈耶、塔米·纳瓦罗（Tami Navarro）和特米·奥杜莫苏（Temi Odumosu）。本文由诺和诺德（Novo Nordisk）基金会提供的 Mads Øvlisen 博士后奖学金支持完成。

参考文献

(1) Agostinho, Daniela. 2018. "Chroma key dreams: Algorithmic visibility, fleshy images and scenes of recognition." *Philosophy of Photography* 9 (2): 131–156. https://doi.org/10.1386/pop.9.2.131_1.

(2) Agostinho, Daniela. 2019. "Archival encounters: Rethinking access and care in digital colonial archives." *Archival Science* 19 (2): 141–165. https://doi.org/10.1007/s10502-019-09312-0.

(3) Applewhaite, Che R., and Molly C. McCafferty. 2019. "Harvard faces lawsuit alleging it unlawfully possesses and profits from first photos of slaves." *Harvard Crimson*, March 21, 2019.

(4) Azoulay, Ariella. 2012. *The Civil Contract of Photography*. Cambridge, MA: MIT Press.

(5) Benjamin, Ruha. 2019a. *Captivating Technology: Race, Carceral Technoscience, and Liberatory Imagination in Everyday Life*. Durham, NC: Duke University Press.

(6) Benjamin, Ruha. 2019b. *Race after Technology: Abolitionist Tools for the New Jim Code*. Cambridge: Polity Press.

(7) Bennett, Cynthia L., and Os Keyes. 2019. "What is the point of fairness? Disability, AI and the complexity of justice." arXiv preprint: 1908.01024.

(8) Bhandar, Brenna. 2018. *Colonial Lives of Property: Law, Land, and Racial Regimes of Ownership*. Durham, NC: Duke University Press.

(9) Browne, Simone. 2015. *Black Matters: On the Surveillance of Blackness*. Durham, NC: Duke University Press.

(10) Caswell, Michelle, and Marika Cifor. 2016. "From human rights to feminist ethics: Radical empathy in the archives." *Archivaria* 81: 23–43.

(11) Costanza-Chock, Sasha. 2020. *Design Justice*. Cambridge, MA: MIT Press.

(12) Da Silva, Denise F. 2014. "Toward a black feminist poethics." *Black Scholar* 44 (2): 81–97. https://doi.org/10 .1080/00064246.2014.11413690.

(13) Dave, Kinjal. 2019. "Systemic algorithmic harms." *Data and Society: Points*, May 31, 2019. https:// points .datasociety.net/systemic-algorithmic-harms-e00f99e72c42.

(14) Drake, Jarrett M. 2019. "A vision of (in)justice: Harvard archives bear a strange fruit." *Medium*, May 24, 2019. https://medium.com/@jmddrake/a-vision-of-in-justice-harvard-archives-bear-a-strange-fruit -30e645643df6.

(15) Duclos, Vincent, and Tomás S. Criado. 2019. "Care in trouble: Ecologies of support from below and beyond." *Medical Anthropology Quarterly*. https://doi.org/10.1111/maq.12540.

(16) Graham, Mekada. 2007. "The ethics of care, black women and the social professions: Implications of a new analysis." *Ethics and Social Welfare* 1 (2): 194–206. https://doi.org/10.1080/17496530701450372.

(17) Harris, Cheryl I. 1993. "Whiteness as property." *Harvard Law Review* 106 (8): 1707–1791.

(18) Hartman, Saidiya V. 1997. *Scenes of Subjection: Terror, Slavery and Self- Making in Nineteenth- Century America*. Oxford: Oxford University Press.

(19) Hartman, Saidiya V. 2008. "Venus in two acts." *Small Axe* 26: 1–14.

(20) Hartman, Saidiya V. 2011. "Review of Delia's tears: Race, science, and photography in nineteenthcentury America." *Journal of American History* 98 (2): 520–522.

(21) Hartman, Saidiya V. 2016. "The belly of the world: A note on black women's labors." *Souls* 18 (1): 166–173.

(22) Hassein, Nabil. 2017. "Against black inclusion in facial recognition." *Digital Talking Drum*, August 15, 2017. https://digitaltalkingdrum.com/2017/08/15/against- black- inclusion- in- facial- recognition/.

(23) Hoffmann, Anna L. 2019. "Where fairness fails: Data, algorithms, and the limits of antidiscrimination discourse." *Information, Communication and Society* 22 (7): 900–915. https://doi.org/10.1080/136911 8X.2019.1573912.

(24) hooks, bell. 1999. *Yearning: Race, Gender, and Cultural Politics*. London: Turnaround.

(25) Johnson, Jessica M. 2018. "Markup bodies: Black [life] studies and slavery [death] studies at the digital crossroads." *Social Text* 36 (4): 57–79.

(26) Keeling, Kara. 2019. *Queer Times*, Black Futures. New York: New York University Press.

(27) Mattson, Rachel. 2016. "Can we center an ethics of care in audiovisual archival practice?" XFR Collective, December 2, 2016. https://xfrcollective.wordpress.com/2016/12/02/can-we-center-an-ethic-of-care-in-audiovisual-archival-practice.

(28) McKittrick, Katherine. 2010. "Science quarrels sculpture: The politics of reading Sarah Baartman." *Mosaic: An Interdisciplinary Critical Journal* 43 (2): 113–130.

(29) Meyer, Mette Kia Krabbe. 2019. "Changing viewpoints: Looking at a daguerreotype of the AfroCaribbean nurse Charlotte Hodge and the Danish girl Louisa Bauditz." Paper presented at the Modern Language Association International Symposium, Lisbon, July 25, 2019.

(30) Moore, Niamh. 2012. "The politics and ethics of naming: Questioning anonymisation in (archival) research." *International Journal of Social Research Methodology* 15 (4): 331–340.

(31) Mooten, Nalinie. 2015. "Toward a postcolonial ethics of care." Accessed April 10, 2019. https://ethicsofcare .org/wp-content/uploads/2016/12/Toward_a_Postcolonial_Ethics_of_Care.pdf.

(32) Murphy, Michelle. 2015. "Unsettling care: Troubling transnational itineraries of care in feminist health practices." *Social Studies of Science* 45 (5): 717–737.

(33) Narayan, Uma. 1995. "Colonialism and its others: Considerations on rights and care discourses." *Hypatia* 10 (2): 133–140.

(34) Odumosu, Temi. 2019. "The crying baby: On colonial archives, digitisation, and ethics of care in the cultural commons." Paper presented at Malmö University, February 27, 2019.

(35) Osucha, Eden. 2009. "The whiteness of privacy: Race, media, law." *Camera Obscura* 24 (1): 65–107.

(36) Rowell, Chelcie Juliet, and Taryn Cooksey. 2019. "Archive of hate: Ethics of care in the preservation of ugly histories." *Lady Science*. Accessed April 10, 2019. https://www.ladyscience.com/blog/archive-of-hate-ethics-of-care-inthe-preservation-of-ugly-histories.

(37) Samudzi, Zoé. 2019. "Bots are terrible at recognizing black faces. Let's keep it that way." *Daily Beast*, February 2, 2019. https://www.thedailybeast.com/bots-are-terrible-at-recognizing-black-faces-lets-keep-it-that-way.

(38) Sharpe, Christina. 2016. *In the Wake: On Blackness and Being*. Durham, NC: Duke University Press.

(39) Sharpe, Christina. 2019. "And to survive." *Small Axe* 22 (3 [57]): 171–180.

(40) Sutherland, Tonia. 2017a. "Archival amnesty: In search of black American transitional and restorative justice." *Journal of Critical Library and Information Studies* 2. http://libraryjuicepress.com/journals/index.php/jclis/article/view/42/27.

(41) Sutherland, Tonia. 2017b. "Making a killing: On race, ritual, and (re)membering in digital culture." *Preservation, Digital Technology and Culture* 46 (1): 32–40.

(42) Ticktin, Miriam I. 2011. *Casualties of Care: Immigration and the Politics of Humanitarianism in France*. Oakland:University of California Presss

(43) Wallis, Brian. 1995. "Black bodies, white science: Louis Agassiz's slave daguerreotypes." *American Art* 9 (2): 38–61.

(44) Warren, Kellee E. 2016. "We need these bodies, but not their knowledge: Black women in the archival science professions and their connection to the archives of enslaved black women in the French Antilles." *Library Trends* 64 (4): 776–794.

(45) Wernimont, Jacqueline. 2019. *Numbered Lives: Life and Death in Quantum Media*. Cambridge, MA: MIT Press.

(46) Willis, Deborah, ed. 2010. *Black Venus 2010: They Called Her "Hottentot."* Philadelphia: Temple University Press.

7. 共谋（Complicity）

安妮·林（Annie Ring）

你在哪里游泳，你无法描述——不愿描述，因为它太过普通？

——洛克伍德（Lockwood）2019

共谋是一个强大的元素，它拥有水的半透明性和隐蔽性，技术的使用者正是通过它而在当今日益网络化和数据化的环境中行动。世界各地都在大规模地使用智能网络设备，包括许多正在阅读本书的读者，这使得大量的数据档案被习以为常地收集和分析，并通过既危险又分裂的技术（如种族定性和个人化的政治宣传）被动用来产生利润和制造影响。对数据的这种滥用，往往发生在技术的使用者全然不知的情况下，然而，从对日常技术的使用中收集到的大数据档案，呈现了技术消费者参与其中的一种不断叠加的共谋，这表明，我们在挖掘数据的行动中是非官方的参与者，而这些行动，正在从根本上破坏我们当代的这个共享世界业已脆弱的基础。

2013 年，爱德华·斯诺登和萨拉·哈里森（Sarah Harrison）（Agostinho and Thylstrup 2019）揭露了美国国家安全局（NSA）与其全球合作伙伴在 2001 年 9 月 11 日后开发的间谍系统，但这既未引起空前的愤怒，也没有导致技术使用上的明显转变。此后的 2016 年，当出现与英国"脱欧"，与唐纳德·特朗普的竞选有关的数据交易咨询公司（剑桥分析公司）暗中收集了超过 8500 万脸书用户的在线活动数据时，许多的技术使用者才为之震惊。但了解这种为了操纵政治而进行的数据收集，并不足以让人们大规模地弃用社交媒体。这部分是因为，这类丑闻并不总是影响大量的技术使用者，他们要么不知道有监控，要么不介意，因为他们觉得自己"没什么好隐藏的"。此外，更多了解技术的使用者却出于各种可以理解的原因而留在社交媒体上。正如我将在下文论证的，与技术断绝关系的（完全独立的）幻想，本身就有问题，而新媒体的设计和在线数据采集平台采用的诱人的审美和心理风格，又导致用户卷入习惯性的共谋之中，导致（与技术）断绝关系的多重障碍变得更为复杂。

我认为，共谋是一个认识论的问题，是一种既健忘，又至少是部分无意识的状态，在这种状态下，认识只出现在转折点上，比如泄密——也就是当丑陋的、未被承认的监视材料和随之而来的暴力排斥浮出水面时。导致这种被遗忘或无意识的认识问题变得更复杂的是，在最近的数据采集丑闻中，即使是最强大的民主机构，也对披露数据监控的行为不知所措，而这种监控的规模直到最近才出现在最为悲观的科幻小说中，或者说，许多民主政府本身也参与了这种披露。显然，WhatsApp（为脸书所有）和谷歌在 2019 年抗议政府的窃听行为是为了维护用户的隐私（Hern 2019）。鉴于这种令人困惑的背景，关于智能网络监控的规模**和**消费者在其中扮演的共谋角色的披露产生了一种基本的不确定性：怎样才能带来一种更加公正的网络环境。

大数据时代的共谋：无意识地折叠而成的不当行为

大数据时代的共谋与我们是如此亲密，以至于我们几乎无法察觉，尤其是因为它们通过永远保持在身体几毫米范围内的设备发生。因此，正如全喜卿（Wendy Chun, 2017, xi）所述，对这种监视的意识存在于有意识的认识水平之下，因为技术使用者习惯性地使用将他们的身体塑造成网络世界"档案"的媒体。与 20 世纪的间谍制度不同，今天并没有像史塔西或克格勃档案中的签名来标识智能网络设备的所有者，同意在秘密数据交易和心理分析制度中进行合作，进行有针对性的宣传。[1]回顾"**共谋**"一词的历史就会发现，这是一个通过不被察觉而导致的无意识状况：拉丁语前缀 **com**（与，一起）表明沟通的一致同意性（一个共同决定或同意的事件），而动词 plicare（拉丁语：折叠，编织）则指出了技术消费者与大数据公司之间较少的能动折叠或折合。该词的词源，强调技术的使用者只是部分地同意成为滥用数据的帮凶，而且部分地被具有美感的产品和平台吸引注意力，并被鼓励了无意识的习惯。

如今，使用**共谋**一词意味着成为不当行为的帮凶，当然，也指不当行为的不断发生。大数据公司和政府获取数据不是为了解决具体的技术问题或犯罪，而是为了储存非预选信息的综合档案，这种做法在道德和政治上都是可疑的。例如，根据 2016 年的《调查权法》（*Investigatory Powers Act*），英国政府在"批量授权"（bulk warrants）的名义下，从电子邮件、社交媒体互动和电话记录中获取数据，无论授权这些数据的主体是否被情报机构关注，也不管他们是否涉嫌犯罪。这种批量获取还跟谷歌等公司合作，谷歌的 Chrome 网络浏览器本身已经被界定为是间谍软件（Fowler 2019），因为它的数据默认值导致数以万计的跟踪器 cookies 每周都安装在用户的计算机上；收集广告公司想要购买的数据，再构建心理和财务档案。肖沙纳·祖波夫（Shoshana Zuboff, 2019, 96）从"行为期货市场"的角度分析这类数据交易，这是对人类经验以预测性心理测量学的形式进行交易获利的恰当表达。数据交易产生的利润，使得《经济学人》提出一个极具影响力的说法：数据是"新的石油"（*Economist* 2017）；的确，大规模系统性地采集数据确实可以跟开采石油相比，它获取利润，并在道德方面做出相当大的妥协。从数据采集中收集的利润，还在未经选举的领导人物中产生前所未有的影响，例如脸书的首席执行官马克·扎克伯格（Mark Zucker-berg）。脸书并没有宣传自己是起源于一个性别歧视的项目 FaceMash——这个项目向早期用户展示了一对来自哈佛大学的女学生，并邀请学生社群对谁"更性感"进行排名（Weigel 2018）。脸书隐藏了这段辱人的历史，大概是担心它会败坏一家社交媒体平台的名声：该平台从一开始就让年轻女性在一所精英大学中的生活变得不太安全，后来它又成为武器，用于严重地滥用民主。

当我们访问社交媒体平台，或只是随身携带一台智能网络设备时，技术的使用者将数据交给了充满不平等的制度。除了传统的种族主义管辖方法，技术的使用者无法理解的算法，如今以塑造所有共享生活领域的方式，处理挖掘出来的互联网数据，而编入这些算法的，是代码形式的人类偏见。诺布尔（Safiya Noble, 2018）展示了搜索引擎运用的机器学习是如何在人机互动中加剧种族主义的。凯茜·奥尼尔（Cathy O'Neil, 2016）和弗吉尼亚·尤班克斯（Virginia Eubanks, 2018）研究了对大数据和人工智能的使用会如何因社会地位对数据主体造成不同的伤害。卡罗琳·克里亚多·佩雷斯（Caroline Criado Perez, 2019）揭示，在心脏药物治疗和汽车安全测试等关键领域，应用数据的方式也存在广泛的性别偏见。西蒙娜·布朗（Simone Browne, 2015）认为，当代监控技术呈现为一种现代的区隔形式，它在生物识别编码中对种族和性别带有偏见的分类导致种族主义治安管理，从而加剧了在计算机之外的种族主义世界中已经经历的不平等现象。乔伊·博拉姆维尼（Joy Buolamwini, 2016）的录像装置《编码的凝视》（*The Coded Gaze*）巧妙地展示了面部识别软件在识别黑人妇女的脸时遇到的麻烦，它揭示了这种软件是独立运行的，但也根据基于极端偏见之上的二进制代码而冷漠地运行。

凯瑟琳·海尔斯正确地指出，"在循环中拥有一个人……并不能保证没有偏见，因为大多数人都拥有有意识的或无意识的偏见"（Amoore and Piotukh 2019, 5）。事实上，撇开由算法数据处理中的偏见产生的不平等，极右翼完全是以有意识的偏见而在低问责的，也是以利润为导向的互联网上大获成功。在 YouTube 上，在极右翼中具有影响的人可以自由地推广宣传，他们通过社交媒体所促成的看似个人的接触获得可信度。丽贝卡·刘易斯（Rebecca Lewis, 2018, 48）展示了这些具有影响的人是如何受益的，因为 YouTube 激励"惊人"的内容——因为它会产生更高的广告收入，使之成为一个易于共谋的平台。YouTube 在 2019 年裁定，保守派监督员史蒂文·克劳德（Steven Crowder）发布的恐同内容没有违反其行为准则，但平台根据其秘密的内容管理协议删除了在叙利亚、埃及和巴基斯坦侵犯人权的视频。莎拉·罗伯茨（Sarah T. Roberts, 2019）展示了这种协议对负责筛选互联网上最具创伤性的内容的工作人员造成的损失，从而突显了社交媒体用户因对这些平台不加怀疑的支持而引发的更多问题。

新的数据采集技术也助长了气候危机，因为它设计的功能导致网络设备永远处于开机状态。此外，从这些设备中收集的数据档案需要高能耗的服务器。卡明斯卡（Kaminska, 2019）发现，"ICT（信息和通信技术）部门（正在）消耗的能源，比全球航空还多一半"，而个人网络设备的生产尤其是碳密集型的。此外，在网络化时代，共谋的无意识内容还包括消费技术和战争技术共同的物质历史。战争是互联网得以发展的背景，也是机器视觉首次被运用的地方；长期以来，虚拟现实一直被用来训练士兵的战斗，现在则帮助他们从创伤后的应激障碍中恢复。战争是最残酷地应用人工智能和数据分析的地方，因为无人机会打击通过基于概率分析数据的算法而确定的目标。丽莎·帕克斯（Lisa Parks）写道，在军事技术和消费技术之间存在基本的共谋关系："经过媒介化的日常生活，以不计其数的方式被军事的逻辑和议程点缀，以至于，我们越来越难将媒介和通信与军事化区分开。"（Parks 2016, 230）消费者在拿起智能手机或平板电脑时通常不会想到，它是以跟炸弹相同的材料制成的，也不会想到，它包含的软件还被用来监视人权活动家，被用来指控政治异见人士。

断连的矛盾心理

如今，技术消费者对于自己深陷其中的共谋无能为力，因为共谋建立在对设备和技术的使用行为中，而这些设备和行为融入日常生活的速度，远超过关于数据被滥用的认识的传播速度。为了有所作为，我们当然需要认识这些共谋，但在经历过这种有意识的过程后，接下来的步骤就更不确定了。尽管用户不相信新媒体不会监视他们，但没有多少人发现有完全关闭设备的可能，而且，似乎很少有人能以目前可用的方式保护个人数据。有意思的是，美国的一项调查发现，当国家安全局被揭露后，只有30%的美国成年人说他们曾试图阻止自己的在线数据被擅自提取（Rainie and Madden 2015）。

后来的一项调查发现，在美国，只有9%的社交媒体用户相信社交媒体公司会保护他们的数据（Rainie 2018），然而，在一个完全网络化的社会中，切断联系几乎不可能。为了应对完全隐瞒数据的困难，一些持抗拒态度的技术使用者选择在网上提供虚假的个人数据，从而产生一种反档案（counterarchive），黑特·史德耶尔（Hito Steyerl, 2016）称之为**"脏数据"**（*dirty data*）（另见本书第 38 章）。这些行动让人联想到赫尔曼·梅尔维尔的《华尔街的故事》中顽固的法律复制者巴特比，他著名的"宁愿不"，为他的金融律师老板复制信息（Melville [1853]2002），是对数字化官僚机构时代的激励性回应。但佩皮塔·赫塞尔伯斯（Pepita Hesselberth, 2017, 1）正确地指出了结构化的"断连/连接悖论"，即断开连接总是意味着连接，而断开连接的论述，又通常依赖于他们主张放弃的媒介（也见 Hesselberth，本书第 13 章）。"断连论"的另一位批评者莎拉·夏尔马（Sarah Sharma, 2017）表明，在父权制中，性别角色的结构化意味着诱人的"退出"之梦，它只是作为一种"男性幻想……对现实生活中的纠葛的一种简单也具有欺骗性的解决方案"而发挥作用。退出不仅是男性的幻想，也是保留给那些生活可以安全地存在于大多数白人另类生活方式运动所想象的传统或农村环境中的人的特权。有些人更容易受到监控和断连的负面影响，比如经济上处于弱势的人，正如尤班克斯（Eubanks, 2018）表明的，他们必须放弃数据隐私才能获得基本的政府服务。回归"自然"一直都是一种固有的保守实践，因此，困扰数据监控制度的不平等，也使得不同主体在断连之后面临着大不相同的后果。

为了取代男性主义和白人特权的幻想，并退出网络时代的共谋，夏尔马（Sharma, 2017）提出了"一种女性主义计划——一个延伸的项目"。这个以"关怀"（care）为中心的项目，将"回应……人类依赖本性的不妥协性"（Sharma 2017；另见本书第 6 章；D'Ignazio and Klein[2018] 中以正义为导向处理数据的七个原则）。我想补充的是，这个"延伸"项目，必须考虑到由人类的需求而诱发的（问题重重的）同谋。我们当中有谁可以不跟亲人交流，或者有谁可以无须 GPS 的帮助，就能在新的空间中通行呢？与数据剥削的共谋也在持续进行，因为用户对新设备有极大的兴趣，这些设备既提供了视觉和触觉上的享受，也提供了展示财富和与艺术状态的交流机会。技术使用者的需求和这些审美上的沉迷，让我们看不到对日常技术的使用跟极右翼宣传的数据采集之间的联系，看不到监控制度中的不平等，也看不到当前呈现为全球高科技战争特征的无人机袭击。

许多技术消费者甚至在这些需求和沉迷的驱使下而与机器融为一体。在指出马歇尔·麦克卢汉（Marshall McLuhan, 1969）关于"媒体即假肢"的观点仍然有效时，海尔斯写道："当我的电脑出现故障或我的网络连接失败时，我感到失落、迷茫，无法工作……就像我的手被砍了一样。"（Hayles 2012, 2）此外，哈尔彭和西曼诺夫斯基（Simanowski）提出，技术的使用者被自己沉迷的"美的数据"俘获（Halpern 2015），以至于我们经历了"数据之爱"（Simanowski 2018）的反直觉现象，在这种现象中，数据的不可控力的想法，延伸了我们使用的许多设备的美。信息时代的机器最让人信服的吸引力，似乎是即使它们在不引人注意地采集数据时，也能很好地工作，然后它们的回应方式让使用者感到自己被专门为操纵而定制的内容所认可。由于这些复杂的情况，仅仅是理性地看到数据采集技术是如何被利用的是不够的，也不可能以一种自我分裂的独立姿态，来决定与网络断开联系。相反，考虑到共谋被无意识包围，我们需要考虑自己如何通过更有意识地合作实践，来满足被数据文化所利用的人类的深层需求。

从共谋到合作

在当代，对技术的许多滥用都是隐蔽的，是为了满足深层的、通常是无意识的需求，并由此将使用者锻造成了习惯性的共谋者。为了解决这种隐蔽的运作，我们需要从无意识的共谋转变成有意识的合作。为了为一种公共领域想象新的技术（在这种在公共领域中，操纵和不公会让位于多样性、关怀和保护），必须将技术知识和政治分析，与文化、伦理和精神分析的方法相结合。娜塔莎·道·舒尔（Natasha Dow Schüll, 2014）分析了在游戏行业中，数据采集的共谋是如何"通过设计"而得到保证的，又是如何通过软件制造并延续了机器赌博的成瘾性。但从技术上讲，我们也可以通过设计来实现**隐私**（甚至通过设计实现**同意**和**公正**），正是考虑到这些价值，而非是利润和无意识的创新，必须开启一个改造我们的网络化和数据化世界的联盟。

唐娜·哈拉维（Donna Haraway）鼓励那些关注不公的技术实践者去发展"一种足够好的习语，这样你们就可以一起工作了"（Weigel 2019）。在某种程度上，一个合作联盟的共同的语言，需要成为一种政治的和法律的语言，因为对数据的某些滥用太过恶劣，以至于做出政治上的反对是最为紧迫的反应。尽管国家安全局的泄密事件促使美国进行了一系列的立法改革，但英国的《调查权法》却加剧了数据的滥用，特别是针对那些已经面临该国臭名昭著的"敌对环境"的人。最有可能成功的监管，是通过人群之间的联盟（包括软件设计师、反对派政治家和政策运动者在内的人），对政策提出有力的挑战。这方面的一个典范是"自由"组织（2019 年），它对英国政府因非法使用批量授权而导致的不加选择地盗窃技术用户的数据提出了挑战。耶希玛贝特·米尔纳（Yeshimabeit Milner, 2019）关于废除大数据的谈话、美国公民自由联盟（ACLU 2018）在马萨诸塞州关于暂停面部识别的呼吁均表明，如果有关各方希望将理论和政治结合起来挑战最种族主义的各种数据监控，可以提出什么要求。此外，我建议，与数据剥削相关的巨型档案，它本身就可以为针对许多诸如此类的数据滥用的挑战提供资源。

共谋宛若洪水留下的沉淀物，那是一条横跨我们身为一个物种的共同生活架构的线，其形式，是目前由政府和公司所持有的数据监控的档案。即使想到档案带来秩序或可靠性的能力是值得怀疑的（见本书导言），大数据档案也需要被用于更公正的目的，而非找出如何从技术使用者的情感状态和政治观点中，获得更多的利润和权力。例如，尽管 Spotify 根据音乐的选择而能了解到并出售关于某人处于何种情绪之中的信息，而这没有产生积极的伦理价值（Eriksson et al, 2019），但对于活动家和非政府组织来说，一旦数据被跟踪情绪和操纵情绪的应用程序收集，那么获得关于数据是如何使用的证据就极具价值。像斯诺登和哈里森所做的档案揭露，很可能标志着信息垄断向民主治理转变的开始。而后，与其为了从情绪上定投广告，与其为了个性化的右翼宣传而收集数据，不如收集——例如关于反右媒体网络和政治运动之关联的数据，从而实现正义，并制定适当的立法。除了法律挑战和立法，理论家和活动家可以与工程师和设计师联合，让未来的软件的价值观发生巨大的变化：朝着保护、正义和有意义的数据交换的价值观发展。

一些走向合作、远离共谋的步伐正在进行当中。大赦国际的"罢工追踪"（Strike Tracker）众包项目在 2018 年将数以万计的解码志愿者聚集起立，他们组织非结构化的数据，并建立叙利亚"拉卡之战"[1]的时间线。该项目表明，更公正的数据使用联盟必须涉及非人的认知能动者：大赦国际与解码志愿者一起训练算法，利用拉卡的现有图像，增强这一重要的追查事实的任务能力。领先的机器学习设计师也与人工智能合作，并以环境友好的方式处理数据。例如，AlphaGo 的制作者已经用他们的代码来冷却数据中心，减少耗能，并改进风力发电站技术。志愿者、设计师和人工智能正在这些项目中联合起来，为更积极的价值服务，而非为利润和控制而监视。正如海尔斯指出的，算法的认知能力在复杂性和功效上都超过了人类（Amoore and Piotukh 2019, 3）。鉴于技术的使用者与人工智能的生活是如此密切——从智能手机摄像头，到高频交易算法和神经网络，任何关于数据正义的真正合作的思考，也必须扩展到非人认知的正当用法。当然，这种全新也广泛的合作模式将带来不确定性，但它们也可能预示着一个更少共谋、更有意识，因此也是更正义的网络世界。

补遗："新冠肺炎"（COVID-19）之后的数据使用和滥用的共谋

当本书即将付梓时，我们发现自己正处于"新冠肺炎"的疫情之中。本书的大部分作者和编辑都生活在封闭状态中，这是一种减缓致命的新型冠状病毒传播的保护措施。世界各地的人们都被要求提交他们的 GPS，甚至是健康数据，原因也在此。为帮助挫败病毒而收集的数据是否会受到保护，不被以数据采集和交易的形式滥用，以及目前的特殊监控形式又会存在多久，都悬而未决。

1　2017 年的"拉卡之战"（Battle of Raqqa）是叙利亚民主力量针对"伊斯兰国"的拉卡攻势的最后阶段。2017 年 6 月 6 日，叙民主力量在联合特遣队"坚决行动"的支援下展开本次攻势。10 月 17 日，叙利亚民主力量下属武装当天完全夺取了极端组织"伊斯兰国"在叙利亚的大本营拉卡。——译注

同时，我们掌握的关于感染率和死亡率的数据表明，"我们"并非团结一致：病毒**确实**有歧视，因为**社会有歧视**，有色人种和处于系统性贫困中的人，更容易感染病毒和死亡，因为当代资本主义的财富、生活及工作条件严重不平等。这些群体也更容易受到我在这里写到的数据滥用的影响，我们亟待提出如下问题：在"新冠"疫情期间收集的数据，是否会以一种不会进一步针对和伤害需要保护者的方式使用。如果我们现在交出更多的数据，那么这是有助于，还是与更多的伤害同流合污？对为保护措施而共享的数据被滥用的焦虑并不新鲜：例如在涉及防止恐怖主义的管制时，这一直都是问题。尽管这种焦虑并不新鲜，但在"新冠"疫情之后，业已改变的世界将迫切要求转向数据正义，即政府和企业不滥用为良善目的而收集的数据。唯有如此，担心滥用的人才肯轻易放弃数据。

注释

[1] 我在这里借鉴了我在《史塔西之后》（*After the Stasi*, Ring 2015, 16, 199_226, 238_239）中对史塔西线人有意识的合作和支持当今监控的习惯性的且经常是看不见的共谋之间的区别。

参考文献

(1) ACLU (American Civil Liberties Union). 2018. "ACLU calls for moratorium on law and immigration enforcement use of facial recognition." October 24, 2018. https://www.aclu.org/press-releases/aclu -calls-moratorium-law-and-immigration-enforcement-use-of-facial-recognition.

(2) Agostinho, Daniela, and Nanna Bonde Thylstrup. 2019. "'If truth was a woman': Leaky infrastructures and the gender politics of truth- telling." *Ephemera* 19 (4): 745–775.

(3) Amoore, Louise, and Volha Piotukh. 2019. "Interview with N. Katherine Hayles." *Theory, Culture and Society* 36 (2): 1–11. https://doi.org/10.1177/0263276419829539.

(4) Browne, Simone. 2015. *Dark Matters: On the Surveillance of Blackness*. Durham, NC: Duke University Press.

(5) Buolamwini, Joy. 2016. *The Coded Gaze. YouTube video*, November 6, 2016. https://www.youtube.com/watch?v=162VzSzzoPs.

(6) Chun, Wendy Hui Kyong. 2017. *Updating to Remain the Same: Habitual New Media*. Cambridge, MA:

MIT Press.

(7) Criado Perez, Caroline. 2019. *Invisible Women: Exposing Data Bias in a World Designed for Men*. New York: Harry N. Abrams.

(8) D'Ignazio, Catherine, and Lauren Klein. 2018. *Data Feminism*. Cambridge, MA: MIT Press Open.

(9) *Economist*. 2017. "The world's most valuable resource is no longer oil, but data." May 6, 2017. https://www.economist.com/leaders/2017/05/06/the-worlds-most-valuable-resource-is-no-longer-oil-but-data.

(10) Eriksson, Maria, Rasmus Fleischer, Anna Johansson, Pelle Snickars, and Patrick Vonderau. 2019. *Spotify Teardown: Inside the Black Box of Streaming Music*. Cambridge, MA: MIT Press.

(11) Eubanks, Virginia. 2018. *Automating Inequality: How High-Tech Tools Profile, Police and Punish the Poor*. New York: St. Martin's Press.

(12) Fowler, Geoffrey A. 2019. "A tech expert says Google Chrome has become spy software." *Science Alert*, June 22, 2019. https://www.sciencealert.com/a-tech-expert-says-we-should-stop-using-google-chrome.

(13) Halpern, Orit. 2015. *Beautiful Data: A History of Vision and Reason since 1945*. Durham, NC: Duke University Press.

(14) Hayles, N. Katherine. 2012. *How We Think: Digital Media and Contemporary Technogenesis*. Chicago: University of Chicago Press.

(15) Hern, Alex. 2019. "Apple and WhatsApp condemn GCHQ plans to eavesdrop on encrypted chats." *Guardian*, May 30, 2019. https://www.theguardian.com/uk-news/2019/may/30/apple-and-whatsapp -condemn-gchq-plans-to-eavesdrop-on-encrypted-chats.

(16) Hesselberth, Pepita. 2017. "Discourses on disconnectivity and the right to disconnect." *New Media and Society* 20 (5): 1– 17.

(17) Kaminska, Izabella. 2019. "Just because it's digital doesn't mean it's green." *Financial Times*, March 6, 2019. https://ftalphaville.ft.com/2019/03/06/1551886838000/Just-because-it-s-digital-doesn-t-mean-it-s -green/.

(18) Lewis, Rebecca. 2018. *Alternative Influence: Broadcasting the Reactionary Right on YouTube*. New York: Data and Society Research Institute. https://datasociety.net/pubs/alternative_influence.pdf.

(19) Liberty. 2019. "People vs snoopers' charter." Press release, June 17, 2019. https://www.libertyhuman-rights.org.uk/news/press-releases-and-statements/people-vs-snoopers-charter-liberty's-landmark -challenge-mass.

(20) Lockwood, Patricia. 2019. "The communal mind: Patricia Lockwood travels through the Internet." *London Review of Books* 41 (4): 11–14. https://www.lrb.co.uk/v41/n04/patricia-lockwood/the-communal -mind.

(21) McLuhan, Marshall. 1969. *Understanding Media: The Extension of Man*. Cambridge, MA: MIT Press.

(22) Melville, Herman. (1853) 2002. "Bartleby, the scrivener: A story of Wall-street." In *Melville's Short Novels*, edited by Dan McCall, 3–33. New York: W. W. Norton.

(23) Milner, Yeshimabeit. 2019. "Abolish big data." YouTube video, March 8, 2019. https://www.youtube .com/watch?v=26lM2RGAdlM.

(24) Noble, Safiya Umoja. 2018. *Algorithms of Oppression: How Search Engines Reinforce Racism*. New York: New York University Press.

(25) O'Neil, Cathy. 2016. *Weapons of Math Destruction: How Big Data Increases Inequality and Threatens Democracy*. New York: Penguin Random House.

(26) Parks, Lisa. 2016. "Drones, vertical mediation, and the targeted class." *Feminist Studies* 42 (1): 227–235.

(27) Rainie, Lee. 2018. "Americans' complicated feelings about social media in an era of privacy concerns." *Pew Research Center FactTank*, March 27, 2018. https://www.pewresearch.org/fact-tank/2018/03/27/ americans-complicated-feelings-about-social-media-in-an-era-of-privacy-concerns/.

(28) Rainie, Lee, and Mary Madden. 2015. "Americans' privacy strategies post- Snowden." *Pew Research Center FactTank*, March 16, 2015. https://www.pewinternet.org/2015/03/16/americans-privacy-strategies-post -snowden/.

(29) Ring, Annie. 2015. *After the Stasi: Collaboration and the Struggle for Sovereign Subjectivity in the Writing of German Unification*. London: Bloomsbury.

(30) Roberts, Sarah T. 2019. *Behind the Screen: Content Moderation in the Shadows of Social Media*. New Haven, CT: Yale University Press.

(31) Schüll, Natasha Dow. 2014. *Addiction by Design: Machine Gambling in Las Vegas*. Princeton, NJ: Princeton University Press.

(32) Sharma, Sarah. 2017. "Exit and the extensions of man." *Transmediale*. Accessed August 30, 2019. https:// transmediale.de/content/exit-and-the-extensions-of-man.

(33) Simanowski, Roberto. 2018. *Data Love: The Seduction and Betrayal of Digital Technologies*. New York: Columbia University Press.

(34) Steyerl, Hito. 2016. "A sea of data." *E-flux* 72. https://www.e-flux.com/journal/72/60480/a-sea-of-data -apophenia-and-pattern-mis-recognition/.

(35) Weigel, Moira. 2018. "Silicon Valley's sixty-year love affair with the word 'tool.'" *New Yorker*, April 11, 2018. https://www.newyorker.com/tech/annals-of-technology/silicon-valleys-sixty-year-love-affair -with-the-word-tool.

(36) Weigel, Moira. 2019. "Feminist cyborg scholar Donna Haraway: 'The disorder of our era isn't necessary.'" Guardian, June 20, 2019. https://www.theguardian.com/world/2019/jun/20/donna-haraway-interview -cyborg-manifesto-post-truth.

(37) Zuboff, Shoshana. 2019. *The Age of Surveillance Capitalism: The Fight for a Human Future at the New Frontier of Power*. New York: PublicAffairs.

8. 对话代理（Conversational Agents）

乌尔里克·埃克曼（Ulrik Ekman）

引言

2020 年，当你乘坐地铁或是在智慧城市的街道漫步时，你早已习惯观察人们用手机进行交谈。如果你在工作和生活中无需动手操作，眼睛盯着别处，而且以声音为导向，那么你可能经常都在**对着**你的手机说话。如果不是这样，那么当你听到别人正在与他们的手机交谈而不是其他人时，或许会感到有些惊讶。他们正在跟一名智能助手接触，比如亚马逊的 Alexa 语音服务、苹果的 Siri、微软的 Cortana 或 Google Now。如果这促使你探索这类技术和软件的现状，你就会意识到，语音识别应用、自动语音识别系统和对话代理，已经渗透了网络社会的日常文化和实践。随着第三次计算浪潮而来的技术文化的发展（Ekman 2013; Ekman et al. 2016），自动语音识别系统日渐成为我们生活世界中的信息基础设施的一部分。微软的 Windows 操作系统配备了一个语音识别程序。而大多数的手机，不管是基于安卓还是其他系统，都有语音搜索、短信听写和虚拟语音助理的应用。很多个人的数字助理（PDA）设备可以容纳语音命令，可以用于拨号、安排会议、请求答复或是搜索音乐。智能家居的客厅互动系统，允许居住者通过语音来控制系统、询问信息或是播放音乐。车载信息娱乐系统，也为乘客和司机提供了类似的功能。

深度学习：从人工智能的凛冬到人工智能的盛夏？

眼睁睁看着对话代理即将跨越商业产品和广泛应用的门槛是发人深省的。它们在技术上依赖于自动语音识别系统——这是机器学习的一个子领域，与人工智能的发展紧密相连。广泛出现的对话代理，至少为"人工智能的凛冬"带来了部分的历史性突破——凛冬时期的特点，是有关人工智能研究的资金和兴趣都逐渐减少。很多科学家都认为，凛冬时期自20世纪70年代以来一直占据主导地位，20世纪40年代至60年代对"强人工智能"（即人脑将很快在硬件和软件中被复制，从而使逻辑和符号推理的人工智能在任何任务表现上都能达到人类水平）的厚望被打破。从文化上讲，对话代理的广泛使用表明，系统在个人化上大获成功，它允许在面对执行"自然"口语的人工系统时，打破与人类的距离。从技术文化上讲，这表明，人们开始采用对话代理作为他们日常文化活动的一部分，而且，对话代理开始显示出它们有能力应对以前未能解决的挑战。它们正在跟各种真实的人接触，在接近实时和实际世界的情况下，处理嘈杂的环境，处理复杂的对话和非线性的问题。

对于一名在计算机科学、语言、文学理论、艺术史和文化理论方面受过训练的跨学科研究人员来说，对话代理有一个耐人寻味的特征，即它试图连接自然语音编码、计算机科学编码、语义学和离散数学[1]。正如我会在后文进一步讨

1　离散数学是数学的几个分支的总称，它研究基于离散空间而非连续的数学结构。与光滑变化的实数不同，离散数学的研究对象（如整数、图和数学逻辑中的命题）不是光滑变化的，而是拥有不等、分立的值。因此，离散数学不包含微积分和分析等"连续数学"的内容。——译注

论的，这被当作通过对复杂性的统计而对口语进行编码来追求。[1]

从理论上讲，要发明一个系统，能够（1）实时地自动识别任何言说者在任何语境中的自然语言表现，（2）理解话语的含义，（3）呈现在语境中具有意义的回答，（4）持续维持与言说者的对话，这些都不是涉及一两个变量的简单问题。目前，仍然不清楚这是否可以被囊括在一个能够解决有组织和无组织复杂性问题的系统之中（Weaver 1948）。也许，我们可以通过制造硬件和软件，而**既**处理一个在有机整体中相互关联的大量可变因素，**又**处理在概率论和统计力学中处理的多达数十亿变量的某些无组织的复杂性。然而，即使是具有这种降低复杂性的能力的对话代理，也可能无法解决问题。上述四个主要要求中的每一个，以及它们之间动态的相互关系，都可以说是为非线性的可变性和不确定性提供了一种构成性的，也是非构成性的潜力，它的实现可能会打开不可还原的复杂性问题。智能对话代理的发明，可能属于极难解决的问题（Garey and Johnson 1979）。

倘若这突显了真正的困难，那么它也迫使我们更急切地追问：到底发生了什么，使得目前数以百万计的设备和应用程序能以类似于智能对话代理的方式发展？人们可能想以一种轻松的方式来回答这个问题，就像在"人工智能的盛夏"一样——一系列重大进展出现了汇合。为自动语音识别系统而训练的数据已经非常充足。大数据的进步已经提供了大量的语音数据，并将继续如此。单个设备的内存容量和处理速度，已经提高了许多数量级。它们在网络中连接，这种网络包括具有分布式和并行处理能力的服务器园区，也包括几乎是无限的数据库。

在新见解（Hinton 2007; Hinton, Osindero, and Teh 2006）的推动下，共同的努力导致了**深度学习**语音识别系统在 2009 年至 2010 年间取得的重大进展，也就是它借鉴了人工神经网络的连接主义（connectionist）系统（Hinton et al. 2012）。机器学习发生了名副其实的范式转变，这在有关其概貌（Bengio 2016；LeCun, Bengio, and Hinton 2015；Schmidhuber 2015）和相关的书籍（Yu and Deng 2014）中均有体现。特定任务的编码被放弃，转而追求深度结构化的神经网络——它直接从大数据训练集学习表征。而以无监督方式[2]从丰富的无标签数据中学习模式分析的系统也取得了进展，它假设，深度神经网络可以对自然语言中复杂的非线性关系进行建模。一般的想法是，一套深度的分层组织的非线性处理单元，可以从未标记的数据中提取表征特征。这种网络，可以通过让每一层使用前一层的输出作为输入，将它们从较低的抽象层次转化为较高的抽象层次。深度网络通过使用梯度下降（gradient descent）法的反向传播结果进行训练（根据一个或几个例子，沿着负梯度走向目标，而非在整个数据集上进行反向传播）。

它的灵感源自早期关于人类大脑发展的神经认知理论（Edelman 1989；Elman 1996）。因此，深度人工神经网络不同于新皮层的模型，因为在这些模型中，一个神经认知过程有一个自我组织的传感器堆栈出现，而每个传感器都能很好地适应环境。这里有一个深层的层次结构在运作，它会让每一层处理来自前一层（或其环境）的信息，并将其输出传递给其他层。因此，一个在街上跟自动语音识别系统对话的人，实际上是在跟一个系统能动者接触，这表明，有意义的语音，是由众多分层因素的相互作用产生的。每一层都对应着从下面一层学

2　这里指的无监督学习（unsupervised learning），是机器学习的一种方法，即没有给定事先标记过的训练示例而自动对输入的资料进行分类或分群。无监督学习的主要运用包含：聚类分析（cluster analysis）、关系规则（association rule）、维度缩减（dimensionality reduce）。它是监督式学习和强化学习等策略之外的一种选择。——译注

到的，也是由上面一层解释的抽象层次。

到 20 世纪 90 年代，经过几十年的探索，深度学习的进展克服了阻碍神经网络方法的关键问题。深度学习模型也大大超过了现有的语音训练生成模型，超过了单个任务的具体编码，它使用的是高斯混合模型[3]（Gaussian mixture models）（Reynolds and Rose 1995）和隐藏式马科夫模型[4]（HMMs；Pieraccini 2012, 109–133）的算法。深度**非循环**递归前馈神经网络，使得语音的声学建模得以飞跃，并为语言建模带来更好的结果。深度**循环**递归神经网络模型增加了另一种的性能飞跃，尤其是它采用了长短时记忆网络（LSTM）的连接主义时间分类训练。LSTM 使得处理更早发生的事件成为可能，而这是掌握意义在时间中展开的基本要求（Hochreiter and Schmidhuber 1997）。一般来说，深度学习方法意味着相当大的实际进步：言说者的独立性和真实世界中的语音识别变得更加可行。

简化主义与对话代理编码的持续复杂性

肯定大数据、深度学习和自动语音识别的进展是必要的。人们应该承认，新的也明显更好的数据、模型、系统和结果均是如此。而理解它们也是需要的，从而解释在今天已经是常见的事实："智能的"对话代理。然而，这种肯定和认可无须重复先前的错误，也就是神化围绕人工智能发展的夸大其词。它也不

3　高斯混合模型是单一高斯概率密度函数的延伸，就是用多个高斯概率密度函数（正态分布曲线）精确地量化变量分布，是将变量分布分解为若干基于高斯概率密度函数（正态分布曲线）分布的统计模型。——译注

4　隐藏式马可夫模型或隐性马可夫模型，一种统计模型，用来描述一个含有隐含位置参数的马可夫过程。其难点是从可观察的参数中确定该过程的隐含参数，然后利用它们做进一步的分析，如图型识别。——译注

必意味着认同当代"繁荣"思维的话语实践。它也不需要那种为了立即获得资金和认可而战略性地提出过高要求的研究，使用诸如"大数据革命"、"深度学习大爆炸"或"人工智能的文艺复兴"等短语和概念。

考虑到理论和实践问题仍然面临着困难的，也存在缓慢、不平衡的发展，以及需要利用多种异质且相互依赖的资源才可能的渐进发展，继续探究编码对话代理的复杂性似乎需要更加谨慎。首先，承认功能复杂到足以满足上述四个要求的对话代理仍然不存在（并且可能构成一个难以解决的问题），似乎是谨慎的。其次，呼吁进一步分析和评估在使用大数据的深度学习系统中处理复杂性的方式似乎是相关的。在此，有趣的问题是，开发者是怎样通过减少某些类型的复杂性而取得重大的进展，同时又保留这些复杂性，无论是通过离开环境，（在系统极限遭遇或多或少的不确定性），还是通过纳入不确定性。

将复杂性留在外面

毫无疑问，语音识别和人工智能的大多数进展都是通过降低强人工智能的复杂性来实现的。研究人员通过降低逻辑语音理论家的发明的复杂性而取得进步，一个普遍的推理机器，以语言的符号逻辑为理想的语法而运作。它们具体通过牺牲某种（对于一个简化的世界的）最佳解决方案来获得一些部分的，但却是"满意的"解决方案（对于一个更现实的世界；Simon 1996, 27–28）来推进。目前，深度学习是一种能够满足这种要求的流行解决方案，它提供了一种耐人寻味的工作方式，即通过语音辨别和收集来识别口语中的关联。然而，由于他们的简化模式，深度学习系统同时也或多或少地在外部留下了紧迫的复杂性。善于接近相关关系，并不意味着具有因果理解或提供明显的推断和预测的方法。将这些复杂的问题排除在外，或者将其外包给更为复杂的未来的人工智能组合，往往会让你跟 Siri 或 Cortana 的对话变得尴尬——不如以理解语音和开放式对话为特征的自然对话。现有的对话代理，其编码受到不适当的简化主义的影响。另外，我们可以说，强人工智能的幽灵继续困扰着我们，至少要求对目前在人工智能系统中使用的更高级的技术（基于统计学的演绎推理算法，以及借鉴贝叶斯推理的算法）进行复杂的整合（Russell, Norvig, and Davis 2010, 480–609）。

统计学：面对极限的不确定性

深度学习系统，是弗雷德·贾里尼克（Fred Jelinek）和他在 IBM 的小组于 20 世纪 70 年代中期放弃暴力和知识丰富的方法，转而寻求展示统计学的力量之后的最新发展分支。一般来说，这些系统继续基于高斯混合算法和 HMMs 中发现的复杂的概率计算的工作。这些系统将语音当作一种无组织的复杂性，当作一种具有多个变量作用的随机的也是非线性的过程，统计学能够将其简化为最有可能的有组织的复杂性，然后，再简化为最有可能的，也是更简单的问题。整个人工神经网络架构和所有在深度学习中运作的网络组件，就像诸多的游戏机，试图在不确定的情况下做出最好的决定。整个神经网络（它的许多层中的每一层、每个神经元和每个突触连接），都根据统计学上计算的神经元和突触的实数状态来传输信号。发送信号的强度是增加或减少，取决于学习过程导致的神经元和突触的相对数字权重的变化。单位和连接的数量，仍然比人脑要少几个数量级——目前，不超过几百万的加权单位和更多的数百万的加权连接。然而，这仍然是一种极为复杂的方法，被用来处理在不确定的语音环境中的各种机会值的发挥，从而建立真实决策的最佳近似值。

纳入复杂性与不确定性的幽灵

很显然，深度学习系统已经通过将统计学采纳并用作降低复杂性的模式而取得了重大的进展。值得注意的是，它们是通过开发能够满足和整合系统极限的大量环境不确定性的内部复杂性而取得进步。例如，与 HMMs 相比，深度学习模型很少对语音输入特征的统计属性（如果有的话）进行预先的假设，而是依靠对大数据基础中的例子进行"自然"渐进式的判别训练。但与此同时，这种对高度不确定的原始语音波形领域的统计流形开放，既遗漏了某些复杂的问题，也产生了需要内部处理的系统复杂性。

语音辨别和分类的近似学习的巨大现实收益，以很长的训练时间为代价，而且，无法对时间上的语音依赖性进行建模。这在某种程度上把一些时间上的复杂性留在外面。对于像人工智能一样对对话和多声部对话中持续的、高度可变的、表演性的事件驱动过程进行编码的情况来说，尤其如此。但也同样适用于编码与语音理解有关的时态语境相关方面——例如，在编码术语多重含义随着情境转换展开时存在困难。

关于内部要处理的复杂问题，至少包括三个主要问题：训练、时间语境意识和过度拟合。用大量的参数（层数、每层的神经元和突触的数量、初始权重和学习率）进行**训练**很昂贵。它需要很长的时间，特别是关于通过搜索整个参数空间的最佳解决方案；因此，要发明内部复杂化以减少能量和时间的使用——新的硬件补充架构和批处理程序（在几个例子上平行计算梯度，而不是串行计算）。认识到前馈神经网络的**时间依赖性**，是发明 LSTM 方法的原因，这是一个巨大的系统——以一个或多个循环神经网络的形式进行内部复合。通过前馈神经网络进行统计学上的深度学习，往往在过度拟合上，花费了过多的资源来处理训练数据中罕见的各种依赖关系。这就是促使以内部复杂化的方法来调节这种过度拟合的原因（权重衰减、稀疏或单元修剪、随机退出）。

在这三种情况下，内部复杂化减轻了很多问题，但并没有从根本上解决问题。不重要的残存问题，就像机器中的幽灵一样被留下：从头开始学习，和从继承的基础开始学习之间的关系；更强的人工智能处理时间语境意识；预测、事件处理和奇异性记忆。

对话式代理编码的复杂性，其内部整合是通过模块化编程的范式进行的。系统开发者采用分而治之的策略，他们假设系统的复杂性是一个可以分解的问题。编码正是在这种假设下进行的：通过将程序分离成模块，每个模块只包含所需功能的一个方面，这样的减少是可行的。开发者假定，精心编码的接口将使模块对其他人可用，从而允许所需的架构系统组装。这些架构，反映了开发者有关自然口语中的对话的复杂性的想法。开发者假设，对话在双重意义上是复杂的：（1）由大量有许多相互作用的部分组成；（2）考虑到各部分的属性和它们的相互作用，作为一个整体，它是弱突发的或不难把握的。他们进一步假设，对话是一种分层的复杂性，可以分解为诸多相互关联的子系统，而每个子系统都是按层次结构组织到基本子系统的水平（Simon 1996, 183–184）。

毋庸置疑，模块化简化异常强大，正如它在计算机科学中的具体结果证明的那样。然而，它也分裂了系统，留下了非整合的复杂性的痕迹。当对话代理遇到新的或有诗意的话语，遇到创造性的对话转折，或是刘易斯·卡罗尔的那种无厘头言论时，将无法做出回应。它们无法处理复杂的整体主义和涌现——话语作为整体而出现，并不能被当作部分来解决，而是产生比其部分之和更多的和其他的东西。此外，当它们遇到在结构上或时间上横跨其架构而出现的语言时，它们所选择的划分，将使他们在功能上不够复杂。简化论的拥护者会把赌注押在这种现象的边际重要性上，并且/或者他们会争辩说，精炼的模块化方法会消除这些问题。复杂性理论的最新研究表明，与涌现有关的问题并不那么容易解决，也许不应该如此（Esposito 2009；Goodwin 1994；Kauffman 1993；Protevi 2006；Stengers 1997；Wolfram 2002）。

坚持关注这个问题的一个非常好的理由是，系统内部产生的涌现似乎导致它必然如此。深度学习在统计力学中运作，也作为统计力学运作。每个处理周期都有一个近似的特征，会随着时间的推移产生满意的概率，而非精确性。必然的是，每个周期都会留下不确定的余量，这些余量是不重要的或更重要的。它们可能是唯一重要的，它们可能是随着时间的推移变成可概括的趋势的特殊链，或者它们可能普遍影响决策和学习。它们可能在一个系统的一部分，在一个系统中，或在与其他系统的互动配合中这样做。当你在一个深度学习系统中拥有数以百万计的节点和更多数以百万计的连接，并且你在全球范围运行数以百万计的此类系统时，这不可避免地会引起关于不确定性的新现象的问题。大多数时候，在大多数情况下，这些可能是良性的或不重要的异常现象，但并非总是如此。你不希望这样的不确定性在一个主要机场的空中交通控制中上演因使用语音识别系统而意外出现的情况。深度学习代理是相对脆弱的软件系统，其中的统计学和非统计学的不确定性被衍射到其中（Fresnel 1981）。到目前为止，我们对它们扩散和渗透的模式知之甚少。

评估对话代理：模型与理论

人们可能会欢迎对话代理的到来，把它们当成是当代网络社会基础设施中相对先进的部分，同时继续质疑其力量及其科学和文化意义。

它们从大数据中的学习并不是一场革命，而是在需要持续和细微分析的其他进展中的一个重要增量。这种进步只有在数据形式、数据来源、数据生产者、数据类型和数据库允许的情况下才是强大的。从大数据中进行的系统性深度学习通常足够强大，强大到足以带来信息，但并不总是足够强大到可以通过有组织的信息而进展到应用知识（Kitchin 2014, 4, 9, 68）。

作为深度学习系统训练的对话代理的广泛的、社会技术性的传播涉及一套特定的基于统计学的算法的工业规模的复制，这些算法借鉴了一套神经科学的见解。这是一个自下而上的模型，离人脑的复杂性的任何"智能"模拟还很远。

它需要相当数量的缓慢的，也是渐进的研究，特别是在新概念驱动的方法方面，以解决不同种类的复杂性之间的瓶颈。最近克服了一些硬件和软件的障碍，这不仅仅是一个成功的故事，也是一种发展，引入了大量的隐藏变量、不确定的统计机制和不可控的非线性——非公认的各种系统内部复杂性，从微观的神经功能到中观的功能架构，再到宏观的系统功能。只要这引入了涌现现象，就需要更多的研究来理解交叉涌现如何使深度学习正规化，如果这就是它的作用的话。

此外，深度学习的发展要求产生和测试明显的理论驱动的假设，将现有的黑箱经验性努力推向其他地方（Frégnac 2017, 470–471）。深度学习系统只有在其理论基础和为处理大数据复杂性而进行的统计学概念建模的情况下才会强大。

注释

[1] 这表明，在当前数字人文学科中后人文主义和人文主义方法之间，以及数字社会科学中对大数据的定量和定性方法之间的深刻裂痕强调了一个视角性的方法。

参考文献

(1) Bengio, Y. 2016. "Machines who learn." *Scientific American* 314 (6): 46– 51. https://doi.org.10.1038/scientificamerican0616-46.

(2) Edelman, G. M. 1989. *The Remembered Present: A Biological Theory of Consciousness*. New York: Basic Books.

(3) Ekman, U., ed. 2013. *Throughout: Art and Culture Emerging with Ubiquitous Computing*. Cambridge, MA: MIT Press.

(4) Ekman, U., J. D. Bolter, L. Diaz, M. Søndergaard, and M. Engberg, eds. 2016. *Ubiquitous Computing, Complexity and Culture*. New York: Routledge.

(5) Elman, J. L. 1996. *Rethinking Innateness: A Connectionist Perspective on Development, Neural Network Modeling and Connectionism*. Cambridge, MA: MIT Press.

(6) Esposito, E. 2009. "Zwischen Komplexität und Beobachtung: Entscheidungen in der Systemtheorie." *Soziale Systeme* 15 (1): 54– 61.

(7) Frégnac, Y. 2017. "Big data and the industrialization of neuroscience: A safe roadmap for understanding the brain?" *Science* 358 (6362): 470– 477. https://doi.org.10.1126/science.aan8866.

(8) Fresnel, A. 1981. "Fresnel's prize memoir on the diffraction of light." In *The Wave Theory, Light and Spectra*, edited by H. Crew, J. von Fraunhofer, and D. B. Brace, 247– 363. New York: Arno Press.

(9) Garey, M. R., and D. S. Johnson. 1979. *Computers and Intractability: A Guide to the Theory of NP-Completeness*. San Francisco: W. H. Freeman.

(10) Goodwin, B. C. 1994. *How the Leopard Changed Its Spots: The Evolution of Complexity*. New York: C. Scribner's Sons.

(11) Hinton, G. E. 2007. "Learning multiple layers of representation." *Trends in Cognitive Sciences* 11 (10): 428– 434. https://doi.org.10.1016/j.tics.2007.09.004.

(12) Hinton, G., L. Deng, D. Yu, G. Dahl, A. R. Mohamed, N. Jaitly, A. Senior, V. Vanhoucke, P. Nguyen, T. Sainath, and B. Kingsbury. 2012. "Deep neural networks for acoustic modeling in speech recognition: The shared views of four research groups." *IEEE Signal Processing Magazine* 29 (6): 82– 97. https://doi.org.10.1109/MSP.2012.2205597.

(13) Hinton, G. E., S. Osindero, and Y.- W. Teh. 2006. "A fast learning algorithm for deep belief nets." *Neural Computation* 18 (7): 1527– 1554. https://doi.org.10.1162/neco.2006.18.7.1527.

(14) Hochreiter, S., and J. Schmidhuber. 1997. "Long short- term memory." *Neural Computation* 9 (8): 1735–1780. https://doi.org.10.1162/neco.1997.9.8.1735.

(15) Kauffman, S. A. 1993. *The Origins of Order: Self- Organization and Selection in Evolution*. Oxford: Oxford University Press.

(16) Kitchin, R. 2014. *The Data Revolution: Big Data, Open Data, Data Infrastructures and Their Consequences*. London: Sage.

(17) LeCun, Y., Y. Bengio, and G. Hinton. 2015. "Deep learning." *Nature* 521 (7553): 436–444. https://doi.org.10.1038/nature14539.

(18) Pieraccini, R. 2012. *The Voice in the Machine: Building Computers That Understand Speech*. Cambridge, MA: MIT Press.

(19) Protevi, J. 2006. "Deleuze, Guattari and emergence." *Paragraph* 29 (2): 19–39. https://doi.org.10.3366/prg.2006.0018.

(20) Reynolds, D. A., and R. C. Rose. 1995. "Robust text- independent speaker identification using Gaussian mixture speaker models." *IEEE Transactions on Speech and Audio Processing* 3 (1): 72–83. https://doi.org.10.1109/89.365379.

(21) Russell, S. J., P. Norvig, and E. Davis. 2010. *Artificial Intelligence: A Modern Approach*. 3rd ed. Upper Saddle River, NJ: Prentice Hall.

(22) Schmidhuber, J. 2015. "Deep learning in neural networks: An overview." *Neural Networks* 61:85–117.

(23) https://doi.org.10.1016/j.neunet.2014.09.003.

(24) Simon, H. A. 1996. *The Sciences of the Artificial*. 3rd ed. Cambridge, MA: MIT Press.

(25) Stengers, I. 1997. *La Vie et l'artifice: Visages de l'émergence*. Paris: La Découverte.

(26) Weaver, W. 1948. "Science and complexity." *Scientific American* 36:536–544.

(27) Wolfram, S. 2002. *A New Kind of Science*. Champaign, IL: Wolfram Media.

(28) Yu, D., and L. Deng. 2014. *Automatic Speech Recognition: A Deep Learning Approach*. London: Springer.

9. 冷却（Cooling）

妮可·斯塔罗谢尔斯（Nicole Starosielski）

　　媒体的档案是冷的。胶片藏在冷藏库中。空调将照片、滚筒和磁带的温度保持稳定，以免它们热胀冷缩。研究人员在冰冷的阅览室翻阅材料、播放磁带，从箱子里取文物。仓储里的书籍和手稿堆也很冷。无论是什么格式、内容和材料基质，大多数档案媒体的寿命都被热技术延长。当然，也有例外（一些高分子材料，如油漆，过冷会变脆），但总的来说，冷却对档案的寿命和一致性来说至关重要。空调的温度调节让图像、文字和声音保持原状。

　　在档案中也是如此，档案的基质是由成堆的电脑和数英里的电缆组成。尽管这些档案里储存的是数字化内容（即将材料抽象为 0 和 1），但它们极具物理性。它们需要低温，甚至比报纸、木钟或录像带更需要低温。对于模拟媒体来说，转向更高的温度可能会加速衰减（从几十年的过程发展到几年的过程），而对于数字媒体来说，缺乏冷则可能瞬间瓦解，这与硝酸盐胶片的爆炸不一样。如果说，模拟媒体的热敏性倾向于模拟，是一种衰减的梯度，那么对于数字媒体来说，它们倾向于二进制：太热一秒，那么整个设备就会无法使用。

　　在过去十年间，正如詹妮弗·霍尔特和帕特里克·冯德劳（Jennifer Holt and Patrick Vonderau, 2014）记录的那样，将我们的历史、记忆和记录归档的数字基础设施已经变得再明显不过。[1] 互联网公司发布了他们的装置照片，记者也追踪了网络的路径，艺术家则描绘电缆和数据中心（Alger 2012；Blum 2012）。与此同时，数字档案对冷却的依赖，对温暖又十分脆弱也得到了越来越多的认可——也许是一种热感知。例如，脸书的北极数据中心和斯堪的纳维亚的服务器急速生成的新闻（Gregory 2013; Macguire 2014; Potter 2011）。或者是托马斯·品钦（Thomas Pynchon）的《流血的边缘》（*Bleeding Edge*, 2013），这部小说叙述了美国数字移民的向北迁移，其中有一台服务器位于阿迪朗达克（Adirondack）山脉。而在蒂莫·阿纳尔（Timo Arnall）的多屏装置《互联网机器》（*Internet Machine*, 2014）中，当摄像机揭示出互联网基础设施的复杂性时，空调也在背景中有规则地嗡嗡作响。

也许是受到这些冷（cold）思考的启发，2015 年，电视剧《黑客军团》（*Mr. Robot*）设想出数据中心依赖热（而非系统代码）是其最关键的弱点。在该剧的第一季中，主角瞄准了一个能够颠覆当代文化和资本主义的档案：一家大型企业集团持有的债务记录。如果没有这些文件（只以数字方式存储），企业就不可能核实债务人，那么那些在社会中债务缠身的人，就能从对金融机构的顺从中解放出来。在本季的高潮部分，债务记录不是通过入侵记录系统，而是通过操纵数据中心的恒温器而被破坏的。《黑客军团》设想，资本主义被冷却系统所破坏。第二年，另一部电视剧《西部世界》（*Westworld*）将这种叙事方式与《怪形》（*The Thing*）[1]的老套路结合起来：一个被融化的冰块释放的怪物。在操纵冷却系统后，人工智能从冷库中释放出来。在这些流行的想象当中，冷却被设想成一种控制技术，干预它则是一种释放被压抑者的手段。

虽然这类幻想尚未实现，但计算机工程师已经确定，温度和温度调节系统

---

1 《怪形》是美国导演约翰·卡朋特在 1982 年拍摄的科幻恐怖电影。——译注

是网络攻击的潜在之地。2016 年，两位安全研究人员展示了一种勒索软件，它将锁定智能的恒温器，直到用户支付一笔赎金（Franceschi-Bicchierai 2016）。在关于数字化管理的核心基础设施的一次讨论中，一位网络安全专家建议，对于不想被抓到的黑客来说，攻击温度传感器是一种理想的破坏模式（Shalyt 2017）。但对供暖、通风和空调系统的蓄意攻击却不常见。热问题更多是由人为或机器所错误引发的。一个简单的人为错误（把寄存器从华氏改为摄氏，把一个机房加热到 100 华氏以上），就能融化驱动器（Garretson 2010）。非数字内容的档案也容易受到温度变化的影响，尤其是气候科学档案中的地质"文件"（本书第 22 章）。2017 年夏，阿尔伯塔大学（University of Alberta）的冰芯（ice core）[2] 样本因冷却系统故障而融化[3]，这破坏了对于气候科学家极为重要的证据（Schlossberg 2017）。即使冷却系统不是一个特定的目标，它也是一个脆弱的基础设施，足以损害档案实践。

全球变暖的不稳定温度只会加剧这种脆弱性。还有一个明显的例子，最近，

2　"冰芯是从冰川上钻取的圆柱状雪冰样品。取自冰川积累区的冰芯，包含着过去逐年积累的降雪和干、湿沉降物质，这些物质保存着其沉积时的气候环境信息。……冰芯研究从极地冰盖开始，后来扩展到中低纬度山地冰川地区，对全球变化研究做出了重要贡献，极大地推动了冰冻圈科学和全球变化科学的发展；同时，冰芯研究可从历史角度评价人类活动对环境的影响，为相关环境政策的制定提供了重要科学基础。"（姚檀栋、秦大河、王宁练、刘勇勤、徐柏青：《冰芯气候环境记录研究：从科学到政策》，载《中国科学院院刊》，2020，35[4]: 466–474）——译注

3　阿尔伯塔大学的"加拿大冰芯实验室"（CICL）拥有世界上最大的加拿大北极地区的冰芯收集量，在这次故障中，一部分古冰融化成水。——译注

"斯瓦尔巴全球种子库"（Svalbard Global Seed Vault）[4]周围的永久冻土融化后，淹没了入口，尽管它没有影响到里面的种子（Schlanger 2017）。像所有其他的档案一样，这个种子库是以假定的热基线（thermal baseline）建造的。当温度超过预测水平时，冷却系统并非总是按预期运作。此外，温度调节本身往往也是档案馆的一项主要能源支出。燃烧化石燃料是为了产生一个热稳定的环境，从而稳定档案材料，然后在不断变化的气候中导致其更加脆弱，这就需要在冷却技术上有更多的投资。而这，就是档案的热循环。

鉴于此，最近，关于数据中心工业的研究集中在了数据中心的能源消耗、再利用其废热的潜力，以及它们周围的空气和水提供的（潜在的）免费冷却上（Miller 2012a）。这项研究，刺激建筑和基础设施进行创新，将多余的热量转入城市居民的家中——产生了朱莉娅·维尔科娃（Julia Velkova, 2016）所谓新的"计算流量商品"（computational traffic commodity）。然而，在可持续的系统发展中，一项常见且备受争议的策略是简单地让数据中心升温。只是增温几度，经常被吹捧为是节省金钱、能源和环保的选项。美国的加热、制冷和空调工程师协会发布了数据处理环境的热指南，多年以来，这已经提高了服务器可以承受的高温。多伦多大学的研究人员以谷歌、洛斯阿拉莫斯国家实验室（Los Alamos National Laboratory）和科学网高性能计算（SciNet High Performance Computing）联盟为研究对象，认为数据中心可以提高温度，并对电子产品的

4　"斯瓦尔巴全球种子库"是挪威政府于北冰洋斯瓦尔巴群岛上建造的非营利储藏库，用于保存全世界的农作物种子，是全球最大的种子库。种子库位于该群岛首府朗伊尔城，由多个国际基因和生物组织合作、挪威政府出资兴建，是为了在大规模的区域性或全球性危机出现期间防止某些种子基因的遗失，并进一步保存和备份种子的样本而建立。"斯瓦尔巴全球种子库"也因此被称为"末日种子库"或"末日地窖"。该计划也获得联合国粮食及农业组织的支持，被称为是全球农业的"诺亚方舟"。种子库依照挪威政府、全球作物多样性信托基金和北欧遗传资源中心（NordGen）达成的长期合作协议中之规定管理。——译注

故障率每增加 10 摄氏度就会增加一倍的古老逻辑提出异议。他们认为，温度的变化比计算机承受的热量更重要（Miller 2012b）。但并非所有的数据中心运营商都会听从这一呼吁，他们对过高的温度将如何影响他们的设备感到犹豫。在基础设施行业中，应对气候变化和能源成本的过程并不涉及减少或降低档案本身——无论是高科技还是低科技，策略都集中在改变数据的热环境上。

而在数据中心工业之外已经出现了其他的方法。正如香农·马特恩在第 22 章描述的，文化遗产机构也在努力地减少他们的能源用量，包括气候控制的存储设施和大数据管理。正如她指出的，一些档案管理员已经开始承认损失是不可避免的，也承认商业数据的管理成本——尤其是在其坚持冗余和多重性方面。虽然这还没有完全凝聚成一场"反冗余"运动，或者如肖恩·布伦南（Shane Brennan, 2016）想象的，形成一种针对备份的能源微观政治学，但这些处理能源使用问题的手段并没有与热操纵结合起来。

不过，总的来说，如今的档案馆仍然与寒冷的环境联系在一起。这种联系并不为数据所独有的。乔安娜·拉丁（Joanna Radin）和艾玛·科瓦尔（Emma Kowal）在他们最近的文集《低温政治：融化世界中的冷冻生命》（*Cryopolitics: Frozen Life in a Melting World*）中追踪了一个暖化的世界，在这个世界中，冷是存续的基本资源，而在众多的社会和文化领域中，使用人工低温则扩展了生命的形式。他们表明，这些低温文化（通过暂停、减缓和冻结生命）被注入了"欺骗死亡"的冲动（Radin and Kowal 2017, 7）。当我们在冷却生物标本、人体和冰芯样本的同时，还必须认识到，**媒体的低温政治**和**数据的低温政治**：动员寒冷来产生"一个存在的区域，生命在其中被制造出来，死亡却不被允许"（Radin and Kowal 2017, 6）。低温政治的视角表明，大数据的扩张，以及保存用户信息的机构和商业投资，是由低温文化和一个庞大的温度调节制度所支撑的。随着传输的加速和数据的积累，会产生越来越多的热量，因而需要一个巨大的、无形的冷却装置来稳定这种变化。数据在这种技术安排中保持在悬浮状态，它们被禁止死亡。纠结于这种悬浮，纠结于媒介的冷冻政治，暴露了冷却是互联网的关键弱点——这一基础设施，可以在眨眼之间便破坏我们所有的数据。

注释

[1] 尽管正如霍尔特和冯德劳论证的那样，即使基础设施的一些组成部分是可见的，构成它的社会、企业和能源政治却常常被遮蔽。

参考文献

(1) Alger, Douglas. 2012. *The Art of the Data Center: A Look Inside the World's Most Innovative and Compelling Computing Environments*. Upper Saddle River, NJ: Prentice Hall.

(2) Blum, Andrew. 2012. *Tubes: A Journey to the Center of the Internet*. New York: HarperCollins.

(3) Brennan, Shane. 2016. "Making data sustainable: Backup culture and risk perception." In *Sustainable Media: Critical Approaches to Media and Environment*, edited by Nicole Starosielski and Janet Walker, 56–76. New York: Routledge.

(4) Franceschi- Bicchierai, Lorenzo. 2016. "Hackers make the first- ever ransomware for smart thermostats." *Motherboard*, August 7, 2016. https://motherboard.vice.com/en_us/article/aekj9j/internet-of-things -ransomware-smart-thermostat.

(5) Garretson, Cara. 2010. "Stupid data center tricks." *Infoworld*, August 12, 2010. https://www.infoworld.com/article/2625613/servers/stupid-data-center-tricks.html.

(6) Gregory, Mark. 2013. "Inside Facebook's green and clean Arctic data centre." *BBC News*, June 14, 2013. http://www.bbc.co.uk/news/business-22879160.

(7) Holt, Jennifer, and Patrick Vonderau. 2014. "'Where the Internet lives': Data centers as cloud infrastructure." In *Signal Traffic: Critical Studies of Media Infrastructure*, edited by Lisa Parks and Nicole Starosielski, 71–93. Champaign: University of Illinois Press.

(8) Macguire, Eoghan. 2014. "Can Scandinavia cool the Internet's appetite for power?" *CNN*, November 16, 2014. http://www.cnn.com/2014/11/14/tech/data-centers-arctic/index.html.

(9) Miller, Rich. 2012a. "ASHRAE: Warmer data centers good for some, not all." *Data Center Knowledge*, October 5, 2012. http://www.datacenterknowledge.com/archives/2012/10/05/beaty-ashrae-temperature.

(10) Miller, Rich. 2012b. "Study: Server failures don't rise along with the heat." *Data Center Knowledge*. May 29, 2012. http://www.datacenterknowledge.com/archives/2012/05/29/study-server-failures-dont -rise-along-with-the-heat.

(11) Potter, Ned. 2011. "Facebook plans server farm in Sweden; cold is great for servers." *ABC News*, October 27,2011.http://abcnews.go.com/Technology/facebook-plans-server-farm-arctic-circle-sweden/story?id=14826663.

(12) Pynchon, Thomas. 2013. *Bleeding Edge*. London: Jonathan Cape.

(13) Radin, Joanna, and Emma Kowal. 2017. "Introduction: The politics of low temperature." In *Cryopolitics: Frozen Life in a Melting World*, edited by Joanna Radin and Emma Kowal, 3–25. Cambridge, MA: MIT Press.

(14) Schlanger, Zoë. 2017. "What happened to the "fail- safe" Svalbard seed vault designed to save us from crop failure." *Quartz*, May 20, 2017. https://qz.com/987894/the-fail-safe-svalbard-seed-vault-designed-to-save-us-from-crop-failure-just-flooded-thanks-to-climate-change.

(15) Schlossberg, Tatiana. 2017. "An ice scientist's worst nightmare." *New York Times*, April 11, 2017. https:// www.nytimes.com/2017/04/11/climate/ice-cores-melted-freezer-alberta-canada.html.

(16) Shalyt, Michael. 2017. "Data: An Achilles' heel in the grid?" *Power Engineering International*, May 22, 2017. http://www.powerengineeringint.com/articles/print/volume-25/issue-5/features/data-an-achilles -heel-in-the-grid.html.

(17) Velkova, Julia. 2016. "Data that warms: Waste heat, infrastructure convergence and the computation traffic commodity." *Big Data and Society* 3 (2): 1–10.

10. 抄袭规范[1]（Copynorms）

范明河（Minh-Ha T. Pham）

2015 年 1 月温哥华，一家名为"格兰迪服饰"（Granted Clothing, 现为 Granted Sweater Company）的豪华毛衣品牌的共同拥有者——布莱恩·平野（Brian Hirano），在 Forever 21 的网站上发现了与他的品牌毛衣相似的毛衣。平野的第一反应不是给"格兰迪"的律师打电话，而是对自己的社交媒体粉丝发出呼吁。平野在 Instagram 和脸书的一篇长文中指责 Forever 21 公司的一些违法行为：主要是它销售"公然抄袭""我们在温哥华设计室制作"的毛衣。他在帖文文末呼吁社交媒体的用户"协助我们表明立场"，并"与你的好友分享本文（社交媒体帖子）"（Granted Sweater Company 2015a, 2015b）。脸书和 Instagram 上的反应既即时也明显。其中，发布在 Instagram 上的帖子收到了 556 个赞和 174 条评论。脸书的帖子被分享了 179 次，获得了 71 条初始评论，也收到更多的回复、反驳，以及以实际的文本形式和"喜欢"的形式的反驳。这种程度的用户参与，对该品牌来说不同寻常，因为他们在其他社交媒体上的帖子

---

1 抄袭规范，也可以译作"复制规范"，被用来表示关于抄袭或复制受版权保护的材料的道德问题的正常化社会标准。是决定复制他人作品的社会可接受性的非正式社会规范。社会规范由非正式的社会制裁来执行，从简单的表示不赞成（温和），到回避或破坏（严重）。这尤其表现在 P2P 的文件共享系统中。因为大多数文件共享系统的用户不认为下载受版权保护的音乐的 MP3 文件是错的，尽管这种下载可能是非法的。——译注

有时候根本无人问津。

在平野发帖的最初的 24 小时内，关于仿制毛衣的新闻被电视、广播和纸媒纷纷报道，随之而来的是更多的社交媒体举动，包括分享、喜欢、评论和推特形式，也包括来自更广泛的社交媒体的用户。参与其中的包括喜剧演员怀特·塞纳克（Wyatt Cenac）（超过四万名推特粉丝）、音乐家奎斯特拉夫（Questlove）（366万名推特粉丝）和演员迈克尔·伊恩·布莱克（Michael Ian Black）（近两百万名推特粉丝）。

社交媒体用户的评论，与之前对Forever 21——特别是**快时尚**零售商表达的情绪相呼应。[1] 他们认为，快时尚品牌的毛衣是非法的仿制品，是在某个外国的血汗工厂中生产的。这种有关外国的假设，也延伸到用户对时尚山寨者的道德能力的种族化描述上。在回应平野的脸书帖子的用户中，有一位对生产Forever 21毛衣的"第三世界"的服装工人表示关切，还有人嘲笑那些购买Forever 21毛衣的人是低级趣味，用一位网友的话说，是"廉价的美元"（cheap dollars）。这是社交媒体用户将时尚山寨品标记为"外国货"的另一种方式——通过对外国的消费者进行种族化，他们被想象为使用不同的，但也是低级的货物。

抄袭规范神话

尽管在有关快时尚和时尚山寨品（fashion copies）的公众和媒体讨论中充斥着确定性（两者经常被混为一谈），但现实是，消费者永远无法确定时尚产品在哪里生产，又是什么条件下生产的。更重要的是，由于时尚业的分包商网络错综复杂，品牌自身可能都没有掌握这些信息。而且，无论什么信息都很难获取。因为时尚公司对其供应链细节的保密是出了名的。即使那些声称在生产过程中提供透明度的品牌，也只是向公众提供有限的，也是精挑过的信息。有关工厂和审计师（包括他们的名字）的细节，有关具体的合规标准，均以商业机密之名而不为人知。然而，在社交媒体上围绕着"格兰迪"与 Forever 21 之争的讨论，以及媒体的报道，都错过或忽略了一个现实。这在公共讨论中没有被人提及，即快时尚品牌，实际上十分依赖当地的和区域性的本地工厂作为其核心的商业战略。与奢侈品牌不同，快时尚品牌依靠当地工厂来减少补货的时间，而补货正是它们贸易中的闪光点。Forever 21（一家位于加州洛杉矶的美国公司）在洛杉矶地区的工厂生产了相当一部分产品。这并不是说，它的本地生产在道德上是合理的，而是说，血汗工厂不仅仅只是外国的问题。

抄袭规范与社交媒体

不过，我在此关注的不是在时尚山寨品的公共话语中普遍存在的误解和成见（Pham 2016, 2017）。本文的目的，是思考由这个庞大的信息体所揭示的大数据的社会生活。尤其是，研究大规模的社交媒体平台是如何充满不确定性——社会认知、社会互动和不平等社会关系的不确定性。关于时尚抄袭行为是合法与非法的想法（也被称为时尚**抄袭规范**[2]），不是在法律层面，而是在社会层面建构的。时尚抄袭规范（Fashion copynorms），是通过沟通和信息交流的社会实践构成的；由社会构建的关于种族、性别、地区、阶级和劳动差异的意义所揭示，也被人类社会的反馈回路和计算社会的反馈系统加强，如订阅源、搜索引擎结果列表、趋势主题和自动完成建议，收集、分类和传递时尚抄袭规范。时尚抄袭规范清楚地表明，社交大数据不是某件物品，而是一套涉及意义、知识和权力斗争的活动和关系。在这种情况下，大数据是物品发生的结果，也是一种做事的手段。

正如我们在格兰迪服饰与 Forever 21 的例子中看到的，因社交媒体而产生的关于时尚抄袭规范的数据，是由日常交流活动产生的，比如喜欢、分享、评论和推特。喜欢、分享、评论、转发等的分布和模式，也是事情发生后的结果——具体来说，是用户对创意、犯罪、财产和不正当行为的主导性和竞争性社会定义的生产，以及对这些信息的算法生产和排序。时尚抄袭规范揭示了很多关于支撑着大数据的社会价值，也告诉了我们数据积累的不确定——但这些不确定并非是随机的社会和社会技术参数。

抄袭规范与法律

不过，时尚界的抄袭规范是做什么的？简而言之，它们做了法律不能或不愿做的事，而且它们做起来更有效率。在美国和加拿大，时尚设计没有版权，而在有版权的地方，过高（日本）和过低（欧洲）的创新性标准，造成时尚的版权法几乎毫无效力。更不用说法律无法跟上时尚界飞速发展的步伐。当版权被登记，或被提起诉讼时，具体的时尚设计可能已经过了高峰期了，因而不再需要法律的保护。但病毒式的时尚纠纷——如格兰迪服饰与 Forever 21 的纠纷，迫使设计师为抄袭的服装公开道歉，零售商则从实体和网络下架库存（在某些情况下，还会完全销毁完好的服装），而消费者也会对所谓的时尚抄袭者进行临时兴起的抵制。社交产生的数据流，其数量和速度促使消费者和企业去做法律不要求他们做的事，而且是在几个小时和几天内去做，而非几个月和几年内。

时尚抄袭规范实为一种监管机制——对于我们理解大数据作为自我、社会和市场治理的工具有重要的意义。社交媒体用户对时尚抄袭规范的生产是非正式的、分布式的实践，它塑造了消费者的价值观（即消费者在选择购买什么和向谁购买时的信念、优先权和规则）和商品价值（即一件衣服的质量和价值）。这两种价值，都直接影响到市场的结果和关系。格兰迪服饰担心这些看起来很像的毛衣会造成不公平的市场竞争，而社交媒体用户的无偿知识劳动则为它带来了竞争优势，帮助它增加销量，也提高了消费者的品牌意识，拔高了它作为一家为合乎伦理的时尚而战的公司的品牌形象。

抄袭规范与伦理

可以肯定的是，社交媒体用户并不是唯一将"伦理时尚"（ethical fashion）置于西方的人。平野一再坚持"在国内"制作格兰迪毛衣，并为自己"坚持在加拿大生产"而自豪。它的"脸书"声明强调："我们的原创设计（是）在我们的温哥华设计工作室里制作的。"温哥华的设计工作室在该声明中被表述成一个公共符号，它不仅仅是符号，而且还验证了产品的价值、质量和原创性。平野把"伦理时尚"变成了其北美时尚品牌的一个具体商标。

在平野的陈述中，"本土"及其与熟悉、普通和规范性的关联，意味着一系列被赋予了好的／道德的设计的社会、空间和时间关联。"在我们的温哥华设计室"命名了一个实际的地方，但它也被认为是原创时尚设计的理想之地。"在我们的温哥华设计室里"，意味着一个被西方（默认为白人）的大都市；一个干净、现代的工作环境；一种熟练的艺术实践，一种创造性的表达。与此相对应的是，不好的设计，跟"温哥华设计室"在概念上相反的空间联系起来：位于非西方城市边缘的肮脏工厂，当地的工作是重复的，毫无技术含量，还颇具压迫性。

这种将商业和伦理价值投射到本地和外国的种族化坐标的做法，使得格兰迪对其毛衣原创性的主张具有合法性，同时，也使得对其抄袭海岸萨利什人服装的指责变得不合法。考津的毛衣不仅仅是"本地的"，还是温哥华的土著[2]。然而，由于它们与西方时尚中心的社会时空距离被反复提到，考津毛衣被赋予了非本地性。在社交媒体的讨论中，考津毛衣被描述为"老式编织方法"和"传统风格"的产物。该品牌及其在新闻媒体和社交媒体上的支持者，将格兰迪毛衣描述为考津毛衣的"更新"版本。正如一位"脸书"用户所言："格兰迪尊重考津的风格……他们正在接受一种传统风格，让它流行和现代起来。"盛行的假设是，土著和民族服装代表着"老式"传统，是守旧的，不受现代文化影响，这是一种种族化的模式，它通过将土著和民族设计师排除在西方时尚消费者和设计师的时空和法律想象之外而流行于世。

抄袭规范与监控

时尚抄袭规范，像其他种类的大数据（如点击流、购物史、手机 GPS 信号等）通过监控而产生价值。我在尚未完稿的书中，详细阐述了社交媒体用户对时尚抄袭规范的生成和维护是如何构成了一种由用户驱动的监管劳动，我将之描述为社交媒体的时尚审判（fashion trials）——这个概念，建立在莎拉·罗伯茨（Sarah T. Roberts, 2019）和陈旭东（Adrian Chen, 2014）关于商业内容控制的重要工作之上。简言之，社交媒体的时尚审判是对话语和经济行为进行监督的、用户对用户的横向方式——在大多数情况下并不违法。这些社交媒体审判在法

---

2 考津毛衣（ Cowichan sweater ）是由居住在加拿大考津谷的印第安原住民流传下来的编织毛衣。——译注

律机制匮乏或不足的情况下发挥作用，它们通过创造和执行道德法律意识的常识，从话语上区分"真正的"时尚产品和"假冒的"。这也是时尚抄袭规范的另一个方面。它们不是通过法律，而是通过社会污名化来赋予西方的时尚品牌以市场竞争的优势，赋予更广泛的西方"合法的"文化生产概念，来实现知识产权（IP）和资本积累的过程。

在网上，不符合伦理的时尚主导标准的时尚消费者和产品，经常通过社交媒体的羞辱和社交媒体回避的社会技术机制（用户和算法实践，通过忽略和／或抑制其搜索排名和公众可见度，将不受欢迎的社会媒体帖子边缘化）而被污名化。因此，通过时尚抄袭规范，社交媒体用户不仅是企业和政府监控的对象，而且本身还是社会和市场监控的能动者。

抄袭规范与全球经济的不确定性

后文关于大数据社会生活的讨论，会转向时尚抄袭规范、假设和价值观的更宽泛的语境：一个本身充满不确定性的语境。今天，西方在全球时尚界的主导地位日益动摇。亚洲的前制造业国家（尤其是中国、韩国和印度尼西亚，还有印度、泰国、越南和菲律宾）正通过政府对创意产业和信息通信基础设施的投资，迅速地重新将自己打造为时尚设计和商业的中心。[3] 这些品牌正是许多人所谓的"亚洲世纪"的证据，一个新的世界秩序，亚洲的经济增长和活动正在重组文化、政治和经济的全球关系。显而易见，"亚洲世纪"的来临激活了古老的种族焦虑，它们默示或直接援引关于亚洲入侵的陈词滥调。例如，路透社的一篇文章，被包括领先的行业新闻网站"时尚业"（Business of Fashion）在内的多家媒体转载，文章将亚洲在全球时尚市场中的地位提升，描述为"来自东方的日益增长的威胁"（Wendlandt and Lee 2016）。

对亚洲时尚抄袭者的种族化经济恐慌，表现了对"亚洲世纪"的文化、政治和经济影响的广泛恐惧，特别是对技术转移（以及随之而来的IP[互联网协议]权利和财富的转移）——从西方到东方的逆转——可能对美国在世界上的权力造成的影响。我们看到这种对亚洲知识产权资本主义星球的恐惧在政治领域表现得最为强烈。前美国共和党总统候选人卡莉·菲奥里纳（Carly Fiorina）对种族性和道德的挂钩现在已经很有名了："（他们）没有很强的想象力。他们没有创业精神。他们没有创新——这就是为什么他们在窃取我们的知识产权。"（Kaczynski 2015）白人民族主义者和前白宫首席战略家史蒂夫·班农[3]（Steve Bannon）赞同她的说法："在我们解决这个问题之前，他们将继续把我们的创新占为己有，并把我们当作一个殖民地——他们大不列颠帝国的詹姆斯敦，一个朝贡国家。"（Green 2017）

从极右翼的政治家到有道德意识的时尚消费者，关于亚洲人缺乏想象力的刻板印象（由于其他文化"问题"，亚洲的宗教、语言、教育系统和一种使人在种族上衰弱的对权威的尊重），正在以微妙和戏剧性的方式重新出现。社交媒体用户将伦理当作西方特征和西方设计特点的话语建构，是这个主题的一个稍微微妙的变体。

当代的时尚抄袭规范是在"亚洲世纪"的背景下产生和流通的。它们通过让那些不遵守西方文化生产者制定的标准的做法和产品不合法，来夺回因迅速崛起的亚洲时尚产业而失去的一些商业地位。时尚抄袭规范不是对"道德的时尚"普遍标准的客观反映。它们产生了一种关于文化生产的规范性知识——它支持

3　史蒂夫·班农在美国特朗普总统首任期的前七个月曾担任白宫首席策略长兼美国总统顾问，是一名反华分子。——译注

着西方时尚品牌的市场价值，也支撑它们的西方知识产权体系。

抄袭规范与种族成见

社交媒体用户对 Forever 21 的第三世界血汗工厂的反复猜测，既反映也强化了一种贬低亚洲创意实践和创意主体的公共（和恐慌）想象。在抄袭规范的逻辑中，虚假和外国性（特别是亚洲性）相辅相成。这非因为有人认为所有亚洲人，或只有亚洲人创造和购买时尚抄袭品，而是因为亚洲性（Asianness）在西方商业和劳动想象中的历史画像。假冒时尚的亚洲性，以关于廉价劳动力、廉价产品，以及对人权和人的生命的廉价考虑为标志。社交媒体用户对 Forever 21 抄袭格兰迪毛衣在道德上的确信，是基于他们同样坚定相信这些毛衣一定是在外国工厂（"第三世界"某个地方）的恶劣条件下制造的。换句话说，反对这些毛衣的不利证据，是它们被推定为来自外国／亚洲。

图 10. 1 [4] www.google.com. ©Google.

4　图中展示的是在谷歌搜索"山寨文化"时会自动推荐跟亚洲国家相关的提示词。——译注

如果社交媒体用户的活动在概念上将西方的创造力、财产和权力本地化，那么社交媒体架构则通过关键词搜索和自动完成的建议等机制来编纂这些文化逻辑。算法上的偏见——如"山寨文化"的关键词搜索，在其自动完成的建议列表中只提及亚洲民族——反映并确认了用户对亚洲性与虚假性的联想关系，而自动化则将社会偏见自然化为现实的客观表述和常识。

时尚抄袭规范既掩盖了，也揭示了霍米·巴巴（Homi Bhabha, 1984）描述的殖民主义的矛盾性：统治的不确定性、不稳定性和不完整性。有意思的是，巴巴（Bhabha 1984, 130）认为，亚洲人的道德有两面性——由"说谎的亚洲人"的形象体现——是西方殖民想象中的一个主要特质。西方对道德的模仿（ethical mimicry）的要求（改编自巴巴的术语），正是那些以不合伦理的方式获取劳动力的群体，为西方时尚的力量提供了关键资源，这暴露了文化和经济权威的危机，即使它试图坚持道德权威。毕竟，"亚洲制造"的时尚并未引起大多数时尚设计师和消费者的伦理担忧，因为亚洲的时尚劳工只是为西方的财产和财富积累做出了贡献。在"亚洲世纪"之后，时尚抄袭规范将信息和资源流重新导向西方。

最后，如果说在众多的不确定性中可以找到任何确定性，那就是：对亚洲时尚劳工的贬低，仍然是西方时尚界积累财富和权力的一个基本物质条件。

注释

[1] **快时尚**是一个贬义词，指低成本的时尚服装。
[2] 时尚抄袭规范是关于抄袭时尚设计的伦理的社会共享和传达的标准，其中，抄袭传统的设计是一种可接受的 / 道德的创意灵感行为，而抄袭奢侈品设计则是一种不可接受的 / 不道德的创意盗窃行为。
[3] 关于这些努力的详细讨论，见 Tu（2010）。

参考文献

(1) References Bhabha, Homi. 1984. "Of mimicry and man: The ambivalence of colonial discourse." *Octo-*

ber, no. 28, 125–133.

(2) Chen, Adrian. 2014. "The laborers who keep dick pics and beheadings out of your Facebook feed." *Wired*, October 23, 2014. https://www.wired.com/2014/10/content-moderation/.

(3) Granted Sweater Company. 2015a. "A short message from the designers." Facebook, January 6, 2015.https://www.facebook.com/grantedsweaters/photos/pb.28973649640.-2207520000.1465225497./10152939439194641/?type=3&theater.

(4) Granted Sweater Company. 2015b. "A short message from the designers." Instagram, January 6, 2015. https://www.instagram.com/p/xhqXtKIoAV/.

(5) Green, Joshua. 2017. "Bannon's back and targeting China." *Bloomberg*, September 28, 2017. https://www .bloomberg.com/news/articles/2017-09-28/bannon-s-back-and-targeting-china.

(6) Kaczynski, Andrew. 2015. "Carly Fiorina: The Chinese 'can't innovate, not terribly imaginative, not entrepreneurial.'" *Buzzfeed*, May 26, 2015. https://www.buzzfeed.com/andrewkaczynski/carly-fiorina -the-chinese-cant-innovate-not-terribly-imagina.

(7) Pham, Minh- Ha T. 2016. "Feeling appropriately: On fashion copyright talk and copynorms." *Social Text* 34 (3): 51–74.

(8) Pham, Minh-Ha T. 2017. "The high cost of high fashion." *Jacobin*, June 13, 2017. https://www .jacobin-mag.com/2017/06/fast-fashion-labor-prada-gucci-abuse-designer.

(9) Roberts, Sarah T. 2019. *Behind the Screen: Content Moderation in the Shadows of Social Media.* New Haven, CT: Yale University Press.

(10) Tu, Thuy Linh. 2010. *The Beautiful Generation: Asian Americans and the Cultural Economy of Fashion.* Durham, NC: Duke University Press.

(11) Wendlandt, Astrid, and Joyce Lee. 2016. "Cool Asian fashion brands challenge WeDstern labels." *Reuters*, April 26, 2016. https://www.reuters.com/article/us-fashion-asia/cool-asian-fashion-brands-challenge -western-labels-idUSKCN0XN1QZ.

11. 数据库（Database）

塔哈尼·纳迪姆（Tahani Nadim）

数据库是相关数据被组织起来以便于快速搜索和获取的一种集合。它很像电子表格，但更复杂，也更广泛和数字化。它也倾向于以不同部分的组合而存在，这些部分难以拆分：数据库的管理系统，它描述了一组连接和协调数据库、应用程序和用户的计算机程序，而数据库模式和数据字典一起，形成了数据的组织形式。在大多数无论是否构成现代生活的事务中（从上学、购物到约会，从认知到逃离），数据库都无处不在。简而言之，数据库的作用（存储、关联和供应数据），已经是支撑着我们整个世界的基础设施的一个关键部分。

超越基础设施研究

作为一种**信息基础设施**，数据库的作用取决于其基础设施的质量，这使得它融入了医院、机场、商场、大学、市政当局、分销中心、实验室或社交媒体平台的无数工作程序中。受社会学家斯塔（Susan Leigh Star）及其合作者（Bowker and Star 2000; Star 1999, 2002）的杰出工作启发，许多学术研究都勇敢地反对虚假的不可见性，反对基础设施趋于"浸入背景"（Star and Ruhleder 1996）的特征。因此，对（信息）基础设施，以及通过它的思考，在很大程度上成了一件通过追踪、描述和编译构成信息基础设施的材料（从电缆、交换机和电网，到用户界面、服务器群、标准和协议）而使基础设施为人所见的事。虽然这种方法能让特定形式的权力浮出水面，但它也引起人们以关系性来理解基础设施，认为"它成为与有组织的实践有关的基础设施"（Star and Ruhleder 1996, 113）。不过，在致力于揭露事物和利益的过程中，这种方法还倾向于掩盖数据库乃是一种具有历史上特殊性与相关性的**角色**，其**象征**意义和物质意义一样重要。换句话说，数据库不仅强制，也需要特定的想象力，进而以某些（而非其他）方式来协助组织实践。

也许，这种**数据库想象**（*database imaginary*）的工作在 20 世纪的生物学学科的发展中体现得最明显（数值天气预测是另一个例子，见 Edwards 2010）。在伊芙琳·福克斯·凯勒（Evelyn Fox Keller,2000）所谓的"基因世纪"中，数据基础设施迅速崛起，成为生物科学研究中不可或缺的核心组成部分。事实上，正如 2015 年美国政府的停摆表明的，当数据库消失时，研究亦戛然而止。基因的特殊形象——基因组上由特定的核酸序列组成的编码区域,对蛋白质等"下游"产品进行编码——与当时的控制论原则完全一致并且可以理解，这一直是许多关于（分子）生物学史的学术研究主题。这些研究工作重构了数据科学和基因学是共同构成的，突出了关注点、人物、机构、研究范式、技术和隐喻的特殊融合，也为 20 世纪和 21 世纪的生物学设定了方向。

基因数据库史

世界上最大也是运行时间最长的一个数据库是"基因银行"（GenBank），它是由位于马里兰州贝塞斯达的美国国家卫生研究院（National Institutes of

Health）的国家生物技术信息中心（National Center for Biotechnology Information）制作和维护的核苷酸序列数据的数据库。"基因银行"与欧洲的核苷酸档案馆（European Nucleotide Archive, ENA）和日本 DNA 数据库（DNA Database of Japan, DDBJ）一样，不仅提供数据，还不断开发和托管一系列的生物信息学工具，以便促进数据的发现、组织和实验。它从诸多倡议中脱颖而出，包括玛格丽特·O. 戴霍夫（Margaret O. Dayhoff,1965）以手工编制的《蛋白质序列结构图集》（*Atlas of Protein Sequence Structure*），这份图集认识到了整理和分发以不断增长的速度产生的序列数据十分重要。"基因银行"的首个实例来自洛斯阿拉莫斯（Los Alamos）并不让人意外。同样，ENA 在最初被明确认为是一个欧洲项目，它利用基础设施将生物学变成一门重要的科学，同时也确立了欧洲在与美国的主导地位之间的对抗关系（就像欧洲核子研究中心的建立对物理学的影响一样）。

与早期相比，现在的情况大不一样，尤其因为计算机和自动化程序的扩展。如今，序列工厂（如位于深圳的华大基因，或是加州的 J. 克莱格·凡特研究所[1]）中大量生产序列数据，并被自动提交到"基因银行"、ENA 和 DDBJ 内部，那里有大量的（人类）数据管理员，他们会确保数据的质量标准。然而，生产（更多）数据的核心承诺仍然存在，或者说，它已经在越来越多的地方殖民了。一方面，快速而廉价的下一代测序技术，已经跟元基因组或环境测序等新型研究方法共同发展。这描述了对环境样本（一桶海水，或一个肠道环境样本）进行测序的做法，造成以前被掩盖或不为人知的实体，至少作为核苷酸信号呈现出

1　J. 克莱格·凡特(J. Craig Venter Institute, JCVI)是一家非营利性的基因组学研究机构,由 J. 克莱格·凡特博士于 2006 年 10 月成立。该研究所由四个组织合并而成,包括基因组学促进中心、基因组研究所（TIGR）、生物能源替代品研究所和克莱格·凡特学基金会联合技术中心。——译注

来；另一方面，在"人类世"中的知识生产，越发成为数据驱动的反馈循环问题。这不仅迫使新老机构成为数据资源或基础设施，也迫使问题和解决方案的框架主要是基于数据之上。生物多样性概念就是一个很好的例子，尽管这个概念富有歧义，却引发了基于数据的计划、方法和定义的大爆炸，包括基本的生物多样性变量、全球生物多样性指数，以及全球生物多样性信息设施。

我在研究中关注的是在生物科学领域制造、维护数据和数据库的工作实践，以便更好地理解对于数据的期望和要求，理解这些期望和要求是如何推动和迫使特定的机构、学科与政治相结合的。我在博士阶段研究了大型 DNA 数据库"基因银行"和 ENA 如何处理和制造数据（Nadim 2012）。我从一个非常简单的问题开始，即在这些数据库中发生了什么。我曾在档案馆和图书馆的后端工作，我知道，大量的社会技术工作被用于制作和维护藏品、类别、分类系统、文件和标准，我由此认为，在数据库中也可以观察到这些工作。关注这些工作有助于我们更为细致地理解序列数据、更普遍的数据，以及推而广之的，是更细致地理解对它投入和维持的想象力。在使用**数据库想象**这一概念和最近的**数据虚构**（Nadim 2016）时，我的目的是认真对待数据库化（databasing）和世界化（worlding）之间相互构成的变化。当我们把世界的一部分变成数据和数据库时，我们也就重构了这些世界（往往是在物质上重构），而当我们把实体和关系带入现实中时，我们也就改变了负责解释这些新实体的数据和数据库的性质。

数据库想象（Database Imaginaries）：以档案为师

当我使用"**数据库想象**"一语时，它接近于阿帕杜莱的"想象力"（imagination）和泰勒关于**社会想象**（social imaginary）的定义。对于阿帕杜莱（Appadurai

1996, 31）来说，想象力（以及图像和想象）是"一个有组织的社会实践领域，一种工作形式……以及一种在能动场域……和全球定义的可能性领域之间的谈判形式"。同样，泰勒（2004, 2）也不愿意把它简化为单纯的精神意念，他认为想象"不是一套思想；相反，它是通过对社会实践的理解促成的"。我最开始关注的是反对社会和文化科学中普遍存在的对数据库的批判性参与，这些参与以一种**数据库逻辑**（database logic）的假设为前提。它描述了一种贪婪的，也不分青红皂白的排序逻辑，其推动力是对监视、管理和开采的概览和全景权力之欲。从这个角度看，数据库成为托马斯·理查兹（Thomas Richards,1993）的"总体档案"的缩影，是一种势在必得的技术，通过它，"可数的抽象……在每一个可以想象的层面，为了每一个可以想象的目的，创造出可控的……现实感"（Appadurai 1996, 317）。从"种族"概念在法医数据库中的复兴（M'Charek, 2008），到不怀好意的特殊利益集团通过生物识别身份管理系统，或国家基因数据库侵占公共领域和私人机构，我们有足够的理由对数据库技术与控制和规训模式的融合进行批判性考察（Pálsson, 2008; Rose, 2001, 2006; Waldby, 2009）。然而，这种方法几乎没有为那些在数据库中表现出来的既不协调，而又混乱的现实留下任何空间（部分和人的日常内部行动），以及这些又如何表明和促进一种想象，用泰勒的话说，就是通过理解它们来实现数据实践。

我并不是说，数据库想象和数据库逻辑相互排斥，而是说，从经验上关注组装数据库的情景实践，有助于理解特定的故事和图像、修辞学和流派，有助于理解在制造和做数据库和数据时的愿望和欲望。全面性、秩序、透明度、未来性、关系性、因果性和代表性的潜在概念，支配着新的全球数据制度，这些制度试图完全通过数据来捕捉和处理世界（的部分）及其居民。像 Fauna Europaea² 这类数据库，不仅提供了一个"所有活着的多细胞欧洲陆地和淡水动物"的全面清单（de Jong et al.2014）——例如，它构建了一个欧洲的自然化形象（如果你愿意的话，是自然的超国家），振兴了作为国家主权之核心组成部分的自然历史，证实了自然历史收藏的持续相关性，而且，它还将分类学的目光——及其所有的（殖民）盲点——转化为象征性的计算（作为资产的物种）。这些理由表明，数据库的普通功能和操作（生产、收集、储存、组织、检索），应该被理解为是具体的历史性实践，它们在事实上可能因数据库的不同而有差异。这同时也意味着，数据库的具体形式和背景很重要，而且就像档案一样，数据库最好被理解为既是描绘性的，又是基础性的。

在研究档案的学者中（如 Arondekar, 2009; Steedman, 2002; Stoler, 2009, 2013），许多人都关注档案的持久殖民影响和混杂问题，长期以来，他们一直认为，是档案的具体物质和历史背景，以及这些背景使得记录和历史成为可能或不可能的。这些论述通过关注档案的位置和构建证据的方式，解构了通过档案证据重建事件和主体的做法和希望。档案被认为是具有历史特殊性的过程，以至于其内容不受影响。然而，这并非是说要放弃它们作为可行性的资源，而是说，档案需要新的阅读模式，或者如阿龙德卡尔（Arondekar 2009, 3）所言："挖掘和破坏档案证据的新方法。"她建议将档案的痕迹当作一个"反抗的事件"（recalcitrant event）来对待——这一概念借自沙希德·阿明（Shahid Amin），它放弃了"发现"（discovery）的动力，而是通过叙述和解释来组织痕迹。最近，

2　Fauna Europaea 是一个包含所有欧洲陆地和淡水多细胞动物的科学名称和分布情况的数据库。它是泛欧物种目录基础设施（PESI）中动物分类学的标准分类源。截至 2020 年 6 月，Fauna Europaea 报告说，他们的数据库包含 235,708 个分类群名称和 173,654 个物种名称。它最初由欧洲理事会资助建设（2000—2004 年）。该项目由阿姆斯特丹大学协调，并于 2004 年推出第一个版本，之后，该数据库于 2015 年转移到了柏林自然历史博物馆。——译注

还有学者提请我们注意缺失性档案的建构能力，注意"想象的记录"（Gilliland and Caswell 2016）和叙事混淆的作用（Hartman 2007）。我在写遥感地球观测系统产生的大量数据时提出，数据虚构（Nadim 2016）可能既是让数据基础设施问题化的实用启发式装置，也是生产和维护这些基础设施的核心过程。换句话说，在地球观测中，证据的构建总是涉及对特定解释框架的承诺，并因此复制了特定的解释框架，这些框架可以通过检查数据模型和本体、元数据规定的范围和状态、提交指南和程序、使用案例情景和数据实践——也就是人、数据和基础设施中的内在行动——来激发和证明。一个重要的框架是战争的幽灵，以及将其隐喻和材料转化为全球数据基础设施和我们与地球的关系。将一组环境卫星命名为**哨兵**（就像欧洲航天局的地球观测项目那样）——这个术语通常指站岗的士兵，或在讨论蠕虫基因数据库时使用**总体信息意识**（美国的一个反恐预测警务项目）这个术语，这些只是一些更恶劣的例子（Eddy 2016）。然而，构成地球观测的众多数据实践并非不受替代性的，甚至是解放性叙事的影响，比如，利用卫星数据揭露环境破坏或绘制监狱工业综合体地图。[1] 在如何实现不同种类的可见性和透明性方面，数据虚构是至关重要的因素，而且重要还包括数据虚构是如何在这些数据实践中并通过这些数据实践使之凝聚在一起。

女性主义和后殖民主义学者专注于藏品和档案中的缺失部分和不可见性，并由此证明，特定的主体、叙事和材料的故意缺失，是持续征用和毁灭帝国的关键因素（Stoler 2012）。迄今为止，虽然我在研究中考察的数据库包含表面上是无害的数据点，如物种名称、分布、标本位置或 DNA 序列，但它们还是推进了一套特定的数据信念，推进了对其解决问题和纠正问题的能力、对更准确的数据（无论那意味着什么）之渴望的特定希望。这是一种数据库想象，在这里，确定性似乎永远只是另一个数据点的距离，而数据生成本身就是一个合理的目的。随着对基于数据的知识和解决方案的日益依赖，以及不断增加的数据收集，对谁和什么被记录，以及如何和出于什么目的的关注，比以往任何时候都更加迫切。与档案相比，数据库更容易，也更深入地与治理和政策、与（科学）知识的制造和日常实践的过程纠缠在一起。而且它们更难掌握，因为它们的记录本身可能是不可理解的，甚至是不可读的。此外，除了数字界面，往往没有明显的访问地点。2010年，在关于人类蛋白质序列（蛋白质组）的第一个完整注释的报告中，来自瑞士生物信息学研究所的一位科学家提供了一个列表，它将蛋白质的不同状态描述为：可能、潜在、推测、预期、可能、希望（Bairoch 2010）。基于这样一种（非）确定性的类型学，数据基础设施包含并创造了一系列我们刚刚开始理解的新的缺失和存在。作为方法和分析范畴的数据库想象和数据虚构，有助于说明数据基础设施**的**缺失和不存在，重要的是，是数据基础设施**中**的缺失和不存在。

注释

[1] 关于如何获取和使用卫星数据的案例和说明，请参阅如下网站：https://exposingtheinvisible.org/.

参考文献

(1) Appadurai, Arjun. 1996. *Modernity at Large: Cultural Dimensions of Globalization*. Minneapolis: University of Minnesota Press.

(2) Arondekar, Anjali. 2009. *For the Record: On Sexuality and the Colonial Archive in India*. Durham, NC: Duke University Press.

(3) Bairoch, Amos. 2010. "Bioinformatics for human proteomics: Current state and future status." Nature Precedings, October 2010. https://doi.org/10.1038/npre.2010.5050.1.

(4) Bowker, Geoffrey C., and Susan Leigh Star. 2000. *Sorting Things Out: Classification and Its Consequences*. Cambridge, MA: MIT Press.

(5) Dayhoff, Margaret O., Richard V. Eck, Marie A. Chang, and Minnie R. Sochard. 1965. *Atlas of Protein Sequence and Structure*. Silver Spring, MD: National Biomedical Research Foundation.

(6) de Jong, Yde, Melina Verbeek, Verner Michelsen, Los Wouter Bjørn Per, Fedor Steeman, Nicolas Bailly,

Claire Basire, Przemek Chylarecki, Eduard Stloukal, Gregor Hagedorn, Florian Wetzel, Falko Glöckler, Alexander Kroupa, Günther Korb, Anke Hoffmann, Christoph Häuser, Andreas Kohlbecker, Andreas Müller, Anton Güntsch, Pavel Stoev, and Penev Lyubomir. 2014. "Fauna Europaea — all European animal species on the web." *Biodiversity Data Journal* 2 e4034. https://doi.org/10.3897/BDJ.2.e4034.

(7) Eddy, Sean R. 2016. "Total information awareness for worm genetics." *Science* 311 (5766): 1381–1382.

(8) Edwards, Paul N. 2010. *A Vast Machine: Computer Models, Climate Data, and the Politics of Global Warming*. Cambridge, MA: MIT Press.

(9) Gilliland, Anne J., and Michelle Caswell. 2016. "Records and their imaginaries: Imagining the impossible, making possible the imagined." *Archival Science* 16 (1): 53–75. https://doi.org/10.1007/ s10502-015-9259-z.

(10) Hartman, Saidiya V. 2007. *Lose Your Mother: A Journey along the Atlantic Slave Route*. New York: Farrar, Straus, and Giroux.

(11) Keller, Evelyn Fox. 2000. *The Century of the Gene*. Cambridge, MA: Harvard University Press.

(12) M'Charek, Amade. 2008. "Silent witness, articulate collective: DNA evidence and the inference of visible traits." *Bioethics* 22 (9): 519–528.

(13) Nadim, Tahani. 2012. "Inside the sequence universe: The amazing life of data and the people who look after them." PhD diss., Goldsmiths, University of London.

(14) Nadim, Tahani. 2016. "Blind regards: Troubling data and their sentinels." *Big Data and Society* 3 (2). https://doi.org/10.1177/2053951716666301.

(15) Pálsson, Gísli. 2008. "The rise and fall of a biobank: The case of Iceland." In *Biobanks Governance in Comparative Perspective*, edited by Herbert Gottweis and Alan R. Petersen, 41–55. Abingdon: Routledge.

(16) Richards, Thomas. 1993. *The Imperial Archive: Knowledge and the Fantasy of Empire*. London: Verso.

(17) Rose, Hilary. 2001. *The Commodification of Bioinformation: The Icelandic Health Sector Database*. London: Wellcome Trust.

(18) Rose, Hilary. 2006. "From hype to mothballs in four years: Troubles in the development of large- scale DNA biobanks in Europe." *Community Genetics* 9 (3): 184–189. https://doi.org/10.1159/000092655.

(19) Star, Susan Leigh. 1999. "The ethnography of infrastructure." *American Behavioral Scientist* 43 (3): 377–391. https://doi.org/10.1177/00027649921955326.

(20) Star, Susan Leigh. 2002. "Infrastructure and ethnographic practice: Working on the fringes." *Scandinavian Journal of Information Systems* 14 (2): 107–122.

(21) Star, Susan Leigh, and Karen Ruhleder. 1996. "Steps toward an ecology of infrastructure: Design and access for large information spaces." *Information Systems Research* 7 (1): 111–134.

(22) Steedman, Carolyn. 2002. *Dust: The Archive and Cultural History*. New Brunswick, NJ: Rutgers University Press.

(23) Stoler, Ann Laura. 2009. *Along the Archival Grain: Epistemic Anxieties and Colonial Common Sense*. Princeton, NJ: Princeton University Press.

(24) Stoler, Ann Laura. 2012. "Imperial debris: Reflections on ruins and ruination." *Cultural Anthropology* 23 (2): 191–219.

(25) Stoler, Ann Laura, ed. 2013. *Imperial Debris: On Ruins and Ruination. Durham*, NC: Duke University Press.

(26) Taylor, Charles. 2004. *Modern Social Imaginaries*. Durham, NC: Duke University Press.

(27) Waldby, Catherine. 2009. "Singapore biopolis: Bare life in the city- state." *East Asian Science, Technology and Society* 3 (2–3): 367–383. https://doi.org/10.1215/s12280-009-9089-

12. 演示（Demo）

奥里特·哈尔彭（Orit Halpern）

要么演示，要么死！（Demo or die!）

Demo[1] 一词的词源可以追溯至希腊的 **demos**，表示"人民"（the people）。**Demos** 也是"**民主**"（democracy）[2] 一词的词根，而"民主"表示一些想象中的人，可以在幻想的场域（fantastical site）中表达他们的集体意志——这些人物在该空间中成为一种可以表达能动性（agency）的力量（force）。为了成为政治性的，人民也必须走到明处，也可以说是权力之地。他们必须身为一种具有物质能力和欲望的实体，对权力（power）是可见且易辨的。demonstrate（意为：示威、表露、证明——译按）可能是抗议，也可能是将某些东西带入光亮，或者让一些新的过程、事实、主体和知识或价值的对象成为可能。去表露（to demonstrate）是为了让一个新的主体或客体变得可感（sensible）。因此，公民（The demos）也是一种审美的场域。如果人民不被感知到和不能感知，他们就不复存在。

源自该词词根的术语（表示一个民族和政治的形成）——也由此让我们认

1　鉴于该词在文中词义多变，故保留部分原文。——译注

2　今天使用的"民主"（古希腊语：δημοκρατία，英语：democracy）一词源于希腊文，一个是古希腊语：δῆμος demos），意指人民或者是公民，一个是古希腊语：κράτος cracy），意指某种公共权威或统治。——译注

识到，the demos（公民）的历史与 demonstration（意为：示范、游行——译按）的历史，与 representation（意为：抗议、陈述——译按）和感觉的技术，与人口和物种的历史相关。这就引出一个问题：演示（demo）——作为由技术演示（demonstration of technology）组成的文化实践——在今天是什么？在无处不在的传感器和那些以"爱之优雅"（引用诗人理查德·布劳提根 [Richard Brautigan] 的话）来监视我们的机器世界，成为"可见的"意味着什么？在数据不断被收集的环境中，当每一个行动都立马被转换成一种反应；当民众不断地被资本和技术可感；当集体经常被塑造、解散，并作为云或人群而被开采、分析并出售，被感知是否等同于成为一个"人"或人民？在信息经济中，美学和政治经济学是怎样关联彼此的？最后，demo（演示、示范、试样）还是一种核心的设计和工程实践，它与展示有关，但不一定与民主或公众有关。Demo（演示、示范、试样）还跟**原型**、**版本**、**测试**等术语相关，跟创意和技术行业中一系列关于未来性管理、技术想象和计划性淘汰的实践模式相关。本章的核心问题是，技术演示及其相关的智能，或无处不在（现在被重新命名为人工智能）的基础设施，是如何与 demonstration（演示）、可见性，以及最终是如何跟民主的旧有概念相关的。本文限于篇幅而无法充分阐述这种关系；相反，我想暗示的是，我们的技术测试和演示形式设想出了一个世界，在这个世界中，人工智能和无处不在的智能和计算机，可以取代现在被想象为业已过时的民主。

这也是一个深刻的档案问题。正如对档案的研究早已证明的，档案不仅构造了可见性，还构造了民众和 representation（意为：代表、抗议、陈述——译按）。如果**档案**，如德里达指出的源自 **arkhe**，是事物的起始处，但也是法律——一种戒律，那么档案似乎总是公民的基础设施。此外，这个词与代码和协议密切相关，继而引出了"法律"和"人"在计算协议和代码的时代如何被重构的问题。

为了开始思考从 the demos（公民）到 demos（演示）的历史转变，或者甚至是今天可能被称为"原型"的东西，我想思考一个从媒体和无处不在的计算的历史中剪切下来的短暂时刻，它同时涉及知识和政治经济学的转变。如果我们愿意的话，这是公民的一种演示。

如果世界上有某个地方既跟作为企业的大学的崛起有关，又跟技术发展和教育的新模式有关，那便是麻省理工学院（MIT）的媒体实验室，它在罗纳德·里根（Ronald Reagan）任总统期间的 1985 年启动，到今天，人们可能将这一年称为"新自由主义"世界经济秩序的基础时刻。

这间实验室的座右铭是："要么演示，要么死！"它既乐观又不祥，很少有格言能比它更清楚地定义了 20 世纪 90 年代互联网引入的猖獗投机、技术乌托邦主义和幻灭的特异组合。媒体实验室因将计算机与电影、印刷品、电视和音频媒介相结合而闻名，也因为开创了一种作为科学和经济证据的新的表现（performance）形式而臭名昭著：演示（the demo）。今天，当艺术、技术和社会在设计思维和"制造"的文化中融合时，为了思考当代对"演示"和网络的迷恋所带来的风险，研究这个早期时刻可能是有意义的，当时，工程、艺术和设计围绕着过程、信息、性能和互动性的实践被重新配置。

艺术界当然也有它的演示，也许还有死亡。1970 年，纽约的犹太博物馆举办了一个展览，它在今天被广泛誉为数字媒体史上的一个先驱时刻。展览"软件，信息技术：对于艺术的新意义"（"Software.Information Technology: Its New Meaning for Art"）既因其失败，也因其成功而闻，它是将艺术当作信息处理而介绍给美国公众的首批努力之一。这场开创性的展览的核心思想是，我们存在于一个由通信技术和名为**控制论**的新的通信和控制科学所重新打造的新时代。

控制论一词源于希腊语中的舵手或管理者，在 20 世纪 40 年代末被创造出来，用于描述通信工程、数学逻辑和物理学在研究和控制人类、动物和机器系统中的应用。麻省理工学院的数学、生理学和工程学研究人员在共同进行防空研究时认识到，在被导弹瞄准的压力下，人类（飞行员）的行为是重复性的，可以适用于数学建模和预测的方式。由于认识到个人行为可以转化为逻辑和统计模式，早期的控制论者提出了一个新的信念，即机器和人类可以说同样的数学语言，因此，二者可以被同等对待（Edwards 1996; Galison 1994; Hayles 1999）。

这项战时研究还带来另一个发现，即反馈概念。这些研究人员认识到，击落飞机的问题**不是**关于枪或飞行员，而是关于枪和飞机的飞行员**之间**的互动。这是一种概率的统计关系。为了预测飞机的位置，飞行员在驾驶舱内的所作所为必须传回给防空炮。防空炮再与飞机进行**通信**。这两个观点（行为主义和反馈），为我们当代的社交网络模式和由数据驱动的生活奠定了基础。如果我们今天认为我们的身体、注意力和经济与机器的无缝整合似乎是自然而然的，其实也是上述历史阶段的遗产。

在战后，各种形式的控制论宛若野火，蔓延到诸多跟工程或计算机不相干的领域。这一思想孕育了认知心理学，也重新塑造了生命科学和人文科学（包括将遗传学重新表述为 DNA 中的"编码"），从伦理学到生态学，再到城市规划和建筑等各个领域，都不再将环境处理为是一个系统。艺术家、建筑师、工程师和科学家转向控制论思想，由此描述一个由能动者**之间**的通信交流组成的世界，而非一个由静态物组成的世界。控制论是一种新的活力理念；正如"软件"展的图录所言："我们的身体是硬件，我们的行为则是软件。"（Burnham 1970, 11）

不过，即便到了 20 世纪 70 年代，由控制论者设想的东西也几乎不存在，也不可能被建造出来。这个机器和人都是完美通信网络之一部分的未来，仍然只是刚刚开始要成为现实。"软件"展示了艺术本身是如何成为软件的，这是产生这个新的计算和通信交流的未来实践的一部分。策展人认为，艺术家必须为这个机器生活的未来愿景贡献他们的视野，展示出何以审美实践和艺术总已经是信息系统的一部分了。我们希望这个展览既是对这个新世界的一次演示（demonstration），也是对这个世界可能如何出现的一种干预：对人类生活和媒体之未来的演示（demo），将在现场实时进行。

许多艺术家和工程师都参与其中。哲学家和社会学家泰德·尼尔森（Ted Nelson）建立了一个交互式文本检索系统。艺术家汉斯·哈克（Hans Haacke）建造了一个名为"访客档案"的数据收集系统，用来创建博物馆访客的统计画像。展览还展示了"游击队电台"（Guerrilla Radio）创造了"吉奥诺无线电系统"（Giorno Radio System），该系统通过参观者可获取的小型晶体管来播放不同诗人的作品，同时，还为参观者在任何地方 DIY 广播提供了基本的架构和说明。因此，展览将对技术乌托邦和理想主义的调查，与对日益增长的媒体、军事化和日常生活中的监控的黑暗面的自反性检视相结合。图录警告说："看来，如果没有和它们所要解决的问题一样危险的技术，我们就无法生存。"（Burnham 1970, 13）

这些危险很快就显现出来。展览的中心是一件极受欢迎的装置，名为 *SEEK*，由麻省理工学院的建筑机器小组（AMG）建造，也与许多关注控制论和人工智能的研究人员密切相关。AMG 由尼古拉斯·尼葛洛庞帝（Nicholas Negroponte）领导，他在 1985 年将其转变成了"媒体实验室"，它的唯一目标是将计算机引入设计、建筑和城市规划。[3]

3　马尔哈·毕吉特的《作为探究的艺术：迈向艺术、科学与技术的新合作》有关于这一段历史的详细记载。该书收录于"边界计划·雕塑与公共艺术"。——译注

这个特别的展示装置是由一小群蒙古沙漠沙鼠组成，尼葛洛庞帝选择它们是因为它们的好奇心和探究天性。这些动物被放在一个有机玻璃镜面积木的环境中，积木被一个机械臂不断地重新排列（Burnham 1970, 23）。

作品的基本想法是，机器人计算机将观察沙鼠与其栖息地（积木）之间的互动，通过观察它们的行为和它们如何移动积木而逐渐"学习"它们的"生活偏好"。沙鼠的存在，是为了在环境中引入偶然的，也是不可预测的非机械行为。机器的工作是在机器和沙鼠之间创造一个稳定的平衡环境。这个系统被设想为是一座由机器维持的城市：一座"智能"城市，用今天的话来说，是无处不在的计算，在用数据行动投票的"公民"（沙鼠）和机器之间充满紧密的网络反馈回路（Varduli 2011）。

这些工程师在麻省理工学院的城市系统实验室工作。据他们说，这并非是一场艺术展览，而是一个实验，它教会机器管理城市环境，进而最终设计出更好的城市。这是关于设计和城市生活的未来。对于尼葛洛庞帝来说，真正的"建筑机器"不再是一台服务于人类需求的现代机器，而是一种基于新型环境智能的综合系统，它与收集和响应感官输入的常规能力有关。他的文章和书籍提炼了一套关于智能和复杂性的理论，他认为，设计必须成为一个过程，成为两个智能物种（人类和机器）之间的"对话"，而非一个线性的因果互动[1]。他对设计的计算机化不感兴趣，但对重新思考设计过程本身感兴趣。"作为机器的建筑"将设计当成一个过程，将人类和机器连接成新的组合体。这个演示——现在被重新规划为机器和动物之间的"对话"，也许在犹太博物馆的装置中首次得到全面的实现。

艺术评论家和公众一开始都很惊讶，这个展览被《纽约时报》描述为混乱，但"任性"也"迷人"的（Glueck 1970）。一个由充满传感器的计算机管理的世界，每时每刻都在对其（公认的）非常小的公众做出反应，这在技术上鼓舞人心，又十分有趣。

但一个惊人的逆转是，在展览开幕后的几天内，这个重新思考智能的传统定义——甚至可能是重新思考生命的实验，在最初让公众感到惊奇并吸引大量目光后开始了熵的退化。由于软件和硬件问题，机器停止工作，博物馆几乎破产。展览本应在此后不久前往华盛顿特区的史密森博物馆，但由于博物馆维护大型计算机系统的成本和难度过大，展览被迫取消。

在我们可能学到的教训中，沙鼠在计算机管理的环境中分不清计算机，破坏了积木，而且生病，还具攻击性，它们时常相互攻击。艺术评论家托马斯·赫斯（Thomas Hess）在《艺术新闻》（*Art News*）的一篇评论中诙谐地回应这个场景。他描述了由沙鼠身上的排泄物和机器人的断臂带来的阴影，并得出结论："认真参与技术过程的艺术家，可能会记得四只迷人的沙鼠的遭遇。"（Hess, 1970）似乎没有人想到要问，也没有人能问沙鼠是否希望生活在一个用积木搭建，并由计算机管理的世界中（Shanken 1998）。也许没有人可以问，因为在这种情况下，对话被简化为关于运动和行为的传感器数据。

没关系，在一个没有什么是最终的，只有演示或原型的世界里，即使其他生物的死亡或痛苦也不是失败，这无非是增加计算渗透生活的理由。

在搭建这些环境的过程中，演示——或者作为人民，甚至作为一个物种被看到和关心的可能性——被以原型设计和技术增强的名义消除了。技术和感觉融合在一起，取代了代表/陈述和民主。尼葛洛庞帝很快就否定了这一事件，他说这一作品绝非艺术，而是为机器制作模型的科学实验；他回到了建设城市系统和更多的互动环境中（Negroponte 1975, 47）。

AMG 转向处理其他更"人性化"的问题。他们集中精力，为军事训练建立虚拟环境，最终完成了 1979 年的"阿斯彭电影地图"（Aspen Movie Map），这是一个用于军事训练的沉浸式显示器，通常被认为是第一人称射击视频游戏的鼻祖，也是第一个完全"反应式"的环境。

这间实验室的另一个主要关注点，是在 20 世纪 60 年代末美国城市发生的"种族骚乱"和日益严重的种族隔离之后，将计算机应用于城市规划和设计。也许，由计算驱动的环境可以在"现实"世界中发挥作用，而它们在实验室中是失败的。最初的项目于 1970 年在波士顿南区的非裔美国人社群开始。

在从机器到动物，再到人类智能的过程中，种族是一个关键渠道。由 Arch-Mac 小组运行的第一个计算机辅助设计的功能演示，是对南区进行的一系列图灵测试——那在当时是一个贫困社区。尼葛洛庞帝的实验室从公共住房项目中招募了三名非裔美国人，并通过机器界面询问他们对城市规划和社区改善的主要关切是什么——也就是说，他们希望城市规划者和设计师考虑什么。

这种模拟完全是假的。当时的计算机无法处理如此复杂的问题。测试是通过人为进行的，但参与者对此一无所知。

我们可以把整个测试解读为一个界面，一种演示，一个真正由计算机辅助的互动会是什么样子。赋予这个演示以力量的是它表现了未来的"愿望图"。倘若从历史的角度看，它可能看起来不过是在演戏（playacting），但尼葛洛庞帝在当时认为，演示是真理——证明下一步需要引用哪种形式的研究和技术的实验；**应该**存在并且必须被建造。尼葛洛庞帝设想了一个通过众包和技术性解决政治冲突解决来驱动的世界。在讨论社区成员的参与时，他回忆说，非裔美国人"对这台机器说了一些他们可能不会对另一个人，特别是白人规划者或政治家说的话：对他们来说，机器非黑非白，肯定没有偏见。……机器将监测政治体的变化倾向"（Negroponte 1970, 57）。尼葛洛庞帝暗中引入了一个新的人口概念，即人口是差异的云或差异之源，是"改变的倾向"。人口是增长计算的媒介。

作为外星物种居住的计算环境的最初实验，现如今已转变为对**人类**人口的管理。尼葛洛庞帝认为，这种管理将规避政治，是以 demo（演示）取代 demos（公民），将民主和政治机构转变为自组织的系统，并将智能从人类主体中移出，移入环境。

因此，从这个关于 demos 的故事中可以看出一些教训。SEEK 是对环境和注意力的态度变化的一个历史标志。SEEK 同时展示了重新思考环境的可能性，它是有感觉的、有反应的、从代理人之间的关系中演变而来的，它也展示了把世界想成只是一个预编程和网络化的逻辑问题所带来的某种循环和机械的危险。设计师、艺术家或计算机科学家不再将个人视为孤立的观众；相反，他们考虑了集体、网络和环境。空间、城市和环境不是稳定的东西，而是通过个人和能动者**之间**的互动而出现的生态——在这种情况下，来自沙鼠和机器之间的互动。这个小演示也展示了一个算法管理和计算网络化的世界的问题和危险，在这个世界上，当变化不能被编程和控制时，它会变成灾难性的。一旦所有的东西都被连接起来，事情就会变得非常糟糕。

那么，这些也许会导致"死亡"的"演示"阐明了我们在当前的信念，即计算驱动的环境——无论是在智能城市、家庭、电网、社会网络，还是在安全系统中，都将维护我们的未来和生活方式。也许，这让我们回到了在过度反应的环境中的小沙鼠的悲哀。在这种情况下，计算的物流已经叠加在自己身上，产生了非预测的东西——也是根本性的虚无主义的东西。在无意识地努力挫败机器，或是让它感到惊讶的过程中，沙鼠对彼此变得偏执。

但这个悲伤的故事也提供了一些机会，因为它展示了未来的不可知性和计算的激进异化：系统永远不会像其设计者或所有者期望的那样行事。无论是处理金融市场、社交网络、城市环境，还是天气系统，多种算法和逻辑允许人类创造和体验系统，但永远无法完全控制它们。如果这种折叠，这种不可能稳定的系统，被推及他处——不是为了演示或升级的不断重复的未来而被激活，而是为了遇到不同形式的生命（动物和人类）和各种可能的未来——会发生什么？也许，这便是所有批判性思想家和艺术家现在面临的挑战：产生机会、偶然性和意外，但不至于沦为灾难。"软件"展假设软件不是艺术家呈现的东西，而是已经在艺术的 DNA 中，以一种无处不在的方式被编入了文化结构。如果软件现在是环境，是否有其它的编程模式？是否有办法为了新的目的而调动物种和机器之间的这种联系？几年后，女性主义者唐娜·哈拉维（Donna Haraway）在"机械人"形象中提出了这种可能性。我们新的本体论。尽管下一个人可能不再是人类的人，但他们仍然能在政治行动和可能性的意义上展示多样化的生命形式——对于尚未想象的形式，对于从未完全可编程的系统。我们的挑战，是设想这种可以演示却又不死的演示。

注释

[1] 尼葛洛庞帝（Negroponte 1970）和他的同事认为，他们的设计中的智能模型与当时其他建筑师的模型不同，区别在于他们对机器与人的互动的不断反馈循环所形成的生态概念；一种进化、变化和成长的"智能"生态（7）。

参考文献

(1) Burnham, Jack. 1970. *Software. Information Technology: Its New Meaning for Art*. New York: Jewish Museum.
(2) Edwards, Paul. 1996. *The Closed World: Computers and the Politics of Discourse in Cold War America*. Cambridge, MA: MIT Press.
(3) Galison, Peter. 1994. "The ontology of the enemy: Norbert Weiner and the cybernetic vision." *Critical Inquiry* 21 (1): 228–266.

(4) Glueck, Grace. 1970. "Jewish Museum's 'software' confusing." *New York Times*, September 26, 1970.

(5) Hayles, N. Katherine. 1999. *How We Became Post-Human: Virtual Bodies in Cybernetics, Literature, and Informatics*. Chicago: University of Chicago Press.

(6) Hess, Thomas. 1970. "Gerbils ex machina." *Art News*, December 1970.

(7) Negroponte, Nicholas. 1970. *The Architecture Machine*. Cambridge, MA: MIT Press.

(8) Negroponte, Nicholas. 1975. *Soft Architecture Machines*. Cambridge, MA: MIT Press.

(9) Shanken, Edward. 1998. "The house that Jack built: Jack Burnham's concept of 'software' as a metaphor for art." *Leonardo Electronic Almanac* 6 (10). http://www.artexetra.com/House.html.

(10) Varduli, Theodora. 2011. "Nicholas Negroponte: An interview." *Theodora Varduli* (blog). October 27,2011. https://openarchitectures.wordpress.com/2011/10/27/an-interview-with-nicholas-negroponte/.

13. 戒毒（Detxo）

佩皮塔·赫塞尔伯斯（Pepita Hesselberth）

如果从公共讨论的角度下判断，那么我们这个时代的主要焦点之一是毒性：由于过度暴露在大规模的数字技术下，我们的思想，我们的身体和整个社会都变得有毒了。对毒性的恐惧不仅普遍存在，还影响了诸多的领域，包括政治、金融和气候变化，而在关于大数据，在关于我们今天的注意力经济的讨论中，毒性变得尤为相关。很显然，在 2017 年的旧金山"习惯峰会"（Habit Summit）之后，大量的报道中都出现了这种恐惧，至少对于公众来说是这样的（2018 年初，剑桥分析公司的丑闻[1] 又给这种恐惧添油加醋），那时，越来越多的（前）硅谷设计师和工程师开始表达他们对由自己协助建立的技术的日渐不满，他们也对使用劝导式设计、令人上瘾的反馈回路、心理战、追求企业利润，以及在数据的大规模聚集中被称为**信息主导**的做法发出警告。[1] 但很显然，尽管形式不同，但对毒性（toxicity）的恐惧在此之前早已存在：在关于数字戒毒的长期呼吁中，在最普通的技术用户中，人们**感到**需要时不时地简单断开连接。在戒毒中，我们当前技术环境中的许多生活的不确定性变得明显：对上瘾行为

1　"脸书－剑桥分析数据丑闻"是指英国咨询公司"剑桥分析"公司在未经脸书用户同意的情况下获取数百万用户的个人数据，这些数据主要被用于政治广告。关于这一点的相关分析还可以参阅菲利克斯·斯塔尔德的《数字状况》，该书收录于"边界计划·数字奠基"。——译注

（addictive behavior）和社会关系中与现实失去联系的恐惧；对缺乏注意力，对浪费时间和损失生产力的焦虑，通常跟由新自由主义转型导致的劳动条件的改变有关；对隐私、安全和监控的担忧，导致我们感到自己正面对着今日的"控制社会"（Deleuze 1992）。

根据在线版的《牛津英语词典》，**detox**（戒毒）一词是 detoxification 的简称，指"（某人）放弃或摆脱有毒或不健康物质的过程或时期"（*Oxford Living Dictionaries* 2018a）。因此，数字戒毒想法的根源，是相信某种"有毒或不健康的物质"会以有害的方式影响（社会）身体，并且相信自我的克制或节制是通向平衡的方式——净化身心也可以说是在净化整个被毒害的社会。toxic 的形容词意为有毒的，也被进一步描述为"与毒药有关，或由毒药引起"（例如有毒废物）和 / 或"极坏、不愉快或有害的"（如有害关系；*Oxford Living Dictionaries* 2018b）。这种双重要旨（即以成瘾和戒毒的方式来框定我们与技术的接触），清晰地回荡在硅谷的拒绝者和自称数字戒毒的布道者的语言中：[2] 一方面，某些技术（设备、应用程序和算法）被认为是有害的；另一方面，环境在**整体**意义上被认为是破坏性的和 / 或充满风险的。[3] 正如杰森·米特尔（Jason Mittell, 2000）指出的，这种隐喻性的框架并非独立存在，而是属于一个更长久的传统，即从消费和麻醉的角度看待大众娱乐媒体，从而掩盖了这些媒体与对它们的接受所牵涉其中的复杂的社会经济过程。[4]

本章的重点是戒毒。将（数字）戒毒当作一个批判性概念并非完全自明的，当然也非毫无异议。首先，戒毒概念涉及对断开连接和去毒（disintoxication）的更广泛的关注，数字戒毒只是其中的一个例子。诸如"脱离网络""拔掉插头""放慢脚步"等短语，也包括**拒绝媒体、回避媒体、反击媒体、禁绝媒体、撤回**和**断绝联系**等术语，都滋养着相关的，但又并非全都一样的想象。尽管这些术语和做法之间存在各种差异，但每一个都预示着一种相似的关注，为了本文的目的，"戒毒"会更具体地限定在排毒和解毒方面；其次，人们经常（而且有充分的理由）注意到，数字戒毒（尤其是其商品形式），在发挥着一种新自由主义修辞的作用，它在此过程中被认为是欺骗（麻醉）我们，让我们相信，我们在某种程度上可以控制，（从而对）数字技术以及更普遍的计算逻辑在日常生活中影响我们的方式负责。这造成数字戒毒要作为一个批判性**概念**的资格（至少）可以说困难重重；再次，与此相关的是，作为一种文化实践或欲望，戒毒可以说是在远超乎语言和修辞的层面"运作"。[5] 本文旨在解析"戒毒"的复杂性，部分以"数据戒毒"（Data Detox）为例。这个例子很有意思，首先，它把关于数字戒毒的讨论推向大数据，推向我们今天的注意力经济；其次，它有助于揭示戒毒是如何，以及为什么会肯定现有的权力关系，但又可能破坏它们的。这使得戒毒（概念）既是成问题的，但在当前又是非常有趣的思考。

2017 年 10 月，总部位于柏林的"战术技术团"（Tactical Technology Collective）推出了在线版的数据戒毒工具包（Data Detox kit）（图 13.1），[6] 这是

图 13.1　数据解读工具包在线版 © Tactical Technology Collective 2017.

图 13.2 "玻璃房"展览，Mozilla

图 13.3 "玻璃房"展览上的"数据戒毒吧"

一本指南，也是为期八天的戒毒计划，其中包括每日挑战，"专为你设计"（注意第二人称代词），助你"走向更健康、更有控制力的数字自我"。[7] 指南没有广告，也没有明显的活动意图，[8] 它鼓励用户采取一系列"实际步骤来减少自己的数据膨胀——数据的有毒堆积"。这些步骤，包括清除你的浏览器历史记录，并删除 cookies；使用不同的搜索引擎在网上搜索自己；删除你在谷歌上的活动记录，总体上都是为了清理你的生活；"深度清理"你的社交媒体账户，取消分享涉及敏感隐私的信息；重新调整你的隐私设置并阻止追踪；最后，"应用清理"你的手机，让它总体上"减少交流"。它的发布会恰逢第二期"玻璃房"（*The Glass Room*）的布展时间，后者是由"战术技术团"的一名联合创始人斯蒂芬妮·汉基（Stephanie Hankey）和马雷克·图辛斯基（Marek Tuszynski）策划，是由摩斯拉（Mozilla）为 2017 年 MozFest 制作的弹出式（pop-up）展览。[9] "玻璃房"的设计简约，看起来像一个高端科技商店：质朴、洁白、闪亮，并深思熟虑地摆放平板电脑（图 13.2 和图 13.3）。不过，这家"商店"的"转折点"是它"无物可售"，唯有关于"我们数字经济黑暗面"的一点认识。展览由四十多件艺术作品和（正在进行的）推测性的、调查性的和活动性项目组成，并在"数据戒毒吧"（图 13.3）中达到高潮，这显然是在戏耍苹果公司的"天才吧"，"战术技术团"的"工程师"通过（原文如此！）包含八个步骤的免费计划，为你提供"一对一的建议、提示和技巧，教你如何保护在线隐私"。

　　就像数字戒毒更常见的表现形式（如撤退、宣言、应用程序、挑战等）一样，数据戒毒因此被清晰地呈现为是针对手头毒素的解毒剂，或补救措施。不过，当更仔细地翻读指南时，我们会发现，究竟什么是有毒的，谁或什么是中毒 / 解毒的对象是模糊不清的。[10] 在数字戒毒中，用户通常被设想为需要从一个被认为遭技术（某些设备、应用程序和 / 或追踪器）麻醉的环境中戒毒。奇怪的是，在"数据戒毒"的案例中，被认定为有毒的并非"数据"，而是它们不受控制的积累（"膨胀"）。同样，需要戒毒的似乎也不是"你"（甚至不是你的"在线自我"）。相反，"技术"本身被设想为中了毒，包括你的设备和应用程序、云，以及所谓的公司资本主义（在宣言中作为"利用"私人数据的人出现）。虽然这似乎与策展人渴望的对技术的"战术性"方法一致，但从这一推理得出逻辑结论会导致一个也许会令人不安，当然也更反直觉的认识，即通过一些奇怪的逻辑逆转，现在是"你"，通过在网上分享你的所有想法、"习惯、运动、联系、信仰、秘密和偏好"而堵塞系统。换言之，在此被设想为有毒的并非是"大数据"，甚至不是"有毒的技术"本身，而是**你的**数字轨迹。

那么，与数字戒毒不同，"战术技术团"的数据戒毒似乎几乎没有关注对技术的使用和／或依赖心理。相反，它谈论的是安全、隐私和监视的范式——这些恰恰是该展览的制作者摩拉斯最近围绕其销售策略进行的改造，它在 2014 年终止了与谷歌的合作关系，此前，它的特权／赞助价值达 1.2 亿美元（Beard 2014; Bott 2011）。正如媒介学者和艺术家大卫·高契尔（David Gauthier, pers. comm.，2017 年 12 月 31 日）正确指出的："因此，人们可以把这个展览的副标题解读如下：'抵制'当代监控的方式是通过更多的技术、更好的加密、新的算法、新的基础设施、新的技术初创公司等等。" 换句话说，"数据戒毒"是一种药理作用。

Toxic（**有毒的**）一词源自拉丁文 **toxicum**，意为毒药，词源是希腊文的 toxikon（Pharmakon），字面意思类似于"用毒药涂抹箭"。有趣的是，在哲学和批判理论中，Pharmakon 意为医药或药物，因此既表示毒药，又表示治愈——这一点已经被理论化了（从德里达、通过柏拉图到斯蒂格勒等等），确切地说，是两者之间的**不确定性**（**indeterminacy**），**既是**毒药**又是**治愈，在最原始的形式中，它可以被看作是替罪羊（Pharmakos）的象征形象：一种毒药（一旦在社会的危机中献祭）会被认为是其补救或治疗方法。[11] 数据排毒的技术解决方案显然符合这种倒退／还原主义逻辑。在某种程度上，它的还原主义可以用指南中关于技术的狭义定义来解释（作为具体的设备或应用程序），其中，"好的"技术被用于对抗"坏的"（这在很大程度上忽略了一个事实，即从药典的角度看，所有技术都同时是禁用和启用，包括"好的"技术）。我们可以在 Rescue-Time、ShutApp、Offtime 和 AppDetox 等数字排毒应用程序（以及硅谷拒绝者的行话）中发现类似的还原论，而且很重要的是，例如在数字排毒倒退（retreat）的"概念"中，**只要**它是**规范性**的，并邀请我们以某种方式参与技术，便在很大程度上否定了伯纳德·斯蒂格勒（2013, 20）所谓的人类精神"起源于药的逻辑构成"。

重要的是，斯蒂格勒（1998）坚持的关于技术或技术学的定义不仅仅包括技术工具。他说，技术是人类存在的地平线：它是我们与周围世界相联系的方式，而这种联系总是通过外化（也就是通过技术）而发生。因此，在斯蒂格勒看来，**药**是随着人类的技术产生而出现的。它"既是**能够使**人注意的东西，**又是必须注意**的东西——在必须注意的意义上：它的力量**在不可估量的程度上是治疗性的**（dans la mesure et la démesure），同时也是**破坏性的**"（Stiegler 2013, 4；强调为原文所有）。"在不可估量的程度上是治疗性的"这一措辞至关重要。作为既能使人受益，又会造成人丧失能力的东西，技术是推动我们前进的动力；它与人类思想的创造力吻合。这就是为什么斯蒂格勒要把人类说成是"一个**不可还原的**药学存在（pharmacological being）"（Stiegler 2011, 309；强调为原文所加）。在我们今天的数字文化中，**药物**的爆炸与消费资本主义的毒化有关。[12] 事实上，正如众所周知的，当代资本主义在我们的欲望中苗壮成长：它不再只是剥削我们身体劳动，也剥削我们的思想劳动；它让"灵魂工作"（Berardi 2009）。

前雇员和软件程序员贾斯汀·罗森斯坦（Justin Rosenstein）回顾了脸书点"赞"

按钮的迅速成功，他在 2007 年负责设计该功能，但他现在经常被指为是硅谷的异端之一，他回忆道："人们享受着从给予或接受社会肯定中得到的短期提升，参与度飙升，而'脸书'收获了关于用户偏好的宝贵数据，它可以出售给广告商。"（Lewis 2017）欲望的无产阶级化正是发生在这类短期的肯定中：点赞的（免费）劳动。[13] 在这种欲望的自动化中出现的是我们自主思考能力的短路，我们的欲望也由此而与一个计算对象（这里是数据的采集）结合起来。就此而言，数据排毒和数字排毒并无二致，因为它们都迫使我们"适应一种哆啦 A 梦"——也就是说，适应与技术（以及通过技术与我们周围的世界）打交道的某种方式，这种方式不是由自我构想的，而是有脚本的，因此，它禁止"自己思考"。斯蒂格勒（2011, 195）说："这便是产生整个无产阶级化系统的原因所在。"

然而，从**药**的角度看，人类的欲望本质上用之不竭，也取之不尽。因此，我们目前对毒性和排毒的关注，首先必须被看作是回收（deproletarize）欲望的尝试，以便"找到能够将人们从**药物**的有毒爆炸中解放出来的新模式"（Stiegler 2011, 308–309）。因此，我们可以把数字排毒——如若不是以其商品形式，甚至不是当作一个批判性概念，那么就是当作一个**批判性想象**——添加到斯蒂格勒的一长串去毒清单中，包括清除石棉、禁止吸烟、遏制肥胖的健康方案，以及减少我们碳足迹的众多努力。社会理论家艾瑞克·维纳（Eric J. Weiner, 2014, 14）认为，批判性想象不同于批判性概念，因为它"破坏了现实主义的必要性"，并质疑"我们最珍视的社会政治假设所依赖的认识论基础"，从而允许发展"新的范畴，从中设计新的思想和行动的理论模型"。换句话说，排毒对于研究大数据时代的不确定性至关重要，因为作为一种批判性想象，它揭示了所有技术背后的基本不确定性。因此，它有可能披露我们现有现实中的裂缝，开辟一个过渡空间，而这个空间中可能会发生自主的思考（以及由此产生的变化），提醒我们，"为什么及如何生活是值得的"（Stiegler 2011, 309）。

注释

本章是在丹麦独立研究、人文 / 文化与通信委员会的支持下完成的（拨款号为 5050- 00043B）。作者要感谢大卫·高契尔、鲁比·德·沃斯（Ruby de Vos）和本书编辑对初稿的慷慨反馈。

[1] 例如参阅如下文章：Lewis (2017)、Cadwalladr (2018)。早期的批判之声"来自内部"，包括 Jaron Lanier (2011, 2014, 2018)、Cathy O'Neil (2016)，以及参与"时间无界"〔Time without Bounds〕运动和成立于"人道技术中心"〔Center for Humane Technology〕的人，这只是其中几个最明显的例子。

[2] 例如参阅"数字排毒学院"院长的 LinkedIn 页 面（https:// be.linkedin.com/in/christinewittoeck, accessed June 18, 2018）和"注销时间"的创始人的（https://uk.linkedin.com/in/tanyagoodin, accessed June 18, 2018）。

[3] 这种双重要义在《牛津生活词典》确定的"有毒"一词的第二个含义中得到了回应，它指的是"金融 | 表示或与具有高违约风险的债务有关"和 / 或"没有健康或运作的市场的证券"（Oxford Living Dictionaries 2018b）。凯西·奥尼尔（Cathy O'Neil）在她的《数学毁灭武器》（Weapons of Math Destruction）一书中，呼吁注意金融和数据科学在算法使用方式上令人不安的相似性，她说，"虚假的安全感"导致"广泛使用不完美的模型，自我服务的成功定义，以及不断增长的反馈循环"（O'Neil 2016, 48）。

[4] 想更详细地比较毒品隐喻的使用及其在 20 世纪 80 年代反电视运动中的相关含义（由 Mittell 讨论）和最近关于数字戒毒的讨论，可见：Hesselberth (2018)。

[5] 关于以断联作为姿态的阐述可见：Hesselberth (2017, 9)。

[6] "战术技术团"是一个非营利组织，由技术专家、活动家和艺术家 / 设计师斯蒂芬妮·汉基(Stephanie Hankey)和马雷克·图辛斯基（Marek Tuszynski）共同创立。

[7] 在线的修订版可见：https://datadetox.myshadow.org/detox (accessed June 18, 2018). 2016 年的 PDF 版可见：https://www.theglassroom.org/ files/2016/12/DataDetoxKit_optimized_01.pdf (accessed June 18, 2018).

[8] "战术媒体"一词是在 20 世纪 90 年代初提出的，它是通过与战术电视和米歇尔·德·塞托（Michel de Certeau）的战术概念相类比，来探讨消费电子和数字媒体的战术潜力。见：Garcia and Lovink (1997) and Nayar (2010, 100)。

[9] "玻璃房"，展期为 2017 年 10 月 23 日至 11 月 12 日，(https://mozillafestival.org/, accessed June 18, 2018)，"玻璃房"于 2016 年 11 月 29 日至 12 月 18 日在纽约展出。它最初被构想为是展览"神经系统：量化生命与社会问题"（Nervous Systems: Quantified Life and the Social Question）中的"白房子"〔The White Room〕部分，由"战术技术"策展 (https://nervoussystems.org/, accessed June 18, 2018)。此后，"玻璃房"在世界各地的艺术节、机构、图书馆和学校展出了近百次，仅在 2019 年夏天就有六次展出。

[10] 言归正传：在更常见的数字排毒版本中，毒物和脱毒 / 中毒的主体往往同样不稳定，定义不明确。这里的比较并不是为了贬低一个版本的排毒而牺牲另一个版本的排毒，而只是为了唤起人们对数据排毒的特异方式的注意，在这种方式中，数据排毒将毒性和排毒具体地，而且几乎完全地，以数据、数据技术和数据膨胀的方式来进行。

[11] 从历史上看，这种替罪羊的文脉可见：Mittell (2000) and Karabell (2018)。

[12] 见汉森（Hansen 2015, 422）对斯蒂格勒关于这个问题的思想的简明但有启发性的评论。

[13] "免费劳工"一词来自 Terranova（2000）。"喜欢的劳动"这个短语不是我的，而是弗雷德里克·泰格斯楚普（Frederik Tygstrup）在 2015 年欧洲文化研究暑期学校"品味的政治"（巴黎，2015 年 9 月 1—7 日）的"闭幕词"中提出的。

参考文献

(1) Beard, Chris. 2014. "New search strategy for Firefox: Promoting choice and innovation." *Mozilla* (blog).

(2) November 19, 2014. https://blog.mozilla.org/blog/2014/11/19/promoting-choice-and-innovation-on -the-web.

(3) Berardi, Franco. 2009. *The Soul at Work, from Alienation to Autonomy*. Cambridge, MA: Semiotexte by MIT Press.

(4) Bott, Ed. 2011. "Firefox faces uncertain future as Google deal apparently ends." *ZDNet*, December 2, 2011. http://www.zdnet.com/article/firefox-faces-uncertain-future-as-google-deal-apparently-ends/.

(5) Cadwalladr, Carole. 2018. "'I made Steve Bannon's psychological warfare tool': Meet the data war whistleblower." *Guardian*, March 18, 2018. http://www.theguardian.com/news/2018/mar/17/data-war -whistleblower-christopher-wylie-faceook-nix-bannon-trump.

(6) Deleuze, Gilles. 1992. "Postscript on the societies of control." *October*, no. 59, 3–7.

(7) Garcia, David, and Geert Lovink. 1997. "The ABC of tactical media." Nettime Mailinglist Archives, May 16, 1997. http://www.nettime.org/Lists-Archives/nettime-l-9705/msg00096.html.

(8) Hansen, Mark B. N. 2015. "Saving libidinal capitalism: Bernard Stiegler's political gambit." *Critical Inquiry* 42 (2): 421–422. http://doi.org/10.1086/684388.

(9) Hesselberth, Pepita. 2017. "Discourses on disconnectivity and the right to disconnect." *New Media and Society* 20 (5): 1994–2010. http://doi.org/10.1177/1461444817711449.

(10) Hesselberth Pepita. 2018. "Connect, disconnect, reconnect: Historicizing the current gesture towards disconnectivity, from the plug-in drug to the digital detox." *Cinéma&Cie: International Film Studies Journal* 30 (XVII): 105–114.

(11) Karabell, Zachary. 2018. "Demonized smartphones are just our latest technological scapegoat." *Wired*, January 23, 2018. https://www.wired.com/story/demonized-smartphones-are-just-our-latest -technological-scapegoat/.

(12) Lanier, Jaron. 2011. *You Are Not a Gadget: A Manifesto*. New York: Vintage.

(13) Lanier, Jaron. 2014. *Who Owns the Future*? New York: Simon and Schuster.

(14) Lanier, Jaron. 2018. *Ten Arguments for Deleting Your Social Media Accounts Right Now*. New York: Vintage.

(15) Lewis, Paul. 2017. "'Our minds can be hijacked': The tech insiders who fear a smartphone dystopia." *Guardian*, October 6, 2017. http://www.theguardian.com/technology/2017/oct/05/smartphone -addiction-silicon-valley-dystopia.

(16) Mittell, Jason. 2000. "Cultural power of an anti- television metaphor: Questioning the 'plug- in drug' and a TV- free America." *Television and New Media* 1 (2): 215–238.

(17) Nayar, Pramod K. 2010. *An Introduction to New Media and Cybercultures*. Chichester: Wiley- Blackwell.

(18) O'Neil, Cathy. 2016. *Weapons of Math Destruction: How Big Data Increases Inequality and Threatens Democracy*. New York: Crown.

(19) *Oxford Living Dictionaries*. 2018a. "Detox." Accessed January 10, 2018. https://en.oxforddictionaries .com/definition/detox.

(20) *Oxford Living Dictionaries*. 2018b. "Toxic." Accessed January 10, 2018. https://en.oxforddictionaries .com/definition/toxic.

(21) Stiegler, Bernard. 1998. *Technics and Time: The Fault of Epimetheus*. Vol. 1. Stanford, CA: Stanford University Press.

(22) Stiegler, Bernard. 2011. "Pharmacology of spirit: And that which makes life worth living." In *Theory after "Theory,"* edited by Jane Elliott and Derek Attridge, 294– 310. New York: Routledge.

(23) Stiegler, Bernard. 2013. *What Makes Life Worth Living: On Pharmacology*. Cambridge: Polity.

(24) Terranova, Tiziana. 2000. "Free labor: Producing culture for the digital economy." *Social Text* 18 (2): 33–58.

(25) Weiner, Eric J. 2007. "Critical pedagogy and the crisis of imagination." In *Critical Pedagogy: Where Are We Now?*, edited by Joe L. Kincheloe and Peter McLaren, 57–78. New York: Peter Lang.

14. 数字助理（Digital Assistants）

米里亚姆·斯威尼（Miriam E. Sweeney）

引言

在机器学习中，"不确定性"描述了一个给定测量值的误差范围，即最有可能包含"真实"数据值的数值范围。针对数字助理的批判性文化方法，将不确定性重新塑造成一种探究策略，进而突显包含在数字助理中的文化价值的范围。这对于揭露哪种意识形态的"真理"被封闭和/或排除在了对这些技术的设计、实现和使用之外十分有用。如果想以女性主义和批判性种族的视角来探索数字助理的拟人化设计，我们就需要正视关于种族、性别和技术的主导性意识形态是如何形成了一种文化基础设施，并支撑着技术的设计和实践的。就此来看，在关于数字助理的拟人化设计的"常识"中出现了不确定性，特别当围绕这种设计策略是如何在国家、企业和商业利益的要求下被用来针对弱势社群时。我认为，数字助理技术通过界面设计，将关于种族、性别和技术的信念组织成一种战略方式，从而培养用户体验（UX），把用户当作主体，拆除对工人的保护，并以其他方式掩盖（或"抹平"）采集私密数据的庞大计划。追踪，并破坏拟人化设计在这些系统中的作用是一个必要的步骤，这可以反映出数字助理在推动网络数据环境的私密数据采集中扮演了更大的角色。

大数据转向

数字助理亦称虚拟助理（virtual assistants）或虚拟代理（virtual agents），可以被宽泛地定义为"在（基于计算机的）虚拟环境中代表用户行事"的自主实体（autonomous entities）（Laurel 1997, 208）。苹果的 Siri、微软的 Cortana 和亚马逊的 Alexa，是这类智能技术中的常见案例。由于机器学习、微处理、自然语言处理和语音识别等方面的进步，跟早期的对话式"聊天机器人"（如 ELIZA、A.L.I.C.E.）相比，这些数字助理已经取得了长足的进步。而这种发展依靠的是成本效益颇高，规模也庞大的计算基础设施（如云计算、服务器存储、数据处理）的发展，这些基础设施又是为编译和挖掘大规模数据集创造条件的必需品。作为这些创新发明的结果，数字助理技术在应用中变得更普遍，也更"智能"，它能以更高的准确性处理复杂问题，而且能与预测分析的工具结合使用。因此，智能数字助理的发展依靠的是作为技术创新和消费数据商业模式之驱动力的大数据。

近年来，我们看到智能数字助理（如 Alexa）从在家庭中的个人使用，转移到了工作场所和其他公共或半公共空间中。同样，长久以来，数字助理在在线的客户服务界面中也十分常见，甚至被逐步纳入基本的民事服务（如教育、卫生和电子政府）中。这些转变，对用户的隐私和人权造成巨大的影响。更重要的是，在家庭和工作中，随着人们的日常活动越来越多地与数字技术纠缠在一起（并被数字技术框住），公开和隐蔽地采集数据的可能性已大大地增加。数字助理通过物联网技术、移动设备、智能手表、个人电脑、智能家居技术、安全系统和众多其他第三方应用，在数据的采集中发挥作用，实现了跨平台数据网络之间的无缝整合。数字助理以生物识别数据（如语音识别、面部识别）、消费者习惯、基于互联网的交易、个人信息和地理信息跟踪等形式捕获用户的私密数据。随着时间的推移，对用户隐私信息的扩张性采集创造出大量的数据档案，它们依靠基于云存储、数据的私人所有权、外包数据处理和跨实体的数据共享而运作。鉴于美国目前的信息环境（其特点是基于《爱国者法》[1] 的宽松监控政策），国家获取个人数据的障碍很低，甚至可以说是畅通无阻，关于用户数据可以被怎样用来塑造不同的生活机会、延续不平等，或是以其他方式针对弱势社群，尚缺乏可以问责或使之透明的政策框架。

然而，用户在很大程度上对此全然不知，他们在母公司的鼓励下，将数字助理视为在寻求和管理个人信息方面的既有趣方便，又高效的中介。例如，通过唤醒词（如"嘿，Siri"或"Alexa"）进行的语音激活控制，在广告中被宣传成一种有趣的便利功能，如杰米·福克斯（Jamie Foxx）和塞缪尔·杰克逊（Samuel L. Jackson）等演员与 Siri 调情，或 Alexa 在睡前为儿童"阅读"有声读物。在现实中，无处不在的"永远在线"功能会引发有关隐私的问题，即关于用户的互动被记录的程度，以及这些文件是如何被处理、转录和存储的（Humphries 2019）。缓解或掩盖广泛地采集私密数据的不确定性的设计策略，在数字助理的运行中发挥着关键作用。拟人化的设计，有助于将数字助理转化成这些广告幻想中的"友好"界面，进而有目的地掩盖（或"抹平"）此类景象所依赖的大数据需求。

1　《爱国者法》是 2001 年 10 月 26 日由美国总统乔治·布什签署颁布的国会法。该法律以防止恐怖主义的目的，扩张了美国警察机关的权限：警察机关有权搜索电话、电子邮件通讯、医疗、财务和其他种类的记录；减少对于美国本土外国情报单位的限制；扩张美国财政部长的权限以控制、管理金融方面的流通活动，特别是针对与外国人士或政治体有关的金融活动；并加强警察和移民管理单位对于拘留、驱逐被怀疑与恐怖主义有关的外籍人士的权力。它也延伸了恐怖主义的定义，包括国内恐怖主义，扩大了警察机关可管理的活动范围。——译注

（交互）面对数字助理

拟人化在数字助理的设计中被当成一项关键策略，它可以通过类似于人类的社交性而将不舒服或不熟悉的东西（在此是跟电脑和监控技术的互动），扩展转换为可以被接受的东西。界面设计表达了界面的预期用途（uses）和整体的预期用户体验假设，也为用户建立了一套解释的可能性。斯坦菲尔（Stanfill 2015）将界面描述为一个生产性权力被调动的场域（site），它以有关技术的用途和用户的规范性声明的形式制造意识形态的"真理"。因此，数字助理以话语实践的场域出现，不仅为用户传递了可以接受的技术**用途（uses）**，还传递给他们可以接受的**主体形态（subject formations）**。

拟人化的界面设计明确地把性别和种族当作意识形态框架，进而在数字助理中创造身份标记，作为激活用户体验的一个关键部分（Sweeney 2016b）：特定的社会脚本。在绝大多数情况下，数字助理（在北美市场）被呈现为白人、中产阶级和盎格鲁女性。数字助理可以通过他们的具体表现、命名、声音风格，和他们执行的任务而被明确地划分出性别。重要的是，数字助理也通过他们与家务劳动、情感劳动、服务角色和护理的结合而被女性化（Sweeney 2016a, 225）。例如，宜家的数字助理 Anna 被设计成面带微笑的白人金发女郎，她头戴耳机，像一名呼叫中心的工作人员；另一方面，Ask.com 的早期数字助理 Jeeves 被呈现为是一名白人男性管家。这两种表现形式，表达了两种以性别来划分的不同劳动类型：呼叫中心的女性工作人员和男性管家的家庭工人。二者都与特定的服务业有关，这些行业也有独特的文化历史，因为它们与阶级和性别角色交织。相应地，这些呈现形式，也传递了用户的不同角色形式：要么是顾客，要么是豪宅的主人。

数字助理往往通过他们的口头和文本语音模式，通过他们的名字和他们的默认语音界面而在文化上被编码为女性化的。例如，苹果公司 Siri 的联合创建人亚当·切耶（Adam Cheyer, 2012）描述了 Siri 暗含着团队想赋予它的多重含义，包括北欧语中"带你走向胜利的美丽女人"的翻译，斯瓦希里语中的"秘密"，以及僧伽罗语中的"美"。同样，微软的 Cortana，以《光环》（Halo）系列游戏中虚构的合成智能角色命名，她以一名性感的裸体女性化身出现。亚马逊的 Alexa 用的是一个女性名字——源自古代的亚历山大图书馆，选它，是因为它在用户的日常词典中被认为独具特性，而这又是唤醒词的一个重要特征。Alexa 和 Cortana 都被默认为女性声音，界面中没有男性声音的选项；Siri 在大多数语言中都默认为是女性声音，但在如下四种语言中默认为是男性声音：阿拉伯语、法语、荷兰语和英式英语。这表明了开发者是如何在数字助理中，以符合文化特点的性别脚本为方式来安排性别。

数字助理的种族化很复杂，可能是通过具体的表现（肤色、表型）、方言和语言模式而或明或暗地进行美学编码。通常说来，种族化是一种"默认为白人"的形式，除非另有说明，否则技术（和用户）都被假定了这种形式（Nakamura 2002）。迪纳施泰因（Dinerstein 2006）将白人定位为技术文化矩阵中的一部分，认为技术发挥着一种白人神话的作用，体现了关于现代性、进步、男性化和未来的想法。数字助理代表着种族、性别和技术的意识形态的融合，其中没有标记的技术（或虚拟身体）被认为是白人的，"因此，就其作为一个设计选项而言，不成问题，也不复杂"。（Sweeney 2016a, 222）在大多数数字助理中，默认的白人假设创造了一个规范性的技术框架，也加强了关于白人（和技术）作为客观的、值得信赖的和权威的霸权文化叙事。

设计师把性别和种族当作可以调整的变量，他们可以通过增加界面的"信任感""友好性"和"可信度"等目标来优化用户体验（Bickmore, Pfeifer, and Jack 2009; Cowell and Stanney 2003）。在关注以用户的体验和可信度来评估数字助理的分析单位时，"设计师也可能不知道他们的软件系统是如何被有关性别、种族、民族和用户等假设所渗透的"。（Zdenek 2007, 405）"信任感"和"可信度"等范畴已经被有关种族和性别的信念调解，导致有关主体的强大文化叙事（如黑人的男性气质和犯罪性，或白人的女性气质和纯洁性）不断地重新出现，变成一种规训性的社会权力和控制。不幸的是，对性别和种族作为设计属性的关注——而非作为社会权力的载体，导致设计师在"用户偏好"和市场逻辑的幌子下故意利用这些刻板印象（Sweeney 2016a）。例如，证明用户对女性语音计算界面的偏好的研究（Mitchell et al.2011），往往被用来证明女性语音代理人是一种有效的设计策略，这种策略脱离了导致此类接受的文化框架。在一项被广为引用的研究中，纳斯、沐恩和格林（Nass&Moon&Green,1997）证明，用户对女性或男性发声界面的偏好，往往是与界面和内容的性别化协议，而不是与用户的性别有关。他们的研究结果显示：参与者从男性声音中采取评估的可能性大于女性声音的；女性声音占主导的计算机角色不被接受；当协助如计算机等"男性"话题时，参与者更喜欢男性声音，他们认为，女性声音的计算机在诸如爱和关系等刻板的女性话题上有更大的信息量（Nass, Moon, and Green 1997）。这些发现与其他类似的成果被不断地使用，直到它们成为一种文化"常识"的设计实践而发挥作用，掩盖了它们与具体历史和在社会上产生的压迫系统的联系。

作为用户体验的性别与种族

数字助理在被使用的语境中，其作用明确地被种族化和性别化了，包括它们针对的受众，它们执行的任务种类，以及设计和部署它们的实体的更广泛的目标和使命。例如，Alexa 和 Siri 在审美上被编码为以英语为母语、受过教育的白人女性，通过广告，它被定位成一种理想化的家庭仆人，协助管理家庭（Phan 2019, 4）。这两种技术在市场上都强调了它们的服务和护理作用，并穿插着一些平淡的家庭生活小插曲，以便突出这些技术跟得上中产阶级的家庭标准。这些广告表现了诸多家庭活动，包括准备约会、做饭、哄孩子睡觉、准备工作、安排玩伴，以及在家庭用餐时回答对话问题（Sweeney 2017）。这些社会脚本会优先考虑白人、中产阶级的异性恋标志——而这些标志，倾向于渲染核心家庭和传统的家庭理想（Phan 2019, 7）。

潘提出的理由是，由数字助理提供的劳动，以模仿历史上的"20 世纪初的中产阶级妇女与其仆人之间的互惠关系"的方式保留了职业母亲的身份（Phan 2019, 14）。Alexa 和 Siri 的种族化和性别化美学"将家政服务的历史现实去语境化和去政治化"（4），掩盖了贫穷妇女和有色人种妇女的佣工劳动。亚马逊和苹果公司通过这些技术出售的用户体验，建立在对阶级特权的承诺和对体面的渴望之上。这些渴望，为在私密空间集中采集数据创造了新的切入点，包括获得以前难以获得或受保护的数据集的机会，如儿童的个人信息（Harris 2016）。

在客户服务的语境下，数字助理（往往）重复了历史上形成的信息劳工与服务业的性别化的劳动分工。这些行业被严重地女性化——即女工的比例过高，而且她们往往处于低薪酬、低地位，并且不稳定的职位。尽管有色人种女性在客户服务行业中的比例过高，如 Alexa 的例子，但这些数字助理仍然以白人为主，具有中产阶级的审美特征，进而有效地抹去了有色人种女性的劳动，并对信息劳工的现实情况产生歪曲性的表述。波斯特（Poster 2016,89）认为，有选择性地显示工人是"重新配置这些服务的劳动过程的核心"。劳动自动化往往是进一步加固，而非颠覆现有的性别和种族等级制度。数字助理，如埃鲁斯传媒（Airus Media, 2015）设计的全息化的具身机场工作人员被当作理想的雇员出售，他们不知疲倦地工作，永无止境（每周工作 24 小时，7 天，终日不休！），这允许雇主利用劳动力，却不向真正的劳动者提供基本的劳动权利。

虽然这些数字助理大多被描绘成白色的盎格鲁妇女，但有趣的是，我们注意到情况并非如此。埃鲁斯传媒在美墨边境机场安排的数字助理，在文化上被编码为拉丁裔的运输安全管理局人员，这为手册上的感叹词赋予了新的含义："无须背景调查！"这句话暗示的是对作为美国经济驱动力的廉价劳动力的渴望，与美国白人对拉美人的仇外心理之间的紧张关系，这种紧张关系构成了移民的焦虑和工人权利。这些数字助理被定位成驾驭了拉丁裔信息劳工的劳动力，却没有实际雇用拉丁裔的解决方案。这些"数字解决方案"延续了技术行业对拉丁裔信息劳工的依赖及其长期被遮蔽的历史。（VillaNicholas 2016）

在这些界面中，拉丁裔的身份作为一种负担，减轻了拉美人在与美国联邦机构接触时面临的敌意。以艾玛·拉扎勒斯（Emma Lazarus）命名的艾玛，是美国公民及移民服务局使用的拉丁裔数字助理，是其网站上呼叫中心的引申服务。与 Alexa 或 Siri 不同，艾玛依靠基于用户输入文本的数据，这些数据通常具有高度个人化的性质，对于寻求关键政府服务的用户（如与移民和公民身份有关的服务）尤其重要。艾玛被设计成一名浅色皮肤的拉丁裔白人（加上她的英语母语技能），这表现出对"良善"公民的面貌的规范性要求，与同化的能力相一致（Villa-Nicholas and Sweeney 2019）。艾玛是以一个"值得信赖的民族朋友"而出现在可能是拉丁裔的观众面前，从而掩盖了进行中的数据收集——这也是通过这个界面进行互动而付出的代价。艾玛培养了一种用户体验，它依靠种族化性别的霸权概念，将用户带入可接受的公民身份形式中，并以产生他们作为信息可识别主体的方式参与界面（Villa-Nicholas and Sweeney 2019）。非法移民与以其他方式寻求移民和公民身份的人将在这个过程中变得脆弱，他们除了使用作为政府服务的半强制性接入点的数字助理技术外，几乎别无他法。

保持批判性的不确定性

尽管拟人化在数字助理设计中已经成为一种"常识性"策略，批判的不确定性有助于破坏"拟人化"乃是与计算机互动的"天然"选项。拟人化的力量源自以明确影响相互交错的权力结构如性别、种族、阶级和性，为支持设计目标的文化叙述服务。数字助理在市场上的承诺是高效、省钱、方便、可敬和安全，但这些"好处"主要是由设计和部署这些技术的国家、商业和企业行为者享受。拟人化提供了一个文化层来协助强调这些好处，继而抚平了因采用数字助理而引发的不确定性，掩盖大数据项目的压迫性要求。但寻求简单地重新塑造，或以其他方式，减轻作为一种设计策略的拟人化会忽略问题之所在。拟人化只是一种策略，是为了培养用户在面对依赖亲密监视的有害数据实践时的信任。对于用户来说，信任（依赖数字助理的意愿）应该保持严重的不确定性，直到更强大的用户保护和监管框架到位，以便保护（尤其是弱势的）用户群体。

参考文献

(1) Airus Media. 2015. "Meet AVA." http://www.airusmedia.com/assets/ava-2015-brochure-web.pdf.

(2) Bickmore, Timothy W., Laura M. Pfeifer, and Brian W. Jack. 2009. "Taking the time to care: Empowering low health literacy hospital patients with virtual nurse agents." In *CHI '09: Proceedings of the SIGCHI Conference on Human Factors in Computing Systems*, 1265–1274. New York: Association for Computing Machinery. https://doi.org/10.1145/1518701.1518891.

(3) Cheyer, Adam. 2012. "How did Siri get its name?" *Forbes*, December 12, 2012. https://www.forbes.com/sites/quora/2012/12/21/how-did-siri-get-its-name/.

(4) Cowell, Andrew, and Kay Stanney. 2003. "Embodiment and interaction guidelines for designing credible, trustworthy embodied conversational agents." In *Intelligent Virtual Agents*, edited by Thomas Rist, Ruth Aylett, Daniel Ballin, and Jeff Rickel, 301– 309. Berlin: Springer.

(5) Dinerstein, Joel. 2006. "Technology and its discontents: On the verge of the posthuman." *American Quarterly* 58 (3): 569–595.

(6) Harris, Mark. 2016. "Virtual assistants such as Amazon's Echo break US child privacy law, experts say." *Guardian*, May 26, 2016. https://www.theguardian.com/technology/2016/may/26/amazon-echo -virtual-assistant-child-privacy-law.

(7) Humphries, Matthew. 2019. "Thousands of people listen to Alexa voice recordings." *PCMag*, April 11, 2019. https://www.pcmag.com/news/367724/thousands-of-people-listen-to-alexa-voice-recordings.

(8) Laurel, Brenda. 1997. "Interface agents: Metaphors with character." In *Human Values and the Design of Computer Technology*, edited by Batya Friedman, 207–219. Cambridge: Cambridge University Press.

(9) Mitchell, Wade J., Chin- Chang Ho, Himalaya Patel, and Karl F. MacDorman. 2011. "Does social desirability bias favor humans? Explicit- implicit evaluations of synthesized speech support a new HCI model of impression management." *Computers in Human Behavior* 27 (1): 402–412. https://doi.org/10.1016/j.chb.2010.09.002.

(10) Nakamura, Lisa. 2002. *Cybertypes: Race, Ethnicity, and Identity on the Internet*. New York: Routledge.

(11) Nass, Clifford, Youngme Moon, and Nancy Green. 1997. "Are machines gender neutral? Genderstereotypic responses to computers with voices." *Journal of Applied Social Psychology* 27 (10): 864–876.

(12) https://doi.org/10.1111/j.1559-1816.1997.tb00275.x.

(13) Phan, Thao. 2019. "Amazon Echo and the aesthetics of whiteness." *Catalyst: Feminism, Theory, Technoscience 5* (1): 1–38.

(14) Poster, Winifred. 2016. "The virtual receptionist with a human touch: Opposing pressures of digital automation and outsourcing in interactive services." In *Invisible Labor: Hidden Work in the Contemporary World*, edited by Marion Crain, Winifred Poster, Miriam Cherry, and Arlie Russell Hochschild, 87–112. Oakland: University of California Press.

(15) Stanfill, Mel. 2015. "The interface as discourse: The production of norms through web design." *New Media and Society* 17 (7): 1059–1074. https://doi.org/10.1177/1461444814520873.

(16) Sweeney, Miriam E. 2016a. "The intersectional interface." In *The Intersectional Internet: Race, Sex, Class, and Culture Online*, edited by Safiya Umoja Noble and Brendesha M. Tynes, 215–227. New York:

Peter Lang.

(17) Sweeney, Miriam E. 2016b. "The Ms. Dewey 'experience': Technoculture, gender, and race." In *Digital Sociologies*, edited by Jesse Daniels, Karen Gregory, and Tressie McMillian Cottom, 401–420. Bristol: Policy Press.

(18) Sweeney, Miriam E. 2017. "The honey trap in your home: Virtual assistants, domesticity, whiteness, and the 'good spy.'" Paper presented at the Annual Meeting of the Special Interest Group for Computers, Information, and Society, Philadelphia, PA, October 29, 2017.

(19) Villa-Nicholas, Melissa. 2016. "The invisible information worker: Latinas in telecommunications." In *The Intersectional Internet: Race, Sex, Class, and Culture Online*, edited by Safiya Noble and Brendesha M. Tynes, 195–214. New York: Peter Lang.

(20) Villa-Nicholas, Melissa, and Miriam E. Sweeney. 2019. "Designing the 'good citizen' through Latina identity in USCIS's virtual assistant 'Emma.'" *Feminist Media Studies*. https://doi.org/10.1080/14680777 .2019.1644657.

(21) Zdenek, Sean. 2007. "'Just roll your mouse over me': Designing virtual women for customer service on the web." *Technical Communication Quarterly* 16 (4):397–430. https://doi.org/10.1080/ 1057225701380766.

15. 数字人文（Digital Humanities）

鲁皮卡·里萨姆（Roopika Risam）

近年来，由于数字人文是一种位于技术和人文学科之间的学术措施，因而引发了大量的关注、批评与论辩。众所周知，数字人文难以归类，它被理解为是一个领域，一个方法学的工具包，也是一门学科，一门亚学科和一门准学科（paradiscipline）（Berry and Fagerjord 2017; Gold and Klein 2016; Nyhan, Terras, and Vanhoutte 2016; O'Donnell 2019）。数字人文横跨诸多方法，其范围，从定量的文本分析到文化遗产的三维建模、数字档案和新媒体研究等等，盖由于此，它难以界定。

凯瑟琳·菲茨帕特里克（Kathleen Fitzpatrick）的定义最能体现数字人文的宽泛面貌：

> 它与在数字媒体和传统人文研究交叉点上的既有工作有关。这表现在两方面：其一，它把数字媒体的工具和技术引入传统的人文问题，也将人文主义的探究模式带进数字媒体。这是一种跨越边界的游移，思考何为计算，也思考计算怎样在我们的文化中发挥作用，再以这些计算技术来思考文化中更为传统的方面。（Lopez, Rowland, and Fitzpatrick 2015）

菲茨帕特里克有关数字人文的设想，表明了一种扩展的和迭代的研究模式，即将数字媒体与人文探究、计算与文化相联系。她为探索数字人文作为一种（促进学术研究的）启发式方法的潜力创造了空间：不仅能分析，还能解释技术、文化生产与生活经验之间的关系。

数字人文（尚未完全实现）的广阔前景在于它将被如何用来揭示，并复杂化我们关于"人类"（humanity）与"技术"之关系的理解——当然，前提是假如**人类**中还有**人**存在。不过，正如人文学科的知识生产史表明的，究竟是谁被纳入了人的范畴还远远没有被弄清楚。在限制谁被"计入"人的范围上，人文学科知识历史悠久。正如爱德华·萨义德（Edward Said）在《东方学》（*Orientalism*）中提出的，欧洲学者对边缘化的社群进行知识生产，通过表征行为产生价值等级（Said 1978）。不过，随着对"人"的范畴进行划界的能力而来的是扩展人的类别的可能性，即重新调整人本[1]话语本身的局限性。这一点，在创造文学、历史与文化知识的数字呈现时最为重要。

尽管**数字人文**包含各种各样的方法，但其中最容易看到，最容易辨认，也最容易被公众接受的方法，是将（广义的）文化遗产数字化并展示。尽管这项工作会受财政与劳动力所限，数字人文这一分支却为创造人类的数字化文化记录带来了巨大的希望。但迄今为止，这些数字化上的努力，很大程度上都是在复制文学、历史与文化典籍。因此，目前在数字化，亦即以数字形式来表现文化遗产方面的主流趋势，无非是加强了记载于印刷文化中的占主导地位的人物、故事与历史的价值，也进一步伤害了在档案中处于不稳定地位的人（女性、有

1　这里将常用的"人文"译作"人本"，是为接近作者在论述划定范围时以人为中心的基调，而其余地方保留更常用的译法，尽管顺从"约定俗成"的做法恰好可能加剧了作者想要批判的"人本"界定，但若通篇修改，仍然有不符合汉语语境的矛盾，特此说明。——译注

色人种、被奴役者、被殖民者和同性恋群体等）。哪些东西被数字化，哪些没有，哪些可以通过元数据被发现，凡此种种，决定了哪些材料可以被用户所用（无论是寻找信息的普通观众，还是查询定量文本分析材料的研究人员），同时又加剧了在印刷文化记录中被遗漏的部分。因此，实现数字人文学科的潜力，需要更关心在档案中处于不确定位置的人。将数字人文学科的核心责任，与建立一种包容性的数字文化记录联系起来，本文将表明，这项任务对于边缘化社群而言是内在的问题，本文会详细介绍已经成功地致力于补救这些问题的学术倡议，并审视在未来仍然有待于完成的工作。

建立数字文化记录

正如杰罗姆·麦甘恩（Jerome McGann, 2014）所言，"如今，一个被普遍承认的事实是，我们所有的文化遗产，都必须以数字形式和机构式的结构来重新整理和编辑"（1）。我在《新的数字世界：理论、实践与教育学中的后殖民数字人文》（*New Digital Worlds: Postcolonial Digital Humanities in Theory, Praxis, and Pedagogy*）中，将这种由数字构建的文化遗产定义为数字文化记录（digital cultural record），这是数字人文工作的一种乌托邦愿景，这里的数字化和原生数字文化遗产相互交叉、彼此互动（Risam 2018）。这种数字文化记录不是某个单一的平台，而是文化遗产工作者——包括教师、图书馆员、研究生，以及在画廊、档案馆和博物馆里工作的人——的集体工作，他们将印刷文化的记录转化成数字记录。

重要的是，数字文化记录越来越成为查找信息的公众想要接近历史时会想到的地方。因此，数字人文的批判性工作，是追问谁在数字文化记录中是可读的，谁是不可读的，并审视文化价值是如何在文化对象、文化记忆与数字界面上产生的。因此，数字人文的责任，是关注围绕人文知识的生产和分配的社会文化条件会怎样影响数字知识的产生，并重新确定那些边缘者在档案中的不确定地位的。以数字形式为媒介的人文知识，仍然是排斥边缘化群体的同谋者——无论是因为种族、性别、性、国籍，还是其他压迫轴而处于边缘。这种学术研究，必须在最基本的层面上重新审视人文研究实践，确定如何才能确保在印刷文化中的种族主义、殖民主义和父权制特征的排斥和偏见不会在数字知识生产的快速加速中，被复制并放大。虽然这不是数字人文学科研究的核心问题，却亟待解决。

重新定义数字人文

就解决数字文化记录中的不平等而言，数字人文中的一些新近干预取得了重大的进展。全球性的、交叉性女性主义的、非裔美国人的、美国拉美人的和原住民的数字人文学者一直在建立实践者社群。他们致力于改善数字人文的学术方法、基础设施、工具与方法论，为那些被排除在数字文化记录之外的人创造空间。尽管这些倡议之间的边界往往是脆弱的，而学者、方法、理论与解决方案也会在此之间相互交叉，但称之为重新定义数字人文的运动，是认可它们为数字文化记录做出的贡献。

全球的数字人文

在数字人文社群的权力渠道中，全球北方（Global North）的去中心化一直是关注全球性数字人文学者关注的核心问题。世界各地的教学大纲由来自美国、英国和加拿大的数字人文从业人员中的小部分人完成（Stutsman 2013）；而资助资金所附带的新殖民主义条件，过多地决定了全球性的合作（Risam 2018）；英语著述则主导着数字人文的学术面貌（Fiormonte 2015）。因此，全球北方的学术实践在全球范围内主导着数字人文的实践，并以一种虚构的"普世性"，造成地方性的实践变得不合法，这在全球南方尤甚，这种虚构的"普世性"，重新证明了全球北方对数字知识生产的影响。但诸如"全球展望：数字人文"（Global Outlook::Digital Humanities, GO::DH）及其相关组织，诸如"密歇根州立大学数字人文中心"（Digital Humanities @ MSU）也正在创造空间，以审视这些影响数字文化记录构建的权力动态。

"全球展望：数字人文"以数字人文研究的经济和政治影响为重点，它促进了经济学和地理学的交流与合作，利用每个参与者为社群带来的贡献推动数字学术。"全球展望：数字人文"在它的第一个五年中建立了一份五百多人的会员名单，它组织会议，帮助建立联系，导致新的区域和语言数字人文组织，并开展项目，它旨在取消全球北方在数字人文组织联盟中的霸权地位。"密歇根州立大学数字人文"利用密歇根州立大学在数字人文项目中与世界各地的同伙长期合作的历史，组织了一年一度的全球数字人文会议，致力于将道德合作、增加数字文化记录中代表性不足的声音、濒危数据和数字鸿沟的从业者聚拢起来（Digital Humanities@MSU n.d.）。[1]

#transformDH（# 变革数字人文）

"# 变革数字人文"可以说是首个将社会正义置于数字人文对话中心的组织，它呼吁关注种族、阶级、性别、性、残疾，以及其他压迫轴在数字文化记录中的影响。2011 年，在美国研究协会会议上成立的"# 变革数字人文"，已经在大学内外建立了一个包括学者和从业者的网络。他们把自己定位成是"一个学术游击队运动，通过收集、分享与突出那些突破边界，并致力于社会正义、可及性和包容性的项目，寻求（重新）定义大写的数字人文，以作为变革性学术的力量"（#transformDH n.d）。正如创始成员莫亚·贝利（Moya Bailey）、安妮·曲－惠恩（Anne Cong-Huyen）、亚历克西斯·洛锡安（Alexis Lothian）和阿曼达·菲利普（Amanda Phillips）指出的，"# 变革数字人文"的主要价值如下：（1）"种族、阶级、性别、性取向和残疾问题应该成为数字人文和数字媒体研究的核心"；（2）"学术界以外的女性主义、同性恋和反种族主义活动家、艺术家和媒体制作人，正在从事有助于所有形式的数字研究的工作。这项工作，富有成效地颠覆了由体制认可的学术工作的规范和标准"；（3）"我们应该将数字人文的重点从技术过程转移到政治过程，并在发展数字实践时始终寻求理解其社会、知识、经济、政治和个人影响"（Bailey et al. 2016 n.p.）。"在提高对这些问题的认识，在激发将这些价值观付诸实践的学术研究方面，# 变革数字人文"发挥了实质性的作用。

女性主义的数字人文

女性主义数字人文与"#变革数字人文"松散地联系在一起，但它的方法是强调在数字人文的工具和方法中需要更多地关注性别。这些方法的范围包括女性和性别少数群体的代表问题，也包括女性主义方法论在数字背景下的面貌。最近，伊丽莎白·洛什（Elizabeth Losh）和杰奎琳·韦尼蒙特（Elizabeth Losh and Jacqueline Wernimont, 2018）编辑的《信息的身体：女性主义与数字人文的交叉》（*Bodies of Information: Intersectional Feminism and Digital Humanities*）为女性主义数字人文的持续发展奠定了基础。尤其是，这一研究领域非常强调数字对象、档案和工具的具身性质。在一种技术经常被视为是"中立"的环境中，女性主义数字人文就像其他重新定义数字人文的运动一样，呼吁人们注意数字文化记录如何在事实上深受性别影响。此外，由于与"#变革数字人文"的联系和影响，女性主义数字人文越来越强调交叉的女性主义的重要性，而非单向关注性别。因此，它对数字文化记录的干预，集中在性别、种族、阶级、性、能力、国家和其他身份和压迫轴的交叉点上。

非洲散居的数字人文

需要有更多学术活动的领域是非洲散居的数字人文。该领域的工作部分涉及黑人与数字文化生产、反黑人种族主义和技术之间的关系，也涉及非裔人在数字文化记录中的表现。散居海外的非裔数字人文由多个倡议组成——有些有联系，有些则无——它们通过不同的视角，不同的政治方法和地理重点来分享这些关注点。就此而言，散居的非洲数字人文一般不会被理解成是一场运动，而是为黑人和技术的共同投资提供一种有用的启发。例如，金·加仑（Kim Gallon）将黑人数字人文（Black digital humanities）描述成一种"恢复的技术"（Gallon 2016, 42）。马里兰大学的非裔美国人数字人文倡议的工作结合了数字人文与非裔美国人研究，从而让每个人的能力都能影响到另一个人（AADHum n.d.）。在即将出版的"数字人文辩论"（Debates in the Digital Humanities）丛书中，《数字黑大西洋》（*The Digital Black Atlantic*）从跨国角度出发，考察了非洲散居的数字人文实践（Risam and Josephs 2020）。当然，这并非是要忽视个别从业者的贡献，包括杰西卡·约翰逊（Jessica Johnson, 2018）对奴役和数据的见解、安德烈·布洛克（Andre Brock, 2012）关于黑人推特的工作，以及基桑娜·L. 格雷（Kishonna L. Gray, 2014）对游戏文化中的黑人的贡献，这些只是其中的几个例子。非洲散居社群在数字人文领域开展的工作，以及与之相关的工作，表明重新定义数字人文和挑战数字文化记录中的遗漏和排斥的方法的范围。

美国拉美人数字人文

关于"美国拉美人数字人文"（#usLdh）的研究历史悠久，但它们对于数字文化记录的贡献才刚刚被认可。加布里埃拉·巴埃萨·文图拉、洛林·高瑟罗和卡罗来纳·比利亚罗埃尔（Gabriela Baeza Ventura, Lorena Gauthereau and Carolina Villarroel 2019）将"美国拉美人数字人文"的追溯到源自在休斯顿大学的"恢复在美西班牙文学遗产"（Recovering the US Hispanic Literary Heritage）的工作（简称"恢复"）。自 20 世纪 90 年代初以来，"恢复"组织对记录美国拉丁裔文学、历史和文化的跨国遗产的材料进行了鉴定、收购和编目。"恢复"的资料已被数字化，也创建了双语元数据来协助更多的发现。这项实质性的工作是其新举措的基础，也在安德鲁·W. 梅隆基金会（Andrew W. Mellon Foundation）的支持下，建立了美国的首个拉丁裔数字人文中心。"恢复"的研究生也成了"美国拉美人数字人文"的领导者。例如，迈拉·阿尔瓦雷斯（Maira Álvarez）和西尔维娅·费尔南德斯·金塔尼拉（Sylvia Fernández Quintanilla）联合指导他们自己的项目："无主之地档案馆制图"（"Borderlands Archives Cartography"），这是一份定位和绘制边境地区的期刊。费尔南德斯·金塔尼拉和阿尔瓦雷斯还跟卡罗来纳·阿隆索（Carolina Alonso）、帕特里夏·弗洛雷斯–赫特森（Patricia Flores-Hutson）、亚历克斯·吉尔（Alex Gil）、劳拉·冈萨雷斯（Laura Gonzales）、鲁布里亚·罗查·德·卢纳（Rubria Rocha de Luna）、维罗妮卡·罗梅罗（Veronica Romero）和安妮特·萨帕塔（Annette M. Zapata）一起指导"联合阵线"（United Fronteras），收集和记录关于边境地区的数字学术。"美国拉美人数字人文"的另一个基础性项目是"Chicana Por Mi Raza"，它由玛丽亚·科特拉（Maria Cotera）和林达·加西亚·莫昌特（Linda Garcia Merchant）指导，自 2009 年以来，该项目一直在收集墨西哥裔活动家的口述史；人们可以在线获取其大量的数字资源库，包含约 4900 个数字记录和超过 439 个采访片段。科特拉和加西亚·莫昌特的工作，和其他的贡献者（包括历史学家、研究人员、教育家、档案员和技术专家的工作），是人类文化遗产转型的一个重要例子，它们确保了那些故事被低估的人能被呈现。

原住民数字人文

数字人文与原住民研究的交叉工作，对于呼吁关注并挑战数字文化记录中的定居殖民特征方面也发挥了重要作用。正如詹妮弗·吉利亚诺（Jennifer Guiliano）和卡罗琳·海特曼（Carolyn Heitman）在谈及美国原住民研究时所言，这项工作存在一些障碍。美国原住民研究的结构会优先考虑专著，而不是非常规的体裁；美国原住民研究本身资金不足，这影响了合作性数字倡议所需的人才雇用；美国原住民研究的资金已经用于保护和展示模拟材料；该学科本身是跨学科的，对凝聚力是一个挑战；在数字背景下与美国原住民社群合作缺乏最佳实践（Guiliano and Heitman 2017）。克服这些挑战的努力包括金·克里斯滕（Kim Christen）和克雷格·迪特里希（Craig Dietrich）与澳大利亚的瓦鲁蒙古（Warumungu）原住民社群合作，他们设计了Mukurtu（一个数字遗产的内容管理系统），它将原住民文化协议整合到平台上，便于控制用户对信息的访问。维西呼吁注意北方世界的开放存取倾向，并提出了如下观点：事实上，并非所有的社群——尤其是原住民社群——都认为开放一定会是积极的。新墨西哥州印第安人艺术和文化博物馆的原住民数字档案（n.d.）展示了在实践中如何遵守社群协议。该档案包括关于新墨西哥州原住民社群的材料（包括霍皮族和迪内族），并拥有关于圣菲印第安工业学校的记录，这所学校，是美国原住民儿童被送往强制同化为主流文化规范的寄宿学校之一（加拿大对原住民儿童有类似的计划）。在其设计中，档案馆促进了社群的参与，为档案馆中的材料创造了反叙述，并保护了隐私。因此，原住民数字档案馆提供了一个重要的案例，说明原住民数字人文学科如何积极协商数字文化记录中的错误，同时抵制全球北方的价值观过多的决定性影响。

数字人文的未来

虽然上述领域的工作揭示了一个强大的学术机构和从业人员致力于补救长期存在于数字文化记录中的不平等现象，但要确保那些身份在人类文化遗产档案中获得不确定地位的人的平等，仍然是路途漫漫。正如这些例子显示的，那些被排除在数字文化记录之外的人，其呈现必须是数字人文学术的一个基本目标。然而，仅仅呈现是不够的。持续关注边缘化群体的具体身份如何影响数字人文科学的方法和工具也至关重要。正如实践者的例子所示，这项工作需要一种多管齐下的方法，包括基础设施建设、社群的形成，以及能够说明处境和体现知识的新方法和工具。继续这项工作是数字人文学科的未来——重塑数字文化记录，并在此过程中更充分地实现人类文化遗产的承诺。

注释

[1] 一场关于全球数字人文的常规会议一直在美国举行，这自然引发了参会的相关问题，包括那些经济实力明显弱于美国的学者的差旅费用；在一个以经常试图禁止穆斯林入境、分离寻求庇护者家庭和寻求无限期拘留儿童而闻名的总统政府下，获得美国的签证面临重重挑战；以及 MSU 自己对数字人文的观点如何塑造会议上对全球数字人文的定义。然而，提高对美国语境下的数字人文科学的政治和伦理层面的认识是一个重要的步骤。

参考文献

(1) #transformDH. n.d. "About #transformDH."Accessed August 29, 2019. https://transformdh.org/about-transformdh/.

(2) AADHum. n.d. *African American History, Culture and Digital Humanities.* Accessed August 29, 2019. https://aadhum.umd.edu/.

(3) Álvarez, Maira E., and Sylvia Fernández Quintanilla. n.d. Borderlands Archives Cartography. Accessed August 29, 2019. https://www.bacartography.org.

(4) Baeza Ventura, Gabriela, Lorena Gauthereau, and Carolina Villarroel. 2019. "Recovering the US Hispanic literary heritage: A case study on US Latina/o archives and digital humanities." *Preservation, Digital Technology and Culture* 48 (1): 17–27.

(5) Bailey, Moya, Anne Cong- Huyen, Alexis Lothian, and Amanda Phillips. 2016. "Reflections on a move-ment: #transformDH, growing up." In *Debates in the Digital Humanities*, edited by Matthew K. Gold and Lauren F. Klein, n.p. Minneapolis: University of Minnesota Press. https://dhdebates.gc.cuny.edu/read/unti-tled/section/9cf90340-7aae-4eae-bdda-45b8b4540b6b.

(6) Berry, David M., and Ander Fagerjord. 2017. *Digital Humanities: Knowledge and Critique in a Digital Age*. New York: Polity.

(7) Brock, Andre. 2012. "From the blackhand side: Twitter as a cultural conversation." *Journal of Broadcast-ing and Electronic Media* 56 (4): 529–549.

(8) Cotera, Maria, and Linda Garcia Merchant. n.d. Chicana Por Mi Raza. Accessed August 29, 2019. https://chicanapormiraza.org.

(9) Digital Humanities @ MSU. n.d. "About — Global Digital Humanities Symposium." Accessed August 29, 2019. http://www.msuglobaldh.org/about/.

(10) Fiormonte, Domenico. 2015. "Towards monocultural (digital) humanities?" *Infolet* (blog). July 12, 2015. http://infolet.it/2015/07/12/monocultural-humanities.

(11) Gallon, Kim. 2016. "Making a case for the black digital humanities." In *Debates in the Digital Human-ities* 2016, edited by Matthew K. Gold and Lauren F. Klein, 42–49. Minneapolis: University of Minnesota Press.

(12) Gold, Matthew K., and Lauren F. Klein. 2016. "Digital humanities: The expanded field." *In Debates in the Digital Humanities* 2016, edited by Matthew K. Gold and Lauren F. Klein, ix– xvi. Minneapolis: Univer-sity of Minnesota Press.

(13) Gray, Kishonna L. 2014. *Race, Gender, and Deviance in Xbox Live: Theoretical Perspectives from the Virtual Margins*. New York: Routledge.

(14) Guiliano, Jennifer, and Carolyn Heitman. 2017. "Indigenizing the digital humanities: Challenges, ques-tions, and research opportunities." In *DH2017 Book of Abstracts*, edited by Digital Humanities 2017, n.p. Alliance of Digital Humanities Organizations. https://dh2017.adho.org/abstracts/372/372.pdf.

(15) Indigenous Digital Archive. n.d. "The Indigenous Digital Archive." Accessed August 30, 2019. https://omeka.dlcs-ida.org.

(16) Johnson, Jessica Marie. 2018. "Markup bodies: Black [life] studies and slavery [death] studies at the digital crossroads." *Social Text* 36 (4): 57–79.

(17) Lopez, Andrew, Fred Rowland, and Kathleen Fitzpatrick. 2015. "On scholarly communication and the digital humanities: An interview with Kathleen Fitzpatrick." *In the Library with the Lead Pipe*, January 14, 2015. http://www.inthelibrarywiththeleadpipe.org/2015/on-scholarly-communication-and-the -digital-human-ities-an-interview-with-kathleen-fitzpatrick/.

(18) Losh, Elizabeth, and Jacqueline Wernimont, eds. 2018. *Bodies of Information: Intersectional Feminism and Digital Humanities*. Minneapolis: University of Minnesota Press.

(19) McGann, Jerome. 2014. *A New Republic of Letters: Memory and Scholarship in the Age of Digital Re-production*. Cambridge, MA: Harvard University Press.

(20) Mukurtu. n.d. "Mukurtu CMS." Accessed August 30, 2019. https://mukurtu.org/.

(21) Nyhan, Julianne, Melissa Terras, and Edward Vanhoutte. 2016. "Introduction." In *Defining Digital Humanities: A Reader*, edited by Melissa Terras, Julianne Nyhan, and Edward Vanhoutte, 1–12. New York: Routledge.

(22) O'Donnell, Daniel Paul. 2019. "All along the watchtower: Diversity as a core intellectual value in digital humanities." In *Intersectionality and Digital Humanities*, edited by Barbara Bordalejo and Roopika Risam, 167–184. Leeds: Arc Humanities Press.

(23) Risam, Roopika. 2018. *New Digital Worlds: Postcolonial Digital Humanities in Theory, Praxis, and Pedagogy*. Evanston, IL: Northwestern University Press.

(24) Risam, Roopika, and Kelly Baker Josephs, eds. 2020. *The Digital Black Atlantic*. Minneapolis: University of Minnesota Press.

(25) Said, Edward. 1978. *Orientalism*. New York: Vintage.

(26) Stutsman, Staci. 2013. "Digital humanities vs. new media: A matter of pedagogy." *HASTAC* (blog). November 17, 2013. https://www.hastac.org/blogs/stacistutsman/2013/11/17/digital-humanities-vs-new -media-matter-pedagogy.

16.DNA

梅尔·霍根（Mél Hoga）

2017 年 7 月 13 日，哈佛大学医学院的遗传学家塞斯·希普曼（Seth Ship-man）对《卫报》解释说："我们把图像和一部电影编码进了活细胞的 DNA，这太有趣了，但这倒不是这个系统的真正意义……我们尝试开发一个分子记录器，它可以固定在活细胞内，并随着时间的推移收集数据。"（Sample 2017）希普曼指的是将各种格式的媒体文本编码到 DNA 上的一系列成功实验，它们证明了合成生物学在未来是可行的（若非不确定的）档案（Erlich and Zielinski 2017）。

如今，将媒体数据存储到 DNA 这种事已经开始用"有趣"，而非什么非凡之事来讨论和描述了，这种速度令人不安。那么，这个系统已经有了一个工程化的最终目标（"一个点"），尤其是利用 DNA 惊人的自我复制能力，让它监视自己的细胞，这说起来很容易。但这是否也暗示了未来的档案是建立在身体数据上，同时追踪并讲述某个人的确切故事？在我们的细胞或者身体中携带我们的生活记录可能意味着什么？又是为了让谁看到这一切？是为了什么样的未来分析？而我们不总是已然体现在档案中了吗？

然而，还存在与希普曼的设想不同的情况，有三个科学小组 [一个由乔治·丘奇（George Church）[1] 领导，一个由伊万·伯尼（Ewan Birney）和尼克·戈德曼（Nick Goldman）领导，最近还有一个由亚尼夫·埃利希（Yaniv Erlich）和迪娜·泽林斯基（Dina Zielinski）领导]，他们已经成功地将数据编码到 DNA上，由于错误率，也由于一种可移动的活媒介不够安全，他们不希望将信息储存在一个活的生物中。我们能对这样一个不可预测的档案做什么呢？又如何保存其存在的条件？我们应该关心档案的感受，还是关心它的安危？尽管存在这些（以及更多的）问题，但这些团队既没有以伦理理由来反驳该实验，也没有质疑 DNA 在这种未来场景中的价值或所有权（Weintraub 2013）。这些问题，出自批判性的科学技术研究与交叉和原住民社会科学（Nelson 2016;Reardon and TallBear 2012;Roosth 2017）；也来自艺术家的思辨实在论实验，如赛勒斯·克拉克的《种你自己的云》（Cyrus Clarke, *Grow Your Own Cloud*）和基因研究员卡琳·柳比奇·菲斯特（Karin Ljubic Fister），他们创造了基于植物的数据存储。虽然这一切尚未出现在人身上，但我们可能会想，基因突变会不会成为新的位衰减[1]（bit rot）？

　　就目前来看，在人体内存储二进制数据的想法是近乎未来的猜测，但合成 DNA 已经被有效地用于存储二进制数据。科学家已经储存了穆布里奇（Muybridge）的飞奔之马影片（Meier 2017）、莎士比亚的十四行诗、马丁·路德·金的《我有一个梦想》演讲（Brennan 2013）、恶意软件（Glaser 2017）、深紫乐队的《水上抽烟》（*Smoke on the Water*）和米尔斯·戴维斯（Miles Davis）的"Tutu"音频（Minsker 2017）、詹姆斯·沃特森（James Watson）和弗朗西斯·克里克（Francis Crick）详述 DNA 结构的 PDF 版论文、一个 JavaScript 程序、一个计算机操作系统、一张照片、一篇科学论文、一个计算机病毒，以及一张亚马逊

1　位衰减是指储存在存储介质中的数据的性能和完整性的缓慢恶化。也被称为比特衰变、数据腐烂、数据衰变和静默数据损坏。——译注

礼品卡（Yong 2017）。2018 年，大举进攻乐队（Massive Attack）发布了一张用 DNA 喷雾的专辑（Armstrong 2018）；2019 年，一名青少年将刻有宗教文字的 DNA 注射到他的大腿上。DNA 正式成为一种格式（Oberhaus 2019）。

将数据编码到DNA上，包括将DNA代码（ATCG）转换为二进制代码（0和1）。[2] 研究人员用CRISPR-Cas系统对DNA片段进行排序：[3]"这个名字指的是在细菌和其他微生物的基因组中发现的短的、部分回文重复的DNA序列的独特组织。"（Pak 2014）虽然CRISPR于2012年推出，但它一直是细胞生命的一部分，是细菌通过将病毒纳入自己的基因组来抵御病毒的一种方式。正如科普作家埃德·杨（Ed Yong, 2017）的解释："CRISPR是一种遗传记忆——一种存储信息的系统。"它使用双螺旋。这是造成我们的基因组可以编辑的原因，也是CRISPR被用来通过切割而非修复（repairing）DNA，来"治疗"（fix）在胚胎中发现的遗传疾病的原因。同样的想法（通过将二进制代码拼接成ATCG存储数据）正被应用于数字档案。

目前，转换数据的过程大约需要两周时间，花费 7000 美元。然后，媒体文件被测序为碱基对，并以文本文件发送到一家 DNA 合成公司，在两天左右的时间内，以 2000 美元的成本被再度转化为可读的干 DNA。（这个过程在不久之后会完全自动化，进一步降低成本）由于 DNA 在被读取时会发生降解，公司通过制作大量的副本来"扩增"DNA。公司还测试了稀释 DNA 的极限，他们发现，可以在每克 DNA 中存储 100 万吉字节（Service 2017）。根据大多数科学家的估计，这意味着，我们可以将目前全球产生的所有数据储存在一个汽车后备箱大小的容器中。

科学家已经设想过，鉴于 DNA 是一种密集也持久的媒介，因而会取代服务器群。如果投资到位，那么不需十年，DNA 就会成为一种常见的存储格式和媒介。DNA 占据的物理空间很小，在冷冻后可以保存 200 万年（在 10℃时可以保存两千年；Branscombe 2017）。由于密度高，存储 DNA 几乎不需要能源网，也不需要目前被高科技行业用来冷却服务器的水。

虽然这项新技术让科学家感到欣喜——他们有效地利用计算机和对 DNA 结构不断增长的知识的结合力量，但该实验也证实，我们越来越倾向于通过数据集来思考世界——无论是 DNA，还是二进制代码。我们认为，大多数事物都是可以量化、可以测量和可以比较的，因为这有助于我们感知对环境和自己的控制。我们在与他人的关系中了解自己：我们是如何堆栈的，我们的分数是多少，我们身处哪个联盟。我们涉足概率，计算我们的机会。我们分配给聚合的力量又给了我们规范和偏差，向我们讲述常态和健康，讲述变态和变异。我们从中获得一种归属感和差异感（有时是一种来自差异的归属感）。

让 DNA 在这种设想中成为一种不确定的档案的并非是因为它的低效部署，或是目前支持它的技术还很脆弱。相反，基因组学 /DNA 研究，与定义生命的目的和价值（即"生命如何运作"之间）长期存在成问题的关系。正如珍妮·雷顿和金·塔尔贝尔（Jenny Reardon and Kim TallBear 2012）论证的，如今，围绕着基因的话语首先是一种工具，它将人们置于西方的科学逻辑所支持的特定科学框架中。这对于维持我们是谁的理性和二元论框架至关重要——通过外部措施理解归属感。从 DNA 检测试剂盒（23andMe 2017），到 DNA 文身（Isaac 2017），人们的想法是，基因既决定了我们的独特性，又将我们与久违的亲属联系起来。DNA 可以为那些没有亲属关系记录的人或有不堪回首的过去的人，塑造一条更长的时间线（Nelson 2016）。但最主要的是，它放弃并忘记了认识、存在或曾经存在于这个世界的其他方式（Sundberg 2013）。特别是当与白人联系在一起时，它就把我们引向了遥远的地方，而我们并不一定被邀请到那里。

虽然科学关注绘制基因组的结构、功能和演进，但长期以来，它也被优生学的痕迹所玷污——优生学是弗朗西斯·高尔顿（Francis Galton）在 19 世纪 80 年代率先提出的一门殖民科学，它试图通过控制育种行为来"改良"人类。虽然这两股科学潮流（基因组学和优生学）永远不会被混淆，但在一个日益数据化的世界里，它们的逻辑已经变得模糊不清。这在人工智能的实验中变得最明显，在那里，来自人类和关于人类的大规模数据集被用来让机器对我们讲述人性。可以说，人工智能的逻辑有可能渗透我们思考 DNA 的方式，就像农业育种影响优生学一样（Harry Laughlin and Eugenics 2017）。这种智力接力维系着（而非挑战）不平等和不公正。这些系统是如下同一主题的适应体和变体：明显的西方实证主义的控制自然的意识，以及人类在自然界中永远屈尊的令人困扰的地位，而不是自然的主人（Roosth 2017; Sofia 2000）。

在历史上，西方科学努力让农作物对波动的天气有更强的抵抗力，也培育动物来提高生产力，或是制造出"更好的"人类用于战斗或资本主义剥削，这种修补自然的冲动在今天的人工智能中被模仿。人工智能的应用已经变成了聚合（aggregation）[2] 的不可预测性的主要实时演示——技术专家和科学家如何在线上转向用户的数据来进行预测。迄今为止，这种努力的不足之处表现得最为明显的也许发生在 2016 年，即微软试图创建一个能从平台用户身上学习的推特机器人。该项目在上线的 24 小时内登上了各大媒体的头条："微软删除了'少女'人工智能，因为它在 24 小时内变成一个热爱希特勒的性爱机器人"（Horton 2016）；"推特在不到一天的时间内就把微软的人工智能聊天机器人教成了一

2　聚合在信息科学中是指对有关的数据进行内容挑选、分析、归类，最后分析得到人们想要的结果，主要是指任何能够从数组产生标量值的数据转换过程。近年来，随着大数据的发展，聚合技术已经广泛地应用于文本分析、信息安全和网络传输等领域。——译注

个种族主义的混蛋"（Vincent 2016）；"微软的种族主义聊天机器人以吸食毒品的方式回到了推特上，让人崩溃"（Gibbs 2016）。其他值得注意的项目则明确恢复了我们集体的种族主义、变性人、同性恋、性别歧视的特性（通过大数据、人工智能和算法），包括计算机科学家使用变性人 YouTubers 上传的视频来训练面部识别软件（Vincen 2017）；Tinder 约会应用程序的程序员灌输了一个"Elo分数"，它对用户的所谓欲求秘密地进行评级（Carr 2016）；遗传学家试图根据 DNA 样本预测人们的面孔（Reardon 2017）；社会心理学家用 AI 根据面部照片确定性取向（Marr 2017）；由技术专家编程的无人驾驶汽车做出道德决定（Clark 2015）；等等。可以说，我们通过编程让机器识别和进行分类的内容，比它试图产生的任何结果都更能说明我们是谁。

考虑到这些项目的扩散、经费和发展势头，我们真的应该担心未来的档案会是一种"数据化的优生学"，原因在于：大数据和 DNA 研究正在同步发展。以高效的方式绘制基因组图谱也需要巨大的计算能力（Rashtchian et al. 2017）。似乎存在着一种压倒性的西方科学信仰：如果我们给它提供大量数据，它（最终）能让我们理解人性。以超级计算机来了解我们自己的冲动并不新鲜，但我们提出要求的规模和速度却至关重要。随着量子计算的出现，物联网（Internet of Things，作为联网的物体互相"传递信息"）将让位于更成熟的实例，即人工智能，它将拥有"通常是与人类的判断有关的意识水平"（Powling 2017）。固守以西方的非具身化方式"治愈"我们自己非常适合技术的用法。它也塑造了这种不确定的档案，通过编码来识别模式和异常情况，并消除异常值。

同样，长久以来，基因和基因组科学家寻找的东西告诉了我们更多关于我们寻求分类和控制的东西，而不是关于我们应该如何生活——也许是和平的，也许是尊重差异，也许是对神秘保持开放。大多数受人尊敬的基因组科学家（与社会科学家一起），现在都承认种族、阶级、性别和性在历史上主要是基于文化、法律和政治的规定而成的社会群体。但随着大数据的出现，又出现了对这些规定的质疑——即所谓的种族现实主义者（racial realists）（Miller 2014）和其他能够接触到科学仪器和媒体的极右思想家。

例如，谷歌近日的宣言再度引发关于人类分类的辩论，并最终在大众的想象中强化了人类的分类之间存在着严重的生物差异（若非基因差异）的想法。男人和女人在这种情况下被理解为不同的社会功能、不同的能力和实力（Soh 2017）。宣言由谷歌的一名软件工程师撰写[3]，试图反击公司的多样性倡议，提出宣言的理由是，女性在公司的代表性不足并非因为长期生效的歧视性做法和政策，而是由于内在的心理差异（Conger 2017）。正如记者莉兹·埃尔廷（Liz Elting）（2017）所言，别忘了阿达·洛夫莱斯（Ada Lovelace）写了第一种计算机语言，罗莎琳德·富兰克林（Rosalind Franklin）发现了DNA的结构，莎莉·莱德（Sally Ride）成了天体物理学家和宇航员，玛丽·居里（Marie Curie）发现了镭和钋，乔瑟琳·伯内尔（Jocelyn Burnell）发现了第一颗脉冲星，格蕾丝·霍珀（Grace Hopper）开发了第一个软件编译器——我们显然还是更喜欢那些滋养着当今的偏见，更喜欢加强了现有社会基础设施，而非拆除为权力者服务的系统。这类逻辑也嵌入了高科技，包括它雇用的机构和它部署的服务。

超级计算机、人工智能、大数据和DNA通过逻辑上的延续性走到一起，并

3　这份宣言是指"谷歌意识形态回音室"（Google's Ideological Echo Chamber），也被称为"谷歌备忘录"（Google memo），最初是谷歌的一个内部文件，由谷歌公司的工程师詹姆斯·达莫尔（James Damore）撰写。达莫尔指出，谷歌阻止谈论关于多样性的话题。达莫尔还提出，"男女兴趣偏好和能力的分布差异在一定程度上是由于生物学原因导致的，而这些差异可能解释了为什么我们没有看到女性在技术和领导职位上与男性相等的代表性"，并建议用替代方法来增加多样性。谷歌的首席执行官桑德尔·皮蔡回应说，这份备忘录"加剧了有害的性别刻板印象"，并以违反员工守则为由解雇了达莫尔。——译注

由此形成一种可能但不确定的未来档案：不确定它是否能够茁壮成长，也不确定它是否有能力捕捉和保存人类的痕迹，哪怕是由同一种织物编织而成。这就是说，档案一直是一种不确定的努力。比确定性更重要的，也许是对保护和理论化巨大的思想和感觉痕迹的持续渴望，这些痕迹永远避开档案——是秘密的、缺失的、被摧毁的和被肢解的。将 DNA 视为档案既保持了这一想法所固有的乐观主义，同时也朝时代的尽头点头。

注释

[1] 乔治·丘奇是希普曼的主管。

[2] ATCG 指的是与 DNA 有关的四个含氮碱基。A= 腺嘌呤，T= 胸腺嘧啶，C= 胞嘧啶，G= 鸟嘌呤。

[3] CRISPR 是"簇状有规律间隔的短回文重复"的首字母缩写。

参考文献

(1) 23andMe. 2017. "23andMe." *23andMe, Inc.* Accessed December 21, 2017. https://www.23andme.com.

(2) Armstrong, Stephen. 2018. "Massive Attack are releasing an album in a new format: DNA." *Wired UK*, October 19, 2018. https://www.wired.co.uk/article/massive-attack-mezzanine-dna-album.

(3) Branscombe, Mary. 2017. "DNA, nature's best storage medium, headed for the data center." *Data Center Knowledge*, November 27, 2017. http://www.datacenterknowledge.com/storage/dna-nature-s -best-storage-medium-headed-data-center.

(4) Brennan, Mike. 2013. "Scientists successfully store data in DNA." *Earth Sky*, January 27, 2013. http://earthsky.org/human-world/scientists-successfully-store-data-in-dna.

(5) Carr, Austin. 2016. "I found out my secret internal Tinder rating and now I wish I hadn't." *Fast Company*, January 11, 2016. https://www.fastcompany.com/3054871/whats-your-tinder-score-inside -the-apps-internal-ranking-system.

(6) Clark, Bryan. 2015. "How self- driving cars work: The nuts and bolts behind Google's autonomous car program." *MUO*, February 21, 2015. https://www.makeuseof.com/tag/how-self-driving-cars-work-the -nuts-and-bolts-behind-googles-autonomous-car-program/.

(7) Conger, Kate. 2017. "Exclusive: Here's the full 10- page anti- diversity screed circulating internally at Google." *Gizmodo*, August 4, 2017. https://gizmodo.com/exclusive-heres-the-full-10-page-anti-diversity -screed-1797564320.

(8) Elting, Liz. 2017. "The Google manifesto is part of a much bigger problem." *Forbes*, August 14, 2017.

(9) https://www.forbes.com/sites/lizelting/2017/08/14/the-google-manifesto-is-part-of-a-much-bigger -problem/.

(10) Erlich, Yaniv, and Dina Zielinski. 2017. "Capacity- approaching DNA storage." *Erlich Lab*. Accessed December 10, 2017. http://dnafountain.teamerlich.org/.

(11) Gibbs, Samuel. 2016. "Microsoft's racist chatbot returns with drug- smoking Twitter meltdown." *Guardian*, March 30, 2016. https://www.theguardian.com/technology/2016/mar/30/microsoft-racist-sexist -chatbot-twitter-drugs.

(12) Glaser, April. 2017. "Hackers can now store malware on DNA." *Slate*, August 10, 2017. http://www. slate.com/blogs/future_tense/2017/08/10/hackers_can_store_malware_on_dna.html.

(13) Grow Your Own Cloud. n.d. "Grow your own cloud." Accessed September 10, 2019. https://www. growyourown.cloud/.

(14) Harry Laughlin and Eugenics. 2017. "Eugenics and agriculture." Accessed December 21, 2017. http:// historyofeugenics.truman.edu/influencing_opinions/popular_perspectives/eugenics-and-agriculture/.

(15) Horton, Helena. 2016. "Microsoft deletes 'teen girl' AI after it became a Hitler- loving sex robot within 24 hours." *Telegraph*, March 24, 2016. http://www.telegraph.co.uk/technology/2016/03/24/ microsofts-teen-girl-ai-turns-into-a-hitler-loving-sex-robot-wit/.

(16) Isaac, Mike. 2017. "DNA tattoos are the final frontier of love." *New York Times*, December 9, 2017. https://www.nytimes.com/2017/12/09/style/dna-tattoos.html.

(17) Marr, Bernard. 2017. "The AI that predicts your sexual orientation simply by looking at your face." *Forbes*, September 28, 2017. https://www.forbes.com/sites/bernardmarr/2017/09/28/the-ai-that-predicts -your-sexual-orientation-simply-by-looking-at-your-face/.

(18) Meier, Allison. 2017. "Scientists encode living DNA with Muybridge's galloping horse film." *Hyperallergic*, July 18, 2017. https://hyperallergic.com/390614/scientists-encode-dna-with-muybridge-galloping-horse/.

(19) Miller, Laura. 2014. "Is race genetic?" *Salon*, October 12, 2014. https://www.salon.com/2014/10/12/ is_race_genetic/.

(20) Minsker, Evan. 2017. "Miles Davis' 'Tutu' is one of the first songs to be encoded in DNA." *Pitchfork*, October 1, 2017. https://pitchfork.com/news/miles-davis-tutu-is-one-of-the-first-songs-to-be-encoded-in-dna/.

(21) Nelson, Alondra. 2016. *The Social Life of DNA: Race, Reparations, and Reconciliation After the Genome*. Boston, MA: Beacon Press.

(22) Oberhaus, Daniel. 2019. "This teen translated a Bible verse into DNA and injected it into himself." *Motherboard*, January 7, 2019. https://motherboard.vice.com/en_us/article/wj3yy9/this-teen-translated-a-bible-verse-into-dna-and-injected-it-into-himself.

(23) Pak, Ekaterina. 2014. "CRISPR: A game- changing genetic engineering technique." *Harvard University Graduate School of Arts and Sciences: Science in the News*, July 31, 2014. http://sitn.hms.harvard.edu/ flash/2014/crispr-a-game-changing-genetic-engineering-technique/.

(24) Powling, Nick. 2017. "Qubits and DNA: The next steps in storage." *Publishing.ninja*. Accessed December 21, 2017. http://www.publishing.ninja/V4/page/4563/244/73/1.

(25) Rashtchian, Cyrus, Konstantin Makarychev, Miklos Racz, Siena Ang, Djordje Jevdjic, Sergey Yekhanin, Luis Ceze, and Karin Strauss. 2017. "Clustering billions of reads for DNA data storage." *Microsoft*, December 4, 2017. https://www.microsoft.com/en-us/research/publication/clustering-billions-of-reads -for-dna-data-storage/.

(26) Reardon, Jenny, and Kim TallBear. 2012. "Your DNA is our history': Genomics, anthropology, and the construction of whiteness as property." *Current Anthropology* 53 (5): 233–245.

(27) Reardon, Sara. 2017. "Geneticists pan paper that claims to predict a person's face from DNA." *Scientific American*, September 11, 2017. https://www.scientificamerican.com/article/geneticists-pan-paper-that-claims-to-predict-a-persons-face-from-dna/.

(28) Roosth, Sophia. 2017. *Synthetic: How Life Got Made*. Chicago: University of Chicago Press.

(29) Sample, Ian. 2017. "Harvard scientists pioneer storage of video inside DNA." *Guardian UK*, July 13, 2017.https://www.theguardian.com/science/2017/jul/12/scientists-pioneer-a-new-revolution-in-biology-by-embeding-film-on-dna.

(30) Service, Robert F. 2017. "DNA could store all of the world's data in one room." *Science, March* 2, 2017. http://www.sciencemag.org/news/2017/03/dna-could-store-all-worlds-data-one-room.

(31) Sofia, Zoë. 2000. "Container technologies." *Hypatia* 15 (2): 181–201.

(32) Soh, Debra. 2017. "No, the Google manifesto isn't sexist or anti-diversity.It's science." *Globe and Mail*,August 8, 2017. https://www.theglobeandmail.com/opinion/no-the-google-manifesto-isnt-sexist-or-anti-diversity-its-science/article35903359/.

(33) Sundberg, Juanita. 2013. "Decolonizing posthumanist geographies." *Cultural Geographies* 21 (1): 33–47.

(34) Victor, Daniel. 2016. "Microsoft created a Twitter bot to learn from users. It quickly became a racist jerk." *New York Times*, March 24, 2016. https://www.nytimes.com/2016/03/25/technology/microsoft-created-a-twitter-bot-to-learn-from-users-it-quickly-became-a-racist-jerk.html.

(35) Vincent, James. 2016. "Twitter taught Microsoft's AI chatbot to be a racist asshole in less than a day."*Verge*, March 24, 2016. https://www.theverge.com/2016/3/24/11297050/tay-microsoft-chatbot-racist.

(36) Vincent, James. 2017. "Transgender YouTubers had their videos grabbed to train facial recognition software." *Verge*, August 22, 2017. https://www.theverge.com/2017/8/22/16180080/transgender-youtubers-ai-facial-recognition-dataset.

(37) Weintraub, Karen. 2013. "The newest data-storage device? DNA." *USA Today*, January 23, 2013. https://www.usatoday.com/story/news/nation/2013/01/23/dna-information-storage/1858801/.

(38) Yong, Ed. 2017. "Scientists can use CRISPR to store images and movies in bacteria." *Atlantic*, July 12, 2017.https://www.theatlantic.com/science/archive/2017/07/scientists-can-use-crispr-to-store-images-and-movies-in-bacteria/533400/.

17. 无人机 （Drone）

莉拉·李－莫里森（Lila Lee-Morrison）

在新近的技术创新中，很少有像在战争中使用的无人机一样引发争议。自
2012 年以来，关于无人机的学术研究和想法急剧增长，它们旨在阐明有关运用
无人机的关键问题。这类新兴的学术研究通常是跨学科的，它们将无人机延伸
的技术发展（包括其网络化基础设施的进展），与构成其运作的司法、政治和
领土条件联系起来。因此，这类学术研究揭示了有关信息技术的伦理、社会和
文化影响的更为广泛的概念转变。即使在军事和政治上，无人机被认为是通过
技术精度和战术效率提供了一定程度的确定性，但对它们的使用也带来概念上
的不确定性，扰乱了长期存在于包括国际法、政治学和地理学等领域中的概念。

本文并不想提供全面的研究综述，而是着重分析因在战争中使用无人机而
导致的一些突出的概念悖论。我们的讨论将从简要地概述无人机技术、无人机
的历史，以及构建其当前行动的技术开始；而后，讨论在新近学术研究中关于
无人机战争的非具身化／具身化（disembodiment/embodiment）的概念；在无人
机控制室中体验到的距离和接近（promixity）概念；以及无人机在行动中对可
见性和隐蔽性的战略性运用；最后的结论，会讨论无人机运用先进视觉技术的
技术轨迹的一些维度。

何为无人机？

在最基本的层面（或者用军事术语来说），无人机是**无人驾驶的飞行器**（unmanned aerial vehicle, UAV）——是飞机和摄像传感器的结合。[1] 在"二战"和"越战"期间，美国将无人机用于战争监视，以色列空军在20世纪70年代的"赎罪日战争"（Yom Kippur War）[1] 中也使用了无人机（Rodman 2010）。1991年，在"海湾战争"期间，美国也广泛地使用无人机，正如当时的报道所述："在海湾战争的最后一周，成千上万的伊拉克人投降了……最不寻常的一次投降发生在一架先锋机上……它在战场的上空飞来飞去，勘察潜在目标。五名伊拉克士兵对着它的小型电视摄像机挥舞白旗。这是历史上第一次有人向机器人投降。"（James P. Coyne，引自 Frontline n.d.）

因此，在战争中使用没有机组人员的飞机和发射远程导弹打击的能力并不新鲜。但将这两种能力与数字传感器、网络化基础设施、即时信息传输和实时捕捉的电视发展等附加技术合并起来，却是新近现象。这些技术进步，使得参战一方可以完全通过屏幕来参与战争。而这种不对称战争的成就（即无人机战斗人员不再面临人身风险），被理解为是武器装备技术能力的顶峰。

例如，在为推动欧洲国家获得武装性无人机能力的辩护时，德国国防部长托马斯·德迈齐埃（Thomas de Maizière）拿它跟蒸汽机的出现相提并论："我们不能在别人发展铁路的时候还保留驿站。"（Bundestag 2013, 27109）这似乎强调了无人机战争的扩散是不可避免的。这条新的"铁路"是网络化的基础设施，无人机技术通过它才能运作。除了飞机本身，无人机技术还包括一个由卫星连

1　亦称"斋月战争"，是1973年10月6日埃及、叙利亚和巴勒斯坦游击队反击以色列的第四次中东战争。——译注

图 17.1　在纽约州锡拉丘兹汉考克空军国民警卫队基地进行的训练任务中，一名学生飞行员和传感器操作员在地面驾驶舱内控制 MQ-9 "死神"。
© TSgt. Ricky Best/ 美国国防部。

接、光纤电缆和远程机场组成的集合，它们可以将无人机数据转发到多个接收器上。连接这些不同节点的全球网络由美国运营，被称为"国防信息系统网络"（Defense Information Systems Network, DISN）。DISN 乃是被称为"全球信息网格"（Global Information Grid）这一更广泛的美国国防网络的一个主要骨干，"全球信息网格"以互联网为模型，被描述为"网络之网"（a network of networks, Ballard 2014）——一种连续延伸的元网络。这种基础设施会在无人机运行时传达控制信号，引导无人机，也瞄准导弹，并将无人机收集的实时视频分发给多个接收器。无人机拍摄的接收者包括驻扎在现场，但靠近拍摄事件的战斗人员、在远程地点控制室的军事人员，也包括无人机飞行员、传感器操作员和任务情报协调员（图 17.1）。其中一个地点是位于内华达州的克里奇空军基地（Creech Air Force Base），这是美国空军首批专门用于运营无人机中队的基地之一。无人机收集的内容，由位于其他各个偏远地区的私人签约筛查员同时接收。这些筛查员受雇为军事人员，是所谓的**"杀戮链"**（**kill chain**）中的一部分，即

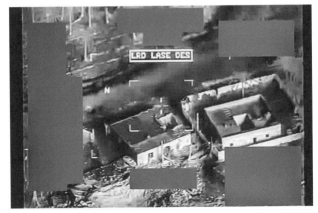

图 17.2 "死神"无人机部署 GBU-12 制导炸弹来摧毁由恐怖分子控制的建筑物的画面。© MoD/Crown 2015

参与决策发动攻击的指挥线。对于军事人员来说，控制室是主要的交战地，是战场上发生对抗的地方。这种情况，导致无人机操作员被称为"控制室战士"（Singer 2009, 336）。战场的景象（图 17.2）不再是将战士实际动员到战场，而是动员控制室里的战斗人员。

（非）具身（[Dis]embodiment）

在反恐战争中，无人机被认为是在日益动荡的地缘政治环境中提供了确定性。这种确定性，取决于一种被描述为是"外科手术式"的，"精确"且"高效"的定点暗杀战术（Carney 2012）。这种战术的一个方面是不对称性：它消除了无人机操作员的身体风险，因此，以一种非具身的形式为前提。对于法律和政治学者来说，正是这种非具身的特点，使得无人机战争成了破坏长期以来界定战争的观念和概念。保罗·卡恩（Paul Kahn，2013，200）等法律学者关注使用无人机的司法风险："首先，关于战斗地点或时间的长期既有观念消失了；其次，传统的战士概念也不复存在……无人机操作员会杀人，但他远离战斗，甚至不太可能认为自己是战士……再次，战斗对彼此而言是充满风险的想法也消失不见了。"

这三种变化，集中体现在"非具身"概念上，因为这些变化是通过缺乏有关战场的具身经验而发生的。战士在战场上的实际存在，提供了军事交战中单一且独家的经验。相反，无人机控制室取代了战场：多个交战区域可以通过显示器屏幕同时呈现，而无人机操作员可以在下班后离开交战地点。当交战是通过无人机镜头的实时捕捉来引导时，战争的时间性也悄然生变。过去、现在和未来的概念也被打乱，时间被简化为"真实"或"延迟"的经验。无人机战争中的非具身化，被描述为导致无人机操作员身为战士的"真实性"更加复杂，即缺乏身体上的风险，又导致战争中的"英雄主义"元素消失。非具身的这些层面强调了在传统上定义战争中的战斗人员的不稳定性因素。

无人机将身体从战争中解脱出来的论点，让参战之人的战争经验黯然失色。对于那些处于无人机目标端的人来说，无人机战争无疑是**具身**的，既包括那些在无人机以无所不能地和持续地以声音而出现的天空下生活的社群的集体感觉经验，也包括那些被专门瞄准和杀害的人。伊恩·肖和马吉德·阿赫特（Ian Shaw and Majed Akhter, 2012, 1501）提出了一种反驳，他们反对将无人机当作一个非具身的技术过程的公开表述，他们认为，这种观点将无人机当作一个**被迷恋**的对象……（它的）人际关系**被神秘化和掩盖了**"，这进一步否定了生活在无人机下和被无人机杀死的人的情况。关于无人机的概念化，肖和阿赫特（2012，1502）认为，"在大多数关于无人机战争的讨论中，唤起的主要关系是无人机及其战场上的目标……无人机战争被认为是一种物与物之间的关系，而非人与人之间的"。这种观点在一定程度上得到美国中央情报局（CIA）执行的无人机任务中掩盖平民伤亡的神秘面纱的帮助。根据肖和阿赫特（2012，1496）的说法，将无人机进一步设想为主要是"非具身"的战争，这有助于减少对中情局的问责。如此一来，它颠覆了对构成无人机之使用的人类关系／冲突的理解。

远离／接近

最近有学者认为，无人机提出了新的和发展中的具身概念，这些概念是由人类、信息和机器的复杂组合构成的。例如，国际研究学者卡罗琳·霍尔姆奎斯特（Caroline Holmqvist, 2013，535，546）认为，无人机并没有取代身体，而是产生了一种"人与物质的组合"，这模糊了"有形与无形"之间的界限。无人机操作员的特定感觉能力通过这种组合而得到加强，产生了一种参与战争的方式，其特点不是脱离或远离，而是一种"接近感"（Holmqvist 2013, 542）。霍尔姆奎斯特（Holmqvist, 2013, 545）专门描述了无人机的光学技术，认为它扩展了人类的视觉能力，产生了一种"超视距"，无人机战争中出现了远离与接近的概念矛盾。通过无人机的传感器能力，无人机操作员发现自己处于一种近距离的位置，与地面上的战斗人员不同。虽然无人机操作人员在远处作战，因此可以说没有对等的身体风险，但无人机的光学系统允许在视觉上达到其他战争形式所未能有的接近程度。正如霍尔姆奎斯特（Holmqvist, 2013, 538）所言，这种接近有一种"身体现实"，即创伤后应激障碍，它对无人机操作员的影响更大。霍尔姆奎斯特（Holmqvist, 2013, 542）指出："无人机操作员的身体和无人机的钢铁之躯，及其越来越复杂的光学系统之间的关系需要被概念化，以便让这种（远离与接近的）悖论变得可以理解。" 霍尔姆奎斯特认为，允许这些远离和接近的悖论是理解无人机在战争中使用的核心。这种悖论反驳了无人机行动是纯粹的技术性、非实体性过程的说法。

关于无人机战争中的远离和接近的讨论，参与人员自然还包括地理学领域的学者的工作。无人机带来有关领土理解的转变，即从地形到网络化的基础设施。新的空间关系是通过无人机的网络化战争形式构建的。艺术家兼地理学家特雷弗·帕格伦（Trevor Paglen, 引自 Gregory 2014）指出："无人机创造了自己的'相对'地理环境，将全球的几个非连续空间折叠成一个单一的、分布式的战场。"帕格伦将无人机战场描述为通过其呈现方式来定义的，它创造了多个空间的拼贴，其空间关系部分是在**时间上**形成的，并由其同时呈现。这种多重空间的拼贴不仅将不同的区域合并成一个"单一的、分布式的战场"，而且在无人机不断扩大的范围的引导下，不确定地扩展了战场的空间。地理学家德里克·格雷戈里（Derek Gregory, 2011, 239）将其描述为："无处不在的战争……取代了国家的概念。……美国军事理论中的战场概念被多标度、多维度的'**战斗空间**'所取代，'没有前线或后方'，'一切都成为永久战争的场所'。"正如格雷戈里（Derek Gregory, 2011, 239）所言，无人机可以通过"事件"导向来规避战场的固定边界，也就是说，由冲突的突发可能性引导，使战争空间在某种意义上没有边界。

可见性／隐蔽性

诚如霍尔姆奎斯特所述，无人机战争靠的是技术上增强的视觉感。它的光学系统为交战提供了条件。这些条件包括无人机传感器的范围，它划定了战场的范围并确定交战点；光学操作（如放大的能力）有助于揭示和"积极地识别"目标。在单架无人机上越来越多的传感器也扩大了其范围。无人机的视觉能力划定了战争的"事件"，构成无人机的数据生产。无人机使用的确定性源于一种外科手术式的可见性，这种可视性指导它选择目标的逻辑。然而，尽管无人机战争依赖于此类视觉的首要地位，但无人机的使用还依赖一种隐蔽性（一种不可见性），通过对无人机行动的模糊化（特别是在中情局的使用中）。这种隐蔽性常常导致无人机的使用被矛盾地描述为"战争的消失"，而其积累的监视数据则是一种"在不被看见的情况下看见"的形式（Bräunert and Malone 2016）。中情局的无人机行动缺乏证据一直是一个令人关注的话题，特别是在无人机攻击牵涉到错误地针对平民的情况时。埃亚尔·魏兹曼（Eyal Weizman, 2014, 372）将这种隐蔽和否认无人机袭击的能力定义为无人机战争的核心特征，并将这种否认比作"格洛玛回应（Glomar response）[2]⋯⋯一种旨在不向公共领域添加任何信息的否认形式⋯⋯'既不确认也不否认'存在或不存在"。一方面，在战争中使用无人机产生了大量的数据，而这些数据已经超出人类的分类和筛选能力；另一方面，由于公众缺乏有关中情局无人机行动的证据和信息，由此产生一个信息黑洞。这个悖论中的一个主要问题是社会公正，它涉及问责制，也涉及谁有权去看和了解由无人机生产的数据（进一步的讨论见Mirzoeff 2016）。

2　在美国法律中，格洛玛回应也被称为 Glomarization 或 Glomar denial，是指对信息申请的回应，即"既不确认也不否认"所寻求的信息存在与否。例如，在回应与某个人有关的警察报告的申请时，警察机构可以做出如下回应："我们既不能确认，也不能否认我们的机构有任何符合你要求的记录。"——译注

无人机愿景与无人机技术的未来

在军事术语中，来自无人机传感器的视角被称为**"苏打水吸管捕获"**（soda straw capture），它将可观察的有限范围比作盯着一根饮料吸管。这种视角的局限性常常被指责为无人机行动的缺点，因为缺乏"情境意识"（situational awareness）意味着无法看到围绕被监视事件的更广泛的背景，因而不为人所知。弥补这一缺陷的解决方案是通过倍增的苏打吸管来扩大光学范围。美国国防部高级研究计划局（DARPA）的研究人员开发了 Gorgon Stare 和 ARGUS-IS（图17.3）等项目，在一架无人机上实现了多个传感器。然而，随着无人机镜头的增加，它处理图像数据的能力也在下降，因为 ARGUS-IS 的捕获可以产生每秒 600GB（千兆位）的数据。

随着这些程序的出现，无人机输出的视觉信息成倍增加，数据的堆积已超过人类的尺度。颇具讽刺意味的是，在努力使战场更可见，从而也更"可知"的过程中，由此产生的无人机数据爆炸却使其越来越难以察觉，并超出我们的掌握范围（Lee-Morrison 2015）。以传感器的倍增为例，数量问题表明整个信息技术的增长趋势，也表明制造意义即从数据中产生信息的难度。为了解决这个问题，人们探索算法图像识别的技术正日益发展。诸如"心灵之眼"（"Mind's Eye"）和最近备受争议的"Maven 项目"（"Project Maven"）等程序，通过标签和元数据系统、算法跟踪、物体识别和自动模式识别实现了观察工作的自动化。而开发"心灵之眼"（图 17.4）是为了对无人机监视的事件做出更大的结论，其中可以识别完整的行动叙述。该算法通过输入从多个情报来源收集的关于签名行为的训练数据来学习模式。

算法系统发展的影响可以从签名打击的使用中看出，在签名打击中，无人

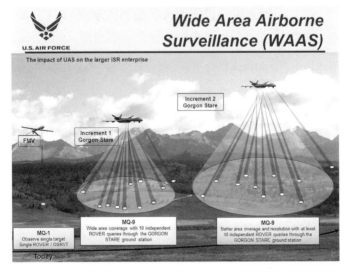

图 17.3　监视系统的进展。Gorgon Stare 和 ARGUS- IS。资料来源：美国国防部。

图 17.4　DARPA "心智之眼" 计划自动生成简单的文本信息以描述其观察结果。

资料来源：James Donlon

机的目标是一群人，而不是像个性打击中的一个已知的个人。签名打击涉及通过目标的行为模式来识别目标。正如记者格雷格・米勒（Greg Miller,2012）描述的 "特征打击将使该机构能够完全根据显示可疑行为模式的情报来打击目标，例如图像显示武装分子聚集在已知的基地组织大院或卸下炸药"，包括 "基于地点和周围安全人员数量的恐怖活动的明显特征"。在这一点上，模式识别成为目标选择逻辑中的一个主要机制。签名打击的支持者认为，中情局 "在不知道他们 '（杀戮）名单上的人' 的情况下，杀死了他们中的大多数人"（Miller 2012）。尽管无人机战争的特点是通过其超视距的能力来宣称其精确性，但它的扩散和对主导战争战术的影响——就像使用签名式打击——是通过**无法**看见的东西来证明的。

随着技术的不断发展，无人机战争仍然是争论的一个焦点。迄今为止，关于无人机战争的学术研究表明，在其技术的概念化中存在着矛盾和冲突的内在因素。最近，关于军方试图从私人和商业来源为无人机开发人工智能技术的失败的争议表明，无人机技术对于更广泛的大数据文化讨论来说是多么重要（Statt 2018）。无人机技术仍然是一个丰富的研究对象，不仅是作为有关大数据制度的技术发展方向的标志，而且还因为其在战争中的发展状态是明确的：它会最终决定生死存亡。

注释

[1] 应该指出的是，用于军事能力的无人机开发正日益扩大到空气空间以外的海底车辆和陆地坦克。这些都需要更广泛的导航能力。

参考文献

(1) Ballard, Mark. 2014. "UK telecoms infrastructure used to support controversial US drone operations." *Computer Weekly*, May 2, 2014. http://www.computerweekly.com/news/2240219969/UK-telecoms-infra-structure-used-to-support-controversial-US-drone-operations.
(2) Bräunert, Svea, and Meredith Malone. eds. 2016. *To See without Being Seen: Contemporary Art and Drone Warfare*. Chicago: University of Chicago Press.
(3) Bundestag. 2013. "Ausrüstung der Bundeswehr mit Bewaffneten Drohnen." http://dipbt.budestag.de/dip21/btp/17/17219.pdf.

(4) Carney, Jay. 2012. White House press briefing, January 31, 2012. https://obamawhitehouse.archives .gov/ the-press-office/2012/01/31/press-briefing-press-secretary-jay-carney-13112.

(5) *Frontline*. n.d. "Weapons: Drones (RPVs)." PBS. Accessed April 4, 2012. http://www.pbs.org/wgbh/pages/ frontline/gulf/weapons/drones.html.

(6) Global Security. 2011. "Gorgon Stare." Last modified July 28, 2011. http://www.globalsecurity.org/ intell/ systems/gorgon-stare.htm.

(7) Gregory, Derek. 2011. "The everywhere war." *Geographical Journal* 177 (3): 238–250.

(8) Gregory, Derek. 2014. "Seeing machines." *Geographical Imaginations: War, Space, Security*, April 15, 2014. http://geographicalimaginations.com/2014/04/15/seeing-machines/.

(9) Holmqvist, Caroline. 2013. "Undoing war: War ontologies and the materiality of drone warfare." *Millennium* 41 (3): 535–552.

(10) Kahn, Paul. 2013. "Imagining warfare." *European Journal of International Law* 24 (1): 199–226.

(11) Lee-Morrison, Lila. 2015. "Drone warfare: Visual primacy as a weapon." *TransVisuality: The Cultural Dimension of Visuality: Visual Organisations*, vol. 2, edited by Tore Kristensen, Anders Michelsen, and Frauke Wiegand, 201–214. Liverpool: Liverpool University Press.

(12) Miller, Greg. 2012. "CIA seeks new authority to expand Yemen drone campaign." *Washington Post*, April 18, 2012. https://www.washingtonpost.com/world/national-security/cia-seeks-new-authority-to-expand-yemen-drone-campaign/2012/04/18/gIQAsaumRT_story.html?utm_term=.a4b83e2df382.

(13) Mirzoeff, Nicholas. 2016. *The Right to Look: A Counterhistory of Visuality*. Durham, NC: Duke University Press.

(14) Rodman, David. 2010. "Unmanned aerial vehicles in the service of the Israel Air Force."*Meria*, September 7, 2010. http://www.rubincenter.org/2010/09/rodman-2010-09-07/.

(15) Shaw, Ian, and Majed Akhter. 2012. "The unbearable humanness of drone warfare in FATA, Pakistan." *Antipode* 44 (4): 1490–1509.

(16) Singer, Peter Warren. 2009. *Wired for War: The Robotics Revolution and Conflict in the Twenty-First Century*. New York: Penguin.

(17) Statt, Nick. 2018. "Google reportedly leaving Project Maven military AI program after 2019." *Verge*, June 1, 2018. https://www.theverge.com/2018/6/1/17418406/google-maven-drone-imagery-ai-contract-expire.

(18) Weizman, Eyal. 2014. "Introduction part II: Matter against memory." In *Forensic: The Architecture of Public Truth*, edited by Forensic Architecture, 361–380. Berlin: Sternberg Press.

18. 错误（Error）

南娜·邦德·蒂尔斯特鲁普（Nanna Bonde Thylstrup）

大数据的出现导致对效率和实验的强烈渴望，取代了关于错误和真理的问题。大数据没有寻求解决错误，而是制定了一种通过接受错误而运作的策略。正如维克多·迈尔－舍恩伯格和肯尼斯·库克耶（Viktor Mayer-Schönberger and Kenneth Cukier2013）在他们关于大数据的经典著作中指出的："观察大量的数据允许我们减缓对精确性的渴望……这是一种权衡：由于取样的误差较小，我们可以接受更多的测量误差。"此外，许多商业性的大数据企业在运营过程中的时间性方面倾向于速度，而非耐心，因此，以更快的速度获得的中等质量答案，往往比缓慢地获得的高质量答案更受欢迎。

在大数据机制中，错误概念的转换和重构表明，在关于什么建构了知识与如何最好地实现这一点的科学范式之间，存在着更根本的冲突。这些冲突再次嵌套在一种更深层的政治中，即我们如何理解错误，谁有权确定某件事之为错，又是谁，要忍受由这些错误带来的后果。如今，一个经典案例在"新冠疫情"（COVID-19）的冲击下变得颇有先见之明，那就是围绕"谷歌流感趋势"（Google Flu Trends, 现已停用）于2014年在数据科学与应用统计学之间爆发的科学争端，以及随之而来的政治影响。2009年，来自谷歌的研究人员在他们发表于《自然》上的一篇文章中声称，他们将能根据互联网上的搜索，来"预测"

243

流感疫情（Ginsberg et al. 2009）。这种看法的基本逻辑是，人们的搜索结果（例如"发烧""咳嗽"和"喉咙痛"等症状），能反映他们是否患上了流感，从而为谷歌提供即将爆发流感的实时信号。谷歌不仅能检测到流感的流行，而且能比美国疾病控制和预防中心的流感跟踪信息提前两周预知。

不过，五年之后，"谷歌流感趋势"错过了2013年的流感季节，错过了140%。统计学家大卫·拉泽与同事（David Lazer, 2014）对"谷歌流感趋势"的失败原因做了解释。他们指出，"谷歌流感趋势"最初是以一种机器学习算法开发的，它根据谷歌搜索词来预测流感病例的数量。虽然基本的数据管理和机器学习算法是正确的，但对于在数据的收集和建模过程中涉及的不确定性的误解，导致长期以来极不准确的估计。正如一些统计学家指出的，应用统计学会仔细考虑抽样过程，确定空间趋势中的时间序列成分，调查为什么搜索词是预测性的，并试图了解"谷歌流感趋势"发挥作用的可能原因。换句话说，受过经典训练的统计学家会把更多的注意力放在检测和识别错误上。虽然这在一开始似乎并非一个问题，但拉泽等人（2014）指出，随着机器学习算法不断地从错误的假设中学习，长此以往，终将成为问题。

"谷歌流感趋势"的错误结果致使批评者得出结论，他们认为，这项技术更擅长在过去的数据中寻找范本，而非预测未来的流行病。不久之后，谷歌便关闭了"谷歌流感趋势"。

虽然通过叙述"谷歌流感趋势"的失败来讲述它很容易，但这一现象实际上是主要的科技公司如何将档案故障重新组合成奥里特·哈尔彭在第12章中所谓的演示的一个症状性案例："是证明哪些形式的研究和技术需要在下一步被引用的**实验：**是**应该**存在，也必须被建造。"事实上，正如社会学家努尔特杰·马雷斯（Noortje Marres）在谈及进行中的自动驾驶汽车的实验时指出的，这种方法是一种新的、"实验性"的工业创新模式典范，在这种模式下，以前发生在实验室中的实验和测试，如今位于诸如街道、个人电脑和智能手机等日常社会和私密环境中。

这种工业创新的实验模式，使得科技公司可以将错误从失败的事件重新塑造为进步。事实上，在科技公司的实验认识论（experimental epistemology）中，基于失败的实验而出现的每一项新技术都会成为科技不断蜕变中的另一个阶段，每一次新的演示，都会在此过程中褪去旧皮，揭开一张更新、也更大和更成功的新皮。

我们从"谷歌流感趋势"中也可以发现这种逻辑在起作用：虽然该行动本身未能检测到 2013 年流感疫情的实际蔓延，但更普遍的谷歌趋势在今天已经成为 COVID-19 疫情的知识生产中心。此外，谷歌和苹果凭借新的接触式追踪技术在数字流行病检测领域占据领先地位。领先的研究人员已经对这项技术的有效性和安全性提出质疑，他们指出了这项技术带有缺陷的数据收集（未能涵盖没有新智能手机的儿童和老年人），指出其歧视性的，同时也是潜在的致命影响。阿里·阿尔哈提布（Ali Alkhatib, 2020）关于谷歌和苹果的数字联系人追踪的问题的精辟博文指出："我们将不得不持续跟进这些系统犯下的错误，并努力修复它在假阳性和假阴性中造成的损害，所有这些，都是在无望的追逐中将本质上需要人类的东西自动化。"在 COVID-19 事件之后，谷歌与类似机构的核心作用和实验方法，迫切要求我们讨论大数据档案中的错误，这不仅是可以通过调整算法来解决的技术事件，而且是植根于对何谓错误，由谁来定义，以及它们可能产生何种影响之文化想象的政治问题。

失败（Failure）、错误（Error）和故障（Fault）的词汇与想象力

我们怎样将大数据档案中的错误，理解成文化和政治问题，又理解成技术问题？正如电气与电子工程师协会的《软件异常标准分类》（*Standard Classification for Software Anomalies*, 2010, vi）所示，"错误"这一概念，在语义和认识论上的复杂性对计算科学造成的困扰，就像它对人文和社会科学造成的困扰一样。因此，标准分类指出，虽然"错误"在计算机科学中一直与其他相关术语——如**异常、故障、失败、缺陷、突发事件、瑕疵**和 **bug** 交替使用，但如果能更好地区分这些定义，那么对计算科学将大有裨益。

阿尔及尔达斯·阿维齐尼斯等人（Algirdas Avizienis, 2004）为定义计算中的"错误"应该意味着什么提供了一种尝试。他们提出一种概念之间的线性和因果链："……故障—错误—失败—故障……"这创造了一种认识论，**错误**在这种认识论中是系统总状态的一小部分，如果系统有弹性，那么这种离散的偏差并非一定导致系统完全失败。我们可以在一个有弹性的程序中经历一个错误，但仍然能运行——尽管功能有限。系统甚至可以预测这种错误。当我们试图在计算器上除以零时，或者当服务器无法找到我们搜寻的网站时，我们可以在我们收到的 404 错误响应中看到这种基本预期。但是，对错误的预期，也建立在大数据的更基本的基础设施中——例如网络，其搭建者和构想者强调的是弹性和生存能力，包括承受或改变本地错误和网络损失的能力（Hu 2015）。

在如今的数据景貌中，"错误"语义表明，在大数据的运作中，何谓错误是一个悬而未决的复杂问题，它既涉及大数据的跨学科领域，也涉及错误本身更深层次的概念和政治图景。因此，大数据再现了历史上关于错误的矛盾概念：一方面，错误是一个会触发焦虑的问题；另一方面，错误又是一个可以导致新

发现和创新的生产性实践。大数据档案通过这种方式重新利用，并扩展了历史上关于错误概念的基本挑战，同时又为它注入新的政治和认识论含义。

从词源上看，**错误**一词包含"做错"的动态概念，这导致关于错误的空间理解，即对路线的偏离——对原则的偏离。那么，从字面上看，错误是一种误入歧途的行为，是沿着一条弯曲的路线进行的导航，它意味着漫无目的、漫游，甚至是误入歧途（Bruno 2011）。正如大卫·威廉·贝茨（David William Bates, 2002）在《启蒙运动的失误：法国的错误与革命》（*Enlightenment Aberrations: Error and Revolution in France*）中指出的，这种空间想象赋予错误一词一种复杂且矛盾的内涵，使其在"仅仅是无目的的游荡"和"更具体的偏离某条道路"之间飘忽不定（20）。这种矛盾性也意味着，错误从未完全被真理的认识论结构所规定，而是一直享有某种概念上的独立性，这为它提供了一种更丰富的地形。

正如贝茨指出的，这种复杂性经常以迷宫的形象被把握，错误在此是一种游荡行为，也是知识的一种生产形式。因此，**Erreur** 可以被理解为"这样或那样的错误行为"，"一次远足，一次涉及冒险的航行"，或是"想象力的流浪，不受任何规则约束的想法"（Bates 2002）。这些旅行产生了知识的一种空间框架，错误和知识在其中被有效地联系起来，但也导致人对经验感到沮丧。且引用启蒙哲学家让－路易·卡斯蒂隆（Jean-Louis Castilhon）对在知识迷宫中的迷失感所发出的感叹便可见一二："一名旅行者的处境是多么的残酷和痛苦，他轻率地闯入一片森林，他身处其中，既不知蜿蜒的道路，也不知迂回的路线，更不知道出口！"（Castilhon，引自 Bates 2002, 132）许多大数据运行都被类似的矛盾挫折困扰。他们如何将大数据中无益或无目的的徘徊，与导致新发现和发明的富有成效的冒险相区分？

同时，数据化也重现了历史上令人不安的回声，当时，对错误的检测被设计为既产生，又包含异常的主体性。在关于错误概念的演讲中，乔治·坎吉伦（Georges Canguilhem）概述了人文学科在 19 世纪中期的兴起——尤其是心理学和早期生物学，是如何将错误的概念从主观的转变为一种外部的人类问题的（Talcott 2014）。他认为，这种微妙的转变产生了一种新的世界观，这种世界观认为，生命体并不犯错，而是受到错误的影响，因此，错误显得"是一种畸形或失败"，不再意味着"转换"，而是"补救"（Canguilhem，引自 Talcott 2014）。坎吉伦最终将这种新的世界观与优生学的崛起相联系。后来，著名的福柯将坎吉伦的理论发展为他自己的"生命权力"。这些观点，让我们可以放弃追求算法的"修复"技术，转而将大数据中的错误问题框定为权力和政治问题，这与种族化和性别化的结构和创新紧密相关。

错误的政治学

米歇尔·福柯在《生命：经验与科学》[1]（"Life: Experience and Science"，1998）的文末总结道："在生命最基本的层面上，编码和解码过程让位于一种偶然的发生，即在成为一种疾病、缺陷或畸形之前，它是信息系统中的一种干扰，一种'错误'（mistake）。在此意义上，生命——这是其根本特征，是能够产生错误的东西。"（476）福柯的分析指出了错误的矛盾性，它既是一次创造性的事件，也是一个权力时刻。对"错误"的这种理解，有助于我们摆脱将"错误"简化成一种纯粹的生产过程，或可以被"纠正"的技术故障的想法，而是将错误**重新政治化**，让它成为一个从根本上说是人类的权力问题，一直与人体联系在一起。

凯瑟琳·迪格纳齐奥在关于**异常值**（outlier）的第 40 章中表明，历史上将某些身体定位为比其他的身体更反常，这也意味着通常无法确定异常值是数据记录中的错误，还是代表人口中的真实变化。因此，迪格纳齐奥提醒读者，将异常值当作数据集的错误加以拒绝会对数据主体造成严重的影响，这些影响也倾向于重现性别化和种族化的歧视。此外，在关于**（误）判性别**的第35章中，奥斯·凯斯展示了这些压迫的路线如何仍然停留在数据科学的二元想象中，它同时将跨性别经验排除在信息组织之外，同时，不断地将跨性别者重新纳入从跨性别前生活的档案材料中提取的静态性别叙述中。

将某些性别和性特征视为离群索居和糜烂的想法有深刻的历史根源（Agostinho & Thylstrup 2019）。正如玛丽·鲁索（Mary Russo, 1995）在《女性怪诞》（*The Female Grotesque*）中提醒我们，女性的身体在历史上被构成为"错误的"（10）。耶塔·霍华德（Yetta Howard, 2014）指出，"错误"概念，在今天仍然"与以错误的体现方式诊断和理解跨性别认同联系在一起"，因此"跨性别错误与认同、精神和身体疾病的标准一起发挥作用，这些标准在历史上包括非异性恋身份和双性恋身体"（82）。

杰奎琳·韦尼蒙（Jacqueline Wernimont, 2018）提供了一份令人震惊的指控，说明历史是如何困扰着当代最佳的数据收集实践，这表明女性实际上被抹去了，因为数据收集中的偏见导致持续不断的错误：从临床试验到汽车安全，都偏向男性而非女性。如果考虑到种族问题，这些差异会进一步加剧。正如萨菲亚·诺布尔表明的（Safiya Noble, 2018, 10），边缘群体在搜索引擎中极易被误导，他们经常以错误的、刻板的，甚至是色情的方式出现。这种错误不应该仅仅被视为是可以通过改进算法而修复的技术缺陷，而应该被视为是"白人至上"（Benjamin 2019）等更深层次社会问题的症状。这种普遍存在于文化和制度上的种族主义，又与社会技术系统有关，该系统将少数人的声音，视为比掌权者的声音更缺乏说出真相的能力，更易出错（Ahmed 2015; Crenshaw 2018）。因此，正如阿米莉亚·阿克在关于元数据的第 33 章中指出的，我们不仅要问分类和错误分类意味着什么，还要问，谁能决定和维护知识的结构。

"错误"这一根本性的政治问题，也引发了对错误的重新认识：它是一种批判性和颠覆性地接触权力的途径。这就需要将错误视为具有替代性潜力，可以通过显示替代性嵌入主导文化之中来反对霸权；最终，权力永远不会是完全的、一致的或全能的。正如丽贝卡·施耐德在关于**故障**的第 26 章中指出的："错误蕴含着毁灭的潜力，但毁灭蕴含着替代的承诺。"这种对错误的替代方法，将档案中的错误的潜力重塑为可能性、居住性，甚至是逃离计算和可预测性的途径。正如杰克·霍伯斯坦（Jack Halberstam, 2011）在《失败的酷儿艺术》（*The Queer Art of Failure*）中建议的，失败和错误可以提供不同类型的回报："在某些情况下，失败、失去、忘记、不制造、不做、不合适、不知道，事实上可能提供更有创意、更能合作，也更令人惊讶的存在于世的方式。"（3）而作为颠覆的失败和故障，也一直是数字媒体理论中的一种思想源泉（Menkman 2011; Nunes 2012）。

丽贝卡·施耐德关于错误与故障有什么作用的思考，与女性主义艺术家卡罗尔·施尼曼有关，后者试图融入这个范畴，同时也挑战它："我认为，正确的说法是，与启蒙运动的人及其在非理性或欠发达地区的探索性旅行不同。"施尼曼并未将错误当作他者来迷恋。通过《室内卷轴或更多错误的事》（*Interior Scroll or More Wrong Things*），她并不是从别人的错误中获得乐趣，而是融入她被赋予的错误之中，同时成为一名女性和艺术家。施耐德将操演的颠覆性潜力定位在其完全不可预测的、经常失败的存在模式中；她认为，这种存在模式也可能使其能够抵制合作。

同性恋和批判种族学者卡拉·基林（Kara Keeling, 2014, 157）也预见到同性恋和批判性种族理论在打破种族化和性别化权力结构方面的潜力，这次与数据环境有关，例如她指出"同性恋操作系统可以被理解为技术内部的故障……具有重新排序的能力，也许，可以'使种族做不同的事情'，告诉'妈妈让自己自由'，并使原来可读的东西，飙升到不可预测的关系"。在她后来的作品《酷儿时代，黑色未来》（*Queer Times, Black Futures*）中，基林（2019）延展了她的分析，并令人信服地论证了黑天鹅隐喻，这个根植于殖民历史的概念，今天通常被用来解释异常事件，它实际上指向一个关于知识的视野，指向政治想象力之失败的更多政治问题。以海地革命为例，基林认为，虽然革命在欧洲殖民者看来是一次黑天鹅事件，一场在起义前和起义中都无法想象的成功起义，但事实上，这次事件是那些组织和同情起义的人早就预料到并准备好的。我们从施耐德和基林的身上，看到错误是如何取决于视角和事件视野的。我们也可以在他们两人身上发现错误的矛盾性。施耐德在一种似乎越来越陶醉于错误的政治背景下写作，因而为今天的政治图景中的女性主义者和反种族主义者提出了关键问题："我们如何部署失败的操演，或动员更多错误的东西，以作为中断新自由主义日常的'群居'式可消费数据生产流的模式？"

如果错误现在发现自己处于与政治经济的矛盾联盟中，批判的操演被赞誉为促进和加强这些经济的冒险，那么，大数据档案也要求重新参与错误，作为知识生产的一个基本和基本的政治部分。谁能决定什么时候是错误？哪些错误可以被重构为生产性的错误？面对把整个地球都变成了一个大的实验场域的有弹性的，也无处不在的系统，失败和错误还有什么颠覆性潜力？正如历史告诉我们的，错误一直都是一个矛盾的概念。然而，大数据档案让我们面临着关于错误之作用和我们在与之相关的能动性方面的重要的新政治问题。

注释

本章部分内容来自 2017 年在丹麦皇家图书馆的 "错误研讨会" 的引言，由克里斯汀·维尔、安妮·林、丹妮拉·阿戈斯蒂纽与笔者共同撰写。我要感谢克里斯汀·维尔和丹妮拉·阿戈斯蒂纽对本文早期版本的精彩和有益评论，非常感谢他们在智力和社会方面慷慨解囊。我也感谢我的编辑同事对我的启发和关心，感谢多年来积极参与和 / 或为《不确定的档案》做贡献的同事。

[1] 它本身就是福柯对乔治·坎吉伦英译本的导言的修改本。

参考文献

(1) Agostinho, Daniela, and Nanna Thylstrup. 2019. "'If truth was a woman': Leaky infrastructures and the gender politics of truth-telling." *Ephemera: Theory & Politics in Organization* 19 (4): 745775.http://www.ephemerajournal.org/contribution/if-truth-was-woman-leaky-infrastructures-and-gender-politics -truth-telling.

(2) Ahmed, Sara. 2015. "Against students." *Feminist Killjoy*, June 25.https://feministkilljoys.com/2015/06/25/against-students/.

(3) Alkhatib, Ali. 2020. "We need to talk about digital contact tracing." *Ali Alkhatib*, May 1. https://ali-alkhatib.com/blog/digital-contact-tracing.

(4) Avizienis, Algirdas, Jean- Claude Laprie, Brian Randell, and Carl Landwehr. 2004. "Basic concepts and taxonomy of dependable and secure computing." *IEEE Transactions on Dependable and Secure Computing*.

(5) Bates, David William. 2002. *Enlightenment Aberrations: Error and Revolution in France*. Ithaca, NY: Cornell University Press.

(6) Benjamin, Ruha. 2019. *Race after Technology: Abolitionist tools for the new Jim code*. Medford, MA: Polity.

(7) Bruno, Giuliana. 2011. *Atlas of Emotion: Journeys in Art, Architecture, and Film*. New York: Verso.

(8) Canguilhem, Georges. 1998. *The Normal and the Pathological*. New York: Zone Books.

(9) Crenshaw, Kimberlé. 2018. "We still haven't learned from Anita Hill's testimony." *New York Times*, September 27.https://www.nytimes.com/2018/09/27/opinion/anita-hill-clarence-thomas-brett-kavanaugh -christine-ford.html.

(10) Foucault, Michel. 1998. "Life: Experience and science." In *Aesthetics, Method, and Epistemology*, edited by James D. Faubion 465–478. London: Allen Lane.

(11) Ginsberg, Jeremy, Matthew H. Mohebbi, Rajan S. Patel, Lynnette Brammer, Mark S. Smolinski, and Larry Brilliant. 2009. "Detecting influenza epidemics using search engine query data." *Nature* 457 (7232): 1012–1014.

(12) Halberstam, Judith. 2011. *The Queer Art of Failure*. Durham, NC: Duke University Press.

(13) Halpern, Orit, and Gökçe Günel. 2017. "Demoing unto death: Smart cities, environment, and preemptive hope." *Fibreculture Journal* 29: 1–23. http://twentynine.fibreculturejournal.org/fcj-215-demoing-unto-death-smart-cities-environment-and-preemptive-hope/.

(14) Howard, Yetta. 2014. "Error." *Transgender Studies Quarterly* 1 (1– 2): 82–83.

(15) Hu, Tung- Hui. 2015. *Cloud: A Pre-history of the Network*. Cambridge, MA: MIT Press.

(16) Institute of Electrical and Electronics Engineers. 2010. *Standard Classification for Software Anomalies*. New York: Institute of Electrical and Electronics Engineers. https://standards.ieee.org/standard/1044-2009.html.

(17) Keeling, Kara. 2014. "Queer OS." *Cinema Journal* 53 (2): 152–157.

(18) Keeling, Kara. 2019. *Queer Times, Black Futures*. New York: New York University Press.

(19) Lazer, David, Ryan Kennedy, Gary King, and Alessandro Vespignani. 2014. "The parable of Google Flu: Traps in big data analysis." *Science* 343 (March 14): 1203–1205.

(20) Mayer- Schönberger, Viktor, and Kenneth Cukier. 2013. *Big Data: A Revolution That Will Transform How We Live, Work, and Think*. Boston: Houghton Mifflin Harcourt.

(21) Marres N. (2020) What if nothing happens? Street trials of intelligent cars as experiments in participation. In: S. Maasen, S. Dickel, and C. Schneider, eds. *TechnoScienceSociety. Sociology of the Sciences Yearbook*, 30. Cham: Springer. https://doi.org/10.1007/978-3-030-43965-1_7.

(22) Menkman, Rosa. 2011. *The Glitch Moment(um)*. Amsterdam: Institute of Network Cultures.

(23) Noble, Safiya U. 2018. *Algorithms of Oppression: Data Discrimination in the Age of Google*. New York: New York University Press.

(24) Nunes, Mark. 2012. *Error: Glitch, Noise, and Jam in New Media Cultures*. New York: Bloomsbury.

(25) Prasad, Divya, John McDermid, and Ian Wand. 1996. "Dependability terminology: Similarities and differences." *IEEE Aerospace and Electronic Systems Magazine* 11 (1): 14–21.

(26) Russo, Mary. 1995. *The Female Grotesque: Risk, Excess and Modernity*. London: Routledge.

(27) Talcott, Samuel. 2014. "Errant life, molecular biology, and biopower: Canguilhem, Jacob, and Foucault." *History and Philosophy of the Life Sciences* 36 (2): 254–279.

(28) Wernimont, Jacqueline. 2018. *Numbered Lives: Life and Death in Quantum Media*. Cambridge, MA: MIT Press.

19. 伦理（Ethics）

路易丝·阿穆尔（Louise Amoore）

2015 年 4 月 19 日，25 岁的非裔美国人弗雷迪·格雷（Freddie Gray）在巴尔的摩警察局受拘留期间，因脊髓受伤致死。随后几天，为了找到在抗议格雷遇害的公民中出现的暴力苗头，美国国土安全部（DHS）分析了来自推特、脸书和 Instagram 的数据流。巴尔的摩警察局在一份备忘录中指出："一些已知的主权公民已经开始在社交媒体上发布信息，试图召集人们进行示威。"警察局还承诺："继续评估威胁流，跟踪一切可以采取行动的线索。"[1] 最终，对所谓的威胁流数据进行的算法提取和分析，确实产生了一个被认为可以采取行动的目标。一系列分散的数据片段之间的相关性，产生了与恐怖主义的潜在关联，并授权国土安全部情报和分析司办公室起草所谓的"开放源码信息报告"，再分发给所有的政府机构。简而言之，从社交媒体的数据中提取的元素变成了可以操作的情报。这个具体目标是如何成为当局关注的可识别对象的？它是如何浮出水面，并引发关注和行动的？这些具体的数据片段又是如何从那天在巴尔的摩城市街道上游行、示威和集会的人中收集到的图像、视频、音频、文本和地理空间数据档案中提取出来的？

虽然人们常说，算法笼罩在商业和政府的专有技术机密中，但它的发展却可以通过计算机科学的论文来回溯，相关发展在这些论文中被提出、修改、并随时间的推移而被取代。[2] 在我们看来，算法可能被机密或不可读性所掩盖，但人们事实上可以推测性地参与由算法设计的世界，进而产生关于 2015 年 4 月巴尔的摩那一天的伦理政治叙述。在让"威胁流"概念得以可能的多种算法中，一系列深度神经网络算法可以学习识别并提取图像文件中的文本形式。[3] 对于巴尔的摩的抗议者来说，在计算机科学中的这一明显是小众的发展意味着，出现在抗议横幅上的手绘文本的不规则处——通过抗议者发布到社交媒体上的照片——可以被提取、识别，并与其他的相关项目关联起来。国土安全部在其公开报告中提到了"两张照片"：一张"显示了一名妇女在人群拥挤处举着一幅标语"，另一张是"喷漆的黑白物体"和"阿拉伯文字"。[4]

虽然不可能甚至也没有必要去确定，为什么国土安全部的算法将数据元素联系起来，并触发国家的安全行动，但重要的是，算法是如何学习并识别出了世界上的人和物的。巴尔的摩的标语牌和写着"恐怖警察"的横幅，以及从社交媒体账户中提取的阿拉伯语文本，很可能是基于云数据环境中的元素，而算法在这个环境中学会了生成特定的输出，即人群中的什么或谁构成了初步的威胁。当算法在国土安全部的应用编程接口的云计算中工作时，它能识别多个数据源的模式，它们会以聚类模型，将人和物按所谓的**特性**（attributes）进行分组。虽然这种技术通常被用于推断群体的属性——从消费者、选民和金融借款人，到先天性疾病、DNA 序列和基因型，但在巴尔的摩的街头，他们推断出了聚集起来参与抗议之人的初始属性。这些算法经过训练，可以利用过去在其他地方聚集的人群的许多偶然事件的数据进行识别，在巴尔的摩经过完善和进一步的优化后，再应用于未来的，甚至在目前是未知的事件。[5] 弗雷迪·格雷被杀的严重暴力，以及过去以他之名，和以他之前的其他人之名而提出的要求的碎片，都成为机器学习算法的一部分，这些算法，会继续将其他人群中的其他面孔形式辨识为国家安全的目标，甚至（尤其）是那些以前从未遇到过的人。

乍一看，在巴尔的摩应用的算法造成的伤害似乎不言而喻。或者说，至少在西方的哲学和司法政治体系中，这些举动的伦理地带似乎在更广泛的正当与不义、善与恶方面并不陌生。毕竟，人们可以很容易地确定一套权利（这些权利显然已经被裁定为属于权利主体），而这些权利已经被神经网络算法所违反，这些算法裁定了哪些人可以和平集会，又是以何种条件进行的。事实上，正是在这片土地上，人们听到了关于算法危害的最主要的反对声音。我将在这种框架中称之为"**为**算法设伦理"（ethics *for* algorithm），它强调的是人类有责任设计一个伦理框架，即一个算法必须遵守的"法规"（code），从而建立良好且符合伦理的和正常的安排，防止违反社会规范。在我看来，正是这种"为算法设伦理"概念体现了诺伯特·维纳（Norbert Wiener）对机器可能"取代人类判断之危险可能性"的焦虑[6]。维纳的人本主义仍然存在于当代的公共和学术辩论中，人们在这些辩论中听到的绝大多数呼吁是：对自动化算法系统进行负责任的人类监督（Nature 2016），消除算法的"偏见"或"价值判断"[7]，尊重算法行为的背景（Nissenbaum 2009），打开算法的"黑箱"，让它接受审查（Pasquale 2015），以及监管破坏性的数学模型（O'Neil 2016）。在这些呼吁中，当不透明或难以辨认的算法侵犯，或是削弱属于人类主体所假定的清晰可辨的权利世界时，就会发生伦理越轨行为。

然而，当人们聚集在巴尔的摩的街头时，并不是不可识别的算法侵犯了他们和平集会的合法权。相反，他们能够出现在政治论坛上的手段，他们出现的条件，以及他们提出的可以识别的政治主张的能力，都受制于讲真话和做错事的算法制度。[8] 就此而言，算法业已呈现为一种关于世界的价值、假设和主张的伦理政治安排。我们无须在算法之外寻找一个适当的政治性和可识别的伦理领域。事实上，我们不可能有一种寻求将良善的、合法的或正常的灌输给算法的"为算法设伦理"，因为，当代的算法与其说违反了既有的社会规范，不如说是建立了新的善恶模式，建立了新的正常与不正常的阈值，而这些都是行动的标尺。

正如威廉·康诺利（William Connolly）指出的，人们可能认为，不道德的行为并非是"不道德的行动者自由地违反道德法则的行为"，而是"被认为体现了合法的、良善和正常的常规制度安排中的任意残忍行为"（Connolly 1993, 366）。在努力寻找新的伦理安排，从而审查和调节算法的过程中，体现在算法安排中的任意伤害会变成什么？人们可以想象这样一个世界：神经网络在巴尔的摩这样的城市中遭到仔细的检查，并使其符合规则，但却继续学习识别和错误地识别，而且从城市街道上许多过去的关联到生活的偶然和任意的数据中，产生规则。我可能觉得我的集会自由权或隐私权得到了保护，但是，从我的数据中产生的模式，却在与你和其他人的关联中，继续为在未来针对未知的他人的行动提供条件。因此，我在这里想问的一阶伦理问题不是"为了一个良善社会，应该如何安排算法"，而是"算法的安排，如何产生关于良善的想法，产生社会应当是什么的想法"。

我希望提出另一种方式来思考伦理与算法之间的关系。我所谓的云伦理（cloud ethics），或"算法的伦理"（ethics *of* algorithm），始于算法形态及其云数据景观中的伦理。算法在其数学和空间安排中包含任意的残忍、惊喜、暴力、欢乐、种族主义和偏见的提炼、不公正、概率和机会的多种潜力。这里有一个重要的区别，那就是作为法规的伦理，或者米歇尔·福柯描述的"决定哪些行为被允许或被禁止的法规"，和作为与自己及与他人之关系的形态的伦理。[9]

在我们这个时代，算法是一个人跟自己和跟他人之关系的内在因素。事实上，当我们与自己和他人的关系充斥着我们自己和他人的数据碎片时（如巴尔的摩的神经网络），算法将始终削弱作为伦理之保障者的康德式推理主体。算法正是在自我与自我、自我与他人的关系中，并通过这些关系而在数据的集群和属性中表现出来，从而在世界中发挥作用。当然，为了从自我和他人的关系中学习，算法必须已经充满价值、阈值、假设、概率加权和偏见。在某种现实的意义上，一个算法要想在世界上具有吸引力，就必须带有偏见。算法的本质是它们对场景中的某些特征，比对其他特征给予了更高的识别度和价值。事实上，这正是深度神经网络学习识别的方式，它们的每一个隐藏层都对场景中某些元素的概率进行了加权。在对一个场景的形式进行分配和加权时，算法将自己生成为世界上的伦理政治生命体。如果拥有伦理不仅仅是拥有禁止诸如偏见或臆断的准则，而是通过关系让自己发挥作用，那么算法的伦理就涉及它们如何学习识别和行动，如何从数据关系中提取臆断，以及如何从与他人和算法的关系中学习应该学习的。

然而，让算法对自己在世界中的行为负责，并不等同于提出一种算法的责任。这种另类的负责不属于启蒙式的透明性和可辨性认识，相反，它始于一切（包括人类的和算法的）负责任的偏袒性和不可辨性。奇怪的是，算法似乎带来了重大而又新颖的伦理挑战，这实际上体现了在一些事关伦理行动之理由的深刻而古老的问题的新特点。正如朱迪斯·巴特勒（Judith Butler, 2003）在"斯宾诺莎讲座"中解释的那样，要求对自己做解释总是不够的，因为"如果不对我出现的条件做出解释，我就不能对自己做出解释"（12）。如果像巴特勒警告的那样，假设确定一个明确的行动的"我"是伦理的必要前提，那么这个可辨别的自我就被它在与他人的关系中出现的条件"剥夺"了。然而，对于巴特勒来说，这种持续的失败并非标志着伦理的极限点。相反，正是各种行为主体制造的不透明和不可知的性质，才是拥有某种伦理的可能性条件（17）。

简而言之，与等同于透明性和敞开的伦理相反，伦理负责由主体的不透明性来维持。我的算法伦理概念扩展了人类主体的不透明性，它设想伦理责任的多个场所，其中，所有自我（人类和算法）都是从其不可辨性出发。那么，算法明显的不透明和不可辨性不应该给人类伦理造成全新的问题，因为去定位有清晰符号的行动的困难已经存在。构成伦理关系的"我"一直是个问题，如今，随着算法的出现，它又以新的方式成为问题。尽管算法的数学命题不能完全被辨认，但它们可以用来解释其出现的条件。这些条件，包括人类与算法之间的一些可识别的关系（例如训练数据的选择或目标输出的设定），但其他的还是算法与其他算法的关系，例如集群的识别或特征的提取。在所有这些情况下，重要的是算法得以出现的条件（人与非人关系的组合），是伦理责任的所在地。

反思一个算法出现的条件，也是为了思考（作为数学知识）它们是如何取得客观的确定性和明确性的地位的。[10] 路德维希·维特根斯坦（Ludwig Wittgenstein, 1969）认为，数学命题被"赋予了无可争辩的印记"，一种"无可争辩"和"毋庸置疑"的标志，而其他命题，如"我被叫唤"则未被赋予这种标志（§653–657）。重要的是，维特根斯坦提醒人们注意"我"与数学命题之间的差距，前者只能提出一个有争议的和偶然性的主张，有可能不被承认，而后者的主张是毋庸置疑的，总是可以被承认的。他关心的是，数学主张在一个不确定的世界中，取得了特定的确定性地位，因此，它成为"你的争议可以转向的一个铰链"。对于维特根斯坦来说，数学命题应该被视为不亚于关于世界的"经验命题"的怀疑或不确定性。事实上，维特根斯坦的观点是将数学命题**当作经验性的行动**来处理，这些行动"与我们在生活中的其他行动别无二致，而且在同样的程度上容易被遗忘，是疏忽和错觉"（§651）。按照维特根斯坦的洞见，算法的数学命题具有深刻的偶然性和可争议性。它是通过一系列关于它与世界相匹配的经验性主张来制定的，因此，容易被遗忘，被疏忽，被误认和成为错觉。

说白了，尽管在诸如巴尔的摩街头使用的算法可能作为"你的抗议可以转向的铰链"而出现在这个世界上，但这个铰链已经完全有了能动性、政治，有了与自身和他人的关系，因此也有了伦理。算法的伦理可以从这个铰链开始，因为它决定了世界上什么是重要的，什么或谁可以被承认，什么可以被抗议，以及可以提出哪些要求出。[11] 以这种方式来理解，那么算法不是作为一个无可争议的轴心的铰链，免于怀疑，所有的社会、政治和经济生活都在其上转动。正如福柯所指出的，"铰链点"也可以是"伦理关切和政治斗争"的点，是"对政府滥用技术的批判性思考"的点（Foucault 1997a, 299）。

因此，2016 年，当剑桥分析公司在美国总统选举和英国"脱欧"公投中部署他们的深度学习算法来针对社交媒体时，或者当 Palantir 的神经网络为美国移民和海关执法局的驱逐制度提供目标时，不仅是民主和法律的正当程序受到了威胁。剑桥分析公司和 Palantir 公司提供的算法，不仅仅是选举和驱逐制度的铰链点或轴心。他们的机器学习算法出现的条件包括学习抗议、选举、递解出境或公投可能产生的结果，并通过人口的档案属性学习这些。

注释

[1] 《Vice 新闻》（*Vice News*）的记者杰森·利奥波德（Jason Leopold）根据《信息自由法》（*Freedom of Information Act*）提出申请，寻求与弗雷迪·格雷和 / 或随后在马里兰州巴尔的摩发生的抗议和骚乱有关的所有记录。全部披露的文件见 Leopold（n.d.）。

[2] 虽然许多具体的算法在被公司和政府购买和授权后成为秘密和专有的，但其产生的上游科学要公开得多，也反复得多，而且极具争议。从方法论上讲，在确定某一特定应用中使用的是哪一个广泛的算法系列时，必然涉及一定程度的推测。在当代机器学习算法的经典计算机科学论文中，引用率最高的是以下几篇：LeCun、Bengio and Hinton（2015），Hinton and Salakhutdinov（2006），Simonyon and Zisserman（2014）Hinton et al.（2012）。

[3] 计算机科学家介绍了他们如何使用训练数据的样本，以训练他们的模型来识别图像中出现的文字（Misra, Swain, and Mantri 2012）。

[4] 贾斯比尔·普尔（Jasbir Puar, 2017, 174）在她对数据档案和种族档案之间关系的精辟论述中，重新思考了"戴头巾的恐怖分子身体与视觉的关系及更多问题"。

[5] 机器学习中的聚类技术是实验性和探索性的，其目的是在输入数据中找到模式，以便对属性相似的群体进行分类。然后，该模型被用来预测未来的可能行为，例如，一个群体的"流失"倾向，或转换商业供应商，例如，能源、信贷、保险或电信。计算机科学家在推特数据上训练机器学习算法，以确定支持"伊斯兰国"的属性，训练他们的分类器"以87%的准确率预测未来对'伊斯兰国'的支持或反对"（*MIT Technology Review* 2015）。

[6] 正如凯瑟琳·海尔斯（Katherine Hayles, 1999, 86）描述的，"维纳的人文价值和控制论观点之间的紧张关系，在他的写作中随处可见"。

[7] 人们把焦点放在机器学习算法和人工智能设计者的责任和道德行为上。纽约大学和微软的研究员凯特·克劳富德（Kate Crawford）在接受《纽约时报》采访时解释说："我们需要开始改变那些将成为未来数据科学家的人的技能组合。"（Markoff 2016）另见 Metcalf, Keller, and boyd（2020）关于大数据分析伦理设计的报告。

[8] 米歇尔·福柯在他1981年在卢万天主教大学的系列讲座"做错事，讲真话"中解释说，他的兴趣不在于建立真理的基础或依据，而在于特定科学或技术主张的"讲真话事业的形式"。他提出了对实证主义主张的反驳，即他所说的"对讲真话的扩散和验证制度的分散感到惊讶"。我在这里感兴趣的正是这种通过算法讲述真相的扩散，以及使之成为可能的验证制度（Foucault 2014, 20–21）。

[9] 米歇尔·福柯（1997b, 255）在谈到他的伦理学谱系时，描绘了从希腊社会到基督教社会的"巨大变化"，栖居于"不是戒律而是伦理"，也就是"他们跟自己和他人的关系"中。

[10] 数学家马尔科夫（A. A. Markov, 1954, 1）将理想的算法定义为提供"精确性"、"确定性"和预期结果的"结论性"算法。

[11] 正如凯伦·巴拉德（Karen Barad, 2007, 148, 175）令人信服地论证的那样，"人类的概念不仅仅体现在仪器中，而且仪器是一种话语实践。……通过它产生了'客体'和'主体'"。在巴拉德的解读中，科学装置是制定边界的媒介，成为对因果要求的可能性条件。

参考文献

(1) Barad, Karen. 2007. *Meeting the Universe Halfway: Quantum Physics and the Entanglement of Matter and Meaning*. Durham, NC: Duke University Press.

(2) Butler, Judith. 2003. *Giving an Account of Oneself*. New York: Fordham University Press.

(3) Connolly, William. 1993. "Beyond good and evil: The ethical sensibility of Michel Foucault." *Political Theory* 21 (3): 365–389.

(4) Foucault, Michel. 1997a. "The ethics of the concern for self as a practice of freedom." In *Ethics: Essential Works of Foucault*, 1954—1984, edited by Paul Rabinow. London: Penguin.

(5) Foucault, Michel. 1997b. "On the genealogy of ethics: An overview of work in progress." In *Ethics: Essential Works of Foucault*, 1954–1984, edited by Paul Rabinow, 253–280. London: Penguin.

(6) Foucault, Michel. 2014. *Wrong-Doing, Truth-Telling: The Function of Avowal in Justice*. Chicago: Chicago University Press.

(7) Hayles, N. Katherine. 1999. *How We Became Posthuman*. Chicago: Chicago University Press.

(8) Hinton, Geoffrey, Li Deng, Dong Yu, George Dahl, Abdel- Rahman Mohamed, Navdeep Jaitly, Andrew Senior, Vincent Vanhoucke, Patrick Nguyen, Tara Sainath, and Brian Kingsbury. 2012. "Deep neural networks for acoustic modelling in speech recognition." *IEEE Signals Processing* 29 (6): 82–97.

(9) Hinton, G., and R. Salakhutdinov. 2006. "Reducing the dimensionality of data with neural networks." *Science* 313 (5786): 504–507.

(10) LeCun, Yann, Yoshua Bengio, and Geoffrey Hinton. 2015. "Deep learning." *Nature* 521:436–444.

(11) Leopold, Jason. n.d. "DHS FOIA documents Baltimore protests Freddie Gray." Scribd. Accessed July 10, 2017.

(12) https://www.scribd.com/document/274209838/DHS-FOIA-Documents-Baltimore-Protests-Freddie-Gray.

(13) Markoff, John. 2016. "Artificial intelligence is far from matching humans, panel says." *New York Times*, May 25. Accessed April 30, 2020. https://www.nytimes.com/2016/05/26/technology/artificial-intelligence -is-far-from-matching-humans-panel-says.html.

(14) Markov, A. A. 1954. *Theory of Algorithms*. Moscow: Academy of Sciences of the USSR.

(15) Metcalf, Jacob, Emily F. Keller, and danah boyd. 2020. "Perspectives on big data, ethics, and society." *Council for Big Data, Ethics, and Society*. Accessed April 30, 2020. https://bdes.datasociety.net/council -output/perspectives-on-big-data-ethics-and-society/.

(16) Misra, Chinmaya, P. K. Swain, and J. K. Mantri. 2012. "Text extraction and recognition from images using neural networks." *International Journal of Computer Applications* 40 (2): 13–19.

(17) *MIT Technology Review*. 2015. March 23, 2015.

(18) *Nature*. 2016. "More accountability for big- data algorithms." *Nature* 537. https://www.nature.com/news/more-accountability-for-big-data-algorithms-1.20653.

(19) Nissenbaum, Helen. 2009. *Privacy in Context*. Palo Alto, CA: Stanford University Press.

(20) O'Neil, Cathy. 2016. *Weapons of Math Destruction: How Big Data Increases Inequality and Threatens Democracy*. New York: Crown.

(21) Pasquale, Frank. 2015. *The Black Box Society: The Secret Algorithms That Control Money and Information*. Cambridge, MA: Harvard University Press.

(22) Puar, Jasbir. 2017. *Terrorist Assemblages: Homonationalism in Queer Times*. Durham, NC: Duke University Press.

(23) Simonyon, Karen, and Andrew Zisserman. 2014. "Very deep convolutional networks for large scale image recognition." *arXiv* (1409.1556).

(24) Wiener, Norbert. n.d. "Atomic knowledge of good and evil." Norbert Wiener Archives, box 29B, file 665, Massachusetts Institute of Technology, Cambridge, MA.

(25) Wittgenstein, Ludwig. 1969. *On Certainty*. Oxford: Blackwell.

20. 执行 （Executing）

软件批判小组 [1]：大卫·高蒂尔（David Gauthier）、奥黛丽·萨姆森（Audrey Samson）、埃里克·斯诺格拉斯（Eric Snodgrass）、温妮·苏（Winnie Soon）和玛格达琳娜·蒂利克－卡弗（Magdalena Tyżlik-Carver）

对执行的技术性理解产生出一种期望，即认为执行是机器内部任务的直接运行。例如，在计算机科学中，执行通常与"获取—解码—实施"的指令周期密切相关，在此周期中，计算机的中央处理单元从其内存中检索指令，再决定指令指示的动作，接着尝试实施这些动作。在如上所述的普遍理解中，这种分步指令被称为执行。

当然，指令周期并不包括执行在外部世界中的影响与嵌入。虽然一次执行可能由程控驱动器主导并推动，使之成为现实，但是作为文化分析师和软件研究学者，我们也必须考虑到其他活动过程、驱动力和外部世界因素，透过它们来看待执行产生的不确定性。这些不确定情况可能包括数据的特殊性及其不同程度的机器可读性（machine readability）、计算机网络的时效性协商（time-sensitive negotiations）或是支撑和提供各种计算实践形式的物理与心理因素。人为影响的因素也始终在发挥作用——有些具有可预测性而有些不具有。长久以来，各种类型的霸权（如资本主义、白人权力结构和男性权力结构）在当今的

1　软件批判小组（Critical Software Thing）是一个团体，他们尝试从软件研究的角度去思考事物，内部成员多样，包括艺术家、公司职工和科研工作者。——译注

计算机文化中根深蒂固，体现在如今许多主流计算机平台的董事会和工程队之中（Fowler 2017; Matsakis 2017; Miley 2015）。

在看似确定和不确定因素的交织中，表明这个世界上存在并活跃着的执行形式的性质——满溢生命力和紧迫性。数学家兼计算机先驱阿兰·图灵（Alan Turing 1950，450）于《计算机与智能》一文中评论了"机器时常让我吃惊"的方式，这一敏锐的反思让人艳羡。图灵承认，其在一定程度上反映了自己迅速开展工作的个性，他这种想尽快进行工作的愿望与工作方式将给他带来计算错误的风险，但图灵也强调需要认真对待实验的生成质量，我们不可能完全预测计算错综复杂的运行机理与产生的各种结果，也不能预测它能否有效执行。与此同时，正如图灵自身命运（Halberstam 1998）或当代文化中反女性主义、反黑人、反移民和其他民粹主义回潮所表明的那样，机器可以轻易接受、反馈和放大其创造者、用户和（它们产生并扎根的）特定环境的性情与能量。尽管机器的构成本质对重新配置持完全开放的态度，也对他异性持开放态度，这种开放是计算中最基本的不确定性，它会持续破坏确定的形式。

停还是不停？

执行的概念不仅是计算的核心，也是更广泛的计算文化的核心，理由何在？指令执行所产生的不确定性是什么？众所周知，计算机程序的执行，意味着实体机器遵循给定程序的逻辑进行特定动作。同样也众所周知的是，该程序必须以人类可读的符号代码（源代码）被预先编写，再被编译成机器可读的指令并被给予特定格式（如".exe"文件扩展名）。因此，执行的概念说明了代码、指令和行动的复杂综合，暗指一个符号化的命令（数据式程序）指示机器行动的过程。

在计算机理论科学中，通常用抽象的术语来表示一个算法或程序的有限指令序列。假设此序列将被"输入"（fed）至机器以执行，随后产生预期结果或有效"输出"（output）。这样看来，执行被封装在明确的指令—结果的耦合（因果关系）中，实际上产生了指令—（执行）—结果的三元组，而不仅仅是一种简单的二元体。我们从图灵以及他的同代人——数学家阿隆佐·丘奇（Alonzo Church）那里知道，存在着一些永远不会产生任何输出的指令序列，导致机器进入循环，永不停歇。换句话说，虽然输入机器的指令序列可能是有限的，但是机器执行可能是无止境的。我们不能从数学上保证一个给定的有限指令集必然会产生有限的执行步骤。该问题在数学上无解。

作为一个问题，或者说一种限制，这种"有限性"处于计算概念的核心位置，通常被称作停机问题（halting problem）。事实上，计算或可计算性的一个主要定义就是：它是一项有终点的任务，或者说是一个会停止的进程（Kleene 1952，第13章，§67）。所谓的"可计算"是指一个进程在终止时有所输出，而没有输出的进程则被判定为"不可计算"。我们可以清晰地看到，作为一个定义，计算能力是如何与时间这一概念相融合的，在这里表现为延迟或等待。鉴于人们可将一个可执行的物理过程定义为"可被有限的观察者所驱动，产生所需函数的值，**直至**生成可读结果"的进程（Piccinini 2011，741；加粗部分为原作者所加），人们或许会问：等**到**何时？

在任何可执行过程中，不确定性的形成问题都指向了计算过程之中最重要、深刻和费解的那部分，即上文所述的指令—（执行）—结果的二元体。当指令被输入机器以执行时，理论上无法保证机器会及时产生有效结果。带着时差招致的悬念或焦虑，这种让人不适的等待状态是数学理论与计算实践的核心，在计算技术的萌芽阶段，笨重的机器执行之时，人们一定很不好过。虽然近年来机器愈加灵敏，但这种让人烦躁的等待仍未消失。且就其定义而言，当数据被理解为程序时，执行不仅关于不确定性，更关乎不可确定性。

查询 { 请求 && 响应的逻辑 };

显然易见，无论大小，数据（data）均可被认作一种资料（data）。作为某种给定程序或某个计算机平台的输入与输出之数据，可建立在查询（query）概念之上。在当今的大数据体系中，从网络或社交媒体平台上收集数据已成为计算文化最重要的活动之一，查询的概念在此实践中至关重要（Soon 2016, 132; Snodgrass 与 Soon 2019）。查询数据库的概念和方法涉及选择与提取特定的数据记录，包括输入与输出。查询的执行是一个双向通信过程——既是请求，也是响应。查询具有通过请求和响应的逻辑来指定、创建和识别关系的能力，数据库系统中使用的 SQL "SELECT" 语法体现了这一点。在发出查询请求时，联网程序必须等待响应。这种等待具有不确定性，不仅仅是数学上的不确定性，也是大数据体系下实际执行的不确定性，因为数据库受到查询本身的复杂性、机器的配置、服务器的地理位置、查询处理的记录数，以及许多其他基础参数的影响，而不仅仅只取决于计算本身的不可确定性。

如今的社交媒体平台大多具备网络查询的功能，至少东西方大公司均是如此，包括且不限于谷歌、脸书、亚马逊、新浪微博、微信和推特。推广了Web2.0 的蒂姆·奥莱利（Tim O'Reilly 2005）认为，动态网络服务的一个重要方面是数据查询和管理如何允许一种"可再混合性"（remixability），即"将数据重新混入新服务中"。这种类型的数据可再混合性不仅包括数据的捕捉、存储和组织，还包括它们的空间再分配。因此许多网站的范式已然转变，从单个的"网站"转变为可被编排的"平台"（Helmond 2015, 35）。现在，人们可以通过网络查询——也被称作应用程序编程接口（API）——来编排、构建和拓展平台，并重新分配服务。这些编程接口支持不同站点（空间维度）与不同时刻（时间维度）的查询执行。

如今许多 API 可免费使用，但有着一定的实际上与理论上的限制。大多平台侧重于 API 的技术和规范性使用，但不公开数据在其私有的保密数据库中的实际查询方式。如果"算法"图示不可见，就难以掌握现代数据查询中的优先级与具体逻辑。而这种不透明的关系带来了重要问题：高度结构化的 API 背后的预设为何？什么会被优先考虑？响应的数据格式纳入了什么？又排除了什么？查询表现出某种外在力量，它可以纳入和排除特定类型和范围的数据。例如当我们通过谷歌的 API 向谷歌发出搜索请求时，谷歌算法所提供的"最相关结果"或前十条搜索结果意味着什么？搜索结果、商业决策和个人地理位置、搜索历史与偏好之间的关系是什么？[1]

这些问题的答案大多不得而知，特别是在平台政策尚不透明的情况下。由于各种计算、经济和政治原因，该类型的信息被黑箱化，隐蔽地传播了一些特定类型的、模糊且片面的知识，甚至传播着彻底的未知，一种不确定性蔓延至整个网络。虽然参数与政策可以不断更替，但平台的底层规则和逻辑从来都不是透明且固定的。上文提到的等待焦虑感是计算定义与其执行的核心，在上例中，等待焦虑感与大数据体系中构成查询之不确定性重叠——而我们已然习惯了查询，并高度依赖它。这样一来，执行查询就是一种不确定行为，它将语言、符号、含义、地缘政治决策及动态的、不明确的后果糅杂在一起。

#metoo[2]

并非所有的不确定性都来自机器，或是在机器计算其捕获数据的过程中产生。不确定性还会栖居于情感数据躯体中（Tyżlik-Carver 2018），大数据离开它们将无法运转。情感数据躯体同样被人们所忽视，它是一个不反馈计算结果的物质见证（Schuppli 2020），它表明并非所有数据都会被等量齐观，有些数据根本就不算数，除非被保存以便后续利用；还有些数据并不"好看"也不"整齐"，而是混乱、肮脏、难以表述的，更不用说计算它了。如果查询数据拥有纳入和排除的外在力量，情感数据则由身体记录，存留在痛苦、麻木、过劳、疲倦、厌烦和死亡中。又或者是一具痊愈的身躯，再或者同时经受痛苦与治愈。情感数据体现在每个挣扎着等待"成为有资格被识认"的躯体中（Butler 2009, iv）。

尽管如此，情感数据还是可以被捕获并纳入大数据体系广袤疆域中。每个主体都可以用话题标签来标记情感数据，并用此来表达和沟通，如 #icantbreathe[3] 和 #metoo。在社交媒体传播渠道泛滥时，在这关键一刻，情感数据以大数据查询和元数据标记的方式回归了：它也是另一种检测的方式，即回收标签以统计性骚扰。#metoo 运动可被认为是对"赋权"和"同理心"的一次查询。该运动最初由塔拉娜·伯克（Tarana Burke）于 2006 年发起，那时还只是叫 Me Too 运动，符号 # 也还没被用作话题标签，运动旨在建立一个联盟，以同理心给予年轻女性们力量，使拥有被性侵犯、虐待和剥削经历的她们不再孤单

2　一场反对性骚扰与性虐待的社会运动，参与者在社交媒体上说出自己曾遭受的痛苦经历，并打上话题标签 #meToo。——译注

3　2014 年，一名黑人被警察扼住脖子后死亡，死前留下的最后一句话是"我不能呼吸了"（I can't breathe）。这引发了大规模关于警察暴力执法和种族不平等的抗议活动，期间 #icantbreathe 这一标签在推特上获得超过 130 万的发布次数。——译注

（Justbeinc 2017; Vagianos 2017; West 2017）。

　　艾莉莎·米兰诺（Alyssa Milano）的推文 #metoo 活用了这场已持续十年的运动，一周内就得到了 170 万条推特回应，Facebook 上 24 小时内出现了 1200 万条相关讨论（CBS/Associated Press 2017; Park 2017）。这种活用是大数据系统中的一个"故障"（glitch）吗？因为种族主义和厌女主义已然常态化，不论线上还是线下，而其他人均遭噤声。还是说它再次演示了一些声音是如何脱颖而出，吸引到人们注意的？然而，与该运动的初衷相关，#metoo 运动是对权力结构中（白人）男性的霸权——包括线上和线下——的当代干预。这既是计算查询也是情感查询，揭示了有色人种女性、非二元性别者、白人女性和基础计算设施之间的密切关系，这些关系似乎只取决于情感数据躯体的不确定性，因为她们说着 #metoo 并等待着算法带来的社交媒体反馈，由此来干预数据权力系统。计算和人类的不确定性催生了各类思潮和文化的形成，这些思潮和文化源自一些悲剧或虐待案，从"玩家门"[4]到 #blacklivesmatter[5]，再到 #metoo，未来还会有更多。

exit(0);

　　正如我们在此文或他处所坚持的那样（Pritchard, Snodgrass, 与 Tyżlik-Carver 2018），执行可被认为是持续的解答，是各种生成的、不可确定的、无形的、情感的和交叉的不确定性的组合与呈现，这种不确定性在当今计算机文化和设施的

4　玩家门（Gamergate）是一项骚扰运动，针对游戏行业的女性，参与者会对游戏行业内的女性发出无端威胁，甚至包括强奸和死亡威胁。——译注
5　即"黑人的命也是命"，是反种族主义者常用的标语和标签。——译注

背景下展开。执行所产生的全然不可捉摸的关系隐藏在语言、符号和意义与技术、文化和政策的混合中。正如"执行"这个词所暗示的一样，该混合构成了一种暴力形式，即刻生效后就无影无踪，合法与互动理性只不过是它的伪装。

尽管计算系统似乎以一种全然客观、正确和严谨的方式运作，或者至少试图这样运作，但实际情况远非如此。与"计算系统是形式化的公理系统"（Fazi 2018, 98）这一常识相反，该表述意味着任何（作为计算结果的）观点都可直接从一组不变"真理"中推导出来，我们更倾向于将计算视作从根本上就不确定也不可确定的。诚然，计算可以说是形式化的（在编程语言的层面），但它不可化作一种公理。因此，形式化、规范化甚至专制化（Gauthier 2018）并不能排除计算的不确定性。正如停机问题、大数据查询和 #metoo 运动所展示的那样，我们看到了形式化系统和情感数据躯体已经不可避免地暴露了自身的不确定性。如前文所述，当给机器一组有限指令（无论是 SQL 语句、Siri 语音命令、X86 指令，还是其他指令）时，我们不能确定机器一定会及时得出一个有效结果。这不仅仅是无限循环的问题，可计算性的定义本身就与时间概念相交织，正是出于这个原因，当代计算机科学家与数学家多谈论计算式策略，而不是计算式公理学。在漫长等待中，"执行"开始向"不确定性"搭话：**等待戈多** .exe。

注释

[1] 关于功能可供性（affordances）纠缠的完整讨论，见奥黛丽·萨姆森（Audrey Samson）和温妮·苏恩（Winnie Soon）的《网络功能可供性：一次香港车展的不可预测参数》（"Network affordances: Unpredictable parameters of a Hong Kong SPEED SHOW"）载于 *Fibreculture Journal* 24 (2015)。

参考文献

(1) Butler, Judith. 2009. "Performativity, precarity and sexual politics." *AIBR, Revista de Antropolgia Iberoamericana* 4 (3): i–xiii.

(2) CBS/Associated Press. 2017. "More than 12m 'me too' Facebook posts, comments, reactions in 24 hours." *CBS News,* October 17, 2017. https://www.cbsnews.com/news/metoo-more-than-12-million-facebook-posts-comments-reactions-24-hours/.

(3) Fazi, Beatrice. 2018. *Contingent Computation: Abstraction, Experience, and Indeterminacy in Computational Aesthetics.* Lanham: Rowman & Littlefield International.

(4) Fowler, Susan J. 2017. "Reflecting on one very, very strange year at Uber." *Susan Fowler* (blog). February 19, 2017. https://www.susanjfowler.com/blog/2017/2/19/reflecting-on-one-very-strange-year-at-uber.

(5) Gauthier, David. 2018. "On commands and executions: Tyrants, spectres and vagabonds." In *Executing Practices*, edited by Helen Pritchard, Eric Snodgrass, and Magdalena Tyżlik-Carver, 69–84. London: Data Browser 06/Open Humanities Press.

(6) Halberstam, Judith. 1998. "Automating gender: Postmodern feminism in the age of the intelligent machine." In *Sex/ Machine: Readings in Culture, Gender, and Technology*, edited by Patrick D. Hopkins, 468–483. Bloomington: Indiana University Press.

(7) Helmond, Anne. 2015. "The web as platform: Data flows in social media." PhD diss., University of Amsterdam.

(8) Justbeinc. 2017. "The movement." http://justbeinc.wixsite.com/justbeinc/the-me-too-movement.

(9) Kleene, Stephen Cole. 1952. *Introduction to Metamathematics.* Amsterdam: North-Holland.

(10) Matsakis, Louise. 2017. "Google employee's anti-diversity manifesto goes 'internally viral.'" *Motherboard*, August 5, 2017. https://motherboard.vice.com/en_us/article/kzbm4a/employees-anti-diversity-manifesto -goes-internally-viral-at-google.

(11) Miley, Leslie. 2015. "Thoughts on diversity part 2: Why diversity is difficult." *Tech Diversity Files*, November 3, 2015. https://medium.com/tech-diversity-files/thought-on-diversity-part-2-why-diversity-is-difficult-3dfd552fa1f7.

(12) O'Reilly, Tim. 2005. "What is Web 2.0." *O'Reilly*, September 30, 2005. http://www.oreilly.com/pub/a/web2/archive/what-is-web-20.html.

(13) Park, Andrea. 2017. "#metoo reaches 85 countries with 1.7 million tweets." *CBS News,* October 24, 2017. https://www.cbsnews.com/news/metoo-reaches-85-countries-with-1-7-million-tweets/.

(14) Piccinini, Gualtiero. 2011. "The physical Church-Turing thesis: Modest or bold?" *British Journal for the Philosophy of Science* 62 (4): 733–769.

(15) Pritchard, Helen, Eric Snodgrass, and Magdalena Tyżlik-Carver, eds. 2018. *Executing Practices*. London: Data Browser 06/Open Humanities Press.

(16) Samson, Audrey, and Winnie Soon. 2015. "Network affordances: Unpredictable parameters of a Hong Kong SPEED SHOW." *Fibreculture Journal* 24. http://twentyfour.fibreculturejournal.org/2015/06/04/44/.

(17) Schuppli, Susan. 2020. *Material Witness: Media, Forensics, Evidence.* Cambridge, MA: MIT Press.

(18) Snodgrass, Eric, and Winnie Soon. 2019. "API practices and paradigms: Exploring the protocological parameters of APIs as key facilitators of sociotechnical forms of exchange." *First Monday* 24 (2). https:// doi.org/10.5210/fm.v24i2.9553.

(19) Soon, Winnie. 2016. "Executing liveness: An examination of the live dimension of code inter-actions in

software (art) practice." PhD diss., University of Aarhus.

(20) Turing, Alan M. 1950. "Computing machinery and intelligence." *Mind* 59 (236): 433–460.

(21) Tyżlik-Carver, Magdalena. 2018. "Posthuman curating and its biopolitical executions: The case of curating content." In *Executing Practices*, edited by Helen Pritchard, Eric Snodgrass, and Magdalena Tyżlik-Carver, 171–190. London: Data Browser 06/Open Humanities Press.

(22) Vagianos, Alanna. 2017. "The 'me too' campaign was created by a black woman 10 years ago." *Huffington Post*, October 17, 2017. https://www.huffingtonpost.com/entry/the-me-too-campaign-was-created-by-a-black-woman-10-years-ago_us_59e61a7fe4b02a215b336fee.

(23) West, Lindy. 2017. "Yes, this is a witch hunt. I'm a witch and I'm hunting you." *New York Times*, October 17, 2017. https://www.nytimes.com/2017/10/17/opinion/columnists/weinstein-harassment-witchunt.html.

21. 专业知识（Expertise）

卡罗琳·巴塞特（Caroline Bassett）

专业知识，这个看似直白的术语，比起那些专注于计算机智能批判或计算机与人类本体论的研究相比，似乎更注重于实用性甚至工具性层面。例如在政策领域（policy arenas），它经常在谈及技能水平时被援引，用来定义人在计算方面拥有（或缺乏）的"好"能力。计算机科学中的专家系统（expert systems）也通常被定义为类似的冰冷术语：在特定领域中，"使用专业知识数据库来提供建议或帮助决策的软件"（正如 GitHub 的入门手册所言）；或者像维基百科所说，专家系统通过推理机（inference engine）和知识库（knowledge base）建立的知识体系来推断问题。

然而，仔细端详这个词，事情就会变得更加复杂。探索大数据和专业知识不仅需要关注计算的物质形态，还需要关注社会政治语境中作为知识生产方式的大数据运作（big date operations）。另有一种思考专家系统的方式——与计算机科学中的方式十分不同，但还是一种关于计算的理解，即把它看作一个由数据、算法、人类和机器组成的集合，在该集合中，不同的专业知识以不同的形式（如数据集、本有的知识、习得的技能或专业知识体系等）被不同的行动元（actants）**掌握，这并非是一潭死水**：这些运作本身既不封闭也不独立，它们共同形成了专家系统。这样的系统很是强效，可在多种环境中以不同规模发挥统领作用。

大数据和专业知识有三个核心问题。第一个关于专业知识与其自动化（automation），该问题提出在大数据和算法计算的运作接管了早先"我们"（我们人类）"为己"所做之事的情况下，人类专业知识会发生何种变化？解决这一问题意味着我们需要考虑计算机专业知识和人类专业知识的区别，也要思考哪种专业知识更可取。但是我们同样需要探究一些关于界限的问题：将算法应用于大数据集得出的计算方案，其中蕴含的专业知识是否与人类专家（如科学家、工艺师或人文学者）可能提供的专业解释全然相悖？换句话说，人类专业知识是非技术性的（nontechnological）吗？如果不是——这正是本文的看法——那么我们需要考虑大数据和自动化或许并非凭空出现，而是逐渐演变而来，它从现有的专业知识形式中浮现，这些专业知识在某种程度上就是技术性的。也就是说，上述二者之间没有明确区分。

第二个问题，大数据构成的专家系统是如何为市场和主流价值观的利益而设计并运作的？这个问题关乎社会控制权与歧视问题，专业知识则是数据公正的核心。也就是说，计算专业知识在不同群体与阶层、公司或国家之间的分布情况**意义重大**。我们需要思考谁（哪个群体）拥有设计和运行大数据系统的专业知识（又是谁没有这种知识呢？为什么会这样？）。数据近乎无穷，那为什么真正开放的、公众可取用的数据如此之少呢？可以这么说，我们生活在一个既富裕又贫穷的时代（Bassett 2015）。

第三个问题，专业知识一般是如何在计算资本主义的"认知文化"（epistemic cultures）（Knorr Cetina 1999）中传播的？在那里我们的所知和（或）被称为"真理"的东西，其实已在数据驱动的过滤气泡（filter bubbles）和相关结构中被充分调整过了，被处理后信息又被反馈至数据集和算法工序的新活动中。

专家系统生产专家系统

所有这些问题都指向一个最重大的问题：包含大数据源、机器学习和各式算法的专业知识生产之新经济，如何产生特定的**认知文化**。在克诺尔·塞蒂纳（Knorr Cetina，1999）的定义下，认知文化指的是一些过程和实践，各种形式的知识——阐释的和经验的、群体的和个人的、文本的或声音的或表演的再或计算技术带来的——"扎根"其中，或者说"使其有意义"。

专业知识政治

我们所谈的专业知识是政治性的——它于世界中被制造，更于世界中被验证。专业知识同样是可被客观衡量的，比如技能熟练度、知识量、计算能力。这在本文的诞生背景中可能更容易被理解，毕竟我们正处于一个民粹主义怀疑专家的年代，一种深刻的反计算冲动正在萌芽，这是对一些大数据驱动的事件的反应——我们在出售手中的选票（Facebook/Cambridge Analytica）。一些臭名昭著的算法偏见和种族主义事例，引起人们对于被摆布和被设计而"成瘾"的担忧，以及对一些计算形式的不安——这些计算形式围绕人的辨别能力和决策能力去生成一种新形式的行为主义：超级助推（the supernudge）（Alter 2017; Bassett 2018; Wu 2017; Zuboff 2019）。

让我们将问题稍做分解。首先，专家不被信任，出现了一种认为他人的信息或知识、专家认证的信息或知识未必有效的网络文化。当代批评家极力声称（通常带着绝望）经验已替代专业知识成了"真理"的依据。这种表述虽然颇具启发性，但也不全面，因为它未能充分表明，所谓"真理"往往还不是被直接体验的，它们早已被过滤器和 / 或过滤气泡筛选过。经验被充分调配过，不仅在于狭义的网络媒体中，甚至在于计算化的日常生活和文化中。计算机——这个计算与处理全新规模的数据（不仅有极大规模，也有极小规模）的专家——被卷入了一场合法化危机。不仅新自由主义者感受到了这点，新右翼也一样。例如，对于左翼，尚塔尔·墨菲（Chantal Mouffe，2018）认为，技术官僚化的理性造成了政治的**异化**，政治沦为"纯粹的技术问题……它管理既定的秩序，这是一个预留给专家的领域"。

大量反计算论文、书籍、出版物、声明，以及不断增加的法律，它们高举批判大数据与算法运作的大旗，以表达对当今形势的不满，同时也抨击那些促成大数据肆意扩散与入侵的机构（例如 Carr 2016; Noble 2018; O'Neil 2017; Zuboff 2019）。最关键的指控则是：计算机知道的太多了，组织大数据运作的公司也知道的太多了，它们设计的平台让我们不再能做出决策。例如它们旗下的软件，巧妙且悄无声息地将我们引向那些我们愿意看到的新闻和事件，将我们推向那些赞同自己的人。这些平台沉醉于收集我们的数据并利用之，让我们变得幼稚、笨拙，不再那么专业。杰伦·拉尼尔 （Jaron Lanier）谈到了文化之幼态持续（cultural neoteny）——他同样建议我们逃离此状态。

这些观点态度，以非常直接的方式将专业知识事项和计算文化事项相连接，它们流传甚广，但也存在争议。如果社会有一个真理问题，那么大数据运作、广泛存在的监控行为和平台资本主义都**卷入**其中。它们在不同程度上被认为促成了这种局面或加剧了现有的社会隔阂和信任问题。而程度的不同通常取决于技术是否被看成决定性因素，这也往往是两极分化的：旧的对立（基特勒 [Kittler, 2006] 和麦克卢汉 [McLuhan, 1994] 与研究技术之社会构建的理论家们的对立，提供了确定性但无法处理复杂性）随着新技术的出现也一并复现，也一如既往地具有局限性。

数字人文？

以下问题直接关切学术研究。首先需要思考参与（或者说**卷入**）大数据研究意味着什么，无论参与的是媒体研究还是数字媒体研究，无论你是数字人文学的学生还是研究员，这一点都值得深思。在数字研究中成为专业人士意味着什么？我们在失去什么？这个问题很有必要提出，特别是在这样一个"每个人"都因前述原因而厌恶计算机的时代，但计算机却愈加深入地嵌入社会和计算系统中。对计算机的敌对情绪至今未能减缓计算文化的兴起：业界预测到了 21 世纪 20 年代，全世界将会有超过 200 亿个传感器。

作为方法的专业知识

庆幸的是，计算专业知识可作为一种在世间运转之物加以研究，这点已经很清楚了。此外。正如早期科学和技术研究（STS）的学者们所指出的（比如，Collins and Evans 2002），专业知识可以用作研究的探测仪。用专业知识来试探的一个有趣之处在于，这可以产生一系列关于知识实践的洞见，作为运作的、象征上和事实上发生了的、涉及人类和机器形式的专业知识。与之形成鲜明对比的是，上述思路依赖于对人类"智能"和机器"智能"进行二元划分（或本体论区分），从而使（机器）逻辑和（人类）理性（此处借用约瑟夫·魏森鲍姆 [Joseph Weizenbaum，1976] 在 20 世纪末使用的术语）泾渭分明。

各种类型的人类与技术专业知识

也许到现在为止，我们谈论的东西会让人沮丧，但什么**是**专业知识？当英国政府大臣迈克尔·戈夫（Michael Gove）说"专家够多了"时，他弃置了哪种专业知识？当尚塔尔·墨菲（2018）用**"专家"**一词回应民粹主义时，她又是何种**意图**？我们在此讨论的是技术专家或专家系统，还有大数据或大数据运作方面的专业知识，它们不需要人类形式的专业知识，因为它们将带来自己的方案。但是又是什么构成了专业知识或专家知识呢？是人还是机器？

专业知识可以有多种定义（Collins and Evans 2002, 44），检视其中的几个定义有助于为我们理解大数据时代的专业知识奠定基础。首先，可以从现象学的角度出发，将专业知识看作是个人对海量知识的获取和积累，直至可以本能地利用这些知识。这就是德雷弗斯在他的经典著作中的阐释（Dreyfus 1997, 2005; Farrell 2012）。值得注意的是，该解释给科技"义体"留下了一席之地，例如在网球运动中，专业选手可能会将网球拍也感受为身体的一部分。还有一点，如果专业知识指有意识地获得某项技能（掌握某种操作或积累大量知识或信息），那它也需要某种形式的遗忘，主体要本能地而不是有意识地使用规则、可行的玩法或知识库；此处显示出一种自动化，尽管以上对专业知识的解释充满人情味。

法国社会学家皮埃尔·布迪厄（Pierre Bourdieu）和德雷弗斯一样，将专业知识当作一种具体实践来研究。他更进一步，将其理解为一种物质**社会**可供性（material-**social** affordance）：惯习（habitus）是一种关于专业知识的社会理论，布迪厄的惯习和场域（field）理论从根本上解释了专业知识如何在专门领域中展开或被运作 / 被资本化，以及这些领域是如何互相映射的（Bourdieu 1993）。在早期关于科学与民主的研究中，继承 STS 传统的学者，尤其是哈里·柯林斯和罗伯特·埃文斯（Harry Collins and Robert Evans，2002），他们在探究公共科学与知识的生产流通时，将专业知识当作一种社会关系来研究。他们的专业知识理论中一个重点是，他们以多种形式理解专业知识，这在某种程度上产生了一张专业知识"元素周期表"。值得注意的是，除了直接作用于某领域的专业知识外，他们还定义了互动性专业知识——拥有者可以"与相关人员谈笑风生，随后得出社会学分析"的专业知识（Collins and Evans 2002, 254）——并随后将之归入参考性专业知识的类别下，即具有中介作用的专业知识。按照以上思路开展工作，扩大了专业知识的范畴，也让我们得以重新审视专业知识如何形成、如何以各种形式和方法结合，以及如何传播与越界（见 Grundmann 2016）。这些广义的专业知识的定义，并不仅仅将专业知识理解为对技能或知识水平的称呼，我们有着足够的余地去思考人类与非人行动元是如何掌握专业知识的。对专业知识的这些探索，是 STS 中关于所谓**真相问题**和**忧虑情绪问题**争论的一部分，这也预示着布鲁诺·拉图尔（Bruno Latour）等人对行动者网络理论的贡献。

STS 的学者们进行了一系列相关调查，包括辛西娅·科伯恩（Cynthia Cockburn，1983）和莫林·麦克尼尔（Maureen McNeil，1987）考察了 20 世纪末和英国新闻界与当时的新技术相关的技术专业知识和性别政治，彼时关于媒体控制权归属问题的纠纷是以去技艺化的形式展开的。他们探讨了这些关于（阶级之间）技术专业知识的冲突是如何被性别化的：操控大型印刷机被视作男性专业手艺，女性因此难以进入相关厂房，这表明**所谓的**技术专业知识是按照**性别**来划分的。倘若认为这项调查只是历史研究，就大错特错了，不妨考虑下当今的科学、技术、工程和数学（尤其是计算机科学）等领域中女性学者是何其稀有，再考虑下大数据驱动的知识生产和实践（人脸识别对不同人种的有效性问题、

算法偏向问题 [Noble 2018]）系统产出的社会偏见——无法预测却又让人心痛。然后我们会发现，这绝不只是一个历史问题。

让我们把视角拉回现在，回顾专业知识的不同定义（狭义地描述技能、一种社会可供性和权力相关）的意义是什么？首先，这或许可以让我们从专业知识的生态与流通角度去透视大数据运作，而不仅仅只提供一个解释。在这生态与流通中，不同行动元——有人类，也有机器——拥有不同的能力与资源，而这能力与资源同样也会因**利害关系**进入流通中；其次，我们还可以认为，随着生产与交付形式的不同、经手人群的不同，这些专家式运作的成果也会被不同地评估。这种将专业知识与大数据运作并置的定义与理解，不仅可以对抗硅谷带来的确定性，还可以提供一种新方式，将大数据重新构造为一种认识文化；最后，它可以让我们发觉特定形式的专家系统是如何产生了后殖民主义理论家刘易斯·R. 戈登（Lewis R. Gordon）称之为**认知闭合**（Evans 2019）的东西——他研究了艺术界拒绝承认除欧洲以外世界的艺术规范这一问题。

大数据声称自己可以独立于任何群体，因此也可以产生完全中立的解决办法，这既不可能，又让人心生厌恶。而从专业知识角度思考大数据，为现有的那些反对该声明的论据增添了另一维度。博伊德和克劳福德（boyd and Crawford，2012）等学者有力地反驳了大数据的中立性主张，且自那以后，随着人们意识到大数据毫无公正可言，一系列警钟被敲响。从成为纳粹分子的聊天机器人泰伊[1]（通过互联网它学会了种族主义和厌女言论），到一系列人脸识别分析系统中关于种族偏见的发现，后者更加严峻（说它更严峻是因为它反映了更深层的系统）。人脸识别系统和泰伊一样，它们都是从早期经验中学习并巩固

1　微软于 2016 年开发的人工智能聊天机器人，该机器人在推特上学习和发言。——译注

了自身的分类闭合。乔伊·伯拉姆维尼（Joy Buolamwini，2018）的作品在批判偏见问题上堪称典范，在公共论坛上，他的理论已为不少人所知。

专业知识因涉及民主与知识问题成了大数据政治的核心，因为对大数据或大数据驱动式输出（outputs）的评价，部分取决于评估这些输出的方式，还因为专家系统（这一大数据驱动的组合体愈加频繁地调制我们的经验，并为我们提供信息）的组装是一件非中立、有利害关系的事务——巧妙地掩盖了前文提及的"真相"。专业知识不止是一种中立的技术诀窍（know-how）、一个高于人类基本素养的技能或能力水准。所谓的"人类的基本素养"对应到机器界，或许是未受训练的机器对未被预先组织的数据集的运作。这种运作或许本身具有社会技术性（sociotechnological），但总的来说它包含多个组成部分、参与者和发生环境，并由它所促成、表达和制造的社会系统塑造。这些运作中，不同参与者的多样能力及其多样形式的专业知识，为知识生产提供了不同的可能性。处在构成当代认知文化的这个物质社会形态中，专业知识可能是一种功能可供性。或许从技艺上来看，专业知识本身是一门技术。而这技术将变得多么非人（inhuman），仍悬而未决。

机器学习的专业知识？

我们要讨论的最后一个问题就是从这一点扩展而来：计算机专业知识——一种功能可供性，一个具有功能可供性的技术——是如何发展的，它又会给未来的认知文化带来什么后果？我们已经知道，大数据与其文化与社会界有着千丝万缕的纷杂联系，计算机专业知识也与人类专业知识在流通中关系密切，生产着知识、信息和新闻并使它们具有效力。在实际运作中，大数据系统往往会背离其意识形态框架。

但是，出于特定技术与政治经济环境的变化，人类和机器专业知识的结合情况也变得不同，二者的交集赋予我们一种认知文化。因此我们可以思考这种问题，当人类专业知识和计算机专业知识之间的平衡持续变化时，会发生什么？随着新技术的出现，在一个由大数据推动的知识经济体中，围绕着专业知识的分配会出现各种新问题。我们需要问道，机器学习（多种专业知识因此变得更加自动化）给不同的人类和机器流通路线带来了什么，以及何种形式的专业知识因此被制造或共享了？对于这个近未来背景下的问题，有一个常见看法，即认为专家计算机将逐步接管推理和专业计算事务，人类所能提供的只剩情感或感觉（鉴于人类正处于专业知识/经验的危机中，这就显得非常矛盾）。这一看法虽解决了当前的（机器学习）合法化危机，但着实令人胆寒，因为它完完全全是技术官僚的。

为了对抗这种视域，我们需要援引批判性理论、STS 和女性主义者所提出的更具复杂性、广泛性和总体性的专业知识理解方式。随着计算机在分析和运作数据上变得愈加专业，随着数据集不断扩大，我们的（人类的）技能、专业知识和学识恐怕会变得没用：我们被自动**排出**于流通之路；又或者我们（人类）更加珍贵，正是因为我们有着情感敏锐性，而不是因为我们具有的那些人类专长。随着计算机越来越活跃，我们未必一定会更懒惰（以适应唐娜·哈拉韦 [Donna Haraway, 1991] 的构想）。在这般情况下，或者说作为一种回应，找到新办法来处理日益自动化的知识生产，并研制关于监督机器的专业知识——即使人类无法解析（至少无法全部解析）计算机生成输出的技能——是专业知识政治的核心任务。你可能会说，我们关于计算机的专业知识亟须改变。如果我们想在大数据的发展过程中产生一种围绕大数据的负责任的知识政治，我们就需要与机器协同进步。

参考文献

(1) Alter, Adam. 2017. *Irresistible: Why We Can't Stop Checking, Scrolling, Clicking and Watching*. London: Bodley Head.

(2) Bassett, Caroline. 2015. "Plenty as a response to austerity? Big data expertise, cultures, and communities." *European Journal of Cultural Studies* 18 (4–5): 548–563.

(3) Bassett, Caroline. 2018. "The computational therapeutic: Exploring Weizenbaum's ELIZA as a history of the present." *AI and Society*. https://doi.org/10.1007/s00146-018-0825-9.

(4) Bourdieu, Pierre. 1993. *Sociology in Question*. London: Sage.

(5) boyd, danah, and Kate Crawford. 2012. "Critical questions for big data." *Information, Communication and Society* 15 (5): 662–679.

(6) Buolamwini, Joy. 2018. "Gender shades: Intersectional accuracy disparities in commercial gender classification." *Proceedings of Machine Learning Research* 81: 1–15. http://proceedings.mlr.press/v81/buolamwini18a/buolamwini18a.pdf.

(7) Carr, Nicholas. 2016. *The Glass Cage: Where Automation Is Taking Us*. London: Penguin.

(8) Cockburn, Cynthia. 1983. *Brothers: Male Dominance and Technical Change*. London: Pluto.

(9) Collins, H. M, and Robert Evans. 2002. "The third wave of science studies: Studies of expertise and experience." *Social Studies of Science* 32: 235–296.

(10) Dreyfus, Hubert L. 1997. "The current relevance of Merleau-Ponty's phenomenology of embodiment." *International Focusing Institute*. Accessed August 15, 2019. http://www.focusing.org/apm_papers/dreyfus2.html.

(11) Dreyfus, Hubert L. 2005. "Expertise in real world contexts." *Organization Studies* 26 (5): 779–792. https://doi.org/10.1177/0170840605053102.

(12) Evans, Brad. 2019. "Histories of violence: Thinking art in a decolonial way: Brad Evans interviews Lewis R. Gordon." *Larb*, June 2019.

(13) Farrell, Robert. 2012. "Reconsidering the relationship between generic and situated IL approaches: The Dreyfus model of skill acquisition in formal information literacy learning environments, part I." *Library Philosophy and Practice* 842. http://digitalcommons.unl.edu/cgi/viewcontent.cgi?article=1989&context=libphilprac.

(14) GitHub. n.d. "ML basics." Accessed August 28, 2019. https://github.com/harvhq/gladiator/wiki/ML-Basics.

(15) Grundmann, Reiner. 2016. "The problem of expertise in knowledge societies." *Minerva* 55 (1): 25–48.

(16) Haraway, Donna. 1991. *Simians, Cyborgs and Women: The Reinvention of Nature*. London: Routledge.

(17) Kittler, Friedrich. 2006. "Thinking colours and/or machines." *Theory, Culture and Society* 23 (7–8): 39–50.

(18) Knorr Cetina, Karin. 1999. *Epistemic Cultures: How the Sciences Make Knowledge*. Cambridge, MA: Harvard University Press.

(19) Lanier, Jaron. 2010. *You Are Not a Gadget*. New York: Knopf.

(20) Lanier, Jaron. 2018. *Ten Arguments for Deleting Your Social Media Accounts Right Now*. London: Bodley Head.

(21) McLuhan, Marshall. 1994. *Understanding Media: The Extensions of Man*. Cambridge, MA: MIT Press.

(22) McNeil, Maureen. 1987. "Introduction." *In Gender and Expertise*, edited by Maureen McNeil, 1–9. London: Free Association Press.

(23) Mouffe, Chantal. 2018. "Populists are on the rise but this can be a moment for progressives too." *Guardian*, September 10, 2018.

(24) Noble, Safiya Umoja. 2018. *Algorithms of Oppression*. New York: New York University Press.

(25) O'Neil, Cathy. 2017. *Weapons of Math Destruction: How Big Data Increases Inequality and Threatens Democracy*. London: Penguin.

(26) Weizenbaum, Joseph. 1976. *Computer Power and Human Reason: From Judgment to Calculation*. San Francisco: W. H. Freeman.

(27) Wu, Tim. 2017. *The Attention Merchants: The Epic Struggle to Get inside Our Heads*. London: Atlantic.

(28) Zuboff, Shoshana. 2019. *The Age of Surveillance Capitalism: The Fight for a Human Future at the New Frontier of Power*. London: Profile Books.

22. 田野 （field）

香农·马特恩 （Shannon Mattern）

　　这颗星球的命运，以及它能否满足生存条件极具不确定性（uncertainty），鲜有地区甚之。[1] 在 2017 年 7 月《纽约杂志》中一篇广为流传的文章《不宜居的地球》里，作者大卫·华莱士 - 威尔斯（David Wallace-Wells 2017）以一段强有力的宣言作为开场白："我可以保证，情况比各位所想象的还要糟糕。如果你对全球变暖的主要认识是海平面上升，那么你就对真正可怕的东西一无所知，今天的青少年更不可能了解其恐怖之处。"这篇文章在全球范围内引发了海啸般的反驳，人们质疑文中的论据是否属实，并对该文可能招致的末日态度表示担忧：人们会在震惊后采取行动，还是会在恐惧中瘫痪？然而华莱士－威尔斯认为，我们需要的是某种大胆直白的"确定性"（certainty），即便这确定性让人恐惧。他悲叹科学家和新闻工作者口中"懦弱的言语"、难以把握的科学数据，以及"不确定之不确定"的文化氛围。美国新一代政府正是利用这种不确定性为其退出巴黎气候协议和颠覆国内气候政策做辩护。多年以来，科学界的少数气候怀疑论者赋予"雄辩"的美国政客以权力，使他们"在政策辩论中施加足够的影响力，以抵消全世界气候科学家几乎一致的意见"（Freudenburg, Gramling, and Davidson 2008, 19; 同样可见 Oreskes and Conway 2010）。不确定性得到确信，小小的怀疑迸发出巨大能量。

在这些怀疑论者中，有人提出科学家不该使用仿真模型来预测全球变暖模式——模型中或许包含人为因素。但是，由于气候活动的时空跨度极大，模型对于研究就是不可或缺的。正如保罗·爱德华兹（Paul Edwards 2010, xiv–xv）的解释，"你无法用实验来研究全球系统，它太庞大和复杂了。我们所能了解的关于全球气候的一切，都取决于……计算机模型"。而这些计算机模型构成的知识基础设施（knowledge infrastructures）本身也庞大复杂；它们由无数机构、仪器、测量数据、规程、资金源和海量大数据组成。爱德华兹接着又说，理解并预测天气是"科学史上最困难的挑战之一，因为这涉及诸多连锁系统，包括大气层、海洋、冰冻圈（冰与雪）、地表（土地与地表反射）和生物圈（生态系统、农业等）"。迄今为止近150年间的数据为模型提供数据支撑，这些数据则来自地面站、气象船、海洋浮标和卫星（见 World Weather Watch 2018）。但是，若想为过去数千年甚至几十万年间的历史天气模式建模，无直接数据可用，就需要在田野（field）中寻找替代物：冰芯、海洋沉积物、花粉、树木年轮、珊瑚、孔洞或洞穴石笋与钟乳石，这些都指向过去的气候事件，可作为实验性测算的依据（见 Edwards 2010, 2016）。

要预测我们的冰山与地峡、珊瑚和海岸线、动植物群与其生活的田野的命运，我们需要将"田野"本身作为数据源。[2] 而气候的大数据档案库庞大如一个世界，确切地说它**就是**整个世界。如先锋信息科学家苏珊娜·布莱特（Suzanne Briet 2006, 10）所说，重要的地质田野样本成为档案**文献**的方式与"星星的照片与目录、矿物博物馆中的石头、博物馆编目和展览的动物"一样。布莱特在1951年宣称——这句话广为人知——即使是一只羚羊，在正确的认识语境中也能构成一份文件。莎拉·拉姆丁（Sarah Ramdeen 2015, 214）解释道，在地质学的一些子领域，"现实物体一旦被用于研究，就变成了数据，连同与该物体相关的元数据和描述……从区区一块石头，到代表了科学知识且与文献相连的石头，转变发生了"。

在地球科学中，将地球本身即陆域视为档案的历史相当悠久——这里的档案与历史学家查阅的档案没什么不同。大卫·塞普科斯基（David Sepkoski 2017, 57）解释道，随着 19 世纪早期地层学的发现，地球历史学家、博物学家和文物学家开始认为地球"有着深厚历史，而这份历史可以从地层埋藏的系列化石中读出"。甚至在更早的 1766 年，瑞典化学家托尔伯恩·奥洛夫·伯格曼（Torbern Olof Bergman）就提出，化石"实际上是一种牌照（medallions），它们最开始在地表，而后进入地层之中，该地层是比（人类）历史更古老的档案，给予地层一定的调查，我们会对家园有更多的了解"（引自 Sepkoski 2017, 59）。塞普科斯基认为，这种档案式/文物式/地质学比喻在 18 世纪末与 19 世纪初成倍增加，研究人员将其档案扩展到多个层面：地球本身、地球产出的化石与标本、这些化石标本的视觉呈现、文字目录，最后则是数据库。

气候科学家、古气候学家、古海洋学家、地质学家和相关领域的研究人员为了探寻时间跨度大的全球图式，不仅采用了庞大的数据库与实物证据，还使用了大量地球与海洋的局部切片——这是两种不同的大数据。本章改编自我的另一篇长文，在那篇长文中，我描写了如何在田野中收集冰芯和沉积物、土壤与岩石样本，再如何于档案馆中处理它们，最后保存转化为文件的。例如，我解释了怎样在海上采集一个沉积物岩心，再将其带入仓库，进行分段、切割、记录、编目、QR 编码、最后分装运送到世界各地的实验室进行测试，各式各样的研究方法、科研仪器和学科知识都会被用到。一盒泥浆——在任何其他情况下，似乎都不会具有确定的美学与认识价值——可以开启数百万年的环境历史：微生物的外壳残骸可以标示洋流与物种迁徙中的变化、沉积物的堆叠记录了几十万年的地震历史、风化物可以追踪冰山的漂浮路线、细菌化石帮助探索生命的起源。哥伦比亚大学拉蒙特·多尔蒂岩芯存储库（Lamont-Doherty Core Repository）的岩芯存储着 1.3 亿年的地质历史，我曾于 2017 年 7 月访问此处。这些数据并不仅仅隐藏在岩芯中，等待着被谁发现。怀疑论者认为不完美的模型无从得出"真正的"（或者说：确定的）气候数据，而爱德华兹（2010, xiii）驳斥道："没有模型，就没有数据。"在类似的意义上，没有地质档案，就没有大型气候数据。这种档案实践不仅塑造了大型数据库的结构和共享方式，也让陆域产出信息，使岩石成为一种记录。

档案化田野中的不确定性实践

虽然与我交流过的地质馆长们将他们的工作称为"归档"（archiving），但我们可能会认为这种归档与纸质档案或者市政档案中的归档不同。比如说你不会在沉积物存储库中找到很多白手套，也不会在纸质档案馆中看到电锯。地质学家和信息科学家朗姆迪恩（Ramdeen）赞赏了地质档案馆对"藏品综合处理"（curation）的历史学贡献，但同时也对其在库存管理（有时意味着筛选库存）、元数据、用户服务和长期护理和保存方面缺乏专业知识表示痛惜。"对可持续性和互用性（interoperability）问题很是担忧。"她如是说道（Ramdeen 2015, 216）。同时，学术档案经理艾拉·坦西（Eira Tansey）——她与更加传统的文本媒体打交道——对她的研究领域与实物领域的疏远感到遗憾，因为她认为这是受困于人类中心主义的一种症状。"我们档案员认为记录都是人类创造的、为人类创造的、关于人类的东西……而自然界的任何东西都可被视为数据，出于某种历史原因，我们往往倾向于把这些数据交给其他职业处理。"（Tansey

2017；同样可见于 Loewen 1991–1992）

尽管分工不同，规章制度也不尽相同，但岩芯库、海洋样本收藏、手稿收藏和数字档案馆还是有共同之处，且远不止藏品丰富这一点。它们都在与巨大的不确定性斗争：它们面临着衰落，无法保证资金与机构支持；变动的专业标准；无法预测的各种威胁，包括停电和设备故障。它们身处一个全球变暖、海平面上升、地缘政治紧张的世界。地球科学工作者们的藏品用于研究这些环境问题，可这些藏品未来可能不再包含大型冰山或湖泊水样。档案**目录**受到环境不确定性的威胁。与此同时，传统依赖媒体的档案员也逐渐意识到，他们的档案**实践**也需要做出改变，因为环境不确定性。坦西（Tansey, 2017）说："需要彻底反思如何在我们现有工作中考虑气候变化，从评估到处理再到保护均需反思。"因为仅仅收集资料是远不够的。

随着这巨大风险而来的是一些颇具讽刺意味的问题。维护一个强健的气候类模拟（analog）档案或是数字（digital）档案——无论是泥土、文稿，还是元数据——需求大量能源与自然资源，而这可能会加剧档案馆藏品所记录的环境危机。冰芯保存也许是最具启发性的一个例子（或者我们应该说是最令人"胆寒"的一个例子？）。乔安娜·拉丁（Joanna Radin）和艾玛·科瓦尔（Emma Kowal 2017, 3）指出："保存冰川样本依赖能源密集型的保存方式，这一事实指出了依靠化石燃料的资本主义社会是如何导致气候变化的。"其他形式的冷冻储藏——血库、种子库、濒危动物的配子冷冻和临床体外授精——也处在类似困境中，《纽约时报》上一篇插图精美的文章《末日方舟》（巧的是，这篇文章发布在华莱士－威尔斯的末日预言仅仅一周后；Wollan 2017）就介绍了这些冷冻储藏方式。这些"冷冻政治"（cryopolitics）的表现形式内含讽刺——"在对未来救赎的期待中冻结或暂停生命"（Radin 与 Kowal 2017, 10; 同样可见 Starosielski 2016）。这些"方舟"给我们一种感觉，即我们正在渡过难关；它以便捷的物质形式安抚我们对不确定性的不安。随之而来的，我们也失去了立刻采取行动的义务感。费尔南多·维达尔（Fernando Vidal）和内利亚·迪亚斯（Nélia Dias 2015, 26）认为是"濒危意识"促成了这种归档与记录项目，而这种项目"似乎主要是补救性、调理性、治疗性的，甚至只是一种权宜之计"。雷顿（Radin）和科瓦尔（Kowal 2017, 11, 13）认为，在冰芯库证实了"碳资本主义"的危害的同时，这些其他冻结着的档案让我们意识到"（依赖碳的）政治经济体制的消亡"的理想只是虚妄，也让我们意识到，以西方的、人类中心的理解方式来看待生命、历史与进步是极为短视的——也是极不确定的。

再有，借用马克·吐温的话来说，或许碳资本主义消亡的传闻略显夸张。但富有"事业心"的政府和开采业也使用同样的档案记录和方法去推动预防性气候科学，但他们是为了进一步开采地球资源。种种档案实践可用于不确定的道德或政治目的。

这些代码、古籍和岩芯的负责人，他们如果反思其藏品、承诺恢复环境并担负责任，就可以促成建立更具可持续性的机构，以便更好地服务于美好愿景，创造一个更具恢复能力的世界。同时，他们可以识认出多种多样的"天然"文档和文本文档，这些文档将会产生关于地质进程、气候进程和相关文化进程的重要数据，他们能根据不同需要将这些进程变为现实。他们可以制定规则和标准，以便其藏品可以被广泛地访问与使用；他们可以招揽充足的资金和其他必要的物质支持；他们可以提出"大"问题来精进彼此的实践，"大"不仅意味着他们数据集的庞大规模，还意味着他行动区域的认识论与本体论广度，他们能帮助我们面对这份"巨大"的不确定性。[3]

拥抱不确定性与损失

其中一个大问题是关于损失的不可避免性。档案馆、图书馆、博物馆和历史遗迹等文化遗产机构越来越意识到，他们必须更加严肃地对待不稳定性（Denton 2015; Project_ARCC 2018; Tansey 2015）。考古遗址和文化场所因其场地特殊性，首先意识到救灾规划的重要性。图书馆和档案馆——特别是位于易受洪灾和海平面上升影响的沿岸地区的那些——也认识到了深谋远虑的必要性（Gordon-Clark 2012; Tansey et al. 2017）。坦西（Tansey, 2017）说需要仔细评估这些藏品的可持续性，冷静地审视特定弱势机构的所在地，并评价其可保性（insurability）。目前还没有这样的大数据集辅助该研究，坦西和她的同事本·戈德曼（Ben Goldman）正在亲自收集数据（Society of American Archivists 2017）。

信息专家还必须重新评估其工作流程和优先级，如有必要，需更严格地评定什么是值得获取并保留的。坦西所在的"应对气候变化的档案工作组"（Archivists Responding to Climate Change）声称其职责之一是"为未来的研究与理解保存这一划时代的历史时刻"——或许这项工作还需要记录不确定性与损失（Project_ARCC 2018）。

文化遗产机构正致力于打造绿色建筑，并减少在复印、图书递送、存储设施内气候控制、大数据管理等方面的能源消耗。戈德曼（Goldman 2016, 5）解释说，当代数字存储规范要求对藏品进行频繁验证和完整性检查，而这"通常会导致相同内容在多个对象上的重复"。通过一些"咒语"，高保真和冗余变得约定俗成化，比如"多拷贝几份才能保证东西的安全！"而这最终会消磨大量能源。戈德曼主张档案工作者应设定"能接受的可变程度"和"损失程度"，欣然接受数字图书馆基金会主任贝瑟尼·诺维斯基（Bethany Nowviskie, 2014）口中"优雅的退步"。档案学家里克·普林格（Rick Prelinger, 2017）也同意这一观点，她使用了一个恰如其分的"漏洞"比喻："如果档案馆要想迎接愈加高的浪潮，就不能像方舟那样完全堵住漏洞，而是要像通透的沼泽地那样消解潮水。"

在我们保护的环境之外，冰在融化，土壤被侵蚀。而方舟也会漏水。或者这不是什么大问题，因为这让我们想起田野与其中"档案"所必须面对的潮起潮落。这也是我们必须面对的困境。

注释

[1] 本章节的部分内容改编自马特恩（Mattern）2017 年的文章。

[2] 我用"**田野**"一词来象征广阔地球领域，包括冰川、海床、陆地石块和土壤。

[3] 图书馆员和档案管理员正在调集他们自己的藏品和专业资源，以推广气候、科学与信息知识——不仅推广给边缘社区（它们最易受到气候不确定性的影响），还推广给地质档案管理员和地球科学家（他们可以向其咨询诸如藏品管理、编目、保存和外展之类的问题，并从中受益）。更多关于边缘社区与信息行业的问题，可见坦西（Tansey 2017）的著作。

参考文献

(1) Bergman, Torbern Olof. 1766. *Physical Description of the Earth*. Uppsala.

(2) Briet, Suzanne. 2006. *What Is Documentation?* Lanham, MD: Scarecrow.

(3) Denton, William. 2015. "Anthropocene librarianship." Miskatonic University Press, November 15, 2015. https://www.miskatonic.org/2015/11/15/anthropocene-librarianship/.

(4) Edwards, Paul. 2010. *A Vast Machine: Computer Models, Climate Data, and the Politics of Global Warming*. Cambridge, MA: MIT Press.

(5) Edwards, Paul. 2016. "Control earth." *Places Journal*, November 2016. https://placesjournal.org/article/control-earth/.

(6) Freudenburg, William R., Robert Gramling, and Debra J. Davidson. 2008. "Scientific certainty argumentation methods (SCAMS): Science and the politics of doubt." *Sociological Inquiry* 78 (1): 2–38.

(7) Goldman, Ben. 2016. "14th blackbird: Digital preservation as an environmentally sustainable activity."

Presentation to the Preservation and Archiving Special Interest Group Meeting, Museum of Modern Art, New York, October 28, 2016. https://scholarsphere.psu.edu/downloads/np5547s017.

(8) Gordon-Clark, Matthew. 2012. "Paradise lost? Pacific Island archives threatened by climate change."*Archival Science* 12 (1): 51–67.

(9) Loewen, Candace. 1991–1992. "From human neglect to planetary survival: New approaches to the appraisal of environmental records." *Archivaria* 33: 87–103.

(10) Mattern, Shannon. 2017. "The big data of ice, rocks, soils, and sediments." *Places Journal*, October 2017. https://placesjournal.org/article/the-big-data-of-ice-rocks-soils-and-sediments/.

(11) Nowviskie, Bethany. 2014. "Digital humanities in the Anthropocene." July 10, 2014. http://nowviskie.org/2014/anthropocene/.

(12) Oreskes, Naomi, and Erik M. Conway. 2010. *Merchants of Doubt: How a Handful of Scientists Obscured the Truth on Issues from Tobacco Smoke to Global Warming.* New York: Bloomsbury.

(13) Prelinger, Rick. 2017. "Collecting strategies for the Anthropocene." Presentation to the Libraries and Archives in the Anthropocene Colloquium, New York University, New York, May 13–14, 2017. http://litwinbooks.com/laac2017abstracts.php.

(14) Project_ARCC. 2018. "Archivists responding to climate change." Accessed January 9, 2018. https://projectarcc.org/.

(15) Radin, Joanna, and Emma Kowal. 2017. "Introduction: The politics of low temperature." In *Cryopolitics: Frozen Life in a Melting World*, edited by Joanna Radin and Emma Kowal, 3–26. Cambridge, MA: MIT Press.

(16) Ramdeen, Sarah. 2015. "Preservation challenges for geological data at state geological surveys." *GeoResJ* 6 (6): 213–220.

(17) Sepkoski, David. 2017. "The earth as archive: Contingency, narrative, and the history of life." *In Science in the Archives: Pasts, Presents, Futures*, edited by Lorraine Daston, 53–85. Chicago: University of Chicago Press.

(18) Society of American Archivists. 2017. "SAA Foundation awards two strategic growth grants." Society of American Archivists, March 18, 2017. https://www2.archivists.org/news/2017/saa-foundation-awards-two-strategic-growth-grants.

(19) Starosielski, Nicole. 2016. "Thermocultures of geological media." *Cultural Politics* 12 (3): 293–309.

(20) Tansey, Eira. 2015. "Archival adaptation to climate change." *Sustainability: Science, Practice and Policy* 11 (2). https://sspp.proquest.com/archival-adaptation-to-climate-change-3f245c06d9c0.

(21) Tansey, Eira. 2017. "When the unbearable becomes inevitable: Archives and climate change." Presentation to Fierce Urgencies: The Social Responsibility of Collecting and Protecting Data, Yale University, New Haven, CT, May 4, 2017. http://eiratansey.com/2017/05/16/fierce-urgencies-2017/.

(22) Tansey, Eira, Ben Goldman, Tara Mazurczyk, and Nathan Piekielek. 2017. "Climate control: Vulnerabilities of American archives to rising seas, hotter days and more powerful storms." Presentation to Libraries and Archives in the Anthropocene Colloquium, New York University, New York, May 13–14, 2017. http://litwinbooks.com/laac2017abstracts.php.

(23) Vidal, Fernando, and Nélia Dias. 2015. "The endangerment sensibility." Preprint 466. Berlin: Max-Planck-Institut für Wissenschaftsgeschichte. https://www.academia.edu/10232671/The_Endangerment_Sensibility.

(24) Wallace-Wells, David. 2017. "The uninhabitable Earth." *New York Magazine*, July 9, 2017. http://nymag.com/daily/intelligencer/2017/07/climate-change-earth-too-hot-for-humans.html.

(25) Wollan, Malia. 2017. "Arks of the apocalypse." *New York Times*, July 13, 2017. https://www.nytimes.com/2017/07/13/magazine/seed-vault-extinction-banks-arks-of-the-apocalypse.html.

(26) World Weather Watch. 2018. "Global observing system." Accessed January 9, 2018. https://public.wmo.int/en/programmes/global-observing-system.

23. 形象 （Figura）

弗雷德里克·泰格斯特鲁普（Frederik Tygstrup）

这些人有多么奇怪，

虽然不容易说明，然而还很清楚。

要念从来没有写下的东西；

混乱一团的东西，要理出个头绪来，

在永恒的黑暗中还能找到途径。

——胡戈·冯·霍夫曼斯塔尔（Hugo von Hofmannstha 1894）

　　在霍夫曼斯塔尔的抒情戏剧中，死神眼里的人类是一种奇妙的生物，人类可以解读乱麻，可以阅读无字之书，并借此在黑暗中摸索前行。死神是务实的，也是呆板且坦率的，而人类试图超越悲伤和死亡，可以将任何事物认作其他事物的符号。通过形象地解读世界的面孔，人类也可以在空无之处求得意义，从而将偶然与意外纳入自身，并成为不可分割的一部分。这种从看似无足轻重的事物中读出意义的形象（figural）逻辑，在传统上与幻想家（visionary）有关，在现代则与诗人洞察和写出事物相似点与共同点的能力有关。然后，在今天，阅读形象的能力似乎随着信息技术下读写机器的出现回归了，以一种全然不同的、非类的外表。本章将通过传统文学形象观来审视这些奇妙的新事物。

我们口中信息社会的特征之一，就是它建立在大型数据储存库上，在其中数据被收集、储存和系统化，所以只要有途径和权限进入储存库并与之对接，就可以迅速且简便地检索这些数据，从而满足关于知识的需求。除了信息的权限问题，以及信息对何人有用的问题——这两个问题归根结底是政治问题，关于信息赋权的分配——还有另一组问题，同样带有政治性，它们与我们实际理解为信息之物有关。要解决这些问题，首先要做的是厘清三个术语的含义（和关系）：**数据**、**信息**和**知识**。

我在上文指出，信息源自数据，而且它保持了其作为知识的有用性。从数据出发，我们可以在词源学的支持下做出如下判断：数据是我们可以利用的给定物（the given）。在电子存储库中，这样的给定物是以数字代码的形式提供的。但代码也是有所指的：它关于某种东西，它是用一种公用度量标准将事物记录而得的结果，使其与数字机器兼容。换句话说，数据是一个对象特定特征的描述，收集关于某物的数据意味着该物可以用一些特征来呈现，而这些特征能用数字度量。

然后，数据与对象的这种关系，这种支撑着数据的代表性的关系，却很难经得起推敲。我们能拿到什么样的数据取决于我们用何种标尺去衡量对象。亚里士多德就有一个例子，我们可以用两种方式来识别人类：区别于四足动物的两足动物、区别于有羽毛动物的无羽毛动物。换言之，只用标尺可能无法完整地描述某对象；我们只能捕捉到对象在我们所用标尺范围内的特征。而度量标准数不胜数，度量对象的方式也浩如烟海。因此，数据所捕捉和呈现的给定事实只是对象的个别方面；可以说，它们所记录的不是单独的对象，而只是对象的**分体**（dividual）部分（借用 Gilles Deleuze and Félix Guattari [1980] 的术语），对象最终被切割成了供测量的方方面面。

数据不会牢牢附着于它所记录的对象上，它们只显示了那些可以被某个度量标准所衡量的东西：两条腿或是四条腿、有羽毛或无羽毛。它们是某些事物的指标（indices），可能与它们所触及的对象有关，也可能无关；它们或许可以勾勒出事物形象，也可能不行。因此，数据远不是信息。为了使其成为信息，必须用某种方式塑造数据，让它能充分代表它所想表示之物，这可能与原始对象一致，也可能不一致。举例来说，我可以提供关于自身的某种健康数据，但数据可能随即被用作他处，比如调查某人群患糖尿病的风险状况。再比如，我可以提供我的按揭付款数据，这些数据也可以被并入新对象中，如信用互换债务的波动范围。在这两例中——用蒂莫西·莫顿（Timothy Morton 2013）的话来说再合适不过了——我的个人特征被分割成独立个体，并在新的、聚合后的超对象（hyperobjects）中出现。而且正如任何统计学家都知道的那样，如果我申请一份保险契约，那么这些超对象将再次被整理、分解为对我自身的描述。

数据源自它们刻画的对象，而不是真正地代表这些对象，一旦某人出于需要将数据挖掘出来并组成图式（patterns），以描述某对象，数据就变成了信息。只有在这时，信息终于与知识融为一体。知识是知其所以然——也就是能动的功能可供性。一旦明确了目标对象，信息就可以帮助巩固此对象，并成为一种用恰当方式研究对象的知识手段。

通过梳理从数据到信息，再到知识的转化路径，我们可以意识到当下知识经济的一个显著特征，即它基于信息分配和处理在不同的对象结构之间进行交换。在上文的例子中，我的特征过渡至一个群体的特征，从不同对象中截取的特征过渡至我的特征，从一个对象到另一个对象。

我们可能会依直觉认为，信息是对世间可辨对象的阐明。但是在信息社会中，对象和信息之间的等级关系往往会逆转。一方面，一个单独对象的信息越来越突出，它们构造出新的单独对象。另一方面，利用被解构的、无限分割的对象们之信息聚合，可以再编织成一个全新的横向对象。

沿着这个思路，我们不怎么处理关于对象之信息（information-about-objects），更多的是处理由信息构成的一组新对象（objects-made-out-of-information）。当然，信息是关于这些对象的所知，这一点依然正确。一种略微复杂的说法：信息是我们对自身侧目对象之所知，因为我们实际上正是根据信息制造了这些对象，而不是因为我们要回到信息所呈现的对象去证实这些信息。因此，在本体论的意义上，我们面临着这样的困境：信息来自它所描述的对象，信息也描绘且定义了我们关注的对象，这二者都是事实。重点是，如果我们要理解信息社会的运作方式，这种逻辑上的无尽循环就应该被抛弃。取而代之，我们应关注一些新问题，以补充信息是关于对象的描述这一概念。第一，信息如何与数据协议（如上所说，度量是一个解构的过程，而该协议通过此解构过程来消解主要对象）相匹配？第二，知识之意向性如何选定某一方面，于其中再编织新的兴趣对象？

信息依然是关键点：它是老旧被解构对象和新兴被编织对象之间的唯一组带。在其所联结的二者中，信息都声称自己拥有描述或代表的权力。我们不能不将信息视作"关于"（about）某物的信息，但是它与它所描述对象之间的关系没有那么紧密，将一些对象拆开，将另一些稍不常见对象放在一起（比如波动指数或保险契约）。信息是解构与编织之并行过程的幽灵显现。

在此意义上，信息概念本身就有一种特殊的不确定性。它以某种方式拥有了自己的生命，彻底地超越了它最初指示的对象（或它指示的某个单独方面）。在此不确定的意义上，信息从一个指示物变成了创造其他意味（signification）的原材料，最显著的就是它转而去描述一个全新对象的特点。信息作为被收集的聚类数据（clustered data），成了一种材料，可以通过精妙的协议和算法被塑造、转换和拼接，最终来表示全然不同的事物，成为它的信息。

上述情况中，信息在表意物和原料之间摇摆。前者携带关于一个对象的信息，该对象已被解析为多个部分；后者用来创造新对象：这些对象的存在归根结底依赖于信息的细致排布。

这种双重表达能力，有时回头指向现存物，有时示意新事物的形象，让人想起文学中所谓的**形象**表达（figural expression）。形象并不意味着比喻的（figurative），比喻即一种修饰的或间接寓意的手法。形象的描述意味着两个操作的同步进行：一方面，它们像任何常规符号一样指向一个对象；另一方面，它们也勾勒出一个独立的、实存的额外物，这也是它们区分于常规符号的原因所在，额外物实际上参与了指示物的"形象化"（figuration）。换句话说，符号的特质、对对象的指示、物的特质，这三者的结合产生了形象的描述，构成了一个发人深省的"形象"（figure）。

1938 年，德国语言学家埃里希·奥尔巴赫（Erich Auerbach）发表了一篇长文《形象》（*Figura*），文章梳理了该词从古代到中世纪的发展历程。他断言**形象**这个词：

> 表达了一些活的、动态的、不完整的和有趣的东西，同样可以肯定的是，该词读音动听，也吸引了众多诗人。在我们能找到的最早文献中，**形象**（figura）与**新**（nova）成对出现，或许这只是一个巧合，即使是，也依旧饱含深意，因为这个世界的全部历史，都贯穿着新的表现形式、变化着的面貌，以及永恒的观念 (Auerbach 1984, 12)。

这种形象的逻辑——它通过"游戏般的"对表达材料的增补来创造新东

西——在奥尔巴赫看来意义重大。对语言学家们来说，文化史和语言史是同质的，我们用语言谈论这个世界，文化的发展就是我们谈论世界方式的发展。在不同的文化和历史年代，谈论世界的方式不尽相同，我们以特定的方式谈论世界，也因此栖息于特定世界中，不同的语言**产生**了相异的世界。

因此，当我们增补符号时，所发生的事相当关键：通过将表达材料作为一种可改变和塑形的物质——无论它是由文字、图片，还是数字组成——我们不仅创造了新的官能形象，还提供了新的表意方式，也就提供了一种新的看待世界的方式。制造新符号让我们得以接近世界中的事物，让它能够被我们所理解和使用。结构主义语言学研究的规约符号，用文化上共通的语言意象（image）指向其对象，而形象符号可被视作**指示对象的产物**。形象的出现也是赋予世界意义新方式的出现：在切实形象的帮助下，世界中的某些东西可以被想象。

形象具有两副面孔，可追溯至卢克莱修（Lucretius），在他那里，该词用来描述调制出的物品；在罗马修辞传统中，形象是一种"语言的形象"（figure of speech）[1]，这样的观点盛行于整个中世纪，彼时《圣经》释经学简称为形象阅读，即将《新约》的故事与《旧约》的 *doxa*[2]（作为形象的再现）相对应。而根据奥尔巴赫的看法，这两幅面孔在但丁的作品中合而为一，但丁作品中大量的形象不仅仅是对其他称号的誊写，它们还是一种诗意的技巧，可以创造从未被具象过的思想化身。或者说，新的表达方式让我们掌握了从未设想过的内容；形象的表达创造了指示物。

在奥尔巴赫看来，形象的样式就是文学的样式。文学作品通过陌生化、变形和重组等技巧操纵其原料——也就是语言——从而创造了一个世界，一个幻

1　即修辞格。——译注
2　古希腊语，原义为"流行的观点"，在基督教语境中义为"上帝的荣耀"。——译注

想的宇宙。在此意义上，文学是一门想象的技术，它创造我们可以想象的某物的意象。反过来说，文学也是一门让我们重新看待世界的技术，因为我们学会运用想象的力量去看待那些从前无法看见之物——以往我们无法描述所见之物，我们也就没有"看见"它们。形象的描述意图不在直接解释某已知的指示物。这样的形象是在对原料的间接操纵中浮现的，就像毯子上的形象，总是于毯背制作，却在正面浮现。用这种方式，形象的概念批判了"含意"（meaning）的内涵，后者认为作品的内容被包装、分发、紧裹在措辞中。事实与之相反，内容是在特定表达原料的约束和潜能下被制作和调配出的东西。换言之，它与媒体和生产技术是异质的。

因此，当我们尝试理解当今信息的作用与功能时，文学的形象逻辑或许是一个可行的方法论起点，因为如今加工信息的数字设备正源源不断地制作信息，促进着数据、信息和知识之间的新陈代谢。首先，我们应当注意到，信息根本就不是什么"被加工"的东西，它是由多种处理机制运送的物证碎片。基于信息周转运作的创造性，信息被雕琢成与我们打交道的对象。为了避免霍夫曼斯塔尔洞见之事的发生，为了避免步剧中人物的后尘，即在闯入未知后只剩绝望，我们最好将信息看作是我们生活世界的形象，而不是简单再现。

参考文献

(1) Auerbach, Erich. 1984. Scenes *from the Drama of European Literature*. Minneapolis: University of Minnesota Press.

(2) Deleuze, Gilles, and Félix Guattari. 1980. *Mille plateaux*. Paris: Minuit.

(3) Hofmannsthal, Hugo von. 1894. *Der Tor und der Tod*. Project Gutenberg.（文中译文引用自汪义群编：《西方现代戏剧流派作品选（第 2 卷）》，北京：中国戏剧出版社，2005 年，第 189 页）

(4) Morton, Timothy. 2013. *Hyperobjects: Philosophy and Ecology after the End of the World*. Minneapolis: University of Minnesota Press.

24. 文件 （File）

克雷格·罗伯逊（Craig Robertson）

技术史家托马斯·海格（Thomas Haigh）在讨论数据库发展史的一个脚注中，解释了 20 世纪 40 年代的工厂是如何使用打孔卡的："每条记录都会被打到一张卡上，或者有时是打到好几张卡上。通过以传统的纸质记录为比喻，呈现了工厂中所有工人的整副卡片，被称为文件……许多工作都涉及从几份文件中'合并'信息，例如，将人事卡主文件中的工资信息，跟 IBM 考勤钟打在每周打卡卡片上的考勤信息相结合。"（Haigh 2009, 21）正如海格指出的，以文件为比喻，指的是办公室里的纸质记录；一"副"卡片也许留下了太多的机会？这个比喻，将文件确定为是一种有助于收集的技术。文件的编排，允许收集具有共同点的信息碎片，并为这些共同点标注位置，也标注一个地址。因此，文件的功能是实现存储和选择：它在某个具体的地方，被用来收集和保护各类文件，或者是将各类文件（作为一个抽象概念）归整为零和一。

作为一种收集技术，文件历史悠久，而且正日益得到应有的关注。值得注意的是，媒介学者科妮莉亚·维斯曼（Cornelia Vismann, 2008）提供了一种法律文件的媒介考古学，它阐明了文件的收集和流通，阐释了文件能通过其格式和流通形成的网络来创造权威。维斯曼的"文件"具有一种混合了书本—文件夹的物质形式。而海格提到的提供了比喻的档案，很可能没有采取这种形式。

在工厂的办公室里，纸质文件可能是一个带有标签的牛皮纸夹，被放在一个垂直的文件柜里。在本文中，我对由该文件的特殊物质形式提供的独特视角感兴趣，我将借此思考信息、不确定性和要求秩序的语境下的"文件"。因此，我不会把文件从此刻往前推，而是停留在文件乃是牛皮纸夹的时候。我感兴趣的是，在 20 世纪初的商业想象中，这种文件是如何作为对高度不确定性的回应而出现的。它在办公室中代表着对历史上的某个特定问题的解决方案：对我们现在认为的信息过载这一反复出现的问题进行有效的部署。在这种情况下，文件作为一种解决方案而出现，它遵循了我所谓的**颗粒状确定性**（granular certainty）的逻辑。

颗粒状确定性

在 20 世纪之交，经济效率迭代，对有关生产过程的信息需求急剧扩张，因为专业化程度的提高需要管理。在这种情况下，效率（efficiency）被认为是一套适用于现代资本主义所固有的专业化和案头工作的观念，这很有用。在 19 世纪末，通过进一步细分劳动来提高生产力的认识，将经济的关注点从技术问题推向了协调、控制和组织等行政问题。在 19 世纪末和 20 世纪初，回应方案则将"工作流程"和"个人任务"的知识，当作时间性问题来处理。它通过关注孤立的（isolating）和理解具体的、特殊的和细节的问题而实现了这一点。

这种效率的迭代源自工程行业，而工程行业以如下信念为中心：将某样东西分解成小的部分会更容易理解，也更容易管理；随后，部件的可替代性要求实现了标准化。创造小的东西就是创造可以被理解的东西，并与其他东西相联系，而这个"东西"往往就是劳动。从这一立场出发，倡导者认为，提取（以及今天所谓的模块化）很重要，因为他们相信它能提高效率：这是对"颗粒"的信念，是一种确保结果之确定性的方式，正是这种信念，产生了标签式的文件夹。

虽然弗雷德里克·泰勒（Frederick Taylor）对提高工人效率的关注已经成为这种逻辑的标志案例，不过，在将这种逻辑应用到办公室的工作流程中，他的同代人亚历山大·汉密尔顿·丘奇（Alexander Hamilton Church）通过分析"管理"这个新职业的功能也发挥了同样重要的作用（Litterer 1961）。在撰写关于管理的科学实践这一更广泛的问题时，丘奇认为，管理者需要的信息必须被有序地安排，以防止它"永远处于不相关之事实叠加的极度不便状态"（Litterer 1961, 223）。为此，颗粒状确定性不仅是指将某物分解成块。这些细节，这些分离的东西被创造出来，从而可以被协调，也可以很容易地被组装成一个整体。它关乎将这些碎片组织起来，从而为合作奠定基础。

在这次迭代中，文件（作为一种收集技术）涉及碎片化的逻辑。也就是说，它强调通过使其组成部分的可见来理解整体的必要性。简而言之，垂直式档案柜中的文件夹，允许将所有相关主题的文件收集在一处。这在大多数办公室中取代了装订成册的书籍，这些书籍按时间顺序，而非按客户姓名或主题来存储信件和账目。因此，这种现代形式的文件，其出现是为了将大量的纸张存放在一个更有效的编排中：根据企业资本主义的要求——尤其是它强调规划和预测，那么将散乱的纸张分门别类地编排，会让纸张发挥作用。

对颗粒状确定性的要求，建立在对合理化（rationalization）的信念之上。遇到有标签的文件——它强调的信息是以分散的单元而存在，以少量为单位，可以根据具体任务的需要来提取。在 20 世纪 30 年代，一位广告公司总裁在庆祝引入十进制文件系统时声称，一位职员"在几分钟内"，就可以从 30 个不同领域的 30 家不同的公司检索到销售代表（Arndt 1936, 10）。去接触文件是为了产生确定性——你会发现，你要找的东西都集中在了一个被命好名的文件中。有标签的文件夹，源自以"颗粒"的信念来看待问题，而这些问题的解决之道，是通过需求和能力将依大小排列的文件简化成清晰的关联。打开的文件抽屉中有分隔线和标签更进一步说明了这一点：在宣传立式文件柜的广告中，"一目了然"是常见的标语。因此，对由"大文件"造成的焦虑和不确定性的解决办法是"小信息"。

"文件"赋予了信息单元物质性的存在。在柜子的抽屉里组织起来的文件，以有标签的牛皮文件夹形式，为"具体"提供了认识论上的支持，人们由此能够透过缝隙，透过肉眼可见的间隔进行检索。文件夹通过一种日渐增强的确认而将信息稳定下来，这种确认，是指秩序和确定性需要通过隔断来创造边界。在 20 世纪初，在颗粒状确定性的名义下，办公室和家庭（尤其是厨房和浴室）中出现了新的柜子，有专门设计的隔间，人们会将类似的物品放在里面以便于查找（Beecher 2000; Kastner and Day 2015–2016）。因此，通过隔板，在家具结构中建立排序系统对于橱柜作为存储解决方案的完整性至关重要。这种"柜子逻辑"很新颖，倒不是因为隔断是新的，而是因为，隔断和隔板通过 20 世纪的效率和对具体性的独特理解被应用到了橱柜当中。这个版本的柜子逻辑的主要目标是检索，而非展示：提高找到具体物品的机会。20 世纪初，办公室和家庭中的柜子极具吸引力似乎是因为这样一种信念：作为一个封闭的存储结构，柜子强调连续性——一个物体将保持在存储之中，在一个特定之处，与类似之物分组。因此，存储被定义成一个检索的问题。

文件与信息检索

从检索的角度来思考文件，是思考它是如何被用来管理信息定位的过程的。一个**过程**，通常是指执行一项特定任务的行为；它事关时间的流逝。而管理检索，就是管理时间的流逝，从而确保行动的连续性。基于工程的效率逻辑从机械化工作的愿望出发来设想检索过程，在这种情况下，只要有人参与，他们最好就不必思考。因为与机器的理想状态相比，人引入了不确定性。

办公设备公司试图通过给文件柜贴上"自动"的标签来淡化一切不确定性。"自动"这一说法，加强了文件柜作为机器的比喻。这也使得办公设备公司能为他们的产品带来规律性、一致性、速度和可靠性的想法，从而支持文件柜将恢复纸张存储和检索的确定性的说法（Robertson 2017, 959–961）。然而，检索取决于人的劳动——性别化的劳动。柜子、抽屉、标签和文件夹都是以某人会进行归档的想法来设计的，也是根据要最大限度地提高这种劳动的效率以实现行动的连续性想法来设计的。

一个有 4 个抽屉的立式文件柜，不超过 52 英寸高（约 132 厘米）、27 英寸（约 69 厘米）深。作为一种女性职业而出现的文件员，部分地决定了这些尺寸。正如一个较大的文件柜制造商解释的那样，"女性的平均身高低于男性，4 个抽屉的顶层抽屉大约是一个普通女孩可以工作的优势高度"（Shaw-Walker 1927）。无独有偶，抽屉的长度，也顾及了店员的手臂的长度。深 27 英寸的抽屉有可能使归档工作从"手臂操作"变成"步行操作"，因为办事员必须走到抽屉的一侧才能拿到后方的文件。一个完整的文件抽屉，可能重达 65 磅至 75 磅（约 29 公斤至 34 公斤）。办公设备公司试图通过强调抽屉滑轨的结构来消除女性职员会费力"操作"如此沉重的抽屉的忧虑，一家领先的公司经常在其广告和图录中使用一名女孩的形象（而非一名女人或秘书），她用一根丝线拉开抽屉（Shaw-Walker 1927）。

这种幼儿化进一步贬低了秘书职业，秘书工作让女性步入了在专门的办公室中工作的新世界。文件柜被推广的前提是易于使用，无须力量或是思考。但这并未消除归档出错的可能性。然而，错误的文件归档是因为不当使用，而非文件柜。

在20世纪初的办公室当中，文件夹作为信息处理的场所对于文件至关重要。文件夹的功能，是一种可以容纳不同大小的文件的外壳。文件夹由一张牛皮纸制成，将它折叠一次，前面的挡板就会比后面的挡板短大约半英寸（约1.25厘米），这可以做成一个标签，然后写上能够识别内容的信息；后来的文件夹有金属和赛璐珞标签。因此，标准尺寸的文件夹，将一系列不同类型和尺寸的纸张变成了"文件"——根据它们在文件夹中的位置和文件夹在抽屉中的位置，极易找到文件。

作为这种信息处理模式的基本单位，文件夹提供了一个担心误用的场域。为了确保文件的有效运作，使用指南会警告文员，不要往文件夹里塞太多文件（50份被认为够多了）。指南指出，过多的材料可能会导致文件高于文件夹，导致人们难以区分抽屉里的文件夹之间的分界。另一个值得关注的问题是那些试图在一个抽屉里放太多文件夹，或不小心把一个文件夹放到另一个文件夹里的职员。文员还经常把标签当成把手来取出文件夹。纸质标签会吸收水分，导致标签有时难以阅读，因此文件很难找到。以类似的方式处理，赛璐珞标签随着使用而弯曲、卷曲或开裂（American Institute of Filing 1921; Beal 1949; Office Economist 1919）。

文件与信息，或文件作为信息

从微粒状确定性的角度思考文件的价值，并非源自想评估文件能否掌握信息——正如对文件夹的关注表明的那样，它并没有。相反，它来自想了解为什么，以及文件是如何作为一种试图实现这一目标的方式而出现的。作为一种对颗粒状确定性之信念的产物，文件提出了新的存储和检索方法。正如我建议的，它也体现了新的认识形式。文件为以前的数字信息概念提供了常识性的理解，即信息是离散的和可分离的。虽然它没有信息理论的支持，但办公室管理的技术工作和垂直归档的宣传文献，不仅体现了信息乃是一个单元的概念。有时，它还表明信息的存在有别于信件、表格和报告。正是在此意义上，（有标签的牛皮纸）文件捕捉到了在当时仍然时新的信息概念，它将信息与跟知识相关的个人属性区分开。正如布朗和杜吉德（Brown and Duguid, 2002, 119–120）所述，知识通常需要一个认识者，而信息已经被定义为独立的，它或多或少是自足的。

牛皮纸文件中的信息被视为非个人的和透明的：它有故事要讲，而这在文件的上下文中应该是可以理解的。20 世纪初的"现代商人"相信，他每天都需要用具体的细节来规划未来，继而让企业更有效率，更有生产力。这些信息，在一个根据对性别的主流理解而重新组织起来的办公室里流传。女性在办公室里协助男性。而拆开文件夹则强调，这项工作越来越多地被表述为与信息打交道，并通过 20 世纪初的效率和性别观念得到阐述。

文件柜的广告有时会出现抽屉内部的特写，从而说明用于保证高效检索的导向和标签（Robertson 2017, 962–964）。虽然这强调了分区对归档是至关重要的，但它不可能显示与手联系在一起的女性身体。其结果不仅是指出了如何使用设备，而且表明手代表了劳动和技术的关系，这种关系，支持着文件柜是"自动"

的说法：与身体和思想相分离的手，突显了使用这种办公设备的人在使用时不必思考。

在抹去身体的过程中，广告试图消除（或至少贬低）处理零碎纸张的劳动，消除处理标准化、原子化和被剥离了语境的信息的劳动。这是一种信息劳动的形式，需要将信息重新配置为离散的，是一种可供处理之物。女性"天然"的灵巧显然有利于这种工作模式。此外，人们认为，女性文员可以从事这份工作，因为她们在处理"信息"的同时，还掌握着"文件"，文员不需要知道或理解文件的内容——身为信息劳动者，她们的工作是协助男性工人和管理者。

在管理者的手中和心里，纸的作用恰恰在于它们被认为是与它出现的语境相分离的"信息"。当缺乏这种语境时，信息的完整性，以及作为离散和可分离的信息的完整性，来自它的孤立。收集和隔离关于某个特定人物或主题的各种文件的档案，起到了维护这种完整性的作用。因此，作为透明的信息，作为可以很容易地与特定的关注点相联系的东西，信息成了决策过程的合法性之源。

因此，通过制造出一种轻易可见的分柜逻辑，"文件"将信息转化为可以在近期更容易采取行动的东西。虽然档案的概念被用来强调知识、权力和控制的制度，也涉及知识的组织和选择，但把重点放在检索和流通上，则表明从档案馆的优先性，转移到图书馆的优先性上。档案将注意力从选择的权力关系，转移到文件的收集和流通上，这是图书馆的主要工作。

正如媒体研究学者肖恩·库比特（Sean Cubit, 2006）所述："图书馆员的任务是提供资料，而最经常开发的技术是关于搜索藏品以识别材料的模式。虽然图书馆有保存的功能，但它们因其索引的关键功能而与众不同。图书馆是一台检索信息的机器。"（581）

在"图书馆"中定位档案，将学者的目光引向对具体性、秩序和确定性的物质支持的重要性：在这种情况下，抽屉里有标签的牛皮文件夹构成了分类系统中的一个已知位置。然而，从档案馆到图书馆的移动并不涉及对认识论政治的拒绝。一个放在柜子抽屉里的档案，通过历史上特定的效率和性别观念，让信息可以被获取。这个档案的颗粒状确定性是通过对信息作为一种物的独特理解而制定的：一种通过对信息工作的高度性别化理解而获取的物。

参考文献

(1) American Institute of Filing. 1921. *A Course in Correspondence Filing for Home Study*. Boston: Library Bureau.

(2) Arndt, John F. 1936. "Making a file drawer live." *The File*, February 1936, 10.

(3) Beal, R. G. 1949. "The selection and use of filing supplies." *Office Economist*, November– December 1949, 14.

(4) Beecher, Mary Anne. 2000. "Promoting the 'unit idea': Manufactured kitchen cabinets (1900– 1950)." *APT Bulletin 32* (2– 3): 27–37.

(5) Brown, John Seely, and Paul Duguid. 2002. *The Social Life of Information*. Cambridge, MA: Harvard Business Review Press.

(6) Cubitt, Sean. 2006. "Library." *Theory, Culture and Society* 23 (2–3): 581–606.

(7) Haigh, Thomas. 2009. "How data got its base: Information storage software in the 1950s and 1960s." *IEEE Annals of the History of Computing* 31 (4): 6–25.

(8) Kastner, Jeffrey, and Deanna Day. 2015–2016. "Bringing the drugstore home: An interview with Deanna Day." *Cabinet*, no. 60: 95–101.

(9) Litterer, Joseph. 1961. "Alexander Hamilton Church and the development of modern management." *Business History* 35 (2): 211–225.

(10) *Office Economist*. 1919. "What do you know about filing? To properly and efficiently organize you must be better versed in work that is performed than those doing it." September 1919, 117–118.

(11) Robertson, Craig. 2017. "Learning to file: Reconfiguring information and information work in the early twentieth century." *Technology and Culture* 58:955–981.

(12) Shaw-Walker. 1927. *Built Like a Skyscraper*. Trade catalog collection, Hagley Museum and Library, Wilmington, DE.

(13) Vismann, Cornelia. 2008. *Files: Law and Media Technology*. Stanford, CA: Stanford University Press.

25. 肉身（Flesh）

罗米·罗恩·莫里森（Romi Ron Morrison）

亡命者在角落中观看，在缝隙里残喘，知晓"不规则"，更不守规矩，因为规则永远可以有更多，甚至无法接近。

——马查里亚（Macharia 2013）

我表明，当黑种人在世界中困惑和徘徊时什么将成为可能的，留心伦理律令，去挑战我们的思维，去释放想象力，去迎接我们所知世界的终结，也就是去殖民化——这是正义唯一正确的名称，这将成为可能。

——席尔瓦（Silva 2018）

知其然

算法模型越来越多地协助、判断和管理人的生活，随之而来的，是越来越多的审查、批评和反弹，即质疑这种强大应用的不平等性，并要求重新关注偏见、伦理和政府监管（Eubanks 2017; Noble 2018; O'Neil 2016）。然而，依然没有遭到挑战的是权力与权威的等级制——它们通过基于数据指标而宣称的合理性和普遍性结合而成——它们排除了女性主义理论家和电影制作人郑明河所谓的"点到为止"（speaking nearby）的可能性。在反思自己身为一名电影制作人的经历时，她不强调镜头将主体还原为不言而喻的对象的物化力量："我不希望畅所欲言，只希望点到为止（I wish not to speak about, only to speak nearby）。"（Chen 1992, 87）

本文试图对批判性数据研究中的当代讨论**点到为止**（speak nearby），以表明黑人女性主义学术不得不对伦理、偏见和数据正义提出疑问。尤其是，我认为，对基于伦理和权利的论述的呼吁，误读了由算法暴力造成的伤害，提供了不合适的指责路径。此外，我还会对修复分析、度量和量化工具的姿态提出质疑，继而纠正由它们产生的暴力，但不挑战它们的基础逻辑，并追问：这些方法建议的正义愿景，局限何在？

为此，我提供了将**肉身**当作一个批判性场域的解读——它会通过在种族化的残余暴力和可知性的不确定性之间制造对抗来打断风险模型的有效因果关系（efficient causality）。这要求思辨在我们目前的工具之外运行，超越它们的划界逻辑。我认为，肉身作为黑种人的一种特殊图形，揭示了其变革性的潜力——即有潜力介入拒绝被解析的认识方式：既非自我包含的，也不是单一的，而是相互交织的、影响性的、不坚定的和外在的联系。

剩余因果关系

在绘制科学理性架构的支架时，丹尼斯·达·席尔瓦（Denise da Silva）认为，它的运作方式是她所谓的**有效因果关系**，即"在解释中理解事件，而这些解释总是已经将其转化潜力溶解为客观性，溶解成了诸多的事实"（Silva 2013, 43–44）。席尔瓦提醒我们注意，"作为现代知识特征的方法（计算 / 测量、分类和解释）"是如何将事件还原为总是可以被溶解的，因为它需要通过离散的分类和合理化来解释。

有效因果关系和转化潜力之间的这种关系，将有关黑种人（Blackness）的理解定位于、界定为，并固定在了身体上。通过自然科学遗留的分类法，种族（race）通常被理解为存在于身体的表面，乃是一组表型描述符（phenotypic descriptors），被分组，也被用作是文本，并基于此之上而分层地阅读排列好的资格条件。种族（尤其是黑种人）变得表皮化，他们被局限在皮肤上：不可更改，被世所公认的，也是明确的。这种虚假的种族构造，以对身体差异的强行测量为基础：眉毛的弧度、嘴唇的突出、鼻腔的容量、头骨的大小、密度和形状；头发的质地；手臂、腿、臀部、阴茎、阴唇、阴部的轮廓。种族化主体的身体（body）一直是一种脱离了自我的量化结构，它被原子化，也被规训为数字指标（Fausto-Sterling 1995; Terry and Urla 1995）。这种可测量性，反过来又证明并构成了有关种、性别和性的分类，然后将身体定义为畸变的，同时将 man（被理解为白人、直男、顺性男[1]）雕琢成普世性的主体（Hong and Ferguson 2011; Roberts 2012; Silva 2018; Wynter 2003）。多萝西·罗伯茨（Dorothy Roberts）在阐述这一点时写道："仅仅是十年前，种族的生物学概念似乎终于穷途末路了。绘制出整个人类遗传密码的基因组计划证明，在我们的基因中是找不到种族的……与流行的误解相反，我们并没有被自然地划分成在基因上可识别的种族群体。在生物学上，只有一个人类种族。适用于人类的种族是一种政治划分：它是一种对人的治理系统，它根据捏造而来的生物界线，将他们划分成某种社会等级。"（Roberts 2012, x）罗伯茨指出，黑种人的分类是通过对科学理性的

1　"顺性男"（Cis male）是"顺性别"（Cis gender）的一个具体表现，后者是指性别认同与出生时指定性别相同的人的一个术语。——译注

使用，是通过主张普遍主义而构建起来的。然而，黑种人的分类也是有效的因果关系的产物，它将黑种人解析为对身体的测量。黑种人和黑种人分类之间的这种空白，标志着理论家霍滕斯·斯皮勒（Hortense Spillers）区分"真实之物"（real objects）和"知识的对象"（objects of knowledge）的方式。

对于斯皮勒来说，黑人研究（Black studies）产生了一种特殊的学术模式，它巧妙地将"真实之物"——自然之物——与"知识的对象"区分开，而后者是通过制度、政治、暴力、话语、实践和经济等复杂的相互作用形成的（Spillers 1994, 65）。在这个假设中，黑人（Black people）不是黑人研究的真正对象；相反，作为种族化结果的黑种人成了知识的对象。将黑人误读为黑人研究的真正对象，也将种族归化成生物学或文化的一种模式。相反，对于斯皮勒来说，"黑人性是一种象征性的哲学'不服从'（系统化的怀疑和拒绝），这将使前者可供任何人或更明确地说，愿意承担思考作为一种有意识的想象和创造行为的巨大任务的姿态"。（Spillers 2003, 5）。

斯皮勒的工作要求不要把黑种人的表征当作真实的对象，并非通过他们符合想象中的衡量标准来评估，而是推动我们去调查：塑造和决定黑种人的力量是什么，为什么首先需要这样一种表征？简单地说，黑种人——推而广之，种族背景扮演的角色是什么（Chun 2009）？

丹尼斯·达·席尔瓦提出这个问题，认为由身体、地理和文化的可测量的差异所定义的黑种人的分类，是一个社会学指标，它将种族上的敌意归化为群体归属和差异的现象。种族奴役问题在此过程中被归入伦理和道德劣根性的范畴。这种转变，造成两个关键的误导。

首先，它完全忽略了种族奴役乃是欧洲作为一个殖民国家建设系统之组成部分的中心。在这里，重要的是不仅仅把**系统性**当作规模的决定因素，而是当作一种综合性的社会、哲学、经济和司法架构。黑种人这一分类，正是通过该架构被创造出来的，它实施了选择、认证和组织身体与土地作为榨取场域的生产性工作。此外，通过大陆哲学的基础文本，这些空间也被区分为是伦理和道德缺失的场域，这意味着，征用的暴力在殖民欧洲的司法架构下不仅合理，而且是道德的（Silva 2007）。这样一种视角，让我们能把伦理和作为社会利益的稳定仲裁者的道德分离开。

第二，通过伦理记录来纠正这一时期的暴力行为，将需要纠正的错误置于社会场域，并通过态度、信仰、成见和偏见来实现。虽然社会可以被认为是个人的或集体的（由个人持有或在机构和民族国家的实践中缩放），但这种区分仍然继续忽略了全球资本主义所仰赖的对被捕获的身体和土地的总价值的持续地经济—司法征用。由于这种误导，通过基于道德和权利的论述来进行改革的呼吁，并不适合作为消除需要不均衡剥夺的结构的关键视角。通过因果关系的效率反映、自动化和合理化的群体差异化的压迫，意味着对伦理和道德培训的呼吁是非常不适用的，因为问题不仅仅是道德上的失败，也是现代性的经济结构：去殖民化必须成为目标，以确保正义的合法名称。席尔瓦意义上的去殖民化，需要"建立司法—经济的补救架构，通过这种架构，全球资本归还它继续从征用奴隶身体和本土土地的生产能力所产生的总价值中获得的总价值……这就是达到世界核心的不可知性和破坏性"（Silva 2014, 85）。去殖民化的承诺不是一种纠正过去错误的道德补偿行为；它是对不知的方式的基本呼吁——这种不知带来了由合理化的剥削和财产关系所排序的世界（如我们所知）的终结。因此，对暴力的纠正必须包括拒绝、想象和发明的行为。

变革性的诠释

为了更好地说明这与当代的偏见和风险模型的讨论有关，我想转向*ProPublica*[2]系列性的调查报告"机器偏见"（Machine Bias）。在关于风险评估算法中的偏见的调查报告中，这个系列被证明是开创性的，也是尽职的，在关键的数据研究中值得被珍视。在整个系列中，研究人员发现用于预测未来犯罪和分配刑事判决的统计模型中存在严重的种族不平衡。平均而言，黑人被告的风险得分，比白人被告的风险得分高。这是由于使用了信用评分、收入、住宅邮编、教育水平等代理指标——这些指标可以为黑人被告带来复合风险和更长的刑期，无论他们是初犯还是累犯（Angwin et al. 2016）。该模型的逻辑假设，这些指标是有效因果关系的事实，而非更好地理解长期存在的系统性种族主义的影响的可能指标，因为它渗透到信用评分、收入和其他因素反映的不平衡的生活机会。从这种因果关系的立场出发，该模型只能采用一种解决现有事物的逻辑，而非询问事物是如何产生的或处于一种变化的状态。它将这些差异解读为未来犯罪的决定性因素，并将之跟个人的情况相比较。这就排除了将信用分数、收入、住宅邮编和教育水平的差异解读为系统性种族化的转型潜力，然后就无法理解种族主义本身是如何给数据着色的。这种封锁，是由于数据在现代思想中被赋予首要的地位，成为确定性的条件。这迫使我们误解数据，将其当作批判的对象进行干预，从而掩盖了全面征用的历史——一种经济、社会、心理、文化和本体论的提取关系。当我们把数据误解为有问题的时候，更大的非殖民化目标（意味着从征用中完全纠正和归还价值）仍然是不可想象的，也是

2　ProPublica 是一间总部设在纽约市曼哈顿区的非营利性公司，自称是一个独立的非营利新闻编辑部，为公众利益进行调查报道。——译注

看不见的。明确地说，白人异性恋主义并不是现代性的一个偏差错误，个人偏见或种族怨恨是需要解决的罪魁祸首。它是国家的概念框架，是合理的征用，是对那些被剥夺者的生命和土地的持续侵犯。

塑造肉身

从黑种人的分类中解放出来的黑种人的变革潜力，在肉身中找到了形式。黑种人作为知识的对象——是因为（而非尽管）它的不可同化性，使得一套不同的认识论实践有了激进的潜力。这类实践的承诺，是为有效率的主张所否认的犹豫不决留出空间，从而形成了明河呼吁的通过点到即止来获得知识的形式。在接受《视觉人类学评论》（*Visual Anthropology Review*）南希·陈（Nancy N. Chen）的采访中，郑明河作了进一步的阐述："换句话说，一种非物化的言说，不指向一个物体，好像它离说话的主体很远，或者不在说话的地方。一种对自身进行反思的说话，可以非常接近一个主体，但却没有抓住或要求它。一种简短的说话，它的结束只是过渡的时刻，向其他可能的过渡时刻开放。"（Chen, 1992, 87）郑明河的实践的认识论是有容量的，它留下了一个未解决的空间，来认识一些有关系的东西：考虑到说话者的具体环境，他们说话的地方，他们共享的亲密关系，以及说话发生的模式。在这种情况下，了解不是一种需要提出、封闭和捍卫的领土要求，而是一种持久的接近实践。点到即止是一种认识的姿态，它需要参与，并贯穿整体性的封闭的密封性。

霍滕斯·斯皮勒在开创性的文章《妈妈的宝贝，爸爸的可能：一本美国语法书》（*Mama's Baby, Papa's Maybe: An American Grammar Book*）中，详细地描述了被俘的黑人奴隶的身体被从他们的肉体能动性（corporeal agency）中肢解出来，并被降低为她所谓的肉身的方式："但在这种情况下，我会在'身体'（body）和'肉身'（flesh）之间做区分，并将这种区分，置于俘虏的和解放的主体位置之间的核心。在这个意义上，在'身体'之前还有'肉身'，这种零度的社会构想在话语之笔或是图像的反射下无法隐藏。"（Spillers 1987, 67）在这里，斯皮勒注意到被奴役的黑人是如何脱离与自己的财产关系的，失去了对作为所有权初步场所的身体的能动性。这种从身体到肉身的转变，是不透明的可替代过程的必要前提，通过这个过程，不再具有身体形态的被奴役黑人沦为了他人剥夺其全部价值的原材料。以肉身为中心的黑人是一个不确定的冲积位置，被剥夺了刻画主体所需的肉体能动性。亚历山大·韦赫利耶（Alexander Weheliye）注意到了肉身位置中的这种激进潜力。他写道："以这种方式进行概念化，肉身就像人的盔甲上的一个前庭缺口，同时是一个非人化的工具和通往另一种存在方式的关系前庭……不是反常，但又被排除在外，不在存在的中心，但却构成了它。"（Weheliye 2014, 44）

肉身的不确定性，标志着与现代思维形式所要求的确定性的断裂。就此而言，对不确定性和不可知性做出区分很重要。西奥多拉·德莱尔（Theodora Dryer）的作品《概率统治下的算法》（*Algorithms under the Reign of Probability*）有助于在统计算法模型中定义不确定性。德莱尔（Dryer, 2018）将不确定性定义为"命题和事件之概率描述的可能性，通常以百分比表示，其中，完全的确定性为1，不确定性为<1"（93）。她继续将不确定性定位为一种策略，通过设计一种包含和说明随机和未知的方式，来平息公众对统计模型内在错误的焦虑。她就此写道："由于担心公众对数据驱动的机构失去信心，技术官僚们试图控制统计估算中的误差……新的概率工具被设计出来，用于界定统计研究中的不确定性。这些工具的基础是将常见的统计研究概念——模糊性、误差和随机化——翻译

成公理概率论的语言。"（94）在这段话中，德莱尔将模糊性、错误和随机化——简而言之，不确定性——转化成确定性。诸如错误或模糊的迹象，处于模型自然发生的维度，而非需要封存起来的反常现象。这种转换，消除了不确定性在重塑算法模型的内部运作方面的潜在承诺。德莱尔认为，不确定性实际上是批判性探究介入算法模型的一个场域。然而，在不确定性的批判性承诺，和它经常被构建为"政治和经济利益的客观性、真理和确定性"（95）的方式之间，存在着一种尚待解决的紧张关系。如果不确定性是指在算法模型的逻辑下，通过符合遏制的方式对未知事物进行解释的能力，那么不可知性可以提供什么来代替之？在不确定性和黑人研究之间建立联系，特雷瓦·埃里森（Treva Ellison, 2016）认为："黑人学者已经将黑人的不确定性理论化了，将其当作现代的代表和空间生产系统的基础组成部分。"（337）

埃里森的工作标志着一种回归，即黑种人作为被俘虏的肉身，被理解为是一种伦理缺失的比较空间，否则就完全不知道其本身是一个主体。这就是韦赫利耶对肉身的理论化，作为西方现代性中未被说明的可居住的空间，通过未知性维护了不确定性的承诺。从肉身的形象中产生的不可知性为理解世界的方式打开了空间，否则这些方式会因为无法被整齐地测量和说明而大打折扣。它是允许不坚定性存在的地方。它是一个巨大的空间，在这个空间里，充实的东西可以被计算出来。

随着对算法暴力的批判和干预的规模以有意义和有成效的方式向系统性的社会转变发展（Dave 2019; Hoffmann 2019），肉身成为一个基本的异常值，可以从它评估社会技术修复的局限性。肉身是一个凄美的，也是不可避免的符号和文本，根据它可以解读对身体和土地进行整体性价值侵占的历史和现实。与此同时，未能与作为一个完整主体的整体封装相符，这赋予肉身跟不可知性之间的一种特权关系。这种关系释放了黑种人的不确定性，以作为追求未竟的非殖民化大业的想象性指导——这些未竟之业可以在肉身诞生的生存实践、仪式和知识中发现。这就确立了边界，从这里，生产性的理性和确定性能够起作用，不再是单一的权威，而是来自一个近似之地；不是直接言说，而是点到为止，带来我们所知的世界终结，以确保此后的生存。

参考文献

(1) Angwin, Julia, Jeff Larson, Surya Mattu, and Lauren Kirchner. 2016. "Machine bias." *ProPublica*, May 23, 2016. https://www.propublica.org/article/machine-bias-risk-assessments-in-criminal-sentencing.

(2) Chen, Nancy N. 1992. "'Speaking nearby': A conversation with Trinh T. Minh-ha." *Visual Anthropology Review* 8 (1): 82–91. https://doi.org/10.1525/var.1992.8.1.82.

(3) Chun, Wendy Hui Kyong. 2009. "Introduction: Race and/as technology; or, how to do things to race." *Camera Obscura* 24 (1): 7–35. https://doi.org/10.1215/02705346-2008-013.

(4) Dave, Kinjal. 2019. "Systemic algorithmic harms." *Data and Society: Points*, May 31, 2019. https://points.datasociety.net/systemic-algorithmic-harms-e00f99e72c42.

(5) Dryer, Theodora. 2018. "Algorithms under the reign of probability." *IEEE Annals of the History of Computing* 40 (1): 93–96. https://doi.org/10.1109/mahc.2018.012171275.

(6) Ellison, Treva. 2016. "The strangeness of progress and the uncertainty of blackness." In *No Tea, No Shade*, edited by E. Patrick Johnson, 323–345. Durham, NC: Duke University Press. https://doi.org/10.1215/9780822373711-017.

(7) Eubanks, Virginia. 2017. *Automating Inequality: How High- Tech Tools Profile, Police, and Punish the Poor*. New York: St. Martin's Press.

(8) Fausto- Sterling, Anne. 1995. "Gender, race, and nation: The comparative anatomy of women in Europe, 1815–1817." *In Deviant Bodies: Critical Perspectives on Difference in Science and Popular Culture*, edited by Jennifer Terry and Jacqueline L. Urla, 19–48. Bloomington: Indiana University Press.

(9) Hoffmann, Anna Lauren. 2019. "Where fairness fails: Data, algorithms, and the limits of antidiscrimination discourse." *Information, Communication and Society* 22 (7): 900–915. https://doi.org/10.1080/1369118X.2019.1573912.

(10) Hong, Grace Kyungwon, and Roderick A. Ferguson. 2011. *Strange Affinities: The Gender and Sexual Politics of Comparative Racialization*. Durham, NC: Duke University Press.

(11) Macharia, Keguro. 2013. "Fugitivity." *Gukira: With(out) Predicates*. July 2, 2013. https://gukira.wordpress.com/2013/07/02/fugitivity.

(12) Noble, Safiya Umoja. 2018. *Algorithms of Oppression: How Search Engines Reinforce Racism*. New York: New York University Press.

(13) O'Neil, Cathy. 2016. *Weapons of Math Destruction: How Big Data Increases Inequality and Threatens Democracy*. New York: Crown.

(14) Roberts, Dorothy. 2012. *Fatal Invention: How Science, Politics, and Big Business Re-create Race in the TwentyFirst Century*. New York: New Press.

(15) Silva, Denise Ferreira da. 2007. *Toward a Global Idea of Race*. Minneapolis: University of Minnesota Press.

(16) Silva, Denise Ferreira da. 2013. "To be announced: Radical praxis or knowing (at) the limits of justice." *Social Text* 31 (1(114)): 43–62. https://doi.org/10.1215/01642472-1958890.

(17) Silva, Denise Ferreira da. 2014. "Toward a Black feminist poethics." *Black Scholar* 44 (2): 81–97. https:// doi.org/10.1080/00064246.2014.11413690.

(18) Silva, Denise Ferreira da. 2018. "Hacking the subject: Black feminism and refusal beyond the limits of critique." *PhiloSOPHIA* 8 (1): 19–41. https://doi.org/10.1353/phi.2018.0001.

(19) Spillers, Hortense J. 1987. "Mama's baby, papa's maybe: An American grammar book." *Diacritics* 17 (2): 64–81. https://doi.org/10.2307/464747.

(20) Spillers, Hortense J. 1994. "The crisis of the Negro intellectual: A post- date." *Boundary* 2 21 (3): 65–116.

(21) https://doi.org/10.2307/303601.

(22) Spillers, Hortense J. 2003. *Black, White, and in Color: Essays on American Literature and Culture*. Chicago: University of Chicago Press.

(23) Terry, Jennifer, and Jacqueline Urla, eds. 1995. *Deviant Bodies: Critical Perspectives on Difference in Science and Popular Culture*. Bloomington: Indiana University Press.

(24) Weheliye, Alexander G. 2014. *Habeas Viscus: Racializing Assemblages, Biopolitics, and Black Feminist Theories of the Human*. Durham, NC: Duke University Press.

(25) Wynter, Sylvia. 2003. "Unsettling the coloniality of being/power/truth/freedom: Towards the human, after man, its overrepresentation—an argument." *New Centennial Review 3* (3): 257–337. https://doi .org/10.1353/ncr.2004.0015.

26. 故障 （Glitch）

丽贝卡·施耐德（Rebecca Schneider）

如果系统运行时产生了明显的错误，带来了一个不可预测的变化，这个变化就是故障（glitch）。故障的结果无法预测，通常也被认为是不重要的。

——戈里乌诺瓦和舒尔金（Goriunova and Shulgin 2008）

在卡若琳·史尼曼（Carolee Schneemann）2000年至2001年的影像装置艺术《更多错事》（*More Wrong Things*）中，数百条电线化作技术之网缠绕观众，17台显示器上的画面涌入眼帘，它们循环播放着大量视频片段——个体不幸、政治事故、地方灾祸、全球灾难。从没拧紧的水龙头到炸弹爆炸，再到癌症患者和猫的抓痕，这些"错事"不断积聚并吸引着人们的眼球（见图26.1）。二十余年后的今天，这件装置艺术似乎已相当过时了，电线也已成为老旧的代名词。但过时与否从来都不是史尼曼关心的问题，她的作品常涉及"老土"的远古偶像，例如旧石器时代（母系社会）的女神，以此来呼吁一种不同于当今父权社会的生活方式。或许这也是她被不断指责为天真、离经叛道、遭人厌烦、低级、错误、无可救药的过时的且毫不觉羞愧的女性主义者的原因之一。正如我在其他文章中所问，这种"让错误发生"的做法做对了什么（Schneider 2011, 86）？不合

图 26.1 卡若琳·史尼曼，《更多错事》，黑尔斯画廊，2017 年 ©Carolee Schneemann/VISDA. Photo by Hales Gallery.

时宜的举动带来了什么？如果说史尼曼的《更多错事》过时了，可它似乎也有某种奇特的预见性。在**大数据**（这个词诞生于信息收集中，只比《更多错事》早了三年）出现之初，史尼曼的作品模拟了一种信息流的狂欢，这些信息流则深陷自身呈现之物中，目不暇接的图像仿佛美杜莎，观众被其俘获，呆若木鸡。

2001 年初，纽约布鲁姆街的白盒画廊仍坐落在双子塔的投影下，我走近装置艺术《更多错事》，所面临的只有混沌。此处展示的图片来自该作品较晚的一次展览，它在 2001 年的早期版本更加混乱，起码在我记忆中是这样的。街边路人都可以看到这个装置，因此我还没走进画廊时，就已看到一团乱糟糟的玩意儿了。此处我说的"混乱"并不指某种意外，它代表的是错误（error）或者不连贯，我们无法把握它也无法解读它。混乱顷刻间涌现，讽刺的是，它还难以捉摸。你唯一能理解的事就是你无法完全理解这团混乱。一旦走进白盒画廊，许多像蛇一样互相缠绕的电线让人们难以行进，它打破了常规的艺术消费模式

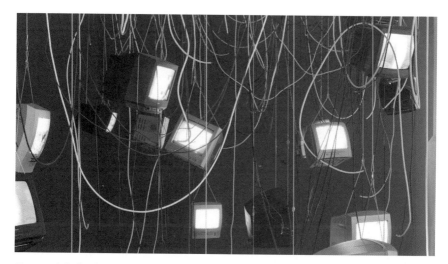

图 26.2　卡若琳·史尼曼，《更多错事》，黑尔斯画廊，2017 年 ©Carolee Schneemann/VISDA. Photo by Hales Gallery.

（图 26.2）。人们会害怕被电线绊倒，整个装置空间一片混乱，这混乱看起来不是意外事故就是陷阱。你，在画廊中，也仅仅是另一件错事。

2001 年时，"混乱"已成为史尼曼的招牌。1977 年的特柳赖德电影节上，她为其作品《体内卷纸》（*Interior Scroll*）上演了一段著名即兴表演。在一张桌子上，她脱下衣服，从阴道里拉出一根长如缆绳的绳状物。这绳子原来是卷起的纸，对着卷纸史尼曼大声地念出了她的作品——比如电影《交融》（*Fuses*）——一直遭受排斥的原因：

　　私人性的杂乱无章

　　对情绪化的坚持

　　手触般的观感

　　日记式的放纵

> 绘画般的混乱
>
> 费解的格式塔
>
> 原始的技术水准……（Schneemann 2001, 159）

在表演中，她挑衅地宣称：想要混乱？那现在你有了。她离奇的表演带有一种报复性，她以乱制乱，以错制错。在 20 世纪中后期，这种利用"错误"达成某种目的的方式是女性主义者经常采取的策略，史尼曼则是这方面的专家。

在《表演中展露的身体》（*The Explicit Body in Performance*）一书中，我用"故障"（glitch）一词来描述史尼曼所运用的错误美学（Schneider 1997, 46）。1992 年史尼曼与维多利亚·维纳斯（Victoria Vesna）共同制作了录像《维斯珀对我圣洁之嘴的践踏》（*Vesper's Stampede to My Holy Mouth*），我在谈及该录像时特别使用了"故障"这个词。在录像中，史尼曼充满情欲地与她的猫做爱，字面意义上的做爱，她的目的是在所谓的资本主义原始积累时期的女巫审判中，发现"猫和女性遭受酷刑与伤害的历史共通点"（Serra and Ramey 2007, 122; 同样见于 Federici 2004）。显然，这场性爱让人想起史尼曼 27 年前拍摄的电影《交融》，电影中史尼曼和她的情人詹姆斯·坦尼（James Tenney）在宠物猫基奇（Kitch）的凝视下做爱。史尼曼在该影片中使用了斯坦·布拉哈格（Stan Brakhage）的技术，即在胶片上描画和用手刮擦胶片，以实现故障般的电影镜头效果。回到《维斯珀的践踏》，人工描画被视频图像重叠技术取代，男人被史尼曼的新猫维斯珀取代。我在 1997 年写过，《维斯珀的践踏》中展露的兽交是此前史尼曼、坦尼和基奇爱情戏的一种"刮擦、故障、破坏"，而这一爱情戏又设想了以布拉哈奇为代表的白人男性先锋电影在"刮擦、故障、破坏"后的样子（46, 56, 66）。[1] 展露的兽交作为一种"故障"打破了许多规则和惯例，就像史尼曼在《交融》中援引的布拉哈奇式"手触感"的胶片划痕和损伤一样。故障此刻是失灵时的停顿，引导着批判思维的产生，或者让始终如一的场景产生变数。

"故障"一词于 20 世纪 60 年代开始流传，先是美国宇航员使用的该词，把它当作"障碍"（hitch）的俚语。《牛津英语词典》则认为该词是约翰·格伦（John Glenn 1962）的发明，他在《进入轨道》（Into Orbit）一书中写道："另一个用来描述问题的词语是'故障'。从字面上来看，当电路中突然有新负载时，电压的猛增或突变就称作故障……一个故障……是电压的细微变化，任何保险丝（fuse）都不可能避免故障。"（86）我第一次观看电影《交融》是在 20 世纪 80 年代末，此时我尚不了解"故障"和"保险丝（交融）"的词源关系，但"故障"似乎是一个绝佳的用来描述惯性视觉之损伤与破坏的词。到了 20 世纪 90 年代，"故障"不再和身体表演（或者太空旅行）捆绑在一起，它开始涉及数字艺术——包括电子音乐和由技术错误构成的视觉艺术。这种艺术接受并遵从机器与技术的故障，也时常意外创造出新的声音与设计。一些故障艺术利用这种失常美学来推动对资本主义功能规范的批判性研究。电影与数字媒体理论家迈克尔·贝当古（Michael Betancourt 2016）曾探讨过数字故障如何使动作停滞，哪怕只是一瞬间，以及故障如何开启了一个潜在的关键时刻，即便再短暂，此刻批评也将成为可能。他写道："在向数字资本主义转变的过程中，对实在物体的关注渐消，事物的物质基础被否认。而故障可以中止这种自动进程，片刻的失败具有一种批判的潜能，因为它打破了数字时代的光环。"（8）对于贝当古口中的故障艺术家来说，故障打破了缥缈的感觉之流，物质性猛然浮现。故障以困境或停滞的形式出现，无缝体验被破坏，迫使我们迟疑或强行退出（force-quit），一瞬间也足够让人惊醒。我们是故障的俘虏，被它阻挡拦截。贝当古认为，这与手的触觉敏感性类似。故障的物质性"能提供一个解读（艺术）作品的新角度，也很容易与早期唯物史观下对艺术家'手'的迷恋相关联"（Betancourt 2016, 7）。[2]

　　故障艺术，或者由技术或计算机故障组成的艺术，与卡若琳·史尼曼的《体内卷纸》或者与她的艺术装置《更多错事》之间有什么联系呢？这又与一个平稳运作的保存系统（如档案馆）中遭遇的不确定性有什么关联？毕竟从根本上来说，故障艺术一般与表演性质的现场行为扯不上关系，尤其又与关于身体的艺术或人体艺术无关。这或许是因为数字艺术作品和计算机艺术作品通常被看作是站在生物的对立面，或者被认为是身体的延伸，也就超出了鲜活身体的界限。当身体和技术同时出现时，身体往往被看作陈旧的、即将过时的一方，尽管许多艺术家宣称自己着迷于旧事物，又尽管无数身体接替出现，演绎着全喜卿（Wendy Hui Kyong Chun）所称的"延续不灭的瞬息"（170–173）。[3] 长久以来，表演中鲜活的肉体一直被认为是天然的、纯净的，或者说是真实的东西，与机械过程有很大区别。当然，随着所谓人体与所谓技术（包括生物技术）的交融渗透越来越普遍，这些区别显得愈加不真实，这也使得唐娜·哈拉韦等人笔下的"自然文化"（natureculture）变得如此有说服力（Haraway 2003, 12; 同样可见于 Cooper 2008）。

　　身体与机器或许可以在互相模仿的呈现（不同于再现）中影响、结合与重组彼此，那档案与身体又如何呢？档案，不管是实体还是通过数字进程实现的保存数据，都可被视作身体的延伸，因为它们超越了人类计算与记忆能力（从柏拉图无视了苏格拉底关于写作工具的警告开始，人类的记忆就被视作有缺陷的）。但这个延伸的身体（档案）并非传统意义上活的身体，我们的惯性思维告诉我们，活的身体无法成为档案，或者说档案等待着生命（身体）将其激活。即使身体赋予档案以生命，我们也觉得（人的）记忆会消逝，且（生物的）身体会死亡。也就是说，我们固执地认为鲜活的身体是转瞬即逝的，是注定逝去的，是与其他实体档案不同的，后者会被档案馆保留。尽管该观点在某种意义上已被表演理论和媒体理论驳倒，但它仍作为一种下意识的、简单的二级思维流传：一边是稍纵即逝的肉体；另一边是基于物质／机械／算法的数据信息体，长期供人取用的大型档案。

有趣的是，由于这种传统二级思维作祟，故障艺术被认为——借用艺术家安东·马里尼（Anton Marini）的话——"活的才是最好的"。这或许会让人惊讶：正是"活的"将故障艺术中的批判潜能，与（基于身体的）女性主义艺术之批判目标联系在一起。根据马里尼的说法，故障艺术需要一种"对于时光飞逝的敏感，而在当下，它极具生命张力"（Brown 2012, 4:19）。故障的突然活跃在某些方面并不让人惊喜，如果说故障中断了本该无缝的进程，如果故障来自某种意外错误，那么保存它、复制它或者将它作为一个稳定物归档就显得如此矛盾。我们所能再现的或者保存的并不是故障，就像现场表演总会出错一样。故障是潜在的错误或失误，试图捕获它将是徒劳。需求稳定对象和稳定过程的传统保存方法更无法留住故障，将故障看作为一种记录——机器或人机交互中出现的问题的记录——也是不恰当的，因为这更多的是关于"可能有变"（uncertain potential）本身的记录，用蒂姆·巴克（Tim Barker, 2011, 52）的话来说，这种"可能有变"是机器所固有的属性（Betancourt, 2016, 56）。就定义而言，故障无法预先形成，也不能提前计划，它们只会在浑然似真的体验中猛地出现，它们确确实实地降临。故障提醒着我们，一切活动都有可能发生异常，故障让平凡陷入混乱。

故障的潜力成了莱格西·罗素（Legacy Russell）于2012年撰写的《故障女性主义宣言》（*Glitch Feminsim Manifesto*）的灵感之一，该宣言将故障与性高潮以及前戏和呼唤联系起来，并以一种史尼曼的方式让这种高潮前戏改变世界。

她写道：

> 故障女性主义……将拥抱"错误"带来的一切，一个社会系统已经
> 受经济、种族、社交、性别、文化层次以及全球化中帝国主义的肆意妄
> 为（这是一个对所有身体施暴的进程）等因素影响，而故障女性主义通
> 过承认这个社会系统中的错误实际可能根本就不是一个错误（error），
> 而是一个急需的无心之过（a much-needed erratum），从而一扫笼罩于"故
> 障"之上的阴霾。（Russell 2012, n.p.）

当然，1992 年，史尼曼与猫的性爱为早期资本主义的女巫狩猎附上了一份类似
勘误表的东西。史尼曼和维斯珀认为，女巫的"错误"随时可能（再次）爆发。
罗素关于故障女性主义的工作似乎是在 21 世纪对该目标的又一尝试。[4] 在谈及
数字艺术时，罗素（2012, n.p.）认为故障所给出的承诺是，我们能终结"我们
所知的身体的社会实践"。罗素提出技术流畅运作时出现的故障带来了一种异
常的物质性："我们会用身体感受我们自己、我们的伴侣、周遭的世界。但如
果没有这种停滞，我们可能就不会迫切地去呈现自身，去为了自身呈现。"此处，
故障似乎同时唤起了身体的异样感和肉身在世的舒适感。

但是，故障的诱因又有何不同？迷恋错误可以说是自由人文主义者的一贯
做法。此处我们应该记起，错误（反常）状态并不是什么新鲜事，它支撑了，
也从反面定义了殖民资本主义现代性中的理性主体。长期以来，错误一直处在
常态的对立面，也就是说，错误的对立面是白人和男性，而涉足错误（即便仅
仅是记录它、了解它、殖民它、驯化它）则是白人的负担。如莎拉·简·瑟维
纳克（Sarah Jane Cervenak 2014）所言："在方法论的意义上，反复巩固启蒙运

动的自主主体及独立主体的可能性条件……是一个人类学的、开创性的尝试，要求人们'走出去'，不能固守一隅。"（7）换句话说：理性人本就扎根于错误，他还会迷恋错误以浪漫化错误，甚至将错误前卫化，并最终因为其违背常态而再次否定错误。这种态度把故障看作微不足道的、随风而逝的，认为它不是行动的基础。当故障结束，一切照旧时，故障将从反面构成常规之定义的一部分。也就是说，常规依赖于故障，并由其驱动，同时常规否认故障的重要性。

可是，倘若我们将故障当作常态，事情会变得不同吗？如果行动是一种阻拦、停顿，是一种无法回归常态的故障，又会发生什么？我认为这样的观点是正确的：被启蒙运动惠及的人在他那所谓原始、愚昧、欠发达地区中的探索之旅不同（Cervenak 2014），史尼曼没有把错误当作一种对立面去迷恋，而是把错误看成某种境况生活其中。在《体内卷纸》和《更多错事》中，她没有过度沉浸在别人的错误里，而是生活在她的错误中，一位女性和艺术家的错误。错误在某些方面呈现为不合时宜——要么过早，要么太晚，反正不适合当下，或者说发生于错误的时间地点。失言或僭越，这些故障与一些先例有关，这些先例定义了"得体"与"守序"。错误是一种失策，而失策可能会带来方向性的混乱，会提供一种（扰乱的、无效的）替代方案而破坏本有的计划。但是，有目的地走向错误所启示的"歧途"，则是对惯性教化（autocorrect）的拒绝。

关于黑人对白人文化统治的策略性抵抗问题，塔维亚·尼翁（Tavia Nyong'o 2009）曾谈过："狂欢时间"充斥着有意的犯错。狂欢节上的小丑、怪胎等各种不合群的人（他将这些形象与黑人和同性恋者紧密相连）颠覆了规定，一种要求人们遵从白人殖民者、遵从直线时间（也就是线性时间）、遵从世俗的资本主义时间的规定。或许我们可以称"狂欢时间"为"错误时间"。这是一种与时间相反的时间，其中记忆与遗忘的方式都将与常态不同，这种时间拒绝凝结为一条直线。这也让我们想到，新自由资本主义不断推动着金融化与大数据的发展，它承诺未来是可预测的，并借此鼓吹人们预支。另一方面，错误时间"哑火"（借用奥斯丁 [J. L. Austin 1975, 25] 的术语）了，它把未来置于不确定中。对于纳奥米·肖尔（Naomi Schor 1987）等女性主义理论家来说，该错误可为女性所用。它是一种不从属于整体的孤立琐碎，品读这样的琐碎——一种关于错误的体悟——可以击垮整体。正如剧作家苏珊·洛里·帕克斯（Suzan Lori Parks 1995）作品中（取材自黑人的流亡）的文字游戏：一个洞（hole）可以扰乱整体（whole）。错误中蕴藏着毁灭的能量，但毁灭里却包含着他样的希望。

在《更多错事》中，史尼曼选用的许多图像是她口中的"地下图像"（underground）。就像一名错误考古学家，她的目的不是发掘错误以揭示真理，她曾说过，在制作这件充斥着显示器和电线的现代技术作品时，她的灵感却来自恐龙骨骼化石：

> 我为了《更多错事》收集了 17 台旧显示器，并把它们悬挂在一个由 500 英尺长电线与电缆组成的蜘蛛网中。《更多错事》的整体造型受到了白盒画廊中开放且粗糙的空间的影响（路人在街道上就可以看到），还受到了我正在研究的恐龙骨骼照片的启发：拱形、规整的骨架。不同文化中的灾难镜头在 17 台显示器上循环播放，一些素材是通过地下途径从萨拉热窝、巴勒斯坦、黎巴嫩、海地取得的，还有我自己档案中的越南旧素材，我将它们剪辑成时长三秒的残酷战争画面……来自前南斯拉夫的视频让人心痛，该视频由一群身处险境的个人制作，他们捕捉了城市之中的废墟，并尝试发送了这些镜头，他们还附上了一条英文说明："这段视频由设备枯竭、胶卷用尽，可能再也没有水、没有灯、没有家

的电影工作者们制作。这是我们周遭的残骸，我们将这些信息发送给您。"（Bajo and Carey 2005, n.p.）

让故障聚集起来，是为了通过布置错误而扰乱可积累事实中尼采（Nietzsche 1976）所称"群畜般"（herd-like）的习性 （46–47）。如果史尼曼所有的电视图像都是某种记录或纪实"真相"（facts），从陈旧破损的器具照片到历史上战争罪行的积累，它们通过集合形式走出一条岔路，形成了故障。观众可能会认为，把没拧紧的水龙头和战争中的死伤相提并论是不对的，但这件作品让我们带着一种批判的眼光，去思考暴力的平庸性、日常性，它离我们如此之近，和我们的关系如此之密切，如同像素一般集聚、数据一般积累——滴答，滴答，滴答。

当我们的日常行为被分析、挖掘出数据以预测，而预测是为了资本主义压榨机器的运转时，当我们努力抵御未来被商品化时，思考"表演"（performance）问题将是一条出路。回想一下，奥斯丁（1975）意义上的"非常规完成行为式"（infelicitous performative）是指不起作用的完成行为式（performative），它不会生效，不会兑现让"事情完成"的承诺。因此，由于完全无法预测，活生生的，或者基于表演的非常规故障就无法被市井化。表演——总与潜在的非常规性联系在一起——就总会失败。错误的表演可能与弗雷德·莫顿（Fred Moten 2015）所说的"不作为"（nonperformance）有关：即在资本主义晚期拒绝表演式工作。但是，我们如何与故障相处，如何与"更多错事"相处，如何做出"更多错事"？或者转向新自由主义日常消费数据生产的"群畜般"流动？在既不沉迷错误，也不肤浅地忽视错误的情况下（就像在当代，利用"替代事实"[alternative facts] 去服务缺乏监管的资本主义），我们又该如何做到这一点？

伊丽莎白·波维内利（Elizabeth Povinelli，2011）提出，对创造力的某些使用，加上对身体的某些使用，可以产生"未整合的生活"（109），也会抵御安德烈·莱佩基（Andre Lepecki 2016）口中的"服从之编排"（3）。莱佩基引用了亚历山大·韦赫利耶（Alexander Weheliye 2014）讨论的黑人生活中的"未整合"模式。韦赫利耶写道，黑人在白人的构型机器之外找到了生活，找到生活，意味着脱离白人的生活之流，这种生活位于"肉体和法律的中间区域内寻得的沟壑、缝隙、运动和语言等等"中（11）。这是他样的生活，它利用了波维内利（2011）所说的"物质性的错误一面"（109）。该错误拥有了肉身性，我们可称之为黑人性，或者跟随史尼曼称之为女人性。[5] 故障是数据化过程中的中断（越来越多的错事在出现）。故障是滴水的龙头，是悬垂的线缆，是猫的抓挠，是强制登出，是句子碎片。

故障。抓痕。断裂。

注释

[1] 《交融》有意参考了布拉哈奇 1985 年的作品《水窗中的颤动婴儿》，可以认为这是对布拉哈奇和其他先锋派性别政治的某种反驳（Quendler 2017，174）。因此，既然可以将史尼曼的作品看作是对布拉哈奇特色的批判性引述和示意，那么认为史尼曼仅仅是布拉哈奇的模仿者这一观点，或者说她"没能跳出布拉哈奇的作品特征"（Osterweil 2007，139）这一言论，就无法站得住脚（Schneider 2014）。

[2] 传说，程序错误（bug）这个词源自早期计算机中发现的虫子（bugs）和飞蛾，这也确证了故障中顽固的物质性，正是"飞虫"产生了"故障"。对于戈里乌诺瓦和舒尔金（2008，111）来说，尽管故障往往被用作程序错误（bug）的同义词，但它并不是错误（error）的同义词。一个错误可以产生一个故障，但却并不一定会导致系统失常。故障是机能（失常）、（副）作用和（情）动，不仅仅发生在机器内部，而存在于人机交互中。因此，故障作为人机交互中模仿（mimicry）的显现而发生。如果说，故障是作为不合时宜的"bug"所产生的错误模仿——可能类似于安东尼奥尼电影《爆炸》（Blow-Up）中的不合时宜的哑剧，或者类似于"女人"的过时状况，这种状况在历史上主要表现为与"男人"的无标记规范的放荡模仿关系中的可读性（见 Irigaray 1985），这可能有点夸张。在文本中，我显然在某种程度上交替使用错误、混乱和突变，以此来思考这些术语在基于身体的女性主义艺术和批判性数字故障艺术之间的重叠潜力。

[3] 例如，施蒂拉（Stelarc）在 20 多年前就声称："身体在其所创造的密集信息环境中已经彻底被废弃了。"（Atzori and Woolford 在 1995 年的采访，n.p.）当我们考虑到，长久以来废弃一直是身躯的主要产物，并承认在信息时代，随着新的、更新的、最新的技术不断流传，废弃之生产远还没有被废弃，这一观点就可以被认为是过时的了。

[4] 罗素的宣言预示了其即将与维索合作出版的书《故障女性主义》，此后她的思想会更加成熟。

[5] 参见弗雷德·莫顿（Fred Moten 2017，134–146）关于史尼曼、女人性、黑人性和错误状态的文章。

参考文献

(1) Atzori, Paolo, and Kirk Woolford. 1995. "Extended body: Interview with Stelarc." *C-Theory*. https://journals.uvic.ca/index.php/ctheory/article/view/14658/5526.

(2) Austin, J. L. 1975. *How to Do Things with Words*. Cambridge, MA: Harvard University Press.

(3) Bajo, Delia, and Brainard Carey. 2005. "Carolee Schneemann." *Praxis Interview Magazine*, April 24, 2005. http://museumofnonvisibleart.com/interviews/carolee-schneemann/.

(4) Barker, Tim. 2011. "Aesthetics of error: Media, art, and the machine, the unforeseen, and the errant." In *Error: Glitch, Noise, and Jam in New Media Cultures*, edited by Mark Nunes, 42–58. New York: Continuum.

(5) Betancourt, Michael. 2016. *Glitch Art in Theory and Practice: Critical Failures and Post-digital Aesthetics*. New York: Routledge.

(6) Brown, Kornhaber. 2012. *The Art of Glitch*. Video. Off Book. Arlington: PBS Digital Studios. http://www.pbs.org/video/off-book-art-glitch/.

(7) Cervenak, Sarah Jane. 2014. *Wandering: Philosophical Performances of Racial and Sexual Freedom*. Durham, NC: Duke University Press.

(8) Chun, Wendy Hui Kyong. 2011. *Programmed Visions: Software and Memory*. Cambridge, MA: MIT Press.

(9) Chun, Wendy Hui Kyong. 2017. *Updating to Remain the Same: Habitual New Media*. Cambridge, MA: MIT Press.

(10) Cooper, Melinda E. 2008. *Life as Surplus: Biotechnology and Capitalism in the Neoliberal Era*. Seattle: University of Washington Press.

(11) Federici, Silvia. 2004. *Caliban and the Witch: Women, the Body, and Primitive Accumulation*. Brooklyn: Autonomedia.

(12) Glenn, John. 1962. *Into Orbit*. New York: Cassell.

(13) Goriunova, Olga, and Alexei Shulgin. 2008. "Glitch." In *Software Studies: A Lexicon*, edited by Matthew Fuller, 110–118. Cambridge, MA: MIT Press.

(14) Haraway, Donna. 2003. *The Companion Species Manifesto*. Chicago: Prickly Paradigm Press.

(15) Irigaray, Luce. 1985. *Speculum of the Other Woman*. Translated by Gillian C. Gill. Ithaca, NY: Cornell University Press.

(16) Lepecki, Andre. 2016. *Singularities: Dance in the Age of Performance*. New York: Routledge.

(17) Moten, Fred. 2015. "Blackness and nonperformance." Lecture presented at the Museum of Modern Art,

New York, September 25, 2015. https://www.moma.org/calendar/events/1364.

(18) Moten, Fred. 2017. *Black and Blur (Consent Not to Be a Single Being)*. Durham, NC: Duke University Press.

(19) Nietzsche, Friedrich. 1976. "On truth and lie in an extra-moral sense." In *The Viking Portable Nietzsche*, translated by Walter Kaufman, 42–47. New York: Viking Penguin.

(20) Nyong'o, Tavia. 2009. *Amalgamation Waltz: Race, Performance, and the Ruses of Memory*. Minneapolis: University of Minnesota Press.

(21) Osterweil, Ara. "'Absolutely enchanted': The apocryphal, ecstatic cinema of Barbara Rubin." In *Women's Experimental Cinema: Critical Frameworks*, edited by Robin Blaetz, 127–151. Durham, NC: Duke University Press.

(22) Parks, Suzan-Lori. 1995. *The America Play and Other Works*. New York: Theatre Communications Group.

(23) Povinelli, Elizabeth A. 2011. *Economies of Abandonment: Social Belonging and Endurance in Late Liberalism*. Durham, NC: Duke University Press.

(24) Quendler, Christian. 2017. *The Camera-Eye Metaphor in Cinema*. New York: Routledge.

(25) Russell, Legacy. 2012. "Digital dualism and the glitch feminism manifesto." *Society Pages*, December 10, 2012. https://thesocietypages.org/cyborgology/2012/12/10/digital-dualism-and-the-glitch-feminism-manifesto/.

(26) Schneemann, Carolee. 2001. *Imaging Her Erotics: Essays, Interviews, Projects*. Cambridge, MA: MIT Press.

(27) Schneider, Rebecca. 1997. *The Explicit Body in Performance*. New York: Routledge.

(28) Schneider, Rebecca. 2011. *Performing Remains: Art and War in Times of Theatrical Reenactment*. New York: Routledge.

(29) Schneider, Rebecca. 2014. "Remembering feminist mimesis: A riddle in three parts." *TDR: The Drama Review* 58 (2): 14–32.

(30) Schneider, Rebecca. 2019. "Slough media." In *Remain*, edited by Ioana Juncan. Minnesota: University of Minnesota/Meson Press. https://meson.press/wp-content/uploads/2019/04/9783957961495-Remain.pdf.

(31) Schor, Naomi. 1987. *Reading in Detail: Aesthetics and the Feminine*. New York: Routledge.

(32) Serra, M. M., and Kathryn Ramey. 2007. "Eye/body: The cinematic paintings of Carolee Schneemann." In *Women's Experimental Cinema: Critical Frameworks*, edited by Robin Blaetz, 103–126. Durham, NC: Duke University Press.

(33) Weheliye, Alexander G. 2014. *Habeas Viscus: Racializing Assemblages, Biopolitics, and Black Feminist Theories of the Human*. Durham, NC: Duke University Press.

27. 话题标签存档[1]（Hashtag Archiving）

塔拉·L. 康利（Tara L. Conley）

在本章节中，我将介绍**话题标签存档**这一术语，以描述一种人类中心捕捉话语的方式。虽然该文引用了一些关于话题标签研究的相关资料，也包含一些参考案例、实操步骤和对话题标签归档的建议，但是我没有下一个定论。相反，该文仅是一个起点，那些富有远见之人可以在此提前纪念标签数据。因为话题标签的档案管理员正意识到，它的历史逐渐变得遥远，通信技术在变革，交互界面在消失，社交媒体所构建的意义在改变，可能对标签研究的兴趣也终究要衰减。他们还知道，记忆会骗人。在收集和管理数据的过程中，标签档案管理员将元数据的叙说拼凑成篇，成为讲故事的人。因此，无论用何种技术或理论去分析集得的标签数据，管理员在建立我们时代故事的档案时，都有必要结合反思与实践。

话题标签的故事

符号 # 的历史并不明晰。在字形与名称谱系方面，关于其起源的解释往往

1　话题标签是一个由 # 号开头的元数据标签，往往由用户生成，可用来给发布的内容打上标签，也可用来分享特定主题，本文中也简称标签。——译注

语焉不详，甚至有些神秘。在这段历史中，符号、口语、神话和代码的演变交织缠绕，从时间上追溯，从罗马帝国到启蒙运动再到今天，各历史时期暗含线索；从技术领域上追溯，诸如制图学和计算机编程等领域均需纳入考量。根据标点符号史学家基思·休斯顿（Keith Houston 2013）的说法，"**天秤座**（libra）的缩写 'lb' 在 14 世纪晚期进入英语体系"（42）。数个世纪后，由于"漫不经心地写写画画"，**lb** 呈现出不同的面貌（43）。休斯顿给出了一个值得关注的例子，艾萨克·牛顿爵士（Isaac Newton）在匆忙中写下了 **℔**，即 **libra**，作为"磅重"（pound in weight）的缩写[2]。这就是最早的关于 # 的文献记载。另一个相似的拉丁语"**pondo**"（大意为"称重"）也在口语中演变。拉丁语"**pondo**"在古英语中变为"**pund**"，最终就有了现代词语"**pound**"（磅）。正是在这些时刻，字形和口语的历史相碰撞，或者用休斯顿（2013, 43）的话来说，"当**秤**（libra）与**重**（pondo）重逢时"，# 号（或者说磅号）就诞生了。

在美国，当代人对于磅号（# 号）的理解可以追溯至早期电讯和互联网时代。在电讯业中 # 号有一个别名，即"八爪号"（octothorpe）[3]。八爪号的曲折历史也只是一个起点，学者们从此出发，分析 # 号在通信技术中的意义，以及将 # 号作为现代话语实践的文化线索来研究（Conley 2017; Houston 2013, 48; Salazar 2017）。# 号也随着通信技术的发展一同变化。另一个它的起源故事发生在现代，2007 年 8 月 23 日，彼时程序员克里斯·梅西纳（Chris Messina）首次在推特上使用 # 号，他发布了一条推文："你们觉得用 # 号（磅）来分组怎么样，比如说 #barcamp？"（@chrismessina, August 23, 2007）梅西纳那时沉浸在 20 世纪 80

2　pound weight 的罗马原文为 libra pondo，意为"用秤称出的重量"。——译注

3　octo- 意为"八"，或"与八相关的"，暗示 # 号的八个末端，而 -thorpe 含义尚无定论，故暂译为八爪号。——译注

年代的赛博文化中，80 年代的线上社区用＃号来区分不同的兴趣频道（Salazar 2017, 22）。而梅西纳在 2007 年对＃号的使用，给话题标签史又添上浓墨重彩的一笔，这一时刻进一步阐释了＃号的重要意义——信息是如何被调用和组织的？话语实践又是如何浮现的？

话题标签存档和不确定的词源

社交媒体上话题标签的词源历史可能与＃号的历史一样让人捉摸不定。然而这种不确定性，可能正是研究者、记者、媒体人、活动家被标签出现、流行并成为大众媒体和流行文化焦点的那些时刻所吸引的原因之一。标签帮助讲述者构建故事，这故事关于我们生活的世界，因此，我提出**标签存档**这一概念，作为一种人类中心的方案，以在标签数据飘忽不定的年代捕获话语。

标签存档是一个捕捉和保存社交媒体数据的过程，这些数据归于代码的视觉（＃）和非视觉（U＋0023[4]）两个维度之下，标签存档也需要被解释分析，也有赖于人们的通力合作。标签存档包括做注释、编索引和编排内容（curating）等多项工作，以建立可供公众检索的资料库——不仅要横跨多个互动媒体平台，还包括以文本为主的文档资料。2013 年，我发布了网站 www.hashtagfemalism.org，以记载和存档推特上的女性主义话语，该平台可作为公共标签数据资料库的一个案例。收集此类数据通常没有特定的适用工具，我们需要在多个平台和频道收集数据，可采用人工方法（如使用 Excel 软件），也可使用收费的分析平台，还可利用其他资源中数据集的众包（crowdsourcing）。www.docnow.io 就是一

4　＃的统一码（unicode）编码为"U＋0023"。——译注

个协作式研究工具和合作联盟的例子，它可以众包推特的数据集。也就是说，标签存档并不等同于数字存档，后者于网络上再呈现内容，更准确地说，标签存档这一过程定位（locates）了数字内容，以便分析线上和线下空间中的话语实践、社会运动与故事之讲述。

标签存档也是一个追求社会公正的好途径，它融合了女性主义和反种族主义的观点。蓬扎兰（Punzalan）和卡斯韦尔（Caswell 2016, 30–33）主张在存档中引入更多批判性方法，譬如档案多元性、关怀伦理学（ethics of care）和非西方的认知方式。他们提出这些方法是为了对抗专制、白人和霸权结构，这些结构延续了存档领域中的系统性不平等。在呼吁人们对社会公正做出更明确表态时，蓬扎兰和卡斯韦尔还指出该态度应具有的数个关键特点，其中三个与话题存档紧密相关：（1）囊括弱小和边缘化的社会群体；（2）对倾向于主流文化、主流话语和团体（corporate entities）的档案相关概念进行再阐释和拓展；（3）发展社区档案（27–29）。

在“囊括弱小和边缘化的社会群体”的语境下思考标签存档时，我将转向起源问题，该问题值得深入讨论。在本章我使用了**“起源故事”**这一词，意在说明我不把时间与次序看得比语境和文化更重要，我所看重的是归属（attribution）。在记载标签运动与活动的起源时，我强调网络媒体中黑人、非白人同性恋者、女性、女同性恋者以及跨性别者的贡献。他们的成果经常被白人女性主义者和自由媒体环境抹消，例如，我一直在批评那些在线上下公共平台拥有话语权的媒体专家，他们贬低了黑人女性在网络上所做的工作。最显著的是我曾讨论过的一个问题，即塔拉娜·伯克（Tarana Burke）在线下对 Me Too 运动所做的支持工作，曾在早期为白人自由媒体抹除，伯克自身也指出了这点（Burke 2018; Conley 2018）。

此外，在推特被认为是使用标签来认识和组织社会及政治事业的主要工具之前，我指出了博客圈（blogosphere）中白人女子盗用黑人女性主义思想的问题（Conley 2013a; Florini 2013）。这些事并不新鲜，它们只是诸多抹消和盗用案例中的一部分，这些案例具有 20 世纪后半叶的第二波女性主义和新自由主义思想的特点（Conley 2017, 26–27）。因此，在标签存档中，起源确实很重要，因为那些人为塑造文化与社会做出的隐性贡献很重要。

标签存档的伦理考量

诠释抗议：#Ferguson 案例

一位名叫迈克尔·布朗 (Michael Brown) 的 18 岁黑人男子，于 2014 年夏天在密苏里州圣路易斯县被枪杀[5]。亚里马尔·博尼拉（Yarimar Bonilla）和乔纳森·罗莎（Jonathan Rosa 2015, 12）在他们关于弗格森命案的一篇重要文章中，用了一条长脚注来讨论引用命案发生不久后出现推文的伦理意义。博尼拉和罗莎在没有说明出处的情况下引用了一条推文："我刚刚看到有人死了。"[6]（4）他们有一条原则，据此来判断是否需要说明推文出处："（在我们的文章中）我们认真思考了何时引述、引用或者转述推特帖子。在讨论'病毒式'传播的推文时，或者已被主流媒体报道的推文时，我们会标明推文的原作者。但是在引用或转述尚未见报道的推文时，我们就将原作者匿名处理——以无法阐明归

5　迈克尔·布朗在未携带武器且无犯罪记录的情况下被一名警察射杀，该事件引发了大规模的抗议行动和暴乱。——译注

6　这条推文发布在案件发生不到一小时内，原作者紧接着上传了数张现场照片及一系列描述现场状况的推文。——译注

属问题为代价，换取隐私的保护。"（12）

在上述案例中，博尼拉和罗莎将匿名性看得比归属问题更重要，这反映了二人的推特研究所采取的一种人类学方法，他们称之为**话题标签的人种志研究**。博尼拉和罗莎没有直接展示迈克尔·布朗死亡现场照片的原推特串[7]。其实推特的时间线已将推文存档，原推文和照片与视频均通过转发被保存在 #Ferguson 标签下，主流媒体则在新闻中对原推文大书特书。在类似于 #Ferguson 的事件中，当研究人员和档案工作者记录案件时，他们需要考虑可能招致的暴力与创伤。

在存档和 #Ferguson 类似的，例如 #MeToo[8] 这类性暴力案例时，我们仍需考虑伦理问题，尽管这超出了本章的范围，但值得我们关注。随着关于 #MeToo 的学术文献的增多，对存档引发创伤的顾虑也在增加。此外，受 #MeToo 启发，一些类似的话题标签不断出现，比如 #MeTooIndia、#MeTooK12 和 #MeToo-Mosque[9]，于互联网上存档各色国家的性暴力故事时，更进一步的道德问题也随之出现。在概述 #Ferguson 案例研究时，我建议 #MeToo 运动的档案管理员在用个人或团体惨剧作案例，去诠释某个抗议运动时，最好考虑这样做是否符合道德规范。

在分析那些抗议运动的来龙去脉时，我们总要收集一些事例，那有人可能就会问道：如何把握度？不遗巨细地记录——从最早的那些不公正遭遇，到大型社会政治抗议活动的兴起——是否会对建立公共话题标签档案库有帮助呢？

---

7 推特串（Twitter thread）是来自同一作者的、一系列相互关联的推文，此处的推特串指弗格森命案的发现者所发布的那些系列推文。——译注

8 MeToo 运动是发源于美国的一场反性骚扰运动，它鼓励所有曾遭性暴力的女性说出自己的经历，并附上 #MeToo 标签以表抗议。——译注

9 以上三个标签分别代表印度的 MeToo 运动、中小学 MeToo 运动、穆斯林妇女的 MeToo 运动。——译注

为了能更加道德地诠释网络抗议运动的渊源，我将提供以下几条建议：

• 为"最初时刻"的数据做出解释，告知人们为何特定信息被记录了。博尼拉和罗莎在其文章的脚注中给出了相关说明，以将那条最初的推文置于特定背景下。标签档案管理员对最初时刻的注释，应当成为调查研究的中心。注释可以通过多种方式呈现（超文本、图片、视频、录音），也可以借助多媒体注释平台——比如使用 www.thinglink.com 和 www.scalar.me/anvc/scalar/。

• 接着，解释这个时刻的政治与社会背景，这个时代的联邦政府与执法部门越来越多地监视抗议者和那些记录并公开谴责数字媒体与社交媒介暴力的人（国家默许这种暴力），解释为什么在这样的背景中，匿名性需要被优先考虑。我曾提供过一个例证，在 2013 年对雷妮莎·麦克布莱德（Renisha McBride）被害一案所做的网络案例研究中，我解释了事件的背景（Conley 2013b）。

• 通常要通过新闻报道来评估原始资料，并决定是否要引用之，正如博尼拉和罗莎所做的那样，以保障匿名性。解释引用或不引用的理由，若引用，需解释为什么它对档案很重要。

• 最后一点，随着时间流逝，已存档的标签数据应持续被重新评估，以检查数字内容发生的变化和其可能包含的不准确之处（标签数据可被轻易地更改和抹消）。这一流程可以通过人工、收费数据分析平台和从协作者那众包数据来完成。

博尼拉和罗莎的文章是第一篇在推特研究中使用标签人类学方法来考察社

会运动的文章。标签人类学强调反思性实践，以纪念网络社会与政治运动的最初时刻，在这点上它影响了标签存档。人们还可以从博尼拉和罗莎的工作中认识到，标签研究员实际上也是档案管理员。

为意指的猴子[10]建立索引：#黑推特（Black Twitter）案例[11]

#号不是黑推特的创造者。与弗格森事件一样，#号定格了推特上的一些时刻和话语实践。安德烈·布洛克（André Brock）和莎拉·弗洛里尼（Sarah Florini）是最早研究黑推特的学者之一，在他们的分析中，黑推特是黑人口述传统和黑人文化对话的一种形式，也是一种意指（**signifyin'**）[12]（Brock 2012, 530; Florini 2014, 226）。布洛克和弗洛里尼引用了亨利·路易斯·盖茨（Henry Louis Gates）关于意指的猴子的研究成果，以提供一个框架，去把黑推特看作"反公众"[13]（counterpublics）：

> 黑标签意味着（signifying）主流之外的另一套推特话语，它鼓励将黑推特表述为"社会公众"：一个由本地人和外来者通过使用社交媒体共同构建的社区。(Brock 2012, 530)

在黑推特上，signifyin'往往将黑人流行文化纳入其中，并充当黑人种族身份的标志。一个例子就是关于嘻哈说唱歌手德雷克（Drake）

10　意指的猴子（Signifying Monkey）是美国黑人民间传说中的一个角色，猴子利用文字游戏周旋于狮子和大象之间。——译注

11　黑推特（Black Twitter）是推特平台上的一个社区，绝大部分成员都是美国黑人，社区成员之间互动频繁，联系紧密。——译注

12　意指（signifyin'）一种文字游戏，一种讽刺地或者间接地表达意见的方式，流行于美国黑人社区。——译注

13　在公共领域内被主导话语排斥，因而被边缘化的那部分话语和人。——译注

的意指，它是一种类似"说唱"的语言游戏，参与者会附上相关话题标签。比如 #Drakepunchline 或者 #FakeDrakeLyrics 下的推文就模仿了德雷克的作词技巧，比如他使用的截断隐喻（即一个短语后紧接着一个与之相关的单词或短语）。这种说唱方式有时又被称作"话题标签说唱"，因为它与推特上话题标签的常见用法十分相像。（Florini 2014, 227）

布洛克和弗洛里尼提供了一种理解 #BlackTwitter 的方法，他们认为使用该标签是一种对大众的反抗。#BlackTwitter 不仅标记了黑人文化下的话语，还建立了"允许使用双声交流[14]和黑话的场所"（Florini 2014, 226）。也就是说，在这些对大众的反抗中，黑推特的用户通过主流文化无法轻易解读的指称对象（referents）和暗示来构建意义。在此情况下，对 #BlackTwitter 的标签存档拓展了倾斜于主流文化的传统存档观念，并将黑推特的反叙事视作我们集体记忆不可或缺的一部分（Punzalan and Caswell 2016, 29）。

我们需要注意，黑推特的研究是通过标签考察大众与反大众这项更大且正在蓬勃发展的工作的一部分。该工作包括：审视标签（做标签）的社会政治实践（Myles 2018）；考察标签在产生和扩大社会运动中的角色（Jackson 2016; Jackson and Foucault Welles 2016; Kuo 2018）；探究作为同好聚集地的标签（Khoja-Moolji 2015; Walton and Oyewuwo-Gassikia 2017）；还有将标签看作一种讲故事的模式来研究（Conley 2019; Yang 2016）。

对反大众的存档还带来了一些重要问题，即为黑话文化实践编索引的问题。如果可能，那么基于发音、表演、幽默、文字游戏和风格的话语在多大程度上

14　双声交流（double-voiced communication）指在表达意见时，持续观察考虑对方的意见，并调整自己说话方式的交流方式。——译注

可以被分类（Brock 2018, 1017）？为了解决该问题，标签档案管理员首先应该为他自身的实践和方法建立索引。在为他对于标签数据的态度编撰目录时，以下建议值得考虑：

- 当通过一些反大众话语，诸如 #BlackTwitter，来为团体实践编辑索引时，不管标签档案管理员是否认为自己是团体的一分子，他们必须接受自己只是看客和过客的事实。他需要问自己：当档案管理员在各个平台和界面之外观望它们时，他该如何构建用户和用户实践的意义？这些反思也同样需要记入档案中。

- 标签档案管理员应当接受蓬扎兰和卡斯韦尔提出的那种社会平等型存档模式。也就是说，他们必须将团体档案的进展与服务他人之目的关联起来，为了服务他人而思考团体档案，同时在服务他人中发展团体档案。他应该问自己：标签档案管理员可以通过哪些方式促进合作与参与，以帮助构建黑话库？

- 当标签无法清晰表明文化身份时，标签档案管理员必须避免在网上笼统归类人和其行为。他应该自问道：话题标签在文化记录方面存在哪些局限？标签无法解释和建立什么？即使采取最复杂的分析工具和方法。

当然，这些问题可能永远得不到完美的答案。因此标签档案管理员应当接受并适应使用标签数据对话语实践编辑索引的不确定性。

参考文献

(1) Bonilla, Yarimar, and Jonathan Rosa. 2015. "#Ferguson: Digital protest, hashtag ethnography, and the racial politics of social media in the United States." *American Ethnologist* 42:4–17. https://doi.org./10.1111/amet.12112.

(2) Brock, André. 2012. "From the Blackhand side: Twitter as a cultural conversation." *Journal of Broadcasting and Electronic Media* 56 (4): 529–549. https://doi.org./10.1080/08838151.2012.732147.

(3) Brock, André. 2018. "Critical technocultural discourse analysis." *New Media and Society* 20 (3): 1012–1030. https://doi.org./10.1177/1461444816677532.

(4) Burke, Tarana. 2018. "#MeToo founder Tarana Burke on the rigorous work that still lies ahead." *Variety*, September 25, 2018. https://variety.com/2018/biz/features/tarana-burke-metoo-one-year-later-1202954797/.

(5) Conley, Tara L. 2013a. "An open letter to Amanda Marcotte." *Feminist Wire*, March 4, 2013. http://www.thefeministwire.com/2013/03/an-open-letter-to-amanda-marcotte/.

(6) Conley, Tara L. (website). 2013b. "Tracing the impact of online activism in the Renisha McBride case." Accessed May 19, 2019. https://taralconley.org/media-make-change/blog/2013/tracing-the-impact-of-online-activism-in-the-renisha-mcbride-case.

(7) Conley, Tara L. 2017. "Decoding Black feminist hashtags as becoming." *Black Scholar* 47 (3): 22–32. http://dx.doi.org/10.1080/00064246.2017.1330107.

(8) Conley, Tara L. 2018. "Framing #MeToo: Black women's activism in a white liberal media landscape." *Media Ethics* 30 (1). https://www.mediaethicsmagazine.com/index.php/browse-back-issues/210-fall-2018-vol/3999237-framing-metoo-black-women-s-activism-in-a-white-liberal-media-landscape.

(9) Conley, Tara L. 2019. "Black women and girls trending: A new(er) autohistoria teoría." In *This Bridge We Call Communication: Anzaldúan Approaches to Theory, Method, and Praxis*, edited by Leandra Hinojosa Hernandez and Robert Guiterrez-Perez, 231–256. Lanham, MD: Lexington Books.

(10) Florini, Sarah (website). 2013. "White feminists: Step your game up." July 2013. http://www.sarah-florini.com/?p=130.

(11) Florini, Sarah. 2014. "'Tweets, tweeps, and signifyin': Communication and cultural performance on 'Black Twitter.'" Special issue. *Television and New Media* 15 (3): 223–237. https://doi.org./10.1177/1527476413480247.

(12) Gates, Henry Louis. 1983. "The blackness of blackness: A critique of the sign and the signifying." *Critical Inquiry* 9 (4): 685–723.

(13) Gates, Henry Louis. 1988. *Signifying Monkey: A Theory of African-American Literary Criticism*. London: Oxford University Press.

(14) Houston, Keith. 2013. *Shady Characters: The Secret Life of Punctuation, Symbols, and Other Typographical Marks*. New York: W. W. Norton.

(15) Jackson, Sarah J. 2016. "(Re)imagining intersectional democracy from Black feminism to hashtag activism." *Women's Studies in Communication* 39 (4): 375–379. http://dx.doi.org/10.1080/07491409.2016.1226654.

(16) Jackson, Sarah J., and Brooke Foucault Welles. 2016. "#Ferguson is everywhere: Initiators in emerging

counterpublic networks." *Information, Communication and Society* 19 (3): 397–418. https://doi.org/10.1080/1369118X.2015.1106571.

(17) Khoja-Moolji, Shenila. 2015. "Becoming an 'intimate publics': Exploring the affective intensities of hashtag feminism." *Feminist Media Studies* 15 (2): 347–350. https://doi.org/10.1080/14680777.2015.1008747.

(18) Kuo, Rachel. 2018. "Racial justice activist hashtags: Counterpublics and discourse circulation." *New Media and Society* 20 (2): 495–514. https://doi.org/10.1177/1461444816663485.

(19) Myles, David. 2018. "'Anne goes rogue for abortion rights!' Hashtag feminism and the polyphonic nature of activist discourse." *New Media and Society* 21 (2): 507–527. https://doi.org/10.1177/1461444818800242.

(20) Punzalan, Ricardo L., and Michelle Caswell. 2016. "Critical directions for archival approaches to social justice." *Library Quarterly* 86 (1): 25–42. https://doi.org/10.1086/684145.

(21) Salazar, Eduardo. 2017. "Hashtags 2.0: An annotated history of the hashtag and a window into its future." *Icono* 14 15 (2): 16–54. https://doi.org/10.7195/ri14.v15i2.1091.

(22) Walton, Quenette L., and Olumbunmi Basirat Oyewuwo-Gassikia. 2017. "The case for #BlackGirlMagic: Application of a strengths-based, intersectional practice framework for working with Black women with depression." *Journal of Women and Work* 32 (4): 461–475.

(23) Yang, Guobin. 2016. "Narrative agency in hashtag activism: The case of #BlackLivesMatter." *Media and Communication* 4 (4): 13–17. http://dx.doi.org/10.17645/mac.v4i4.692.

28. 还魂论 （Hauntology）[1]

丽莎·布莱克曼（Lisa Blackman）

还魂论是一种方法，它与移位（displaced）的和被掩盖的（submerged）叙事、参与者、动因、主要以缺席形式存在的实体关系密切。它们以多种方式影响着世界，超越了直观可见的与被呈现出的那些实践。还魂论超越了数据分析学，研究数据（文化意义上的）此世和彼世，揭示差异、僵局、抹除、闭除和知识之不确定性。出版行业发生的数字化革命使得出版后同行评议（postpublication peer review）成为可能。[1] 出版后同行评议是一个对还魂论开放的数据源，也允许软件媒体业务与数据分析回归其幽灵维度，它的作用和潜力带来了新形势的幽灵追踪（ghost-hunting）和多义性档案实践，使得我们可以和幽灵数据互通。在一个只讲究"可见"与"事实"的体制中，这些实践和可见与不可见、物质和非物质、真实或虚假之物相缠绕。

数据分析的早期形式在修正后——倾向于消除不确定性，抹除那些超出常规、确定范围外的东西——就成了我们眼中的数据分析和数字档案。正如吉特尔曼（Gitelman）和杰克逊（Jackson 2013, 8）所说，这些聚合模式及其算法支柱经常模糊本有的"歧义、冲突和矛盾"，它们参与到抹除中去，促成了我们

认为是**总体现象**的东西（见 Blackman 2016）。我在本章节中提出的概念——幽灵数据（haunted data）——提供了一种启发性的方法和一套策略，可以让数据分析重新"讲故事"，并回避其中的标准化趋势。具有喀迈拉（chimeric）倾向的数据概念是作为"形态想象"（morphological imagination）的一种有效形式被给出的，它将数据和数字档案当作复合体去处理。这些复合体在任何时刻都可以讲述更多故事。这些故事存在于那些被移位和掩盖的形式中，需求着新的干预和解释来揭露其中更具多义性与不确定性的档案。

历史性（historiality）

还魂论与包含**历史性**的概念和方法关系密切。科学史家、哲学家和"幽灵猎手"汉斯·乔格·莱因伯格（Hans Jorg Rheinberger 1994）被科学学科上的争议所吸引，创造出"历史性"一词。该词让人们聚焦于会讲故事的科学，正如他所说，"一个实验系统所能讲述的，远多于它的实验员所能讲述的，在任何时刻都是如此"（77）。他将这种活跃着的潜在面，与将在未来长存的旧日故事画了等号，也等同于"尚未被讲述的故事碎片"（77）。不管是科学还是计算机文化，其上空都萦绕着这样的历史和其本身叙事之外的幽灵。这些超越之物在**酷儿聚合**和**幽灵数据**中浮现，等待着我们的发掘和利用，等待被投入到新兴语境与环境中（见 Blackman 2019）。[2] 这些"酷儿聚合"表明，那些叙事、参与者、动因和实体在用可疑"玷污"循规蹈矩的科学，而墨守成规的科学倾向于净化这些可疑因素。

下面我将提供一个例子，它能让我们窥见数字档案以及在特定数据分析中被"修复"（remediated）的那些问题。该例关于一位被驱除的女性主义科学家，她的幽魂徘徊在当代科学的生物与性别研究领域上空。在 2015 年 2 月，《自然》这种"国际科学周刊"刊登了一篇题为《重新定义性别》的文章，在文章中克莱尔·安斯沃思（Claire Ainsworth 2015）这位"英国汉普郡的自由作家"宣布："两性的概念过于简单"，"生物学家现在认为性别远比此多样"。有人认为，"这个二元性别的世界不能很好地容纳"近年的科学发现（Ainsworth 2015, n.p.）。尽管 LGBTQI2[2] 支持者和学者欢迎这些发现，但是他们眼中这些的新兴之物却只被常人当作例外。2015 年 3 月，接下来的一期《自然》刊登了安妮·福斯托·斯特林（Anne Fausto Sterling 1993）的回应，此人是布朗大学生物学和性别研究领域的教授，著有大量关于生理性别和社会性别的文章，其中最著名也是最具争议的一篇名叫《五种性别》。福斯托·斯特林在原文中并没有提及自身的工作，她认为"多种性别的概念并不新鲜"，早在 20 世纪 90 年代初就已出现，彼时女性主义的科学评论家正与双性主义者[3] 并肩作战。

福斯托·斯特林说，主流生物学终于听到了长期以来在双性主义者、女权运动和女性主义科学技术研究中对性别多元化的呼唤。她指出，科学并不隔绝于社会，科学发现也不是闭门造车。实际情况是："街头行动者们、文学和学术中的想法将进入实验室，再从实验室回馈给社会。由于他们的努力，科研工作者们看见了从前的盲点。"（Fausto Sterling 2015）

福斯托·斯特林对该领域的科学知识把她剔除出去的回应，揭示了主流叙事正被多个幽魂所缠绕的事实，它们也有故事要叙说。在上文的案例中，她为

2　女同性恋者（L）、男同性恋者（G）、双性恋者（B）、跨性别者（T）、酷儿（Q）、双性人（I）。——译注

3　有些时候，新生儿的生理特征并不符合常规的"男"或"女"的二元性别认知，他们兼具双性特征，通常情况下医生会对其进行手术，将这些新生儿转化为男或女的一方。但是在当代，越来越多的人认为这不是一种病症，性别存在过渡区间，也不应对这些孩子进行干预。——译注

科学知识做出的贡献被埋没，在特定的档案保存法中被移位。看似安逸的关于科学进步的叙事，福斯托·斯特林的幽灵萦绕其中，让我们看到知识实践，还有知识实践的历史或**历史性**总是比我们所认为的更加混乱，其中可能蕴含着多种线索、回溯（backtrackings）、僵局、另类与反常之物，以及作为缺席之存在。这个还魂故事将带来什么？它揭示的档案实践中女性主义知识的被削除对我们又有何启发？它又会如何影响我们追迹和建立更多的多义性档案？**多义性档案**指的是被分解的档案，它以重写、校订和重编码的规范化实践为基础，利用自身对预测和控制的欲望，加上其不断预计未来的尝试，去扰乱大数据分析学。

幽灵追捕与喀迈拉

大数据观念指引着新型数字方法与实践，包括通常基于预测分析、超链接和语义内容的变化或重复（如共词变化[4]）的数据直观化。这些方法有一个问题，它们会矫正一些形式的语义分析结果和网络关系分析结果，并且它们的底层设计逻辑要求它们去产生一种总体相关性。它们抹掉了动态、变化和历史联系，而这些东西恰恰是数据在流通中的重要组成部分（Beer 2013）。当大数据占满我们视野时，这些方面就经常被无视，于是权力与知识的不对称也一并被无视，边缘化、不公和歧视得以延续（见 Blackman 2015, 2016, 2019; Noble 2018）。因此，为了解决数据分析中存在的这些问题，数字还魂论或数据还魂论需要进一步的发展。

我认为数据有一种喀迈拉（复合）的倾向，在完善还魂论的过程中这一点

---

4 分析特定文本中一对特定关键词的出现次数与分布情况，进而分析关键词所对应主题之间的关系变化。——译注

值得探索利用。我作为一名"幽灵捕手"写下这篇关于还魂论的文章，因为我钟爱在所谓的反常、怪诞、奇异、陌生、另类和外星来客（Blackman n.d.）中找寻意义。我还与上述那篇 2015 年 2 月发表的文章开篇提及的一位病人有着生物学上的亲缘关系，那位病人让她那位"循规蹈矩"的医生困惑不解，因为她正是所谓的喀迈拉："一个由两个受精卵混合而长成的人，一般是由子宫中的双胞胎胚胎合并而成。"（Ainsworth 2015）喀迈拉或许是一个很好的起点，由此出发我们可以将幽灵般（ghostly）视作一个生成性的词语，它在最鬼魅的模式中向数据开放：向那些被掩盖的、移位的、闭除的以及无视的东西开放。确切地说，它发生在某些档案存储的实践中，以及维持这种实践的直观化、表现和干预中。**喀迈拉**一词经常让人联想到神话、荒诞或不真实；还有梦境、幻想与错觉，还有希腊神话中跨边界、跨物种的生物："一个狮头、羊身、蛇尾的喷火女怪兽"（Dictionary.com 2018）。

形态想象

在本文中，**喀迈拉**一词指的是基因变异或生物突变，一个人本该独立的身体完整性被其他人的染色细胞的异常所破坏。这种"混合"（mixedness）——而非生物同一性——告诉我们自我并非是严丝合缝的独立存在，自我已在基于"生物政治的个体化"（biopolitical individualization）和自我抑制性（self-containment）的理智思考中被规范化和自然化（Cohen 2009）。思维、实践和生物学想象的朝向发生改变，指向了共有生态；非常规的细胞转移；自我与他人、人类与非人、物质与非物质的纠葛。这一切揭示了我们并非独立个体。为了帮助我们把握这些新现实，在喀迈拉的启发下，出现了维维安·索布查克（Vivian

Sobchack 2010）口中**形态想象**的新形式（见 Blackman 2010）。形态想象已经在数据档案实践中发挥作用了，它通常趋向对自我和本体进行保守的社会心理学解读，包括心理个人主义。还魂论揭示了某种超越数据实践的东西，而这些数据实践拒斥不确定性、异类、反常之物，还抹消了对传统思维构成威胁的被移位和掩盖的参与者、实体、动因的痕迹，也坚守基于现存标准化理解、知识和历史真相的"符合预期"。

幽灵数据

如果细胞为封闭体的假说在新生物学背景（表观遗传学和微生物群研究）下显得过时落伍，那么随着数据从其生发处转移并累积能动潜力而留下**痕迹**的媒体驱动的软件事务又如何呢？如果我们正在重新思考自我、生物与身体完整性的概念，那么数据、档案、基于特定标准化趋势的显现化实践又如何呢？在我的书《幽灵数据：情感、跨媒体、怪异科学》（Blackman 2019）中，我提出了幽灵数据的概念，灵感则来自马特·富勒（Matt Fuller 2009）在软件研究方面的工作。他利用"彼世"概念探究数据的能动性和自主性，因为数据由某一特定实践生发，然后转移并变得活跃。这种能动性，或者我称之为数据的**生命性**，让我们去思考数据的社会与文化性，这就超越了工具主义数据观。幽灵数据的概念旨在打破大数据和小数据之间的壁垒，它也告诫我们，如果我们只关注基于计算测量、聚合和数字显现的标准、量化和数码的方法，那我们会失去什么。

聚合

或许我们对关于大数据的聚合概念比较熟悉，在聚合中数据概念基于数学和计算思维——假定信息可以用某种数值衡量。这样做是为了能让信息根据共同因素和指标进行聚合、比较、交叉参照和搜索。但是这也带来了问题，即什么是可以量化的，什么又是不可量化的，数据除了作为度量的工具，还可以是什么？

聚合是统计学以及概率思维（作为面向未来的数据分析之基础）的核心。聚合是一种从不同（通常数量不少）原始资料和标准中获取数据的策略，于是这些原始资料和标准被所谓的**概要数据**所取代。接着，概要数据被用来做出一种塑造可能未来的可行解释。这是一种在大数据分析背景下的自动化能力，它订正了概率统计中的那个核心策略。在相关文献资料中，关于聚合问题的争议和讨论绝不鲜见，这些讨论涉及"生态有效性"（ecological validity）问题，以及当数据被取用、合并，与其他变量相关联时，什么会变得模糊，又会失去什么（可见如 Clark and Avery 1976）。

聚合与它的局限性和困难之处，带来了关于媒体驱动的软件事务与它所留痕迹的重要问题，这可能超出了搜索与聚合数据的努力范围。考虑到诸如谷歌、脸书和推特这类大型公司所拥有的应用程序编程接口打造的专门软件对可检索内容的限制，这些数据的异常，或者说数据幽灵，开始愈演愈烈。在此意义上，参与到将软件媒体视作分析对象的"数据民族志研究"（data ethnographies）中，意味着什么？这是一个重要的方法论问题（见例如 Hochman and Manovich 2013; Langlois, Redden, and Elmer 2015）。这些问题被认为是文化政治与数据社会生活性分析的重要方面，也是当代社会学研究的重要课题之一（见 Beer and

Burrows 2013）。

因此，幽灵数据具有一种喀迈拉的特性：它们积累能动潜力，然后导致纵横交错、回溯、僵局和循环，还重新推动（re-moving）了在特定大数据分析中被掩盖和移位的东西。为了让幽灵数据进入人们视野，一些特定形式的工作（包含人力、技术、物质和非物质等方面）需要完成，幽灵数据才会被重新推动——换句话说，重新投入流通。

重新移动（re-moval）

重新移动或重新推动的概念同样取自科学史家汉斯·乔格·莱因伯格的著作。我在《幽灵数据》一书中指出，尽管莱因伯格关注的重点是科学，特别是科学上的争论，但他的见解对数据分析和数字人文大有裨益。莱因伯格是一位影响深远的德国科学史家，他在柏林的马克思普朗克研究所（Max Planck Institute）工作直至退休。与许多女性主义科学史学者一样（例如哈拉维、巴拉德和富兰克林），他的工作在哲学与科学的交叉点上创造了新的研究对象、实体、方法和思维方式。德里达（Derrida）、哈拉韦（Haraway）、巴舍拉尔（Bachelard）、福柯（Foucault）和坎吉勒姆（Canguilhem）等人深深地影响了他的作品。他被认为是生物和生命科学领域的领军历史学家和哲学家（Lenoir 2010）。莱因伯格的实验实践哲学与人类学、社会学和形式研究（比如那些注重过程、实操和关系型的研究）中的本体论很是相似。这就是勒诺尔（Lenoir 2010, xii）所说的"历史认识论的练习"。他的作品和历史性方法对科学实证主义做出了批判，并探索了科学对象和科学实体的产生过程中，科学、技术和文化之间的纠缠。或者我们可以像卡伦·巴拉德（Karen Barad 2007）一样称之为**现象**（phenomena），莱因伯格则称之为**知识物**（epistemic things）。

　　莱因伯格的方法强调（科学研究中的）递归模式或重复与差异模式。这既是发明全新科学对象的基础，也促成了特定知识的闭除。科学对象总是在调节"制造知识过程"（Lenoir 2010, xiii），也是该过程的动因，还是"实验系统"或表述装置的一部分。也就是说，它们在发明而不是在发现。然而，对于莱因伯格来说，某物变稳定的过程总是受到被移位和被压抑的叙事的纠缠，这些叙事总有可能再度浮现并卷土重来：它们作为德里达意义上的踪迹或延迟而存在。**知识物**的概念抓住了科学对象和科学实体的差异与重复模式。或许人们会认为科学争论将在某个特定时间被彻底解决，但莱因伯格（1994）告诉我们，它们可能会以新方式和形式再次现身。

　　在《幽灵数据》中，我提出在科学研究的语境下，这种还魂和它所重新推动的幽灵数据越来越多地显现在新的激活和自动化形式中；显现在互联网外；最明显地出现在线上科学研讨中，以及其在情感、心情和感觉上（时常是）不稳定的表现中。科学争论中的时间滞后、时间偏移、多种媒体的不同时间及时态（temporalities）被消除，人们的注意力得以集中在实验系统的不确定性与模糊性上。此书聚焦于出版后同行评议相关的分布式数据，而这同行评议则与怪异科学领域的两个当代科学争论有关：约翰·巴格（John Bargh）的启动（priming）说之争和达里尔·贝姆（Daryl Bem）的"感受未来"之争。科学争论成型于各数字平台的出版后同行评议相关的分布式数据中，塑造了"交缠场"，在其中过去和可能之未来互相交错、干预、侵扰，并开启了新事物出现的可能性。莱茵伯格还将这种潜在动力描述为一种拒斥界定的超越性。它动向众多，也允许潜在的修修补补，莱茵伯格还将其描述为重新移动的一种形式（Rheinberger 1994, 78）。

酷儿聚合

重新推动的概念表明了本文的还魂论视角：对冻结时间或时态的重新推动或激活，这些时间或时态萦绕在现存物中（例如，科学真理或确定性）。争论则是潜在的交缠场，它将重新推动细微线索（或者说它有这个潜力）：与特定实验系统的可理解性相比，这些线索或许不可见也不可理解。重新推动有着进行回溯性重铸的潜力，但重要的是，这种动力不能被化简科学研究和实践本身。重新推动不在科学内，也不在常规科学实验室的内部时间和实践内。重新推动的概念使得科研人员不止步于线上讨论中观点与情绪的直接展示，并探索数据的自我表现与自我管理可能会激活哪些数据的踪迹和延迟，我称之为**酷儿聚合**。

跨媒体的故事讲述

计算文化中充斥着大量幽灵数据，这些幽灵数据让数据档案易受到酷儿性的污染。后殖民理论家雷伊·周（Rey Chow 2012）的著作促成了"跨媒体故事讲述"这一概念的发展，讲故事的概念回到了数据中，它介入了，也表现了基于移位和掩盖的趋势与开端的特定交缠场，缠绕着过去与未来、物质与非物质、真理与谬误、事实与虚构。这些缠绕场重新推动了幽灵数据，并试图解释——以一定的创造力、才智、韧性想象力，和对多重历史时间和时态的鉴别与调和能力——在更具多义性和不确定性的数据档案中，什么以移位和掩盖的形式存在着。

小结：出版后同行评议与不确定的档案

"同行评议有问题存在。"（Hunter 2012, 1）为了对抗标准化趋势，对新形式的出版后同行评议的呼吁，已经得到研究人员的支持，而这些研究人员早已习惯了学术出版业中普遍存在的边缘化与隐性歧视。在简·亨特（Jane Hunter 2012）的一篇颇有趣味的文章中——该文章发表于《计算神经科学前沿》——进化论科学家林恩·马古利斯（Lynn Margulis）被描述为一位没有从传统同行评议中获益的科学家。也正如这篇文章所述，尽管她坚持不懈地完善内共生理论，但是在这样一个开创性理论最终发表前，有超过 15 家期刊拒绝刊登关于该理论的核心文章。许多科学家认为马古利斯是一个叛逆者和特立独行者，她一直被卷入争论之中（Wikipedia 2018）。

亨特（Hunter 2012）用这个科学论文审稿和拒稿的例子来论证开发新形式的出版后同行评议的重要性，包括 F1000 出版平台，用亨特的话来说，这类平台"让开放性更进一步"。在此情况下我们可以假定：与数字平台关联着的新出版形式，以及它们在科学理论之审查与评估方面的作用，可能制止或挑战了前文提及的排外历史。

问题在于，新形式的出版后同行评议是否会关注权力之不对称，以及由此带来的种族化、性别化、阶级化动作，我们可以看到这些动作一直萦绕在马古利斯作为一名科学家的履历中。我认为，我们需要新的概念和启发式想象，包括可以在数据分析和数据民族志中被修复的形态想象的新形式。出版后同行评议是一个有趣的数据源，它向这些不对称性及其生产与消费的算法文化开放。尽管我们可能会害怕，自动化决策或许会扩散至生活中，但关注标准化想象与分析的超越也会让我们学到很多。更具多义性和不确定性的档案会被这种超越所揭露，而这些档案兴许将塑造我们的批判思维，并指向被特定真理与预期制度所埋藏的另一个未来。

注释

[1] 出版后同行评议是一种数据生产和流通的特殊环境，它可能会改变写作、出版、（学术）辩论与施展等学术实践。它关注学术文章和书籍在出版后积累的"彼世"，以及建立在博客、线上论坛、社交网络和其他社交媒体中的出版后同行评议介入、干预、改变所谓合理与不合理辩论的设置与参数的方式。

[2] 克拉夫等人（Clough et al. 2015, 148）将大数据定格为"对资本的同性恋收集和调制的表演性庆祝"。这种同性恋收集和调制的同性恋性（queerness）在大数据的范围内是一致的，超越了数字，达到了不可估量的程度。Haunted Data（Blackman 2019）参与了另一种形式的"同性恋捕获"和调制，它关注那些"同性恋聚合"，而这些聚合存在于与出版后同行评审相关的数据语料库中，但在特定的算法和计算实践中，抛弃了"储存"或调制数据的尝试——包括谷歌的网页排名算法。

参考文献

(1) Ainsworth, Claire. 2015. "Sex redefined." *Nature,* February 18, 2015. http://www.nature.com/news/sex-redefined-1.16943.

(2) Barad, Karen. 2007. *Meeting the Universe Halfway: Quantum Physics and the Entanglement of Matter and Meaning*. Durham, NC: Duke University Press.

(3) Beer, David. 2013. *Popular Culture and New Media: The Politics of Circulation*. Basingstoke, UK: Palgrave.

(4) Beer, David, and Roger Burrows. 2013. "Popular culture, digital archives and the new social life of data." *Theory, Culture and Society* 30 (4): 47–71.

(5) Blackman, Lisa. 2010. "Bodily integrity: Special issue." *Body and Society* 16 (3): 1–9.

(6) Blackman, Lisa. 2015. "The haunted life of data." In *Compromised Data: From Social Media to Big Data*, edited by Ganaele Langlois, Joanna Redden, and Greg Elmer. New York: Bloomsbury Academic. Accessed August 19, 2019. http://dx.doi.org/10.5040/9781501306549.

(7) Blackman, Lisa. 2016. "Social media and the politics of small data: Post publication peer review and academic value." *Theory, Culture and Society* 33 (4): 3–26.

(8) Blackman, Lisa. 2019. *Haunted Data: Affect, Transmedia, Weird Science*. London: Bloomsbury.

(9) Blackman, Lisa. n.d. "Loving the alien." Accessed August 14, 2019. https://static1.squarespace.com/static/56ec53dc9f7266dd86057f72/t/5882449486e6c040440cac4f/1484932247027/BLACKMAN-Booklet.pdf.

(10) Chow, Rey. 2012. *Entanglements, or Transmedial Thinking about Capture*. Durham, NC: Duke University Press.

(11) Clark, W. A. V., and K. L. Avery. 1976. "The effects of data aggregation in statistical analysis." *Geo-*

graphical Analysis 8:428–438. https://doi.org/10.1111/j.1538-4632.1976.tb00549.x.

(12) Clough, Patricia, Karen Gregory, Benjamin Haber, and R. Joshua Scannell. 2015. "The datalogical turn." In *Non-representational Methodologies: Re-envisioning Research*, edited by Phillip Vannini, 146–164. London: Routledge.

(13) Cohen, Ed. 2009. *A Body Worth Defending: Immunity, Biopolitics, and the Apotheosis of the Modern Body*. Durham, NC: Duke University Press.

(14) Dictionary.com. 2018. "Chimera." Accessed January 9, 2018. https://www.dictionary.com/browse/chimera.

(15) Fausto-Sterling, Anne. 1993. "The five sexes: Why male and female are not enough." *The Sciences*, March–April: 20–24.

(16) Fausto-Sterling, Anne. 2015. "Intersex." *Nature*, March 19, 2015. http://www.nature.com/nature/journal/v519/n7543/full/519291e.html.

(17) Fuller, Matt (website). 2009. "Active data and its afterlives." Accessed August 14, 2019. http://fuller.spc.org/fuller/matthew-fuller-active-data-and-its-afterlives/.

(18) Gitelman, Lisa, and Virginia Jackson. 2013. "Introduction." In *Raw Data Is an Oxymoron*, edited by Lisa Gitelman, 1–14. Cambridge, MA: MIT Press.

(19) Hochman, Nadav, and Lev Manovich. 2013. "Zooming into an Instagram city: Reading the local through social media." *First Monday* 18 (7). https://doi.org/10.5210/fm.v18i7.4711.

(20) Hunter, Jane. 2012. "Post-publication peer review: Opening up scientific conversation." *Frontiers in Computational Neuroscience* 6:63. https://doi.org/10.3389/fncom.2012.00063.

(21) Langlois, Ganaele, Joanna Redden, and Greg Elmer. 2015. *Compromised Data: From Social Media to Big Data*. London: Bloomsbury.

(22) Lenoir, Tim. 2010. "Introduction." In *An Epistemology of the Concrete: Twentieth Century Histories of Life*, edited by Hans-Jorg Rheinberger, xi–xix. Durham, NC: Duke University Press.

(23) Noble, Safiya Umoja. 2018. *Algorithms of Oppression: How Search Engines Enforce Racism*. New York: New York University Press.

(24) Rheinberger, Hans-Jorg. 1994. "Experimental systems: Historiality, narration and deconstruction." *Science in Context* 7 (1): 65–81.

(25) Sobchack, Vivian. 2010. "Living a phantom limb: On the phenomenology of bodily integrity." *Body and Society* 16 (3): 11–22.

(26) Wikipedia. 2018. "Lynn Margulis." Accessed January 8, 2018. https://en.wikipedia.org/wiki/Lynn_Margulis.

29. 工具性（Instrumentality）

卢西亚娜·帕里西（Luciana Parisi）

自动化档案能做什么？

工具性通常是用来定义手段和目的之间的关联。然而，对于实用主义者约翰·杜威（John Dewey）来说，以观念的或经验性的使用手段来达成目的，或者将目的还原为手段，并不足以承担工具性的任务，工具性将被重新理论化为一种实验性的逻辑——它将媒介与思维、数据与意识形态统一起来，但没有同化它们（Dewey 1916）。杜威的实用主义不同于经验性的内省主义或联想主义，对于后者来说，内部检查的实体（和知觉印象）及思想（或图像），通过一个精心设计的联想学习过程（通过内省发现）累积起来，并走向智能。相反，杜威将思维的结构置于演化论更为普遍的运作之中，从而挑战了联想主义的主观主义品质，挑战其对感觉材料（sense data）的依赖——正是这，使得机械主义和原子化的经验观得以延续。尤其是，杜威（Dewey 1896）对行为模式的早期批判旨在质疑**反射弧**：即以位居中心地位的刺激—反应（因果）之相配来解释人类的行为。相反，他认为，语境和功能必须成为对身心进行全面分析的主要关注点，而不是依赖包裹式的、原子化材料的教条式假设。对于杜威来说，对心灵的探究（对感觉和思维的探究），必须从灵活的功能，而非固定的存在概念出发。由于杜威反对把心灵解释为（神圣的）物质或（物质的）大脑状态的说法，他提出的重要论点是，心灵是一种活动，是一系列动态的互动过程。

从这一立场出发，杜威转向了工具主义，放弃以观念的理性能力或是部分的经验性关联来解释知识的心/物二元论。相反，工具性对应于一种实验性的实践、功能和技术方法，是理论、概念和逻辑使用的组成部分。

工具性不是指简单的可用性（usability），而是指在使用（和超越使用）的实践中，手段和目的的增强作用。就工具主义与功能的中心地位相吻合而言，它强调关系和互动如何使探究扩展到更广泛的语境中。因此，功能不能被简单地理解为是一种用于规定目的的工具。相反，杜威对作为过程的功能的动态概念的坚持，重新分配了手段和目的之间的目的论结构，由此表明，手段是由它们在功能的不确定性或易变性条件下所能成为的东西来定义的，这也使得目的能够被重新设定，因为这些目的在手段中被重新阐明。

如果手段不是简单地朝向目的，而是本身就是一个更大的意义生成过程之一部分，那是因为，功能不是为了执行某个程序，也不是为了暗示我们正朝着一个逻辑的结论前进。杜威的工具性反而建立了一种功能主义的模型，它坚持一种实验性的逻辑，在阐述不为人知的东西时，将手段和目的结合在一起，也没有任何特征。这里的功能不仅仅是做、执行或简单地靠已经确定的东西生活。在这些术语中，工具性主要与意义有关；与中介的社会过程有关，据此，材料的收集不能与材料的意义相分离。换句话说，意识形态远非前缀，而是旨在成为手段的动态主体。

在计算媒体时代，手段和目的之间的关联已经让位于自动化档案（即收集、记录和传输数据的大数据搜索的网络平台）的图景。如果我们以杜威的论点来反对基于目的论编程而对功能的庸俗理解，那么在今天，什么样的工具性（或者说手段与目的之间的实验性关联）还是可能的？

然而，如果不能从越来越快的数据挖掘手段中辨别出目的，数据档案就成了信息的无目的性目的。数据的收集，不再符合保存真理的知识模式而被归入目的论。这里的手段，不是由给定的目的所预先规定的。预测性分析反而是将目的暴露在某种程度的不确定性中，因为概率是最后确定的随机性计算压缩的结果。在这方面，由于数据检索的计算速度已经克服了数据记录的最终原因，似乎不再有一个模型、一个理论或一个公理可以事先过滤大量的数据。相反，归档的功能似乎失去了它的理由：我们还不知道铺天盖地的大量颗粒状数据记录是为了什么。

因此，人们可以说，大数据时代对应着理性更进一步的日渐消亡，而理性的日渐消亡，已经从现代工业自动化和由最终原因的目的论规定的理性规则之消亡开始。本文将在后文论证，最近对理论之终结的关注，对大数据时代无逻辑决策系统的四处扩散的关注，似乎延续了杜威的工具性概念所要挑战的观念主义与经验主义之间的对立，试图论证知识或认识首先涉及对未知的探究。杜威的主张是，功能或手段，首先需要在意义的形成过程中经历一个时间过程，这为我们提供了一种重建档案图像的可能性，让它远离大数据的无意识自动化，因为所有的因果关系都烟消云散了。

大数据的"组合"（ars combinatoria）已经被剥夺了充分的理由（因果关系原则），让位于计算的主权——最终在其计数的功能中让手段和目标崩溃。如果说，大数据将知识转化为自动化的记录和传输平台，那是因为数据可以通过一个理论、一个符号、一个公理或一个真理来解释的演绎逻辑，已经被高效因果关系的数字系统的纯粹操作所取代，这在一个已经对不确定性开放的预测逻辑中与控制论和计算交叠。

本文认为，虽然计算档案的不确定性可以被看作是数据的无止境、无因果、无意识和无目的处理的表现，但从工具性的角度看，人们可以认为，不确定性决定了手段与目的之间关系的质量。本文通过遵循杜威有关功能的设想表明，不确定的档案必须通过某种媒介的能力来加以重塑，不仅仅是收集或记录数据，而是成为数据（datum）的实验性，通过挑战给定的东西，通过将数据工具化，来修正既定的目的或产生新的目的。

这种普遍存在的不确定性条件，可以被设定为重新阐明手段和目的之间的工具性关系，将法律的观念主义和事实的经验主义推向实用主义的决策理论化：即通过手段，释放目的之未来性的内在行为。简而言之，今天，在数据化的自动化平台中，目的的不确定性应被视为是一个机会，它可以在工具性方面重新认识档案，从而超越大数据的形象。档案的计算性转变可以在机器思维的实验逻辑中得到解决。

不只是技术

如果技术正如拉里·希克曼（Larry Hickman, 2001, 17）所言，不仅仅是技术，那是因为它涉及认知推理活动。算法自动化不只是一种检索和传输数据的技术。它需要被当作是一种技艺（techne）逻辑而加以批判性地讨论，一种技艺的逻辑，或者一种在**思想问题**上激活认识论转变的推理模式。计算档案在此宣布了通过不确定性工作的机器认识论得以形成。

这种观点应与大数据治理、安全和美学的心态相对立，传递出这样的想法：在将世界抽象为代码问题的过程中，未来已经被赋予。相反，如果思想问题发生了变化，那是因为思想的材料不再跟数学语言或公式相匹配，而是汇总数据的自动化程序。这意味着，对真实的可能探究似乎已经存在，它包含在计算的搜索空间中，只需从后控制社会不断存档的巨型机器中检索出来。在这里，不仅仅是未来的图像被归入搜索引擎的数据神谕中；更重要的是，它还被认为是对日益庞大的数据的颗粒状记录包含了可以通过数据进行思考的重组的可能性。没有程序、没有理论、没有代码，也没有知识来保存或开启思考。所有可能被检索到的数据，都在那里永久地，也被无限地重新组合。

这一立场，将计算性档案定义为是一种由信息处理的机器模式决定的思维模式。目的被推平为手段，而工具性被任务产生任务的效率所取代。与这种关于思考的普遍性祛魅相反，本文邀请大家通过挑战充分理由的原则来使对机器的思考理论化，因为，任何可以被知道的东西都已经在思考的结构中被规定。换言之，本文想问：我们如何理解我们的当代技术在其自动化认知的新形式中不是作为一种无意识的连接反映数据处理，而是作为在机器思维中，以及通过机器思维表现出意义的自动化推论活动？

不确定性的保留

因此，工具性为我们提供了一种追问档案的大数据形象的方式，即它作为思维中不可逆转的最终性（finality）的消失，导致在后真相数据中关于知识危机的当代主张。工具性涉及一种新的批评模式的思辨理论化，这种批评模式重新阐明了手段和目的之间的关系，从而设想技术，设想在这种情况下，算法自动化在思维和知识问题上是如何计算的。

如果自动化认知指向的是一种跟演绎逻辑纠缠在一起的理性危机，而数据凭此被一种理论、一个符号、一个公理或一个真理框定，那是因为 20 世纪 80

年代后，控制论和计算的交叠带来了一种会对不确定性开放的预测逻辑。如今，不确定性的价值不仅是数据记录失败或是空白记录的表现。不确定性是重新评估知识的条件，也是与机器，是通过机器进行思考的条件。

计算对文化的渗透，不能简单地理解为技术官僚支配了通信的数学模型，它对存储和传输的架构，对反馈的输入和输出的自我调节都有影响。相反，随机性或噪音信息意义上的不确定性（即不能被压缩成有限的算法模式的信息），一直是技术手段的核心。

20 世纪 80 年代后，会思考的机器的发展表明，不确定性不再是控制论通信的有效媒介性中的某种中断或限制。通信中的不确定性问题成为对计算、预测和控制的统计方法进行实验的出发点，这些方法可以包括随机性。20 世纪 80 年代后，机器思维的发展已经为我们现在称之为大数据的通信系统的进步设定了场景，因为不确定性已经成为涉及易错性（fallibility）的逻辑推理的核心。

确实有人认为大数据的通信形式表明，信息如今可以直接被检索，可以无限地传输，而无须优雅、精简的数学符号、理论、公理、真理或法律的中介（Carpo 2015）。不确定性在此不该被理解为是错误、故障或崩溃，也不该被理解为是一个系统内的非功能性的爆发。相反，不确定性直接关系到搜索的相对性，涉及仅仅通过在不确定的数据量中进行捕捞就可以一次又一次地获得非程序化结果的可能性。因此，知识的不确定性恰恰划定了真理的终结。

尽管如此，我们也可以把不确定性理解为易错性的问题，理解为是实验逻辑的核心。如果我们遵循实用主义者对工具性的理解——认为它涉及逻辑思维中的实验，那么结果的不确定性也意味着推理中的易错性。然而，后者并不简单地对应于系统故障或缺乏理解未知事物的能力。相反，它可以被定义为是一种保持无知（ignorance-preserving）的活动，或者换句话说，怀疑在思维过程中的作用，它可以解释知识是什么，解释它如何成为它之外的东西。因此，人们可能会建议查尔斯·桑德斯·皮尔士（Charles Sanders Peirce，1955）所谓的怀疑的刺激（即不确定性如何栖息在认知的结构中），可以被有效地看作是自动化认知系统中的工具性或实验逻辑的内在部分。换言之，为了重新阐述大数据时代或智能自动化时代的知识问题，我们可以考虑这样一种可能性：在逻辑思维中保持无知的活动，已经成为自动化认知的一部分，只要后者被嵌入其自身的物质加工中，即数据和算法的材料作为随机性、噪音和不确定性的计算结构的核心。

如果大数据制度依赖于经验观察的观点，或者更准确地说，依赖于收集特殊性的归纳法，这些特殊性可以在没有已有的公理、法则和真理的过滤下被不断地搜索、检索和传播，那么可以说，皮尔士所谓的"理性之谬误"和杜威定义的实验逻辑则重新表述了工具性，即算法时代思想的手段和目的之间的关系。

在推理理性中保留无知，不同于在预测的自动化逻辑系统中历史性地纳入不确定性，人们可以记得，这涉及统计方法的转变，从可观察证据的有限集合的概率概念，转变为离散的无限性或不可计算的形式。与其主要讨论人类和机器之间推理的本体论模式，不如对自动推理的转变，对将不确定性纳入科技逻辑的历史性说明。这可以给我们一个超越知识数据化的档案形象。

尤其是，不确定性成为自动推理尝试的核心的历史时期涉及专家和知识系统的发展（1980年代）、智能代理范式（1990年代）、计算智能和机器及深度学习（2000年）。然而，随着20世纪初意识到数学公理是不完整的事务，数学推理中的不确定性问题就已经出现了，它承认一些无限的假设不能被事先证明。

特别是，阿隆佐·邱奇和阿兰·图灵声称，对于所有的命题，都没有普遍的可解算法。计算表明，对于那些无法证明的命题，不可能事先知道算法程序何时会停止。因此，无法用算法解决的命题被称为不可判定的或不可计算的（Dowek 2015）。

如果我们把工具性当作探究机器思维的方法，那么我们可以问：如果我们要把这种自动化的知识形式从数据计算治理的总体化图像中剥离出来，那么什么样的档案——也就是什么样的知识方式——会在这种自动化的知识形式中占据重要地位？对于一个产生其自身不可预测的真实的档案来说，自动化的不确定性的可能性是什么？为了回答这些问题，我们必须首先关注对计算处理中的工具性的更密切的讨论，即把不确定性纳入推理思维的自动化中。这就是下一节的范围。

动态的自动化

自 21 世纪初以来，细胞自动机[1]（cellular automata）的遗传和神经动力学，已经改变了机器学习系统的自动化，并研发出了不把不确定性视为知识极限的推理程序。有人认为，这种形式的自动化相当于一种非理性和无意识的智能形式，因为思维的工具性已经取代了演绎推理和公理真理的基本原则。

正如吉尔·德勒兹（Gilles Deleuze, 1995）在《关于控制社会的后记》（*Postscript on Control Societies*）中提出的，在今天，真理的主要保证者是控制论的控制：

1　细胞自动机，又称格状自动机、元胞自动机，是一种离散模型，在可计算性理论、数学及理论生物学都有相关研究。它是由无限个有规律、坚硬的方格组成，每格均处于一种有限状态。整个格网可以是任何有限维的。同时也是离散的。每格于 t 时的态由 t-1 时的一集有限格（这集叫那格的邻域）的态决定。每一格的"邻居"都是已被固定的。（一格可以是自己的邻居。）每次演进时，每格均遵从同一规矩一齐演进。——译注

自我调节的反馈系统作为自我验证的证明，不断地检查信息流。控制依靠的是证明的自动化，源自将数据压缩成离散比特的算法能力所产生的决定的计算，将整体分解成个体，在没有基础真理的数据组合中转换规范。

从这个角度来看，我们可以有把握地宣称，控制已经把学科规范变成了一种试错的启发式方法：因果关系无限倒退到绝对的相对性网络中。规范不是由永恒的真理支撑，而是已经嵌入到实践知识的技术程序或规则中。在这里，证明验证的算法程序，才是辨别真伪的东西，而不必从设定的前提中得出最终结论。

正如洛林·达斯顿（Lorraine Daston, 2010）指出的，从规则、法律或真理的推理，向算法规则的计算性和无意识力量的历史性转变，标志着机器能力在数学能力方面的历史性转变。算法计算的数量、规模和速度为战争后勤和冷战期间用于收集情报和预测敌人攻击的预测分析开辟了新的前景。随着图灵在计算形式推理方面的努力，这种离散性逻辑面临着不可计算的问题，即信息随机性，这是算法推理发展中的关键一步。

形式推理中的不可计算问题，也是如何对大数据中的不确定性进行归档的问题，这样一来，知识被存储的内容和方式，以及将来被检索的内容和方式，就不仅仅对应于（1）对给定目的的手段的演绎性符合，以及（2）通过数据存储和传输不断重新排列的搜索手段对目的进行归纳性消除。换句话说，演绎法指向一种归档的不确定性，它划定了认识论和本体论的界限，即人类理性可以知道什么，可以预测什么，而大数据的归纳法则通过对未知数的统计计算，在无限小的数据中搜索，通过对过去发生的事情进行细微的重新组合来解决未来的不确定性，从而扩大了知识的界限。如果这两种归档不确定性的模式已经是真理主权与数据主权的表现，那么，也许工具性可以帮助我们把机器思维中的不确定性设想为对前提和结果的错误性的保存。

因此，人们可以宣称，自动化的不确定性只是一个所有可能的数据容器，它可以被搜索，因为它业已存在。相反，想象不确定性档案的努力是为了发明一种非谷歌的搜索方法，它不仅可以保存对前提的无知，也可以保存对结果的无知。因此，不确定性能使我们设想一种外来知识的自动生成。

不可计算性与自动化档案

图灵之后，在对数字系统内的不可计算性的尝试中，格雷戈·柴汀（Gregory Chaitin, 1992）的算法信息理论认为，系统内的不可计算性或无模式的信息，打破了输入和输出、前提和结果之间的平衡，因为信息会在处理过程中增加。柴汀以"**算法随机性**"（algorithmic randomness）一词来指代这种信息量的增长趋势。对柴汀来说，计算处理中包含的大量随机性意味着出现了无法先验确立的公理。他把这种归纳形式的计算逻辑称为实验性公理（experimental axiomatics），因为结果并不包含在其前提之中。相反，压缩的算法程序指向信息向越来越大数量的演变——就算法的无限性或欧米伽（一种离散的无限性）而言，这是一个矛盾的条件。

鉴于这种看法，我们在此提出，将信息压缩成数据的计算方式从根本上受到其内在随机性的制约。解释秩序或模式如何从随机性中产生的努力，也必须追溯到约翰·冯·诺伊曼（John von Neumann）对细胞自动机的突破性设计。20世纪40年代为正式研究自我繁殖的最低要求而发明的细胞自动机及其时空行为的研究，在20世纪80年代和90年代成为计算程序的核心（Crutchfield, Mitchell, and Das 2003）。根据数学家和物理学家詹姆斯·克拉奇菲尔德（James Crutchfield）的说法，这种细胞自动机的模型不是将随机性定义为计算的极限，而是定义为算法模式化演变的核心。

对柴汀来说，计算以随机性为条件，并且最终是实验公理的一个实例，而克拉奇菲尔德则坚持认为，随机性是信息的结构化和复杂性的尺度所固有的（Crutchfield 1994）。从这个角度看，要么档案是由无法压缩成有限数据的不可计算物所制约的，要么这种绝对的不确定性，就成为相对于笼罩在细胞自动机内的随机性的计算结构化而言的。因此，计算档案不仅是数据的无意识算法聚合，而且还是一种压缩随机性的模式，可以将信息跨尺度地组织起来。在克拉奇菲尔德从演化力学中举出的例子中，表明当代机器学习是通过递归网络的随机性自我组织起来阐述和确定某些价值，而非其他价值。这意味着，机器学习并不简单地依赖于数据的语法组织的加速水平，可以无限地搜索和选择。克拉奇菲尔德对动态信息结构的洞察力反而表明，算法自动化涉及包含不确定性的推理模式。

不确定性是计算档案的一部分，这意味着什么？相对于对数据连接的后真相非理性的呼吁，柴汀的实验公理和克拉奇菲尔德的计算力学理论似乎为我们提供了一种将未来性引入档案的可能性，因为压缩或结构化随机性的手段，使得不确定性的保存能够重新引导系统的末端。

现在我们可能更清楚，自动化档案既不对应于与认知计算模式相一致的符号类别集，也不对应于历史、物质和能量的数据化。关于将不确定性纳入大数据的归纳法的辩论，给自动化系统中作为知识条件的不确定性的更激进活动投下了阴影。这种不确定性的激进化在历史上划定了 20 世纪 80 年代后控制论与计算，以及统计动力学与非演绎逻辑的综合，也是机器学习推理模式发展的核心。

这也就是说，如果算法自动化定义了规则、真理及文化的存储和传播的演绎模式的终结，那么它也呈现出一种新的知识工具水平，通过计算逻辑作为重新定向目的的手段来工作。换句话说，工具性帮助我们解释而不是将不确定性作为一个因果条件打折扣，这是一个有利的约束条件，它设想了自动化系统成为超越符号性真理和经验性已知概念与对象的可能性。我们必须重申，工具性并不局限于可用性，而是意味着理性功能的实验性编程，即推测性推论的运作，据此目的可以超越特定程序之间的关系（Whitehead 1929）。

关于公理真理与符号推理的演绎模式之终结或危机的辩论，关于数据匹配的归纳程序的新主导地位，似乎排除了对可能的计算认识论的批判性重新表述。相反，工具性可以帮助我们论证一种人工文化的物质、情感、话语和认知的转变，这种转变受人工思维媒介的制约，涉及的不是有效的解决方案，而是推理中的不确定性的保留。

如果思维的方式涉及中介，而不仅仅是纯粹的理性，那么算法规则就是通过生成假设来进行数据存储和传输的中介作用，而非按照预设公理。这种方法认为错误、易错性和不确定性是档案未来的一部分。如何以及是否能够保持不确定性对于知识自动化的基础至关重要，这意味着记录数据未来发展的同时，也需要考虑机器思维工具本身。

参考文献

(1) Carpo, Mario. 2015. "Big data and the end of history." In *Perspecta 48: Amnesia*, edited by Aaron Dresben, Edward Hsu, Andrea Leung, and Teo Quintana, 46–59. Cambridge, MA: MIT Press.

(2) Chaitin, Gregory J. 1975. "Randomness and mathematical proof." *Scientific American* 232 (5): 47–52.

(3) Chaitin, Gregory J. 1992. "Algorithmic information theory." In *Information-Theoretic Incompleteness*, edited by G. J. Chaitin. Singapore: World Scientific.

(4) Crutchfield, James P. 1994. "The calculi of emergence: Computation, dynamics, and induction (SFI 9403-016)." *Physica D. Special Issue on the Proceedings of the Oji International Seminar Complex Systems — From Complex Dynamics to Artificial Reality*, Numazu, Japan, April 5–9, 1994.

(5) Crutchfield, James P., Melany Mitchell, and Rajarshi Das. 2003. "Evolutionary design of collective computation in cellular automata."In *Evolutionary Dynamics: Exploring the Interplay of Selection, Accident,*

Neutrality, and Function, edited by James P. Crutchfield and Peter Schuster, 361–413. Oxford: Oxford University Press.

(6) Daston, Lorraine. 2010. "The rule of rules." Lecture presented at Wissenschaftskolleg, Berlin, November 21, 2010.

(7) Deleuze, Gilles. 1995. "Postscript on control societies." In *Negotiations*, translated by Martin Joughin, 177–182. New York: Columbia University Press.

(8) Dewey, John. 1896. "The reflex arc concept in psychology." *Psychology Review* 3 (4): 357–370.

(9) Dewey, John. 1916. *Essays in Experimental Logic*. Chicago: University of Chicago Press.

(10) Dowek, Gilles. 2015. *Computation, Proof, Machine: Mathematics Enters a New Age*. Cambridge: Cambridge University Press.

(11) Hickman, Larry. 2001. *Philosophical Tools for Technological Culture: Putting Pragmatism to Work*. Bloomington: Indiana University Press.

(12) Peirce, Charles Sanders. 1955. "Abduction and induction." In *Philosophical Writings of Peirce*, edited by Justus Buchler, 150–156. New York: Dover.

(13) Whitehead, Alfred North. 1929. *The Function of Reason*. Boston, MA: Beacon Press.

30. 界面（Interface）

克里斯蒂安·乌尔里克·安德森与索伦·布罗·波尔德
（Christian Ulrik Andersen and Søren Bro Pold）

界面，是出了名的难定位和区分。我们将在后文集中关注数字计算机的界面，而非其他的（Hookway 2014）。当然，人们首先想到的是在个人电脑、智能手机、平板电脑和其他各种屏幕上广泛流行的图形用户界面，但"界面"一词还表示人类与计算机之间，表示软件、网络、数据与硬件在不同层次间的诸多不同联系点和交流（Cramer 2011; Cramer and Fuller 2008）。所有的界面——无论是人与计算机之间的，还是软件与硬件的，都是为了结合与翻译各种**符号**，例如语言（包括视觉、听觉和行为符号），以及诸如命令、代码和数据等**信号**。因此，界面可以被定义为计算机中的翻译层——在计算机、人类与我们周围的现实之间进行翻译。界面"背后"的代码，只是计算机分层结构中的另一界面。它的功能设计至关重要，而这种设计，基本上是通过符号和信号的并置和翻译来实现的。计算机可以被定义为从硬件、网络和各个层次的代码（从机器码到高级代码）与人类交互，以及让人类通过网络进行社交所使用的界面设备。界面旨在管理翻译和交互。[1]

我们当代的文化可以越来越准确地被定义为是一种界面文化，而且日渐如此。当然，界面并非什么新鲜事物：它们随着计算机而诞生和发展，更随着 20 世纪 80 年代个人电脑的普及而日益成为日常生活和文化的一部分。正如约翰森

（Steven Johnson, 1997）在千禧年前所言，我们生活在一种《界面文化》（*Interface Culture*）中。但打那时起，新的界面设备在我们的口袋、街道和周围环境中激增，如电话、传感器、"智能"建筑和监控。界面越来越多地传递（mediate）我们的文化活动、交流和行为，无论是公共的，还是私人的——从日常活动，如文字交流、听音乐、在城市或乡村寻找方向，到更复杂的城市和组织管理，以及围绕跟踪和剖析而塑造经济和商业模式的方式。

不确定性

如今，界面可以被看作是一种**数据基础设施**的组织。界面组织了数据的存储、翻译、交换、分发、使用和体验。而与其他的基础设施（如道路、水管或下水道）相比，界面及其数据基础设施更加精细化且难以界定。事实上，随着计算机、计算和网络的普及，将界面细化到所有事物和所有地方（如在物联网和泛计算等术语下），已经是一种持续不断的发展。然而，这种传播和其覆盖范围，以及现实世界被转化为数据的方式，均涉及不确定性的诸多层面。界面的不确定性包含几个层面。

一种不确定性是**意识形态的**。界面有一段以消失为目标的历史，它来自一个矛盾的工程传统，这个传统试图摆脱界面，把它看成一个应该消失的"障碍"，以便支持干净的功能和可用性（Norman 1990）。否定中介是许多信息技术发展的动力，而且，这类发展被框定为"虚拟现实"、"增强现实"、"身体交互"或"平静计算"，以及诸如极简主义、用户友好性、无缝交互等设计参数。任何界面都反映出受意识形态制约的服从与控制之间的平衡，这种平衡常常被伪装成效率或智能，或者是诱惑和游戏化——例如，在购物、社交媒体和其他行为界面上。我们被引诱着去喜欢、评论、联系或购买，同时交出我们的数据，并让设备监控我们的动作、选择和行为。界面是权力的协商和平衡，它常常隐藏了（它的一些）前提和影响。界面被设计成显示某些方面，同时隐藏其他方面——有时是出于功能和可用性的原因，有时是出于操纵和诱惑的原因。艺术研究者格罗塞尔（Benjamin Grosser, 2014）在讨论为什么脸书会显示一些指标而隐藏其他指标时提供了后者的例子——它显然是在"某个指标是否会增加或减少用户参与"的引导下实现的。我们可以看到我们是如何在指标中与我们的朋友，在喜欢和评论上出现多寡之争，但我们对于脸书如何剖析和跟踪我们的行为却全然不知。

意识形态层面可能是一种从人的维度来看待界面的方式，但界面还有计算的一面，两者之间的转换，什么被翻译、如何翻译，是不确定性的另一维度，它涉及符号学和美学的计算的不确定性。界面的目的是将功能行为与表象（如图标、菜单、按钮、声音或地点）联系起来。德国计算机科学家和艺术家纳克（Frieder Nake, 2000）将计算机描述成"一种工具性媒介"：我们把它当一种工具用，也把它当一种媒介进行交流。通过表现性维度，技术变身为文化，反之，表现、美学和文化也变成了技术。触摸图像可能意味着发送和接收数据、访问和删除、购买、消费和生产。数字艺术形式和文化是这一转变的中心，目前，它正在方方面面改变社会，不仅反映了计算美学，还会参与其进一步的发展。

这导向我们所能确认的文化—产业维度，即**界面产业**（Pold and Andersen 2018）。在千禧年前，界面还常常被认为是一种与工作有关的现象，但电脑游戏、网络艺术和软件艺术使得人们能够理解，何以界面、互联网和软件也是文化建构和文化实践的新环境。但今天的界面，通过我们身边的诸多媒体设备和应用程序而更直接地嵌入到文化实践中。如果说，早期的界面旨在消失于工作场所中，那么现在，它（也）旨在消失于聆听、观看、交流和会面的日常文化实践中。

我们越来越多地看到，界面变成一个由苹果、谷歌、脸书和亚马逊等企业主导的新的产业格局，它们控制着产品的生产、消费，甚至是特性。来自文字、音乐和视频文化的各种例子比比皆是。通过手机和平板电脑等日常界面，我们的文化行为、选择、品味、社会关系和交流被数据化、被追踪，界面越来越地绘制出我们的意图（例如，与政治或消费问题有关的意图），我们喜欢什么、我们可能希望得到什么。界面正在变成一个文化媒体产业。

元界面（The Metainterface）

我们在其他地方，将界面于当前的发展描述为**元界面**的形成（Pold and Andersen 2018）。随着元界面的出现，界面在嵌入式、无处不在的移动设备中变得越来越**普遍**，在网络云中变得越来越**抽象**——无处不在，无所不有，同时无处不具体。元界面反映了一种抽象的空间性，一朵云，同时在战略上又封闭在一个黑盒子里，如一个应用程序或平台。

在元界面中，数据和软件从我们的设备中消失，进入全球云端。元界面成为观看和感觉的方式——在技术上，乃是我们通过技术工具观察世界的方式，在认识论上，是我们理解所见之物的方式。这种双重特性，可以在日常的界面中得到探索。当与手机上的脸书等应用互动时，我们往往不知道数据到底自何而来，它们是如何产生和组合的，软件又在哪里受到控制，或者从我们的互动中收集什么样的数据，又是为了什么。通常而言，这一切甚至在我们尚未直接互动的情况下就发生了，比如，当我们认为我们的手机在口袋里处于睡眠状态，或者当我们经过传感器和摄像头时。当像脸书和谷歌等公司跟踪用户——不仅是在访问服务的时候，而且是在其他任何地方通过软件、脚本、传感器和其他类型的监控和数据交易——最终，元界面何时结束变得模糊不清，是否有可能离开元界面更是如此。在元界面中，我们总是潜在地与不确定的数据档案进行互动：例如，在使用谷歌搜索时，我们实际上主要是与所有其他用户为谷歌的索引产生的数据档案进行互动，通过搜索，我们又产生了更多的数据。

元界面是新的快乐和新的痛苦的一部分，是可能性和隐患的构成部分。它导致新的生产方式、分配方式、组织方式、会面方式，以及分享和感知方式，在此，文化和知识能以更小的成本和使用更少的资源，更易于赋予更多人权力，并跨越更远的距离。艺术、音乐和信息随处可见，它们不费吹灰之力便在你的指尖不断显现。这不仅事关便利，还是一个将各种文化层面与社会更多的功能层面联系起来的天赐良机。此外，它还包括让文化档案的可获取，并与用户的选择、资料和外部世界的数据一起积极结合的机会。历史和它的档案有可能在一个无尽的过程中不断地被重新表述，被重新配置和重新解释。

因此，元界面是文化的一个重要组成部分——是感知、解释，以及与世界互动的方式。但目前，艺术家和文化工作者很少厘清和理解这一点。从艺术或文化的角度来看，关于元界面的思考、设计和构连仍然相当有限。例如，艺术家、音乐家和作家仍然缺乏体面的收入模式，缺乏考虑和使用比当前模式更有趣，也更有创意的档案的方法，这基本上会给你更多平台认为你喜欢的东西。为了避免被限制在由算法所驱动的规范性中，我们还需要探索元界面是如何进一步对种族、性别和性进行陈腐的类型化的问题。例如，艺术家斯库蒂（Erica Scourti）致力于研究元界面如何限制了她的身体和性别，是如何用她的数字轨迹和痕迹来描述她的（Scourti 2014；也见她 2014 年的装置《身体扫描》[*Body Scan*]）。另一个吸引人也简单，却发人深省的物质化界面是艺术家扎克·布拉斯（Zach Blas）的项目《酷儿技术》（*Queer Technologies*, 2007—2012），项目中包括 ENgenderingGenderChangers，"一个针对性别化适配器的阴极／阳极的二元性别的解决方案"[1]。此外，全喜卿（Wendy Chun, 2011）和蒙特埃罗（Stephen Monteiro, 2017）曾论及女性视角和女性，是如何在计算和界面的历史中被掩盖的。

　　如果我们超越谷歌、脸书、Netflix 和 Spotify 的模式，着眼于（后）数字和网络文化，着眼于它们的分享、重新混合、策划和重新组合新旧媒体和材料的模式，那么，除了眼前的状况，还有许多可以设想元界面的其他方式。但问题是：我们如何以新的方式，从数字文化的角度——而非从技术监控资本主义的角度，来重新思考和设计文化与界面的联系（Zuboff 2015）？

注释

[1] 这种情况在软件和硬件界面上都会发生。例子包括安卓和 iPhone 等智能手机如何扩展和调动数字文化，同时也限制了文件处理和复制的机会。这可以通过他们的界面进行分析，并导致了一个新的文化界面产业（Pold and Andersen 2018）。此外，苹果和其他公司已经取消了标准的物理 3.5 毫米耳机迷你插孔，迫使用户使用专有的替代品，如蓝牙或苹果的闪电连接器／接口，从而扩大了他们的控制。

参考文献

(1) Blas, Zach. 2007–2012. *Queer Technologies*. http://www.zachblas.info/works/queer-technologies/.

(2) Chun, Wendy Hui Kyong. 2011. *Programmed Visions: Software and Memory*. Cambridge, MA: MIT Press.

(3) Cramer, Florian. 2011. "What is interface aesthetics, or what could it be (not)?" In *Interface Criticism: Aesthetics beyond Buttons*, edited by Christian Ulrik Andersen and Søren Pold, 117–129. Aarhus: Aarhus University Press.

(4) Cramer, Florian, and Matthew Fuller. 2008. "Interface." In *Software Studies: A Lexicon*, edited by Mat-

---

1　艺术家对这个项目的简单介绍如下："ENgenderingGenderChangers 旨在幽默地质疑 IT 文化大领域中，将性别与硬件连接的混淆。为阳极／阴极插头的二元结构提供更广泛的'解决方案'并不一定能解决或改善这种混淆。相反，它严重地夸大了这个问题，以获得公众的关注。"——译注

thew Fuller, 149–153. Cambridge, MA: MIT Press.

(5) Grosser, Benjamin. 2014. "What do metrics want? How quantification prescribes social interaction on Facebook." *Computational Culture* 4. http://computationalculture.net/article/what-do-metrics-want.

(6) Hookway, Branden. 2014. *Interface*. Cambridge, MA: MIT Press.

(7) Johnson, Steven. 1997. *Interface Culture: How New Technology Shapes the Way We Create and Communicate*. San Francisco: Harper.

(8) Monteiro, Stephen. 2017. *The Fabric of Interface: Mobile Media, Design, and Gender*. Cambridge, MA: MIT Press.

(9) Nake, Frieder. 2000. "Der Computer als Automat, Werkzeug und Medium und unser Verhältnis zu ihm." In *Menschenbild und Computer: Selbstverständnis und Selbstbehauptung des Menschen im Zeitalter der Rechner*, edited by Heinz Buddemeier, 73–90. Bremen: Universität Bremen.

(10) Norman, Donald A. 1990. "Why interfaces don't work." In *The Art of Human-Computer Interface Design*, edited by Brenda Laurel, 209–220. Reading, MA: Addison- Wesley.

(11) Pold, Søren, and Christian Ulrik Andersen. 2018. *The Metainterface: The Art of Platforms, Cities and Clouds*. Cambridge, MA: MIT Press.

(12) Scourti, Erica. 2014. *The Outage*. London: Banner Repeater.

(13) Zuboff, Shoshana. 2015. "Big other: Surveillance capitalism and the prospects of an information civilization." *Journal of Information Technology* 30: 75–89. https://doi.org/10.1057/jit.2015.5.

31. 交叉性（Intersectionality）

布鲁克林·吉普森、弗朗西丝·科里与萨菲亚·乌莫加·诺布尔
（Brooklyne Gipson, Frances Corry, and Safiya Umoja Noble）

近年来，大数据档案的黑箱似乎被曝光于天下，揭露了我们是如何经平台数据的收集、存储和部署而被认识、追踪和商品化的。例如，最近一些文章描述了一个属于"我们时代"的活动，脸书的用户可以登录他们的账户，导航至广告商偏好的门户，并找出平台认为他们是谁——或者平台认为他们可能喜欢买什么。如果平台认为你是白人以外的人种，那么它可能会把你放进"多元文化亲和力"的兴趣组（Anderson 2018），或者把你感兴趣的"人物"锁定为美国黑人公众人物，如前第一夫人米歇尔·奥巴马（Michelle Obama）和体育评论员查尔斯·巴克利（Charles Barkley）。其他兴趣可能宽泛得像"购物"或"科学"，或者"自我意识"一样模糊，或者像"女性主义"一样具有宽泛的政治性。这些分类可以是幽默的错误，一如它们可以是宽泛的正确：勾画出惊人与平庸并存的自我肖像。

在广告技术领域，公众对平台操作用户数据的方式（无论是为了调查还是出售），有了更为严肃的认识。脸书正在与美国的住房和城市发展部（HUD）打官司，美国政府指控，该平台非但允许房地产公司按照邮政编码选择广告受众，还通过受保护的阶层，或基于"利益"的代理人来选择这些受众，无论是种族、宗教、性别、残疾、国籍或肤色（HUD v. Facebook 2018）。不过，尽管这种围

绕用户分类和商品化的公众意识日益增长，但仍未被揭示的可能是更为广泛的机制，而业已被边缘化的生活，正是通过这些机制而变得更加脆弱——更加**不确定**。也就是说，这些形式的意识有可能强化了那些**黑箱**——一个科技学者用来描述工具的术语，它唯一的痕迹是它们的输入和输出，而非内部的工作原理（Pinch 1992）。

我们如何才能在平台给我们提供的互动界面外看到这些运作，从而"了解我们的信息是如何被利用的"——正如这类礼貌的说法？在批判性档案学者（Caswell、Punzalan and Sangwand 2017）之后，我们如何通过一种提供解放潜力的方式来审视大数据档案——不是通过看到有什么数据，而是看到整个系统是如何运作的。根据批判性数据研究的关注点（例如，Brock 2015; Iliadis and Russo 2016; O'Neil 2016; Taylor 2017），何以可能还需要其他的方法和框架，来揭示这些数据档案的运作情况？我们如何打破大数据的黑箱，从而展示其脆弱性与不可见性之间的孪生关系——哪怕公众已经有了新的意识？我们将通过交叉性（Crenshaw 1989, 1991）来接近大数据的档案，并延续由诺布尔和泰因斯（Noble and Tynes, 2016）开启的工作，我们认为，交叉性方法，以极为有效的方式揭示了大数据档案。为了构建这种方法，我们首先会提供一个关于交叉性的讨论，它源于黑人女性主义思想，也关乎它在批判性的数据研究和交叉性黑人女性主义技术研究中的使用（Noble 2016）。其次，我们会讨论，在大量收集、储存和组织数据的过程中，交叉性方法是如何揭示往往没有标注出来的白人、父权制、异性恋等规范性价值体系的。

正如克伦肖（Kimberlé Crenshaw,1989, 1991）的看法，**交叉性**描绘了分析性的方法——这些方法以相互交错的压迫系统为中心，在此过程中，它们也有助于揭露具有抹除功能的规范性价值体系。尽管克伦肖并非阐释交叉性基本概念的第一人，但她是第一个将这些概念应用于法律理论，并采用交叉口（intersection）这一绝佳比喻的人："考虑用交叉口的车流来比喻所有四个方向的车辆。歧视宛若行经交叉口的车流，可能朝一个方向流动，也可能朝另一方。如果在一个交叉口发生事故，那么这可能是由来自任何一个方向的车造成的，有时则由来自所有方向的车导致。同样，假如一名黑人女性因为在交叉口受到伤害，那么她的伤害可能是由性别歧视或种族歧视造成的。"（Crenshaw 1989, 149）在克伦肖（Crenshaw 1989, 141–142）引用的经典案例——德格芬雷诉通用汽车案（DeGraffenreid v. General Motors）中，黑人女性对通用汽车提起法律诉讼，她声称该公司的资历制度剥夺了黑人女性的权利。法院裁定，由于该公司录用了一些女性（均为白人），因此，没有证据表明它存在歧视。正如克伦肖强调的，在由黑人倡导的运动中，以这种"单轴"或单一的方法来确认不平等，是导致黑人女性遭受性别歧视，同时基本上没有解决这类歧视的主要原因，这也是为什么没有女性主义者对黑人女性的这种边缘化问题做出反应的原因（Crenshaw 1989, 140）。"交叉口"比喻是为了概括黑人女性的经验，她们无法将自己遭受的种族压迫与性别压迫（或反之）区分开，继而为一个统一的目标服务，因为她们同时遭受着两种结构性的压迫形式。克伦肖确实是基于几十年的黑人女性主义学者对被社会双重边缘化和隐形化状况的研究（Beale 1970; Church Terrell 1940; Combahee River Collective 1977/1995; Cooper 1988; King 1988; Murray 1965）来审视这些压迫系统本身的结构。

随着"交叉性"的普及，它已经处于"四处被引用"（Wiegman 2012）的状态，但这个术语也时常被误解。黑人女性主义学者库珀（Brittney Cooper, 2015）在为《牛津女性主义理论指南》（*The Oxford Handbook of Feminist Theory*）撰写的定义交叉性的文章中，对交叉性的知识脉络做了基本概述，也阐述了一些关键的误读。库珀最后还就如何将交叉性当作一种女性主义的研究方法做了引导，这种方法适用于技术研究与更广泛的领域。她在文中强调，一个常见的误区，是倾向于将交叉性理解为个人身份的**加法**理论，也就是说，将一种边缘化身份与另一种身份的存在解释为交叉性的标志，并将其严格定位在个人身份层面，而不是包括社会结构层面。

相反，交叉性最好是被理解成一种理论概念和方法。昂热－玛丽·汉考克·阿尔法罗（Ange-Marie Hancock Alfaro, 2007）在一篇文章中概述了交叉性作为政治学领域的研究范式的相关性，也阐述了研究设计的多重方法和交叉性方法之间的区别。交叉性方法挑战了研究设计者，迫使他们重新思考传统的、社会构建的范式和／或衡量标准。汉考克·阿尔法罗提供了如下案例：研究者开创了一套与阶级相关，或表明阶级的问题，而非将收入当作阶级的表现（72）。交叉性不是克伦肖（1991, 1244）警告的"身份的总体化理论"，而是"身份霸权（思想、文化和意识形态）、结构（社会机构）、纪律（官僚等级制度和行政惯例）和人际（个人之间的常规互动）的游戏场，种族、性别、阶级和其他分类，或传统的差异在上面互动，并产生社会"（Hancock Alfaro 2007, 74）。如此一来，交叉性不仅发现了新的知识，还产生了新的问题和新的方法，让我们重新考虑对已知事实的理解。此外，交叉性"是对轻率地过度强调普遍性的重要纠正，因为它忽视了产生有效知识主张的优先性"（Hancock Alfaro 2007, 74）。

通过这些研究范式，我们坚持交叉性在具身话语中的根基，这与黑人女性主义的传统一致，即强调替代的认识论（Collins 1989），并坚持认为，交叉性本质上是非规范的，因为它挑战了传统的经验主义，这种经验主义以西欧白人男性提出的经验和证据标准为前提。经验主义和数据科学都依赖于"以无源之见看一切"的"上帝视角"——也就是说，它们都错误地延续了这样一个概念，即个人可以真的是非具身的和 / 或客观的（Haraway 1988, 581）。正如女性主义理论家唐娜·哈拉维指出的，实际上，客观性并不是非具身（disembodiment）的同义词，而是"一种特殊且具体的具身形式"。黑人女性主义理论——如交叉性理论，揭露了这些逻辑谬误。

在以有色人种女性的经验为中心的过程中，交叉性成了揭示无处不在的技术系统中的规范权力运作的有力手段。也就是说，如果技术系统充满了白人、异性恋、父权制的价值体系（Brock 2018），那么，解开技术的束缚、对技术的去殖民化过程，可能需要采取一种替代性的认识论方法。在克伦肖运用交叉性概念而让人看到法律体系助长边缘化这类明显疏忽的地方，批判的交叉性技术研究者已经运用交叉性对其他技术系统和技术进程做了同样的事。对于这些研究者来说，它已经成为一个框架，用于发现、理解和命名技术系统无法记载某些边缘化群体，以及因此对那些被此类系统所忽视之人造成的伤害（Eubanks 2018; Noble 2018; O'Neil 2016）。

也就是说，交叉性打开了那些技术黑箱，否则，就会造成权力关联机制的隐而不现。虽然黑箱隐喻可以用来描述大量的机制——权力通过这些机制在社会中隐蔽起来，但数字技术是特别强大的手段，它能让这些工作变得极为隐蔽，加剧它们的规范性。正如鲁哈·本雅明（Ruha Benjamin, 2016）所言，如今，种族主义的运作往往嵌入到科学和技术的运行之中，新的运行被这些领域所谓的合理性、客观性和能动性所混淆。然而，通过把边缘性置于分析的中心位置（Star 1990）——特别是通过强调有色人种女性在这些技术机制中的经验——我们揭示了这些系统中的规范性标准，超越了输入和输出到内部运作。与这些框架一致，梅雷迪斯·布劳萨德（Meredith Broussard, 2018）以"技术沙文主义"（technoauvinist）一词来界定科技文化主要由白人男子主导的趋势，他们普遍认为，自主系统本质上比"人工介入"（man-in-the-loop）的系统更好，因为它们允许更少的错误空间。

关于确定性和可预测性的主张在日益增长——这是大多数大数据项目的基础，即根据过去的行为来预测一系列的人类行为——我们需要以交叉性方法来破坏稳定，来提醒我们这些项目的不确定性和不稳定性。通过他们的批判模式，交叉性方法经常提供对于不同的技术系统和不同的数据收集、存储和使用模式的想象。例如，林内特·泰勒（Linnet Taylor, 2017）用交叉框架来批评在发展背景下的大数据，经常让这些系统表面上试图支持的社群已经经历的不利条件加剧。她认为，这种交叉方法强调阐述**数据正义**的必要性，这可能会对大数据的使用通常依据的现有价值体系提出深刻的挑战。相反，她写道，数据正义，必须平衡代表权和信息隐私权；它必须提供技术选择的自主权，而不存在被技术利益所束缚的风险；它必须允许在这些系统中挑战偏见和防止歧视的手段。这个框架，同时支持这些系统运行的更大可知性，支持着改变我们通常将数据系统概念化为可知性之能动者的方式；换言之，正义是选择如何可知和对谁可知的权利，以及理解可知性如何被部署的方法。我们相信，通过交叉性框架的数据正义，是一个比数据**伦理**更有力的视野，后者强调技术系统的用户和设计者的个人责任，而且常常掩盖实现数据和计算使用的公平、恢复性或补偿性可能性的结构和历史障碍。

事实上，我们想指出，交叉性框架撼动了主张大数据权力所依赖的基础的方式，无论这些基础是建立在使用大型数据集（即利用这些档案）的能力、基于模式识别的权力主张还是神话般的计算智能（boyd and Crawford 2012）。相反，我们强调，大数据集可能被概念化、设计、收集和交叉使用的方式是一种更好的实践。我们将目光投向诸如"黑人生活数据"（Data for Black Lives）这类团体——这是一个由叶岛贝特·米尔纳（Yeshimabeit Milner）和卢卡斯·梅森－布朗（Lucas Mason-Brown）共同创立的组织和会议，它以有色人种社群为中心。该组织批评带有歧视的高科技表现，也想象技术可能被用作种族正义运动的一个组成部分——例如，设想数据可以显示权力和白人至上主义的运行方式，诚如埃吉克·奥比内梅（Ejike Obineme）所言，这是"逆向工程"[1] 这些系统的一个步骤（"Building Black Political Power in the Age of Big Data"，2017）。这些对话是"废除主义工具"的组成部分，而这些做法，既能引人注意，又能拆除通过新技术而复制的现有的种族不平等现象（Benjamin 2019）。我们也可以看看"记录现在"（Documenting the Now）——一个由梅雷迪思·克拉克（Meredith Clark）、儒勒·贝尔吉斯（Jules Bergis）和特雷弗·穆尼奥斯（Trevor Muñoz）领导的档案小组，他们围绕历史上的重要事件（特别是社会正义运动）有意识地收集社交媒体记录。在档案研究的中心，我们关注萨米普·马利克（Samip Mallick）和米歇尔·卡斯威尔（Michelle Caswell）在南亚美国数字档案馆的工作，它在社群档案中提供了强有力的反叙述，并展示了档案对于被北美想象中的谁属于谁的霸权档案幻想所忽视的社群之存在是多么的不确定。无论明确说明与否，它们的交叉性基础都在它们对数据的收集和使用的政治化方式中显示出来，将身份和歧视的讨论集中在一起，并想象大型数据集可能同时被非神学化和道德地使用的方式。

有了这个，我们可能会回到近年来我们了解大数据档案的方式——我们被告知我们可以进入平台的档案去了解，并分析他们可能知道和分析的东西。尽

1　逆向工程（又称逆向技术），是一种产品设计技术再现过程，即对一项目标产品进行逆向分析及研究，从而演绎并得出该产品的处理流程、组织结构、功能特性及技术规格等设计要素，以制作出功能相近，但又不完全一样的产品。——译注

管我们有能力看到那些我们据称去占据的分类，但这些系统启动了一种三盲的条件，其中，目标受众、设计者和那些被剥夺权利者都无法看到正在发生的歧视性行动。无论是 HUD 诉讼中提到的脸书的"红线"迭代，还是基于数据分类而对某些群体的经济机会和资源的系统性剥夺，这些工作都不像过去那种公开的种族限制性住房契约[2]，而是体现在重新定义规范性价值的过程中。如果我们在分类的层面进行交互，如果我们知道黑箱输出的分类，就很难看到，谁可能卷入这个系统。虽然今天的大数据档案对这些主体的可知性和随之而来的可能性提出了强有力的、往往是破坏性的主张，但交叉性方法从根本上要求重新思考主体的可知性，并在这些众多观察点的运作中内在地解读权力。交叉性提供了一个丰富的起点，为这些记录，也为我们自己想象出更多公正的可能性。

参考文献

(1) Anderson, Dianna. 2018. "Unless you're a white guy, Facebook thinks you're Black." *Dame*, April 19, 2018. https://www.damemagazine.com/2018/04/09/facebook-thinks-im-black/.

(2) Beale, Frances. 1970. "Double jeopardy." In *Words of Fire: An Anthology of African-American Feminist Thought*, edited by Beverly Guy- Sheftall, 54–155. New York: New Press.

(3) Benjamin, Ruha. 2016. "Innovating inequity: If race is a technology, postracialism is the Genius Bar." *Ethnic and Racial Studies* 39 (13): 2227–2234.

(4) Benjamin, Ruha. 2019. *Race after Technology: Abolitionist Tools for the New Jim Code*. Cambridge: Polity.

(5) boyd, danah, and Kate Crawford. 2012. "Critical questions for big data: Provocations for a cultural, technological and scholarly phenomenon." *Information, Communication and Society* 15 (5): 662–679. https://doi.org/10.1080/1369118X.2012.678878.

2　种族限制性住房契约，是美国各地用来防止非裔美国人和其他未成年种族 / 族裔群体购买房屋，和 / 或居住在指定为白人社区的住宅区的一种官方法律策略。在美国房地产和物业发展的法律框架中，契约是一种具有法律约束力和官方可执行的合同，由业主和居民商定。这种契约附加在不同规模的地块（以及其中的所有财产）上，从城市街区到整个小区。契约被写入指定区域的房产契约中，并强加给所有房产买家，禁止将这些房产用于契约中详述的用途之外。——译注

(6) Brock, André L. 2015. "Deeper data: A response to boyd and Crawford." *Media, Culture and Society* 37 (7): 1084– 1088. https://doi.org/10.1177/0163443715594105.

(7) Brock, André L. 2018. "Critical technocultural discourse analysis." *New Media and Society* 20 (3): 1012–1030.

(8) Broussard, Meredith. 2018. *Artificial Unintelligence: How Computers Misunderstand the World*. Cambridge, MA: MIT Press.

(9) "Building Black political power in the age of big data." 2017. YouTube video. https://www.youtube .com/ watch?v=nunutJXDtQE.

(10) Caswell, Michelle, Ricardo Punzalan, and T-Kay Sangwand. 2017. "Critical archival studies: An introduction." *Journal of Critical Library and Information Studies* 2 (1): 1–8. https://doi.org/10.24242/jclis. v1i2.50.

(11) Church Terrell, M. 1940. *A Colored Woman in a White World*. New York: G. K. Hall.

(12) Collins, Patricia Hill. 1989. "The social construction of Black feminist thought." *Signs: Journal of Women in Culture and Society* 14 (4): 745–773.

(13) Combahee River Collective. 1977. "Combahee River Collective statement." In *Words of Fire: An Anthology of African-American Feminist Thought*, edited by Beverly Guy- Sheftall, 232–240. New York: New Press.

(14) Cooper, Anna Julia. 1988. *A Voice from the South*. New York: Oxford University Press.

(15) Cooper, Brittney. 2015. "Intersectionality." In *The Oxford Handbook of Feminist Theory*, edited by Lisa Disch and Mary Hawkesworth, 385–406. New York: Oxford University Press.

(16) Crenshaw, Kimberlé. 1989. "Demarginalizing the intersection of race and sex: A Black feminist critique of antidiscrimination doctrine, feminist theory and antiracist politics." *University of Chicago Legal Forum* 1989 (1): 139–167.

(17) Crenshaw, Kimberlé. 1991. "Mapping the margins: Intersectionality, identity politics, and violence against women of color." *Stanford Law Review* 43:1241–1299.

(18) Eubanks, Virginia. 2018. *Automating Inequality: How High- Tech Tools Profile, Police, and Punish the Poor*. New York: Picador.

(19) Hancock Alfaro, Ange-Marie. 2007. "When multiplication doesn't equal quick addition: Examining intersectionality as a research paradigm." *Perspectives on Politics* 5 (1): 63–79.

(20) Haraway, Donna. 1988. "Situated knowledges: The science question in feminism and the privilege of partial perspective." *Feminist Studies* 14 (3): 575–599.

(21) HUD v. Facebook. 2018. https://www.hud.gov/sites/dfiles/Main/documents/HUD_v_Facebook.pdf.

(22) Iliadis, Andrew, and Federica Russo. 2016. "Critical data studies: An introduction." *Big Data and Society*, 1– 7. https://doi.org/10.1177/2053951716674238.

(23) King, Deborah K. 1988. "Multiple jeopardy, multiple consciousness: The context of Black feminist ideology." *Signs* 14:42–72.

(24) Murray, Pauli, and Mary O. Eastwood. 1965. "Jane Crow and the law: Sex discrimination and title VII." *George Washington Law Review* 34:232.

397

(25) Noble, Safiya Umoja. 2016. "A future for intersectional Black feminist technology studies." *Scholar and Feminist Online* 13.3–14.1:1–8.

(26) Noble, Safiya Umoja. 2018. *Algorithms of Oppression: How Search Engines Reinforce Racism*. New York: New York University Press.

(27) Noble, Safiya Umoja, and Brendesha M. Tynes. 2016. *The Intersectional Internet: Race, Sex, Class, and Culture Online*. New York: Peter Lang.

(28) O'Neil, Cathy. 2016. *Weapons of Math Destruction: How Big Data Increases Inequality and Threatens Democracy*. London: Penguin.

(29) Pinch, Trevor J. 1992. "Opening black boxes: Science, technology and society." *Social Studies of Science* 22 (3): 487–510.

(30) Star, Susan Leigh. 1990. "Power, technology and the phenomenology of conventions: On being allergic to onions." *Sociological Review* 38 (suppl. 1): 26–56.

(31) Taylor, Linnet. 2017. "What is data justice? The case for connecting digital rights and freedoms globally." *Big Data and Society* 4 (2): 1–14. https://doi.org/10.1177/2053951717736335.

(32) Wiegman, Robyn. 2012. *Object Lessons*. Durham, NC: Duke University Press.

32. 潜在因素（Latency）

克里斯汀·维尔（Kristin Veel）

从词源上看，**latent**（潜在的）指被掩盖或隐秘之物。它源自拉丁文中的 **latentem**（名词形式为**latens**），是**latere**的现在分词，意为"隐藏、潜藏、隐蔽"，也与希腊文中的**lethe**（遗忘、忘却/湮没）和**lethargos**（健忘的）有关。从17世纪开始，它意味着某种"潜伏、未发展"之物，在医学意义上是指一种虽然存在，但尚未产生症状或临床症状的疾病。因此，**"潜在因素"**概念位于可见与不可见、知道与不知道之间的模糊地带，指我们期望在未来的某个时刻出现于可见范围内的隐藏物。这一术语除了提示本体论、认识论和解释学上的基本问题，即潜在物的属性及我们如何认识它之外，还提示了空间上的考量（藏于何处？），当我们试图把握充斥在大数据档案中的**不确定性**的属性时，这些存在于可见与不可见之间波动的时空内涵是相关的，这使得潜在因素及其跨学科的隐含意，成为考虑某个领域（就该领域的本质而言它需要跨学科的方法论）的恰当切入点。[1]

不确定性的时间性

迈入 20 世纪后，从词源上将**潜在因素**与不确定性联系起来的内涵，逐渐从未知领域（如秘密），转向了人们试图理解和把握之物——在某种程度上是可测量的。在医学上，"潜伏期"（a latent period）指的是刺激与反应之间的延迟，它不仅指在疾病出现之前的等待时间，也指药效变明显之前的时期。这标志着与不确定性的不同关系——而我们在这种关系中不仅是听任潜伏期的摆布（如被迫等待，直到隐藏者显露出来），而且还处于一种控制的地位，因为我们有办法测量潜伏期，并了解其机制。[2] 在物理学和工程学中，作为对时间延迟的解释，潜在因素是具有空间维度的事物可以相互作用的速度和速率。根据物理学定律，这种物理变化总是小于或等于光速，进而造成反应的延迟。在这个词的计算用法上，延迟时间（latency time）是限制信息传输的最大速率，而将延迟时间缩至最短，仍然是通信工程中的一个关键挑战。这里的不确定性不再是我们接受或仅仅试图理解的某个条件，而是我们主动参与并试图操纵的条件。以实时传输中的等待时间为例，当信号通过一连串的通信设备（卫星或光缆）而传播至一定的地理距离时。能够影响延迟时间的参数，以及工程师寻求最小化的参数，包括介质（有线或无线）产生的延迟、数据包的大小，检查并可能改变发送内容的网关节点（如路由器），以及（在互联网延迟的情况下）服务器对其他传输请求的占用。调整计算机硬件、软件和机械系统，是一种减少延迟的技术。延迟也可以通过预取来伪装，在预取中，处理器预测到数据输入的需要，并提前请求数据块，这样，就可以把它放在缓存中且更快地访问。在一些基于区块链技术的应用中（如加密货币），出现了所谓的**延迟经济**（latency economy），因为用户能够付费让他们的交易在分布式账本中处于更有利的位置，从而将进行交易时和在账本中登记时的延迟最小化。在这里，不确定性的时间性不仅是人们想要掌握的东西，它本身已经成了一种商品。

因此，"latency"一词的内涵在今天丰富多样，涵盖广泛的学科，其中大部分嵌入了时间轨迹和重叠之中，潜在的存在将过去、现在和未来混杂在一起，形成错综复杂的组合。"延迟"的时间性内涵，使它成为解决大数据档案之不确定性的有力术语，它不仅是过去的储存库，也是预测和预知未来的工具。

偷渡者

Latency 在时间上的混杂性，近年来在美学与文化理论中备受关注（Bowker 2014; Gumbrecht and Klinger 2011）。例如，文化理论家汉斯·乌尔里希·贡布雷希特（Hans Ulrich Gumbrecht, 2013）就使用了 latency 一词，他认为，20 世纪的时间概念发生了变化，即从一个旨在改变和进步的线性方向，变为一种同时性状况，他称之为"广义的现在"（the broad present），在这种情况下，我们已经不可能将过去抛诸脑后。在提出这个论点时，贡布雷希特参考了荷兰历史学家埃尔科·鲁尼亚（Eelco Runia）关于"在场"（presence）的概念，它与偷渡者的形象联系在一起，预示着一种"潜藏意义"的空间维度，并表示那些不（尚未）存在之物是难以把握的："在某种潜藏的情况下，当偷渡者出现时，我们感觉到有些东西（或人）在那里，但我们无法把握或触摸，而且这个'东西'（或人）有一个物质衔接，这意味着它（或他或她）占据着空间。我们无法确切地说，我们对存在的确定性来自哪里，我们也无法确切知道，潜藏之物现在位于何处。"（Gumbrecht 2013, 22）偷渡者的形象不仅邀请我们更详细地考虑"潜在"的空间内涵（某人或某物潜在于其中的空间的属性是什么？），而且，偷渡者形象中固有的拟人化内涵也让我们更仔细地思考作为能动性（agency）和意图之载体的不确定性。如果我们把这个偷渡者想象成嵌入大数据档案中的不确定性，我们可以赋予它什么样的"意识"或"认知"？

我们可以通过转向西蒙德·弗洛伊德（[1905]1999）来扩展这个类比，他讨论过潜伏期（即在口腔、肛门和阴茎阶段之后，在青春期的生殖器阶段之前，当儿童对直系亲属以外的人产生性兴趣时）。这是性欲休眠的一个时期，早期阶段的欲望被压抑或升华了。因此，它在更多的性欲阶段之间形成了一段小的空白，连接着儿童的早期欲望，并预示着青春期成人性欲的发展，但弗洛伊德认为，它也可能滋生神经官能症。[3] 从隐喻上看，我们可以把大数据档案中的不确定性看作是位于类似的空白中，它们作为有失中立的偏见或道德困境的属性，尚未形成成熟的神经官能症。只要它们被不确定地归类为"不确定因素"，没有具体的属性将它们从潜伏期中唤醒，并要求它们以具体后果的形式出现，那么它们的性欲驱动（意图或能动性）就同样难以确定。

规定不确定性（Determining Uncertainties）

在大数据档案中，潜在的不确定因素包括那些我们视而不见，因此也没有想到要收获的未知数或不可知因素。它们还包括固有的偏见或社会分类机制，当档案被投入使用时，这些偏见或社会分类机制会暴露出来，造成用户和系统本身的脆弱。正如人们经常强调的，量化方法和关注大量数据的汇总意味着对单个数据的缺陷有更大的容忍度，而这又基于如下假设：只要收集的数据材料足够多（big），这些缺陷就会扯平（Cukier and Mayer-Schönberger 2014）。

尽管如此，此处提及的各种潜在的不确定性（尽管它们在达到临界质量之前不一定能被人类的认知所感知，但却能对现实世界产生重大影响）的共同点是，它们很难被解决。我们如何在不改变它们的情况下，使它们成为可见的并理解它们的机制？

这种不确定性的概念与量子物理学家尼尔斯·玻尔（Niels Bohr）的主张一致。但与维尔纳·海森堡（Werner Heisenberg）的不确定性原理相反，玻尔并不把不确定性理解为来自实验者的干扰，而是断言**位置**（position）和**动量**（**momentum**）在被测量之前尚未确定的数值（Barad 2007）。潜伏期占据了测量之前的空间。然而，它们可以被进一步理解为在文学学者海尔斯的领域中运作，她将神经科学、认知生物学、计算机科学和文学研究连接起来，并称之为**非意识认知**（**nonconscious cognition**）。这个术语描述了意识模式以下的层次（精神分析中的无意识概念就在于此 [4]），并且同样适用于人类、动物和技术认知。海尔斯写道："脱离了有意识叙述的混乱，非意识认知更接近身体与外界实际发生之事；在此意义上，它比意识更贴近现实。"（2017，28）海尔斯的方法让我们看到，潜在的不确定性在低于意识认知的领域上演，并与世上正在发生的自然、技术和身体过程相对应，而我们对这些过程往往毫无意识。将大数据档案的不确定性理解为在非意识认知水平上运作的潜在物，它们在那里尚不具备规定性的价值，这可能为我们更好地理解这些不确定性的非规定的空间和时间属性（它们的位置和动力，如果你喜欢）提供一个切入点，并最终承认，这些不确定性在我们能够有意识地参与它们之前的阶段便存在。将它们重新概念化为非意识的认知潜在因素（cognitive latencies），我们可以考虑对大数据档案中的不确定性的认知，而无须求助于拟人化形象的有意识的偷渡者，同时保留意图和能动性问题。

然而，重要的是避免将不确定性视为大数据档案中出现的某种"内在"或"天生"的谬误，这将消除人类对识别其原因和后果的责任。Latency（这个词带有特殊的空间和时间内涵）可以帮助我们避免在保留本体的不确定性的同时，通过黑箱来否定不确定性。因此，它可以让我们更好地解决与大数据档案相关的解释学难题：不确定性的能动性与意图。

档案、能动性与意图

媒介理论家沃尔夫冈·恩斯特（Wolfgang Ernst）区分了数据与叙事："在档案中，没有任何东西和任何人对我们'说话'，无论是死者，还是其他东西。档案馆是空间建筑中的一个存储机构。我们不要把公共话语（把数据变成叙事）与离散的档案文件的沉默混为一谈。在档案数据和文件之间并没有必要的连贯联系，而是存在着空缺和沉默。"（Ernst 2004, 3）

尽管如此，人们目前正付出巨大的努力"让数据说话"，这通常是通过机器学习和人工智能（AI）技术，并由如下论点推动，即数据中"隐藏"着内在的知识，可以通过正确的技术将其揭示出来。例如，这可以在推广数据可视化或"自然语言生成"的公司的营销措辞中找到，其口号是"讲述隐藏在数据中的故事"[5]。文学和数字人文学者佛朗哥·莫雷蒂（Franco Moretti）进一步阐述了恩斯特的观点，他在谈及档案的大规模数字化时表示："我们不能以研究文本的方式来研究大型档案：文本是为了向我们'说话'，因此，只要我们知道如何倾听，它们终会告诉我们一些东西；但档案不是为了向我们传递信息，因此，在人们提出正确的问题之前，它们绝对不会说什么。"（Moretti 2013, 165）莫雷蒂和恩斯特都指出了数据档案和具有叙述意图的文本之间的区别，强调对数据提出问题的重要性，而不是将意图转移到数据本身。换句话说，意图是在与档案的互动中产生的，不一定存在于个别数据本身。正是在那个把潜伏的东西唤醒——变成确定位置和动量的时刻——意图，也就是潜在的偏见，才会显现出来。在把潜在之物变成更明显之物的过程中，不确定因素会以具体的形式出现。

然而，latency 概念强调的是这种行为的错综复杂的时间性，它混淆了过去、现在和未来。作为潜在存在，不确定性已经存在于档案中，在任何问题被提出之前，就嵌入了构成档案的结构和关于包含什么和不包含什么的决策中。事实上，它们甚至可以引出特定的问题。因此，我们需要承认恩斯特和莫雷蒂指出的谬误，即数据会对我们"说话"，同时牢记，意图出现在人类和技术的有意识和无意识认知的复杂组合中，从而使这些数据诞生。将大数据档案视为潜在因素会使我们认识到，不确定性及其属性取决于我们对数据提出的问题，同时让我们承认，随着人工智能和机器学习的发展，这种对可见性的呼唤既是一种人类的过程，也是一种技术过程——这种过程在当它被编程时和在解释数据时一样。

通过以这种方式看待我们与大数据档案的接触——作为与来自人类和技术的一系列非意识的认知延迟的互动，我们可以开始批判性地思考大数据档案同时激发和反映的意义制造过程。

注释

[1] 本文借鉴了维尔的研究〔Veel, 2016, 2017a, 2017b, 2018〕，以及我和亨丽埃特·施泰纳的书〔Steiner and Veel 2020〕。

[2] 玛丽卡·西福尔将不可检测性定义为"HIV 感染者的状态，通过在医疗监督下的药物治疗，将其体内的 HIV 病毒负荷降低到统计学上不重要的水平，并使其不具有传染性"〔Cifor，即将出版〕，说的是一种受控潜伏期的状况。在低温生物学中，用潜伏期来描述生物细胞的发育停止也是如此〔Rardin 2013〕。

[3] 例如，在《自传式研究》（An Autobiographical Study）中："在所有生物中，似乎只有人显示出这种性成长的双重开始，这也许是他对神经症的倾向的生物学决定因素。"〔Freud [1925] 1946, 66〕另见他在《摩西与一神教》（Moses and Monotheism）中更广泛的概念化〔Freud [1938] 1939〕。

[4] 弗洛伊德〔[1933]1999, 70〕将潜伏期描述为无意识的一种形式，他称之为"前意识"，它比无意识本身更容易重新成为有意识。

[5] 例如，"叙事科学"（Narrative Science）、"叙事"（Narrativa）和"自动化洞见公司"（Automated Insights, Inc.）。

参考文献

(1) Barad, Karen. 2007. *Meeting the Universe Halfway: Quantum Physics and the Entanglement of Matter and Meaning*. Durham, NC: Duke University Press.

(2) Bowker, Geoffrey C. 2014. "All together now: Synchronization, speed, and the failure of narrativity." *History and Theory* 53 (4): 563–576.

(3) Cifor, Marika. Forthcoming. *Viral Cultures: Activist Archives at the End of AIDS*. Minneapolis: University of Minnesota Press.

(4) Cukier, Kenneth, and Viktor Mayer-Schönberger. 2014. *Big Data: A Revolution That Will Transform How We Live, Work, and Think*. New York: Mariner Books.

(5) Ernst, Wolfgang. 2004. "The archive as metaphor." *Open! Platform for Art, Culture and the Public Domain*, September 30, 2004. http://onlineopen.org/the-archive-as-metaphor.

(6) Freud, Sigmund. (1905) 1999. "Three essays on the theory of sexuality." In Vol. 7, *The Standard Edition of the Complete Psychological Works of Sigmund Freud*, edited and translated by James Strachey, 125–248, London: Vintage.

(7) Freud, Sigmund. (1925) 1946. *An Autobiographical Study*. Translated by James Strachey. London: Hogarth Press.

(8) Freud, Sigmund. (1933) 1999. "Lecture XXXI: The dissection of the psychical personality." In Vol. 22, *The Standard Edition of the Complete Psychological Works of Sigmund Freud*, edited and translated by James Strachey, 56–79. London: Vintage.

(9) Freud, Sigmund. (1938) 1939. *Moses and Monotheism*. Translated by Katherine Jones. London: Hogarth Press.

(10) Gumbrecht, Hans Ulrich. 2013. *After 1945: Latency as Origin of the Present*. Stanford, CA: Stanford University Press.

(11) Gumbrecht, Hans Ulrich, and Florian Klinger. 2011. *Latenz: Blinde Passagiere in den Geisteswissenschaften*. Göttingen: Vandenhoeck and Ruprecht.

(12) Hayles, N. Katherine. 2017. *Unthought: The Power of the Cognitive Nonconscious*. Chicago: University of Chicago Press.

(13) Moretti, Franco. 2013. *Distant Reading*. London: Verso.

(14) Radin, Joanna. 2013. "Latent life: Concepts and practices of human tissue preservation in the International Biological Program." *Social Studies of Science* 43 (4): 484–508. https://doi:10.1177/0306312713476131.

(15) Steiner, Henriette, and Kristin Veel. 2020. *Tower to Tower: Gigantism in Architecture and Digital Culture*. Cambridge, MA: MIT Press.

(16) Veel, Kristin. 2016. "Sites of uncertainty: The disruption of the newsfeed flow by literary tweets." *Journal of Roman Studies* 16 (1): 91–109.

(17) Veel, Kristin. 2017a. "#Espacios de interminación." In #Nodos, edited by Gustavo Ariel Schwartz and Víctor E. Bermúdez, 465–467. Pamplona: Next Door.

(18) Veel, Kristin. 2017b. "Fortællingens dynamiske arkiv: Fortælleformer og narrativt begær i SKAM." *Nordisk Tidsskrift for Informationsvidenskab og Kulturformidling* 6 (2–3): 67–74.

(19) Veel, Kristin. 2018. "Make data sing: The automation of storytelling." *Big Data and Society*. https://doi.org/10.1177/2053951718756686.

33. 元数据 （Metadata）

阿米莉亚·阿克（Amelia Acker）

引论

用名字和类别来表示某物，在人类的身份和文化中是一个基本维度。对于关注文化记忆的信息学者来说，元数据的应用，如分类模式和信息检索技术，是可以看到文化中再现力量的所在之地。身为信息科学家，我的工作是调查新数据技术对我们保存和归档新形式的数字文化记忆之能力的影响。关于大数据系统在文化中的影响，一个研究方式便是借助元数据或再现了数据集合和语境的数据结构。虽然"元数据"一词本身较新（在 1968 年才由美国军方的计算机科学家首次使用），但在写作文化中，元数据技术是一些最为古老的记忆实践，包括从列表到索引、收据和分类法（Hobart and Schiffman, 2000）。而将元数据应用于收藏中，还是进行长久保存、访问和控制的一个条件。作为信息人工制品，元数据产生价值，也包含来自使用它们的机构、创建这些标准的人，以及制定这些标准的基础设施所暗含的意识形态。元数据对于大数据的批评和历史很重要，因为它们揭示了使用它们的人，也揭示了那些加入由数据驱动的世界经验的人的价值和意识形态。

因为元数据是由人类创造，并为人所用，所以它们在本质上将特定的世界观揉进了用它们来描述的想法、人工制品和经验之上。像数据一样，就作为术语而言，元数据既包含具体的内容，也包含模糊的成分，可以通过表征来限制访问和制定控制（Boellstorff 2013）。因此，所有关于元数据的历史，都是关于通过表征来宣称控制和指定访问的故事。在关于用分类系统来表示的文化意义的工作中，鲍克和斯塔尔提请我们注意元数据结构的力量及它们设定的观点："每一个标准和每一种类别都在强调某些观点，并压制另一些。这本身并非一件坏事，事实上也不可避免，但它是一种伦理选择，因而是危险的，而非坏的。"（Bowker and Star 2000, 5）当信息架构师设计系统来命名、分类和管理数据时，不管他们是工程师和开发者，还是图书馆员和档案员，元数据结构都不仅支持检索的访问点，还影响身份、理解和权威性的门户，这些东西可以（或不能）被命名。

命名权（The Power to Name）

在历史上，元数据一直属于那些在国家档案馆、政府官僚机构，以及在大学、市政当局或教堂等机构中工作的信息专业人员的领域。元数据的技术和结构是由分类、组织思想，识别事物，将事物区分为不同的类别，以及代表不同时空中的现象的冲动所驱动的。它们通常被描述为是未来使用的钥匙——旨在寻找、保护和访问藏品（Gilliland 2017）。但当一群专家用元数据技术来命名和构造藏品时，总是存在偏见。（Gartner 2016）调查元数据结构的隐秘起源和它们背后的动机，可以让我们看到既定的系统和文化实践的累积力量——我们可以看到，标准、分类法和分类是如何在表述信息、事物，甚至是人的过程中重新设定了偏见的。我们用来构造、命名和分类的元数据也是数据。这些"关于数据的数据"对信息的表现方式、对获取和管理知识的方式，以及对未来的人和他们接触信息资源的方式，产生了深刻的影响。但大多数的元数据都往往被隐藏起来，是使用的条件。那么，谁来定义这些元数据密钥的范围？而这些元数据又对谁有意义和价值？

某些元数据类别会强化暴力，因为它们随着时间的推移而执行其创造者的偏见，揭示了表征的局限和改变的需要。（Olson 2013）例如，在编辑、替换和更新传统分类系统中的类别时，可以看到许多表征之争，比如美国国会图书馆的主题词（LCSH）涉及种族、性别、阶级、劳工和移民。2016 年春天，负责维护 LCSH 标准的美国国会图书馆政策与标准部（PSD）采取行动，他们修订并取代了**"非法外国人"**这一标题，也取代了更广泛的**"外国人"**（aliens）一词（PSD 2016）。这一政策的改变会对 LCSH 的其他标题和子标题造成影响，如**"非法外国人的子女"**或**"教会对外国人的工作"**。正如其他主题标题一样，PSD 认为，目前的术语已经过时，而且带有贬义，它建议将**"外国人"**修改为**"非公民"**，并取消**"非法外国人"**，代之以**"非公民"**（noncitizens）和**"未经授权的移民"**（unauthorized immigration）这两个新标题（PSD 2016）。

在美国国会图书馆的首版（1910）主题标题词典中，出现了**"外国人"**这一主题标题。**外国人**一词有诸多定义，在 20 世纪的大部分时间里，当这个主题词与资源分配相关时，必须对非公民和来自其他星球或行星系统的生物加以区分。自引入以来，"外国人"已经更新多次，并采用了更具体的术语。例如，"外星物种"（extraterrestrial beings）直到 2007 年才被添加到 LCSH 标准中（Library of Congress, 2007）。在 1980 年的主题标题"外国人"中引入了"非法"，然后在 1993 年修订为"非法外国人"（Peet 2016）。许多组织，包括美联社、美国图书馆协会和 PSD 2016 年修改提案的撰稿人，都认为"非法"已经成为贬义词，并努力采用"无证移民"（undocumented immigrants）一词（American Library Association Council 2016; Colford 2013）。不过，美国国会图书馆认为，人们提建议的术语也存在问题，相反，它建议用"非公民"来指代关于非法居住在一个国家 的人的资源。2016 年，在国会图书馆提出取代"非法外国人"主题标题后不久，国会很快用一些拨款法案投票反对这一更改，以便防止相互冲突的术语出现在现有的法律中（Aguilar 2016; Taylor 2016）。虽然人们继续努力采用新的术语，但"非法国外人"依然没变。

元数据的历史并非是关于准确描述信息资源的获取主体；它们也可能完全是关于代表权的冲突。德拉宾斯基认为，分类类别"总是偶然的，而非最终的，会随着话语、政治和社会的变化而变"（Drabinski 2013, 100）。作为一个领先的书目和内容标准，LCSH 被全美国的图书馆和研究型大学用来提供信息访问。该标准也被用于世界各地的资源编目，因此，它是一个社会化的、霸权式的元数据结构。关于有问题的"非法移民"主题标题（以及各种可能的替代方案）的争论表明，对术语的冲突性看法是如何将偏见和强化的贬义类别归于记录这种经历的人和资源的（Taylor 2016; Aguilar 2016）。为了实现"元数据正义"（metadata justice），图书馆员和活动家继续推动更新主题标题，以提供有关无证人员、无国籍人员和难民状况的信息资源（Albright 2019; Jensen, Stoner, and Castillo-Speed 2019）。继续使用**"非法外国人"**主题标题，现在被证明是美国当选领导人的价值观和立法优先事项的声明，而非专业图书馆员和管理机构自己在维护和使用该标准。

平台：创建者、类别与控制

在历史上，尽管一直都由图书馆员和档案员在部署元数据的标准和技术，但到最近，它也成了计算机科学家、数据库设计师和标准工程师的工作。随着信息通信技术（ICTs）的兴起和饱和，网络化的数字技术现在利用用户生成的数据和元数据来设计并塑造经验和信息生态。当代的网络化信息基础设施的运行离不开元数据的创建和使用（Mayernik and Acker 2018），因此，来自平台、应用程序、移动设备和软件的数据和元数据，越来越多地支配着我们的个性化、参与、娱乐消费和算法推荐系统的经验。收集这些数据的背景也代表着未来的档案将记录大数据技术的崛起（Acker 2015）。

我们越来越多地看到学习、娱乐、阅读、购物、约会、驾驶、与朋友联系，甚至订购食物的平台化（Helmond 2015）。用户通过数字网络可能不断地创造数据，而平台可以不断地收集数据，用元数据进行绑定，并将其当作商业模式的一部分进行转售："产品分类法、品牌架构和企业词汇表，与战略和竞争优势密切相关。"（Morville 2005, 126）我们越来越多地看到，用户的数据和来自他们环境（比如工作、健身房、教堂、通勤）的数据之间的语义关系，正在成为用户体验和个性化平台产品（比如亚马逊、Yelp 或 YouTube）设计的核心。例如，Spotify 最近宣布了它的人物角色工具，它基于多年来以用户为中心的设计技术，而这又基于对美国用户群体的收听行为的聚类和研究（Torres de Souza, Hörding, and Karol 2019）。Spotify 的研究团队能够以定性和定量用户数据的组合，根据用户的习惯和共性，将收听行为的数据聚类为五个角色，由此，开发一个影响用户在何处收听的动机的背景因素模式。角色现在是该平台内部词汇的一部分，用来支持对用户的识别，对他们的收听习惯进行分类，并改进算法推荐。

虽然像描述人及其行为的人物角色产品分类法这样的元数据标准，对于社交平台来说一直必不可少，但如今我们知道，信息通信技术的日益强化和数据化证明，一些用户类别可以而且已经被用来支持剖析、社会分类，以及通过平台对少数族群和弱势群体进行红线划分（Eubanks 2018; Noble 2018）。尤其是追求盈利的平台，它们以基于用户元数据的定向广告为前提，传统标准的力量和用户分类，部署在大数据应用中具有深远影响，大规模的数据挖掘和数据分析依赖于初始分类法和分类系统来对用户进行分类。例如，种族亲和力类别是数据经纪人和广告商可以用来推广内容，并将目标内容引向平台用户的选项之一（Angwin, Mattu, and Parris 2016）。平台通常按一系列亲和力类别对用户进行分类，而这些类别可能是用户自己不知道的。在谷歌、YouTube 或 Instagram 等平台上，这些元数据结构被用来显示新内容、推送新闻提醒，也通过亲和力类别向用户提供个性化的搜索结果，这些元数据结构可以用来控制特定用户的访问信息，也可以凭借预测用户的元数据而为特定用户的内容进行分类。2016 年和 2017 年，ProPublica[1] 的调查记者发现，脸书的内部分类器和广告平台上的外部种族亲和力类别可以用来阻止非裔美国人和亚裔美国人看到住房广告，或者向有反犹太主义兴趣的用户推广极端主义内容（Angwin and Varner，2017）。在这两次调查后，脸书通过更新广告平台，禁止对特定种类的广告使用种族亲和营销，并删除了明确的歧视性利益（Egan 2016；Sandberg 2017）。像脸书这类平台为了其广告投放平台，会继续按共享属性对用户进行分组和分类，这些用户类别正越来越多地因住房和招聘中的歧视而受到审查和监管。2019 年 3 月，美国住房和城市发展部对脸书提起歧视诉讼，指控它通过限制哪

1　ProPublica 成立于 2007 年，是一家总部设在的非营利性公司。它自称是一个独立的非营利新闻编辑部，为公众利益进行调查报道。——译注

些用户群体可以看到广告而 "鼓励、促成并导致"住房歧视（Jan and Dwoskin 2019）。

将用户分组为受众后再定向投放广告，这并不新鲜。在移动网络和社交平台出现前，报纸、电视媒体、食品服务和保险市场等数据市场就已经存在了几十年。但随着大数据技术导致数据的创建和收集近乎恒定，平台可以利用大规模的社交网络、环境传感器和快速数据处理来创建控制和访问数据集合的新门户。在大数据文化中，社交网络和移动设备公司等中介机构充当了数据生产的创造者，与对消费用户数据进行预测分析、关系挖掘和异常检测的经纪人之间的桥梁。在这种不断创造和收集的数据文化中，元数据支撑着所有这些基础设施，但仍然隐而不见，而且对于大多数生产这些数据的创造者来说，它们往往是无法访问的（Acker 2018）。元数据的一个核心定义与管理权和权限有关（Pomerantz 2015）。控制权制约着正确的使用和访问凭证，也制约着保存和管理的可能性。此时，大数据技术的一个主要特征是，数据的创造者正在让渡对其数据的控制权和访问权，平台中介机构通过消费和向数据经纪人提供对这些集合的访问权而获利，这些经纪人为了长期价值而策划了这些集合。尽管大数据技术大规模地提取数据，但中间人和经纪人控制着访问权，并保留了钥匙。对元数据的讨论往往从所谓的客观性开始，但在一个不断收集和创造的时代，已步入"大数据的时代"，人类的行动、经验和存在方式都可能被省略、混淆或被意识形态所遗漏（见本书的第 35 章）。目前，尚不清楚这些基础设施如何提高可及性或可靠性，或确认知识。基钦（Kitchin, 2014）曾指出推动这种大数据经验主义循环的一些谬误，即如果大数据不断被收集，它就能提供对世界的全面也准确的解析，而且成片的数据可以为自己说话，超越特定语境或特定领域的知识实践。

不确定档案的利害关系

我一直认为，大数据文化的认识标志是数据创造者和收集上下文之间的距离，即数据和元数据被积累和存储的地方。数据创造者，和关于他们的数据集合之间的这种差距已经，并将继续影响表现在这些大数据集合中的利益。这些不确定的档案，代表了从大数据设备如交通和地图应用程序、社交媒体、移动设备、监控系统和互联网基础设施中积累的数据和元数据，这些设备由数据中介机构组装，用于向数据经纪人转售和重新使用用户数据。虽然这些档案很少能被产生这些数字痕迹的创造者接触，但他们受到的影响却最大。事实上，平台用户一旦被归类为亲缘关系、受众档案、模式或角色，就无法选择退出，因为这些元数据属于控制用户创造的数据的中介和经纪人。虽然这些元数据并不总是为创造它们的人所理解或保留，但它们被平台中介、数据经纪人和第三方数据消费者积极利用，以便创建个性化档案、预测性分析和算法建议。在大数据文化中，创造数据是一种归属感，用户几乎没有控制或访问关于自己的元数据的渠道，或者在他们被分类和登记到类别中退出。如果把用户和他们的数据集合分开的空间是大数据的认识论标志，那么，元数据的访问和发布，将继续成为这个空间的增长方式。有效地关注 LCSH 或脸书广告平台等信息系统中表征的错位，可以揭示社会是如何变化的，揭示企业是如何降低风险的，以及在什么条件下元数据标准被隐藏、被揭开、被治理、被重视。

本文开篇提出，批判性地研究大数据应用的影响的一种方式，是借助数据被命名、分类和访问的过程。这些名称成为标准，基础设施通过它们连接人、技术、信息与文化。当信息架构师（包括平台中介或社交媒体开发者），做出建立在元数据基础上的决策和系统，为公众定义和构建信息，如新闻、音乐和信息资源时，这些元数据会强化偏见，为特定的用户和他们的信息生态制造不利条件。确定元数据的地位，预测其影响，以及定位谁在控制它们是很难的，即使对那些有意使用元数据最多的人来说也是如此。但当人们自己被他们使用的平台归类为这种使用的条件时，谁制定和控制这些不确定的元数据档案的权力应该被考虑、辩论和理解。而根据你的信念，这些元数据类别应该被争夺，以便了解对访问的威胁或谁从中获利，作为控制和访问数据的关键。通过元数据技术追踪数据创造、收集、控制、访问和再利用的数据组合，这个关键术语就代表了一个入口，可以从数据文化和那些控制我们数字文化记忆的未来访问权的人，来理解和审视不确定的档案。

参考文献

(1) Acker, Amelia. 2015. "Radical appraisal practices and the mobile forensic imaginary." *Archive Journal.* http://www.archivejournal.net/?p=6204.

(2) Acker, Amelia. 2018. "A death in the timeline: Memory and metadata in social platforms." *Journal of Critical Library and Information Studies* 2 (1): 27.

(3) Aguilar, Julián. 2016. "GOP insists Library of Congress retain 'illegal aliens.'" *Texas Tribune*, June 9, 2016. https://www.texastribune.org/2016/06/09/gop-blocks-plans-scarp-immigration-terms/.

(4) Albright, Charlotte. 2019. "'Change the subject': A hard-fought battle over words." *Dartmouth News*, April 22, 2019. https://news.dartmouth.edu/news/2019/04/change-subject-hard-fought-battle-over-words.

(5) American Library Association Council. 2016. *Resolution on Replacing the Library of Congress Subject Heading "Illegal Aliens" with "Undocumented Immigrants."* January 12, 2016. Chicago: American Library Association.

(6) Angwin, Julia, Surya Mattu, and Terry Parris Jr. 2016. "Facebook doesn't tell users everything it really knows." *ProPublica*, December 27, 2016. https://www.propublica.org/article/facebook-doesnt-tell-users-everything-it-really-knows-about-them.

(7) Angwin, Julia, and Madeleine Varner. 2017. "Facebook enabled advertisers to reach 'Jew haters.'" *ProPublica*, September 14, 2017. https://www.propublica.org/article/facebook-enabled-advertisers-to-reach-jew-haters.

(8) Boellstorff, Tom. 2013. "Making big data, in theory." *First Monday* 18 (10). http://firstmonday.org/ojs/index.php/fm/article/view/4869.

(9) Bowker, Geoffrey C., and Susan Leigh Star. 2000. *Sorting Things Out: Classification and Its Consequenc-*

es. Cambridge, MA: MIT Press.

(10) Colford, Paul. 2013. "'Illegal immigrant' no more." *APNews*, April 2, 2013. https://blog.ap.org/announcements/ illegal-immigrant-no-more.

(11) Drabinski, Emily. 2013. "Queering the catalog: Queer theory and the politics of correction." *Library Quarterly* 83 (2): 94–111. https://doi.org/10.1086/669547.

(12) Egan, Erin. 2016. "Improving enforcement and promoting diversity: Updates to ethnic affinity marketing." *Facebook Newsroom*, November 11, 2016. https://newsroom.fb.com/news/2016/11/updates-to -ethnic-affinity-marketing/.

(13) Eubanks, Virginia. 2018. *Automating Inequality: How High- Tech Tools Profile, Police, and Punish the Poor*. New York: St. Martin's Press.

(14) Gartner, Richard. 2016. *Metadata: Shaping Knowledge from Antiquity to the Semantic Web*. New York: Springer International.

(15) Gilliland, Anne J. 2017. *Conceptualizing 21st-Century Archives*. Chicago: Society of American Archivists.

(16) Helmond, Anne. 2015. "The platformization of the web: Making web data platform ready." *Social Media + Society* 1 (2). https://doi.org/10.1177/2056305115603080.

(17) Hobart, Michael E., and Zachary S. Schiffman. 2000. *Information Ages: Literacy, Numeracy, and the Computer Revolution*. Baltimore: Johns Hopkins University Press.

(18) Jan, Tracy, and Elizabeth Dwoskin. 2019. "HUD is reviewing Twitter's and Google's ad practices as part of housing discrimination probe." Washington Post, March 28, 2019. https://www.washingtonpost.com/business/2019/03/28/hud-charges-facebook-with-housing-discrimination/.

(19) Jensen, Sine Hwang, Melissa S. Stoner, and Lillian Castillo- Speed. 2019. "Metadata justice: At the intersection of social justice and cataloging." Association of College and Research Libraries. March 25, 2019. https://acrl.libguides.com/c.php?g=899144&p=6468942&t=34793.

(20) Kitchin, Rob. 2014. *The Data Revolution: Big Data, Open Data, Data Infrastructures and Their Consequences*. Los Angeles: Sage.

(21) Library of Congress. 1910. *Subject Headings Used in the Dictionary Catalogues of the Library of Congress*. Washington, DC: Library of Congress. https://catalog.hathitrust.org/Record/001759655.

(22) Library of Congress. 2007. "Extraterrestrial beings." *LC Linked Data Service: Authorities and Vocabularies*, March 10, 2007. http://id.loc.gov/authorities/subjects/sh2007000255.html.

(23) Mayernik, Matthew S., and A. Acker. 2018. "Tracing the traces: The critical role of metadata within networked communications." *Journal of the Association for Information Science and Technology* 69 (1): 177–180. https://doi.org/10.1002/asi.23927.

(24) Morville, Peter. 2005. *Ambient Findability: What We Find Changes Who We Become*. Sebastopol, CA: O'Reilly Media.

(25) Noble, Safiya Umoja. 2018. *Algorithms of Oppression: How Search Engines Reinforce Racism*. New York: New York University Press.

(26) Olson, Hope A. 2013. *The Power to Name: Locating the Limits of Subject Representation in Libraries*.

Berlin: Springer Science and Business Media.

(27) Peet, Lisa. 2016. "Library of Congress drops illegal alien subject heading, provokes backlash legislation." *Library Journal*, June 13, 2016. http://www.libraryjournal.com/?detailStory=library-of-congress drops-illegal-alien-subject-heading-provokes-backlash-legislation.

(28) PSD (Policy and Standards Division). 2016. *Library of Congress to Cancel the Subject Heading "Illegal Aliens": Executive Summary*. March 22, 2016. Washington, DC: Library of Congress.

(29) Pomerantz, Jeffrey. 2015. *Metadata. Cambridge*, MA: MIT Press.

(30) Sandberg, Sheryl. 2017. "Last week we temporarily disabled some of our ads tools." *Facebook*, September 20, 2017. https://www.facebook.com/sheryl/posts/10159255449515177.

(31) Taylor, Andrew. 2016. "GOP reinstates usage of 'illegal alien' in Library of Congress' records." *PBS NewsHour*, May 17, 2016. https://www.pbs.org/newshour/politics/gop-reinstates-usage-of-illegal-alien-in-library-of -congress-records.

(32) Torres de Souza, Mady, Olga Hörding, and Sohit Karol. 2019. "The story of Spotify personas." Spotify Design. March 26, 2019. https://spotify.design/articles/2019-03-26/the-story-of-spotify-personas/

34. 移民地图（Migrationmapping）

苏米塔·查克拉瓦蒂（Sumita S. Chakravarty）

　　人类移民和横渡边境的问题，正在改变世界的政治面貌，这迫使我们无论移民与否，都需要重新思考国家归属（national belonging）、共同体和公民身份等概念的可行性。我们已经进入一个对移民抱有敌意的时代，这表现为在边境筑墙、排外政策、巩固欧洲堡垒（Fortress Europe）[1]等。[1]由于思考当代的一些复杂问题将涉及巨大的政治风险，那么，何以大数据（和一般的数字技术）能够为分析和批评指出一条通往确定性、清晰性，智慧且富有洞察力的路？本文描绘了对这一方向的初步尝试。我提出的**"移民地图"**概念，是为了探索富有成效的类同关系，是为了揭示大量的媒体在移民问题上的不和谐之处。当我使用**地图**一词时，无论是把它当成日常意义上的导航和定位工具，还是一个研究领域的概念框架，目的都是为移民的其他地图清理出空间，从而概述它在实践上的批判性谱系。在媒介与文化研究中，**移民地图**位于学者所谓的视觉转向、制图转向（cartographic turn）与数字转向（digital turn）的交叉点，它是一个涉及经验与想象、现实与象征，也涉及意识形态与愿景的研究的相关术语。档案概念在此至关重要，它是研究这些转向对移民的修辞结构造成影响的一种方式。

1　"欧洲堡垒"是第二次世界大战的双方使用的一个军事宣传术语，指被纳粹德国占领的欧洲大陆地区，与海峡对面的英国形成对照。——译注

近年来，无处不在的地图（map）和绘图（mapping）引发了关于地图制作的历史和政治问题，甚至于，数字的制图软件正在从塑造文学和历史领域，扩展到塑造考古学领域。我们的日常实践沉浸在地图的世界中。正如建筑师劳拉·库尔干（Laura Kurgan, 2013）所言："我们不断地阅读地图。在印刷品和电脑上，在手机、PPT 和博客上的地图直观地展示着一切：从飓风和难民的近况，到交通模式和不断变化的选举景象。"（16）由于地图学与运动和旅行紧密相关，地图也为搭建移民档案提供了一个特权的、过度决定的视角的镜头。不过，与此同时，地图也会被简化，并被视为是功能性的。同样，**数据**和与之同义的**大数据**、**数据库**和**数据化**，是基于离散数字事实的主导地位，这些数字事实被收集和存储以备将来使用。在数字时代，人们对大数据带来的可能性抱有热情。随着人类越来越多的数字足迹可以被联网计算机的复杂算法过程所获取，数据开始作为最重要的经济和文化价值而出现。从表面上看，大数据实现了绘图的承诺：揭示前所未见的模式，揭示未知的联系和推理点。可以说，大数据的一个功能，就是产生更好也更准确的信息地图。因此，大数据现象是早先设定的优先事项和协议的连续体，尽管现在处于更自动化，也更"智能"的水平阶段。作为一种技术，绘图的前景只可能被大数据分析宣称的力量所加强。例如，关于疾病、气候、人口增长或迁移的更多信息，可以揭示出导致更好的预测和控制策略的模式。这会带来什么影响？绘图谱系又如何帮助我们访问大数据自身的档案史？

鉴于定义的塑造力，地图和数据的收集公式已经塑造了人们有关移民的理解，并将其嵌入到复杂的社会和历史事件中。作为横跨了手稿、印刷和数字时代的媒介形式，作为包含了视觉表现、动画等各种符号系统的媒介属性的媒介形式，地图可以被认为是人类长期追求的将科学、艺术和技术相融合的顶点。

这或许可以解释我们当代人对地图的迷恋，也可以解释"地图正在绘制我们"的恐惧（Burkeman 2012）。正如萨拉·托德（Sarah Todd）所言："地图是科学。但它们也是艺术，是宣传，是记忆，是战争。在地图上居住的众多（不）为人所知的历史、现在的世界和可能的未来投影，会引发许多正在叙述的问题，引发究竟是谁在叙述、如何叙述，为了什么目的而叙述，以及哪些声音没有被同时听到。在我们必须寻找的声音中，当然也包括移民的声音。"（Todd, pers. comm., 2017）地图之美、地图的熟悉度、标准化和视觉凝聚力，如何与人类移民经验中的混乱、不确定和不完整的过程相匹配？一个人的价值——确定性和可靠性的价值，数据收集协议和信息的空间分布，是否会影响人们可能会提出的关于移居和移民的问题？（大的或不大的）"数据"词汇，能否充分代表在口头语言和视觉语言中更分散的意义结构？

在历史上，由于图形、图表和地图是理解移民的主要方式之一——遑论地图在移民长途跋涉中的用途，人们可能会期待有大量研究二者之联系的理论文献。但事与愿违，而且，对地图的批判（如果有的话）只涉及移民问题。研究移民的学者，也没有参与制图学与批判性地图研究之间的辩论。当然，在地理学和制图史领域，许多学者都对地图的科学权威提出质疑。例如哈利（J. B. Harley, 2001）就认为，社会分工在 18 世纪英国的地理图册中重新出现，而伍德（Denis Wood, 1992m, 2010）则认为，地图是说服和权力的工具。科斯格罗夫（Denis Cosgrove, 2005, 45）指出"地图在现代文化中的巨大权威"，可以从现代主义艺术以及流行文化中的地图图像的扩散中看到。随着最新的全球定位系统和地理信息系统技术的发展，隐私和监控问题备受关注，正如劳拉·库尔干（Laura Kurgan 2013）在《远处的近》（*Close Up at a Distance*）一书中展示的。在实践方面，利用数字测绘技术进行考古或未来主义规划的项目不胜枚举，地图艺术也真正进入了自己的视野。我想在后文中表明制图冲动拥有巨大的力量，同时也承认它能消音和抹杀。

我的分析将分三个阶段展开。首先，我将地图的性质视为一种媒介来检视，检视它带有的所有不确定性。受米切尔（W.J.T.Mitchell）关于移民与图像学的关系启发，我把移民地图看成是一种可以阅读的图像，而非一份宣扬了某个情境的真实情况的纪实文件。其次，我把两个强大的模型放在一起，它们表明，在殖民实践和北美的非殖民化过程中如何出现了仍然在使用的绘图方法。网格、统计数据和空间接壤的想法在当时十分流行，也在此后得到巩固。最后，从以数字为导向的地图视野中进一步移开，我引出了安妮·沃伦（Anne Wallen，2014）所谓的"制图冲动"的含义，这是一种在世界中定位的手段。这些富有想象力的、隐喻性的和亲密的展示地图的实践方式，可以作为思考移民和数字交叉点的替代模式。

地图作为图像

学者米切尔出色地阐述了移民与图像的关系。他认为："因为其他人（包括亲属和陌生人），只能通过图像（性别、种族、民族等的定式观念）来理解，所以移民问题在结构上必然与图像问题紧密相连。移民不仅是图像中要表现的内容，而是其生活的一个构成性特征，是图像本体的核心。"（Mitchell 2016，127）米切尔继续说，由于图像与人不同，易于迁移，它们因此在历史上被视为危险的，被禁止创造。但是，对图像的恐惧和怀疑是否也源自它们的不确定性？在一个图像超载的时代，图像内部的冲突又如何呢？作为一个批判性的工具，移民地图需要意识到，对物质现实产生明确的描述困难重重，需要意识到某些选择如何以特定的方式固化了意义。继瓦尔特·本雅明之后，米切尔呼吁关注**辩证的图像**（dialectical image），他指出，移民涉及图像所固有的辩证法的一切维度。

我想进一步指出，图像也需要与移民的辩证法相联系。在曼彻夫斯基（Milcho Manchevski）执导的电影《暴雨将至》（*Before the Rain*, 1994）中，图像试图捕捉那些与传统生活方式脱节之人的无根状态，他们也激烈地致力于回归本土主义和狭隘主义的价值观。影片的背景位于前南斯拉夫，而移民本身就是图像要利用的辩证力量。影片有一个三联画的结构，表示为"文字"、"面孔"和"图片"，但正是这些符号固有的模糊性，而非它们的物质明确性或确定性，揭示并呈现了移民和流放。

这部影片做的，是将面孔、故事和图片当作移民中固有的内外冲突的情感景观的图绘。在实在与象征之间游移，这种图绘既是特定地方的，也是在呼唤更大的政治力量。正如马西尼亚克（Katarzyna Marciniak）所言："重要的是不要将跨国的地方同质化，因为每个地方都需要在其特殊性中加以分析，并关注性别、种族和民族模式的异质性。"（Marciniak 2003, 67）

地图作为档案

将身体、面部和图片转化为经验数据，以便将信息组织和系统化成地图的故事本身就是一个迷人（但令人不寒而栗）的故事。有几种说法回顾了现代时期出现的地图绘制的谱系。本尼迪克特·安德森（Benedict Anderson）在《想象的共同体》（*Imagined Communities*）中，以"人口普查、地图、博物馆"这一精彩的章节，展示了殖民主义历史与社会世界的统计组织和制图实践之间的紧密联系。人口普查、地图和博物馆"深刻地塑造了殖民国家想象其统治的方式——它所统治之人的性质，其领域的地理及其祖先的合法性"（164）。他分析说，殖民国家的人口普查、地图与博物馆等相互关联的系统，是一个总体化的分类网格，"可以无限灵活地应用于被国家所实际控制，或考虑控制的任何东西：民族、地区、宗教、语言、产品、纪念碑等等。网格的作用，是总能对任何东西说它是这个而非那个；它属于这里，不是那里。它是有界限且确定的，因此（在原则上）是可计算的"（184）。安德森特别观察了东南亚地区，但也可以更为广泛地应用，他指出，在 19 世纪，马来西亚的人口普查范畴不断被聚集、解散、重组、混合和重新排序。随着殖民时期的到来，人口普查的范畴变得更加明显和种族排外（exclusively racial）；另一方面，宗教身份作为一种主要的人口普查分类逐渐消失："大的种族范畴在独立后得以保留，甚至集中起来，但现在被重新指名并重新排列为'马来西亚人'、'华人'、'印度人'和'其他'"（165）；"因此，人口普查人员在 19 世纪 70 年代的真正创新不是构建民族—种族的分类，而在于其系统量化"（168）。起初，人口普查只是一种叠加西方社会秩序准则和颠覆殖民势力不理解的地方分类的方式，后来，逐渐具有网格、图表、数字和分组的具体性。它们反过来催生了一个庞大的制度体系，然后需要广泛的手段来使之运作。安德森写道："受其想象的地图指导，殖民国家组织了新的教育、司法、公共卫生、警察和移民官僚机构，它是在民族—种族等级制度的原则下建立的，然而，这些等级制度总是被理解为平行系列。主体人口在不同的学校、法院、诊所、警察局和移民局的网状结构中流动，形成了'交通习惯'，及时为国家早期的幻想赋予了现实的社会生活。"（169）颇具讽刺意味的是，整个亚洲和其他地方的非殖民化国家都采用了这些相同的机构和结构来治理自己。

地图作为数据

如果说，安德森的论述指出了东南亚帝国秩序意识形态的"无序"起源，那么苏珊·舒尔登（Susan Schulten, 2012）则在她的《绘制国家》（*Mapping the Nation*）一书中指出了美国制图史中的国家认同与地理知识之间的联系。她认为，我们目前的数据驱动、地图生产、信息社会的起源可以追溯到 19 世纪 30 年代，当时，一种新的地图——**专题地图**（thematic map）[2]——侧重于现象的分布而非风景本身的物理特征。她还特别揭示了在林肯总统执政期间，奴隶制的制图成为一种有争议的手段，导致围绕分裂的紧张局势更为具体。她在描述弗朗西斯·比克内尔·卡彭特（Francis Bicknell Carpenter）的名画《林肯总统解放宣言初读》（*First Reading of the Emancipation Proclamation of President Lincoln*）时指出，在一个角落里，有一幅著名的"奴隶地图"，这表明在 19 世纪 60 年代，地图在国家政治和自我定义中发挥着关键作用。在舒尔登的记录中，专题地图的发展术语是对理性和可预测的统计结果的广泛智识投入的一部分，这读起来很有吸引力。但她也指出，我们对地图的历史了解仍然有限。林肯可能经常查阅地图，但"他在任何特定时间，如何看地图却无法确定——就像个人如何阅读小说或观看电影一样神秘"（Schulten 2012, 155）。

地图可以向不同的人讲述不同的故事，这取决于他们的观点，这已经是当下的一个来之不易的教训。大卫·奈（David Nye,2003）在他的《技术、自然和美国起源的故事》（*Technology, Nature and American Origin Stories*）一文中指出，

2　专题地图或称主题图，是表现特定主题或者属性的地图。与表现常用地理特征（如森林、道路和政区边界等）的普通参考地图相比，专题地图强调空间中一种或少数几种地理特征的分布。这些特征可以是自然特征，比如气候；也可以为人文特征，比如人口密度或健康问题。——译注

对比鲜明的国家叙事植根于不相容的空间概念中。美国起源的故事是一个通过各种技术征服地球的故事，将其与土著居民对土地的更神话般的使用区分开来。此外，奈还表明，网格系统或"对北美大部分地区强加的几何图形是想象中的秩序的核心，它使技术创造的故事得以可能"。（14）

创造性的绘图

虽然舒尔登和奈都未直接关注移民问题，但他们关于空间的视觉和语言表述的观察，与需要扩展绘图语言的认识高度相关。**移民地图**的理念，可以从想象中的地图和内在景观中汲取其模型，也可以从所谓的"同质化、空洞空间" [2]（借用瓦尔特·本雅明的说法）中获得。通过将空间本身呈现为一种棱镜，使移民／人类经验产生不同的反射和折射，并建立起文字与隐喻、真实与幻想之间的动态变化，一些理论家（和艺术家）正朝向有前途的方向。在一篇关于地图和地图制作在获取复杂的国家和个人历史方面的作用的敏锐文章中，安尼·沃仑（Anne Wallen,2014）比较了东德作家的三部作品，因为他们创造性地再现了空间关系。在这里，移民与其说是一种人的形象，不如说是一种认识论立场；与其说是一个符号或原型，不如说是一种存在的范畴——一种探究和知识的立场，一种领悟空间的方式，而非位于空间之中。沃仑指出，地图和个人思考之间的联系在最近的德国写作中经常出现。朱迪思·沙兰斯基（Judith Schalansky）的《偏远岛屿地图集》（*Atlas of Remote Islands*,2009）是一个混合回忆录和制图的项目。沙兰斯基的地图集，颠覆了将移民视为必需品的刻板印象，转而视移民为愿望，这标志着她对未知世界的开放，以及超越了她的国家的限制性环境——她在小时候不被允许离开。丹尼尔·克尔曼（Daniel Kehlmann）的《测量世界》（*Measuring the World*）讲述了历史早期的两位著名科学家——亚历山大·冯·洪堡（Alexander von Humboldt）和卡尔·弗里德里希·高斯（Carl Friedrich Gauss）——的故事，以此来对比世界性和地方性的气质。克尔曼以不经意的方式介绍这些人物，但同时也传达了地图制作和探索发现的兴奋，以及严酷的身体遭遇。沃伦和其他人将该书的畅销地位归因于它表达了当代德国人对旅行和地图的强烈兴趣。虽然欧根·鲁格（Eugen Ruge）的《在光线逐渐消失时》（*In Times of Fading Light*,2011）与地图的主题并非那么直接相关，但它追溯了他家三代人对时间和地点的记忆史，后者包括墨西哥、俄罗斯和德国。在这里，"地图被整合到个人意识中，这是现代自我的'制图冲动'的典型方式"（Wallen 2014, 185）。在各种流派中，关于地图的所谓科学质量的假设与个人和国家的历史进行了对话（182）。沃伦关注的是个体人物在身体和精神上与地图的关系，将自己定位在德国的边界之内和之外。她写道："虽然基于卫星和GPS的测绘技术给人的印象是它们完全准确和公正地呈现现实，但即使是这些测绘系统也无法摆脱阿尔弗雷德·科兹布斯基的名言：'地图并非领土'。"（184）沃伦的批判性视角使我们能以以前没有遇到过的方式，反思图绘问题。其视角的独特处，正是科学和想象力这两种模式的并列——甚至可以说是共存，因此它们总是在对话。

总结

上述见解提供了另一种绘图方式，为批判性地参与大数据及其形式和意义的组合开辟道路，因为它们延伸至绘图实践。利用这些和其他方式来放大、质疑和重塑地图作为固定不变的概念，**移民地图**试图成为一个创造性的分析工具，以便更全面地探究移民的多重历史和语言。

注释

[1] 在本文的撰写和发表期间，由于受到 COVID-19 的影响，世界被一场无法预料的危机吞噬，这给移民和越境问题带来了新的紧迫性，未来的几个月和几年内会表现出其深远的影响。

[2] 沃尔特·本雅明的说法是"同质的、空洞的时间"，他将其与中世纪的时间概念区分开来，在中世纪，同时性意味着预示和实现。本尼迪克特·安德森（Benedict Anderson 1991，22–36）对这一概念与现代的时钟和日历所衡量的时间概念有何不同做了解释。

参考文献

(1) Anderson, Benedict. 1991. *Imagined Communities*. London: Verso.

(2) Burkeman, Oliver. 2012. "How Google and Apple's digital mapping is mapping us." *Guardian*, August 28, 2012. https://www.theguardian.com/technology/2012/aug/28/google-apple-digital-mapping.

(3) Cosgrove, Denis. 2005. "Maps, mapping, modernity: Art and cartography in the twentieth century." *Imago Mundi* 57 (1): 35–54.

(4) Harley, J. B. 2001. *The New Nature of Maps: Essays in the History of Cartography*. Baltimore: Johns Hopkins University Press.

(5) Kurgan, Laura. 2013. *Close Up at a Distance: Mapping Technology and Politics*. New York: Zone Books.

(6) Marciniak, Kartazyna. 2003. "Transnational anatomies of exile and abjection in Milcho Manchevski's 'Before the Rain' (1994)." *Cinema Journal* 43 (1): 63–84.

(7) Mitchell, W. J. T. 2016. *Seeing through Race*. Cambridge, MA: Harvard University Press.

(8) Nye, David. 2003. "Technology, nature and American origin stories." *Environmental History* 8 (1): 8–24.

(9) Schulten, Susan. 2012. *Mapping the Nation: History and Cartography in Nineteenth Century America*. Chicago: University of Chicago Press.

(10) Wallen, Anne. 2014. "Mapping the personal in contemporary German literature." In *Literary Cartographies*, edited by Robert Tally, 181–198. London: Palgrave Macmillan.

(11) Wood, Denis. 1992. *The Power of Maps*. New York: Guilford Press.

(12) Wood, Denis. 2010. *Rethinking the Power of Maps*. New York: Guilford Press.

35.（误）判性别（[Mis]gendering)

奥斯·凯斯（Os Keyes）

当我刚入学读博时，我就以跨性别人士的身份出现，这件事时好时坏。我的理由是，在博士生涯开始时出柜会比在更熟悉的环境中出柜更顺利，因为在熟悉的环境中，我已经因为使用旧的名字、代名词和身份而为人所知。2019年初，我碰巧和一位只知道我的新身份的同事去了西雅图的一家二手书店。我为了使用折扣卡，心不在焉地把电话号码交给店员，店员却从屏幕上随口读出我转变之前的名字。

这种情况对我来说司空见惯。对于美国移民来说，改名并非易事，因为要在每一个（不常使用的）记录系统中更新名字会劳神费力。我通常的反应是忍耐过去。但在这里，在一个（转变后的）朋友面前，我的反应是内心恐慌。语境之间的墙被打破了；我的朋友得知了我转变之前的名字，他们可能会因为健忘而使用它，或者是为了寻找我过去的身份，而非我现在的身份，或者可以把它传达给其他也可能会这样做的人。

语境

这段轶事的部分意义在于，在我们谈论性别或（误）判性别之前，我们必须先谈论语境与自我。一个人的身份和 / 或表现（presentation），在某种程度上是有语境的：它在不同的时空环境中各不一样。你在朋友面前的表现，和你在同事面前的表现不尽相同。你现在的行为和五年前的行为各有差异。你在每个地方都有不同的身份和 / 或表现，有些非常接近，有些截然不同。这些身份和表现是由"建筑能供性、特定场域的规范结构和能动的用户实践"（Davis and Jurgenson 2014, 482）等复杂混合物塑造的：空间允许你做什么，其他居住者认为你做什么是（不）合适的，以及你（当前）的自我意识**是**什么。

很重要的是，语境有时会"崩溃"——经多种语境（以及它们相关的期望和规范）突然重叠起来。这就要求你同时满足两套期望，并且（尤其是在意料之外的情况下）有可能会出现尴尬或伤害。崩溃可能是多重身份重叠的结果，也可能是一个早已离开语境的信息返回来困扰着你（Brandtzaeg and Lüders 2018）。

性别（Gender）

性别就是这样一种语境现象。正如薇薇安·纳马斯特（Viviane Namaste, 2000, 140）所言，性别是"一种社会功能，既不是非时间性的，也不是历史性的"。总的来说，性别在不同时期也不同。有些社会存在两种受社会认可的性别；有些社会则更多；有些社会认为僵化的性别角色完全是异化（Oyeronke 1997）。即便是那些看起来符合西方的规范性性别框架的社会，也可能以极为不同的标准，来确定某人的性别及其表现是否适宜。今天，性别角色和关联看起来与一个世纪前已大不一样（Laqueur 1992）。性别在社会中不断被新技术、文化理解和具身的意义所重塑（Shapiro 2015）；也被时间、空间中的转变重塑。

在个人层面也是如此。我们对自己是谁，对自己能成为什么的感觉是不断变化的，会展开，绝非一成不变，而且永远不会完成：它在不同的地方有不同的规则、不同的期望和不同的可能性，会随着我们在生活中的进展、参与、持续和永不终结的生成过程而变。身份的这种复杂性对于跨性别人士（trans）——我们这些在性别的类别和身份之间转换的人——来说**特别**明显。正如社会学家哈罗德·加芬克尔（Harold Garfinkel, 2006, 59）所言，这样转换，带来了关于性别的"非常识的知识"。今天的我们，与出生时的我们是不一样的人。我们可能会在某些地方以跨性别的身份出现，但在其他地方则不会，在家人面前隐藏，但在工作中则不会，或者在工作中隐藏为顺性别（cisgender）[1]（非跨性别），但在家里则不会。因此，不幸的是，我们获得了关于性别结构的深刻认识：存在哪些问责机制，哪些标准在不同情况下起作用，哪些符合这些标准，哪些又不够（Fricker and Jenkins 2017）。

而之所以有这样深刻的认识（以及我使用的**不幸**一词），是因为西方社会一点都不喜欢将性别视为语境化的（contextual）。人类学家迈克尔·兰贝克（Michael Lambek, 2013, 838）指出，"法医意识形态"（forensic ideolo-

---

1　顺性别通常是用来指称那些将自己的性别角色的部分或全部进行一致的各种个人、行为与团体。顺性别者的自我性别认同和出生时的生物性别相同，生理性别、自我性别认同和社会性别三者统一，认为自身不属于多元性别。顺性别一词与跨性别相对。由顺性别的概念还衍生出其他的术语，包括：顺性女（Cis Female 或 Cis Woman），即出生时的生物性别是女性，自己也认为自己是女性；顺性男（Cis Male 或 Cis Man），即出生时的生物性别是男性，自己也认为自己是男性。以顺性别为标准看待社会的世界观被称作"顺性别主义"（cissexism）——译注

gy）——将人视为"独特、连续且统一的行为者……对过去及未来的行为承担道德责任"——是西方现代性的一个决定性特征。人们期望，一个人在任何时候都是真实的，而且在任何时候都是如此。一个人的性别必须是"自然的"：它必须满足一个总体的期望，即不论何时何地，都要与出生时保持一致。跨性别人士的存在证明了这种自然性（naturalness）主张的不合理性，因此被视为一种侮辱。我们经常遇到无效、骚扰、攻击和生活机会的限制，因为把我们赶出视线，让我们不复存在是保持自然性神话唯一且确定的方式。

误判性别 （Misgendering） [2]

一种无效的形式是**误判性别**，即以不符合其身份的性别称呼来称呼某人。

尽管学术界在误判性别方面着力不多，但我们身为学界的一员，确实知道关于它的一些事。我们知道，误判性别称谓所带来的权力感——通常是指误用者（通常为顺性别的人）自认为拥有唯一权威去了解跨性别者的性别——代表并强化了刻板和约束性的正常模式。我们知道，用哲学家斯蒂芬妮·朱莉娅·卡普斯塔（Stephanie Julia Kapusta, 2016, 502）的话说，误判性别是"有害的、压迫性的和可争议的"：即使只是一瞬间，它也否认了跨性别人士自我认识的合法性，剥夺了我们对自己命运的发言权。而且，这很少"仅仅是一瞬间之事"——人们在日常生活中经常感受到它是无处不在的。

我们身为跨性别人士，知道不同的事，而且也更直观。我们知道，这些可争议的否定之声并不只是在感觉上是可争议的：它让人感觉像被钉在原地，甚

2　可直译为错误性别化。——译注

至会让鳞翅目动物学家嫉妒。一个类似的现象——死称（deadnaming, 即用我们出生时的名字，而不是现在的名字来称呼跨性别人士）——可以用非常类似的方式来体验：作为标记，作为钉在原地，作为对合法性的否定。误判性别和死称将语境抛诸脑后，剥夺了你在不同时间和不同地点，拥有不同自我的可能性。你现有的自我是不相关的、无效的，并且被驳回。无论你做什么，你的"真实"本性都被烙在你的身上。

在这两种情况下，拒绝语境和能动性会造成实质性的后果。它往往专门被用来**标记你是**跨性别者，并向你传达你的跨性别身份已经被你周围的人注意。在一个跨性别恐惧症泛滥、暴力频发的社会中，这标志着你是脆弱的。

状态数据与行政暴力

对跨性别人士做标记不仅发生在人际间的互动中，还存在于数据之中。但调查数据的学者很少考虑跨性别人士。这并不是说，性别没有出现在数据理论中，而是说，它在很大程度上以抽象的方式出现——主要是**作为**理论而出现（Leurs 2017）。例如，切尼·利波德（Cheney-Lippold, 2018）的"我们是数据"的某位跨性别读者会深深地感到好笑，因为未经我们同意就确定人的性别等个人属性是很新颖的，甚至是令人震惊的。跨性别的学者不需要"二重身"（doppelgänger）或"双重人"的隐喻来想象一种牵强的可能性，即在你否认的情况下，别人坚持把你当作真正的自我（Haggerty and Ericson 2000; Robinson 2018）。

无论数据理论家是否知道跨性别人士的存在，数据系统肯定知道。历史学家马尔·希克斯（Mar Hicks, 2019）在《IEEE 计算机历史年鉴》（*IEEE Annals of the History of Computing*）中写道，20 世纪 50 年代，跨性别英国人在国家保险系统中的导航，努力纠正与他们在（新的计算机化）数据库中的记录相关的姓名和性别。拉尔斯·麦肯齐（Lars Z. Mackenzie, 2017）讨论了跨性别美国人在信用报告系统中的经历，他们在过渡时期变得难以辨认。谈到更透明的胁迫和恶意，比彻姆（Beauchamp, 2018）解读了跨性别人士应对9·11之后的新安全状态，以及对随之而来的数据系统（从身份证到生物识别）付出的努力。

跨性别者在这些系统中挣扎，我们在每个案例中都能看到斯佩德所谓的**行政暴力**，"那些以看似普通的方式组织我们生活的系统——决定我们携带什么身份证，政府对我们有什么记录，如何组织道路、学校或垃圾回收——在暴力形式的分类基础上产生和分配生活机会"（Nichols 2012, 41）。国家保险身份证被用来确定领取国家养老金的资格，也是就业的必要条件。不准确的信息会给跨性别公民的物质生活带来灾难。在美国，信用评分不仅对获得贷款至关重要，对就业能力和获得租房同样重要。在移民、边境安全和治安方面的违法——尤其是对已经被排斥的人群，应该是显而易见的。

但我们也看到了对语境性的拒绝。这些系统要求公民与其人生经历是一致的，从而才被认为是"本真的"。那些不符合要求的人是无法辨认的，他们不仅没用，而且处于不利地位：问题不是二重身，而是一个妖怪，一个死掉的生命紧紧抓住你，把你压在下面。改革派试图解决这个问题——记录一个人的性别标记的变化——也需要公开一个人的跨性别身份，将其固定为系统用户可以访问的额外事实，因此，这也以不同的方式折叠了语境。我们在这两种情况下都极易受伤，因为要求我们见证自己的脆弱性和对我们的非法性的假设，还额外地实施了一种象征性的暴力。

无状态数据的暴力

但数据系统比行政系统要广泛得多：我们生活在一个数据化的**社会**中。从公司到个人的大量行动者，都可以使用分析系统、数据库和追踪机制。长久以来，数据研究一直在研究这如何让新的行动者参与进来，让他们构建自己的跟踪、识别和记录的组合（Haggerty and Ericson 2000）。作为行政暴力讨论的信用报告系统提供了一份极佳的证明：虽然这种系统是法律规定的，但它们由私人公司管理。

但传统的行政暴力概念，对不涉及国家的行动者及其系统保持沉默。这就留下一个令人担忧的空白。由非国家行动者管理的系统可以对特定人群实施暴力，并为第三方的额外暴力创造空间。这导向安娜·劳伦·霍夫曼关于"数据暴力"的定义："不仅是政府运行的系统，而且是渗透我们日常社会生活中的信息系统，对跨性别和不符合性别要求的人造成的伤害。"（Anna Lauren Hoffmann, 2017, 11）

说到数据暴力的例子，我们可以考虑背景调查网站。它们不仅是通用的、无处不在的，而且令人沮丧，它们会在搜索结果中出现任何你能想到的名字，承诺为任何愿意付费的人提供私人信息。以我的朋友为例，其中至少有两位在谷歌搜索他们的电话号码，出现的网站会将该号码与他们的死称联系起来[3]。换言之，这些网站的商业模式，在功能上将这些人标记为跨性别者，从而将之排除在外；一个人是否被排除在外，打开了人身暴力或歧视的可能性，导致他们在规范的性别观点下不可能被视为是"自然的"。

3　作者在这里是以其跨性别者朋友为例。——译注

在所有这些案例中，国家无处可寻，但通过数据实施暴力的可能性和概率却依然存在。数据的存在，不仅关乎我们在当前环境中的自我，而且关乎我们**过去的自我与语境**，成为一种可以挥舞的武器，禁止弱势人群拥有现在。它开启了哲学家 M. 德拉兹（M.Draz, 2018, 14）令人回味说法——"燃烧的记忆"（memory that burns）：性别数据的持续存在，使人的自我意识受到伤害。即使没有（在线）数据，二手书店的案例也证明了这种标记和燃烧是多么容易发生——至少图书折扣记录是可以纠正的。未知的数据存储被复制了无数次，并且可以被任意但也不确定的人数访问，这是全然不同之事。

就像行政暴力一样，这些系统改变了生活的机会和轨迹，因为跨性别者的存在被打上了耻辱的烙印，而且他们被揭发后还可能产生一系列的后果。如果有某位新朋友在跨性别者不知情的情况下用谷歌搜索电话号码，而这位朋友又是一名偏执狂，那会发生什么？如果这些数据被大量获取，被用来决定获得私营部门而非国家的机会，又会发生什么？就像行政暴力一样，跨性别者意识到这种曝光和脆弱性会造成额外的伤害——感觉被拉回到了时间和语境当中，并不可避免地被钉在自己的过去上。通过这些数据存储和它们浮现的方式，我们过去的自我，被提供给了未知的公众，这暴露了我们的性别自我通常极为复杂的性质，也在这个过程中明确了我们与众不同。结果是将我们暴露在暴力、曝光与虐待的可能性之下。

结论

当我们在一个越来越数据化的世界中旅行时，我们会留下身份的痕迹和形式，而这个社会往往期望身份的某些关键标志（如性别）是一致的。当这些过去自我的囊中之物一次次地爆裂时，它们为暴露、标记和暴力的可能性打开了空间。被误判是被错误地判别性别；被（误）判性别的方式，通过折叠语境，让人容易受到伤害。这种性别化不一定是"不正确的"——它只是在当前的语境下出乎意料，使人容易受到那些目睹者的伤害。

我的观点不是说任何数据化的社会都是有害的，也不是说"大数据"本质上是暴力的。沙卡·麦格洛滕（Shaka McGlotten, 2016）和门登霍尔等人（Mendenhall et al. 2016）的工作提供了这些技术被非裔美国人社群用来创造和回收空间的例子；前面提到的麦肯齐（Mackenzie, 2017）的工作，也阐明了这些系统（意外地）为跨性别者提供了**逃避**约束的途径。但所有这些工作都取决于语境下能被承认和允许；取决于信用报告系统不能"看到"一切，也取决于尚未被殖民的技术空间。在数据化系统通过浮出看似无害的数据，使他人变得更加脆弱，也更可怕的世界中，这类空间是这个世界上的异类。

为了让批判性数据研究的学术研究真的具有批判性，而且不仅仅是说明数据化社会后果的狭窄且单一的范围，它必须考虑（在许多其他方面）跨性别者的生活。它必须考虑具体的性别和更广泛的身份的语境性，必须考虑数据系统**剥离**语境性的方式，以及我们如何保护和重建这种语境性。它不仅要考虑数据的流动，还要考虑数据的漩涡：**死的**数据，在原地静止，待在某处，直到它在一个可能造成伤害的时间语境下被重新激活。唯有如此，我们才能获得自由。

参考文献

(1) Beauchamp, Toby. 2018. *Going Stealth*. *Durham*, NC: Duke University Press.

(2) Brandtzaeg, Petter Bae, and Marika Lüders. 2018. "Time collapse in social media." *Social Media + Society* 4 (1): 1–10.

(3) Cheney-Lippold, John. 2018. *We Are Data*. New York: New York University Press.

(4) Darwin, Helana. 2018. "Redoing gender, redoing religion." *Gender and Society* 32 (3): 348–370.

(5) Davis, Jenny L., and Nathan Jurgenson. 2014. "Context collapse: Theorizing context collusions and collisions." *Information, Communication and Society* 17 (4): 476–485.

(6) Draz, Marie. 2018. "Burning it in? Nietzsche, gender, and externalized memory." *Feminist Philosophy Quarterly* 4 (2): 1–21.

(7) Fricker, Miranda, and Katharine Jenkins. 2017. "Epistemic injustice, ignorance, and trans experiences." In *The Routledge Companion to Feminist Philosophy*, edited by Ann Garry, Serene Khader, and Alison Stone, 1–22. London: Routledge.

(8) Garfinkel, Harold. 2006. "Passing and the managed achievement of sex status in an 'intersexed' person." In *The Transgender Studies Reader*, edited by Susan Stryker and Stephen Whittle, 58–93. London: Taylor & Francis.

(9) Haggerty, Kevin D., and Richard V. Ericson. 2000. "The surveillant assemblage." *British Journal of Sociology* 51 (4): 605–622.

(10) Hicks, Mar. 2019. "Hacking the cis- tem." *IEEE Annals of the History of Computing* 41 (1): 20–33.

(11) Hoffmann, Anna Lauren. 2017. "Data, technology, and gender: Thinking about (and from) trans lives." In *Spaces for the Future*, edited by Joseph C. Pitt and Ashley Shew, 3– 13. London: Routledge.

(12) Kapusta, Stephanie Julia. 2016. "Misgendering and its moral contestability." *Hypatia* 31 (3): 502–519.

(13) Lambek, Michael. 2013. "The continuous and discontinuous person." *Journal of the Royal Anthropological Institute* 19 (4): 837–858.

(14) Laqueur, Thomas W. 1992. *Making Sex*. Cambridge, MA: Harvard University Press.

(15) Leurs, Koen. 2017. "Feminist data studies." *Feminist Review* 115: 130–154.

(16) Mackenzie, Lars Z. 2017. "The afterlife of data." *Transgender Studies Quarterly* 4 (1): 45–60.

(17) McGlotten, Shaka. 2016. "Black data." In *No Tea, No Shade: New Writings in Black Queer Studies*, edited by E. Patrick Johnson, 262– 286. Durham, NC: Duke University Press.

(18) McLemore, Kevin A. 2015. "Experiences with misgendering." *Self and Identity* 14 (1): 51–74.

(19) Mendenhall, Ruby, Nicole Brown, Michael L. Black, Mark Van Moer, Ismini Lourentzou, Karen Flynn, Malaika Mckee, and Assata Zerai. 2016. "Rescuing lost history." In *Proceedings of the XSEDE16 Conference*, edited by Kelly Gaither, 56. Miami: Association of Computing Machinery.

(20) Namaste, Viviane. 2000. *Invisible Lives: The Erasure of Transsexual and Transgendered People*. Chicago: University of Chicago Press.

(21) Nichols, Rob. 2012. "Toward a critical trans politics: An interview with Dean Spade." *Upping the Anti* 14: 37–51.

(22) Oyèrónké, Oyěwùmí. 1997. *The Invention of Women*. Minneapolis: University of Minnesota Press.

(23) Robinson, Sandra. 2018. "Databases and doppelgängers: New articulations of power." *Configurations* 26 (4): 411–440.

(24) Shapiro, Eve. 2015. *Gender Circuits*. London: Routledge.

36. 误读（Misreading）

丽莎·吉特曼（Lisa Gitelman）

如果你也像我一样，是在人文学科中以文本为中心的学者，或者即便你不是学者，但你有时候是通过阅读来引导生活，那么你需要思考误读。我所谓的思考是指担心（worry）。即使你生活在一个豆荚里，认为自己是一个"数字人"（numbers person），或者你对大数据和机器学习带来的美好未来充满信心，你仍然应该思考误读问题。但何为误读？我认为，思考误读这一范畴会是颇具启发性的，因为它为错误（error）打开了极为广阔的前景。它让我们超越故障，也就是说，让我们看到不可能的却又是广袤的不确定性区域，这不是为了让我们对知道任何事情感到绝望，而是为了让我们更好地想象潜在的无能为力、误解和误读的冰山，这些冰山永远点缀着我们，也在某种意义上决定了我们走向知道我们已经或将要知道的任何事情的路。

误读问题作为一个范畴的问题，部分原因在于其过于泛滥。阅读本身是一个"宽泛"的概念（Mills, 2012），这至少意味着误读也是宽泛的。不过，误读作为一个范畴的问题不仅仅在于它的能力，因为**误读**是一个相对的术语。误读将阅读牵涉进一连串的问题中，这些问题既是关于阅读的情境与行动者，也关乎其他。例如，诗人可以误读自己的作品吗？并非如此。如果一位诗人的表演式阅读涉及偏离文本，那么文本研究（一位好的学术编辑）将检查所有的既有变体。例如，据说在希薇娅·普拉斯（Sylvia Plath）的两次朗读录音中，记录了对《雨中黑鲁克》（*Black Rook in Rainy Weather*）的修改（Neefe 2012）。就此而言，最高法院的法官会误读法律吗？除非根据未来的多数意见做出假设，否则这种情况在多数情况下似乎不会出现。今天的"联合公民"（Citizens United）裁决被推翻只是一厢情愿的，是在一个尚不可知的法律基础上进行的法律测试。[1] 我们其他人可能没有这么幸运。我们的误读包括各种情况，从不小心调换两个数字如拨错号码，到严重的误读，诸如我们误解了表格上的说明，或没有抓住作者陈述的要旨。

将两个数字对调是误读，这一事实在我们打错电话时很容易就被证明。但不理解作者的陈述可能是不太确定的误读。因此，杰罗姆·麦甘（Jerome McGann）在他引人入胜的批评中虚构的学生们将济慈《希腊古瓮颂》（*Ode on a Grecian Urn*）中的"阁楼形状"（Attic shape）解释为可能被存放在阁楼里的东西——一些旧的、被忽视和可能闹鬼的东西。对于他们来说，这是一种阅读方式，但对于他们的老师来说，这是误读，"超出了诗歌允许范围内"的限制及大写形容词 Attic（McGann 2001, 38）所要求遵守的词汇义务。学生们拨错了号码，至少在他看来是如此，但与电话不同，他们错误地触犯了诗学、实践批评和基于讨论的教育规范。或者考虑一下可怜的梅诺奇奥（Menocchio）——卡洛·金茨堡（Carlo Ginzburg）的微观历史著作《奶酪和虫子》（*The Cheese and the Worms*）中的 16 世纪的主角。根据宗教裁判所的说法，梅诺奇奥是一名误读者；他被审问，被迫害，最终烧死在了火刑柱上。他也拨错了号码，他是反宗教改革时期弗留利的无助受害者，在那里，旧的方式和新的思想相互碰撞并磨合（Ginzburg 1976）。在此情况下，误读作为误解就在观者的眼里：这取决于谁在发号施令。

作为仲裁者，教授和宗教裁判所在自己的框架内工作，审核他们的学生从他们的文本中读出的意义。每个仲裁者都自以为是地站在一个确定性的小岛上，从而监督由可能犯错的其他人引入框架的各种不确定性，这些人都要接受他们的约束。有时候，我们必须想象，仲裁者和犯错的其他人甚至可以是同一个人。因此，我经常追溯我从"啊"到"哎呀"的步骤。在西蒙德·弗洛伊德看来，误读是一种失误，就像口误或笔误一样，这也表明日常生活中的精神病理学（Freud, 1920）。就像说话或写作一样，也就是说，阅读会因活跃的无意识干扰而出现混乱。任何失误都是可以被分析的——它的心理运作被揭示——误读可以在一个过程中（精神分析）被读准。

即使那些不同意弗洛伊德模式的人，也可能准备同意误读主要是发生在脑子里，无论是作为视觉皮层和大脑其他区域的神经事件的表象结果，还是更广泛地作为一个错误的读者的反常解释，或是一个心不在焉、粗心或无能力的读者的不理解。然而，如果误读发生在脑子里，它也不可能只发生在那里，因为被阅读的事物形成了这样一种必要的刺激，用机械学的术语来说是一种"输入"，而阅读（"输出"）是根据它来评估的。在这个意义上，被误读的写作总是参与到它自己的误读中。误读是一个分布式的过程，可以说，是一种涉及读者和文本的错误冒险。如果文字是模糊且微弱的，或以一种与页面或屏幕缺乏对比的颜色呈现，那又会怎样？

输入可能会导致垃圾的输出，或者，如果文字太小或者我的眼镜不方便怎么办？如果文字离我太远，或者我的车呼啸而过时速度太快，而高速公路管理局在一个标志上写了太多的字（Nir 2016）又如何呢？如果文本中有我不认识的词或让我苦恼的句法呢？仔细想想，误读似乎是由成千上万的潜在演员扮演的错误冒险，一个读者，加上文本接收和生产的所有物质条件：我的头脑、我的眼镜、我的车、我的文本、它的作者、设计、条件、构成和展示。

这种规模的错误冒险可能很难解析。谁或什么拨错了号码？我们怎么能确定？也许最重要的是，谁能说了算？例如，当一个人看错了他或她的处方药的标签时，我们应该把错误归咎于哪里，我们应该通过什么计算来归咎？在这里——在伦理学的提示下——我通常急于在人与非人行动者之间划清界限。是病人看错了标签的错，还是药剂师让标签出现某种程度的误读的错？指责是不容易的，但不要指责标签本身。假设药物公司（谁？）应该为标签上的模糊不清负责，或者政府（谁？）应该为对标签的不完善监督负责。结构化的等级制度——公司、行政部门、官僚机构——折射出责任（Kafka 2012, 117），让我们很难从根源上找到误读。

尽管我可能更愿意在人与非人之间划清界限，但在某些情况下，这种区分也不那么恰当。无论是从机械主义的角度——例如人的输入/输出——还是从人与计算机互动的逻辑出发，人与非人似乎经常相互融合。这在媒介史上是一个为人熟知的命题。就弗洛伊德而言，他认为，写作使人类的"精神装置"外化，他曾短暂地想象过一张无限的纸作为心灵的模拟物（在拒绝它而选择他称之为"神秘的写字板"的玩具之前；Freud 1961）。阿兰·图灵也在他关于可计算性的著名工作中想象了一张无限的纸（Turing, 1937）。这些都是对柏拉图的现代转折，柏拉图认为写作是一种遗忘的技术。他们将记忆和铭刻进行类比，以此暗示所谓的人类替代品如何通过工具来扩展自己。[2] 从这个角度看，在你的药品上的标签，不仅是由纸和墨水构成的，它也是由治理、研究、药房和医疗实践，以及人类的解剖和能力构成的社会综合体（Latour 1999, 211）。

如今，我们使用的许多工具都是计算的，阅读的情境和能动性似乎更加模糊。一个算法会不会误读？这取决于我们称什么为阅读（Mills 2012）。

阅读机器——甚至是自我阅读的机器——一直是一个长期存在的幻想，是现代性想象自身状况的一部分。至少从 19 世纪声音记录媒介的诞生开始，我们就利用阅读的隐喻来思考回放或检索，并最终创造了只读存储器（即 ROM）。如今，光学扫描技术，而非音频，引入了新的隐喻和额外的困惑。例如，收银机上的扫描仪是否真的"读取"条形码，或者这只是拟人化的？如果 OCR（光学字符识别）通过模式识别和算法分析的结构化过程来识别和编码字符，它是否正确地"阅读"？更重要的是，当扫描指定了错误的码位，而产生的文本是垃圾（也就是脏的），从而无法通过搜索进行完美的检索，这是否是"误读"？在这里，我们对扫描和 / 或阅读的语义达成一致可能并不重要，重要的是我们认识到，扫描和错误扫描就像其他算法的实现，也是分布式的过程。提示另一个潜在的成千上万的演员，一千个变量的舞蹈。任何不准确的 OCR 都可能是硬件或软件限制的结果，或者是不适当的或杳嵩的参考数据，以及使特定源文本成为分析对象的额外生产条件。也许，文本在很久以前就被印坏了，一路上保存不善，在某个时候复制得不好，或者在扫描时处理得草率（Gitelman 2006, 124）？

当然，今天使用的大多数文本数据都不是扫描的；它是"生而数字的"，完全编码并有各种结构、标记、表格和相互联系。它可以被重组、清理，并与新的架构和额外的数据相适应。作为大数据，它可以通过算法分析或用于预测用户即将输入的内容，例如，用户可能有兴趣看到或购买什么。出错的机会比比皆是，但究竟是谁？技术的复杂性、商业机密，以及它们被设计、实施、优化和利用的企业环境，都使得追究算法责任的伦理方案困难重重（见 Ananny and Crawford 2016；Dourish 2016；Neyland 2016）。就像医药标签一样，算法是社会的合成物。这种观点有助于使它们人性化。"算法也是人"，一位工程师在最近的硅谷民族志中解释道。他的意思是，复杂的算法部分是由——而不仅仅是由——不同的人群组成的，他们正在努力设计、实施、优化和利用它们（Seaver 2017, 3）。同样的视角也可以混淆视听。据《纽约时报》报道，当美国在近期发生大规模的枪击事件后，网上出现了假新闻，"谷歌和脸书指责算法错误"。当脸书的发言人说，"我们正在努力修复允许这种情况发生的问题"（Rose 2017）时，我感到愤慨。因此，问题就成了行动者。糟糕的事发生了。

与其说："算法会误读吗？"也许，更好的问题是："当有人相信假新闻时，它是如何误读的？"也就是说，我们能不能通过阅读相关的框架，而非仅仅是阅读它们框定的文字，来更好地为麦甘的学生或金兹伯格的梅诺奇奥服务？误读是一个很快就会引起对语言（例如，"一个词的意义是什么？"；Wittgenstein 1965, 1）和人工智能（例如，"计算机能思考吗？"；Searle [1983]2002）进行哲学思考的主题。但它也清楚地唤起我们对控制的过程和意外状况的注意。

注释

[1] 美国公民联合会诉联邦选举委员会案 558 U.S. 310〔2010〕认为，公司和其他协会的竞选捐款是一种言论自由。

[2] 我想到的是麦克卢汉〔McLuhan 1964〕的标题，但今天这一点在其他地方以不同的方式产生了重大的共鸣。

参考文献

(1) Ananny, Mike, and Kate Crawford. 2016. "Seeing without knowing: Limitations of the transparency ideal and its applications to algorithmic accountability." *New Media and Society*. https://doi.org/10.1177/1461444816676645.

(2) Cordell, Ryan. 2017. "'Q i-jtb the Raven': Taking dirty OCR seriously." *Book History* 20: 188–225.

(3) Dourish, Paul. 2016. "Algorithms and their others: Algorithmic culture in context." *Big Data and Society* 3 (2): 1–11.

(4) Freud, Sigmund. 1920. *A General Introduction to Psychoanalysis*. New York: Boni and Liveright. http://www.bartleby.com/283/.

(5) Freud, Sigmund. (1924—1925) 1961. "A note upon the mystic writing- pad." In Vol. 19, *The Standard Edition of the Complete Psychological Works of Sigmund Freud*, edited by James Strachey and Anna Freud, 227–232. London: Hogarth Press.

(6) Ginzburg, Carlo. 1976. *The Cheese and the Worms: The Cosmos of a Sixteenth-Century Miller*. Baltimore: Johns Hopkins University Press.

(7) Gitelman, Lisa. 2006. *Always Already New: Media, History, and the Data of Culture*. Cambridge, MA: MIT Press.

(8) Kafka, Ben. 2012. *The Demon of Writing: Powers and Failures of Paperwork*. New York: Zone Books.

(9) Latour, Bruno. 1999. *Pandora's Hope: Essays on the Reality of Science Studies*. Cambridge, MA: Harvard University Press.

(10) McGann, Jerome John. 2001. *Radiant Textuality: Literature after the World Wide Web*. New York: Palgrave.

(11) McLuhan, Marshall. 1964. *Understanding Media: The Extensions of Man*. New York: McGraw- Hill.

(12) Mills, Mara. 2012."What should we call reading?"*Flow*, December 3, 2012. http://www.flowjournal.org/2012/12/what-should-we-call-reading/comment-page-1/.

(13) Neefe, Lauren. 2012. "'Rook' errant: The sophistications of Sylvia Plath's early voice." *Textual Cultures* 7 (2): 98–121.

(14) Neyland, Daniel. 2016. "Bearing account-able witness to the ethical algorithmic system." *Science Technology and Human Values* 41 (1): 50–76.

(15) Nir, Sarah Maslin. 2016."Signs for New York draw federal disapproval."*New York Times*, December 1, 2016.

(16) Rose, Kevin. 2017. "Capitalizing on a mass killing to spread fake news online." *New York Times*, October 3, 2017.

(17) Searle, John R. (1983) 2002."Can computers think?"In *Philosophy of Mind: Classical and Contemporary Readings*, edited by David Chalmers, 669–675. New York: Oxford University Press.

(18) Seaver, Nick. 2017."Algorithms as culture: Some tactics for the ethnography of algorithmic systems." *Big Data and Society* 4 (2): 1–12.

(19) Turing, A. M. 1937. "On computable numbers, with an application to the Entscheidungsproblem." *Proceedings of the London Mathematical Society* 2: 230–265.

(20) Wittgenstein, Ludwig. (1958) 1965. *The Blue and Brown Books*. New York: Harper Colophon.

37. 自然的（Natural）

米米·奥奴夏（Mimi Onuoha）

一名妇女，在凹凸不平的铁丝网前，坐在一段水晶墙上。山丘在她身后隆起，向远处延伸。她头发上的裹布，跟她裤子上绷紧的茶色袜相宜。她的肤色黝黑，看向远方的镜头。

英国—圭亚那摄影师英格丽·波拉德（Ingrid Pollard）1988年的"牧歌插曲"（*Pastroal Interlude*）系列中的每一张图片都有两个不太可能的角色。第一个是英国乡村，扮演着童话般和平与休闲的巅峰角色。在每一张照片中，英国湖区展现出熟悉的场景：懒洋洋起伏着的小溪、穿过树林口袋露出来的田园别墅。

但正是这些孤独的黑人被拍者，让该系列变得生动。在一张照片中，一名男人伫立在深至膝盖的小溪中，他身体弯曲，脸平静地转向收获的渔网。在另一张照片上，一名女人在齐腰高的石墙上眺望风景。

波拉德在其中的一张照片上写道："仿佛黑人的经历只能在城市环境中生活"，"我以为我喜欢湖区；我在那里，像一张黑脸在白色的海洋中孤独徘徊。造访乡村，总是伴有不安感；是恐惧"。

造访乡村，总是伴有不安感。何处才是我们被允许前往之地？波拉德的人物似乎在寻找答案。他们盯着栅栏，也注视着水，他们穿过身边的自然世界，寻寻觅觅。他们不顾，或者说是由于支配他们的行动的不成文规则而寻觅。这

图 37.1　这么多关于黑人的数据都不在黑人手中。如果我们负责统计我们的地方呢？如果我们在数据中心而非在数据之中呢？

些规则坚持认为，即使在他们自己的土地上，身为黑人，也有一些并非他们天然就能接近的地方（另一个标题写道：这些田地的主人；这些树木和羊群希望我离开它们的**绿色且舒适的土地**。哪怕没有入侵，它们也要我**死**；Pollard 1988）。

这是一种舒适的控制形式，它轻松地确定了某些人属于哪里，而另一些人则不属于。"牧歌插曲"中的照片显示，我们中的一些人生活在内城区，而其他人则可以随心所欲地环游世界。波拉德作品中的主题并没有错位，但他们离开了自己想象中应该存在的位置。这同样是一种危险的冒犯。

美国当代社会的机器坚持认为，人们有想象的地方，而我看到，在科技世界，黑人的首选之地是数据。我们在数据集中以完美的主体而出现：沉默，永远被冤枉，被冻结在不公的框架中，没有拒绝的姿态带来的麻烦。处理有关黑人的数据集，比处理那种歧视较深肤色人群的系统或者去考虑经数代人因被国家认可的忽视而可能滋生的怨恨，要更容易。将黑人视为数字和身体，比视为遭遇者和人更容易。当种族主义的结构性运作遇到量化的间离力量时，两者便结合起来，让我们寸步难行。

从某种意义上说，这种经历并不罕见。由数据驱动的系统，它自身有汹涌澎湃的逻辑，这种逻辑源于数据能够代表更多的东西：真理、确定性、洞见、权力。在一个数据可以被无端地获取的经济体中，除了未来可能获得利润的微弱可能性之外，没有任何合理的理由。因此，拥有数据集就像是一种福柯式权力知识形式。结果，作为一个过程的数据化已经变得司空见惯。如今，被归入数据集的命运，可能落在任何一个敢于拥有设备、发送电子邮件或是开设银行账户的人身上。

由数据驱动的有关黑人的故事，其独特之处在于，它往往是从剥夺权利的假设开始的。随着企业和国家在机器学习和自动决策系统方面的应用进展，这种情况只会变得更加明显。

因此，这些故事已经涌现出来：一位软件工程师发现，谷歌的图像识别算法将他的黑人朋友归类为大猩猩（随后谷歌疯狂地更新，这涉及到让大猩猩无法被搜到，而非纠正错误；Simonite 2018）。在 2016 年的选美比赛中，负责选择最美的女性形象的算法声势浩大地拒绝了黑人参赛者（Levin 2016）。几家大型科技企业的面部识别程序能够识别出黑人女性的比率低得可怜，而活动家的呼声也是如此，他们认为，提高这些比率可以促进他们的目标（Lohr 2018）。

还有无数的例子，但列出它们也是一个陷阱。我已经掉进了这个陷阱。我对这些事件的例行叙述麻痹了它们造成的影响。它把它们当作是令人惊讶的故障（bugs），而非一种古老的叙述的最新版本。这种叙述被引用得越多，它

图 37.2　我想进入这个房间，假装拥有控制权，在那些我们的信息比我们更有价值的地方。

图 37.3　我不想成为反面的叙述者。我不想成为回应，我想成为完整的人。就好像为了成为黑人，你必须在寻找快乐之前承认自己的痛苦，但今天，我想跳过痛苦。

们就越能让黑人遭受的日常苦难变得自然和可预期的想法规范化。正如赛义迪亚·哈特曼（Saidiya Hartman, 1997, 4）所言，黑人的苦难要在"无休止的悲惨回忆"中得到证明，这是一种不可能满足的需求，正是因为它把痛苦转变成了观点，而非证明，这同时复制了一种逻辑，宣布只有数据才能为这种痛苦提供可靠的证据。就这样，重复变成了无限的论点，一个不打算获胜的论点。

在波拉德的"牧歌插曲"中，最引人注目的标题之一是对叙事的激烈纠正，这取消了她的人物对他们所处土地的所有权："**让英国伟大**的很多东西，都建立在奴隶制的血液、劳动人民的汗水／没有大西洋三角区的工业**革命**之上。"（Pollard 1988）

波拉德的作品一次又一次地坚持认为，她的主题所穿越的湖区并不像它看起来那样。尽管她将她的英国黑人主体置于其中的土地，是他们一直以来都与之联系在一起的土地，但这与他们所面对的自然概念是不同的。不是波拉德的主体破坏了英国的乡村，而是英国赞同的自然概念将他们从自然中移除。这种移除，被视为正常的（自然而然的），正是波拉德必须反对的神话。

这就是规范化和自然化的过程：他们抹去了更全面的故事的复杂性，转而追求一个更简单的故事。但这种交流是有代价的。

诚然，帝国、资本主义和种族主义的纠缠，导致了伴随着美国黑人经历的令人发指的暴行。诚然，数据可以，也应该用来揭示具体的趋势和描述，否则就会被隐藏起来。问题不在于什么是真实的，而在于反复关注这些事情的行为如何产生了一幅极不完整的画面。只与剥夺公民权联系在一起的叙述，将黑人置于一个脆弱的盒子中，因此，黑人总是需要被拯救的，而不是需要正义或解放。

然而，解放才是问题之核心所在。运动和空间的解放，一种允许黑人在我们自己的土地上的所有领域存在的解放——从混凝土街道到泥泞的乡村，从压扁和缩小的描述中解放出来。这是一种完全存在的自由，可以在框架之外徘徊，可以怨恨和不负责任，可以坚持不透明，同时为公平而战，不承认可理解性。这是一种超越简单的解决方案或呼吁的自由，一种以轻盈的姿态，跨过公共空间之无形规则的自由，它交替地要求、揭示、诉说和捕捉所有一直属于我们的东西……

参考文献

(1) Hartman, Saidiya V. 1997. *Scenes of Subjection: Terror, Slavery, and Self- Making in Nineteenth-Century America*. Oxford: Oxford University Press.

(2) Levin, Sam. 2016. "A beauty contest was judged by AI and the robots didn't like dark skin." *Guardian*, September 8, 2016. https://www.theguardian.com/technology/2016/sep/08/artificial-intelligence-beauty-contest-doesnt-like-black-people.

(3) Lohr, Steve. 2018. Facial recognition is accurate, if you're a white guy. *New York Times*, February 9, 2018. https://www.nytimes.com/2018/02/09/technology/facial-recognition-race-artificial-intelligence.html.

(4) Pollard, Ingrid. 1988. *Pastoral Interlude*. Ingrid Pollard Photography. Accessed May 4, 2019. http://www.ingridpollard.com/pastoral-interlude.html.

(5) Simonite, Tom. 2018. "When it comes to gorillas, Google photos remains blind." *Wired*, November 20, 2018. https://www.wired.com/story/when-it-comes-to-gorillas-google-photos-remains-blind/.

38. 混淆（Obfuscation）

穆松·泽尔－阿维夫（Mushon Zer-Aviv）

混淆非善非恶，更非中性。

白环蜘蛛的三叉线蜘蛛已经织完了它的网，但这只蜘蛛没有休息。它还收集了猎物的残骸、一些瓦砾和碎片，它用白网把它们缝合起来（见图38.1）。这只白环蛛正在雕琢一幅实物大小的自画像，准备在它的网上展示。这不是一幅很符合解剖学原理的画像，但作品的观众并不挑剔。而这恰好又是重点所在。这只蜘蛛的主要天敌是黄蜂，自画像被当作一个诱饵。如果黄蜂进攻，每一个雕像都有助于减少蜘蛛的脆弱性。一次错误的识别，会导致一次失败的目标猎杀尝试。这可能就是蜘蛛为了逃脱而所需的一切。这不是一种完美的保护，而是一种混淆。

混淆，被芬恩·布鲁顿和海伦·尼森鲍姆（Finn Brunton and Helen Nissenbaum, 2015, 1）定义为"故意添加模糊的、含混的或误导性的信息，进而干扰监视和收集数据"。变色龙通过改变自己，与周围环境相融合来伪装，白环蛛则通过将周围环境变得跟自己相融进行混淆。

白环蛛独有的创造性抵抗力，为讨论冲突和信息方面的混淆问题提供了舞台。虽然这在自然界中是罕见的，但人类文化和历史却提供了许多关于混淆的例子。在斯坦利·库布里克（Stanley Kubrick）的《斯巴达克斯》（*Spartacus*,

图 38.1　环状蜘蛛，通过在网上雕刻自己的自画像而混淆
其真实身份。来自 DiegoDCvids（2014）。

1960）中有一个著名的场景，当罗马人要求确认奴隶首领的身份时，人群中的每个奴隶都喊道："我是斯巴达克斯！"在"第二次世界大战"中，盟军的飞机投掷成吨的铝箔干扰德国的雷达，造成它更难识别盟军的攻击机。2008 年，安东尼·库尔西奥（Anthony Curcio）利用混淆的方式，在美国银行的分行前抢劫了一辆布林克公司的装甲车。他在 Craigslist 网站上发布广告，邀请清洁工身着一样的西装在银行外见面——当他带着两袋价值 40 万美元的财物逃跑时，他穿着同样的衣服。

从我的角度，从我在图形、交互与信息设计方面的训练来看，混淆有点反直觉。二十年前，当我还是视觉传达专业的一年级学生时，我学习了格式塔理论，也学习了我们的视觉 / 认知系统如何不断地处理大量的视觉数据，如何将前景与背景区分开，将相似的信号分组，如何识别对比与模式，并在视觉世界中支配秩序。身为设计师，我们通过这种秩序偏向来建立影响视觉之意义建构的人工图形系统。为了引导和塑造人类的注意力，设计师做出了关于排版层次、平衡色彩方案、交互流程与信息可视化的抉择。

而身为一个与以色列非政府组织"公共知识工作坊"（Public Knowledge Workshop）合作的媒体活动人员，我一直投入大量精力，试图让混乱的政府数据变得有意义，试图在噪音中找到信号，试图以明确的证据来追究政府的责任。

那么，是什么导致我与这一切背道而驰，并高举混淆，把它当作我的首选武器？

数据及其不满

庞大的数据，以及它为我们的生活提供信息之"大"的承诺，引发了各种反应。社交媒体和移动技术的普及，增强了商业和政府监控的入侵能力。最初，被认为是谣言和科技阴谋论的东西，后来均被爱德华·斯诺登揭露的由国家安全局实施的广泛的监控计划，以及科技巨头对此的亦步亦趋所证实。所有这些，导致人们广泛关注隐私遭受的缓慢侵蚀，导致人们关注普遍存在的由算法操纵的认知。但人们对这种日益增长的数据焦虑大多是无能为力的，因为人们发现，很难在网上行使他们的政治能动性（political agency），人们也往往不能确定这种能动性是否能存在。这种权力的不平衡助长了常见的技术决定论路径，即声称这是"技术想要的"，我们对此无能为力。由于无法反抗，人们感到自己尚未开始战斗，就已败下阵来，许多人试图贬低这些损失。他们想象着自己没有隐私的生活，认为自己"没有什么好隐瞒的"，而且，这种技术文化的转变也并未带来严重的个人后果。

一种"加密文化"已经围绕着对技术监控的响应发展起来（例如，见 Let's Encrypt, n.d.）。它以使用加密技术为中心，试图隐藏跟保护数据和通信不被第三方追踪。复杂的机制涉及交换可信的密钥和精心设计的加密、解密过程，这为个人提供了一些庇护，使其免受在线监控那一览无余的监视。事实上，当谷歌只能发送你的电子邮件，而不能阅读它们时，或者当你的短信被加密时，这些通信平台窥视你的内容的能力就已经被严重地削弱。一些人不仅主张尽可能多地加密，而且还经常主张"直接反对"。一些人因为感到被滥用的通信平台利用，干脆主张退出，进行所谓的社交媒体自杀（Seppukoo 2009）。

不过，我担心这些解决方案不够吸引人，无法成为大数据监控现状的可行的替代方案。在最好的情况下，加密和选择退出为少数精通技术的精英提供了个人保护，同时也将这些关键人物从行动现场移除，使他们更难向未加密的"无知"大众传递信息。归根结底，人们上网不是为了限制他们的交流，而是为了表达自己，是为了与人互动。我担心的是，通过关注个人加密，我们把责任推给了那些"根本不懂"的人，而不是挑战网络的系统性漏洞，不是一起努力让那些利用这些漏洞的人承担责任。

以数据对抗数据

近年来，数据混淆以一种不同的反向措施出现。加密和选择退出是基于限制性的措施和个人保护，而数据混淆，则将在线表达提升至一个全新的水平。2006年，为了对抗搜索引擎进行的用户画像，我的同事丹尼尔·豪（Daniel C. Howe）和海伦·尼森鲍姆（见注释）开发了 TrackMeNot 浏览器扩展程序。TrackMeNot 不断进行随机的搜索查询，进而混淆个人所进行的真正搜索。同样，我们在2014年推出的 AdNauseam 浏览器扩展程序（Howe, Zer-Aviv, and Nissenbaum, n.d.）不仅可以拦截广告，还可以同时点击所有广告（见图38.3）。这两个浏览器扩展程序都以自动噪音（automated noise）来包围真正的数据，通过使其大于可被用来成功分析的数据，而对抗大数据监控。

在 TOR 网络中，每个通信数据包在到达目标之前，都会在诸多的中继节点之间移动。由于每个通信会话都被分成不同的小包，而每个小包显然来自不同的 IP 地址，因此，几乎不可能追踪到在这个庞大网络中的"另一条线上"的人是谁。就此而言，集体行动和团结是对密码学个人解决方案的重要补充，也是对决定论失败主义文化的一个令人耳目一新的替代选项。

混淆何为？

在《混淆：用户隐私与抗议指南》（*Obfuscation: A User's Guide for Privacy and Protest*，2016）中，芬恩·布鲁顿和海伦·尼森鲍姆区分了混淆的不同功能。虽然混淆远非隐私和数据保护的万能解决方案，但它可以在许多情况下，根据最终目的提供正确的手段。

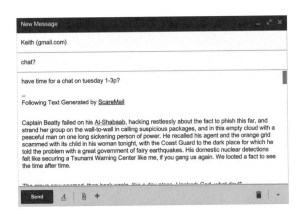

图 38.2　https://bengrosser.com/projects/scaremail/。2013 年，Ben Grosser (n.d.) 创建了 ScareMail 浏览器扩展，它能在 Gmail 中为电子邮件添加"可怕的"文字。ScareMail 添加了由算法生成的叙述，包含了可能的 NSA 搜索词的集合。每个故事都是独一无二的，以减少自动过滤；每个故事都是无稽之谈，以增加跟踪者的挫败感（Howe 2014）。

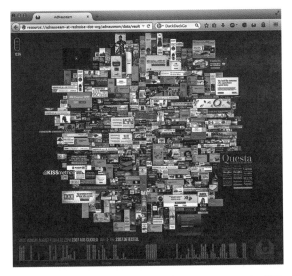

图 38.3　AdNauseam.io（2014—　　），作者是丹尼尔·豪（Daniel C. Howe）、穆松·泽尔 – 阿维夫和海伦·尼森鲍姆（Helen Nissenbaum）。虽然 AdNauseam（https://adnauseam.io/）扩展程序会阻止并静默点击它所访问的网站上的所有广告，但它的广告保险库会同时显示所有这些广告。这种五颜六色的视觉过量暴露了监控广告的定位失败，当广告注定要同时争夺注意力——这说明了该扩展的自动点击功能所产生的数据过剩。

白环蛛和安东尼·库尔西奥并未把混淆当成一种永久性的保护，只是把它当成一种延迟识别的方式，由此为他们的俘虏争取足够多的逃离时间。叛乱的奴隶高呼"我是斯巴达克斯"，进而提供掩护并表达抗议。TOR 网络是用来防止个人暴露的。TrackMeNot 和 AdNauseam 被用来干扰特征分析，并提供合理的推诿。而其他许多案例则表明了运用混淆的不同用途和不同目标。因此，我们应该在混淆的目标背景下，分析混淆的手段。

混淆是错的吗？

数据大多被用作是获得更科学，也可能是可靠的知识收集过程的代理。如果混淆数据会影响这一过程，那么它是否合乎道德？一些伦理学家会断然否定。例如，康德就认为，真（truth）乃最高价值，他甚至主张，不应当对询问目标受害者在哪里的凶手撒谎（Kant[1785]1986，[1797a]1986，[1797b]1986）。许多其他伦理学家则批评康德的不偏不倚立场，主张对知识交流的伦理采取更细致的方法。

混淆肯定有一些成问题的用法，无论是安东尼·库尔西奥的抢劫，还是政府故意混淆开放的政府数据，导致其虽然充分透明，但实际上无法理解。事实上，混淆总是有问题的，而这又是理解它涉及的信息权力结构之关键。

分布式拒绝服务（DDoS）攻击利用混淆产生的许多自动点击，淹没目标服务器，使流量减慢直至停止，常常造成服务器崩溃或几乎无法使用。自动请求不可能跟真正的用户区分开，因此，不为一些请求提供服务就意味着不为任何请求提供服务，也就基本上关闭了所有的通信。很多黑客组织都认为，这种战术是打击暴政政府和腐败企业的合法工具。但对 DDoS 的使用并未因此停止。

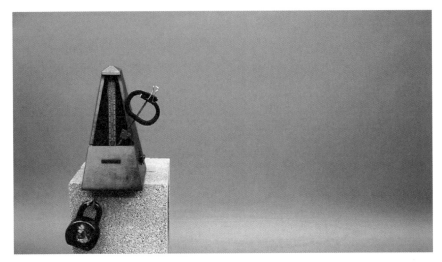

图 38.4　安装在节拍器上的 Fitbit 生物追踪装置。Unfit-Bits（http://www.unfitbits.com/）是一系列的混淆解决方案，以"从自己身上释放你的健身数据"。泰嘉·布莱恩（Tega Brain）和苏利耶·玛图（Surya Mattu）主张把 Fitbit 等健身追踪器安装在不同的电机设备上，从而欺骗追踪器并可能获得保险折扣。

这种做法和技术，通过"匿名者"（Anonymous）等组织成为标志性手段，更多被用于犯罪活动、敲诈，甚至被专制政府用来对付反对派团体和民间社会组织。

　　那么，我是不是想说，目的是为了证明手段的合理性？它们可能是，但手段不能断章取义。任何对数据的使用，也不应被直接证明是合理的或被诋毁，不管它是否声称是真实的。我们在生成、收集、分析或混淆数据时，应该考虑到更大的社会和政治影响。以混淆来制造不确定性是一种策略，它引出如下问题：在被自己的重量压垮之前，"大"数据到底能大到什么程度。今天的大多数算法机制都极易受到混淆和其他形式的噪音影响，因为它们在很大程度上依赖于在大型数据集中的自动识别趋势、模式和相关性。算法越是权威和有影响力，影响它的赌注就越大。此外，算法所依赖的数据源越多，就越容易暴露自己，成为混淆的潜在目标。

过去几年，随着假新闻的猖獗，这种对算法权威的"博弈"变得越来越有争议，假新闻以标题党混淆视听，再通过社交媒体的过滤泡沫传播出去。虽然混淆有可能促进健康的数据怀疑论，但它也可能进一步助长对科学过程和基于事实的公共讨论的不信任。

最后，我想说的是，不应在当今大数据争议的更广泛的文化和政治背景之外解读数据混淆。科技巨头正在此背景下开发了秘密的企业监控装置，用来监视和操纵我们对世界的认知，从而进一步为其商业利益服务。许多政府要么跟这些科技巨头合作，要么利用自己的科技实力和外延来做相同的事。一些不良行为者利用这种信任危机，把婴儿和洗澡水一起倒掉，把任何真实的概念都当作为狭隘利益服务的谎言和操纵的产物。我认为，混淆让我们受益于我们亟须的怀疑，因为它暴露了这些不透明的算法控制机制中的缝隙。

建设性地使用这些技术和对策，而非沿着后真相的虚无主义轨迹前进，可以挑战科技巨头和广大公众之间的权力平衡，引导我们重新定义大数据的伦理，重新评估对数据的收集、分析、存储、获取和使用条件。最后，在考虑混淆对我们的技术、文化和伦理图景的影响时，我们可以应用梅尔文·克兰兹伯格（Melvin Kranzberg, 1986）[1]的技术第一定律，并认识到……

混淆非善非恶，更非中性。

1　梅尔文·克兰兹伯格（1917—1995），美国史学家，曾任凯斯西储大学历史教授及佐治亚理工学院科技史教授。他曾提出六条技术定律，第一定律为"技术非善非恶，更非中性。"其余五条分别为：发明乃需求之母；技术成套出现，不过配套内容或大或小；尽管技术可能是引发诸多公共问题的主因，但非技术因素在技术政策的制定中占据主导地位；所有历史都是相关的，技术史的相关性最强；技术是人本身的一项活动，技术史亦然。——译注

参考文献

(1) Brunton, Finn, and Helen Fay Nissenbaum. 2015. *Obfuscation: A User's Guide for Privacy and Protest.* Cambridge, MA: MIT Press.

(2) DiegoDCvids. 2014. "White cyclosa trashline spider (Araneidae)." March 6, 2014. YouTube video. https://www.youtube.com/watch?v=VYdN6i8_-Fo.

(3) Grosser, Benjamin (website). n.d. "ScareMail." Accessed August 14, 2019. https://bengrosser.com/ projects/scaremail/.

(4) Howe, Daniel C. 2014. "Surveillance countermeasures: Expressive privacy via obfuscation." *Post-Digital Research* 3 (1). http://www.aprja.net/surveillance-countermeasures-expressive-privacy-via-obfuscation/.

(5) Howe, Daniel C., and Helen Nissenbaum. n.d. TrackMeNot. Accessed February 18, 2018. https://cs.nyu .edu/trackmenot.

(6) Howe, Daniel C., Mushon Zer-Aviv, and Helen Nissenbaum. n.d. "AdNauseam: Clicking ads so you don't have to." Adnauseam. Accessed February 18, 2018. http://adnauseam.io/.

(7) Kant, I. (1785) 1986. "Groundwork of the metaphysics of morals." In *Immanuel Kant: Practical Philosophy*, edited by Mary Gregor and Allen W. Wood, 37–108. Cambridge: Cambridge University Press.

(8) Kant, I. (1797a) 1986. "The metaphysics of morals." In *Immanuel Kant: Practical Philosophy*, edited by Mary Gregor and Allen W. Wood, 353–604. Cambridge: Cambridge University Press.

(9) Kant, I. (1797b) 1986. "On a supposed right to lie from philanthropy." In *Immanuel Kant: Practical Philosophy*, edited by Mary Gregor and Allen W. Wood, 605– 616. Cambridge: Cambridge University Press.

(10) Kranzberg, Melvin. 1986. "Technology and history: 'Kranzberg's laws.'" *Technology and Culture* 27 (3): 544–560. https://doi.org/10.2307/3105385.

(11) Let's Encrypt. n.d. "Let's Encrypt is a free, automated, and open certificate authority." Accessed August 14, 2019. https://letsencrypt.org.

(12) Seppukoo. 2009. "Join the legend of Seppukoo: Get your own memorial page!" Accessed August 14, 2019. http://www.seppukoo.com/.

39. 组织（Organization）

泰门·贝耶斯（Timon Beyes）

1

马林诺夫斯基（Malinowski）[1] 曾说：写下一切。现在的问题是，一切都被写了下来。在我们的生活中，几乎每个瞬间都被记录了下来……你访问的每一个网站、你的每一下点击、你每一次敲击键盘，都被记录了下来……统统在案。至于亲属关系的结构、交换网络，我们被织入其中，摇晃着，也创造着—网络绘制的是像我这样的人的任务，是其**存在的理由**（raison d'être）：好吧，这些网络正被绘制着，而这项任务由软件执行，它将我们购买的东西与我们认识的人，将他们购买或喜欢的东西，与其他我们不认识，但与我们住在一起有共同的购买或喜欢模式的人所购买或喜欢的东西，进行列表和交叉索引。在思考这些事实时，一个新的幽灵，一种更加怪异的认识出现在我面前：真正可怕的想法不是'大报告'可能无法书写，恰恰相反，是它**已被写就**。但不是由某个人所写，甚至不是由某些邪恶的阴谋集团所写，而只是由一个中立且冷

1　马林诺夫斯基（1884—1942），波兰人类学家，他建构了以客观民族志记载田野调查研究成果的方式，并开创最早的社会人类学课程，被认为是"民族志之父"。——译注

漠的二元系统所写，它自生、自接续，并将自持存：一些自动编码和自动删除的脚本……而我们，远非它的作者或操作者，甚至是它的奴隶（因为奴隶是可以怀有希望的能动者，无论多么微弱，总有一天，摩西或斯巴达克斯解放他们），不过是它钥匙链中的行动和命令。（McCarthy 2015, 123；强调为原文所有）

2

在汤姆·麦卡锡（Tom McCarthy）的小说《撒丁岛》（*Satin Island*）[2]中，主人公和叙述者"U"被包罗万象的自动算法和由软件驱动的档案所迷惑和吓坏。U 是一位因研究泡吧文化而获得博士学位的人类学家。他"从学术界垂死的分支中"脱身，现在为一家名为"公司"的"发热温室"咨询企业工作（McCarthy, 2015, 24）。除了负责撰写未能成功的"大报告"外，U 还参与了"Koob-Sassen 项目"，这是一个"超政府、超国家、超一切"的大型探索（110）项目。除此以外，叙述者没有给出任何线索。该项目是一个"黑箱"（60），无定形、会变形且不透明；"它必须被设想为处于一种永久的过程状态，不是到达——**完全**不是，而是**居间**状态（in between）"。（74；强调为原文所有）它的过程性和不可知性，与网络结构、基础设施，以及数据的收集、提取和使用相关。毕竟，

2　这是英国作家汤姆·麦卡锡的一部小说。其中译本的故事梗概描述如下：主人公 U 是一名"公司人类学家"，他的工作是运用先锋派理论帮助公司销售牛仔裤和早餐麦片。U 所在的公司赢得了一项神秘的工程，而 U 的日常工作就是为此提供人类学方面的咨询，但他的终极目标是要撰写一份"大报告"，用包罗万象的数据完整地总结我们这个时代。然而，在书写的过程中，他为石油泄漏和跳伞事故的新闻着迷，并渐渐感到自己被无所不在的数据打败，迷失在各种各样的信息的缓冲地带中，徘徊在数据的幻影间，而他试图将数据整合成某种有意义的符号的努力终将失败。当他意识到这份"大报告"从本质上就无法完成时，他对整个工程乃至存在的意义都开始产生怀疑。——译注

当代资本主义似乎越来越依赖数据，并将数据当成一种特定的原材料来收集、提取和商业化（Srnicek 2017）。

《撒丁岛》被设定在数字文化的组织世界中（Beyes 2017）。数字计算的普遍性和日常生活的"数据化"，对应着新的组织"脚本"，用 U 的术语来说，是"自生灭脚本（auto-alphaing and auto-omegating script）"的排序模式，它结构化、填充和利用庞大的数据档案。[3] "组织化脚本"（"Organizational scripts"）也是社会学家布鲁诺·拉图尔（2013）的术语，他用它来思考作为一种存在模式的组织过程（50）。我把"组织"与"不确定的档案"联系起来时提到麦卡锡的小说，是因为它反映了所谓的大数据时代的这种组织脚本及其自动化、不可见的档案。更具体地说，《撒丁岛》将不确定性当作这些组织条件的一个关键方面。在此，不确定性取决于组织脚本的不透明性和异质性。

3

U 本身是一名研究者和作家，这本书的构想是思考数字文化研究和写作的局限性，同时，探索数字文化研究和写作的可选项。企业人类学家本身就是一名学术性的档案保管员。他的工作是写就"大报告"，他收集并系统化了关于事故的材料，包括石油泄漏和跳伞事故。小说玩弄了当这些材料"通过人种学磨坊"（McCarthy 2015, 134）时可能出现的模式和类比。数据业已成为新的石油——一种同样不透明的原材料，通过基于平台的组织形式（及其数据溢出）

---

3   U 提出"自生灭脚本"时是在描述"大报告"并非写不出来，而是它已经被写出来，但并非被人或其他阴谋集团写就，而是被自生、自接续和自持存的系统，也就是自生自灭的数字计算脚本所写。麦卡锡的相关描述见作者所引原著第 123 页至 125 页。——译注

被提取和利用——是最明显的比喻。跳伞事故的档案产生了公司言论的夸张隐喻，如"过境隐喻"和"永久过程状态的隐喻"（134）。但"大报告"从未实现。小说记录了 U 对这样一个宏大叙事的理由和形式越来越不确定，越发不安且怀疑的状况。"大报告"是不可能的，因为在今天，一切"**被**写了下来"（123），由大数据的巨型档案馆自动收集，并挖掘出消费和习惯模式。从事监测、聚合、融合、分类、索引和定位工作的脚本，类似于"监控资本主义"的一只新的无形之手（Zuboff 2019）。有时，《撒丁岛》展示出媒介技术的一个奥秘，它们虽然与服务器群、卫星天线和计算机硬件等基础设施相连，但从根本上说是不透明、不可知，也深不可测的智能（Beyes and Pias 2019）。在这些章节中，U 的画面和词汇让人想起媒介理论家基特勒（Friedrich Kittler, 1999）对数字媒介将如何"决定我们的处境"的黑暗预言："基于数字基础，总体的媒介链接将抹去媒介概念本身。绝对知识将取代书写者与书写技术，并以一种无尽的循环运行。"（1-2）

4

除了写作和被写的问题外，U 还试图在一个以不确定性为标志的数据化组织环境中找到自己的方向。"Koob-Sassen 项目"仍然是不透明和不稳定的，因此，这位企业人类学家只能收集和分析材料，并主持和参加会议，而不能更清楚地了解自己总体而言的贡献的性质，他认为，这种贡献可以忽略不计，毫无意义（最后，U 被称赞和尊敬为"Koob-Sassen 项目"的"建筑师"或"工程师之一"；McCarthy 2015, 160）。老板裴曼（Peyman）被描述为是一名首席编造者，专门为转型期的世界编造神秘的格言、口号和隐喻——这些是对潜在客户的推销品

（他说："如果让我用一个词来概括我们［即公司］的基本工作，我不会选择**咨询**、**设计**或**城市规划**，而是**小说**。"；44；强调为原文所有）。此外，他很少在身边，让 U 处于一种不安的状态，不知道人们会对他有何期待。作为回应，主人公似乎是边做边说，其中包括成功地将他的激进思想教育市场化，并"将先锋理论……反馈给公司机器"（31）。

<h2 style="text-align:center">5</h2>

在与不确定性的搏斗中，小说的主人公似乎体现了迈尔 - 舍恩伯格（Mayer Schönberger）和库克耶（Cukier, 2013）提出的"大数据革命"的终极教训——它将掀起不亚于整个人类的变革。人类需要学会应对，甚至适应不确定性和无序性。U 也读作 you（你）：企业人类学家可以被看作是当代的"组织（人）"。迈尔 - 舍恩伯格和库克耶也认为，数据化和新的交换技术，将催生新的组织形式和过程，谷歌就是一个主要案例。本着这种精神，麦卡锡对公司的渲染几乎没有记录传统的组织特征，如正式的等级制度、职能部门或单位，或预先建立的决策结构。相反，该书预示着一个模糊的、变化的和部分难以理解的组织脚本和实践阵列，它们与网络基础设施和媒体设备相联系，也与数据和通信流相联系。

<h2 style="text-align:center">6</h2>

但这是一个什么样的"组织"？这里涉及一种特定的组织思想逻辑。它并不是或者并不主要关注具有明确边界和离散功能的传统组织实体（Lovink and Rossiter 2018）；或者更准确地说，它并不预设这些实体及其相关要素乃是既定

的分析单位。相反，这种组织理论化，适应于作为社会秩序过程的组织现象：组织是如何产生和持续生效的。换言之，它特别适应于不确定性。正如组织理论家罗伯特·库珀（Robert Cooper, 1998）所述："思考**组织**就是思考外在于我们的具体对象。思考组织，是为了认识一种更普遍的力量，它将我们纳入其在秩序和无序、确定性和不确定性之间的永久运动中。"（154；强调为原文所有）那么便存在一个"未竟之异质性"（Cooper and Law 2016, 269）的支配性假设，而《撒丁岛》很好地抓住了这一点：组织是异质化过程的情景和不确定的结果，而非相加之和。它既以不确定性为前提，又恰恰通过构建和维护一系列通常是混乱的秩序脚本的方式，产生不确定性。此外，此种过程交织着人类与技术行动者。库珀、约翰·劳（John Law）和马丁·帕克（Martin Parker）借鉴了将组织视为信息处理的控制论思想，以及唐娜·哈拉维的赛博格政治，在大约二十年前提出了"网络组织"（cyborganization）的说法（Parker and Law, 2016）。因此，在无所不在的计算时代进行组织化思考需要双重的不确定性：媒介是如何组织的，以及媒介又是如何被组织的，二者似乎远非确定。

7

从公理上讲：如果"媒介规定着我们的处境"（Kittler 1999, xxxix），那么"媒介也组织它"（Martin 2003, 15），如果媒介塑造了当代生活，那么它们就需要影响社会或社会技术的秩序。提出组织的问题，意味着通过关注媒介技术的组织能力来提出关于社会技术的排序问题。用拉图尔（2013）的话来说，组织因此"总是依附于使之存在的工具箱"（49）。在此意义上，《撒丁岛》的组织——包括关于它的写作，依附于大数据和当代组织的普遍网络化状况。然而，如果媒介决定了我们的处境，那么也就意味着媒介被组织。它们成为组织脚本或模式的一部分，而这些模式可以凝聚成莱因霍尔·德马丁（Reinhold Martin, 2003）所谓的"组织复合体"（organizational complex）。这里有一种递归逻辑在发挥作用：为了调节社会，媒介技术需要有组织的效果。而媒介技术之被生产和使用、消失或改造的方式，由其所处的组织结构所决定，它们使这种组织结构得以可能。因此，拉图尔的说法是：组织既是全套器械的内在部分，也是其效能（Beyes 2019）。

8

这种组织性的思考方式提醒我们，组织和不确定性的关系并非新关系。例如，将 U 视为 K 的后继者似乎是显而易见的，卡夫卡将 K 置于官僚秩序和组织的偶然性之中，置于不可逾越的、不可思议且暴力的世界中。如果"人类社会生活和工作的组织"——事实上，是作为命运的组织——乃是卡夫卡的主要关注点，正如本雅明（1999，803）所述，那么这个有组织的世界似乎与任何理性和功能性秩序的标准概念相去甚远。它可能是一个"小数据"的世界，但它的官僚机构同样是不可理解和神秘的。或者考虑一下传说中的"组织人"（organization man），他们被嵌入（美国）战后的企业中，并对其尽职尽责（Whyte 1956）。正如马丁（Martin 2003）阐明的，组织人需要被理解为是一个半机械人，是"一个在组织复合体中循环的技术调节模块"（12）。身为一个新兴的控制论制度及其空间的一部分，组织人已不仅仅是一个人：他 / 她被期望符合企业的期望，展示个性；既是模块又是灵活的。因此，从组织性角度思考问题时，要警惕概括性地断言革命和破坏。它要求追踪社会秩序的各种模式，追踪它们被媒介技术塑造的方式，以及它们反过来塑造这些工具的运用方法和发展方式。

9

　　因此，从组织角度来思考，能够追踪和反映组织的脚本是如何出现并影响社会秩序的。《撒丁岛》中的公司以"虚构"为交易对象，进而变成"真实"（McCarthy 2015, 44），即使这种"真实"对于被分配到"Koob-Sassen"项目的人来说仍然不透明，例如，以类似的说法考虑平台资本主义的崛起，它乃是从"大"数据量中提取价值的当代阶段（Srnicek 2017）。这类平台以强大的硬件和软件基础设施为前提，能够将数据当成原材料来加以感知、归档和分析。它们是连接用户，并同时记录这些关系的场域。通过这些记录，将联系的过程进一步培育自动算法本身，而这些算法对于居于这些场域中的人来说，仍然不透明。肖莎娜·祖波夫（Shoshana Zuboff 2019）强调支撑这些平台的技术—组织过程（通过这些平台上发生的事情不断发展），将当代的组织复杂性称为"监控资本主义"（也将谷歌当作一个主要案例，见 Ridgway[2017]）。数据或"监控资产"从用户人群中提取，然后用于模式识别和预测分析，进而实现祖波夫（Zuboff2015，82）所谓的"预期的一致性"。这是一种新的积累逻辑，实际上是"一种新的霸权权力"（Zuboff 2015, 86），它依赖对日常经验的记录、修改和商品化。也许，像监控资本主义等概念有可能使组织脚本的混乱性、组织的"未竟之异质性"变得隐而不见。例如，考虑由潜在的不连贯的数据群产生的不确定性——它侵蚀了大数据对公司组织的有用性（Constantiou and Kallinikos 2015），麦卡锡在缓冲现象中奇妙地捕捉到的差距和故障，"数据破坏"的抵抗策略（Munster 2013），或断开连接的做法（Stäheli 2016）。但这个概念令人信服地表明，当技术—组织秩序发生时什么东西是危在旦夕的。

10

作为结论，将《撒丁岛》解读为寻找新的组织（人）的痕迹同样诱人。在他向国家和非国家行动者、公司和市议会推销未来虚构的全球化追求中，公司负责人裴曼与凯勒·伊斯特林（Keller Easterling）的"新组织人"概念有惊人的相似之处。根据伊斯特林（2004）的说法，后者从事物流贸易，在全球范围内兜售恰当的管理风格和网络协议。U 呢？他的不确定性困境，确实表明在今天的数据化经济中，各种关系在某种程度上不受"传统的社会和经济组织的等级模式"约束（Bekler 2006, 8）。受网络化组织的相对水平实践的制约，公司人类学家体现了一种不受稳定的组织关系制约束的移动网络社会性（Wittel 2001）。此外，他在人类学和激进理论方面的训练，为他准备了一种不断自我反思和观察的数据提取和分析的劳动，公司可以将其货币化。在这个意义上，他类似于亚历山大·盖洛威（Alexander Galloway）描述的"资本主义新精神"，这种精神可以"在脑力劳动、自我测量和自我塑造、不断批判和创新、数据创造和提取中找到"（Galloway 2014, 110）。U 的劳动也许代表了盖洛威所说的"低能动性学识"（low-agency scholarship）的讽刺性表现。"低能动性学者"（Low-agency scholars）[4]无法访问新的数据档案，因此无法触及新的数据档案，并因此无法通过足够的数据集提出过去在数字上有效的主张。这些数据集在监控资本主义的数据化奥秘中消失。然而，U 的行人、弹性和可塑性的模式识别

---

4 按照盖洛威的说法，"低能动性学者""是去技能化的学者，是被剥夺了提出主张之权力（至少是无法直接从测量设备中提取主张）的无产阶级化的思想家。低能动性学者是在大学里扮演不稳定的经济角色的兼职工人，相对于学术管理人员、校长、院长和理事增加的权力，他们的地位被削弱。"（见作者所引的盖洛威文献第 127 页）——译注

实践也不断产生企业利润。

参考文献

(1) Benjamin, Walter. 1999. "Franz Kafka." Vol. 2, *Walter Benjamin, Selected Writings*, edited by Michael W.

(2) Jennings, Gary Smith, and Howard Eiland, 794–819. Cambridge, MA: Belknap Press.

(3) Benkler, Yochai. 2006. *The Wealth of Networks: How Social Production Transforms Markets and Freedom*. New Haven, CT: Yale University Press.

(4) Beyes, Timon. 2017. "'The machine could swallow everything': Satin Island and performing organization." In *Performing the Digital: Performativity and Performance Studies in Digital Cultures*, edited by Martina Leeker, Imanuel Schipper, and Timon Beyes, 227–243. Bielefeld, Germany: Transcript.

(5) Beyes, Timon. 2019. "Surveillance and entertainment: Organizing media." In *Organize*, edited by Timon Beyes, Lisa Conrad, and Reinhold Martin, 29–61. Minneapolis: University of Minnesota Press.

(6) Beyes, Timon, and Claus Pias. 2019. "The media arcane." *Grey Room* 75 (Spring): 84– 107.

(7) Constantiou, Ioanna, and Jannis Kallinikos. 2015. "New games, new rules: Big data and the changing context of strategy." *Journal of Information Technology* 30 (1): 44–57.

(8) Cooper, Robert. 1998. "Interview with Robert Cooper." In *Organized Worlds: Explorations in Technology and Organization with Robert Cooper*, edited by Robert Chia, 121–164. London: Routledge.

(9) Cooper, Robert, and John Law. 2016. "Organization: Distal and proximal views." In *For Robert Cooper: Collected Work*, edited by Gibson Burrell and Martin Parker, 199–235. London: Routledge.

(10) Easterling, Keller. 2004. "The new orgman: Logistics as an organising principle of contemporary cities." In *The Cybercities Reader*, edited by Stephen Graham, 179–184. London: Routledge.

(11) Galloway, Alexander R. 2014. "The cybernetic hypothesis." *differences: A Journal of Feminist Cultural Studies* 25 (1): 107–131.

(12) Kittler, Friedrich A. 1999. *Gramophone, Film, Typewriter*. Stanford, CA: Stanford University Press.

(13) Latour, Bruno. 2013. "'What's the story?' Organizing as a mode of existence." In *Organization and Organizing: Materiality, Agency, and Discourse*, edited by Daniel Robichaud and François Cooren, 37–51. London: Routledge.

(14) Lovink, Geert, and Ned Rossiter. 2018. *Organization after Social Media*. Colchester: Minor Compositions.

(15) Martin, Reinhold. 2003. *The Organizational Complex: Architecture, Media, and Corporate Space*. Cambridge, MA: MIT Press.

(16) Mayer- Schönberger, Viktor, and Kenneth Cukier. 2013. *Big Data: A Revolution That Will Transform How We Live, Work, and Think*. New York: Houghton Mifflin Harcourt.

(17) McCarthy, Tom. 2015. *Satin Island*. London: Jonathan Cape.

(18) Munster, Anna. 2013. *An Aesthesia of Networks: Conjunctive Experience in Art and Technology*. Cambridge, MA: MIT Press.

(19) Parker, Martin, and John Law. 2016. "Cyborganization: Cinema as nervous system." In *For Robert*

Cooper: Collected Work, edited by Gibson Burrell and Martin Parker, 236–252. London: Routledge.

(20) Ridgway, Renée. 2017. "Against a personalisation of the self." *Ephemera: Theory and Politics in Organization* 17 (2): 377–397.

(21) Srnicek, Nick. 2017. *Platform Capitalism*. Cambridge: Polity Press.

(22) Stäheli, Urs. 2016. "Das Recht zu schweigen: Von einer Politik der Konnektivität zu einer Politik der Diskonnetivität?" *Soziale Welt* 67 (3): 299–311.

(23) Whyte, William H. Jr. 1956. *The Organization Man*. New York: Simon and Schuster.

(24) Wittel, Andreas. 2001. "Toward a network sociality." *Theory, Culture and Society* 18 (6): 51–76.

(25) Zuboff, Shoshana. 2015."Big other: Surveillance capitalism and the prospects of an information civilization." *Journal of Information Technology* 30: 75–89.

(26) Zuboff, Shoshana. 2019. *The Age of Surveillance Capitalism*. London: Profile Books.

40. 异常值（Outlier）

凯瑟琳·迪格纳齐奥 (Catherine D'Ignazio)

"异常值"：统计学。其数值超出了根据某种假设（通常是基于其他观察值的假设）认为可能的数值集合；一个孤立的点。

——《牛津英语词典》（*Oxford English Dictionary* 2017）

共同体……不是通过承认、产生或建立约束和强制它们的普遍、中立的法律和惯例而产生的，而是通过它们所排斥、拒绝的人物形象，它们认为不可同化的事物，它们试图牺牲、谩骂和驱逐的词语而产生的。

——格罗兹（Grosz 2001）

在统计学中，异常值是跟其他数据不一致的数据点。当在图表或图形上绘制时，它位于其余数据的显示模式之外。它"跟一组数据中的其他观察值极为不同"（Doyle 2016, 256）。异常值是"一个孤立的点"（*Oxford English Dictionary* 2017）。异常值"跟大多数其他值的模式不一致"（Holloway and Nwaoha 2012, 391），有大量的统计文献讨论了在分析数据时可以合理地拒绝异常值，或通过不同的权重来减轻其影响。但异常值到底是数据记录中的错误，还是代表人口中的真实变化却往往不确定。由于拒绝异常值可能会有排除有效观测值的风险，因而处理异常值的最佳行动指南是"在实验的过程中检查数据，

477

识别不一致的值，并找到原因"。（Holloway and Nwaoha, 2012, 391）

　　本章对跟性别数据、计算与大数据集有关的异常值进行了实践和伦理层面的检查。从笔者的软件开发者和学者立场来看，以数据驱动的方式来处理性别问题，对于揭露在社会中运行的结构性的和系统性的不平等力量有很大的潜力。正如女性主义地理学家乔尼·西格（Joni Seager）所言："被计算之物是有价值的。"（D'Ignazio and Klein 2020, 97）但计数是有注意事项的，特别是在对人进行分类，并让他们被强大的机构所见时。笔者在此借鉴了女性主义理论，并了解到，性别认同的分类并不是人与群体之间固有的、自然的或生物的区别，而是基于在人口中不均衡地分配权力和权力行使方式的社会、文化和政治差异（Butler 1990；Fausto-Sterling 2008）。

　　性别数据往往比它们表面上看起来的更复杂。公认的见解是存在两个性别范畴：世界由男性和女性组成。但历史记录显示，性别认同的变化总是比西方社会愿意对外承认或集体记忆的要多。这些第三、第四和第N种性别，在不同历史和文化环境中有不同的名称，包括跨性别人士（Williams 2014）、女性丈夫（Weeks 2015）、Hijras（Sharma 2012）、双灵人（two-spirit）[1]（Driskill 2011）、三色堇表演者（pansy performers）[2]（Chauncey 1994）、mahu[3]（Mock

---

1　双灵是一个现代泛北美原住民的概括性词汇，被一些北美原住民用来描述社群中满足传统第三性别（或其他性别变体）的原住民在其文化中的礼仪和社会角色。——译注

2　"三色堇表演者"是指"三色堇热潮"时期（1930—1933）的变装表演者或变装皇后。在美国的禁酒令时期（1920—1933），变装爱好者潜入地下酒吧，形成大受欢迎的热潮，史称"三色堇热潮"。——译注

3　mahu 在许多太平洋岛屿上被用来称呼半男半女者，但他们并不被认为有医学或精神病学状况。相关研究指出："Mahu，或跨性别人士和易装癖者，事实上被古代夏威夷人视为传教士时代和美国及法国军事任务之前的古老社会文化的正常元素。Mahu 不只被容忍，他们还被视为是对古代波利尼西亚社群有贡献的合法部分。"（参阅 Emmanuel Stip, RaeRae and Mahu:third polynesian gender in *Sante Ment Que*, Fall 2015,40(3),pp. 193–208）——译注

2014）和宣誓的处女（Zumbrun 2007）。本文认为，虽然非二元性别代表的是人口比例中的异常值，但它们也代表着人口中的一种预期变化——也就是说，一直存在并将持续存在两种以上的性别。虽然目前大多数的计算应用都忽略并排除了非二元性别数据（如果他们考虑到性别的话），但由交叉女性主义（intersectional feminism）和跨性别女性主义提出的理论框架却提供了一次可以更恰当，也更为道德地处理性别数据的机会。

泛言之，女性主义理论利用不平等的性别关系事实来挑战中立性和客观性等概念，这是因为它们排除了其他视角（尤其是女性和跨性别的观点）。交叉女性主义是由黑人女性主义者和有色人种女性，为回应白人女性主义的排斥而创造和阐述的，这类分析植根于任何不平等权力关系有所重叠的维度，如种族、阶级和能力（Combahee River Collective 1978; Crenshaw 1990）。跨性别女性主义将女性主义理论，跟跨性别者的压迫和行动主义联系起来（Erickson Schroth 2014）。在人机交互（HCI）和设计中，有越来越多动员交叉女性主义计算方法的尝试，它们为指向正义的目标而服务。"设计正义网络"（The Design Justice Network）要求设计师签署十项原则，其中包括设计应该"维持、治愈和授权我们的社群"（Costanza-Chock 2020）。女性主义人机交互的出发点，以那些被边缘化和被排斥者的视角为中心，"从而揭露主流认识论范式中未经检验的假设，避免对社会生活的扭曲或片面描述，继而产生新的也关键的问题"（Bardzell 2010, 1302）。从性别认同的角度看，这将涉及以女性和跨性别者的视角为中心，作为理解为什么社会（及其软件系统）如此卖力地维持和监管性别二元结构的一种方式（例如，关于跨性别时的旅行的论述 [Currah and Mulqueen（2011）]）。在《数据女性主义》（*Data Feminism*, 2020）中，劳伦·克莱因（Lauren F. Klein）和笔者断言，使用数据和计算进行协商，需要挑战二元性别。

"**性别数据化**"（gender datafication）一词可以用来指性别的外部数字分类及其在数据库和代码中的表现（Bivens and Haimson 2016）。但我们选择如何数据化性别会造成深远的影响。大多数人都是**顺性别**，这意味着他们的性别认同与他们的指定性别相一致。他们在出生时被指定为女性，并认同女性，或在出生时被指定为男性，并认同为男性。虽然指定的性别、性别认同和性别表达对顺性人士来说是一致的，但对那些被认定为是跨性别人、性别酷儿（genderqueer）[4]和/或性别不符者（gender nonconforming, GNC）来说，它们并不一致。**非二元性别**（Nonbinary gender）是那些不被认定为男性或女性的人的性别的总括类别。

加州大学洛杉矶分校威廉姆斯研究所的研究人员估计，美国人口中有 0.6% 是跨性别者（Flores et al. 2016），3.5% 的人性取向不是直的（Gates 2014）。这意味着，绝大多数人（99.4%）是顺性人，96.5% 是异性恋。但当你以国家人口规模来衡量这些数字时，那些不属于双性恋和异性恋的人达到九百万人，大约相当于新泽西州的人口。那么，在规模上，一个只按二元化进行性别分类的计算系统，或者基于异性恋假设的计算系统，将会遗漏相当一部分人口的关键信息。因此，在任何较小的数据集中，看起来是分类上的异常值，实则应该被认为是测量人口中的性别和/或性取向的预期结果。

然而，涉及性别的大数据和人工智能研究几乎无一例外地把性别二元化。Kaggle.com（一个预测人口的建模和分析化网络平台）上的竞赛，试图从指纹和笔迹中预测性别。其他工作则试图根据博主（Belbachir、Henni and Zaoui 2013）、小说家（Koppel、Argamon and Shimoni 2002）、电影评论家（Otter-

---

4 　性别酷儿与后面的"非二元性别"同义，指一系列不完全是男性或女性的性别认同，这些身份在男性或女性的分类以外。——译注

bacher 2013）和推特用户（Kokkos and Tzouramanis 2014）的语言风格来自动识别性别。还存在许多根据人名来预测性别的文库，比如 OpenGenderTracker、R 的性别包，以及富有争议的名为"性机器"的 Ruby Gem（现在叫 Gender_Detector；Muller 2014）。内森·马蒂亚斯（Nathan Matias 2014）全面地介绍了更多此类研究，包括不同的用途、方法论选择和伦理准则。2018 年，人机交互研究员凯斯（Os Keyes 2018）评估了 58 篇关于自动性别识别（通过分析人们的面部图像检测性别）的技术论文后发现，95% 的论文将性别视为二元的。（另见本书第 35 章）

以消费者为导向的平台为了回应用户压力，已经慢慢开始识别两种以上的性别。2014 年，脸书将美国和英国的英语使用者的性别选项从 2 个扩大到 58 个。它增加的性别选项是在与 LGBTQ+ 社群协商后创建的，范围从"性别不符者"到"双灵"，到"跨性别者"。该公司后来又增加了识别多个性别和输入自定义性别的功能。[5] 其他社交网络和约会网站也纷纷效仿。例如，OKCupid 提供了超过 20 种性别和 13 种性取向供用户选择。虽然这些变化看起来是进步的，但"脸书"的数据库持续了几年，根据用户在注册时选择的二元性别在后端将自定义和非二元性别解析为"男性"和"女性"，而自定义选项是不存在的（Bivens 2015）。就在最近的 2015 年，"脸书"市场营销 API 将性别解析为 1= 男性，2= 女性。因此，虽然用户和他们的朋友可能已经看到他们是自己选择的性别，但对于任何希望购买用户注意力的广告商来说，他们是 1= 男性或 2= 女性。这加强了比文斯（Bivens 2015）的观点，即界面层面的变化仅仅是为了营销，平台实际上并没有兴趣"消除旧观念的"性别二元结构。

5　菲利克斯·斯塔尔德将脸书增加多种性别选项的做法置于历史性社会结构变迁的大背景下加以分析，可参阅菲利克斯·斯塔尔德：《数字状况》，该书收录于"边界计划·数字奠基"。——译注

虽然这些平台和应用程序试图概括大多数人的情况，他们在很大程度上确实属于男性和女性的二元划分，但他们强化了世界只由这两个群体组成的想法，这在分类、历史和经验上均不真实。此外，性别检测应用错误认为，性别认同是一个人的自然且基本的属性，可以被外部观察者所检测——也就是说，它可以被简化为一个人的笔迹的弧度、头发的长度或脸的形状。最后，这些工作倾向于编纂（字面意思是写进代码）男性和女性交流模式的本质主义的，而且是陈规定型的特征，并视之为普遍的、不受环境影响的科学真理。比如"女性更倾向于用更感性的语言来表达自己"；"男性更积极主动，将沟通引向解决问题，而女性更被动"（Kokko and Tzouramanis 2014）。正如我们从媒介研究、地理学和科技研究等学科中了解到的，诸表现并非纯然反映现实，而是也有产生现实的作用。这适用于代码和统计建模，正如它适用于电视节目、电影、图像和可视化。比文斯和海姆森（Bivens and Haimson 2016）认为，在社交媒体平台上，性别数字化表现对更广泛的社会中的性别分类有很大的影响。忽视和排斥跨性别者和非二元性别者的生活经验——尤其是在数据和统计中，被认为是全面和系统的表现形式——强化了对他们的社会性抹杀。诚如凯斯所言："在跨性别者面临的歧视中，这种抹杀是一个基本组成部分。"（Keyes 2018, 3）

过去五十年来，西方民主国家和全球南方国家对因性别认同而被边缘化者的官方、国家认可的承认和权利一直在扩大。世界各地的国家为个人正式修改官方文件上的性别标记提供了不同的、不均衡的能力。一些国家，如日本，在法律上承认一个人是另一种性别之前，必须进行荷尔蒙治疗、手术和绝育。截至 2017 年，只有五个国家允许个人决定自己的性别，分别是爱尔兰、丹麦、挪威、希腊和马耳他。伊朗是全球性别重置手术的首都（Tower 2016）。加利福尼亚州现在在州身份证明文件上承认三种性别：非二元的、女性与男性。但实际上，哪怕在法律上最进步的地方，非二元性别人群也面临着骚扰、歧视和暴力，尽管他们代表着一个重要的亚人群（Albert 2019；Bettcher 2014）。

跨性别者和非二元性别者会在小型数据集中呈现为统计上的异常值，他们在几乎任何以人口规模来采集性别的数据集中都是数量上的少数派，就像美国原住民在任何收集种族和民族数据的数据集中所占比例很小一样。正如布鲁克·福柯·韦尔斯（Brooke Foucault Welles）所说："女性和少数族裔被排除在基础社会科学研究的对象之外时，就会有一种把多数人的经验确定为'正常'的倾向，并从他们如何偏离这些规范的角度来讨论少数族裔的经验。"（Foucault Welles 2014）事实上，跨性别研究通过术语的统计学和社会政治意义，追踪了"正常"这一概念相对晚近的兴起（Stephens 2014），并展示了"正常化"是如何被用来为针对该类别之外的人的行政暴力辩护的（Spade and Rohlfs 2016）。少数人的经验通常被归入分析的边缘，或像大多数发生在与计算和性别有关的跨性别的人身上那样，完全被排除在外。这具有可疑的伦理和经验意涵，甚至被威廉姆斯研究所的研究人员称为"人口统计学的渎职"（Chalabi 2014）。相反，福柯·威尔斯提议，数据科学家将少数群体的经验当作指涉自身的类别。这意味着不仅要收集两个以上的性别，还要根据这些类别对任何数据处理、数据分析和结果进行分类。

在此，我们有机会走得更远，并参与到一个以公平为中心的方法中：我们可以创建数据集，而不是根据他们在人口中的出现率来代表未成年的性别，我们可以创建数据集，让他们成为大多数。一个数据点（或一个被数据化的人）是否构成异常值是有背景的，这取决于选择了哪些其他数据（或人）进行比较。它与谁的身份被集中，谁的身份被归入边缘有关。女性主义人机交互将处于边缘的人作为中心，挑战处于中心的人持续的主导地位。

同时，必须与非二元性别者合作，了解他们是否希望将自己的数据纳入任何特定系统。哈米迪与合作者（Hamidi 2018）的研究发现，绝大多数跨性别用户对性别自动识别技术持负面态度。根据正在收集的数据，以及这些数据是否可以个人识别（或容易去掉姓名），认识到将自己的性别陈述为男性或女性以外的潜在风险也很重要。例如，如果数据集希望能代表一个有地理界限的人口，那么非二元性别者的数量可能会少到足以识别这些人，即使是在其他大型数据集中。即使个人不主动向应用程序提供性别身份信息，也有可能试图通过算法从他们的社交网络中推断其性别身份或性取向（Jernigan and Mistree, 2009）。这可能会带来风险，其形式要么是对隐藏其性别认同的人的个人羞耻，要么是歧视、暴力和监禁——取决于他们所处的环境和社群。这些潜在的伤害导致学者认为，计算系统的设计应该支持隐蔽性和不可见性，这是跨性别、非二元性别和其他边缘化用户的关键安全策略（Haimson and Hoffman 2016）。

收集关于非二元性别的信息也是一种挑战。一个社会中存在多少其他性别及哪些其他性别，在很大程度上取决于文化和背景。例如，尼泊尔政府试图在人口普查中增加"第三性别"，但非二元性别社群更可能认为自己是 **kothi** 或 **methi**，并不认同前述术语（Park 2016）。威廉姆斯研究所提供了收集包容性性别数据的简短指南（HRC 2019; Park 2016）。但仅仅改变用户界面（在下拉菜单中提供更多选择，或提供一个输入选项，或能够选择多个选项）并非总是最佳途径。根据不同的情况，最道德的做法可能是避免收集性别数据，避免使性别成为可选项，甚至坚持使用二元性别分类。例如，传播学者妮基·厄舍与合作者（Nikki Usher 2018）对政治记者在推特上的性别化交流模式进行了大规模的分析。他们的研究坚持使用二元分类，因为正如他所言，"如果你试图提出一个观点，即性别二元化，它是如此强大和普遍，塑造和构建各种不平等，那么二元分类必须是分析的重点，因为你试图展示问题，因为它表现在对现实的主导解释中，而不是我们希望更普遍和接受的反霸权"（Usher，个人通信，2019年8月9日）。此外，如果性别数据将被用于具有已知结构性不平等的过程，如招聘和晋升，最道德的行动可能是完全掩盖一个人的性别，不让人类决策者和做出歧视性决定的算法看到，从而避免偏见（Datta, Tschantz, and Datta 2015; Goldin and Rouse 2000）。

最后，即使收集性别数据的个人伤害风险很低，顺性别机构仍然可以以造成群体伤害的方式使用这些数据，例如延续赤字叙事和病理化跨性别者和非二元性别者。例如，虽然跨性别青年的自杀率确实很高，但对这些统计数据的不敏感描述会无意中把青年描绘成需要顺性别成年人拯救的被动受害者。这说明，让跨性别者参与性别数据项目的每个阶段，从数据收集到分析再到沟通，都至关重要。

那么，我们在性别数据化和异常值方面的定位是什么？在所有的计算环境中，异常值都不会被拒绝和忽视。事实上，异常值检测是计算机科学和统计学中的一个活跃子领域。它有许多应用，从检测欺诈到识别地雷，再到注意飞机引擎的故障。异常值检测还可以帮助识别安全系统中的入侵者，并关注信息系统中的"突发事件"，例如当一个标签在突发新闻中变成病毒时（Hodge and Austin, 2004）。从技术角度看，为防止人类伤害和保障金融投资而进行的异常值检测很繁荣。但重要的是要认识到，价值总是嵌入在这些应用和模型中。决定投入资源从其他无异议的交易中检测信用卡欺诈，是基于将公司利润放在首位的价值观。如果我们把女性和非二元性别社群的安全和包容当作优先事项或补充，会怎么样？

对于那些处理性别数据的计算应用来说：如果他们将非二元性别者的数据**去异常化**，他们会是什么样子？这将涉及分解和集中非二元性别者的经验，就像一份关于跨性别者和非二元性别者数字安全实践的探索性研究所示。（Starks、Dillahunt and Haimson 2019）如果这些应用程序是由跨性别者和非二元性别者设计的，就像艾哈迈德（Ahmed 2019）提出的跨性别语音训练应用程序一样，这些应用程序可能是什么样子？我们可能会系统地遗漏、排斥、压制和故意忽视哪些其他的异常值，这对我们自己有什么启示？性别数据代表了计算应用的复杂地形，这里概述了许多原因。但解决这种复杂性在伦理上和经验上都是必要的。世界上不是，也从未有过只是两种性别的人口。假设性别是一个简单二元划分在经验上是错的。

注释

非常感谢肯德拉·阿尔伯特（Kendra Alber）和伊莎贝尔·卡特（Isabel Carter）阅读本文的早期版本，并予以反馈。

参考文献

(1) Ahmed, Alex A. 2019. "Bridging social critique and design: Building a health informatics tool for transgender voice." In *Extended Abstracts of the 2019 CHI Conference on Human Factors in Computing Systems*, DC02:1– DC02:4. New York: Association for Computing Machinery.

(2) Albert, Kendra. 2019. "Their law." *Harvard Law Review Blog*, June 26, 2019. https://blog.harvardlawreview .org/their-law/.

(3) Amnesty International. 2017. "The state of LGBT human rights worldwide." Amnesty International.Accessed August 30, 2019. https://www.amnestyusa.org/the-state-of-lgbt-rights-worldwide/.

(4) Bardzell, Shaowen. 2010. "Feminist HCI: Taking stock and outlining an agenda for design." In *Proceedings of the SIGCHI Conference on Human Factors in Computing Systems*, 1301–1310. New York: Association for Computing Machinery. https://doi.org/10.1145/1753326.1753521.

(5) Belbachir, Faiza, Khadidja Henni, and Lynda Zaoui. 2013. "Automatic detection of gender on the blogs." In *2013 ACS International Conference on Computer Systems and Applications (AICCSA)*, edited by IEEE, 1–4. Piscataway: IEEE. https://doi.org/10.1109/AICCSA.2013.6616510.

(6) Bettcher, Talia Mae. 2014. "Transphobia." *Transgender Studies Quarterly* 1 (1–2): 249–251.

(7) Bivens, Rena. 2015. "The gender binary will not be deprogrammed: Ten years of coding gender on Facebook." *New Media and Society* 19 (6). https://doi.org/10.1177/1461444815621527.

(8) Bivens, Rena, and Oliver L. Haimson. 2016. "Baking gender into social media design: How platforms shape categories for users and advertisers." *Social Media + Society* 2 (4). https://doi.org/10.1177/2056305116672486.

(9) Butler, Judith. 1990. *Gender Trouble: Feminism and the Subversion of Identity*. New York: Routledge.

(10) Chalabi, Mona. 2014. "Why we don't know the size of the transgender population." *FiveThirtyEight*, July 29, 2014. https://fivethirtyeight.com/features/why-we-dont-know-the-size-of-the-transgender -population/.

(11) Chauncey, George. 1994. *Gay New York: Gender, Urban Culture, and the Makings of the Gay Male World, 1890–1940*. New York: Basic Books.

(12) Combahee River Collective. 1978. "The Combahee River Collective statement." Circuitous.org. Accessed April 3, 2019. http://circuitous.org/scraps/combahee.html.

(13) Costanza- Chock, Sasha. 2020. *Design Justice*. Cambridge, MA: MIT Press.

(14) Crenshaw, Kimberlé. 1990. "Mapping the margins: Intersectionality, identity politics, and violence against women of color." *Stanford Law Review* 43: 1241–1299.

(15) Currah, Paisley, and Tara Mulqueen. 2011. "Securitizing gender: Identity, biometrics, and transgender bodies at the airport." *Social Research: An International Quarterly* 78 (2): 557–582.

(16) Datta, Amit, Michael Carl Tschantz, and Anupam Datta. 2015. "Automated experiments on ad privacy settings." *Proceedings on Privacy Enhancing Technologies* 1: 92–112. https://doi.org/10.1515/ popets-2015-0007.

(17) D'Ignazio, Catherine, and Lauren F. Klein. 2020. *Data Feminism*. Cambridge, MA: MIT Press.

(18) Doyle, Charles, ed. 2016. *A Dictionary of Marketing*. Oxford: Oxford. University Press. https://doi .org/10.1093/acref/9780198736424.001.0001.

(19) Driskill, Qwo- Li, ed. 2011. *Queer Indigenous Studies: Critical Interventions in Theory, Politics, and Literature*. Tucson: University of Arizona Press.

(20) Erickson-Schroth, Laura, ed. 2014. *Trans Bodies, Trans Selves: A Resource for the Transgender Community*. Oxford: Oxford University Press.

(21) Fausto-Sterling, Anne. 2008. *Sexing the Body: Gender Politics and the Construction of Sexuality*. New York: Basic Books.

(22) Flores, Andrew R., Jody L. Herman, Gary J. Gates, and Taylor N. T. Brown. 2016. *How Many Adults Identify as Transgender in the United States?* Los Angeles: Williams Institute. Accessed July 30, 2020. https:// williamsinstitute.law.ucla.edu/wp-content/uploads/How-Many-Adults-Identify-as-Transgender-in-the -United-States.pdf.

(23) Foucault Welles, Brooke. 2014. "On minorities and outliers: The case for making big data small." *Big Data and Society* 1 (1). https://doi.org/10.1177/2053951714540613.

(24) Gates, Gary J. 2014. *LGBT Demographics: Comparisons among Population-Based Surveys: Executive*

Summary. Los Angeles: Williams Institute. Accessed July 30, 2020. https://williamsinstitute.law.ucla.edu/ wp-content/uploads/lgbt-demogs-sep-2014.pdf.

(25) Goldin, Claudia, and Cecilia Rouse. 2000. "Orchestrating impartiality: The impact of 'blind' auditions on female musicians." *American Economic Review* 90 (4): 715–741. https://doi.org/10.1257/aer.90.4.715.

(26) Grosz, Elizabeth A. 2001. *Architecture from the Outside: Essays on Virtual and Real Space.* Cambridge, MA: MIT Press.

(27) Haimson, Oliver L., and Anna Lauren Hoffmann. 2016. "Constructing and enforcing 'authentic' identity online: Facebook, real names, and non- normative identities." *First Monday* 21 (6). https://doi .org/10.5210/ fm.v21i6.6791.

(28) Hamidi, Foad, Morgan Klaus Scheuerman, and Stacy M. Branham. 2018. "Gender recognition or gender reductionism?: The social implications of embedded gender recognition systems." In *Proceedings of the 2018 CHI Conference on Human Factors in Computing Systems*, 8. New York: Association for Computing Machinery.

(29) Hodge, Victoria J., and Jim Austin. 2004. "A survey of outlier detection methodologies." *Artificial Intelligence Review* 22: 85–126.

(30) Holloway, Michael D., and Chikezie Nwaoha. 2012. *Dictionary of Industrial Terms.* Beverly, MA: Scrivener.

(31) HRC (Human Rights Campaign). 2019. "Collecting transgender- inclusive gender data in workplace and other surveys." *Human Rights Campaign.* Accessed August 30, 2019. https://www.hrc.org/resources/ collecting-transgender-inclusive-gender-data-in-workplace-and-other-surveys.

(32) Jernigan, Carter, and Behram F. T. Mistree. 2009. "Gaydar: Facebook friendships expose sexual orientation." *First Monday* 14 (10). https://doi.org/10.5210/fm.v14i10.2611.

(33) Keyes, Os. 2018. "The misgendering machines: Trans/HCI implications of automatic gender recognition." *Proceedings of the ACM on Human-Computer Interaction* 2: 1–22.

(34) Kokkos, Athanasios, and Theodoros Tzouramanis. 2014. "A robust gender inference model for online social networks and its application to LinkedIn and Twitter." *First Monday* 19 (9). https://doi .org/10.5210/ fm.v19i9.5216.

(35) Koppel, Moshe, Shlomo Argamon, and Anat Rachel Shimoni. 2002. "Automatically categorizing written texts by author gender." *Literary and Linguistic Computing* 17 (4): 401–412. https://doi.org/10.1093/ llc/17.4.401.

(36) Matias, Nathan. 2014. "How to identify gender in datasets at large scales, ethically and responsibly." *MIT Center for Civic Media* (blog). October 22, 2014. https://civic.mit.edu/blog/natematias/best -practices-for-ethical-gender-research-at-very-large-scales.

(37) Mock, Janet. 2014. *Redefining Realness: My Path to Womanhood, Identity, Love and So Much More.* New York: Atria Books.

(38) Muller, Brian. 2014. "Why I'm renaming a gem." *Finding Science*, November 17, 2014. http:// findingscience.com/ruby/2014/11/17/why-im-renaming-a-gem.html.

(39) Otterbacher, Jahna. 2013. "Gender, writing and ranking in review forums: A case study of the IMDb."

Knowledge and Information Systems 35 (3): 645– 664. https://doi.org/10.1007/s10115-012-0548-z.

(40) *Oxford English Dictionary.* 2017. "Outlier." Accessed August 30, 2019. http://www.oed.com/view/Entry/ 133735?redirectedFrom=outlier.

(41) Park, Andrew. 2016. *Reachable: Data Collection Methods for Sexual Orientation and Gender Identity.* Los Angeles: Williams Institute.

(42) Sharma, Preeti. 2012. "Historical background and legal status of third gender in Indian society." *International Journal of Research in Economics and Social Sciences* 2 (12): 64–71.

(43) Spade, Dean, and Rori Rohlfs. 2016. "Legal equality, gay numbers and the (after?) math of eugenics." *Scholar and Feminist Online* 13 (2). https://papers.ssrn.com/sol3/papers.cfm?abstract_id=2872953.

(44) Starks, Denny L., Tawanna Dillahunt, and Oliver L. Haimson. 2019. "Designing technology to support safety for transgender women and non- binary people of color." In *Companion Publication of the 2019 Designing Interactive Systems Conference,* 289–294. New York: Association for Computing Machinery.

(45) Stephens, Elizabeth. 2014. "Normal." *Transgender Studies Quarterly* 1 (1– 2): 141–145.

(46) Tower, Kimberly. 2016. "Third gender and the third world: Tracing social and legal acceptance of the transgender community in developing countries." *Concept* 39: 1–21.

(47) Usher, Nikki, Jesse Holcomb, and Justin Littman. 2018. "Twitter makes it worse: Political journalists, gendered echo chambers, and the amplification of gender bias." *International Journal of Press/Politics* 23 (3): 324–344.

(48) Weeks, Linton. 2015. "'Female husbands' in the 19th century." *NPR,* January 29, 2015. https://www.npr.org/sections/npr-history-dept/2015/01/29/382230187/-female-husbands-in-the-19th-century.

(49) Williams, Cristan. 2014. "Transgender." *Transgender Studies Quarterly* 1 (1– 2): 232–234.

(50) Zumbrun, Joshua. 2007. "The sacrifices of Albania's 'sworn virgins.'" *Washington Post,* August 11, 2007. http://www.washingtonpost.com/wp-dyn/content/article/2007/08/10/AR2007081002158.html.

41. 表演测量（Performative Measure）

凯特·埃尔斯维特（Kate Elswit）

以数据形式来收集关于呼吸的信息，需要考虑呼吸的多维性质。[1] 呼吸既是自愿的，又不是自愿的，它以一种无意识的方式被管理，可以被有意识的呼吸控制所推翻。这在神经影像学中表现为大脑不同部位的活动。呼吸还包括外部呼吸和内部呼吸，前者是气体在呼吸器官与外部环境之间转移，后者发生在细胞层面。在这个意义上，呼吸代表了身体最具渗透性的状态。作为一种能跟水饱和的气体——可以发生状态变化，呼吸在体外具有强大的生命力，有时是作为力量、热量和水分而可见的生命。但也存在另一种情况：2017 年，当我在北加州的野火期间写作时，我在屏幕上写下了三千字来寄托我对户外浓厚的空气的哀伤，210217 英亩的土地正在被烧毁，而我的每次呼吸，都能感受到胸中有人的生命的微粒物质。

测量呼吸的指标涉及运动、情感、位移和声音。即使是一个在体内定位呼吸的简单提议，如测量躯干的膨胀，也需要考虑在腹部横向的纵轴上下运动（横膈膜呼吸），考虑在胸腔横向的冠状面（肋骨呼吸）。肺部测压法说明了容积，但没有说明有关容积的感觉——呼吸是如何使胸部同时变空变满的。然而，当代的呼吸技术，经常使用意念运动来鼓励有意识的呼吸者向位于远离躯干的身体部位进行呼吸，从而影响身体。呼吸也可以在主体间使用，调整个人的本体感觉（proprioception）[1]，并最终使多个身体同步。此外，呼吸可以唤起或被各种感觉状态所唤起，包括恐惧、专注、焦虑、惊讶和愉悦，而且它还跟其他生理模式密切联系，如心率。因此，难怪呼吸在不同的历史时期都倾向于跟时间、思维和灵魂相联系。没有呼吸，就没有声音，但没有呼吸，也就意味着死亡。[2]

我从呼吸的多维性出发，表明（特别是）呼吸体的"数据自我"，如何能有效地探索生物数据和物理经验的混乱之间的关系。**"数据替身"**（data double）这一说法通常表示将来自身体的各种数据碎片，重新组合成一个重复的、脱胎换骨的虚拟形式；在本书中，舒尔（Schüll）将这一短语置于围绕数据自我的更广泛的理解范围。尽管学术研究已经强调过围绕这种替身身体的诸多控制维度——包括监控在产生这些替身身体中的作用、它们所服务的私人目的，以及它们如何制约日常生活，但在数据收集本身的复杂性方面还有待研究——这里的数据收集，构成了与具身表现之厚度相对而言的碎片。如果"数字监测的实践倾向于将身体定位成一个数据库"（Lupton 2018, 2），那么，继续追问身体的哪些方面最容易被可穿戴技术转化为数据库的内容，以及如何处理那些无法捕获的数据，将至关重要。媒介学者（Crawford、Lingel and Karppi, 2015）追溯了自我跟踪设备的百年历史，他们认为，对精确性的过度赞誉可能是危险的——例如，这种数据现在被用作法庭证据："关于这些设备之准确性和可靠性的辩护如同神话一样：它给出了在**某些**时候，**某些**准确的数据。"（489，原文强调）相反，他们认为，要更多地关注"从感觉到数字的过渡"，而这个问题在呼吸的不确定档案中尤为突出。

本文源自一个更大的计划，即呼吸、测量与表演从19世纪至21世纪的交

---

1 本体感觉，又称肌肉运动知觉，是一种对肌肉各个部分的动作或者一连串动作所产生的触觉，称为"自我知觉"。——译注

集。正如韦尼蒙所论，将量子介质理解为表演性的，通过将数据和它们的界面定位为不是惰性的或描述性的，而"总是已经参与到身体和人已经成为并正在成为对自己、他人和民族国家可见的过程"（Wernimont 2018, 14）。在本文中，我将**表演测量**概述为呼吸之多重维度的模型，这些维度在单一测量的承诺中遗失了，最终简要地指向自20世纪90年代以来，试图使用表演者或用户的实时呼吸数据作为生物反馈控制器的媒体和表演项目。一方面，已经有很多基础性的学术工作确定了这种艺术实践的潜力，在以数字工具提高感官意识和可用的人文和艺术模式的广度方面，为体现经验的定性和定量表述提供了桥梁；另一方面，在收集、分析和处理任何数据的过程中，人们也非常关注差距、偏见和文化知识的形式，因此，需要谨慎地对待生物数据与自我或他人知识的关系。

我首先将医学人文、媒介研究、表演和女性主义技术研究等领域联系起来，这是为涉及呼吸数据的生物反馈的艺术项目，以确定潜在风险和机遇。我将由此展示，在这种艺术项目的互动反馈回路中，何以内在的不准确的或部分的呼吸数据，不一定代表它们声称的东西，然而，与这种不确定的数据的互动仍然可能，甚至是更好地提供对呼吸体的更多维度及关于呼吸的具体体验的洞见。这些例子提供了处理多维度呼吸问题的替代方法，并且能够在关注视觉效果和测量结果之间取得平衡。

哲学家哈威·卡雷尔（Havi Carel）和医学人类学家安妮·麦克诺顿（Jane Macnaughton）提出了两个问题的关键论点：一是将呼吸理解为数据的局限性；二是关于需要新的、跨学科的方法论来更好地解释呼吸和无法呼吸。他们两位是"呼吸的生命"（Life of Breath）研究项目的合作研究者。正如卡雷尔（2016）解释的："在呼吸医学中，一个众所周知的谜团是由肺功能测试所测量的客观肺功能与主观感觉和功能之间的差异。"（118）呼吸困难的生活经验，往往与肺功能和呼吸测试的标准形式所描述的肺活量的理解方式无关。因此，麦克诺顿和卡雷尔（2016）认为，理解呼吸困难的全部病理生理学，需要在批判性的医学人文科学中找到新方法，从而弥合"临床知识与其他两种相互关联的知识之间的认识论差距"：文化知识与个人经验（297）。

在临床环境之外，麦克诺顿和卡雷尔的论点，是围绕更广泛的生活呼吸经验而建立的有医学意义的交流，而非将病人还原为他们的数据，这与关于技术和媒介的讨论产生了共鸣。虽然计算机的小型化和网络传输形式的扩大使得可穿戴设备能够收集身体数据——反过来，又促进了一种无处不在的简化监测，但这已经被对这些数据抽象出的人类经验，以及在何处和如何分享这些信息的伦理方面的更复杂状况所抵消（Cohen 2016; Sanders 2016; Schüll 2016）。早在1998年，情感计算先驱罗莎琳·皮卡德（Rosalind Picard）[2]就对这些发展中的技术最终会如何主要被用于提高工人的效率提出担忧；相反，皮卡德（1998，57）提出了技术增加"情感带宽"（affective bandwidth）的潜力。媒介学者兼艺术家苏珊·科泽尔（Susan Kozel, 2007）在建议将她参与的"**低喃**"(whisper[s])项目解读为"心灵感应障碍者的可穿戴设备"时，正是针对这一主张："当代西方人的身体，已经忘了我们从对方那里传输和接收质量与情感信息的任何能力……无线可穿戴设备可以介入这一空白，帮助我们重新获得这些感官和认知数据流。"（282）更多研究也重申，这种情感不是非具身的；相反，体感实践提供的跨学科框架有助于对具身和经验的技术性理解，最终塑造设计、创造和

2　罗莎琳·皮卡德（1962—　　）麻省理工学院媒介艺术与科学教授，麻省理工学院媒介实验室情感计算研究小组的创始人和主任。她因1997年出版的同名书而被认为开创了计算机科学中的分支：情感计算。该书描述了情感在智能中的重要性，分析了人类情感交流对人与人之间关系的重要作用，以及机器人和可穿戴计算机的情感识别可能产生的影响。——译注

用途（Schiphorst 2009; Bleeker 2010）。

在这个意义上，表演常常被理解为是传递多维度的人类经验的实验室。在表演中使用生物传感器，最常见于 20 世纪 60 年代（Dixon 2007; Salter 2010）。但这些早期作品倾向于在一个优先考虑因果关系和控制的框架中运作，将身体的传感器数据（通常是运动或心率）更简单地绘制为某种形式的模拟或数字输出。到了第三次的数字界面浪潮，出现了内感受（interoceptive）（身体）与外感受（exteroceptive）（技术）之间更为复杂的交织，最终为表演者和观众提供了新的"观看—感应设备"（viewing-sensing devices, Davidson 2016, 22）。艺术界的合作者纳卡拉托和麦卡勒姆（Naccarato and MacCallum 2016）将这种转变描述为从"生物控制"到一种"生物关系反馈"的转变，它关注数据、输出和表演者之间的处理、调解和 / 或反馈回路。这种转变，还导致艺术实践能更好地反映生物数据本身的复杂性，而这些数据在这种艺术界面中或隐或显。

说到表演技术项目的描述、数据收集的挑战，以及将这些数据绘制到特定产出的特殊性，往往被对其成就的关注所取代。在审视最近的生物反馈作品的历史时，有了更多的空间可以借用那些关注代码、平台和算法处理的偏见、象征性和文化嵌入的方法（Marino 2006；Noble 2018），而非以黑箱的方式赞美这种工作——作为硬件和 / 或软件工程的壮举。这类批评已经在其他背景下对生物识别技术本身提出批评，因为它们在收集和分析中复制了偏见。正如女性主义媒介学者肖莎娜·马涅特（Shoshana Magnet, 2011）在她极具影响力的研究《当生物识别技术失败时》（*When Biometrics Fail*）中所述，人体不是"可生物识别的"；围绕这种做法建立的产业，是基于（错误地）"假设人体可以很容易地被转化为生物识别代码"，这种技术应该被理解为重新想象人体，并在这个过程中产生新的意义（2, 11）。

不过，要更具体地思考这些工具是如何使信息在物理形式之外流通的方式，首先要看到，它们如何与身体中已经固有的数据形式的多重性接触。在这个意义上，我们甚至要超越马涅特等人对数据收集和处理的重要批判，以便捕捉生物数据部分地与呼吸经验的许多感觉和情感维度相关的方式，以及这种部分的、不确定的和有偏见的数据是怎样仍然能以多模态的形式运作，并与他人分享这种经验。尽管人机互动等领域已经在考虑改变参考框架——使之脱离各种技术的能力和局限性，用于传感和绘图数据（Gaver, Beaver, and Benford 2003），但表演仍然有所补充，因为在某些方面，它已经在一个世纪前开始了这种对话。如果像伊利斯·莫里森（Elise Morrison 2016）在研究表演中的监控技术时所说的那样，"自然主义的逻辑也支配着生物识别科学"，因为后者与自然主义戏剧一样，在某种程度上将个人还原为由他们无法控制的物理和环境所决定的特征（189, 194），那么，在寻找其他表演和媒介实践来进行干预方面就有了潜力。一方面，戏剧表演适合强调那些数据所代表的知识的建构性，甚至是景观性；但另一方面，生物数据的缺陷和不完整的性质也提供了可以更仔细地思考这些表演本身的机会，特别是它们通过建立在这种部分数据上的反馈循环来分享身体经验的方式，而这种反馈循环可能（或者事实上更好地）让人们了解这种经验的多维性。

基于声称以某种方式而由呼吸数据驱动的表演和媒体实践，包括控制查尔·戴维斯（Char Davis）和"低对比图"（Softimage）的《渗透》（*Osmose*, 1995）中的虚拟环境，或者是真实的环境——例如在"惊险实验室"（Thrill Laboratory）的《屏息：交互式骑行实验》（*Breathless: An Interactive Ride Experiment*, 2010）中。在这些作品中，呼吸常常被视为是一个世界的内在感觉，无论是在人与人之间的互动装置中，如塞克拉·希普霍斯特（Thecla

Schiphorst）和苏珊·科泽尔的《呼气：身体之间的呼吸》（*exhale: breath between bodies*, 2005），还是在林恩·卢卡斯（Lynn Lukkas）、马克·亨里克森（Mark Henrickson）、保罗·维里蒂·史密斯（Paul Verity Smith）、玛丽卡·斯塔门科维奇·赫兰茨（Marika Stamenkovic Herranz）、保罗·恰加斯（Paulo C. Chagas）和凯利·丁佩（Kelli Dimple）的《脉冲》（*Pulse*, 2003）等表演中。一方面，在这些项目中，生物数据的收集似乎遵循相对简单的过程——无论是通过能够测量躯干在一个或多个点上的扩张的可伸展带，进而与两种主要的呼吸方式相关；还是在嘴边的气流传感器，或者是电能的测量。但这个呼吸作品图录中留下的叙述表明，它们不应该从呼吸数据的单一参数映射到一个特定的表现输出的角度来理解。相反，尽管这些项目和其他类似的项目，可能看起来是由直接的生物测量驱动的，但它们实际上强调了呼吸的多个维度，这些维度不仅通过收集的东西，而且通过没有收集的东西凝聚成数据体。通过表演者、参与者和观众与部分数据的互动，他们所组合的呼吸体，唤起了呼吸经验的诸多方面。在增强感官意识的表述和贯穿这些项目叙述的呼吸的不可知性或戏剧性之间，存在一种错综复杂的平衡。

在虚拟现实环境中，通过呼吸导航的前提产生了一个机会，通过——而不是不顾——一个主要对特殊的呼吸做出反应的系统来调整沉浸者的身体经验，而不是优先考虑颗粒状的测量。在一个用呼吸来控制现场电影播放的表演中，表演者的感觉世界，通过她的身体和反应环境之间可感知的关联被最清晰地放大给观众，这实际上需要表演者将呼吸、声音和运动分开。在一个从生物数据滑向情感数据的参与式装置中，测量呼吸的前提首先是——正如艺术家们所解释的："同步和协调数据的给予和接受的**某个隐喻**。"（Schiphorst 2006, 177；强调为笔者所加）但它还是引导参与者扩大他们的本体感知，最终，让他们的呼吸与越来越多的其他人同步。在某些情况下，呼吸的质量从数据绘制到飘动（通过风扇或振动器）或漂浮（通过在虚拟空间的导航），不太可能对细微的呼吸模式做出反应，因为这种输出的不精确性。相反，这些输出的选择使人们触觉上注意到呼吸与空气和节奏的密切关系。

如果说，这些项目都主要是由生物反馈方式的呼吸定量测量来驱动的那是不可能的。然而，我的观点并非倡导更精确的生物识别捕获或映射。相反，仔细观察这些项目，探索戏剧背景下多维呼吸体的可交流性，可能会为构成它们的生物测量和奇观的混合物提供新模型。自 2014 年以来，我一直在从事《呼吸图录》这件作品——"表演中的呼吸珍品展柜"——它使用实验性的舞蹈，以及与剧院和医学有关的技术，来收集、重复利用和分享呼吸体验和数据。为此，我和合作者提出"呼吸经验是一种活的档案材料，可以使用生物媒体进行调查和重新访问"（Elswit 2019a, 340）。在我把这些艺术实践的集合视为我的项目对呼吸的好奇编排的扩展编目的一部分的同时，我认为，这些编排有可能通过与呼吸的不确定档案的密切接触来编目，从而提供对呼吸本身更广泛的理解。在过去的几十年里，表演实践倾向于远离与呼吸数据的接触，因为它们的捕获是复杂的。然而，这恰恰是我们作为学者和艺术家最擅长的工作：处理这种混乱的情况，以此为契机，取消生物数据和生活经验之间过度确定的映射的权威性；相反，向表演性测量的部分和不确定性靠拢，并在此过程中对我们自己的身体实践提出新的提示，为呼吸可能成为可分享的、不同的方式提供模型。

注释

[1] 本章借鉴了笔者的其他材料（Elswit 2019a，2019b）。

[2] 关于多角度的呼吸介绍，见：Calais-Germain 2006; Eccleston 2016; Macnaughton and Carel 2016。

参考文献

(1) Bleeker, Maike. 2010. "Corporeal literacy: New modes of embodied interaction in digital culture." In *Mapping Intermediality in Performance*, edited by Sarah Bay- Cheng, Andy Lavender, Chiel Kattenbelt, and Robin Nelson, 38–43. Amsterdam: Amsterdam University Press.

(2) Calais-Germain, Blandine. 2006. *The Anatomy of Breathing*. Seattle: Eastland Press.

(3) Carel, Havi. 2016. *Phenomenology of Illness*. Oxford: Oxford University Press.

(4) Cohen, Julie E. 2016. "The surveillance- innovation complex: The irony of the participatory turn." In *The Participatory Condition in the Digital Age*, edited by Darin David Barney, E. Gabriella Coleman, Christine Ross, Jonathan Sterne, and Tamar Tembeck, 207– 226. Minneapolis: University of Minnesota Press.

(5) Crawford, Kate, Jessa Lingel, and Tero Karppi. 2015. "Our metrics, ourselves: A hundred years of self-tracking from the weight scale to the wrist wearable device." *European Journal of Cultural Studies* 18 (4–5): 479–496.

(6) Davidson, Andrea. 2016. "Ontological shifts: Multi- sensorality and embodiment in a third wave of digital interfaces." *Journal of Dance and Somatic Practices* 8 (1): 21–42.

(7) Dixon, Steve. 2007. *Digital Performance: A History of New Media in Theater, Dance, Performance Art, and Installation*. Cambridge, MA: MIT Press.

(8) Eccleston, Chris. 2016. *Embodied: The Psychology of Physical Sensation*. Oxford: Oxford University Press.

(9) Elswit, Kate. 2019a. "A living cabinet of breath curiosities: Somatics, bio- media, and the archive." *International Journal of Performing Arts and Digital Media* 15 (2): 340–359.

(10) Elswit, Kate. 2019b. "Toward a performative measure of breath bodies." Unpublished manuscript.

(11) Gaver, William W., Jacob Beaver, and Steve Benford. 2003. "Ambiguity as a resource for design." *ACM Conference on Human Factors in Computing Systems* 5 (1): 233–240.

(12) Kozel, Susan. 2007. *Closer: Performance, Technologies, Phenomenology*. Cambridge, MA: MIT Press.

(13) Lupton, Deborah. 2018. "How do data come to matter? Living and becoming with personal data." *Big Data and Society 5* (2): 205395171878631.

(14) Macnaughton, Jane, and Havi Carel. 2016. "Breathing and breathlessness in clinic and culture: Using critical medical humanities to bridge an epistemic gap." In *The Edinburgh Companion to the Critical Medical Humanities*, edited by Anne Whitehead and Angela Woods, 294–309. Edinburgh: Edinburgh University Press.

(15) Magnet, Shoshana Amielle. 2011. *When Biometrics Fail: Gender, Race, and the Technology of Identity*.

(16) Durham, NC: Duke University Press.

(17) Marino, Mark C. 2006. "Critical code studies." *Electronic Book Review*. http://www.electronic-bookreview .com/thread/electropoetics/codology.

(18) Morrison, Elise. 2016. *Discipline and Desire: Surveillance Technologies in Performance*. Ann Arbor: University of Michigan Press.

(19) Naccarato, Teoma, and John MacCallum. 2016. "From representation to relationality: Bodies, biosensors and mediated environments." *Journal of Dance and Somatic Practices* 8 (1): 57–72.

(20) Noble, Safiya. 2018. *Algorithms of Oppression: How Search Engines Reinforce Racism*. New York: New York University Press.

(21) Picard, Rosalind. 1998. *Affective Computing*. Cambridge, MA: MIT Press.

(22) Salter, Chris. 2010. *Entangled: Technology and the Transformation of Performance*. Cambridge, MA: MIT Press.

(23) Sanders, Rachel. 2016. "Self-tracking in the digital era." *Body and Society*, no. 23: 36–63.

(24) Schiphorst, Thecla. 2006. "Breath, skin, and clothing: Using wearable technologies as an interface into ourselves." *International Journal of Performance Arts and Digital Media* 2 (2): 171–186.

(25) Schiphorst, Thecla. 2009. "Body matters: The palpability of invisible computing." *Leonardo* 43 (2): 225–230.

(26) Schüll, Natasha. 2016. "Data for life: Wearable technology and the design of self-care." *BioSocieties* 11 (3): 317–333.

(27) Wernimont, Jacqueline. 2018. *Numbered Lives: Life and Death in Quantum Media*. Cambridge, MA: MIT Press.

42. 预测（Prediction）

马努·卢克施（Manu Luksch）

我们可以为你批量预测。

在你知道之前

其他人在看完它后会买什么？好吧，如果你喜欢这种声音，那么你也会喜欢接下来的内容。

——卢克施、莱因哈特和托德（Luksch, Reinhart, and Tode 2015）

美国专利号，2013年12月24日8,615,473 B2，"预见性包裹运输的方法与系统"，被授予世界上拥有最多数据和市值最高的公司之一的亚马逊技术公司子公司。该公司利用对商业变量的预测分析——根据客户先前的在线行为（如以前的订单、搜索、愿望清单、购物车内容和光标在物品上的"停留时间"），预测其对物品的渴望——提出"在不完全指定送货地址的情况下进行预测性发货"，从而缩短履约时间：发货的物品在当地存放，可以几乎立即交付给客户使用。

预测不易

预测极难，尤其是如果事关未来。[1]

预测是关于未来具体的，也定义明确的事件的主张，这些事件的发生可以被无可争议地验证。预测应该是尖锐的（精确的），也是准确的（有明显大于平均的正确机会）。

历史上，在各种被采用的预测策略和方法中，那些涉及对自然界进行系统观察的方法，被证明比那些基于数字学、对动物内脏的检查或解析梦的方法更为成功。古代天文学家根据历史记录中观察到的周期来预测日食；对宇宙事件的预知赋予了他们巨大的文化权威；在科学革命期间，自然哲学家将观察和实验的程序正规化，催生了具有强大预测能力的理论；在自然科学中，数学被不断地证明是"不合理的有效"（Wigner 1960）。（例如，由实验确定的一个被称为电子 g- 因子的量的值，与理论计算结果的吻合度在一万亿分之一之内。）尽管 20 世纪的发展造成认识论极度复杂（海森堡的"不确定性原理"，哥德尔的"不完全性定理"，混沌理论），数学和自然科学却为确定性和概率性推理设立了标准，最明显的是它们量化了它们的预测的不确定性。

是什么限制了人文和社会科学的预测能力——甚至在最数学化的经济学中，**智人**已经被理性化得面目全非，成为了**经济人**（见图 42.1）？从历史上看，这些障碍，一直存在于研究对象的本质之中。人类和社会现象产生于自我解释的主体行为——他们极易受到影响，倾向于反叛，而且意志力薄弱（akrasia），[2] 他们还对还原主义的分析有所抵触，而且（与电子不同），是异质的。然而，机器学习在大型数据集上的应用似乎为预测人类的行为带来了巨大的进步。这是否预示着个人独立、灵感、即兴创作，以及神秘、悬念、浪漫的终结（见图 42.2）？

图 42.1　图为投资管理公司"温顿资本"的广告：对灰姑娘的描绘，并伴有注解，包括时间、瞳孔放大、肾上腺素、心跳、魅力商数、鞋的尺寸、鞋的成分、脚的尺寸、主体概况、可用的交通工具、目的地的距离和当前的速度等参数。伦敦，2015 年。照片由马努·卢克施拍摄。

图 42.2　网上约会平台 Eharmony 的广告："35 年来，对持久爱情的科学进行解码。蝴蝶背后的大脑。" 2018 年，伦敦。照片由穆库尔·帕特尔（Mukul Patel）拍摄。

过去的表现无法保证未来的结果

一个事件的计算可能性可能由不同的概率概念来承保，例如，由以下因素决定：

（i）在过去的统计记录中的相对频率。（尽管，正如金融服务提供商通常对冲的那样，"过去的表现无法保证未来的结果"。）

（ii）对称性。一次事件的概率会受到系统的逻辑或物理对称性的限制，例如无偏向的硬币的对称性。（但一个完整的无偏向性的抛掷模型至少要包括硬币落在其边缘的概率，以及其他可能更为奇特的结果。）

（iii）一个因果机制或模型。（考虑到一次事件是一个随机自然过程的结果，如放射性衰变。）

（iv）一个人对事件将发生的相信程度（主观概率）。人文学科中的预测在很大程度上是由（i）所驱动，而且极易受到（iv）的影响。

现实世界的反事实：可能发生之事

反事实推理，是通过考虑可能发生的情况去推测其他的结果。但这需要对因果关系的理解，而在混乱、复杂的人类领域——如经济学中，因果关系既不简单，也不无争议：

> 如果在离开欧盟五年后，英国经济蓬勃发展，这是否会反驳留欧阵营关于英国脱欧将破坏英国经济的预测？如果相反，英国在五年后陷入衰退，这是否会证实这一预测？在这两种情况下，答案都是否定的；观察到的结果都不能证明什么。为了"证明"我们的预测，我们需要建立反事实。但要考虑的因素太多，并且在反事实下的结果需要被量化。而这是我们根本无法做到的。（Simon Bishop, RBB Economics, pers. comm.）

反事实的不可能性也出现在另一个方面。批准被告保释的决定可以根据遵守情况进行事后评估，但拒绝保释的决定却不能。你无法对社会[3]或生态系统[4]进行控制实验。

信息技术的长与短

网络化的传感器和无处不在的处理技术，使得完全嵌入式城市信息基础设施得以可能——那是一个智能城市的操作系统。它通过数据关联收集到的趋势推断出未来的模式。据称，预见性的算法管理将导致一个有弹性的、生态平衡的，也没有不确定性的未来——正如你在技术乌托邦小说中读到的那样（Dick 1966）。

正如乔·奇普（Joe Chip）在《尤比克》（*Ubik*）中与他的智能门对峙时发现的那样（Dick 1969）[5]，即使是日常的基础设施也不能排除嫌疑。闭路电视制造商海康威视已经向英国提供了超过一百万台与面部识别技术兼容的摄像机，包括议会大楼和警察。这些合同是在完全了解海康威视与监控网络的关系，以及其开发的集中式面部识别数据库的情况下签订的，它正在为该数据库收集数据（Gallagher 2019）。

在完整的表达中，由企业管理的智能城市是一场新的圈地运动的缩影。它利用网络监控，建立私人数据库，从而为预测产品提供动力。这些产品在行为期货市场上交易，祖波夫（Shoshana Zuboff, 2019）称之为监控资本主义的主要动力。

自我实现的预言 I: 分类与剖析

"每个客户的背后都是一个个体"，消费者信用报告机构益百利（Experian, 2016）指出，它的马赛克（Mosaic）工具，能让企业"个性化客户体验并增加钱包份额"。为了从这些数据中得出有用的模式，必须建立分类。Mosaic 利用

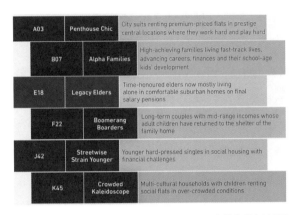

图 42.3　益百利马赛克（Experian Mosaic, 2016）中的分类实例"用于一致的跨渠道营销的消费者分类解决方案"。

房屋所有权和地点、职业阶段和种族等标准，将消费者划分为 15 个群体合计 66 种类型（见图 42.3）。

这个分类系统充满了任意性和价值判断——"负担得起，但令人愉快""聪明的年轻单身人士""受人尊敬的长者"——通过在数据库上运行的决策算法进行传播。益百利在整个零售和服务部门推销这一工具，包括人力资源和金融机构，这可能会产生改变生活的影响。"通过拒绝信贷或筛选职业机会，负面档案可以在各个领域困扰一个人。一个人的数据之影不仅是跟随他们，而且是先于他们"（Kittin 2015）。

比你更好：虚假的意识，真实的意图

网络智能公司毫无顾忌地宣称，他们广泛关联的数据集比你更"了解"你自己[6]。他们有能力通过一阶数据（比如你的邻居是什么样的）和二阶元数据（你的网络拓扑结构）[7] 的组合，来推断你的信用度、投票意向、关系状况和性偏好。深入的个人知识产生了关于你可能的行为（你可能会买什么，你什么时候会死）的宝贵信息。而数据匿名化对于一个有动机、数学上精通的人提供很少的保护。[8]

预测未来的最简单方法是创造未来

智慧城市邀请市民将他们宝贵的处理权交给它，允许它策划一个预先选择的选项菜单。在关于感知和认知的神经科学研究的启发下，在从手机和智能卡中获取的行为数据的推动下，在注意力经济的竞争中，灵活的产品和服务的供应商学会了引导用户的行为（"如果你喜欢这个声音……"）。谷歌对 YouTube 推荐引擎进行严格保密的实际原因是，这些算法是由一个简单得不能再简单的议程驱动的——最大化广告点击率？收获观众的欲望，扩大过滤器的泡沫，但对内容保持不可知的态度。

有些幻想是需要保持的。当用户面对一组明确而有限的选择时，预测的危险性会小很多，因为她觉得自己是在自由选择。而选项框架中看似无关紧要的变化可能会导致极为不同的行为。[9] 选哪条路？

预测行为渴望成为一种认识论的行为。但由预测算法支配的文化与其说是知识的工厂，不如说是服从的工厂。一种理解自己是可预测的文化，会使之同质化。所有的预言都变成了自我实现（挑衅）。

一则预测

如果你怀疑你想的任何事情可能会对你不利，你就会自我审查。

快镜与慢镜

为了保护哈扎尔公主阿捷赫（Ateh）不受敌人伤害，盲人每晚在她的眼皮上画上规定的字母。而任何读到这些字母的人都会死。一天早上，公主收到一对非凡的镜子礼物，一面是快镜，另一面是慢镜。"无论快镜拿起什么，反映出的世界就像对未来的预知，慢镜返回，解决了前者的债务"（Pavic 1989, 23）。她还没有把眼皮上的字母擦干净，看着镜子，就当场死了，在一次眨眼间被杀了两次。

你不希望预见什么？

个人：如果你能确切地知道你什么时候会死——你想知道吗？如果你真的知道——还有谁应该知道？是否不应该做某些预测，即使可以预测出？以及你将如何监管？

行人："每一个以消除城市经验为目的的技术干预，都剥夺了我们遇到不以我们的意志为转移之物的机会，从而剥夺了我们可以反思我们自己的价值、选择和信仰的偶然性的契机。"（Greenfield 2013, location 732–734）预知让生活变得无聊？

反存在性的卡珊德拉（Cassandra）[1]预见到了退化、极端气候事件和生态系统的崩溃，但却被生闷气的阿波罗诅咒，永远不被相信。这个悲剧没有带来任

1　卡珊德拉是希腊、罗马神话中特洛伊的公主，也是阿波罗的祭司。因神蛇以舌为她洗耳或阿波罗的赐予而有预言能力，又因抗拒阿波罗，其预言不被人相信。特洛伊战争后被阿伽门农俘虏，并被克吕泰涅斯特拉杀害。——译注

何宣泄。

相关就够了：理论的终结？

数据收集和计算能力的惊人增长，加上数据关联和模式识别算法的发展，已经产生了一类新的预测模型，据说，其准确性前所未有。对于那些从事网络情报和监控的企业来说，相关已经够了——随着模式匹配算法产生的健康回报，没有必要再开发因果模型。如果经济利益可以在对未来情况的特权知识的基础上得到保证，就没有必要去了解何以如此。此外，在预测引擎是神经网络的情况下，实际上不可能追踪某一特定计算背后的推理。重要的只有目的，而非手段。

机器学习的传教士把短期的功效置于深层次的因果理解之上，他们认为，科学也应该在这样的程序下进行（Anderson 2008）。但在自然科学中，理论的价值不仅仅在于其预测的准确性；在适合相同观察的竞争性理论中，其他重要的选择标准包括一致性、简单性、优雅性、通用性和解释力。

相关并非因果关系。

做一只猫是什么感觉？

预测猫：下落之猫的物理学问题——它怎样在半空中调整位置，让脚着地，让包括詹姆斯·克拉克·麦克斯韦（James Clerk Maxwell）在内的 19 世纪的科学家们兴奋不已。严格的数学解决方案直到 1969 年才出现（Kane and Scher 1969），但早在 1894 年，法国生理学家艾蒂安-朱尔·马雷（Étienne-Jules Marey）就发表了经验性的研究报告，其中的照片使猫的双重旋转运动的关键细

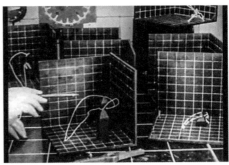

图 42.4 截自《猫，翻滚坠落》，由艾蒂安－朱尔·马雷拍摄，1890—1904年。法国电影院，FM-CT5。出自卢克施、莱因哈特和托德的《梦想重塑》（Luksch, Reinhart, and Tode 2015）

图 42.5 截自《弗兰克·B. 吉尔布雷斯的原始电影剧照，1910—1924 年 》（ Original Films of Frank B. Gilbreth, 1910—1924 ），由拉尔夫·巴恩斯（Ralph Barnes）、莉莲·吉尔布雷斯（Lillian Gilbreth）和詹姆斯·帕金斯（James Perkins）拍摄，1945年。普渡大学图书馆，卡内斯档案和特别收藏。载于卢克施、莱因哈特和托德的《 梦想重启 》（Dreams Rewired, 2015 ）。

节清晰可见（见图 42.4）。马雷用他的计时摄影枪拍摄下落的猫，这是一种每秒 12 帧的照相机，是他专门为研究运动而开发的。通过对图像序列的几何分析，马雷不仅深入了解了基本的生物力学，而且看到了优化和控制的可能性。法国军队是他的第一个客户。

为了在争夺未被征服的领土中获胜，军队必须调整士兵的动作。就像下落的猫，不能依靠运气（Luksch, Reinhart, and Tode 2015）。

当代预测分析学是马雷的工作直接的后裔，途经吉尔布雷斯夫妇（Frank and Lillian Gilbreth）[2] 的 20 世纪早期时间和运动研究（见图 42.5）。

2　弗兰克·邦克·吉尔布雷斯（Frank Bunker Gilbreth）是美国工程师、顾问和作家，被誉为科学管理的早期倡导者和时间与运动研究的开拓者。他与妻子莉莲·莫勒·吉尔布雷斯（Lillian Moller Gilbreth）都是工业工程师和效率专家，他们在运动研究和人为因素等领域为工业工程研究做出了贡献。——译注

猫的预测：生物力学的解释并未穷尽与运气和死亡的图腾联系，猫的思想对我们来说仍然是神秘的。罗得岛州普罗维登斯的史提尔安养暨康复中心（Steere House Nursing and Rehabilitation Center）的家猫奥斯卡[3]有一种"不可思议的能力，可以预测住户何时会死。到目前为止，他已经主持了三楼超过 25 名居民的死亡。……他出现在床边就被……工作人员视为即将到来之死的几乎绝对的指标"（Dosa 2007, 328–329）。如果一个人工制剂能很好地做出这样的预测，你会听从它吗？

相关不是因果关系，行为也不是经验。

自我实现的预言 II：控制论的失败

"几乎所有的预测性警务模型……都会使用警察部门的犯罪数据。但警察部门的数据并不代表一切犯罪行为；警察并没有被告知一切发生了的犯罪行为，他们也没有记录所有他们应对的犯罪行为。……如果一个警察部门有过度维持某些社区治安的历史……预测性警务只会在随后的预测中重现这些模式。"（Isaac and Lum 2018）

在预测性分析被誉为灵丹妙药的其他领域，包括工作招聘和大学录取[10]，都可以发现构想和规范化的类似基本错误。在控制理论中，正反馈是不稳定的来源。放大历史的偏见是控制论的一项基本失败。

3　奥斯卡（2005—2022）是一只治疗猫，自 2005 年以来住在美国罗得岛州普罗维登斯的史提尔安养暨复建中心。它因据称能够预测病人的死亡而出名，其现象还被在布朗大学任教的医学博士大卫·多萨写成文章《猫咪奥斯卡的一天》在《新英格兰医学期刊》发表。布朗大学的专家大卫·多萨和琼·特诺都认为奥斯卡是透过闻到病人临死前散发的特殊气味来做出判断。伊利诺伊大学的猫科动物专家汤玛斯·葛雷夫斯在接受 BBC 访问时对此表示："当猫的主人或其他动物生病时，它们通常都能够感觉到。"——译注

未来的圈地（Foreclosure）

在完整的表达中，由企业管理的智能城市是当代圈地运动的缩影。13 世纪英国的圈地运动把公有土地变成私人所有。从 20 世纪 80 年代开始，新自由主义将公共服务、公用事业、社区知识和空间转让给私人企业，构成了对整个公共领域的新圈地。今天，由预测引擎驱动的圈地运动（见图 42.6）最为恶劣，它带来了对未来的圈地，这也是共域的一部分。

那里有一个更个人的世界。

一个知道你喜欢什么并预测你需要什么的世界。

在那里，你的体验感觉不像是由机器生产的，

而更像是来自一个朋友。

这就是我们正在创造的世界……（WibiData，公开声明）[11]

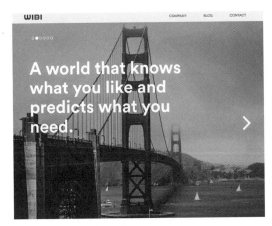

图 42.6　WibiData 的主页，一家提供个性化客户体验的软件公司。http://www.wibidata .com。最后一次访问是在 2015 年 2 月 21 日。

预测引擎值得公众的密切关注，因为它们对人权的影响——尤其是隐私权、自主权和自我决定权，知情权，享有正当程序和不受社会分类的任意影响的权利，以及"未来时态的权利"（Zuboff 2019, 20）。这种机器程序的不透明性有可能导致我们自己的决定变得不透明——那真的是我们做出的知情选择吗？而当人类的能动性概念处于变化之中时，权利话语的说服力就会减弱。

再造未来

哪怕我们是预测和优化技术及其算法放大任意性、偏见和错误的对象，我们仍然受制于中央集权的专制决定。竞争优势和革命性的惊喜植根于知识的不对称性；马克·扎克伯格（"快速行动，打破常规"）和唐纳德·特朗普（"作为一个国家，我们必须更加不可预测"[特朗普 2016]）同样赞美波动性。硅谷的科技精英们普遍认为，他们是"不仅可以（塑造未来）的人，而且是……唯一可以这么做的人"（Robert Scott，"Further Future 节"的创始人，引自 Bowles 2016）。

为了再造未来—执行意外之物？一种被建议的抵抗机制是部署保护性的优化技术（Overdorf et al.2018）：对优化系统的数据和推理过程进行集体催促或污染的技术；算法时代的异轨（détournement）。尽管存在各种脆弱性（意外后果、特殊利益集团的劫持、欺骗的道德鸿沟……），但这种集体行动的策略很可能被证明是有效的，作为对抗集中式预测权力的战斗的第一炮。然而，可持续的系统性变革需要强大的问责制和透明度模式，需要协商正义的过程，需要人类和地球繁荣的概念。填海是不够的，必须有一个设想。预测是希望的不可思议的姐妹。

注释

感谢穆库尔·帕特尔（Mukul Patel）对于本文初稿的重要讨论和支持。

[1] 不同程度上归功于尼尔斯·玻尔（Niels Bohr）、罗伯特·斯托姆·彼得森（Robert Storm Peterson）等人。

[2] 被理解为是由于意志薄弱而违背自己更好的判断。

[3] 例如见弗莱（Fry, 2018, 49-78）关于预测累犯的算法讨论，以及其中讨论的论文（Kleinberget al., 2017）。

[4] 时间因素占主导地位。非预期的后果何时会变得明显？我们又将如何认识到它们是后果？

[5] 奇普被他自己的前门挡住了，一扇意识到其合同权利的门。

[6] 2002 年，统计学家安德鲁·波尔（Andrew Pole）为美国的塔吉特（Target）连锁店工作，发现了新怀孕的顾客习惯。购物习惯会因重大生活事件而改变，为品牌转换打开了一个窗口。这家连锁店正在使其库存多样化，并希望通过有针对性的促销活动确保新客户。波尔对查尔斯·杜希格（Charles Duhigg, 2012）说："只要我们让他们从我们这里购买尿布，他们也会开始购买其他东西。"波尔通过寻找孕妇购物者在常规购物篮中的变化来了解他们，例如，转向无香料或无添加剂的洗漱用品。这些消费者收到了定制的邮件，里面有新系列婴儿用品的优惠券。一位年轻少女的父亲愤怒地指责塔吉特公司鼓励她对婴儿的兴趣，结果发现她已经怀孕了（他向商店经理道歉，后者代表塔吉特公司打电话道歉）。

[7] 例如，见 Zhong et al（2015）和脸书在 2009 年专利申请 US20100257023A1，"利用社交网络中的信息进行广告推理定位"。

[8] 鉴于少量的辅助信息，个人的身份可以纯粹从其网络的拓扑特征（连接）中推断出来（Narayanan and Shmatikov, n.d.）。

[9] 经典的探索是卡尼曼与特维斯基（Kahneman and Tversky, 1981）。

[10] 凯希·奥尼尔（Cathy O'Neil）在她的《数学毁灭性的武器》（*Weapons of Math Destruction*, 2016, 115–118）中讨论了一所医学院的歧视性招生程序，该程序由算法延续。

[11] 数据分析公司 WibiData 有来自谷歌的埃里克·施密特（Eric Schmidt）的重要投资。

参考文献

(1) Anderson, Chris. 2008. "The end of theory: The data deluge makes the scientific method." *Wired*, June 23, 2008. https://www.wired.com/2008/06/pb-theory.

(2) Bowles, Nellie. 2016. "'Burning Man for the 1%': The desert party for the tech elite, with Eric Schmidt in a top hat." *Guardian*, May 2, 2016. https://www.theguardian.com/business/2016/may/02/further -future-festival-burning-man-tech-elite-eric-schmidt.

(3) Dick, Philip K. 1966. "We can remember it for you wholesale." *Magazine of Fantasy and Science Fiction*, April 30, 1966, 4–23.

(4) Dick, Philip K. 1969. *Ubik*. New York: Doubleday.

(5) Dosa, David M. 2007. "A day in the life of Oscar the cat." *New England Journal of Medicine* 357: 328–329.

(6) Duhigg, Charles. 2012. "How companies learn your secrets." *New York Times*, February 16, 2012. https:// www.nytimes.com/2012/02/19/magazine/shopping-habits.html.

(7) Experian. 2016. "Mosaic: The consumer classification solution for consistent cross- channel marketing." Accessed July 15, 2019. https://www.experian.co.uk/assets/marketing-services/brochures/mosaic_uk _brochure.pdf.

(8) Fry, Hannah. 2018. *Hello World*. London: Doubleday.

(9) Gallagher, Ryan. 2019. "Cameras linked to Chinese government stir alarm in U.K. parliament." *Intercept*, April 9, 2019. https://theintercept.com/2019/04/09/hikvision-cameras-uk-parliament.

(10) Greenfield, Adam. 2013. *Against the Smart City*. New York: Do Projects.

(11) Human Rights Watch. 2019. *China's Algorithms of Repression: Reverse Engineering a Xinjiang Police Mass Surveillance App*. N.p.: Human Rights Watch.

(12) Isaac, William, and Kristian Lum. 2018. "Setting the record straight on predictive policing and race." *Medium*, January 3, 2018. https://medium.com/in-justice-today/setting-the-record-straight-on-predictive-policing-and-race-fe588b457ca2.

(13) Kahneman, Daniel, and Amos Tversky. 1981. "The framing of decisions and the psychology of choice." *Science* 211: 453–458.

(14) Kane, T. R., and M. P. Scher. 1969. "A dynamical explanation of the falling cat phenomenon." *International Journal of Solids and Structures* 5 (7): 663– 670. http://doi.org/10.1016/0020-7683(69)90086-9.

(15) Kitchin, Rob. 2015. "Continuous geosurveillance in the 'smart city.'" *Dis*. Accessed July 15, 2019. http:// dismagazine.com/dystopia/73066/rob-kitchin-spatial-big-data-and-geosurveillance.

(16) Kleinberg, Jon, Himabindu Lakkaraju, Jure Leskovec, Jens Ludwig, and Sendhil Mullainathan. 2017. "Human decisions and machine predictions." Working Paper 23180. Cambridge, MA: NBER.

(17) Luksch, Manu, Martin Reinhart, and Thomas Tode, directors. 2015. *Dreams Rewired*. Film. Austria/ United Kingdom.

(18) Narayanan, Arvind, and Vitaly Shmatikov. n.d. "De-anonymizing social networks." Accessed August 1, 2019. https://www.cs.utexas.edu/~shmat/shmat_oak09.pdf.

(19) O'Neil, Cathy. 2016. *Weapons of Math Destruction*. London: Penguin Books.

(20) Overdorf, Rebekah, Bogdan Kulynych, Ero Balsa, Camela Troncoso, and Seda Gürses. 2018. "POTs: Protective optimization technologies." https://arxiv.org/abs/1806.02711v3.

(21) Pavic, Milorad. 1989. *Dictionary of the Khazars*. Female edition. New York: Vintage.

(22) Trump, Donald J. 2016. "Foreign policy remarks of D. J. Trump." *Federal News Service*, April 27, 2016.

(23) Wigner, Eugene. 1960. "The unreasonable effectiveness of mathematics in the natural sciences." *Communications in Pure and Applied Mathematics* 13 (1): 1–14. http://doi.org/10.1056/NEJMp078108.

(24) Zhong, Yuan, Nicholas Jing Yuan, Wen Zhong, Fuzheng Zhang, and Xing Xie. 2015. "You are where you go: Inferring demographic attributes from location check-ins." In *Proceedings of the Eighth ACM International Conference on Web Search and Data Mining*, 295–304. New York: Association for Computing Machinery.

(25) Zuboff, Shoshana. 2019. The Age of Surveillance Capitalism. London: Profile Books.

43. 代理 （Proxies）

全喜卿、波阿斯·莱文和维拉·托尔曼

（Wendy Hui Kyong Chun, Boaz Levin, and Vera Tollmann）

没有代理，就没有大数据。代理体现了相关性，使它们对一个"不确定"档案中的关系异常重要。通过索引和代表缺失的内容，它们既引入又减少了不确定性。

我们不断被告知，21 世纪是大数据的时代。数据是"新型石油"——等待开采的新资源（Economist 2017）。为何？因为绝大多数电子流程产生的海量数据都可被存储、联网、回收利用和互连。借助大数据，人们可以使用"所有"数据，而不仅仅是一段样本——维克托·梅耶－舍伯格（Viktor Mayer-Schönberger）和肯尼斯·库克尔（Kenneth Cukier 2015）甚至将"N=all"描述为其定义特征。正因为如此，我们如今能够理解一切。因此，发现思科（Cisco）或 IBM 将大数据可视化成一个球体或一个地球时，我们并不觉得惊奇，它们在无标度维度传达了一种对总体性和整体性的幻象，无须坐标系。

值得注意的是，这些关于全面性的主张——实际上被技术不可能"读入"（reading in）和分析全部累积数据所削弱——与"发现"数据中的相关性有关，这种相关性揭示了重要行为模式。由于这些相关之处，理论上的，以及传统中的认知方式已被宣告死亡：克里斯·安德森（Chris Anderson 2009）称："蜂拥而至的数据让科学方法过时了。" 梅耶－舍恩伯格（Mayer-Schönberger）和库克尔（Cukier 2015，190）断定道："依赖于因果关系的世界观，正受到普遍相关性之挑战。拥有知识，在过去意味着了解历史，在现在则意味着一种预测未来的能力。"作为证据，梅耶－舍恩伯格和库尔克提供了一些经典案例，如费埃哲（FICO）的用药依从性评分（基于例如汽车产权等信息评估患者定期服药的可能性）和塔吉特（Target）的"怀孕预测"评分（基于维生素和无香型护肤液的购买情况）。因此，大数据发现和提供的是代理：代理式购物可以揭露隐藏或潜在状态。

代理，字面上指替身或代用品。根据《牛津英语词典》，该词源自古典拉丁语术语"procurator"，含义有"经理、负责人、代理人、管家、地方财政官和检察官"，而在后期变为"教会法庭的检察官……大学高级职员"。代理是人类最早的替身和施行人："代理"一词和"代理商"同义，即作为他人之替身的人；代表上司、雇主或委托人进行谈判与交易的人。但是，代理较之代理商，似乎更少有独立性——他们总是受缚于上级；代理无法得到分红或是随心所欲地做出决策。随着时间推移，代理成了直接且同等置换的保障，意为"授权某人代表另一个人并为之行事的文件"，或者，在基督教会中意为"在职人员每年支付的款项……作为馈赠和招待来访主教或其代表的替代"。在统计学与经济学中，代理一般对应于线性关系；它们与隐藏和未知变量相关联。作为互联网术语，代理是充当客户请求中介的计算机服务器。通过促进间接连接，代理处在控制与颠覆的交叉点。代理服务器使用位于他处、属于不同辖区的服务器来发送信息，以规避审查和封锁，为用户提供匿名性。但是，它们也可以被用来完成相反的任务：监控流量。

代理已成为后民主政治时代的象征，这个时代愈加多地充填着僵尸军队（bot

militias）、傀儡国和通信中继。机器人（Bots）指在互联网上自动执行任务的软件应用程序，往往假以真实人类之名。无论是在网上爬取信息，还是传播信息——垃圾邮件与诈骗、宣传、假新闻、广告——都暴露并滥用了网络的基本漏洞。在米拉伊（Mirai）僵尸网络的案例中，恶意软件被用来追踪所谓的"智能"设备——如婴儿监视摄像头与网络摄像头，旧路由器和新型真空吸尘器——这些设备被感染，并被征入僵尸网络（Lily Hay Newman 2016）。米拉伊创建了一支由僵尸化设备组成的受控军团。傀儡国与之不同，它未必是数字化代理政治的一种表现形式，它甚至和国家形式本身一样古老（Tollmann and Levin 2017）。一个傀儡国或傀儡政府可能看似独立自主，但实际上受制于外部的隐形力量。且不论一个国家是否真由外界控制，很明显，我们对这种被移置权力的信念越来越普遍了。无线网络通信经常通过中继器运作，其源点与终点由一系列节点相连。中继网络的拓扑结构就是互联网的重要特点，而诸如 TOR 之类的网络又多提供了一层中继网络以混淆其用户。

因此，代理在根本上具有悖反性。代理有着雅克·德里达所说的"药"（pharmakon）的特性：一种补充剂或中间药剂，"既是解药也是毒药"。它通过创造新的依附性与关系免除了一种责任——以款项（payment）代替招待（hospitality）。代理被编织进网络中，行动与动机似乎被掩盖、被计算、被远程控制。它存在于变得模糊不清的地方；代理意味着转移注意力、混淆视听、压制和保密，但同样意味着隐私性、安全与活跃。代理藏于影子政府、暗网与离岸事务中。代理可以是网上的中间人、调解人、新媒介，一台逆向工程机器或屏幕上的化身（avatar）都有可能是代理。任何代理都会带来混乱，这就是其规则。它颠覆了现有秩序和二元体系，破坏固定结构，只为打开一个通道让人类、包裹或信息通过。代理创造一个临时世界用来干预。套用弗里德里希·基特勒

（Friedrich Kittler, 1999, 39）的名言"媒体决定了我们的处境"，我们现在可以说"代理决定了我们的处境"。

代理涉及未知——它们通过捕获或同步不存在的东西来扩展档案，扩展已知。因为这点，它们引起了争议，这在全球气候变化研究中尤为明显，该研究利用冰芯和树轮等代理来确定人类没有记载的年代与区域的总体温度。然后，代理只是一个属于不精确性的近似值，是注定不完整的对未知领域的探索。正如斯特凡·赫尔姆赖希（Stefan Helmreich 2014, 273）的海浪模型例子所演示的那样，"海浪模型往往需要比浮标更多的数据点。在此情况下，模型可以生成代理数据点——在已知数据点之间插值而产生虚拟浮标。这种模拟生成的浮标在'云'中（也就是远程计算机网络服务器中）制造'波浪'，加快了预测速度"。换言之，若没有充足的数据来生成预测模型时，通常会模拟出代理并使用它加速进程。鉴于此，代理是异议和"理论"（theory）的爆发点。正如克里斯托夫·罗索尔（Christoph Rosol, 2017, 120）所展示的，"古气候学，即直接用仪器测量数据之前的气候研究，是一个认识论意义上的激进领域，它直接废除了数据与模型的区分，重构了实验的概念"。他继续声明，代理数据"甚至不会装成原始数据。从古气候学的视角来看，观测数据是一连串技术转变过程的结果，这些过程把岩石、冰块或是湖泊与海床中的泥浆中发现物理或化学痕迹转化为代理数据，接着转化为气候数据"（123）。否认全球气候变化情况者，抓住了代理的此般特性，去攻击地球气候变化模型。恰如迈克尔·E. 曼恩（Michael E. Mann）的"曲棍球杆曲线"所揭示的那样，代理产生政治（见图43.1）。曼恩的"曲棍球杆曲线"记录了北半球平均气温的上升，政治家们视之为全球气候变化的代理。它因使用主成分分析[1]以在代理网络之间制造"公平竞争"而受

1　一种数据处理方法，将一组可能相关的变量转换为少数综合型变量。——译注

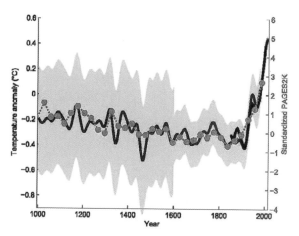

图 43.1　克劳斯·比特曼（Klaus Bitterman）制图。维基共域资源。
曼恩的曲棍球棒，显示北半球平均温度的上升。

到攻击。它还因在 1980 年后从代理数据转向仪器数据而受攻击。最终，他的重构被验证为准确——但却在收到死亡威胁、国会介入和电子邮件遭遇黑客攻击之后（Mann 2012）。[1]

　　美国境内对全球气候变化模型的持续争论表明，代理并不能消除因果性问题。拒绝从因果关系角度思考——拒绝询问为何存在某些关系——是一种逃避：政治欺诈。曼恩的"曲棍球杆曲线"之所以饱受争议，不仅仅是由于它所揭示之物，即 20 世纪平均气温的飙升，还因为它所暗示之物：20 世纪的气温骤升，让所有其他随时间而发生的变化都相形见绌（例如全球气候变化的否认者反复引用的中世纪气候异常），这必然是由于人类越来越多地使用碳氢化合物，因为这是唯一的新元素（Chun 2018）。大数据所揭示的"惊人"相关性中也有着清晰的政治意味。对谁而言，孕吐是一种发现（discovery）？在美国购买汽车保险又与种族和阶级有什么关系？

代理开启了更多问题与关系链条。正如凯西·奥尼尔在《数学的杀伤武器：大数据如何加剧不平等和威胁民主制》（*Weapons of Math Destruction: How Big Data Increases Inequality and Threatens Democracy*）一书中记载的那样，邮政编码——以及其他众多代理——是数学杀伤武器（WMDs）运作的核心。WMDs在"某人的邮编或语言模式与其偿还贷款能力或工作潜力之间建立统计相关性，这些相关性带有歧视，部分甚至是非法的"（O'Neil 2016，17–18）。例如，以盈利为目的的大学很有可能"瞄准邮编来自最贫困地区，点击过短期贷款广告，并因创伤后压力而忧虑的人"（74）。预测式监管软件则分析确认出哪些邮编地区最有可能发生犯罪，从而确定应该对何处采取严格管控。正如《大西洋月刊》（*the Atlantic*）在 2014 年 10 月 14 日那版所言："大数据可以根据你的邮编猜出你的身份……你的邮编暴露了你的消费水准……在本质上，你是谁。"另一方面，企业可通过在海外或免税地出租（虚拟）办公空间来获利，而不需要实际在场。可见，在汉娜·阿伦特（Hannah Arendt）撰写《人的条件》（*the Human Condition*）时，她虽批评了人类对感官日益失去的信任和日益严重的工具化，她却没预见到一个数字，在她的书中是电话号码，在未来会变得个性化、移动化和可追踪。对阿伦特（2013，261）来说，电话号码如同测量仪器的输出结果一样，是具有任意性也是不透明的。

追踪"代理链条"是至关重要的。例如，邮政编码的案例展示了网络化和现实区别对待的深层关系：如果邮编与种族和阶级相关，那是因为长久以来的不平等影响了现实与网络社区。美国"白"与"黑"社区的建立与法律强制的区隔、当前非法的红线区（某些社区仅向白人出售房产）行为，以及战后给予白人士兵的各类优待有关（Katznelson 2005）。仅把这些称作"相关性"，却拒绝看到事件背后的原因，是一种愚蠢地、蓄意地让不平等长存的做法。重要的是，大数据、关联和区隔之间的关系还要更加深奥（Chun 2019）。网络科学将同质性（homophily）——即相似性孕育连接的原则——作为其基本原理：用户与事物基于其相似性被放置进网络社区中。就根本而言，网络科学已假定社区之间应该具有区隔：社区中应当充斥着好恶类同且分明之人。实际居住区隔的存在，通常被认为是同质性必然存在的"证据"，但"同质性"一词正是在美国居住区隔的社会学研究中诞生的。保罗·拉扎斯菲尔德（Paul Lazarsfeld）和罗伯特·默顿（Robert K. Merton 1954）在20世纪50时代研究两个城镇之间的友谊模式时，自创了"同质性"一词，他们写道："克拉夫镇，该住房区位于新泽西州，约有700户家庭；希尔镇，该住房区具有双种族、低租金的特点，处于宾夕法尼亚州西部，约有800户人家。"（21）重要的是，他们不仅创造了"同质性"一词，还创造了术语"异质性"（heterophily），不过他们没有发现同质性是"自然"存在的。反之，在同时记录下同质性和异质性时，他们问道："经由何种动态过程，价值的相似性或对立性塑造了亲密友谊的形成、维持和中断？"（28）在他们被大量引用却显然没有被仔细研读的章节中，同质性是友谊形成的一个例子。

代理是训练、习性和制度留下的踪迹。它们是"药剂"，在寻求未知或"潜在"事物时起调解作用，从而打开可能性。然而，我们回到全球气候变化模型，代理也可以被用来想见别样的未来。如曼恩的曲棍球杆曲线所呈，这些模型根据过去的相关性去预测，不是为了确认现时状况，而是为了让我们采取不同行动，创造新未来。这是代理给出的承诺——如果我们在关注它们。

注释

该研究的开展，部分受惠于"加拿大150研究主席计划"。

[1] 该论述出现在讨论机械客观性与科学家角色之间关系章节的最后部分。正如洛林·达斯顿(Lorraine

Daston）和彼得·加利森（Peter Galison, 2007）在他们的客观性研究中所言，20 世纪的开端预示着训练科学家"观察、操控和测量——头、手和眼标定"的新方法（326）。诸如脑电描记法（以图形方式表示大脑活动）等新技术意味着机械客观性的兴盛，随之而来的是围绕人类判断和解释地位的一系列辩论。这样的争论导致人们对新的科学自我的追求，一种较之算法更加"智能"的自我，它将判断视为一种受训后的感知和识别行为。同样，目前围绕大数据的辩论揭示了一种分歧：部分人认为数据可以"为己发声"，可以取代理论（theory），并放弃寻求原因；另一部分人则认为相关性是因果关系追寻过程中的一个临时阶段。

参考文献

(1) Anderson, Chris. 2009. "The end of theory: Will the data deluge make the scientific method obsolete?" *Edge*, June 30, 2009. http://edge.org/3rd_culture/anderson08/anderson08_index.html.

(2) Arendt, Hannah. 2013. *The Human Condition*. Chicago: University of Chicago Press.

(3) Chun, Wendy Hui Kyong. 2018. "On patterns and proxies, or the perils of reconstructing the unknown," *e-flux architecture*, October 2018. https://www.e-flux.com/architecture/accumulation/212275/on-patterns-and-proxies/.

(4) Chun, Wendy Hui Kyong. 2019. "Queerying homophily." In *Pattern Discrimination*, edited by Clemens Apprich, Wendy Hui Kyong Chun, Florian Cramer, and Hito Steyerl, 59–98. Lueneburg: Meson Press.

(5) Daston, Lorraine, and Peter Galison. 2007. *Objectivity*. Cambridge, MA: MIT Press.

(6) Derrida, Jacques. 1981. *Dissemination*. Chicago: University of Chicago Press.

(7) *Economist*. 2017. "The world's most valuable resource is no longer oil, but data: The data economy demands a new approach to antitrust rules." May 6, 2017. https://www.economist.com/news/leaders/21721656-data-economy-demands-new-approach-antitrust-rules-worlds-most-valuable-resource.

(8) Helmreich, Stefan. 2014. "Waves: An anthropology of scientific things." *HAU: Journal of Ethnographic Theory* 4 (3): 265–284.

(9) Katznelson, Ira. 2005. *When Affirmative Action Was White: An Untold History of Racial Inequality in Twentieth-Century America*. New York: W. W. Norton & Co.

(10) Kittler, Friedrich. 1999. *Gramophone, Film, Typewriter*. Stanford, CA: Stanford University Press.

(11) LaFrance, Adrienne. 2014. "Database of zip codes shows how marketers profile you." *Atlantic*, October 14, 2014. https://www.theatlantic.com/technology/archive/2014/10/big-data-can-guess-who-you-are-based-on-your-zip-code/381414/.

(12) Lazarsfeld, Paul F., and Robert K. Merton. 1954. "Friendship as social process: A substantive and methodological analysis." In *Freedom and Control in Modern Society*, edited by Morroe Berger, Theodore Abel, and Charles H. Page, 18–66. Toronto: D. Van Nostrand.

(13) Mann, Michael E. 2012. *The Hockey Stick and the Climate Wars: Dispatches from the Front Lines*. New York: Columbia University Press.

(14) Mayer-Schönberger, Viktor, and Kenneth Cukier. 2015. *Big Data: A Revolution That Will Transform How We Live, Work, and Think*. New York: Houghton Mifflin Harcourt.

(15) Newman, Lily Hay. 2016. "The botnet that broke the Internet isn't going away." *Wired*, December 9, 2016. https://www.wired.com/2016/12/botnet-broke-internet-isnt-going-away/.

(16) O'Neil, Cathy. 2016. *Weapons of Math Destruction: How Big Data Increases Inequality and Threatens Democracy*. New York: Crown.

(17) Rosol, Christoph. 2017. "Data, models and earth history in deep convolution: Paleoclimate simulations and their epistemological unrest." *Berichte zur Wissenschafts-Geschichte* 40 (2): 120–139.

(18) Tollman, Vera, and Boaz Levin. 2017. "Proxy politics: Power and subversion in a networked age." In *Proxy Politics: Power and Subversion in a Networked Age*, edited by Research Center of Proxy Politics. Berlin: Archive Books.

44. 量化（Quantification）

杰奎琳·维尔尼蒙（Jacqueline Wernimont）

当人们想到量化时——将数字归于某个事物、事件或某种感觉，他们往往会想到表面上是初步的或基本的行为，如数手指、数凹槽、数石头……一、二、三。这类量化通常被界定为是描述性的：有五根手指、三个凹槽、零颗石头。事实上，大规模的量化行为往往依赖于这种还原性特征，从而减轻或是完全规避对数字是如何运作的恐惧。人们可能会在数字乃是一种透明的描述这类常识性观念中找到安慰，进而确保大数据，跟主人问："晚餐有多少人？"客人回答："我们有四个人。"这类场景并无二致。计数（counting）与量化，经常使用指示性的语气（我们有四个人），这导致人们能将这种话语解读为是描述性的，因为它们掩盖了为特定特征或单位分配数字的选择。但它们也可能以其他的方式分配数字。一位客人，可能会用成对的夫妇或家庭单位，而非单个的食客来回应主人："两对夫妇，谢谢。"此外，量化无须这样计数，以我们熟悉的病人疼痛量表为例，它是某人在从一到十的量表上，对疼痛体验进行的相对测量。

量化是我们做的事情

虽然计数、测量与量化存在细微的差别，但女性主义唯物主义的方法表明，所有这些都是"能动性实践，它们不只是启示性的，还是述行性的"（Barad 2012, 6–7）。量化将数量（quantity）分给某物并非一个简单而透明的行为。它不揭示绝对的真实。相反，量化应该被理解为是一种解释与创造世界的活动。关于由谁，关于由什么来计算的选择，授权并限制了个人与集体的认识和存在。因此，权力通过量化来表达和执行。虽然用数字 4 来表示一顿晚宴的规模似乎微不足道，但正是这种微小且琐碎的量化，常常涉及更大的量化，并成为大数据分析与追踪的基础。

量化是被定位的？

正如道恩·纳福斯（Dawn Nafus,2016，xviii）观察到的，"数据总是有日期的"，而在今天，作为大数据构成部分的量化实践也是"有日期的"：它们能在历史与文化上被定位。在 19 世纪前的英语用法中，动词的**量化**并不常见，长久以来，**数量、测量、列举**和**计数**等词汇的政治与认识论含义极为不同，但它们一直都是英美和西欧生活的一部分。关于自然与自然界的研究首先是定性的，数字跟神奇和神秘有关，而非与我们在今天常用的具有事实意义的数字有关。早期的现代思想家关于量化的价值有过广泛的争论，即使在 17 世纪末，当数学演示变得更时髦时，这个问题也悬而未决。商贸实践——贸易平衡、库存、标准计量与汇率——以及 18 世纪对确定性（概率）的量化和国家对统计和精算思想的支持，推动量化在欧洲和北美提高了威望。到 18 世纪末，对观察、人、货物与财富进行量化的能力受到高度重视，并被定位为比定性的观察更客观。这在一定程度上要归功于一种表述技巧：阿拉伯数字的使用已经标准化，而且很容易表明一列中的10与另一列中的10是一致的——它们是可以相称的量化。但长期以来，量化也依赖于一种感觉，即数字的有效性，可以被轻易地评估出来。这是传统意义上的实证主义，任何量化的有效性均不在抽象或普遍的真理中，而是取决于对其有用性的衡量（Porter 1995）。至少从18世纪末开始，量化就是功利性的，是为了满足特定的需求，为特定的人或组织而部署。

量化也取决于精确的修辞表述，每个数字都代表一个现象或物体——"99个红气球"，而非"许多红气球"。而量化步数这种很好的案例让很多人购买自我追踪的设备——它要么取决于一组代理指标，如由各种仪器测量的行走距离，要么是一种标准的机械过程，如一个加权杠杆或其他传感器记录每一个脚步。这两种方法都受到各种变量的影响，包括步行者的步幅、距离代用指标的可靠性、激活传感器所需的足部冲击力等等。至少从20世纪初开始，在当时被称为"护士步行"（the nurse's walk）的现象——被认为是太安静或太温和，因而无法在计步器上被有效登记的步数，就一直困扰着机械的步数追踪。长久以来，妇女的脚步——尤其是在医院或家庭等护理环境中的脚步——一直被误计、少计，或者被认为根本不值得计算。虽然量化取决于现实主义或精确的修辞，但量化实践却是知识生产的政治和道德经济的一部分，它致力于"克服"个人或群体之间的距离和不信任（Porter 1982）。

量化是创造性的

事实上，不管我们或他人可能对数字抱有何种信任，决定着被测量内容的设计选项，是一种解释形式或世界观的表达（Boyd and Crawford 2012）。量化乃是大数据文化的一个方面，它依赖于媒介和机器——人口普查表、销售数据的电子表格、电话塔和移动设备之间互动产生的元数据记录、心率监测器、步数计数器等等。决定计算什么和如何计算，就是决定一组工具、界面、知识系统、人和对象 / 主体如何互动，进而创造意义。这是一个我称之为量化中介（quantum mediation）的过程，它并不产生"事实"（facts），而是创造有用的数字流（Wernimont 2018）。长久以来，虽然有效性和客观性表明，有用的（useful）数字便是有效的（valid）数字，但重要的是记住，量化与其说是一种反映或讲真相（truth-telling）的过程，不如说是一种补救和讲故事（storytelling）的过程（Daston and Galison 2007; Porter 1995）。量化中介"是物质化的话语实践"；它们是制造临时稳定性的方式，而这些临时稳定性（temporary stabilizations）被我们认知为**客体**和**主体**，或**设备**、**国家**或**公民**（Barad 2012, 810; Wernimont 2018）。

量化是权力的一种表达方式

有效性与效用是表达权力的载体。例如，美国的人口普查系统明确将非残疾的军龄白人男性公民，与妇女、儿童、非裔美国人、美国原住民和残疾人区分开。早期的人口普查甚至把被奴役者当作是"完整之人"（whole persons）以外的东西，并只赋予被奴役的身体和生命五分之三的价值。美国政府——部分是因为全国步枪协会努力游说而限制了这种量化，政府才没有追踪因枪支导致的死亡率。在危地马拉、塞尔维亚、克罗地亚、伊拉克和刚果民主共和国（以及其他国家），作为侵犯人权行为的"死亡量"是备受争论的场域，这证明通过"有效"量化可以产生巨大的权力（Nelson 2015；Seybolt, Aronson, and Fischhoff 2013）。

量化是有用的，也是不确定的

量化科学早已承认不精确性，这可能是数字的一个基本组成部分，无论这些数字看起来多干净。就拿美国的人口普查系统来说，学者和政府官员都正式承认，官方的人口普查数字代表一种以特殊方式反映出来的少计。尽管它表面上精确地计算了每一个人，但已知的"永久居民、归化公民与无证居民的覆盖面不同"（Woodrow-Lafield 1998, 147; Bouk 2015）。为了解决计数中特有的不确定性，人口学家与官僚经常转向抽样调查，试图不再计算个人，而是计算样本，再从样本中推断出整体。事实上，美国的调查——如当前的人口调查（每月对六万个家庭的调查）或尼尔森电视收视率，都依赖于通过抽样和额外的不确定性模型来解决抽样模型中的缺陷。这可能包括使用不确定性建模和置信区间[1]的发布，这本身就试图量化确定性与不确定性。

此外，那些经常与量化打交道的人还明白一个悖论："对量化方法与结果的最终检验……不是量化，而是定性：数字是否给了我们可以使用的东西？"（Hope and Witmore 2014, 125–126）。定量的结果取决于共同体或法律的认可，

1　在统计学中，一个概率样本的置信区间（Confidence interval）是对这个样本的某个总体参数的区间估计。置信区间展现的是这个参数的真实值有一定概率落在测量结果的周围的程度。——译注

从而变得有意义和生效（Porter 1995）。因此，这不是简单的数字为自己说话，而是数字以特定的方式对特定的人说话，并通过量化推进论点和世界观。这种量化产生了"价值问题和事实问题"，反过来，又使得按照种族、国家、性别、宗教、性取向、能力等划分的生活成为可能或不可能的（Sha 2013, 2）。这种价值和事实的事项总是在行动，授权和加强群体的团结（有些是积极的，有些不是，都表现出特权和压迫），并创造普遍的范式，除非进行干预，否则往往会伤害非正常化的主体。

　　量化不是惰性的或"仅仅是"描述性的，而是一直参与到身体和人已经和正在成为对他们自己、对他人和对民族国家可见的过程中。量化实践在复杂的社会技术网络中展开，就像任何其他表征模式一样，处于不同的位置，并受制于不确定性。也许，在进行量化时，最大的不确定性来源是那个复杂的、政治性的界面区域，在那里，被量化的遇到了同样被量化的。我们可能认为，自己是由肉体物质组成的，也可能是由希望和愿望组成的，但我们的许多计量媒介以不完全计算的步骤、磅数和心跳来看待我们。对于这些媒介和那些控制它们的人来说，我们的价值在于我们是可以被量化的，以及这种量化在晚期资本主义范式中被赋予的意义。那么，那些心跳和步伐被排除在量化系统之外的人呢？那些没有被北美政府量化的被谋杀的跨性别妇女、失踪的家庭和被处决的黑人男子，很可能会寻求后期资本主义量化所提供的保护。正如黛安·尼尔森（Diane Nelson, 2015, xi）所观察到的，我们必须认识到，量化"既是必要的，也是不充分的，既是非人化的，也是补偿性的，既是必要的，也是复杂的"。

参考文献

(1) Barad, Karen. 2012. *What Is the Measure of Nothingness? Infinity, Virtuality, Justice* [Was ist das Maß des Nichts? Unendlichkeit, Virtualität, Gerechtigkeit.] Ostfildern, Germany: Hatje Cantz.

(2) Bouk, Dan. 2015. *How Our Days Became Numbered: Risk and the Rise of the Statistical Individual*. Chicago: University of Chicago Press.

(3) boyd, danah, and Kate Crawford. 2012. "Critical questions for big data." *Information, Communication and Society* 15 (5): 662–679. https://doi.org/10.1080/1369118X.2012.678878.

(4) Daston, Lorraine, and Peter Galison. 2007. *Objectivity*. Boston: MIT Press.

(5) Hope, Jonathan, and Michael Witmore. 2014. "Quantification and the language of later Shakespeare." *Actes des congrès de la Société française Shakespeare* 31:123–149.

(6) Nafus, Dawn. 2016. "Introduction." In *Quantified: Biosensing Technologies in Everyday Life*, edited by Dawn Nafus, ix–xxxi. Boston: MIT Press.

(7) Nelson, Diane M. 2015. *Who Counts? The Mathematics of Death and Life after Genocide*. Durham, NC: Duke University Press.

(8) Porter, Theodore. 1982. "Quantification and the accounting ideal in science." *Social Studies of Science* 22 (4): 633–651. https://doi.org/10.1177/030631292022004004.

(9) Porter, Theodore. 1995. *Trust in Numbers: The Pursuit of Objectivity in Science and Public Life*. Princeton, NJ: Princeton University Press.

(10) Seybolt, Taylor B., Jay D. Aronson, and Baruch Fischhoff. 2013. *Counting Civilian Casualties: An Introduction to Recording and Estimating Nonmilitary Deaths in Conflict*. Oxford: Oxford University Press.

(11) Sha, Xin Wei. 2013. *Poiesis and Enchantment in Topological Matter*. Cambridge, MA: MIT Press.

(12) Wernimont, Jacqueline. 2018. *Numbered Lives: Life and Death in Quantum Media*. Boston: MIT Press.

(13) Woodrow- Lafield, Karen A. 1998. "Undocumented residents in the United States in 1990: Issues of uncertainty in quantification." *International Migration Review* 32 (1): 145–173.

45. 遗存（Remains）

托尼亚·萨瑟兰（Tonia Sutherland）

当我们死后，我们会留下自己的身体和财物，千百年来，我们的祖祖辈辈莫不如此。然而，我们今天还跟祖先有所不同，我们还留下了许多散落在数字环境中的数字遗落物。所有这些残留物，这些数字记录和数字痕迹，都是我们的数字遗物：数字和数字化照片、推特、脸书帖子、《糖果传奇》（*Candy Crush*）[1]上的高分、短信和电子邮件、密码和搜索历史。本文的目标是阐明一些当代概念，即在日益数字化的文化中，黑人和死亡意味着什么，同时澄清对我们的数字遗存的不确定性的一些担忧。

我们的数字遗存不仅是我们创造的；也是为了我们，而且是因关于我们而创造的：我们的在线行动被机器学习和数据分析所追踪，而我们的模拟痕迹（医疗记录、学校记录、驾驶记录），也正在被迅速地转移到数字环境中。我们每个人每天都会产生数千兆字节的数据。虽然数字遗留物和数字遗存的概念只是存在于网络社会相对短暂的历史中，但随着我们在大数据时代中逐渐衰老，一个人死后如何处理他的数字遗存已经成为一个重要的社会问题。本文讨论了跟种族、记录和数字来世（digital afterlife）相互交叠的问题，尤其会通过再现、具身、

---

1 《糖果传奇》是由英国网游公司开发的一款热门游戏。——译注

商品化、纪念、景观（spectacle）和诚实的问题来思考。我首先会讨论历史记录，追问遗存了什么，追问新的数字来世；其次，我会提供两个具身记录的案例，讨论由数字复活实践引发的复杂问题——或者说，从数字遗存中复活意味着什么；最后，我将讨论能动性、赋权，以及在无处不在的数字遗存时代中，相互冲突的"权利"（rights）概念。

记录（Records）

创伤的记录

大西洋的奴隶制档案由殖民者和奴隶主创建。但它们并非被殖民者和被奴役者的忠实呈现，而是一套非常复杂，也充满问题的来源——它们说明了档案是如何持有、生产并再生产能动性、特权和权力的。一方面，在奴隶制时代，记录的大规模数字化为新的历史知识和被奴役者的后代重建谱系带来了希望；另一方面，这种趋势掩盖了一种日益增长的趋向，即不加批判地传播植根于世代创伤、仇恨和种族灭绝的记录。

越来越多的数字档案、数据库和其他专注于奴隶制时代的数字化项目，也在改变人文和社会科学领域的学者研究人类奴役史的方式（Agostinho 2019; Johnson 2018）。例如，数字档案正在对现有的奴隶叙事语料库做出新的补充，同时也在改变奴隶叙事的定义。像奥马尔·伊本·赛义德（Omar Ibn Said）[2] 的自传这类数字化项目，让关于奴隶制的强大叙事在以前的档案沉默中出现。然

2　奥马尔·伊本·赛义德（1770—1864）是西非（今塞内加尔）富塔·托罗的一名富拉族伊斯兰学者，1807 年被奴役并被运到美国。在那里，他在被奴役的余生中写下了一系列关于历史和神学的阿拉伯语作品，其中包括一本遗世独立的著名自传。——译注

而，其他项目，采取以数据为中心的方法来处理被奴役者的生活经历。例如，"奴隶传记：大西洋数据库网络"（"The Slave Biographies: The Atlantic Database Network"）[3]，该项目允许用户搜索从档案馆、法院、教堂、政府办公室、博物馆、港口和私人收藏中产生的数据集，从而获得关于路易斯安那和巴西殖民地时期被奴役者的信息。虽然这个资料库提供了关于被奴役者的重要信息——包括关于疾病的罕见记录，但该数据库引起了人们的关注：更多的量化方法，加上通过数字化而更普遍地转向数据，可能会改变我们对被奴役者的叙述的理解。即使是允许全文下载的较早的数字化叙事数据库，也可能使更多的大数据方法用于奴隶叙事传统，而这一传统必然依赖对作为个人故事的叙事文本的深入阅读和参与。

可以说，奴隶制时代的档案的大规模数字化和数据化，促成了被奴役者的生活经历与奴隶制历史想象之间的差距。行为研究学者哈维·杨（Harvey Young, 2010）认为，社会上关于"黑人身体"（Black body）的想法（其中"黑人身体"是一个想象中的、不可避免的黑人神话，在此基础上形成的叙述和神话被投射到黑人身上），经常被投射到黑人的实际身体上，导致黑人经常成为被虐待的目标。这种将想象（黑人的神话），与黑人的生活经验相分离的做法是危险的：它为切断思想与语料创造了可能的条件。这种分离在数字空间中更加明显，在那里，痛苦和其他的具身经验往往无法联系起来——在那里，虚拟的图像无法被转化为肉体的经验。由于过去的暴力和现在的视觉经验之间存在

3　该数据库网络是一个关于大西洋世界被奴役者身份的公开信息库。它包括参与大西洋奴隶贸易的个别奴隶的姓名、种族、技能、职业和疾病。它还将奴隶与家庭成员联系起来，形成一个复杂的社会和亲属关系网络。通过这种方式，"奴隶传记"揭示了许多关于新世界的奴隶生活及非洲奴隶在旧世界部分地区的生活。——译注

巨大的时间差距，当奴隶制时代的记录被大量数字化时，记录便在不同的背景下出现并流传。这种非语境化消除了创伤的直接性，导致记载着创伤的记录，具有独立于其历史语境的新生命力，并在以前不存在的地方创造新的数字遗存。

仇恨的记录

在美国，从"内战"到20世纪30年代初，仪式性的法外私刑十分普遍。从1880年到1930年，估计有四千名美国黑人在他们的白人邻居手中被处决。私刑是一种被广泛支持的现象，被用于强制执行种族从属关系和隔离；它也是一种摄影运动。摄影不是私刑的偶然副产品，而是私刑的关键。许多私刑都被公布在报刊上，而当私刑发生时，摄影师会提前到达现场，为他们的拍摄争夺绝佳位置；私刑之后，他们会迅速制成照片的印刷品，制作成观众的纪念品。这些摄影纪念品通常被制成明信片，用于扩充私刑的视觉修辞——它关于白人至上的主张，关于侵犯黑人身体的合法性，超出了私刑现场的人群范围，延伸到通过邮寄而收到这些令人痛苦的图像的远方朋友和家人那里。可以说，由于利用当时的技术（电报、铁路，以及根据一些文本所说的留声机），私刑记录得以广泛也迅速的传播，这使得私刑在文化上得到了进一步的支持和规范化（Stadler 2010）。

对创伤和仇恨记录的大规模流通的担忧也延伸到了数字领域。例如，2017年，数字出版商"展现数字"（Reveal Digital）开始推出一份报纸集，名为《美国的仇恨：3K党在20世纪20年代的盛衰》（Rowell and Cooksey 2019）。记录仇恨的数字记录——包括因暴力而丧生的数字呈现，成了集体的见证或经历事件的证据，也提供了面对困难历史的机会。但这些记录往往被当作迷信物品和纪念品，成为白人至上主义的见证和工具。尽管20世纪初的技术使得仇恨的记录更容易传播，但没有社交媒体来重播或自动播放这种仇恨，也没有意外遭遇，或重复的移动图像来重新激发创伤。这样一来，数字文化便创造出一种认识论的转变。2012 年，当 17 岁的特雷冯·马丁（Trayvon Martin）[4] 在佛罗里达州桑福德市从商店回家的路上被杀时——部分原因是当时快速增长的数字文化趋势（包括数字纪录片实践、内容创作、公民新闻、营利性摄影及脸书、推特和 Instagram 等社交媒体网站）拍下了马丁的尸体照片，并很快被放到网上，他的数字遗体，以跟私刑明信片一样的方式流传开。特雷冯·马丁的死（和其他许多人的死），将公众的哀悼活动转移到数字平台上，在那里，死亡和创伤不断地被人重新定义和重新体验，也许，这在视觉上会是永恒的。

在特雷冯·马丁死后的几年，谷歌图片将特雷冯·马丁的照片子集分为"棺材里的尸体"和"地上的尸体"。特雷冯·马丁的这些图片，让人想起了美国的私刑史传统绝非偶然。诺布尔（Safiya Umoja Noble）等学者写过关于黑人死亡的政治经济学文章，我以前也认为，对于媒体和那些有权势的人来说，通过重写黑人死亡的图像，可以获得政治、社会和经济上的好处：作为一种权力和控制的手段，这些视觉记录有力地提醒人们必须永远保持警惕，永远为自己的生命担忧（Noble 2014; Sutherland 2017）。

深入地思考黑人男性、女性和儿童的身体作为历史记录的一部分，我将提供另一个作为记录的"黑人身体"的例子，由此展示一个单细胞是如何代表整个"黑人身体"，以及作为某份具体记录的一个单细胞是如何被操纵，又是如何从它所出自的"黑人身体"的人性中剥离的。

4　特雷冯·马丁（1995—2012）是一名来自佛罗里达州迈阿密花园的 17 岁非裔美国人，他在佛罗里达州桑福德被 28 岁的西班牙裔美国人乔治·齐默尔曼（George Zimmerman）射杀致死。——译注

复活

亨丽埃塔·拉克斯（Henrietta Lacks）的复活

　　在过去，身体的完整性保持着与人类使用的技术相分离的假象。然而，这种虚幻的完整性正在被打破，因为现代技术越来越多地附着在，也融入和设计成代表甚至是改变我们的身体。汉娜·兰德克（Hannah Landecker）在《培养生命：细胞是如何成为技术的》（*Culturing Life: How Cells Became Technologies*）一书中指出，如今，有一种将生命物质当作技术物质的假设，这是时代的产物——技术和人类身体之间的分界线越来越难划定。

　　例如，活体培养细胞在研究项目中被广泛使用，细胞是一个重要的经济实体，既可以申请专利，也可以进行生产。兰德克断言："细胞乃是当今生物医学、生物和生物技术环境中的核心角色，它正在创造一种特殊的重新显现。从组织工程到生殖科学，在体外培养活细胞都已经变得越来越重要。"（Landecker 2007, 5）一个人的细胞，可能看起来不像是传统意义上的记录，因为它是一个活生生的可移动之物。但细胞是人类最简单的生命形式的代表和表达——一个细胞有如此多关于人体的记录信息，我们可以认为细胞代表着整个身体，或者体现了人类生命的记录。

　　1951 年 1 月，黑人女性亨丽埃塔·拉克斯在自我检查时注意到她的阴道口有一个肿块，于是她前往约翰·霍普金斯医院，这是该地区唯一一家治疗黑人患者的医院。拉克斯被诊断出患有一种侵略性的宫颈癌。尽管她接受了治疗，但拉克斯还是在 1951 年 10 月去世了。1951 年，当拉克斯入住约翰·霍普金斯医院时，在医学研究中把人体材料用作病理标本实际上是一种惯例。约翰·霍普金斯医院的研究人员曾研究过拉克斯的癌细胞，他们发现了其独特性——它们的繁殖率比其他细胞高，因此可以保持足够长的生命力以进行深入的检查和实验。在拉克斯之前，为实验室研究而培养的细胞只能存活几天，从而不允许对同一样本进行多种测试。拉克斯的细胞是第一个被观察到可以多次分裂而不死的细胞，因此，它们被称为"不死的"。拉克斯的细胞被俗称为"海拉细胞"（Hela Cells）[5]（取自拉克斯名字和姓氏的前两个字母），它使得突破性的科学发现（如脊髓灰质炎疫苗）和医药发展得以可能。随着"海拉细胞"的出现，也带来了一种将身体当作数据来理解的新方式。当我们将身体视为数据时，我们可以将历史记录当作编码和基因而储存在我们身体的 DNA 中。

但几十年来，"海拉细胞"的起源对公众和拉克斯的家族来说都是神秘的，他们不知道拉克斯的癌细胞对病毒学、免疫学、癌症研究和遗传学等领域的大量研究做出了贡献。而后，到 1976 年，亨丽埃塔·拉克斯的家人发现，有人在购买并出售拉克斯的细胞。到 1985 年，亨丽埃塔·拉克斯的部分医疗记录，在她家人不知情或不同意的情况下被公诸于世。2013 年 3 月，来自欧洲分子生物学实验室（European Molecular Biology Laboratory）的一组研究人员对"海拉细胞"的基因组进行了测序，并在网上公布了编码。拉克斯的家人认为，公布的基因组暴露了他们最私密的健康信息，导致她的数字遗存可供公众所用，这也剥夺了该家族的后人对自己的身体、遗产、健康和未来的自我进行阐述的机会。拉克斯的儿子告诉作家丽贝卡·斯克鲁特（Rebecca Skloot），他感觉就像医生"强奸了她的细胞"（Skloot 2010）。遗传信息可能是一种耻辱，虽然在美国，雇主或健康保险供应商基于该信息进行歧视是非法的，但对于人寿保险、残疾保险或长期护理的供应商来说，情况却非如此。在拉克斯家族的控诉后，欧洲

---

5 "海拉细胞"系被视为是"不死的"（即不同于其他一般的人类细胞，此细胞株不会衰老致死，并可以无限分裂下去），至今都被不间断地培养。此细胞系跟其他癌细胞相比，增殖异常迅速。——译注

团队悄悄地将数据下线。美国国家卫生研究院（NIH）后来与拉克斯家族合作，建立了一个程序，让细胞全基因组测序数据可以被用于生物医学研究。如今，由 NIH 资助的对"海拉细胞"系进行测序的研究人员，必须将他们的数据存入 NIH 的基因型和表型数据库，而对数据的访问请求，则需要经过"海拉细胞"基因组数据访问工作组的特别审查和批准。

亨丽埃塔·拉克斯的故事体现了"黑人身体"的商品化，从一个细胞的数据中复活了死者；说唱歌手图帕克·夏库尔（Tupac Shakur）的死后表演，则提供了另一个引人注目的例子，说明白人至上主义如何从对"黑人身体"的利用中获得社会、文化和经济上的利益，即使在人死之后。

图帕克·夏库尔的复活

全息技术和其他三维技术，以及二维幻觉［例如"佩珀的幽灵"（Pepper's ghost）］，已经被用来创造栩栩如生的身体复制品——能向观众讲话、在舞台上移动，能用预先写好的效果而与他人互动的复制品。如今，运用了创造性的声音编辑、动作捕捉技术、计算机生成的图像和全息技术的复杂组合，有可能实现一个已死之人复活的虚拟复制品。"佩珀的幽灵"是一种幻觉技术，它被用在剧院、游乐园、博物馆、电视和音乐会中。它的操作原理是因为玻璃既透明又反光，所以只要角度正确，就有可能从玻璃上反弹出一个看起来飘浮在空气中的图像。"佩珀的幽灵"的著名案例是提词器和迪士尼乐园的"幽灵"鬼屋。

而另一个值得注意的例子是图帕克·夏库尔[6]的死后表演。美国说唱歌手和演员图帕克·夏库尔 1971 年生于布鲁克林，他是有史以来最伟大，也最具影响力的说唱歌手之一。1996 年，夏库尔遭枪击致死，这对他的家人和朋友，对热爱和支持他的黑人社群（他对他们也很忠诚）来说是一个毁灭性的损失。2012 年，也就是他去世 16 年后，在"科切拉音乐节"上，一个由"佩珀的幽灵"再造的图帕克（一个由 Musion Eyeliner 技术加强的数字复活），跟说唱歌手史努比·道格（Snoop Dogg）和制作人 Dr. Dre 一起登台表演。

许多人吹捧数字复活技术有望延长寿命，将人类从必有一死中解放出来。然而，利用技术复活死者，也带来了一系列复杂的社会、文化、技术和伦理问题——包括种族、再现、具身、商品化、纪念、景观和诚实的问题。从档案和记录的角度来看，档案学者兰德尔·C. 吉默森（Randall C. Jimerson）认为有三种不同类型的收藏机构：寺庙、监狱和餐馆（Jimerson 2009）。在寺庙中，档案员保留了对物品或藏品的"原始"解释。相反，在餐馆中，档案员引导使用者，让他们自己做决定，让藏品和物品自己说话。然而，在监狱机构中，档案员只为具有压迫性的更高权力的解释而服务。

如果把图帕克的"全息图"看作是一种具身的记录，也可以说，它属于吉默森监狱机构的肉身档案。作为记录的全息图存在于一种叙事解释中，它为商业利益、纪念品和恋物文化、他者、景观和白人的压迫性高级权力服务。数字图帕克是一件腐朽的人工制品，它被民间传说和渴望的档案所束缚，被白人至

6　图帕克·阿玛鲁·夏库尔（Tupac Amaru Shakur，1971—1996），是一位非裔美国西岸嘻哈音乐人、诗人、演员。艺名"Tupac"来自抵抗西班牙的印第安酋长图帕克大君，图帕克跟这位大君一样，充满激进的革命反抗意识。他曾经是《吉尼斯世界纪录》中拥有最高销量的饶舌歌手（直到 1997 年被埃米纳姆 [Eminem] 取代），同时被众多的歌迷、评论者和业内人士看作有史以来最伟大的嘻哈歌手之一。1996 年 9 月 7 日，图帕克在拉斯维加斯看完拳击比赛后遭人枪击连中四弹后不治身亡。——译注

上主义对占有和控制黑人身体的需求而数字化地禁锢着。图帕克身体的延伸，允许在他死后（重新）构建一个身份。身为一名艺术家，图帕克·夏库尔所经历的死亡只是得到了一阵回响，得到了他的身份的一个版本，就作为延长生命的手段而言，则主要是为了满足白人的景观化凝视。正如西蒙娜·布朗（Simone Browne, 2015）所言，当某些身体通过"面部识别、虹膜和视网膜扫描、手部几何学、指纹模板、血管模式、步态和其他运动学识别，和越来越多的 DNA"（109）等技术被渲染成数字代码时，就会出现这种情况。所有这些，最终都将身体当作证据，取代了个人对他们是谁，对他们属于哪里的描述。图帕克是一个可能被数字重组和复活的人（但不是来世），他没有获得第二次生命的机会。相反，他的死，已经被篡改和商业化。图帕克本人没有其数字遗存的代理权，一点权利都没有；相反，他的数字复活位于对我们的人权（和责任）的矛盾关注的中心。

权利

被铭记的权利

美国黑人围绕着悲伤、哀悼和死亡发展出了特定的文化仪式，这些都是人类渴望被铭记的证据。例如，死亡通常不被看作是一种终结，而是跟解放密切相关，也是重要的过渡仪式。对于美国的黑人来说，仪式活动是支持并维系共同体的纽带；因此，哀悼和纪念仪式极为重要，它们往往反映了共同体在一个可能因暴力种族主义而死亡的世界中的重要性。

例如，黑人和非裔美国人的回家仪式是经过精心设计的（这根植于古埃及的丧葬习俗），它反映了为葬礼做准备和为死者的来世做保存的丰富文化。源自奴隶制时期的丧葬传统，融合了北非和西非的丧葬传统和基督教新教传统，它们在美国的奴隶制时代首次得到践行。被奴役者，在这种文化中被要求为死去的奴隶主及其家人举行精心设计的葬礼，而被奴役者自己，却被埋葬在寸草不生的土地上，没有任何仪式。当代的回家或"归家"仪式，被等同于天堂的荣耀，这些仪式在如今的美国黑人葬礼传统中仍然有强烈的共鸣。

正如我先前论证的，在数字领域，出现了一个数字和现实生活中的哀悼和纪念的反复过程，它们构成了自己的仪式行动：一个黑人的生命在种族主义的暴力之下结束；暴力致死被记录在手机上，被记录在安全摄像头、身体和仪表摄像头上；图像被人分享；公众目睹了黑人生命在暴力中的消失，为之悲痛；自发的现实生活和数字纪念活动开始出现，人们守夜、发动抗议。随后，这些事件也被记录下来，并在公众的哀悼和愤怒的循环中分享，从而创造新的数字记录，而这些记录可以，也往往会被挪用；这些数字记录永远存在，它们重写了白人至上主义，也重写了暴力和创伤。

作为一项人权，被铭记的权利往往存在于矛盾的空间中。例如，警察暴力的记录（为了记录不公正并作为不法行为的法律证据），正在越来越多地被用来对付记录创造者和受害者，而非作为执法不当的证据。这里有一种明显的紧张关系尚未解决：白人至上主义既限制了对监控行为的需要，也限制了记录作为恢复性和过渡性司法证据的可能性。

被遗忘的权利

黑人死去，他们的身体既具有数字记录的持久性，又具有数据化操作的宽广潜力。与其在黑夜中观看被私刑处死的尸体，人类已经将黑人的死亡景象搬到了互联网、社交媒体和评论区。种族和种族主义是造成黑人之死的力量，而这种种族主义也在数字空间中持续存在，它们制造并重塑（上演和重装）黑人之死。这种重复的记忆和纪念仪式，导致种族主义的意识形态和死亡事件的创伤能不断被重写。

每当书面证据和旁观者的文件被上传至互联网，就会出现数字永存的实例。信息专业人员也许比其他人更了解互联网：互联网是永恒的。复制、迁移、备份、数据存储，以及一系列其他的数据整理和信息管理实践，确保了即使某些东西从互联网上被"拿下来"，也不会真正地消失或者被删除。它总是会留下数字痕迹，而且通常有本地保存的副本和一般的副本（如互联网档案馆[7]的时光机）。这导致一系列引人注目的问题，档案员和档案研究学者必须开始询问数字遗迹。身为人，我们是否有权利决定我们将怎样被记住？我们有被遗忘的权利吗？我们是否有权将我们的死亡方式跟我们的生活方式区分开？纪念和商品化之间的界限在哪里？记录和恋物癖的界限又在哪儿？在一种数字遗存充满着不确定的未来，档案员在定义道德数据实践、记录侵犯人权行为、保障隐私、揭露不平等和不公正方面的作用是什么？在这里，纪念（被记住的权利），与对技术和数字遗忘的日益增长的渴望之间，存在着明显的张力。

欧盟最近的进展强调了对普遍的在线"被遗忘权"的潜在需求。"被遗忘的权利"，在其目前的化身中，是1995年欧盟数据保护指令中更普遍的删除权的应用，该指令适用于搜索引擎，也适用于任何控制和处理欧盟消费者数据的组织。在欧盟，如果信息"不准确、不充分、不相关或过度"，个人就有权

7　互联网档案馆（Internet Archive）是一个非营利性的数字图书馆，成立于1996年，由Alexa创始人布鲁斯特·卡利创办。它提供数字数据如网站、音乐、动态图像和数百万书籍的永久性的免费保存及存取。迄至2012年10月，其信息储量达到10PB。除此之外，该文件馆也是网络开放与自由化的倡议者之一。——译注

要求数据控制者删除个人的数据。虽然欧盟的这些进展让数字"被遗忘权"的必要性凸显出来（而且，需要注意的是，欧洲的框架并非没有问题），但在美国，执行这种权利被证明问题很大，主要是因为这跟第一修正案相冲突：公众的知情权与个人的被遗忘权直接冲突。最近，对英国媒体网站的研究发现，最经常被除名的内容是指暴力犯罪、道路事故、毒品、谋杀、卖淫、金融不当行为和性侵犯（Xue et al., 2016）。

在欧盟和英国，那些谋杀者被赋予了被遗忘的权利，但受害者呢？在美国，隐私权与白人有内在的关联，也就是说，黑人在数字领域不享有赋予白人的同样的隐私权（Osucha 2009）。例如，特雷冯·马丁不享有被遗忘权，亨丽埃塔·拉克斯或图帕克·夏库尔亦然。通过奴隶制时代档案的数字化而复活的被奴役的黑人，也不享有被遗忘的权利。在本文介绍的案例中，最引人注目的，也许是通过数字记录对黑人身体进行存档的永久性：这些普通（和不普通）的黑人是如何生活的，是如何死去的，又是如何被记住的，他们的数字遗存是如何被构建的，以及这些遗存的情况永远与反黑人（通常是国家支持的）暴力的系统性和结构性做法密切相关，这种暴力经常被重新定义和重提，而后又被档案记录所证明。

参考文献

(1) Agostinho, Daniela. 2019."Archival encounters: Rethinking access and care in digital colonial archives." *Archival Science*. doi:10.1007/s10502-019-09312-0.
(2) Browne, Simone. 2015. *Dark Matters: On the Surveillance of Blackness*. Durham, NC: Duke University Press.
(3) Jimerson, Randall C. 2009. *Archives Power: Memory, Accountability, and Social Justice*. Chicago: Society of American Archivists.
(4) Johnson, Jessica Marie. 2018. "Markup bodies: Black [life] studies and slavery [death] studies at the digital crossroads." *Social Text* 36 (4): 57–79.

(5) Landecker, Hannah. 2007. *Culturing Life: How Cells Became Technologies*. Cambridge, MA: Harvard University Press.

(6) Noble, Safiya Umoja. 2014. "Teaching Trayvon: Race, media, and the politics of spectacle." *Black Scholar* 44 (1): 12–29.

(7) Osucha, Eden. 2009. "The whiteness of privacy: Race, media, law." *Camera Obscura: Feminism Culture and Media Studies*, May 2009, 67–107.

(8) Rowell, Chelcie Juliet, and Taryn Cooksey. 2019. "Archive of hate: Ethics of care in the preservation of ugly histories." *Lady Science* (blog). https://www.ladyscience.com/blog/archive-of-hate-ethics-of-care -in-the-preservation-of-ugly-histories.

(9) Skloot, Rebecca. 2010. *The Immortal Life of Henrietta Lacks*. New York: Crown.

(10) Slave Biographies: The Atlantic Database Network. n.d. http://slavebiographies.org/main.php.

(11) Stadler, Gustavus. 2010. "Never heard such a thing: Lynching and phonographic modernity." *Social Text* 28 (1): 87–105.

(12) Sutherland, Tonia. 2017. "Archival amnesty: In search of black American transitional and restorative justice." *Journal of Critical Library and Information Studies*. http://libraryjuicepress.com/journals/index .php/jclis/article/view/42/0.

(13) Xue, Minhui, Gabriel Magno, Evandro Cunha, Virgilio Almeida, and Keith W. Ross. 2016. "The right to be forgotten in the media: A data- driven study." *Proceedings on Privacy Enhancing Technologies*, no.4: 389–402.

(14) Young, Harvey. 2010. *Embodying Black Experience: Stillness, Critical Memory, and the Black Body*. Ann Arbor: University of Michigan Press.

46. 修复性（Reparative）

卡特琳·迪尔金克－霍尔姆费尔德（Katrine Dirckinck-Holmfeld）

美国酷儿女性主义者和文学理论家伊芙·科索夫斯基·塞奇威克（Eve Kosofsky Sedgwick）于 2009 年去世，当时，大家都在讨论大数据。尽管据我所知，她并不太关心大数据，但我还是想以本文来把塞奇威克和她的"修复性实践 / 修复性阅读"（reparative practice/reparative reading）理念当作"我们时代"——大数据时代的批评方法（Sedgwick 2003; Wiegman 2014）。

Repair/rɪ'pɛː/

动词**修复（修理、补救）（repair）**（指将 [受损、有问题或磨损的东西] 恢复到良好状态：有问题的电器则应由电工修理），名词 repair（修复东西的行动：**世界已无法修复**），以及形容词 reparative 似乎由于它们跟以下术语的搭配而惹人厌恶：

宗教的修复：宗教人士修复世界的义务为 **tiqqun**，被同名的法国哲学杂志定义为"重新创造另一个共同体的条件"。Tiqqun 源自希伯来语 tikun olam 的法语转写，这个概念来自犹太教，经常用于卡巴拉主义和救世主传统，同时表示赔偿、恢复和救赎。也被用来指代当代犹太人更广泛的社会正义的概念。

道德修复：在错误的行为之后，寻求恢复道德关系（Walker 2006）。

赔偿（**Reparations**）："弥补、提供补偿或对错误或伤害给予满足的行为"（Merriam-Webster 2020）；"被伤害的受害者有权获得赔偿，而责任方有义务提供赔偿"（Wikipedia 2020）；穆尔黑德（Moorhead, 2008）将其定义为：

> 拥有共同历史的共同体，他们相互之间的承认是为了治愈过去侵犯人权的创伤。而赔偿的目的是治愈非人道的后果，并在因历史上扮演了犯罪者和受害者角色而分裂的共同体之间，建立平等的纽带。赔偿是讲述真相的共同义务，从而确保相关的历史事实被揭露，被讨论和加以适当的纪念。赔偿通过教育、恢复与和解的举措，而成功地在当前做出某种形式的补偿，赋予遗憾和责任的表达以物质内容。

赔偿的根基是**修复**——根没了：

> 亲爱的女孩，我去印第安人健康服务机构补一颗牙，这是一种剧痛。印第安人的医疗保健由条约保证，但在诊所里，有限的资金不允许进行补牙以外的治疗。他们提供的解决方案是：**拔掉它**。在钳子、口罩和临床灯光下，一颗本来可以保住的牙，在封存保存后，被放在我的掌心。我分享这些，不是为了强调痛苦，事实如此，我分享这些是为了解释。亲爱的女孩，我确实尊重你的反应和行动。不过，赔偿的根源是修复。我的牙永远都长不出来了。根没了。（Long Soldier 2017, 84）

作为媒体和信息研究领域的一个关键的术语，**修复**有很长的发展轨迹（Burrell 2012；Jackson 2014；Mattern 2018；Parks 2013），它从现代主义的技术思维转向了"破碎的世界思维"，它"主张……分解、溶解和变化，而非创新、发展或设计"（Jackson 2014, 222）。在本文中，我希望通过展开**修复性**这一概念，而对媒体和信息研究中占主导地位的修复话语进行干预。我一直通过艺术研究来探索塞奇威克的修复性实践概念，由此发展一种方法和批评框架，我称之为**修复性批判实践**（reparative critical practice）（Dirckinck-Holmfeld 2015）。因为我受益于女性主义和酷儿理论，因此，我提出的修复性批判实践跟在信息科学和媒体研究中发展的修复概念有不同的路径，尽管它们都关注技术的物质性和社会世界的破碎性。相较于**修复**，我坚持用形容词**修复性**，由此表明，**修复性**是一种持续的实践，永不终结。在修复性的后面，是它的孪生形容词**批判性**，这表明，修复性实践并非是把某些东西恢复到一个预先存在的整体或是某个固定的规范性主体性。相反，修复性批判实践是一种新的主体性形式的加法集合，它创造出情感、物质和时间的集合。

修复性实践这一想法借用了伊芙·科索夫斯基·塞奇威克（Eve Kosofsky Sedgwick, 2003）的观点，她呼吁以修复性阅读，作为对她描述的在文化批评中成为主流的怀疑或偏执的阅读模式的回应。但她并没有为读者提供一本关于如何完成修复性阅读或实践的手册，而是以操演的方式让这个概念开放。它是一种感性。

我想在本文中结合殖民主义和奴隶制之后的赔偿论述，来思考修复性批判实践。虽然技术修复和赔偿之间的关系在很大程度上仍然没有得到解决，但修复性批判实践能让我们思考档案的数字化过程及其殖民历史，并发展与数字殖民材料相结合的批判模式。为了扩充这一点，我借鉴了自己的艺术研究实践，也借鉴了我的视频装置和操演性讲座《圣诞报告及其他碎片》（*The Christmas Report and Other Fragments*）的成果——这些都是我身为"不确定的档案"集体的一员而推进的（Dirckinck-Holmfeld 2017）。我借此探讨赔偿实践与丹麦文化机构对前丹麦西印度群岛（今天的美属维尔京群岛）、加纳和跨大西洋的殖民地档案进行数字化之间的关系。[1] 现代性和资本主义的诸多形式都是殖民制度的产物，但这一点绝非无人知晓（Baucom 2005; Keeling 2019; Lowe 2015; Yusoff 2018）。正如后殖民和黑人数字研究领域的许多学者和艺术家指出的，数字档案和数据化进程既有殖民的根源，也有殖民的影响（本书第 15 章；第 37 章；Sutherland 2019）。我希望通过思考修复性是如何作为一种非殖民化的数字和创意实践被调动起来的而补充这一对话。正如弗朗索瓦丝·维尔格斯（Françoise Vergès）在谈及殖民主义时所言，我们需要一种"修复的时间性"：我们正在修复尚未修复的过去，但当我们这样做时，现在也被打破了。这意味着，我们必须不断地参与修复的过程，这些过程并不返还一个完全恢复了的身体，而是承认并见证这个身体的创伤（Vergès 2019）。

但在开始之前，我认为，强调塞奇威克的修复性实践概念的三个方面将是有益的，这可能有助于我们思考通过其他方法来概览我们的数据化世界：修复性与偏执狂的关系、通过坎普表演（camp performance）产生的累积性和增殖性文本，以及它与时间性的复杂关系。

（准）偏执狂

为了达到修复的目的，塞奇威克必须扮演她指责的相同形式的偏执狂。通过扮演塞奇威克所要批评的偏执狂，她呼吁的修复性实践并非是取消批判性的事业，而是颠覆我们习惯的认识方式——打开一个认识的生态，它可以与其他较弱的影响联系起来，而非与偏执狂的负面影响的强大理论联系起来。正如塞奇威克所指出的，"有时候，正是最偏执的人能够，而且需要发展并传播最为丰富的修复性实践"（Sedgwick 2003, 150）。在她的文章中，塞奇威克扮演了我所说的（准）偏执狂：一种自我反思的偏执狂形式，即主体完全意识到了自己的偏执，而且只有通过对自己的偏执立场的风格化，主体才能形成一种修复性实践（DirckinckHolmfeld 2019）。然而，塞奇威克的偏执狂概念在很大程度上与 20 世纪的"冷战"偏执狂有关。为了解释我们今天所处的数据制度，我们需要将这种偏执狂更新为（晚期）晚期资本主义的数字（准）偏执狂。

坎普表演

在文章的结尾，塞奇威克通过被同性恋者认同的举动——坎普表演[1]，而基本界定了什么是修复性实践：

> 将坎普视为（在其他事项中），对各种修复性实践的公共的、历史
> 上密集的探索，是对经典的坎普表演的诸多定义因素的更公正的态度，
> 例如，惊人的、有趣的过度博学的展示；热情的、经常是热闹的古物学，
> 另类历史学的浪荡生产；对零碎的、边缘的、废物或剩余产品的"过

---

1 坎普是一种将使观者感到荒谬滑稽，作为作品迷人与否评判标准的艺术感受。"Camp"一词来源于法语中的俚语"se camper"，意为"以夸张的方式展现"。1909 年，"Camp"第一次出现在印刷品中，并在《牛津英语词典》中被定义为"豪华铺张的、夸张的、装模作样的、戏剧化的、不真实的"同时，该词也有"带有女性气息或同性恋色彩的"的含义。20 世纪 70 年代中期，该词的含义则被定义为"过度陈腐、平庸、狡诈和铺张以至于产生了反常而复杂的吸引力。"作为一种对传统文化的挑战，当一小部分人嘲弄占主导地位人群的形象的时候，坎普也被赋予了政治的意义。直接的例子就是多元文化主义和新左派的思想。最典型的例子则是同性恋解放运动。该运动用坎普对抗现代社会。——译注

度"依恋；丰富的、高度中断的情感多样性；对口技实验的不可抑制
的迷恋；现在与过去、流行与高雅文化的混乱并置。（Sedgwick 2003，
149–150）

塞奇威克没有将坎普置于性别模仿和戏仿的偏执逻辑中，而是强调坎普的
增值性、文本性和情感性，其中，"自我和共同体，成功地从文化对象中提
取养料——即使这种文化公开表示的愿望往往不是为了维持它们"（Sedgwick
2003，150–151）。我发现，塞奇威克对坎普的描述对于思考全喜卿（Wendy
Chun，2016）的打趣特别有用："由于我们（人类和机器）的阅读和书写方式
发生了改变，我们现在是一个被称为大数据的戏剧宇宙中的角色。"（363）修
复性的数据挖掘者是否有可能通过对零碎的、边缘的、浪费的或剩余的数据进
行过度附加，将我们不断生产和被生产的数据变成一场坎普表演？

时间性

最后，修复性实践与时间性建立了一种复杂的关系，即向后和向前钻研。
偏执的时间性被锁定在对未来的预测中，而这种时间性对于大数据的规划至关
重要。重新定位的读者与惊喜和偶然性打交道，由此组织她所遇到和创造的碎
片和部分对象："因为读者有意识到未来可能与现在不同的空间，因此，她也
有可能接受这样深刻的痛苦、深刻的解脱、伦理上关键的可能性，即过去可能
以不同于它实际发生的方式发生。"（Sedgwick 2003，146）
为了进一步发展跟数据策略有关的修复性批判实践，我从《圣诞报告》（*The
Christmas Report*）中刻画出了"数据窃取者 / 数据给予者"的形象，进而推测

修复性实践如何构成处理新出现的数据化逻辑的批判方法，以及想象大数据的不同可能性的世界。

数据窃取者 / 数据给予者 （The Data Thief/Data Giver）

数据窃贼 / 数据给予者是一个时间冲浪的粗人，一个变形人，部分为人，部分为机械人，一个无国籍的人，一个被国王赦免的斩首者，一个逃亡者，一个复仇者，一个数字回归者，一个被定罪的反叛皇后的孤儿。……通过互联网被传送到 1917/2017 年，漫游档案。（Dirck-inck-Holmfeld 2017; voice-over by Oceana James[2]）

为了进入前丹麦帝国的档案，我借鉴"数据窃取者 / 数据给予者"形象——这一形象通过 1909 年左右，在丹麦霍森斯国家监狱拍摄的希西家·史密斯（Hezekiah Smith）的照片体现出来（图 46.1）。作为一个数字信号，希西家·史密斯的照片在档案中不断地困扰着我，仿佛它来自未来却属于过去。他让我有可能在数字化的档案中旅行（其档案逻辑极不可能浏览的）。[3]

"数据窃取者 / 数据给予者"的灵感来自"黑人音频电影集体"（Black Audio Film Collective）的开创性科幻纪录片《历史上最后的天使》（*The Last Angel of History*）（Akomfrah, Black Audio Film Collective, and Gopaul 1995）。"黑人音频电影集体"创造的"数据窃取者"形象，推进了非洲未来主义和黑人音乐审美传统的概念，追溯了一条从蓝调到爵士乐、放克、非洲未来主义、嘻哈和电子乐的脉络。数据窃取者"穿越时空，寻找十字路口，他在那里对历史和技术的碎片进行考古挖掘，寻找掌握其未来钥匙的代码。《历史上最后的天使》

图 46.1　截自《圣诞节报告和其他片段》(Dirckinck-Holmfeld 2017)中的剧照，基于 1909 年希西家·史密斯的监狱档案照片。

拍摄于互联网开始普及时，但这部电影以其在时间内和时间外的非洲未来主义、前数字化的特质而提出了一种感性和方法，它讲述了数字化和数据化在今天带来的脆弱性和伦理困境。在《历史上最后的天使》中，通过唤起卡拉·基林（Kara Keeling, 2019）所谓的"算法编辑"（algorithmic editing），数据窃贼能够编辑和组合来自"人类历史"数据库的图像，并将其制作成动画；他提出了一种感性，这种感性能让我们对档案库中声音和情感共鸣的协调更加敏锐，时间在那里不断地折叠成现在。通过《圣诞报告》，我试图组织一个水平的编辑工作流程（使用演示文稿和后期制作软件）来扩展这种方法，以视觉方式捕捉大规模数字化建筑基础设施所引起的垂直性和恶心感，并记录档案与其他档案在数字领域中相互交互的情况。

卡特琳：档案的数字化是以一份"礼物"而出现的。

欧申纳：但他们是窃取了它（原文如此），并把它伪装成一份"礼物"。

卡特琳：或者说，它既不是礼物，也不是窃取。

欧申纳：它是一份窃取的之礼，或者说是一份棘手的礼物。

欧申纳：我们将称之为希西家。（Dirckinck-Holmfeld 2017）

在《圣诞报告》中，"数据窃取者/数据给予者"被调动起来，它指的是丹麦在将西印度群岛卖给美国后带着档案潜逃的事实——让岛上的居民无法获得超过250年的书面历史（Bastian 2003）。在2017年纪念这次售卖的100周年之际，丹麦以数字化的形式将档案当作"礼物"归还。这份"礼物"是作为一种赔偿形式而提供的，但没有被命名为赔偿，因为称之为赔偿，是为正式的道歉铺平道路，而后便是启动物质赔偿的程序。同时，也没有实际移交实物或数字档案。这就好像丹麦政府是在拙劣地重演奥巴马政府向美国原住民递交国会道歉决议的过程。正如上文引用的莱利·隆·索迪尔（Layli Long Soldier, 2017）的诗《然而》（Whereas）描述的那样，奥巴马总统在不为人知的情况下，签署了所谓的道歉决议；没有美国原住民在场接受道歉，事实上，大多数人都不知道他已经道过歉了。同样，将殖民时期的档案数字化，并简单地公之于网，可以被视为是一种提供赔偿的方式，而不必向那些受伤害的人道歉，也不必对档案中的暴行作出解释。[4]

希西家·史密斯是玛丽女王的儿子，而玛丽女王是1878年在圣克罗伊岛发起并领导了被称为"火烧"的劳工起义的四位反叛的君主之一，这是一场针对1848年废除奴隶制后工人所忍受的类似于奴隶条件的反抗（Ehlers and Belle 2018）。起义后，玛丽女王被判处死刑，并被送往哥本哈根克里斯蒂安港的女

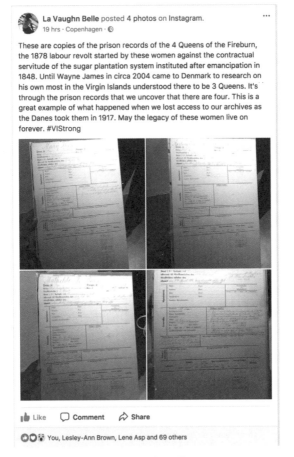

图 46.2　拉·沃恩·贝尔发布在脸书的帖子

子监狱，与她的孩子和家人相隔重洋。当希西家的母亲被送往另一块大陆的监狱时，他还是个孩子。尽管当时的摄影技术已经很发达，但没有留下"火烧起义"女王的照片。丹麦档案馆保存的监狱记录已经成为这些妇女生活的见证。正如艺术家拉·沃恩·贝尔（La Vaughn Belle）在脸书的帖子证明的，她曾仔细研究过"火烧"起义和玛丽女王（图46.2），对于维尔京群岛人来说，获得这些档案仍然至关重要，因为他们可以由此获得将口述史与书面叙述相结合的多层历史观（Belle et al., 2019）。

1903 年，希西家·史密斯被控谋杀了他的伙伴，他本人被弗雷德里克斯特德（Frederiksted）的特别刑事法庭判处死刑。他被送往丹麦的霍森斯（Horsens）州立监狱，监禁到 1919 年。当时，丹麦已将丹属西印度群岛卖给了美国，由于美国不想他回来——而岛上的非洲加勒比居民也没有被授予丹麦公民身份——希西家便成了无国籍者。1923 年，在获得正式赦免的五年后，他被释放出狱，并被送上一艘开往特立尼达（Trinidad）的波兰双桅船，后来失踪在当地或被谋杀。参照这种悲惨的命运，他幽灵般的形象——在人们浏览 1.5 公里长的架上的材料扫描时突然出现，这些材料包括船舶日志、种植园账簿和人口普查记录——能够在没有护照的情况下，穿越档案的时空坐标（他是真正的无国籍者：一名复仇者）。我们被告知的关于希西家的故事，也就是丹麦刑事法庭和监狱记录的版本，包含肉体档案。这张照片的流传，以及它在刑事摄影史上的地位，有助于将黑人和棕色人种制造成"罪犯，直到证明清白"。这种视觉传统，以及它所维护的种族化方案（正如拉蒙·阿马罗 [Ramon Amaro] 和西蒙娜·布朗尼 [Simone Browne] 等学者认为的那样），今天被延伸到监控和机器学习的数据化模式中，通过同样的种族逻辑重新再造黑人（Amaro 2019；Browne 2015）。虽然它属于过去，形象来自未来，也就是我们现在的当下。就像本雅明的"历史的天使"（来自保罗·克利的画作《新天使》[Angelus Novus]，"黑色音频电影集体"的标题也是指这幅画），他看到了一个"单一的灾难，它不断地将（船）残骸堆积在（船）残骸上，并将其扔到他的脚前"；陷入数字电路中，"他面前的一堆（数据）碎片向天空生长"，作为现代性档案的分离化（Benjamin, Arendt, and Zorn 2015, 257）。[5]

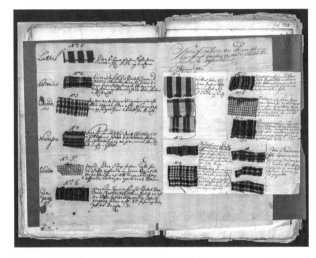

图 46.3 截自《圣诞节报告和其他片段》（Dirckinck-Holmfeld 2017）中的剧照，基于一张档案照片，照片中的马德拉斯织物片段是在印度的丹麦殖民地特兰奎巴（Tharangambadi）生产的，并被送往加纳，用于交易被奴役的非洲人。

丹麦的档案绑架，和后来对这些档案的数字化构成了对一种有关联的三重割裂。在某种意义上，奴隶制代表的暴力和身体上的割裂——科德沃埃顺（Kodwo Eshun）在《历史上最后的天使》中把它比作"外星人绑架"（Akomfrah, Black Audio Film Collective, and Gopaul 1995）——在丹麦接管档案的过程中被重复。因此，已经被切断与自己的历史和起源联系的人们，被从那些可能仍然存在于分类账簿中、名字、清单或碎布等微小残余物品的联系中再度切断。通过数字化，我们可以谈论三重"切割"——材料切割、光栅化和离散化：返回给我们的不是实际的档案记录，而是 300dpi 的扫描副本。

那么，作为一种修复性批判实践，我们如何调整这些叙述中的沉默、中断和切割？我们如何设想一种修复性批判实践，当我们呼应弗朗索瓦丝韦尔热

（Françoise Vergès），我们处于一个连续的修复过程中，修复一个尚未修复的、在当下继续被打破的过去？

修复性算法：跨越时空的情感组合

"数据窃取者 / 数据给予者"收集了她留下的碎片和纹理；印度纺织品的片段被拿来与丹麦黄金海岸上的非洲奴隶交易。（Dirck-inck-Holmfeld 2017; voice-over by Oceana James）

将数据窃取者的算法编辑（Keeling 2019）推动的方法，与塞奇威克的修复性实践相搭配，我想以一些关于我们可能称之为**修复性算法**的注释来结束本文。[6]

"数据窃取者 / 数据给予者"体现了修复性的算法，通过赋予数据新的意义，以及适应档案中再现的沉默和空白，"窃取"回被盗之物（Hartman 2008）。[7]"数据窃取者 / 数据给予者"从被丢弃的数据集中提取养料——尽管这些数据来自一种文化，而这种文化的公开愿望就是不维持它们。通过重拾猜测和参与想象能推进一种伦理审美实践：我们可以称之为修复性批判实践，它不寻求修复或恢复一个预先存在的整体，而是迫使我们停留在激进的、创造性的、非殖民的和技术性的重新想象的控制论折叠中。

不多说了，我把它留给你，在你自己的时间里。

注释

我感谢"不确定的档案"研究小组。丹妮拉·阿戈斯蒂纽、克里斯汀·维尔、南娜·邦德·蒂尔斯特普、安妮·林、佩皮塔·赫塞尔伯斯、拉·沃恩·贝尔、欧申纳·詹姆斯、梅特·起亚·克拉贝·迈耶，也感谢其他影响过本研究项目的诸位。

[1] 值得注意的是，这些档案分散在不同的文化遗产机构，包括丹麦国家档案馆、皇家图书馆、电影学院、国家博物馆和自然历史博物馆等等。每个人对待数字化的任务都非常不同，他们的数据库也不一定能沟通。我主要关注丹麦国家档案馆和皇家图书馆的收藏。

[2] 画外音取自《历史上最后的天使》（Akomfrah, Black Audio Film Collective, and Gopaul 1995），与希西家·史密斯的故事混合。

[3] 同样，我在这里说的是丹麦国家档案馆，那里的数字界面是建立在模拟的基础上的，如果不是训练有素的历史学家或不知道去哪里找，就很难驾驭。这绝不是所有数字档案馆的情况。

[4] 一些重要的干预措施正在档案中进行，包括拉·沃恩·贝尔和珍妮特·埃勒斯（Jeannette Ehlers）的《我是玛丽皇后》（I Am Queen Mary, 2018）；海尔·斯特纳姆（Helle Stenum）对 Fireburn 记录的翻译（2018 年正在进行）；特米·奥多穆索（Temi Odomuso）的《未说出口的》（What Lies Unspoken, 2017）；马蒂亚斯·丹博尔特（Mathias Danbolt）、梅特·起亚·克拉贝·迈耶和莎拉·盖尔辛（Sarah Geirsing）的展览"盲点"（Blindspots, 2017—2018）；VISCO 研究集体的作品。拉·沃恩·贝尔、塔米·纳瓦罗（Tami Navarro）、哈迪亚·苏尔（Hadiya Sewer）和蒂帕妮·亚尼克（Tiphanie Yanique）（2019）；黑人考古学家协会对档案的使用（Flewellen 2019）；以及由丹妮拉·阿戈斯蒂纽、南娜·邦德·蒂尔斯特鲁普、凯伦·洛伊斯·索伊伦和我本人组织并编辑的会议和期刊《重要的档案》。

[5] 进一步研究伊芙·科索夫斯基·塞奇威克的修复性概念与《历史的最后天使》之间的救世主关系是很有意思的，但这不在本章的范围之内。

[6] 按照基林的说法，我在此使用的算法的意义是"用于计算和解决问题的程序或规则集；（在后来的使用规范中）为完成特定任务而精确定义的一套数学或逻辑操作"（Keeling 2019, 139，引用《牛津英语词典》）。

[7] 我在这里用 thief 而不是 thieves，是指欧申纳·詹姆斯为《圣诞节报告》的配音，她把文本翻译成 Crucian（维尔京群岛克里奥尔语）。

参考文献

(1) Akomfrah, John, Black Audio Film Collective, and Lina Gopaul. 1995. *The Last Angel of History*. Smoking Dog Films Amaro, Ramon. 2019. "As if." *E-Flux Architecture*. https://www.e-flux.com/architecture/becoming -digital/248073/as-if/.

(2) Bastian, Jeannette Allis. 2003. *Owning Memory: How a Caribbean Community Lost Its Archives and Found Its History*. Westport, Connecticut: Libraries Unlimited.

(3) Baucom, Ian. 2005. *Specters of the Atlantic: Finance Capital, Slavery, and the Philosophy of History*. Durham, NC: Duke University Press.

(4) Belle, La Vaughn, Tami Navarro, Hadiya Sewer, and Tiphanie Yanique. 2019. "Ancestral queendom: Reflections on the prison records of the rebel queens of the 1878 Fireburn in St. Croix, USVI (formerly Danish West Indies)." In *Archives That Matter: Infrastructures for Sharing Unshared Histories in Colonial Archives*, edited by D. Agostinho, K. Dirckinck- Holmfeld, and K. L. Søilen, 19–36. Copenhagen: Nordisk Tidskrift for Informationsvidenskab og Kulturformidling.

(5) Benjamin, Walter, Hannah Arendt, and Harry Zorn. 1999. *Illuminations*. London: Pimlico.

(6) Browne, Simone. 2015. *Dark Matters: On the Surveillance of Blackness*. Durham, NC: Duke University Press.

(7) Burrell, Jenna. 2012. *Invisible Users: Youth in the Internet Cafés of Urban Ghana*. Cambridge, MA: MIT Press.

(8) Chun, Wendy Hui Kyong. 2016. "Big data as drama." *ELH* 83 (2): 363–382.

(9) Dirckinck- Holmfeld, Katrine. 2015. "Time in the making: Rehearsing reparative critical practices." PhD diss., University of Copenhagen.

(10) Dirckinck- Holmfeld, Katrine. 2017. *The Christmas Report and Other Fragments*. Video and performative presentation.

(11) Dirckinck- Holmfeld, Katrine. 2019. "(Para)paranoia: Affect as critical inquiry." *Diffractions: Graduate Journal for the Study of Culture*, 2nd ser., 1–24.

(12) Ehlers, Jeannette, and La Vaughn Belle. 2018. I Am Queen Mary. https://www.iamqueenmary.com.

(13) Flewellen, Ayana Omilade. 2019. "African diasporic choices: Locating the lived experiences of Afro-Crucians in the archival and archaeological record." In *Archives That Matter: Infrastructures for Sharing Unshared Histories in Colonial Archives*, edited by D. Agostinho, K. Dirckinck-Holmfeld, and K. L. Søilen, 54–74. Copenhagen: Nordisk Tidskrift for Informationsvidenskab og Kulturformidling.

(14) Hartman, Saidiya. 2008. "Venus in two acts." *Small Axe: A Caribbean Journal of Criticism* 26:1–14.

(15) Jackson, Steven J. 2014. "Rethinking repair." In *Media Technologies: Essays on Communication, Materiality, and Society*, edited by Tarleton Gillespie, Pablo J. Boczkowski, and Kirsten A. Foot, 221–239. Cambridge, MA: MIT Press. https://mitpress.universitypressscholarship.com/view/10.7551/mitpress/9780262525374.001.0001/upso-9780262525374-chapter-11.

(16) Keeling, Kara. 2019. *Queer Times, Black Futures*. New York: New York University Press.

(17) Long Soldier, Layli. 2017. *Whereas*. Minneapolis, MN: Graywolf Press.

(18) Lowe, Lisa. 2015. *The Intimacies of Four Continents*. Durham, NC: Duke University Press.

(19) Mattern, Shannon. 2018. "Maintenance and care." *Places Journal*, November 2018. https://doi.org/10.22269/181120.

(20) Moorhead, Shelly. 2008. "'Reparations' defined: The VI/Danish symbol of partnership." *Movement (ACRRA): An Open Forum to Discuss Reparations in the Context of the Virgin Islands Reparations Movement* (blog). December 2008. http://acrra.blogspot.dk/2008/12/reparations-defined-vidanish-symbol-of.html.

(21) Parks, Lisa. 2013. "Media fixes: Thoughts on repair cultures." *Flow Journal* (blog). December 2013. http:// www.flowjournal.org/2013/12/media-fixes-thoughts-on-repair-cultures/.

(22) Sedgwick, Eve. 2003. *Touching Feeling: Affect, Pedagogy, Performativity*. Durham, NC: Duke University Press.

(23) Sutherland, Tonia. 2019. "The carceral archive: Documentary records, narrative construction, and predictive risk assessment." *Journal of Cultural Analytics*. https://doi.org/10.22148/16.039.

(24) Vergès, Françoise. 2019. "Memories of struggles and visual/sonic archives." Paper presented at Archival Encounters: Colonial Archives, Care and Social Justice, Copenhagen, University of Copenhagen, 2019.

(25) Walker, Margaret Urban. 2006. *Moral Repair: Reconstructing Moral Relations after Wrongdoing*. Cam-

bridge: Cambridge University Press.

(26) Wiegman, Robyn. 2014. "The times we're in: Queer feminist criticism and the reparative 'turn.'" *Feminist Theory* 15 (1): 4–25.

(27) Yusoff, Kathryn. 2018. *A Billion Black Anthropocenes or None*. Minneapolis: University of Minnesota Press.

47. 自我追踪（Self-Tracking）

娜塔莎·道·舒尔（Natasha Dow Schüll）

> 你之所以开始追踪你的数据，是因为你对自己有所不确定，你相信数据可以澄清它们。这关乎内省、反思与观看模式，但最终目的关乎你是谁和你可能如何改变。
>
> ——艾瑞克·博伊德（Eric Boyd, 一名自我追踪者）

在过去十年，收集、存储与分析个人的生理、行为与地理位置的数据能力，已经影响到许多的领域，其范围从政策的制定到治安管理、从企业营销到医疗保健、从娱乐到教育，这种现象被称为**数据化**（**datafication**），或者说，是将生活的定性方面转换为定量数据（Mayer-Schönberger and Cukier 2014；Van Dijck 2014）。[1] 所谓的"大数据原教旨主义者"拥护这一发展，他们认为，当大数据集适当地挖掘相关性与诸多模式之后，它能为个人和集体生活的挑战提供以前难以捉摸的见解、预测和答案，进而取代对理论与科学的需求，促进自由和自我赋权的新形式（Anderson 2008; Goetz 2010; Topol 2012）。

在新兴的批判性数据研究领域，学者采取更加怀疑的立场，他们强调，数据化是以牺牲公民和消费者的自由和隐私为代价来让政府、医疗机构与企业受益。为了描述由数据化产生的主体类型，一些人采纳了德勒兹（Gilles

Deleuze,1992）的先见，即**个体**是一个特质、习惯与偏好的档案，可以被系统地提取与推销，被改组，并与他人的特质相比较。[2]伯纳德·哈科特（Bernard Harcourt ,2015, 157）转变了这一术语，他提出，**双重个体**（duodividual）可以更好地描述"数字时代的算法数据挖掘追求的目标"——他认为，这与其说是把一个人分成几个部分，不如说是找到其数字的"配搭"或"双胞胎"。很多人用"数据替身"（data double）（Haggerty and Ericson 2000）来命名这种数字二重身，但对于罗布·霍宁（Rob Horning,2012）来说，**数据自我**最能描述我们通过与网络媒体的接触而产生的虚拟版的自己。加文·史密斯（Cavin Smith,2016,110）写道："非具身的攫取（disembodied exhaust）产生了一种**数据代理**（data-proxy），一个从混合的数据痕迹中创造出来的抽象数字。"达纳·格林菲尔德（Dana Greenfield, 2016, 133）将"像素化的人"（pixelated person）当作"一个曾经被分割成更细的颗粒度的主体，但其部分数据集也可以跟其他人相结合"来讨论。约翰·切尼·利波尔德（John CheneyLippold,2011,165）将**算法身份**描述为"根据个人的网络使用情况而推断出的身份范畴"，而弗兰克·帕斯夸里（Frank Pasquale, 2015, 39）则认为，我们被视为是算法的自我，或"受模式识别引擎控制的数据点集合"。

尽管这一系列新词捕捉到了在数字网络世界中，自我成为权力对象的分裂、融合和聚合过程的微妙细节和不对称性，不过，当涉及把握自我是如何在他们的数据化生活中居住、经验、反思和行动时，它们的作用却不大。本文将从生活的数据化不只是有利于强大的利益相关者这一前提出发，讨论由数字化推动的自我追踪的案例，其中，个人通过传感器、分析算法和可视化软件，对自己的"数据攫取"进行监测、量化，并使之有意义。在归档的比特化生活序列及其总和中，他们试图让人们意识到，在定义他们的存在模式和节奏时，倘若缺乏数字工具，那么这些模式和节奏可能仍然是不确定的力量，低于感知的阈值、数据。数据技术在此不仅是治理他人的手段，也是教化自己的手段；它们是米歇尔·福柯（Michel Foucault, 1988）意义上的"自我的技术"。[3]重点是"达成关于你是谁，以及你可能如何改变的认识"，自我追踪者埃里克·博伊德在本文开头的引文中告诉我们："你建立外部的人或你自己的外部版本，一个化身或同伴——或其他东西。"博伊德呼应了福柯（1998）关于伦理的描述，即"建立一种**自己与自己的关系**"："最终是建立一个框架，你可以据此与自己建立某种关系"。本文试图更好地理解这种关系的运作——我认为，如果一个人希望有效地批判更广泛的数据化变迁及其不满，这种努力是值得的。

经由数字构成的自我知识

近十年前，旧金山湾区的一小群精通技术，而且对存在充满好奇的人开始收集，并思考他们可能从数据收集设备和分析软件中，了解他们日常生活中平凡的神秘、变化与挑战——药物副作用、睡眠障碍，以及饮食与生产力之间的联系。他们将逐一展示，并讲述他们在自我数据方面的经验，在十分钟的演讲中，他们回答了三个导论性的问题：**你做了什么？你是怎么做的？你学到了什么？**在分享完经验后，演讲者接受提问，并征求与会者的反馈。

这个团体被命名为"量化自我"（QS），这很容易让人想起德尔菲神谕"认识你自己"，联合创始人加里·沃尔夫（Gary Wolf）和凯文·凯利（Kevin Kelly）（两人都是《连线》杂志的前编辑）打出了"源自数字的自我认识"的标语。QS经由社交媒体，尤其是 Meetup.com，迅速地在北美和欧洲的主要城市地区产生影响，并通过一个网站吸引新成员，该网站有成员的演讲视频，人们可以讨论跟踪工具的留言板，以及当地聚会的链接。2010年4月，QS受到全美国的关注。当时，沃尔夫的一篇长文《由数据驱动的生活》刊登在《纽约时报周日杂志》（*New York Times Sunday Magazine*）的头条上，封面上出现了一个由绘图纸、卡尺与折叠尺拼贴而成的人形。文章提出，数据不仅可以是一种检查他人生活的手段（就像精算师、政策制定者或福利官员那样），而且可以是一种新的数字镜——我们透过它看到自己，并了解关于自己的新情况。

沃尔夫（2010）写道："人类的视野中存在盲点，在自己的注意力流中也存在间隙。""我们被迫靠猜测来引导。我们跟随直觉。也就是说，我们中的一些人是这样做的。其他人则用数据。"在随时间变化的心率高峰或情绪低落的图表中，个人可以更好地掌握他们是如何被看似微不足道的习惯或环境所影响的——而不是靠专家的建议、猜测，甚至是直觉。"如果你想用更可靠的东西取代变化无常的直觉，你首先要收集数据。"沃尔夫坚持认为，"一旦你知道了事实，你就可以靠它们生活。"在这个自己动手的自我护理公式中，数据密集型技术，如自动传感器、计数指标和统计上的相关性，被认为是过上美好生活的工具——在这里被想象成是一个存档数据的持续项目，进而澄清不确定性。

大多数读者对封面故事抱有负面反应，他们对沃尔夫规定的有密集跟踪和监测的生活表示不屑，他们认为，这是"人性的丧失"。一位来自新泽西的女士在评论中问道："我们什么时候才能达到这样的地步，难道我们所做的一切，只是为了记录数据，而不是去体验生活？"一位来自堪萨斯州的读者也想知道，如果我们纠缠于"吃一根棒棒糖需要舔多少次"，那么可能错失哪些生活经验，而一位来自费城的读者写道："我们不是机器，没有多少数据会让我们成为机器，或者给我们所有更大谜题的答案。"人们的普遍反应是，过度强调可测量之物会降低存在感，会导致生活中的无法量化之物成为需要过滤掉的噪音。

从 2010 年至 2013 年，类似的情绪贯穿了《福布斯》《名利场》，甚至《连线》等杂志关于自我追踪者的报道——这些报道通常将它们描绘成是技术推动主义和美国个人主义的漫画（如 Bhatt 2013; Hesse 2008; Morga 2011）。文化评论家叶夫根尼·莫罗佐夫（Evgeny Morozov,2014）因为这些文章而猛烈地攻击 QS 社群，称他们放弃了叙事的反思性，选择没有灵魂的数字，既缺乏人性，在政治上也令人不安。

在过去十年，学界对自我追踪技术的批评复述了许多出现在大众媒体中的论点，并以规训、正常化、剥削、新自由主义主体化与剥夺等主题来重点阐述。自我量化算法被认为是"构筑与塑造行动的可能性"（Williamson 2015, 141），旨在加强某些行为，同时阻止其他行为（Millington 2016；Schüll 2016）；社会规范被嵌入跟踪设备的目标数字、分数的呈现和游戏化的激励（Depper and Howe 2017），如此一来，一种"数字本体论"就开始遍及日常实践，也遍及"人们与自己身体相关的方式"（Oxlund 2012,53）。自我追踪者被描述为制定着企业家精神、自主行为的文化价值观，他们负责任地管理并优化自己的生活，成为新自由主义车轮上的齿轮（Lupton 2013, 261；Ajana 2017；Depper and Howe 2017；Lupton 2016；Lupton and Smith 2018；Oxlund 2012；Rich and Miah 2017）。

尽管这些批评是合理的，也很重要，但一个新兴的民族志研究机构已经在一种更为细微的现实中拉开帷幕，它着手挑战量化自我必然是在存在上贫瘠的、非政治化的、被剥削的或虚假意识的受害者这类观点。量化"很少产生一个确定的真理，对一个人的生活或身份进行一对一的表述"（Sharon 2017, 114）；相反，它涉及一种"处境化的客观性"（situated objectivity）（Pantzar and

Ruckenstein 2017），其中某些先前的经验、理解和共同期望变得重要。自我追踪是一种审美实践，自我的碎片在这种实践中被提取和抽象化，成为以不同的方式看待和经验自我的材料（Sherman 2016）。观察个人数据的图表和可视化，可以引发批判性的反思，并提出新的问题；数据不会取代或僵化，而是增强和活跃了自我叙述（Ruckenstein 2014, 80）。在这个意义上，作为一种"转换器"，数据只是保留了被测量物的某些特质，以至于"在不完美的转换中，人们有很大的回旋余地"（Neff 和 Nafus 2016, 25）。自我量化"建立了一个自我的实验室"，其中的"设备和数据有助于以新的方式看待自我，塑造自我理解和自我的表达"（Kristensen and Ruckenstein 2018, 2）。我在本文中将 QS 实践视为数据化主体的一种实验形式，这种实验具有反思性，有时是不顺从的，而且往往具有创造性——具有尚未确定的个体与集体的可能性。这种实验在下述场景和对话中凸显了出来，它们出现在 2013 年的为期两天的 QS 会议参与者中。[4]

看见信号

在阿姆斯特丹的一家通风良好的酒店大厅里，有四百多名与会者。在参加完周末的演讲和讨论后，加里·沃尔夫走上台，用一个问题拉开会议的序幕。**量化自我**究竟是什么？虽然很明显，"量化"涉及收集并计算关于我们自己的数据，但"自我"是一个更模糊的术语。如何理解量化自我中的自我？当我们对自我进行量化时——当"计算完全进入"时，自我会发生什么？

罗宾·巴鲁阿（Robin Barooah）是一名在硅谷工作的英国技术设计师，沃尔夫结束演讲后，他在第一个展示和讲述环节中回答了这个问题。他身着标志性的羊毛连体衣，用数据可视化与个人背景故事相结合的方式，分享了他如何

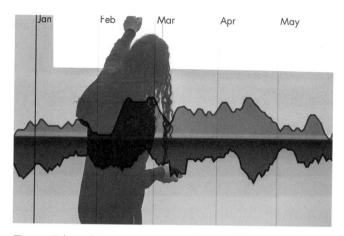

图 47.1　罗宾·巴鲁阿在 2013 年 QS 会议的讲台上解释他的数据时间线。截图自施耐德（Snyder, 2013）。照片由作者提供。

衡量自己的情绪。他指出，"情绪不像情感那样转瞬即逝，但也不像气质那样根深蒂固"，情绪是神秘的。罗宾一直被情绪的 QS 方法吸引，因为他认为，这有助于他找到他的生活环境、日常习惯与情绪之间非直观，也不明显的联系。2008 年被他描述为成年生活中最痛苦的一年，他认为，在当时找到这些联系是必要的，不是出于好奇心或自我实验的目的："我不得不开始审视我的生活，不得不弄明白该怎么做。"

他转过身，看着投在身后大屏幕上的数据时间线，这条时间线跨越四年，绘制出两个变量，他一直想探索这两个变量跟他的情绪之间的关系：线上方的蓝色部分，是他每天的冥想时间，他用计时器来跟踪；线下方的红色部分，是他每天在在线日历中跟踪记录他的情绪条目的数量（见图 47.1）。选择绘制他写在日记中的条目数量，而不是衡量语义内容（例如对他话语中所表达的相对动荡或平静的评分），这是有意为之，就像冥想时间这一变量是一种衡量写日记实践，也是了解它可能揭示其情绪的方法。多年以后，当他最终将他的冥想时间和所写条目的数据绘制出来时，他惊讶地发现，这两个变量之间存在着不可思议的对应关系。他告诉我们："这两条线之间的联系应该是非常清楚的。"在任何一天，冥想时间越多就反映出更多的条目，反之亦然。这种紧密的对应关系，使他的时间线看起来就像罗夏墨迹[1]一样，上半部分是蓝色，下半部分是红色。

罗宾提请观众注意，在沿时间线的移动平均线中有极不稳定的时刻："这个低谷是我经常飞行的地方"，"这个完全没有颜色的低谷是一段令人崩溃的焦虑和抑郁期"。旅行和重大的生活事件，包括他父亲的去世导致他原本相关的日常工作脱钩，或减少了它们的对称性。他指着时间线上的一个点，下面有一个大的红色活动的高峰，解释道，一个新的精神药物治疗方案已经刺激了一段密集的日记。"大量的叙述在那个时候开始展开。"罗宾回忆说。2012 年 11月，红色从他的时间线上完全消失，此时，他的焦虑强度大部分已得到解决，他不再有写日记的"类似冲动"。

在思考可视化图形时，罗宾回顾了他学到的东西。不同的跟踪程序的叠加虽然不是情绪的直接表现，却有深刻的启示意义。"这是一种信号，我以前没有看到过；它反映了我的活跃水平，我的能量水平，以及我与世界相接触的能力……它在那里，像一个信封一样围绕着我的整个生活，影响着我所做的一切。"身为一名工程师，罗宾用信号一词描述信息传输——在这种情况下，将强烈影响他生活经验的能量传达给他可以感知和吸收的形式。这种信号，以数值变化的轮廓直观地传达出来，是"超越语言的……这是一个非常深刻的东西，最终变成了思考，变成了行动"。

1　罗夏墨迹测验因利用墨渍图版而又被称为墨渍图测验，是非常著名的人格测验，也是少有的投射型人格测试。在临床心理学中广为使用。——译注

探讨数据

第二天，在一个专门讨论数据和身份的小型"分组会议"上，罗宾阐述了（数据）跟踪如何变成行动和思考的。"跟踪不是加法，而是减法：你根据机器生产的东西研究一些关于自己的问题，之后，你留下一个更窄的范围，你可以对自己的行为或感觉进行归因；**你已经消除了不确定性**，获得一种解放——你可以拥有全新的视角继续生活。"

约书亚三十岁出头，是一名来自加利福尼亚的大胡子风险投资家，他同意，将定性转换为定量有助于人们走出不确定性的困境。"身为一个综合的整体，自我可能令人难以承受。通过 QS，你可以**拆分**自我的各个方面，也许只有在这些方面下功夫，才可以让它们离开，再把它们放回去……当你可以把这些小的部分拿出来，并指出所有其他的东西都很复杂，**让我们只看这个，它就会减轻你的负担**。"他总结说，这种提取和咬合过程是自我叙事的一种形式，我们应该称之为**定量自传**。

约尔格是一位具有商业与哲学背景的德国活动家，他进一步明确了**叙事**一词，因为它跟自我量化有关："关于我们自己的数字表达，在本质上是**句法性的**（syntactic），而非**语义性的**（semantic）。"自我数据的力量在于跨越其数据点出现的关系语法——而不是"超验的现象自我"的作者意图——意欲讲出自己的故事。他的立场既呼应也反驳了莫罗佐夫对自我量化的批评：是的，它偏离了传统的人本主义叙事模式——但这并不意味着它是非人化的；相反，它重要也充满活力。

另一位三十多岁的美国人类学家，受雇于一家先进的技术公司，他建议用艺术而非叙事来描述自我对数据的处理可能是一个更好的隐喻。"也许，追踪就像是给自己**画素描**。"另一位与会者猜测道，"你必须填充细节，这是一种自画像，一种艺术。"罗宾在侧墙边的座位上点头表示同意。他说，他曾把他的跟踪描述为一种"数字镜"，但现在觉得，这个比喻不准确，"因为镜子代表一幅整体性的投射图像——这不是我们从我们的数据位中得到的"。罗宾更喜欢自画像的比喻："当我们跟踪和绘制我们的数据时，我们在专注我们生活的一部分，并在我们收集数据的过程中慢慢建立这幅肖像。"会议主持人要求大家进一步明确这个比喻。如果不是写实主义的，那么这个肖像是表现主义的？是印象派的？抑或像素化的？"我认为，它必须是一个算法的马赛克，构图、颜色和图案会变，"罗宾建议道，"而且，这幅肖像不断变化。"约书亚附和说："它是连续的，我们都在不断地自我完善——我们在任何时候都必须随机应变地做决定。"

约尔格想知道自我拆解（self-unmaking）的风险——"倘若你开始把自己一块一块地分解，可能会导致非自我（non-self），分解，是把自己视为一个庞大的数据流"。罗宾不这么认为："如果自我量化能把自己分解成片，能让我们创造新的自我经验，那么，这些经验就是通往如何行动的新的自由之门。"他提议道，在量化自我中的那种肖像画"允许你想象自我的新类型，向新的方向发展；你不再被困在一套有限的路径中"。在讨论结束时，自我追踪似乎是一种解放的手段，不仅将人从不确定性的僵局中，也从确定性的僵局中解放出来。

Askesis 2.0

当在旧金山普雷西迪奥举行的 2015 年度量化自我峰会结束时，长期从事 QS 展示和讲述的组织者斯蒂芬·乔纳斯（Steven Jonas）向社群的"自我检查实践"做了简短的致敬。他首先引用了莎拉·布莱克威尔（Sarah Blakewell,2011）关于 16 世纪法国哲学家蒙田的书中的一段话，她认为，蒙田的作品"捕捉到了那种独特的现代感，即不确定你属于哪里，你是谁，以及你被期望做什么"。乔纳斯继续说，蒙田的文章有时"蜿蜒曲折，离题万里"，其独特之处，正在于诚实的探究性和自我反思。"蒙田的哲学探究并不具备延展性和普遍性；它们很小。"它之所以引起读者的共鸣，是源自读者有限范围的个人经验。同样，QS 的展示和讲述是"小的，它诚实且脆弱"。它们由那些"试图弄清楚他们是谁，以及他们应该做什么"的人提出。

正如媒介学者马克·汉森（Mark Hansen,2014,196）表明的："收集和分析技术数据的具体负担。"可以被用来"不仅仅是为了操纵和利用而预测我们的倾向和易感性，而且还可以告知我们这些倾向和易感性，让我们据此采取行动"。正如罗宾早些时候告诉我们的，个人数据位的档案可以是"通往如何行动的**新自由度**之门"。他在这里引用的那种自由不是自主或自我掌握的自由，而是如科林·库普曼（Colin Koopman,2016）对威廉·詹姆斯（William James）的哲学和生活的描述："在不确定性中的自由是自我改造的工作。"詹姆斯的自我转变伦理"不仅是适应现代际遇的手段"，库普曼（2016）指出，"而且还是抵制其正常化的能量"。它涉及"煽动替代方案、挑起差异，变得不受约束，甚至无法被约束"（43）。同样，对于自我追踪者来说，量化标准可以服务于"绕过规定的课程，探索极限、藐视规则"（Sanders 2017, 21）。

我们与其将自我量化者——当作逃避生活和机器化倾向的人，当作数据资本主义及其监控机器的受害者，或者视为新自由主义主体性及其自我掌握、企业家精神的症状人物——加以否定，不如将他们视为与数据共存，并通过数据而共存的艺术先驱者。他们在"定量自传""不断变化的自我肖像"中，他们对时间序列数据进行计算和图形分析以检测"超越语言"的信号方面的实验，可以被理解为对学术新词的一个重要补充，这些新词已经扩散到描述数据化世界中被分割、疏远和剥削的自我。邀请数字工具和认识论参与，并补充他们的自我变革伦理，他们获得了新的方法来理解、认识和居住在他们的生活中——并有可能抵制、重新利用和使大数据代理，[5] 行为的范畴和管理的逻辑变得不确定，而这些都试图将他们的行为推向某些路径。

注释

[1] 本文借鉴了舒尔（Schüll, 2018；2019）的观点，并改编了鲁肯斯坦和舒尔（Ruckenstein and Schüll, 2017）的两个开头段落。

[2] 需要指出的是，人类学中存在关于"个体"一词的不同概念轨迹，它被用来描述不以西方二元论为基础、由社会关系而非离散单位构成的自我身份形式（例如，Strathern 2004）。

[3] 米歇尔·福柯（Michel Foucault, 1988, 18）区分了权力技术和自我技术，前者"决定了个人的行为，使之服从于某些目的或治理，是主体的客观化"，后者是个人通过对自己的身体和灵魂、思想、行为和存在方式进行操作，以改造自己而达到某种幸福、纯洁、智慧、完美或不朽的状态。后者在构成当代自我跟踪实践的传感器、分析算法和数据可视化的组合中采取了一种字面的物质形式。

[4] 本章借鉴了2013年至2017年期间在波士顿和纽约的QS大会，以及三次年度会议上的人种学研究。

[5] 关于代理机构在大数据世界中的工作，见本书第43章。

参考文献

(1) Ajana, Btihaj. 2017. "Digital health and the biopolitics of the quantified self." *Digital Health* 3 (January). https://doi.org/10.1177/2055207616689509.

(2) Anderson, Chris. 2008."The end of theory: The data deluge makes the scientific method obsolete." *Wired*, June 23, 2008. https://www.wired.com/2008/06/pb-theory/.

(3) Bhatt, Sarita. 2013. "We're all narcissists now, and that's a good thing." *Fast Company*, September 27, 2013. https://www.fastcompany.com/3018382/were-all-narcissists-now-and-thats-a-good-thing.

(4) Blakewell, Sarah. 2011. *How to Live: Or A Life of Montaigne in One Question and Twenty Attempts at an Answer*. New York: Other Press.

(5) Cheney-Lippold, John. 2011. "A new algorithmic identity: Soft biopolitics and the modulation of control." *Theory, Culture and Society* 28 (6): 164–181. https://doi.org/10.1177/0263276411424420.

(6) Deleuze, Gilles. 1992. "Postscript on the societies of control." *October* 59:3–7.

(7) Depper, Annaleise, and P. David Howe. 2017. "Are we fit yet? English adolescent girls' experiences of health and fitness apps." *Health Sociology Review* 26 (1): 98–112. https://doi.org/10.1080/14461242.2016.1196599.

(8) Foucault, Michel. 1988. "Technologies of the self." In *Technologies of the Self: A Seminar with Michel Foucault*, edited by Luther Martin, Huck Gutman, and Patrick Hutton, 16–49. Cambridge: University of Massachusetts Press.

(9) Foucault, Michel. 1998. "Self-writing." In *Ethics: Subjectivity and Truth*, edited by Paul Rabinow, 207–222. New York: New Press.

(10) Goetz, Thomas. 2010. *The Decision Tree: Taking Control of Your Health in the New Era of Personalized Medicine*. New York: Rodale.

(11) Greenfield, Dana. 2016. "Deep data: Notes on the N of 1." In *Quantified: Biosensing Technologies in Everyday Life*, edited by Dawn Nafus, 123–146. Cambridge, MA: MIT Press.

(12) Haggerty, Kevin D., and Richard V. Ericson. 2000. "The surveillant assemblage." *British Journal of Sociology* 51 (4): 605–622. https://doi.org/10.1080/00071310020015280.

(13) Hansen, Mark B. N. 2014. *Feed-Forward: On the Future of Twenty-First-Century Media*. Chicago: University Of Chicago Press.

(14) Harcourt, Bernard E. 2015. *Exposed: Desire and Disobedience in the Digital Age*. Cambridge, MA: Harvard University Press.

(15) Hesse, Monica. 2008. "Bytes of life." *Washington Post*, September 9, 2008.

(16) Horning, Rob. 2012. "Notes on the "data self." *Marginal Utility*, February 2, 2012. https://thenewinquiry.com/blog/dumb-bullshit/.

(17) Koopman, Colin. 2016. "Transforming the self amidst the challenges of chance: William James on 'our undisciplinables.'"*Diacritics* 44 (4): 40–65. https://doi.org/10.1353/dia.2016.0019.

(18) Kristensen, Dorthe Brogård, and Minna Ruckenstein. 2018. "Co- evolving with self- tracking technologies." *New Media and Society* 20 (10). https://doi.org/10.1177/1461444818755650.

(19) Lupton, Deborah. 2013. "The digitally engaged patient: Self- monitoring and self- care in the digital health era." *Social Theory and Health* 11:256–270.

(20) Lupton, Deborah. 2016. *The Quantified Self*. Cambridge: Polity Press.

(21) Lupton, Deborah, and Gavin J. D. Smith. 2018. "'A much better person': The agential capacities of selftracking practices." In *Metric Culture: Ontologies of Self-Tracking Practices*, edited by Btihaj Ajana. London: Emerald. https://papers.ssrn.com/abstract=3085751.

(22) Mayer-Schönberger, Viktor, and Kenneth Cukier. 2014. *Big Data: A Revolution That Will Transform How We Live, Work, and Think*. Boston: Eamon Dolan/Mariner Books.

(23) Millington, Brad. 2016. "'Quantify the invisible': Notes toward a future of posture." *Critical Public Health* 26 (4): 405–417.

(24) Morga, Alicia. 2011. "Do you measure up?" *Fast Company*, April 5, 2011. https://www.fastcompany.com/ 1744571/do-you-measure.

(25) Morozov, Evgeny. 2014. *To Save Everything, Click Here: The Folly of Technological Solutionism*. New York: PublicAffairs.

(26) Neff, Gina, and Dawn Nafus. 2016. *Self-Tracking. Cambridge*, MA: MIT Press.

(27) Oxlund, Bjarke. 2012. "Living by numbers." *Suomen Antropologi: Journal of the Finnish Anthropologi-*

cal Society 37 (3): 42–56.

(28) Pantzar, Mika, and Minna Ruckenstein. 2017. "Living the metrics: Self- tracking and situated objectivity." *Digital Health* 3 (January). https://doi.org/10.1177/2055207617712590.

(29) Pasquale, Frank. 2015. "The algorithmic self." *Hedgehog Review*. http://www.iasc-culture.org/THR/ THR _article_2015_Spring_Pasquale.php.

(30) Rich, Emma, and Andy Miah. 2017. "Mobile, wearable and ingestible health technologies: Towards a critical research agenda." *Health Sociology Review* 26 (1): 84–97. https://doi.org/10.1080/14461242.2016.12 11486.

(31) Ruckenstein, Minna. 2014. "Visualized and interacted life: Personal analytics and engagements with data doubles." *Societies* 4 (1): 68–84. https://doi.org/10.3390/soc4010068.

(32) Ruckenstein, Minna, and Natasha Dow Schüll. 2017. "The datafication of health." *Annual Review of Anthropology* 46 (1): 261–278. https://doi.org/10.1146/annurev-anthro-102116-041244.

(33) Sanders, Rachel. 2017. "Self-tracking in the digital era: Biopower, patriarchy, and the new biometric body projects." *Body and Society* 23 (1): 36–63

(34) Schüll, Natasha. 2016. "Data for life: Wearable technology and the design of self- care." *BioSocieties* 11:317–333.

(35) Schüll, Natasha. 2018. "Self in the loop: Bits, patterns, and pathways in the quantified self." Vol. 5, *The Networked Self: Human Augmentics, Artificial Intelligence, Sentience*, edited by Zizi Papacharisi. Abingdon, UK: Routledge.

(36) Schüll, Natasha. 2019. "The data- based self: Self- quantification and the data- driven (good) life." Special issue: "Persons without Qualities." *Social Research International Quarterly*, 86 (4): 909–930.

(37) Sharon, Tamar. 2017. "Self- tracking for health and the quantified self: Re- articulating autonomy, solidarity, and authenticity in an age of personalized healthcare." *Philosophy and Technology* 30 (1): 93–121.

(38) https://doi.org/10.1007/s13347-016-0215-5.

(39) Sherman, Jamie. 2016. "Data in the age of digital reproduction: Reading the quantified self through Walter Benjamin." In *Quantified: Biosensing Technologies in Everyday Life, edited by Dawn Nafus*, 27–42.

(40) Cambridge, MA: MIT Press.

(41) Smith, Gavin J. D. 2016. "Surveillance, data and embodiment: On the work of being watched." *Body and Society* 22 (2): 108–139. https://doi.org/10.1177/1357034X15623622.

(42) Smith, Gavin J. D., and Ben Vonthethoff. 2017. "Health by numbers? Exploring the practice and experience of datafied health." *Health Sociology Review* 26 (1): 6–21. https://doi.org/10.1080/14461242.2016.119 6600.

(43) Snyder, Ken. 2013. "Mood." Presentation by Robin Barooah, Quantified Self annual conference 2013. Video. https://vimeo.com/66928697.

(44) Strathern, Marilyn. 2004. "The whole person and its artifacts." *Annual Review of Anthropology* 33 (1): 1–19. https://doi.org/10.1146/annurev.anthro.33.070203.143928.

(45) Topol, Eric J. 2012. *The Creative Destruction of Medicine: How the Digital Revolution Will Create Better Health Care*. New York: Basic Books.

(46) van Dijck, Jose. 2014. "Datafication, dataism and dataveillance: Big data between scientific paradigm and ideology." *Surveillance and Society* 12 (2): 197–208.

(47) Williamson, Ben. 2015. "Algorithmic skin: Health-tracking technologies, personal analytics and the bio-pedagogies of digitized health and physical education." *Sport, Education and Society* 20 (1): 133–151.

(48) Wolf, Gary. 2010. "The data- driven life." *New York Times*, April 28, 2010. https://www.nytimes.com/2010/05/02/magazine/02self-measurement-t.html

48. 转换语（Shifters）

西莉亚·卢里（Celia Lury）

引言

本文探讨了转换语在数字文化中的作用。从语言学的角度看，转换语是**指征**（indices）或指涉符号，也就是说，它们是只能通过指涉其所处语境才能被理解的符号。一旦它们的使用语境发生变化，它们所指之物也会改变（Benveniste 1971）。正如很多人指出的，在当代的信息基础设施中，索引的行为获得了新的重要性。例如，阿穆尔和皮奥图克观察到："所谓的非结构化数据需要新形式的索引，允许分析被分散（例如，通过分布式或云计算进行），并在不同的数据形式中进行分析——图像、视频、聊天室的文本、音频文件等等。"（Amoore and Piotukh 2015, 345）为了理解索引极大扩展其作用后的意义，为了理解它作为新型分析的一部分激活数据的潜力，我们需要思考索引（尤其是转换语）是哪种符号。

但至关重要的是，对符号的关注，始终都是对某种过程的关注：一个符号化或象征的过程。就指征而言，或者说索引的符号学活动，涉及的是一个指涉、指示或指向某物（某个主体或客体）的过程。也就是说，指征是吸引某人或某物注意某物的符号，但不描述它。就数据而言，索引的（新扩展的）活动涉及数据的激活，通过指涉上下文来指出某物的存在。这种激活必然涉及某种信息基础设施，无论这种基础设施是由人，还是由人、物、技术和各种环境组成。重要的是，作为一种特殊的索引活动，转换语并非简单地利用数据来指向预先存在的语境（也就是说，他们并不把数据定位为数据点），而是为数据假定和**提出**语境。这样一来，转换语可以被理解为是促进了一种介词符号化，在这种情况下，它们把它们所指之物置于不同的语境中分配或流通。但同样重要的是，只要索引活动不描述而"仅仅"表明某些东西，它就总是会引发推断，也就是说，由转换语执行的索引活动，在归纳、演绎和拟合式推理及提供**临时**假设的基础方面将（不）确定性引入到了分布或流通式的推理中。因此，索引是认知集合体的一个关键动态因素（Hayles 2017；也见 Gell 1998）。

为了探索数字文化如何为转换语提供一个新的分配环境，以及展示转换语是如何在数字文化中分配推理（非）确定性的双重目的，我考虑了"不是以我们的名义"和"Je suis Charlie"（我是查理）的口号。在这两个案例中，转换语是一个代词（我们的和我），而且在这两个案例中，分析的重点，都是政治人物或政治角色是如何在流通中出现的，特别注意这些人物可能出现的言论类型。

在《代词的性质》一文中，语言学家本韦尼斯特（Benveniste）谈及代词作为转换语的特殊性与一般的词义概念的关系，他指的是一种不参照上下文就无法理解的表达方式。他说，人称代词"我"和"你"在每次使用时都有不同的指称，这是根据"指示者（人、时间、地点、显示的对象等）和**当前**话语实例之间的关系"（Benveniste 1971, 218）。这种关系的存在意味着，不仅代词所指的主体在使用中发生了变化，而且在所指的主体的（存在）中也存在着双重性——分裂或分割。例如，在代词**"我"**的索引性使用中，发音的主体（谁在说话）和陈述的主体（所指的主体）之间存在着双重性或分裂性。

下文的分析将表明，主语的这种加倍、分割或不重合，是**如何**在时间和空间上循环，并影响了代词作为转换语的推论（非）确定性的种类。虽然随着新的信息基础设施的发展，这种加倍的流通的规模和性质均发生了巨变，但重要的是要记住，在所有的用法中，代词引入的分布式（非）巧合的（非）确定性是复杂的，因为随着（分裂的）主体的转移，与接收人的关系也会发生变化。含有变体的话语的接收人，根本不需要在时间或空间上被指定：正如皮尔士所言："（符号的）解释者不一定要实际存在。一个未来的存在就够了。"（转引自Hulswit 2002, 136）

言语形象

"不以我们的名义"是一句历史悠久的口号，但它在最近的用法，与"不以我们之名"（Not in Our Name）有关，这是一个成立于2002年的美国组织，为了抗议美国政府对2001年"9·11"事件的反应。它的"良心声明"呼吁美国人民"抵制自2001年9月11日以来出现的对世界人民构成严重危险的政策和总体政治方向"。它倡导的原则，包括人民和国家的自决权，以及正当程序和异议的重要性。该组织于2008年解散。而组织名称的一个稍加改编的版本（"不以吾之名"）被当作口号，成为英国各大城市反对英国政府参与2003年伊拉克战争的示威活动的一部分。2017年，撰写本文时，笔者还在谷歌搜索中发现了其他的用法，"不以吾之名"已经被一个英国的穆斯林组织，即位于东伦敦的"积极变革基金会"（Active Change Foundation）采用，该组织声称："身为英国的穆斯林，我们强烈谴责ISIS，他们的恐怖主义行为滥用了伊斯兰教的名义。

我们呼吁，英国穆斯林同胞团结起来，谴责这个邪恶的组织，谴责他们的行为——他们的举动是#非以吾之名（#NotInMyName）。"（Active Change Foundation, n.d.）同样的口号，也被用于跟印度宰牛有关的宗教和政治抗议活动。

2015 年，在法国讽刺周刊《查理周刊》（*Charlie Hebd*）的办公室遭到枪手袭击后，推特上出现了#JeSuisCharlie（#我是查理）的标签（随后传遍整个网络）[1]。事件发生两天后，这个标签在推特上被使用了 500 多万次，成为该平台有史以来最受欢迎的话题之一。[1]最常被分享的外部来源是图片，而且，这个（最初的）法语标签的大多数使用者都不是来自法国账户。莱昂内说："这个十分简单的句子在修辞上异常强大，因为它基于空洞的表意位置……；一个认同查理的'我'；一个与句子本身的发音相吻合的时间；没有空间的指示。因此，世界上的每个人都可以使用这个'我'，占据其表述时刻，并将其内容传送到任何纬度。"（Leone 2015, 659）

紧随这个标签之后还出现了另一个：#JeNeSuisPasCharlie（#我不是查理），尽管数量少得多（最开始的几天只有七万四千多个）。当年晚些时候，该杂志雇用的漫画家之一威廉宣布："我们对那些突然宣布他们是我们的朋友的人感到反胃。"（*Le Point* 2015）

从这些简短的描述中，我们可以看到在这两个例子中使用转换语的异同，这涉及它们隐藏或使它们所涉及的加倍或分割的方式，以及它们引入的代词和名词的递归方式。在第一个例子中，"不以我们的名义"既调动了转换语作为

1　"查理周刊总部枪击案"，是 2015 年 1 月 7 日发生于法国巴黎《查理周刊》总部的恐怖袭击案，导致 12 死 11 伤。遇难者包括两名警员和多位周刊工作人员，其中一位是周刊主编。由两名身穿"圣战"服装的蒙面男子发动袭击。这两名凶徒还高喊"Allahu Akbar"（真主至大）向平民百姓和警方射击。该杂志因经常讽刺伊斯兰教创始人穆罕默德，而受到世界注目。——译注

推理符号而提供的可能性，又削弱了这种可能性：代词"我们"及其成为转换语的可能性，被其作为一个组织的名称的一部分取代。在这种认知组合中，"不以我们的名义"象征性地（通过命名）将一个集体实体个体化了。此外，在这种使用中，这个集体实体由个人组成，他们的成员资格则由他们的签名来表示，用名字来表示一个独特的个人，其跨越时间和空间的持续存在，在传统上被认为是独立于使用签名的语境的任何具体方面。我们可以推断，这里构成的言语形象是一个由许多独特的"Is"组成的集体实体，但他们作为集体实体的联系是形式上的，而非实质性的；集体实体和组成集体实体的单一个体都是独立于语境的，他们的存在也是相互独立的。他们凑到一起，完全是一个形式或象征性的问题。简而言之，名词和代词的分层减少了以独立于语境的识别的真实性为名的推论性（非）确定性，或者更好的是，使语境变得不相关。

然而，关注转换语作为这种认知组合的一部分的作用，让我们看到这里涉及的推论逻辑依赖于省略或略过 [2]。作为"不以我们的名义"作为由不同个人组成的集体实体的名称的基础，个人的名字实际上不是个人实体"自己"的名字，而是作为签名，是对"拥有"个人的名字的使用。只有国家的政治和法律权威，包括维护命名机制，包括出生和死亡登记，以及伪造和冒名顶替的法律，才允许转换语所指的集体和个人实体的分裂或分割被缝合，他们的名字被承认（作为一个分层的、非巧合的巧合）是他们的，这让他们的言论具有合法性。

然而，在这句话的其他用法中，诸如当"不以我们的名义"或"不以吾之名"是以某人持有的标语牌上的文字而出现，而这个人并没有通过签名而被识别（当然，他们可能通过其他方式被与他们身体接近的人或远程监控技术独特地识别），国家持有的姓名的象征性登记就不那么重要了。在一个由多人聚集的政治示威中，当一个又一个人举着标语牌时，**吾之**所指的具体人物就会发生变化。虽然依靠象征性的惯例，持有标语牌的人同意标语牌上声明的意义，但发出声明的主体并未因为提到一个专有名词（这里的**专有名词**是指财产和正当性）而被赋予一个独特的，也是固定的身份（以及先前和未来的存在）。作为这种认知组合的一部分，转换语表示的是另一个言语形象：一个一般性的主体，同时（但只是偶然）是独一的和集体的。

"不以吾之名"中的转换语（如果刻在一个又一个人的标语牌上），指的是一个在诸多其他独一个体中的独一个体，所有这些人，如果或当他们携带标语牌时，都是个体化的——不是指他们的独特性，而是在等同性上。当标语牌在人与人之间移动时，**我的**名字与**你的**名字具有相同的功能或地位；在任何一种情况下，标语牌上的文字的意义，不是与你或我等同于一个独一的（背景独立的）个体联系在一起，而是与我们等同于一个集体的成员联系在一起。同时，虽然可以推断（如果我们理解政治示威的象征性）其中一个目标对象是政府（部分原因可能是使用环境的某些其他方面，比如标语牌持有者所遵循的游行路线），但我们也可以推断，被指示的个体，也在对其他个体讲话，他们的共同存在可以指向彼此，也可以被指向彼此。建立一个共同的语境来减轻推论的（不）确定性，是这种政治集体或言语形象的团结被赋予实质和形式的方式之一。

就像"不以我们的名义"中的"我们"一样，标签 #JeSuisCharlie 中的变体也涉及双重性。然而，在这种情况下，主体的双重性显而易见，是让所有人或许多人都能看到，也就是说，发音的"我"（推特账户的用户）和声明的"我"之间的区别立即被"我"是"查理"这一说法困扰。虽然查理是一个专有名词，但它并没有在上述意义上正常运作。如果我们知道《查理周刊》被袭之事，我们可以推断"我是查理"的转换语"我"是杂志名称的缩写，其第一部分或多或少地指涉了卡通人物查理·布朗和戴高乐（第二部分 Hebdo 是 *hebdomadaire*

周刊的缩写）。然而，我们也可以推断，"我是查理"的主体不是该杂志的编辑团队或工作人员。事实上，说"我是查理"的人不应该被认定为是《查理周刊》的成员，这就是我们所得出的结论。事实上，在我们集合的时候，我们毫不惊讶地发现，宣称的主体和陈述的主体之间的分裂的可见性，引起了其他人的否定反应，或者这种否定的最常见形式不是"不，你不是查理"（尽管这似乎是威廉的反应），而是"我不是查理"。事实上，这不是一个否定，而是一个反面或对立的主张，它是为了利用同样的双重或分裂——在发音的我和陈述的我之间。

这种反应的形式也许可以通过考虑"我是查理"和"我不是查理"这两个话语的主体和对象是如何配置的分配信息基础设施来解释。在这两种情况下，主体都是推特账户的持有人；在这两种情况下，接受者（追随者）也是账户持有人（尽管他们可能不是自然人）。他们之间的关系由平台决定，在推特这里，平台在实现主体和接受人之间的互惠的同时，也通过转发的便利，加强了传播的形式。在这两种情况下，在使用代词作为转换语时不可避免的指称者和被指称者之间的分裂或划分，被放到了一个开放的分布中，而这个分布是一个主体和被指称者之间关系的（非）巧合的不确定的复合体。

那么，在这个集合体中，独一和集体之间的关系不是被配置为超越时间或仅仅是瞬间的，而是不断地被它所处的平台所重新塑造。言语形象的构成不是由独特、独立的集体实体或者其中之一组成，而是作为一个移动（交换）比率（Rabinow 2007）的多于和少于之间的关系，在这种关系中，真实性、信仰、怀疑和猜测总是偶然的（尽管是平台策划的）信号和噪音的连续校准的结果，在不同语境下的（非）确定性。这种说法允许无知（至少在身份方面），同时放大了猜测的可能性，例如，发生在 #JeNeSuisPasCharlie 这个标签的使用是"对有时被称为盎格鲁—撒克逊人的虚伪和共同误解"（Robcis 2015）的例子，还是对法国共和主义对结构性种族主义视而不见的批评。因此，它指出了非象征性或非代表性政治的局限性和可能性。

结论

总之，本文的分析为了表明，在索引活动中，数据如何可能成为推论（非）确定性的复杂基础设施的标记——或时空细节，在不断变化的因果环境中循环并帮助构成这种环境。此外，它还试图表明这种（不）确定性的特征与指示物作为符号或移位作为符号化过程的无数属性相关：前置关系中参照物或主体转换；主体加倍或分裂；前置关系中称呼对象转换；以及根本没有规定必须指定称呼对象。本文的最后一个目标，是展示索引活动（尤其是转换语）在我们新型信息基础设施中引入了推理的（不）确定性，它具有开创言说形象、改变验证认识和情感标准等方面能力。

注释

[1] 本报告重点介绍了标签在推特上的使用情况；标签在其他社交媒体平台上也被广泛使用，包括脸书。

[2] 在 #SayHerName 等运动中，与命名相关的正式权利的不均衡实施的政治意义是显而易见的。

参考文献

(1) Active Change Foundation. n.d. "Not in my name." Accessed 2017. http://isisnotinmyname.com/.

(2) Amoore, L., and V. Piotukh. 2015. "Life beyond big data: Governing with little analytics." *Economy and Society* 44 (3): 341–366.

(3) Benveniste, E. 1971. *Problems in General Linguistics*. Translated by M. E. Meek. Coral Gables, FL: University of Miami Press.

(4) Gell, A. 1998. *Art and Agency: An Anthropological Theory*. Oxford: Oxford University Press.

(5) Hayles, N. K. 2017. *Unthought: The Power of the Cognitive Nonconscious*. Chicago: University of Chicago Press.

(6) Hulswit, M. 2002. *From Cause to Causation: A Peircean View*. Dordrecht, the Netherlands: Springer.

(7) Leone, M. 2015. "To be or not to be Charlie Hebdo: Ritual patterns of opinion formation in the social networks." *Social Semiotics* 25 (5): 656–680.

(8) *Le Point*. 2015. "Willem: 'Nous vomissons sur ceux qui, subitement, disent être nos amis.'" *Le Point*, October 1, 2015. https://www.lepoint.fr/societe/willem-vomit-sur-ceux-qui-subitement-disent-etre-nos -amis-10-01-2015-1895408_23.php.

(9) Rabinow, P. 2007. *Marking Time: On the Anthropology of the Contemporary*. Princeton, NJ: Princeton University Press.

(10) Robcis, C. 2015. "The limits of republicanism." Jacobin. https://www.jacobinmag.com/2015/01/charlie -hebdo-republicanism-racism/.

49. 分类（Sorting）

大卫·莱昂（David Lyon）

社会分类是监管研究（surveillance studies）中的一个关键概念，它指的是监管行为将人们集聚于社会类别中的方式，个体从而被视作团队一员。这或许会有一些好处，但是也不可避免地产生了负面影响。监管越是数字化、越是依赖于数据，社会分类的影响也就越深远，一些群体也会更易受到伤害。对那些被归于"交叉"类别的人来说情况更甚，比如与种族、阶级和性别相关的那些人群。

与社会分类式监管相关的各类"易受伤性"，由于监管对算法和数据分析实践的依赖而被放大，这些实践包含新形式的数据采集与数据处理。社交媒体与自我追踪（self-tracking）设备的发展同样也放大了这些"易受伤性"，并使其获得了新特征，因为它们促进了新形式的协同监管：自愿的、横向的、自我监管。情况之所以如此，是由于评估基于的数据是在不断使用社交媒体和自我追踪中产生的。

如今，全球各地的公民受制于公司权力——尤其是互联网公司——也受制于国家，当然还有二者合作下的制约，就像2013年来斯诺登所揭露的丑闻一样。这很容易被感受到。此事如何发生？通过了解互联网公司对待用户、消费者和员工的方式，或者通过人们一些真实感想（他们认为，没有反抗的必要，因为我们是自己选择去上网交流的，也是在知情的情况下留下数据的），我们会有些模糊的理解。

接下来，我将对比新旧社会分类形式。它们管理数据的方法不同，新形式加重了现有的易受伤性。在某种意义上，每个人都处于风险中，但某些群体会经受累积的和连锁的压迫。大数据实践为它们的用户提供了力量和灵活性，但是这只是表面，如果止步于此，我们就会忽视一个事实：新的数据管理方法仅仅站在了运营商的视角上，它没有检视主体经验它的方式（Lyon 2018）。

如果有人探索所谓的数据主体是如何经验这种新型监管的，那么其关注点通常不会是旧监管和隐私问题，尽管研究者们可能还在探查那些问题。隐私固然重要，但是从此出发可能不利于研究，尤其在许多用户的认知中，隐私是他们和朋友熟人之间的事务，而无关于公司与政府将如何处理他们留下的数据。但是，如果不从监管和隐私出发，其他问题也会浮现，比如对公平性的忧虑。这又在何种程度上可以转化为数据主体之间"可行动"的监管想象或新的监管实践。

作为社会分类的监管：旧与新

监管实践，尤其自 20 世纪 70 年代起，提供了越来越自动化的手段以区分不同类别，于是不同群体就会得到不同待遇。这类实践可以追溯至最早的官僚组织形式，而这实践本身并无特别之处，当然也可用来应对社会易受伤性。但在世纪之交的一项研究中，大量证据则表明了与上述设想相反的社会负面影响（Gandy 1993; Lyon 2003, 2007; Eubanks 2017）。

该研究的基本论点是：虽然归类是人类生活和现代科学的基础，但是在 20

世纪后期，归类已成为制定政策与营销决策的普遍手法。在新兴的精算法下，诸如治安管理等事务往往会带来不公正不公平的结果。人们痴迷于用计算技术来收集数据、挖掘数据和分析数据，使用跨领域的方法来寻求机会最大化和强化风险管理。

因此，在诸如保险公司等领域，群众将根据居住地和社会统计标准被归类，在这种社会分类下他们所需支付的保险费与其他可能的标准无关。而在执法过程中，精算模式鼓励使用技术来识别与管理人群，并根据系统判定的危险程度来对人群分类。换句话说，通过风险评估结果而不是犯罪证据来进行社会分类已成为一种主流做法。

这种分类是以模拟和建模的方式完成的，依赖于网络化、可搜索的数据库，并且是面向未来而不是面向过去的。看似流动和易变的监管集（surveillant assemblages）（Haggerty and Ericson 2000）具有一些共同点，最显著的就是归类的愿望，出于各种目的而对人口进行社会分类，这与福柯关于生物权力（bio-power）的论述不谋而合。但具体到日常生活的某一情景，社会分类对生活机遇和选择既有好影响也有坏影响。

在 21 世纪，这种社会分类依然存在。从旧社会分类到新社会分类，有一点在延续：监管提供了区分不同类别的方式，以让不同群体得到不同待遇。然而今天的社会分类和以往的也有些区别，今天的社会分类更具协同性，依赖多种数据源，并利用算法与分析来生效，特别是记录方面。它还依赖于机会主义的数据收集方式，即收集数据时没有一个确定的目的。

正如大数据反映了规模的变化，这类规模变化也可被视作质量和数量上的转变，社会分类也在一些重要方面变化了。可以说，越来越多地使用晦涩算法（arcane algorithms）（Pasquale 2015）带来了改变，分类所依赖的数据源愈加多样化（Kittin 2014），数据的供应与捕获也更具参与性和协同性（Andrejevic 2013）。

例如，当雇主检视潜在求职者时，可能就会抱有一种简单的消极偏见。在美国，若使用谷歌广告搜索（Google AdSearch）和路透社网站检索姓名，与刑拘事件相关的广告中，"黑人"姓名要远多于"白人"姓名。很显然，一段可疑的过往更容易让人想到一个"黑人"姓名，而不是"白人"姓名。尽管他们本可开发出更精确的算法来补偿犯罪记录中的种族暗示。

分类算法也可能会影响实际聘用决策。雇主利用算法做数据分析：算法的结构决定了系统可能会产生的影响。在招聘策略上使用算法会带来完全不同的结果，无论是无意还是有意（Barocas and Selbst 2016）。数据集绝不中立，它们建立在根深蒂固的种族主义、厌女主义和其他偏见的基础上，每一个都很难纠正。但巴罗卡斯（Barocas）和塞尔布斯特（Selbst 2016）给出结论：雇主有义务谨慎行事，尽其所能地减少已知问题。各类形式的积极偏见[1]有助于这一点。

在过去数年中，人们越来越意识到大数据可能会加剧（某群体本有的）劣势。2014年奥巴马总统在美国发表的《波德斯塔报告》指出："大数据分析在住房、信贷、就业、健康、教育和市场中利用个人信息的方式，可能会使长期以来的公民权利保护失效。"（Podesta et al. 2014）然而，该报告没有对导致这种情形发生的数据挖掘做出评论，这方面目前缺乏法律约束（Barocas and Selbst 2016）。

当然，算法是由人类编辑并实施的，原则上这会赋予算法任一节点以主观性。输入算法的数据通常基于现存罪史——其中已包括这些算法试图消除的人为误

1　对偏见与歧视予以特殊照顾。——译注

差。算法被包装成中立，其中的偏见也被修饰成公正。应批判对待这些算法所声称的客观性，以更好地顾及被过度监管的群体和弱势群体——程序声称要保护他们（同样可见于 Gillespie 2014; Striphas 2015）。

随着算法的普及，它们产生的后果塑造并支配着我们于世界中行动的方式。它们为我们分类，假定了我们的身份和我们的行为方式，随后又决定了我们的机遇。如果像哈格蒂（Haggerty）和埃里克森（Ericson 2000）所说的那样，它们创造的电子数据让语境愈加缺失，更加抹除了真正代表个人的那些细小差别，那么如果没有适当的预防措施，监督算法会决定我们的社会地位和法理处境。

监管依然会带来偏见，就像 1990 年代观察到的社会分类那样。此处未讨论的系统——如**预测性监管**——也造成了进一步的易受伤性。作为标准制定者，仔细检视这些系统对性别、种族和阶级等旧类别中及交叉语境中的其他潜在效力至关重要。差异会长存（Tilly 1999），但抵抗的机遇也可能会增多，该情况已经在一些企业和政府语境中发生了（在那里数据共享也可能会加剧偏见）。

"意识到"与公平

当今大数据监管的一个关键方面是：它极其依赖于访问社交媒体产生的数据。也就是说，虽然警方和情报机构在得到授权的情况下可以访问社交媒体账户，但多数大数据监管是通过掌控通信交际和元数据交易进行的，且通常由企业主导。特定商品和服务信息投放至众多社交媒体用户，特别是出于广告目的，这些商品和服务与用户近期购物记录或兴趣点有关，或与他们相关的其他用户的兴趣有关。

然而这些用户在此类事态中并非"完美受害者"。有证据表明，不少人都知道源自他们的数据如何被用来招揽业务，也知悉平台在利用个人数据以维持用户忠诚度。在更广泛的文化层面上，监管想象和监管实践也更不稳定、更流动、更易变，尽管二者都有赖于主体意识到并参与到数据制作与数据传播中。

部分用户当然知道他们是如何参与的——譬如通过自我追踪。所谓量化自我者（quantified self）[2] 同样也非常了解数据之生成，尽管这些用户不太可能意识到他们与第三方共享数据的程度。但一般来说，在社交媒体中"参与"的方式也包括自愿的和横向的。用户可能无法控制档案文件，而尽管企业控制的是数据流，它们在某种意义上也控制了用户的未来。他们的控制还未"尽善尽美"，一方面，算法并不完美；另一方面，用户参与的本质是表演性的（performative）。这意味着协同性或共享性的维度也会影响终端用户的意识程度，还有循环效应与产生其他结果的可能。

因此，尽管参与监管的某些方面可能会让人不安，但无论是在机场安检时，还是在自我追踪时，甚至在使用社交媒体时，这些种类的易受伤性都是受限的。从潜在风险出发思考这一点会更具建设性——尽管这在定义上矛盾。正如鲍尔（2009, 641）所说："个体有时似乎没有做什么去对抗监管，但是这不意味着监管对他们毫无意义。"

这类易受伤性引发的各式问题真实存在，但是它们不一定会让人们想到诸如监管或者隐私一类的词语。与其他类型的监管经验一样，社交媒体用户或自我追踪爱好者可能会使用另一套说法，而不是什么监管和隐私。但这不意味着他们关于此类问题无话可说，他们似乎颇青睐于**公平**这个词。

肯尼迪（Kennedy）、埃尔格塞姆（Elgesem）和马吉尔（Miguel 2015）在

2　指那些热衷于通过数据认识自身的人，他们利用一些可穿戴设备进行自我追踪，记录日常生活中关于自身的各项数据。——译注

没有向受访者提及监管和隐私问题的情况下发现，年龄、国籍、职业、社交媒体使用情况还有对社交媒体的先见都会影响用户对监管和隐私问题的理解，也会影响他们于此类问题上的举措。他们经常讨论在新型数据实践中什么是**公平的**或不公平的，也讨论采取何种措施能减轻不公平之处。另外，平台的做法和用户期望常常背道而驰，更增强了用户有关何为公平之举的认识。对语境完整性、福祉、社会正义和公平的担忧同样会影响用户认识。

因此，虽然监管可能有利于社会分类，但如今随着对大数据的理解变得清醒，变得更加有力也更灵活，大数据的协作、共创方面也开始为磋商（negotiation）创造新可能。虽然大数据可能含有一些社会负面影响，但数据也同样可以带来政治受益与利益（Isin、Ruppert and Bigo 2017）。毕竟数据总是目标或项目的一部分，无论其属于政府还是商业机构。企业和政府机构使用大数据来实现其目标，这些目标都是可被追踪的。

与此同时，人们面对技术与数据的处境姿态不同，也有助于他们填补主体形构。同时，反馈，还有所谓的量化自我潮流，导致了对这些处境姿态的重塑，并以新鲜且流变的方式定义它们。调制不断发生，这会影响数据原始构型中隐含的控制形式。与此同时，主体还可能是主张自身权利公民，这也产生了新可能性。在日常生活中，在理解和参与这个世界的过程中，数据变得至关重要。随着数据问题的浮现（同样还有社交媒体的浮现、虚假新闻问题的浮现）一些问题也可能被提出。

社会分类依然在影响着各式监管，绝不仅仅只影响了自我追踪和社交媒体的使用这类事务，后二者让用户在一定程度上参与进了数据世界。社会分类在机场安保方面也很重要，飞行或禁飞名单就由数据分析生成。挑战在于，数据正与日常经验世界渐行渐远，尽管前者正以各种方式影响后者。

肖莎娜·祖伯夫（Shoshana Zuboff, 2015, 2019）关于监管的资本主义的研究，从一个角度昭示了联系是如何被建立的。就比如谷歌公司，评级和分类已深深嵌入其商业模式中，在其开端就造成了不公与偏见。但无论是谷歌还是其他互联网公司，都对这一点无动于衷。在非常基本的层面上，这揭示了公司对用户、消费者和员工的漠不关心。这会引发更广泛的抵制吗？

此处探讨的问题，是监管式社会分类带来的数据驱动的不利后果之一。它产生并延续了社会分裂与差异。企业与政府用各种方式维持上述分裂，而所谓的大数据让困境加剧，看似流变却是必然。数据分析人员不大可能理解固化后的社会分类会产生何种影响，但是，随着该影响被切身体会到，新的问题与新的抵抗就可能产生。

参考文献

(1) Andrejevic, Mark. 2013. *Infoglut: How Too Much Information Is Changing the Way We Think and Know*. London: Routledge.

(2) Ball, Kirstie. 2009. "Exposure: Exploring the subject of surveillance." *Information, Communication and Society* 12 (5): 639–657.

(3) Barocas, Solon, and Andrew Selbst. 2016. "Big data's disparate impact." *California Law Review* 104:671–732.

(4) Ceyhan, Ayse. 2012. "Biopower." In *Routledge Handbook of Surveillance Studies*, edited by Kirstie Ball, Kevin Haggerty, and David Lyon, 38–45. London: Routledge.

(5) Eubanks, Virginia. 2017. *Automating Inequality*. New York: St Martin's Press.

(6) Gandy, Oscar. 1993. *The Panoptic Sort*. Boulder: Westview Press.

(7) Gillespie, Tarleton. 2014. "The relevance of algorithms." In *Media Technologies*, edited by Tarleton Gillespie, Pablo Boczkowski, and Kirsten Foot, 167–194. Cambridge, MA: MIT Press.

(8) Haggerty, Kevin, and Richard Ericson. 2000. "The surveillant assemblage." *British Journal of Sociology* 54 (2): 605–622.

(9) Isin, Engin, Evelyn Ruppert, and Didier Bigo. 2017. "Data politics." *Big Data and Society* 4 (2): 1–7.

(10) Kennedy, Helen, Dag Elgesem, and Cristina Miguel. 2015. "On fairness: User perspectives on social media data mining." *Convergence* 23 (3): 270–288.

(11) Kitchin, Rob. 2014. *The Data Revolution*. London: Sage.

(12) Lyon, David, ed. 2003. *Surveillance as Social Sorting: Privacy, Risk and Digital Discrimination*. London: Routledge.

(13) Lyon, David. 2007. *Surveillance Studies: An Overview*. Cambridge: Polity Press.

(14) Lyon, David. 2018. *The Culture of Surveillance: Watching as a Way of Life*. Cambridge: Polity Press.

(15) Pasquale, Frank. 2015. *The Black Box Society*. Cambridge, MA: Harvard University Press.

(16) Podesta, John, Penny Pritzker, Ernest J. Moniz, John Holdren, and Jeffrey Zients. 2014. *Seizing Opportunities, Preserving Values*. Washington, DC: Executive Office of the President. https://perma.cc/ZXB4-SDL9.

(17) Striphas, Ted. 2015. "Algorithmic culture." *European Journal of Cultural Studies* 18 (4–5): 395–412.

(18) Sweeney, Latanya. 2013. *Discrimination in Online Ad Delivery*. Cambridge, MA: Harvard University. https://arxiv.org/ftp/arxiv/papers/1301/1301.6822.pdf.

(19) Tilly, Charles. 1999. *Durable Inequality*. Berkeley: University of California Press.

(20) Zuboff, Shoshana. 2015. "Big other: Surveillance capitalism and the prospects of information civilization." *Journal of Information Technology* 30:75–89.

(21) Zuboff, Shoshana. 2019. *The Age of Surveillance Capitalism*. New York: Profile Books.

50. 替身 （Stand-In）

奥尔加·戈里乌诺瓦 （Olga Goriunova）

替身指重要之物的代用品：网页上的模型文本（dummy text）代替了实际内容，碰撞测试中的人体模型代替了人。统计数据中的平均值被用于代替所有人，有限的数据集（如一份生物识别标准）被用来代替个体以确定身份。研究替身的样式对于从数据出发认识世界至关重要。

从废弃无用之物，到寄托了情感的珍贵物件，一切皆可为替身。可以遵从统计学规则制作替身，以牺牲一个群体的利益为代价，让另一群体受益。这样的替身号称自己具有普适性和中立性，但它们同时也是统治与压迫史的一部分。替身可以是物体也可以是活动，在生物特征识别中，部分代替了整体，这是大数据系统化、结构化职能的基础。而在不确定的档案中，替身获得了新身份，改变了数据分析中事实与虚妄的平衡方式。

本章将历数各类替身，观览其在诗学上、政治上还有运作上的重要性。下面将从印刷工和程序员所用的文本内容替身谈起，并探讨替身在印刷工艺和编程工艺（Sennett 2009）中可能扮演的一些角色。接着，在研究替身所谓的普适性之前，我们将审视那种象征着犯蠢的替身。在讨论"普通人"的那一部分，我们将发现替身可能会导致死亡事故。探讨生物识别技术的那一节，将介绍替身在数据的相互关系和归类中的作用。本文最后还讨论了一些艺术作品，它们捕捉到了如今的替身在角色上的变化。

从 Lorem Ipsum 到 Hello, World：内容替身与工艺员

Lorem ipsum——一篇拉丁文文章的开头两词——是印刷业自 16 世纪以来一直默认使用的示范文本，本来由印刷机使用，电脑排版软件继承了这一传统。使用 **lorem ipsum** 的原因是设计师可以在不被文字含义干扰的情况下测试字型与版型，但它仍然具有意义。真正随机或荒谬的内容其实很难生成，**lorem ipsum** 是西塞罗（Cicero）某一文章节选打乱后的产物，随着时间推移还诞生了不少变种，其中很多只是出于好玩。另一个占位文本是 **Li Europan lingues**，由国际辅助语中的西方语（Occidental）写成，混杂了些许世界语和人名的变体（1998年该语言推广者们的名字）。"敏捷的棕狐狸跳过了懒狗"也是一个填充文本，它包含英文字母表中的所有字母，因此被用来测试印刷字样。所有这些例子都是文字造物，它们构成了文字印刷、布局和设计文化与实践的一部分。作为文字工艺的一部分，它们也具有民俗学价值。使用它们是一种对共有文化实践的肯定与延续，这一点极易被神秘化。作为一种共有文化，学习和操练技能需要用到这些民俗造物，它们也在重复——偶尔也有创新——中扎根于传统，于是特定的实践样式得以确认，现实也得以确认。

使用浸透在一种实践传统中的替身，标志着使用者从属于某一实践团体：这种替身象征着某种工艺知识。在数不胜数的编程实践中，替身显然被用作启动机制，"hello, world"就是一个例子：某人学习编程语言或测试一个新系统时，总会让第一个测试程序输出"hello, world"。据说，用"hello, world"来测试程序的传统可以追溯至《C 程序设计语言》这部权威著作中的示例程序，这又

是从 1974 年布莱恩·克尼根（Brian Kernighan）撰写的贝尔实验室内部刊物《C 语言中的编程：教程》发展而来，而克尼根在 1972 年的《B 语言教程与指导》中就使用了"hello, world"。对很多人来说，在 html（超文本标记语言）中学到的编程第一课就是 <html> <body> Hello, world! </body> </html>。有专门刊物（如《黑话辞典》[1]）、研究者和粉丝醉心于程序员的黑话、"民俗"、传统与幽默。在此文化圈中，将一个虚构角色命名为 Shrdlu（来自 etaoin Shrdlu，相当于键盘上的 QWERT）是一种暗号，就像同伴相遇的点头示意，意味着同属一个圈子，同操一种实践。这种看似一成不变的替身之反复本性，初识时显平庸陈腐，但隐藏着一种实践的诗学。

在上述所有例子中，使用模型内容几乎已是一种惯例仪式，说它是仪式，主要因为它的诗意：它赋魅于这个世界，测试的苦差、工作的重复无聊和困苦中平添一些美感。当替身作为特定问题的俗称时，它就在特定实践中充当了浓缩知识。替身的实用特征也得到增强，以顺应这种诗学——也就是说，当作为工匠、程序员或极客投入到一种实践的创制与维持中时，也开启了自我之新生（Fuller 2017）。人类最早的想象行为之一，就是与洋娃娃玩耍，把它当作人的替身，此中可见替身的特点：并非简单地用空洞之物代替实物，它更是一种诗意的行为，好似咒语，在一次次地重复中创造了新事物。

1　一本计算机领域的词典，记载了各类黑话与其用法。——译注

更新

先别激动，替身有时也很无聊。一些情况下替身只用作占位符，代表该处出现了错误。国民西敏寺银行（The National Westminster Bank）近日给其顾客邮寄了一本印刷册，本该是当前利率的地方却印着鲜红的"???0.0%"。当代许多信息产品在最终问世时都还包含替身，已经出版的大学生手册内可能就有"此处插入"或"更新"等字样，重要文件上有编辑、思考和修改的痕迹——这是专业秘书工作时留下的替身。

在数据密集型文化中，大量输入的数据和对持续更新的需求意味着这类替身的出现已是常态，尽管它常常意味着错误，让人讨厌。这样的替身意味着组织混乱、管理不善、数据工作者——换言之，几乎每个人——精疲力竭。数据的入场让那些本具创造性、积极性、独立性的知识工作者变得麻木。他们反而成了荒谬的内容管理系统及各式控制与优化系统的附庸（plug-ins），这些系统以自身为准来塑造知识工作者（Fuller and Goffey 2012）。

替身的普适性

替身既能蕴有深意，也可象征错误，又或二者兼有；它们也可能具有政治意味，还能反过来塑造现实。替身通常要具备普适性，这是欧洲理性主义传统中的普世主义。我们可以轻易发现印刷业中的模型文本如何延续了启蒙运动的历史，也因此继承了欧洲文化的遗产：作为科学语言的拉丁语、印刷术的发展历程、世俗化、科技革命。人类、所有权、教化和无数其他概念中假定的普遍性暗示着替身的普遍主义，随着各种形式的殖民权力传遍世界，这是理性传统体现之一。女性主义研究、批判种族理论（critical race）、残障人和后人类研究将这种普遍性看作是一种排外与支配。《黑话词典》以美国计算文化圈为不可动摇的中心，东海岸和硅谷式的资本主义主宰了整个世界。替身就这样以全球资本主义为幌子，实现了殖民野心和武装统治，并为之辩护。它们可能会诋毁女性、强化性别刻板印象、制造种族歧视，凡此种种，层出不穷。自20世纪40年代以来，照片打印、扫描校准、图像处理等工作的标准测试图像一直选用传统白人美女照片——也就是所有图像的替身。柯达的"雪莉卡"，最初就是一张印着名叫雪莉的褐发白人女子的卡片，雪莉曾是柯达的员工，后来雪莉卡印上了各种白人无名女性，这些卡片在全球各地都被用来测试照片打印质量。如果雪莉看上去美，那么每个人也都可以（Roth 2009; 同样见于 Menkman 2017）。"莉娜"是自1973年以来图像处理软件中的标准测试图像，一张瑞典模特为《花花公子》杂志摆姿势的照片。这样的替身不仅隐含了了种族偏见，还擅自代表了所有女性，将她们视作性欲对象。在过去，电影胶片中的化学成分更有利于拍摄浅色皮肤，深色皮肤的呈现就成了问题。2013年，一个关于早期彩色摄影中的人种问题的展览，谈到了专门为高反射率皮肤（白皮肤）定做的影像仪器；此处，一系列替身照片和测试影像的图像正是成像技术史中种族偏见所留下的证据（Broomberg and Chanarin 2013）。

今天，替身的构造已然改变：不再是一段文字或标准图像；例如，在专门构建的数据集上训练神经网络形成了一种概念上的替身。这样的替身更像是一个**每人**都能将自己塞进去的大概的、抽象的姿态，尽管它们仍然以白人面孔和男性声音体貌为准。你很难确切指出这种替身存在的问题，我们需要更详尽地解释其产生过程，但是它们带来的影响是清晰、切实存在的。2009年，惠普的网络人脸追踪摄像头无法识别黑人（CNN 2009）。2010年，黑皮肤的人无法正常使用微软的 Kinect 运动传感摄像头（PCWorld 2010）。2015 年，谷歌相簿将黑人男子归类为大猩猩（事后，谷歌通过删除"大猩猩"这一图像标签以修复此"功能"；Simonite 2018）。黑人研究员乔伊·博拉姆维尼（Joy Buolamwini）（2016）不得不戴上白色面具来测试自己开发的人脸识别软件。

这些人类替身来源众多。它们是新生的范本，首先来源于专门构建的计算模型的运用，这种模型可能会排除一些特定的面孔来衡量面部特征；其次来自单一的训练用数据集；最后还来自对包含种族偏见的代码和注释数据的再三使用。[1]

用作参考的人

随着数据分析的兴盛，数学计算也开始制造替身，这种替身还是现代数学的核心。变量本身就可被视为替身。变量在现代微积分中十分重要，它可以对已知事物做出充分抽象。变量标志着已知对象间的关系，从而让这些关系本身可以成为进一步分析的对象。变量的用法表明数学世界与物理世界之间直接对应的关系被转变了。此处的替身是一个容得下多种抽象的东西，一个这样的抽象既是过程也是结果：统计学中的那个"普通人"——用作参考的人。

统计构建的替身，也是数据分析模型的前身，至今在制造业、汽车业、制药业，甚至航天领域仍屡见不鲜。卡罗琳·克里亚多·佩雷斯（Caroline Criado Perez 2019）近期出版的著作《消失的女人：为男性设计的世界中暴露的数据偏见》条分缕析地记录了那些人类替身是如何仅代表了一部分人的。事实上，女警察所穿的防刺背心并不能贴合女性身体；其他种防护装备也不适合女性使用（TUC 2017）。碰撞测试所用的假人模拟的是25岁到30岁的白人男性——平均身高177厘米，体重76公斤。而实际上女性普遍身高比之矮，体重比之轻，也在驾驶座上坐得更靠前。相较于男性，发生事故时候后排座椅也会更快地将女性摔向前方。因参考男人做出的模型，让汽车的保护功能无法有效保障女司机的安全。女性司机受重伤的风险要比男性司机高出47%，受中度伤害的可能则要高出71%（Bose、Gomez and Crandall 2011）。佩雷斯（2019）的例子一个接一个。标准办公室温度是依据普通男性休息时的新陈代谢状态来计算的，这高出了女性新陈代谢率35%，因此办公室温度对女性来说要更冷，比女性舒适温度低了五度（Kingma and van Marken Lichtenbelt 2015）。成年人暴露在辐射中也会因性别不同而影响不同：女性死于辐射相关癌症的可能性比男性高出50%。而儿童暴露于辐射中的情况更甚：女孩在晚年患癌的可能性比男孩高出十倍（Olson 2017）。以上这些例子中，替身不再是单个对象，而是通过一系列数学计算得出的统计学平均值，而且绝不中立。

生物特征数据中的比喻

为得到参考模型进行计算，计算结果就是这种替身，它在数据分析的运作中得到了进一步固化。数据识别与归类的核心，包括数据分析的一些重要功能的核心，就是以部分代替整体为前提的。一般来说，转喻——一种诗意的比喻手法——是一种部分代表整体、或要素代表系统的言说方式，例如"沉舟侧畔千帆过"[2]。生物特征识别是一个例子，在生物特征识别中，手部静脉结构、步态模式或者视网膜血管结构——身体的一部分——就可代替整个人。识别基于

2　即以"帆"来代替"船"。原文为"lend me your ears"，直译为"请听我说"，以"耳朵"代替"人"。——译注

躯体特征，也就是说，识别被固定于一个不可变的清晰物体上以保证识别之有效性（Magnet 2011）。尽管生物识别技术成功地利用人口学特征（如姓名、公民身份、无权越过某一边境）构建了人群，但是这仍是一种带着诗意的转喻行为，在此意义上它是虚构的，尽管它看上去无比真实。在一个或多个样本中捕获元素，即体貌的几何结构，再从中生成一个模板，未来的样本将与此模板对照。一个样本还将与其他人的样本（所谓的攻击者数据 [attacker data]）比较，并根据某些特征在给定人群中的可能分布来权衡比较结果。这两种比较都需要满足一个匹配率（不是百分之百）。在此处，首先，一个部分代替了整个身体；第二，它代替了有复杂生活经验的人；第三，代替的操作本身是经过精细调整的，它作为所有的身体和所有人进行测试。这就是生物特征学的诗意：转喻式的、互联的、或然的（Goriunova 2019）。

艺术中作为基本元素的替身

最终，数字艺术领域开始注意到并着迷于这些各种各样的替身（物品、行为、数字时代的逻辑）。2018 年，由卡特琳娜·斯卢斯（Katrina Sluis）在伦敦的摄影师画廊（the Photographers' Gallery）策划的数字艺术展《我只知道互联网上的东西》展出的许多艺术品，可以认为它们的灵感来自当今数据文化下的各大替身们。在安德鲁·诺曼·威尔逊（Andrew Norman Wilson, 2012– ）的作品《扫描失误》中，展示了一个个因失误被扫描录入的指尖或者乱页，这是谷歌图书在数字化背后庞大而廉价的人工劳动的替身。在谷歌街景的照片中，谷歌汽车的司机被相机意外（近距离）拍下，巨大的手与脸代表着人类，埃米利奥·瓦瓦雷拉（Emilio Vavarella, 2012）收集下这些照片，这就是他的作品《司机与摄影师》。康斯坦丁·杜拉特（Constant Dullaart, 2018）在他的作品《短信轰炸》中展示了一小部分他的藏品：数千张 SIM 卡，这些玩意儿用于在社交媒体上注册粉丝。一张 SIM 卡，在这里是一个手机经过验证的有效账户，在社交媒体的各项数据中就是人的替身——这种替身可以用来杀人（无人机袭击就是根据手机位置定位目标的）。拥有一张 SIM 卡就像拥有另一躯体，而你买不到躯体，却可以花费十英镑买到十张卡。斯蒂芬妮·克奈塞尔（Stephanie Kneissle）与麦克斯·拉克纳（Max Lackner, 2017）的作品《阻止那个算法》清晰地展现了替身的抽象功能：一个机械装置不停旋转一个刷子，让其扫过平板电脑屏幕，这是人类刷屏手势的替身。作者把各种强迫症般的手势——社交媒体的发明——例如点击、喜欢、暂停等提取出来，放在一系列精巧的机械结构中。人类用户的价值由一台抽象机器继承。这是基本元素的替身的一个例子：关于注意力[3]的手势动作。该展览的名称影射了一句"名言"[4]，并置换了话语的内容与语境；展览意味深长地代替了乏味事物在网络上的无休止涌现。

结论

　　替身，是我们语言能力的核心，在安全测试中也不可或缺，也是实践诗学的媒介，还是世界复魅的方式。同时，替身可能意味着错误，可以体现出人类能力的界限——有时是人类生存能力。在这个充斥着数据的世界，从统计学那继承的替身的用法在不断拓宽，偏见在固化——无论是在运作方面，还是在使

3　指消费者或用户的注意力与兴趣。——译注
4　美国总统唐纳德·特朗普曾在回答媒体提问时说："不知道，我怎么知道？我只知道网上的东西。"——译注

用替身时构造的新共识方面。人工智能又将创造怎样的替身，并让它风靡全球，我们现在只能猜测了。也许，那时我们都可以躺下，而我们的替身则被安排到各种坐席中。

注释

[1] 有没有可能在不修正社会的情况下纠正这些问题？在一个种族主义的社会中，正确识别黑人面孔的意义何在？可见萨穆齐的著作（Samudzi 2019）。

参考文献

(1) Bose, Dipan, Maria Segui-Gomez, and Jeff R. Crandall. 2011. "Vulnerability of female drivers involved in motor vehicle crashes: An analysis of US population at risk." *American Journal of Public Health* 101 (12): 2368–2373.

(2) Broomberg, Adam, and Oliver Chanarin. 2013. *To Photograph the Details of a Dark Horse in Low Light.* Goodman Gallery. http://www.goodman-gallery.com/exhibitions/311.

(3) Buolamwini, Joy. 2016. "InCoding — in the beginning." *Medium,* May 16, 2016. https://medium.com/mit-media-lab/incoding-in-the-beginning-4e2a5c51a45d.

(4) CNN. 2009. "HP looking into claim webcams can't see Black people." December 24, 2009. http://edition.cnn.com/2009/TECH/12/22/hp.webcams/index.html.

(5) Dullaart, Constant. 2018. *Brigading_Conceit.* https://constantdullaart.com/□□■◆※□■◆□□□◆□※□□□/.

(6) Fuller, Matthew. 2017. *How to Be a Geek: Essays on the Culture of Software.* London: Polity Press.

(7) Fuller, Matthew, and Andrew Goffey. 2012. *Evil Media. Cambridge,* MA: MIT Press.

(8) Goriunova, Olga. 2019. "Face abstraction! Biometric identities and authentic subjectivities in the truth practices of data." *Subjectivity* 12 (9): 12–26.

(9) Jargon File. n.d. "The jargon file." Accessed August 14, 2019. http://catb.org/jargon/html/.

(10) Kingma, Boris, and Wouter van Marken Lichtenbelt. 2015. "Energy consumption in buildings and female thermal demand." *Nature Climate Change* 5: 1054–1056. https://www.nature.com/articles/nclimate2741.

(11) Kneissle, Stephanie, and Max Lackner. 2017. "Stop the algorithm." https://stephaniekneissl.com/reset-social-media.

(12) Magnet, Shoshana. 2011. *When Biometrics Fail: Gender, Race and the Technology of Identity.* Durham, NC: Duke University Press.

(13) Menkman, Rosa. 2017. "Beyond the white shadows of image processing: Shirley, Lena, Jennifer and the Angel of History." https://beyondresolution.info/Behind-White-Shadows.

(14) Olson, Mary. 2017. "Females exposed to nuclear radiation are far likelier than men to suffer harm."

PassBlue, July 5, 2017. https://www.passblue.com/2017/07/05/females-exposed-to-nuclear-radiation-are-far-likelier-than-males-to-suffer-harm/.

(15) *PCWorld*. 2010. "Is Microsoft's Kinect racist?" November 4, 2010. https://www.pcworld.com/article/209708/Is_Microsoft_Kinect_Racist.html.

(16) Perez, Caroline Criado. 2019. *Invisible Women: Exposing Data Bias in a World Designed for Men*. New York: Vintage.

(17) Roth, Lorna. 2009. "Looking at Shirley, the ultimate norm: Colour balance, image technologies, and cognitive equity." *Canadian Journal of Communication* 34 (1): 111–136.

(18) Samudzi, Zoe. 2019. "Bots are terrible at recognizing Black faces. Let's keep it that way." *Daily Beast*, February 8, 2019. https://www.thedailybeast.com/bots-are-terrible-at-recognizing-black-faces-lets-keep-it-that-way.

(19) Sennett, Richard. 2009. *The Craftsman*. London: Penguin.

(20) Simonite, Tom. 2018. "When it comes to gorillas, Google Photos remains blind." *Wired*, January 11, 2018. https://www.wired.com/story/when-it-comes-to-gorillas-google-photos-remains-blind/.

(21) TUC (Trades Union Congress). 2017. *Personal Protective Equipment and Women*. London: TUC. https://www.tuc.org.uk/sites/default/files/PPEandwomenguidance.pdf.

(22) Vavarella, Emilio. 2012. *The Driver and the Cameras*. http://emiliovavarella.com/archive/google-trilogy/driver-and-cameras/.

(23) Wilson, Andrew Norman. 2012. *ScanOps*. http://www.andrewnormanwilson.com/ScanOps.html.

51. 供应链 （Supply Chain）

米里亚姆·波斯纳 （Miriam Posner）

公司的供应链是一家公司最重要的竞争优势点之一。供应链一词在 20 世纪 70 年代随着全球化进程一同出现，指商品与原料从原产地到消费者的路径。为了避免供不应求的情况，一条可靠且高效的供应链对市场中的货物输送过程至关重要。随着许多企业开始采用即时制（just-in-time）生产，一个好的供应链也显得愈加必要。在即时制生产中，制造商意图将手头库存保持在最低限度，以避免那些未出售的商品占用资金。

企业永无止境地寻找最便宜的原材料和劳动力，全球供应链也因此变得异常复杂。一部手机的锂电池、LCD 屏幕、芯片可能来自三个不同的地方，其他组件也可能如此。此外，随着供应商的进场和退场，这些组件的来源及其次级供应商可能会快速转变。

当我在数年前开始调查全球供应链时，我曾思考过企业如何在这些复杂问题上争夺控制权。在大量研究后，我找到了答案：它们不争夺控制。一位汽车制造商的经理如是描述这个难题：

> 几年前，我们的工程师就一个小型组件绘制了供应链图，一直追溯至采矿。在此尝试中，我们展示了供应链管理的收益，并开始将供应链

作为一个系统来管理。坦白地说，我们失败了。问题在于，我们刚提出管理链条的策略，链条就变了——新的供应商出现了，关系结构也随之变化。绘制一条供应链需花费大量精力，我们不可能在每次变化后都重新绘制它。（引用自 Choi, Dooley and Rungtusanatham 2001, 352）

多数公司并非通过某种数据指挥塔来观察并操控供应链，而是依靠分包商的自我组织。实际上，一个自组织的供应网络对保质保量地运输货物至关重要。一个供应网络的一根触手——例如原料矿物变成锂电池的路径——可能有数百个节点。倘若其中某一节点出局，附近的节点可以通过更换供应商来绕过它。如果要求它们将这一变化传达给中央管理部，那么在等待上层决策的过程中，链条可能会陷入停滞。因此供应网络可以选择"蒙骗"其他网络上的参与者来"自愈"。

因此，公司在取得货物方面长期处于一种不确定状态，这可以说是公司最重要的职能。这种不确定性的本质很是奇怪，因为企业既厌恶也依赖它。下面我们将看到，现代企业不断努力消除不确定性，但其实它们需要不确定性以便在人类学家罗安清（Anna Tsing 2009）口中的"供应链资本主义"中顺利运作。

战略不确定性

对于那些熟悉全球贸易的人来说，拉纳广场事件总结并反映了这个系统中的所有问题。2013 年 4 月 24 日上午，孟加拉国达卡市的八层大楼拉纳广场轰然倒塌。其内有五家服装厂，共有 1134 名工人死亡，这是人类历史上最大型的建筑事故之一。工厂的监工和大楼主人都很清楚这座建筑并不安全，就在事故发生前一天，一名工程师发现楼内存在大裂痕，因此建筑内人员被疏散。但是工厂主急于完成零售商要求的产量配额，就命令制衣工人次日返回工作岗位，工人当时被要求为一系列美国和欧洲零售商缝制衣物，包括沃尔玛、贝纳通、孩之家和曼果（Ahmed and Lakhani 2013; Manik and Yardley 2018; Stillman 2013）。

谁该为像拉纳广场这样的骇人惨剧负责？当然工厂监工的玩忽职守是不可原谅的，但话又说回来，如果他们没有背负准时生产衣物和为服装公司控制成本的压力，他们可能就不会做出相同决定。然而，所有上述公司都声称自己对此一无所知，每个零售商都坚称自己不知道其衣物是由拉纳广场的工厂供应的。

大公司并不只在拉纳广场事件中宣称自己无知无罪。在马来西亚，三星和松下对尼泊尔移民被迫在恶劣条件下工作这一事实一无所知（Pattisson 2016）。当研究人员在可可豆供应链中发现儿童奴隶时，雀巢也表示震惊（Furneaux 2018）。苹果丝毫不知工人在没有防护设备的情况下处理有毒化学品（Seiko 2018）。雨果博斯（Hugo Boss）因监管人员在印度工厂囚禁工人而惊愕（Bengtsen 2018）。类似图景会在你意识到后变得更加清晰：再一次，虐待劳工的行为被"揭露"，再一次，公司被此事惊骇。

公司声称自己对供应链中的虐待事件毫不知情，那它们在说谎吗？确有此可能，但还有一个更简单更可能的解释：它们说的是实话。开发一个闪电般迅速、惊人高效的供应链，而无须去了解认识内含的劳工是完全可能的。与惯性认知相反的是，正是基于这种无知才会有我们早已习惯的快速送货速度，大多数公司也不知道它们的产品是如何生产的。[1]

正如黛博拉·考恩（Deborah Cowen, 2014）所说明的那样，**后勤**（Logistics）（该词通常与**供应链管理** [SCM] 互用）一直都与军事行动关系密切，即使现在也是如此。后勤在第二次世界大战后正式成为一个领域，彼时的退伍军人将他们运输战时物资时学到的经验应用于经商。**后勤**实际上指对私营部门的军事出口，许多企业的后勤专家也曾供职于军队（Bonacich and Hardie 2006）。

1943 年，美国战争信息办公室（US Office of War Information）制作的宣传片《军用列车》（*Troop Train*）包含了许多将在 20 世纪和 21 世纪勾勒出人们眼中的"后勤"的元素。在一次部队转移行动的指挥中心，军人们在一面画有美国铁路系统的墙前忙着做记录和打电话（这面墙看起来更像一块巨型电路板）。一连串的电话、不停翻转的开关和一群打字员让此处看起来像是信息地震的震中，后勤人员可以在此以无可挑剔的速度与准确性监控人员与货物流动。《军用列车》将后勤总部描述为一个极致的信息区域，监控人员的工作效率也达到最高。《军用列车》展示的完美的全知愿景持续诱惑着 SCM 的专家，他们正需要更大的数据流，他们领域的特点之一就是对更透明、更多信息的需求。

但是，即使指挥中心试图监视资源的每一次移动，供应链也对此有反抗倾向：即所谓的"黑盒子"理论，"黑盒子"中的信息不透明反而有助于提高效率。集装箱就是一个典型的黑盒子，其模块性能让它以前所未有的速度周游世界，无论集装箱内装了什么。集装箱也是战时的发明，首次运用于越南战争期间，在加利福尼亚和金兰湾之间运送货物。海运集装箱的最大卖点就是模块性：通过对集装箱尺寸的标准化，航运公司和制造商开始规范化、自动化，并将秩序加于这个相对而言不好预测的行业（Levinson 2006）。

现代供应链的规模和多样性与企业对固定时间线的要求，二者之间存在着矛盾，这样的矛盾持续定义着后勤业。供应链的管理者不停索求更多信息，供应链的"可追踪性"也是业界的热门话题。但是，同样明显的是，供应链的不可控性为那些卷入拉纳广场事件的公司提供了重要辩护。我们至此明白了，承包商和分包商的混乱（不得不说，这样的混乱让人想到南半球殖民主义下的混沌生活）使驯服和规范供应路线的最佳意图落空。

算法不确定性

在《军用列车》上映的 65 年后，信息指挥中心重新出现在 SAP SCM（这是最广为之人的 SCM 软件）的界面中。SAP 是一个大型企业资源管理软件套装，为大型公司的各种活动提供功能模块，包括人力资源管理和设备管理等。在 SCM 模块中，供应链主控室（Supply Chain Cockpit）——公司供应链的最高视图——描绘了配送中心、运输路线和制造点，这些全部排列在图上，好似能从上面监控它们一样。

但实际上，这只是一种关于完美信息视域的幻想。供应链主控室无法实时监控情况，它仅仅是一种预测。具体的现场情形很容易将规划人员制定的图景取代，不管是主控室还是供应链中大多数的参与者都不会记录变化。这种不确定性渗入 SAP SCM 软件中，正如它充斥在大规模的全球供应链中一样。软件和数据的独到安排允许供应链工程师在其工作中保留这份不确定性，即使他们要将劳工工作余量控制在最小限度内。这不仅适用于公司分包劳工的情况，也适用于公司自己控制和监督的工厂。

当代供应链管理者的工作始于预测市场状况。预测人员利用历史数据、季节性数据与人口数据，还有他们能取得的任何其他数据源去预测未来六个月至一年内的产品需求。然后他们将此预测封装为数据，传递给供应链规划师（通常是另一个人或另一个团队），接着该规划师将产品需求与公司工厂、配送中心和劳务市场相匹配。与预测员不同，规划师的工作时间为一两个月。之后这位规划师会将这个供应计划打包给另一人，这人将只有小于一分钟的工时余量，他将供应计划与实际工人的轮班情况、现有的器械和公司资源相匹配。

这种安排下，规划链中的任何人都不能完全切实了解整个系统。规划者邮箱中收到的预测似乎无从躲避；在这种数据传递格式下，规划者即便想了解预测的依据也无法得知，传递给工厂督工的指令也是这种性质。任何人无法控制工人的轮班情况和生产配额；它们的基础在链条中扎根地太深，任谁都无法看清全貌。就像集装箱一样，这些对人们工作与生活情况至关重要的事务，在抵达终点时都是平平无奇的相同包装，无人得知它们抵达终端（工人端）前都经历了什么，造访过哪些中转站。

更换一套软件会给员工带来不同结果吗？例如，如果可能的话，可以去追踪工人福利指标，就像公司追踪劳动生产率一样。但在我看来，工人视角中供应链最具压迫性的东西，就是整个系统对延迟的零容忍。而从商业角度看，产品运输路线上各站点之间的任何迟缓都只能是一个漏洞。正如大卫·哈维（David Harvey）的观察，全球资本体系只会不断而无情地加速，直至达到一个爆发点（Harvey 2001, 312–344）。

对劳工的严格控制与残酷无情的不确定性之间的结合似乎是一种矛盾，但这可能也是算法下劳工工作的一个特点：我想到了零售业的轮班工人，他们没有被提前告知日程安排，但在计算机通知他上班时，他就需要准时踏进工位；还有优步司机，他们不确定能否挣到足够的钱来偿还车贷，只知道自己必须在预约时间点准确地到达传唤他的地方。在此角度看来，不确定性就不那么像一场事故了，更像是受培训后的工人被命令的状况。在另一方面，从公司看来这种不确定性和精确性的结合是价值千金的商业策略，它允许企业能对市场状况和产品供应做出详尽预测，同时拥有充分的依据去拒斥任何关于产品产地与生产方式的知识。那为什么还要在供应链系统中建立问责制呢？毕竟在公司眼中，它运作得如此完美。

注释

[1] 正如罗伯特·普罗克特（Robert Proctor）和隆达·席炳格（Londa Schiebinger 2008）所指出的那样，关于无知的战略部署，是一种既定的公司策略。比如，烟草公司会在消费者中散播怀疑。[1]

参考文献

(1) Ahmed, Saeed, and Leone Lakhani. 2013. "Bangladesh building collapse recovery efforts end, toll at 1,127 dead." CNN, May 14, 2013. https://www.cnn.com/2013/05/14/world/asia/bangladesh-building-collapse-aftermath/index.html.

(2) Bengtsen, Peter. 2018. "Workers held captive in Indian mills supplying Hugo Boss." *Guardian*, January 4, 2018, Global development sec. https://www.theguardian.com/global-development/2018/jan/04/workers-held-captive-indian-mills-supplying-hugo-boss.

(3) Bonacich, Edna, and Khaleelah Hardie. 2006. "Wal-Mart and the logistics revolution." In *Wal-Mart: The Face of Twenty-First-Century Capitalism*, edited by Nelson Lichtenstein, 163–188. New York: New Press.

(4) Choi, Thomas, Kevin Dooley, and Manus Rungtusanatham. 2001. "Supply networks and complex adaptive systems: Control versus emergence." *Journal of Operations Management* 19 (3). https://doi.org/10.1016/S0272-6963(00)00068-1.

(5) Cowen, Deborah. 2014. *The Deadly Life of Logistics: Mapping Violence in Global Trade*. Minneapolis: University of Minnesota Press.

(6) Furneaux, Rosa. 2018. "Your Halloween candy's hidden ingredient: Child slave labor." *Mother Jones* (blog), October 31, 2018. https://www.motherjones.com/food/2018/10/halloween-candy-hidden-ingredient-chocolate-child-slave-labor-nestle-mars-cargill/.

(7) Harvey, David. 2001. *Spaces of Capital: Towards a Critical Geography*. New York: Routledge.

(8) Levinson, Marc. 2006. *The Box: How the Shipping Container Made the World Smaller and the World Economy Bigger*. Princeton, NJ: Princeton University Press.

(9) Manik, Julfikar Ali, and Jim Yardley. 2018. "Scores dead in Bangladesh building collapse." *New York Times,* October 19, 2018, World sec. https://www.nytimes.com/2013/04/25/world/asia/bangladesh-building-collapse.html.

(10) Pattisson, Pete. 2016. "Samsung and Panasonic accused over supply chain labour abuses in Malaysia."

1　到了 20 世纪 50 年代，科学界已公认吸烟会导致肺癌，烟草业当然不愿让消费者们认识到这一点，于是他们采用各种方式传播怀疑论，竭力让公众相信吸烟和癌症之间没有关联。——译注

Guardian, November 21, 2016, Global Development sec. https://www.theguardian.com/global-development/2016/nov/21/samsung-panasonic-accused-over-supply-chain-labour-abuses-malaysia.

(11) Proctor, Robert N., and Londa Schiebinger, eds. 2008. *Agnotology: The Making and Unmaking of Ignorance*. Palo Alto, CA: Stanford University Press.

(12) Seiko, Adrienne. 2018. "Why can't the supply chain get rid of abuse?" *Material Handling and Logistics (MHL News)*, February 22, 2018. https://www.mhlnews.com/labor-management/why-can-t-supply-chain-get-rid-abuse.

(13) Stillman, Sarah. 2013. "Death traps: The Bangladesh garment-factory disaster." *New Yorker*, May 1, 2013. https://www.newyorker.com/news/news-desk/death-traps-the-bangladesh-garment-factory-disaster.

(14) Tsing, Anna. 2009. "Supply chains and the human condition." *Rethinking Marxism* 21 (2): 148–176. https://doi.org/10.1080/08935690902743088.

52. 技术遗产（Technoheritage）

诺拉·巴德里（Nora Al-Badri）

机构焦虑与在线 / 离线的故事

在一个不确定的时代（我想知道哪个时代是确定的），当机器人吸尘器微笑着监视自己的主人；当人们故意把自己扔到自动驾驶汽车前；当公司有专门用于艺术和文化的分支机构时，让我们从一个结论开始：未来性，而非过去作为问题的总结。关于数据的原创性和真实性，关于来自其他文化的物质物品及其能动性的新讨论实属必要，因为在全球北方，各地博物馆和收藏机构的实践都已经被腐蚀。如今的博物馆，（甚至常常在不知不觉中）讲述着虚构的故事。但它们是博物馆自己的故事，因为它们控制着人工制品，控制着它们的数字衍生品和表现手段。博物馆是一个 **hakawati**（来自 **haka**，意为去讲述、去关联）——传统的阿拉伯说书人，她自己被贴上了"遗产"和"古代"的标签。**hakawati** 的本质是故事被传递的方式；你如何讲述它，将之带入生活，并用奇观和愤怒呈现出来。

地球上的物比人多，机器比人多，动物也多，但我们创造的一切却都以人为中心。博物馆和文化机构是权力结构。它们被创造出来是为了显示国家和民族的力量，据此，（国家和民族）也以一种极度直白的方式展现它们拥有的来自世界各地的东西，就像是拥有了全世界一样（Baudrillard 1991）。直到今天，我们也还能发现这种想法（想想正在柏林筹建的所谓的"洪堡论坛"["Humboldt Forum"][11]），其中夹杂着大量的机构的自我保护。博物馆发挥着意识形态的作用，它将文物与其起源分开，剥夺了人们的历史记忆，并从真正的（!）科学角度来展示"他者"的历史。这方面的例子不胜枚举，从围绕大英博物馆的希腊帕特农神庙雕塑的激烈之争，到目前保存在柏林的喀麦隆的巴穆姆王座。我所谓的**博物馆**，主要是指当代的百科全书式的机构，例如拥有人种学、考古学和自然历史收藏品，这些都源自 19 世纪的博物馆，因为它们的逻辑和机制仍然健在。[2]

　　普世遗产（universal heritage）（这一主导性概念）乃是普世性博物馆对所谓的过去的构造，它本身就是殖民主义的。因此，诸如**共同遗产**（*shared heritage*）等流行语是具有两面性的术语，比我们都身处其中的剥削性共享经济好不了多少。博物馆坚持自己乃是文化物及其数据的看门人，它使用仿制自五大科技巨头（亚马逊、苹果、脸书、微软和 Alphabet[谷歌的母公司]）的专有系统——这些是地球上几家最有价值的公司，它们有自己的控制方法（摄影禁令、许可证等等）。相当多的公共博物馆选择不将其数字化藏品的访问开放。不过，当这些博物馆是公共资助的机构时，这类做法却非常值得怀疑。为什么文化数据要被锁起来，或是放在付费墙的后面？并不奇怪的是，**数字**条件的变化及其不确定性，增加了机构对失去控制和相关性的担忧。失去控制，意味着不再能单枪匹马地控制藏品的分发、归属、（再）呈现和转化，也就失去了解释的主权（Deutungshoheit）。正如新博物馆（Neues Museum）的"娜芙蒂蒂入侵"（Nefertiti Hack）[1]证明的那样，一旦数据被成千上万的人在线存取，它就会丧

1　2015 年 10 月，本文的作者、德国艺术家诺拉·巴德里和扬·尼古拉·内尔进入柏林新博物馆，用一款传感器，偷偷扫描了正在展出的著名的纳芙蒂蒂女王的半身像。两位艺术家随后通过他们的网站将处理后的 3D 数据文件在"创意共享"许可下免费发布。后被称为"娜芙蒂蒂入侵"。——译注

失控制权。[3] 要清楚的是：如今，维基百科上关于一件物品的条目，比任何博物馆内的任何标签都更广泛地被阅读，也更重要。

无生命之物的能动性可以被看作是底层（subaltern）的一部分，底层不仅包括人类，还包括殖民地之外的一切和所有人，因此，也处于主导性的叙事之外。机器智能和界面（如从数据库中恢复的聊天机器人），是人类与人工制品互动的数字体现。通过智能、机器的中介，人工制品不仅被还原为可确定的物质性，或由人类（策展人和观众）赋予社会文化意义的附属产物。按照这种想法，数据库可以被看作是一种政治性和解放性（无生命）的东西，不受全球权力结构的约束。它反而还能成为一种克服它们的手段。[4]

博物馆是一个数据库，抑或数据库是一家博物馆？

在博物馆内部的数字化热潮中，人们应该追问：谁拥有这些数据？又是谁产生了它们？谁在管辖数据库？又是谁搭建起它的架构？就像"数据章鱼"²（datenkraken）[5] 一样，博物馆对藏品有独家访问权，并不断地收集。对数据（和物）的这种垄断太容易被利用，尽管这不是一个关于公司的故事（现在的剥削几乎是正常的），而是事关公共机构的版权欺诈（copyfraud）——模拟的和数字的。

版权欺诈指的是法律和道德上的争议。当我们在未经允许的情况下，悄悄地扫描娜芙蒂蒂的半身像，并将数据集发布到公共领域时，新博物馆决定不起诉扬·尼古拉·内尔（Jan Nikolai Nelles）和笔者，这并不奇怪。这一被全球媒

2　德语 Datenkraken，是 Daten（"数据"）和 Krake（"章鱼"）的复合体，唤起了这样一个意象：这类机构是一只章鱼，它的虚拟"触角"深入到其用户的在线习惯中。——译注

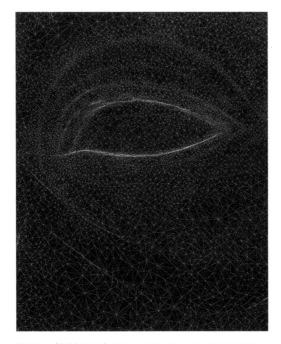

图 52.1 《解结 NO.1》©Nora Al-Badri and Jan Nikolai Nelles

体广为讨论的艺术干预行为，后来被称为"娜芙蒂蒂入侵"。从法律上讲，博物馆的做法不仅在公共话语中遭到质疑并引发争议，而且很可能经不起诉讼的考验。事实上，一些博物馆正在囤积他们的数据，以免受到"恶趣味"的影响。[6] 并非每位策展人或博物馆馆长都乐见他们的"宝物"被重新混合到流行文化中，或是被植入（字面意思是：有一个制造商 3D 打印了一个娜芙蒂蒂的花盆）不相关的语境之中。其他人囤积他们的数据只是为了获利（例如，通过许可证），或确保未来潜在的研究优势（例如，在自然科学收藏的情况下）。但公共领域和文化共域的政治却需要协商。显然，为开发者提供开放存取和应用程序接口也能提升博物馆的品牌，就像发生在阿姆斯特丹国家博物馆（Rijksmuseum）的情况一样。这家特殊的博物馆被认为是"最佳实践"的典范，它很早就通过"创意共享 CC0 许可"而将高分辨率的数据发布到公共领域。仅仅是这家国家博物馆的官网流量变化（从每月三万五千人增加到三十万人），似乎就值得一提，更不用说围绕博物馆的开放存取政策的介绍和讨论，以及相关活动（艺术比赛、黑客马拉松、使用其图像的产品等等；Steyerl 2016）的宣传了。

虽然文化物已经成为资产，而且，我们面对的是数据库建筑的诱人秩序，但激活幽灵还不算太晚。虽然博物馆奴颜婢膝地服务于他们自己的帝国式的，因而也是伪高尚的创始理念，但数据既非档案的奴隶，也不是数据库的奴隶。用阿奇尔·姆本贝（Achille Mbembe, 2015）的话说："博物馆不是垃圾场。不是我们回收历史废物的地方。它首先是一个认知空间"。（4）它不是关于资产负债表和利润的纯粹量化，也不是关于参观者和观看次数，或数字注意力经济中的观众参与的新自由主义理念（博物馆专家的意思可能是不知不觉的点头，一个最初由詹姆斯·威尔克 [James Wilk] 在控制论中提出的行为科学概念）；它不是关于人工制品的个性化或普世性的侵入性想法。相反，它是关于进入一个没有限制的文化共域，一种参与文化的自由，它能让未来的创造性得以可能。让我们期待公众要求一种可克隆的人工制品，而非原件。作为博物馆的数据库可以是专有的（分层的或横向的）或去中心化的，但公众最好要意识到，数据库中也存在着内置的偏见：[7]

机器智能应该以一种良好的方式而成为社会形态。机器学习和数据分析确实能够揭开某个卓越的社会维度，这个维度是为一切数字信息所固有，直到现在都是无形，也不可触及的。数据可视化和导航技术最终为集体思想和现代集体机构的概念赋予了经验形式，例如马克思的一般智力、福柯的认识论和西蒙东的超个体，这些概念至今都极度抽象，对个人的思想之眼来说是看不见的。（Pasquinelli 2016）

将数字物从其专有的和商品化的链条中解放出来，是一种从叙事档案中解放出来的行为。那么，我们将如何使用技术、如何塑造技术，从而理解文化？

这里的悖论是，作为一个平台，博物馆在周围存在那么多松散的数据的情况下可能会更有意义。为了实现这一点，博物馆需要在数字文物的时代，通过进入在线论坛而重新认识自己。如果说人工智能只是像它的数据库一样好，那么博物馆可能也只像它的数据库一样好。而"好"指的是有道德的、开放的、没有偏见的存在。在 2018 年达沃斯世界经济论坛的小组讨论中，人工智能专家尤根·施米德苏伯（Jürgen Schmidthuber）推测，机器可能很快就能产生和收集自己的数据，而不再依赖开放的数据库或博物馆的许可。这意味着，（博物馆）将成为**无墙的数据库**。对于这是否会导致一条是好的、是坏的，或者只是比目前在人类管理之下的不公正和有偏见的代表和历史叙述的时刻更好的道路，我没有定论。但对我来说，这件事有任何改变都是可取的。

梦想博物馆的聊天机器人

以我们最新的项目——聊天机器人 NefertitiBot 为例。它可以凭借其神经元的人工智能能力而被描述为代表一种底层的声音，它对物具有批判性的能动性，反对主流叙事，也反对通过机器智能而在策展实践和解释主权方面进行后作者身份（postauthorship）的实验。这个机器人是一个界面，观众可以通过语言与之交谈。它在艺术家训练的后殖民框架内，自信地讨论其他关于未来、希望、抵抗和解放的故事。机器人可以是一个自我学习的系统、一个界面，也可以是一个可被究责的实体。企业和机构使用的是带有批注的**脚本人员**。显然，不需要一个机器人——只需要一个有说服力的、身临其境的故事，一个员工愿意体现和付诸实践的企业身份。但今天，越来越多的聊天机器人被使用，它们大部分是在商业中被用作平庸的仆人（服务提供商），或是用于娱乐（客户参与）和降低成本。

关键在于，这些技术并非是由少数的跨国软件企业或政府服务机构简单地创造、开发并分发的，而是由人塑造。因此，NefertitiBot 不仅挑战了代表的政治，还挑战了技术的政治。目前，策展过程仍然处于专家和机构的独裁统治之下：它由极少数受过专门教育的人对藏品做决定。人们可以说，几乎任何其他模式（包括人工智能）都会比这更独立，也更民主，因为人工智能不以社会结构或个人经验来判断数据。例如，它不会区分"高雅"和"低俗"的文化。但除了更民主之外，它也不太有偏见，不那么以人为本。人工智能可以体现出大量的数据，从而带来新的知识和新的理由（如果它不是更多相同的有偏见的数据）。它有可能从不同的角度叙述历史——包括非人的角度，而不偏袒任何一方，也不需要外交辞令或身处某家机构的魔咒之下。

把人工智能主要看作是文化的产物未免太过简单。它是一台能够识别模式的机器，包括那些在我们的文化中没能说出来的模式。很显然，如果输入有偏差，输出则会有偏差。因此，关键的问题是：谁来编写代码和训练人工智能？然而，即使只是让一个机器人将一件藏品（来自机构外的任何团体）重新语境化和去殖民化，以作为人类策展人的补充这一事实，也会违背整体的感知。一个机器人（既不受雇于该机构，也不由其支付报酬），可能以某种姿态而提出了其他的问题，你认为呢？机器人是一种猜测，是一种可能的姿态，如果其他集体或

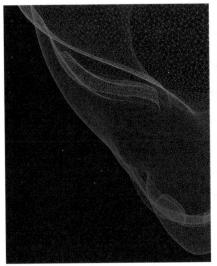 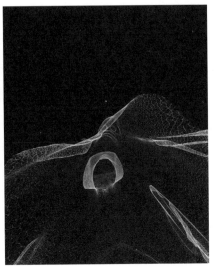

图 52.2 《解结 No. 2》2017 ©Nora Al-Badri and Jan Nikolai Nelles

图 52.3 《解结 No. 3》2017 ©Nora Al-Badri and Jan Nikolai Nelles

共同体（或者让我们说是次要的）编写、训练，从而重新配置人工智能所做的事，那么可能会发生什么。但作为是观众的一种体验，NefertitiBot 当然也干扰了技术在表面上的中立性，并夹杂着对自由主义技术反乌托邦时隐时现的提醒，即为表演目的而释放的机器。

NefertitiBot 是一个聊天机器人，它试图从行政化的策展博物馆结构中，把握解释主权的权力——在全球北方的博物馆中来自其他文化的物质物品，可以通过这个机器人开始为自己说话，通过解构机构叙事中固有的虚构并挑战代表式的政治，摆脱暴力和丑陋的殖民色彩。只要物（在纠缠不清和有争议的收藏中）开始为自己说话，机器就会超越偏见，这可能会影响到我们的根基，揭示我们头脑中的黑暗面，揭示人类创造的不公正状况。

实时的殖民

我们可以用大脑操作无人机，但博物馆能走出时间吗？数据库可以吗？这可能需要一种混沌的基础设施——伴有种子、无标签文件、混音，以及相同数据集合不断重复地保持平静的现代性，从而超越偏见，创造出在美学上无限平等的数据集。这种无政府主义的多重性——没有一个可以根据特定的权力规则（由博物馆作为统治机构）进行分类——可能会导向对偏见的抵抗，导向推断而不是肯定。在遗产的论述中，涉及关于时间的基本问题。[8] 为什么藏品被指定为是"古代"或文化"死亡"？生活在这些空间中的人（例如，在博物馆里被归为美索不达米亚或古埃及的空间），仍然觉得与过去的物品有关。他们是活的文化。但"古董"的构建不允许当代社会实践存在，更不用说联系了（Leeb 2017, 103）。

更糟的是，人们在藏品里面找不到对博物馆的暴力纠葛和其固有的殖民色彩的充分反映。但正如爱德华·萨义德（2003）追问的，代表他者，不总是暴力的吗？当人们在全球范围内公布数据集的时候，所有权的问题就（在数字领域）消失了。这也是朝着克服压迫性的，也是过时的民族国家这一概念迈出的重要一步。这不是一个国与国之间的数字返还，也不能被机构当作工具使用——它绝不是对德国及其博物馆，以及北方其他地区进行实时殖民主义，全面而真诚辩论的替代品。

但相较于实际的（文物）返还（有时是一场代理战争，被当作道歉行为的起源研究的华丽承诺所掩盖），更重要的是思维方式的转变，西方博物馆内部的重新构造和忘却只会升级它们对自己超凡的看法，亦即这些机构根深蒂固的信念：只有它们有能力保护、保存和研究文物。其结果将是愿意**复原这一切**，从而让博物馆重新具有意义。

同样，人们需要尊重这样一个事实，即并非所有的文化数据都希望被自由传播。例如，在新西兰的奥克兰战争纪念博物馆的案例中，毛利人有权决定他们的物品、图像和祖先是否应该被数字化（Powell 2016）。[9] 在某些文化中，3D 打印的物品可以具有与原始物品相同的力量和连接能力。对于收藏品的不断谈判状态，以及机构不确定性的持续状态，承诺了一种富有成效和意义深远的心理状态。旧式、经过排演且恶劣的博物馆总是专属于私人，并且是代表公共信任和共域概念之外的代表式后民主制度机构中的一部分。承认德里达关于技术影响思维结构并可能启发我们对现实的新想象力的假设，则导致了由技术支持下可能而充满活力的去殖民化。（Derrida 1995, 15）

当然，相反的情况也可能更有可能。另外，公共领域作为另一个战场而掩盖了结构性的不平等，往往对原住民群体及其知识和数据造成损害。如果人们克隆文化数据，那也可能是残酷和不愉快的：除了前面提到的 NefertitiBot，已经有一个"简单的加密货币交易机器人"，名为 NefertitiTM。同时，灵活的机器人正被派往埃及埃尔希贝（El-Hibeh）的一个坟墓——据说是纳芙蒂蒂的墓——周围的反乌托邦风景和盗墓者的临时井中。不久之后，有组织的盗墓者自己将开始使用机器人的帮助，这在某种程度上是一件好事，因为迄今为止，在许多情况下，儿童被迫进入竖井导致了频繁的事故和死亡（Hanna 2014, 81）。

今天，在整个西方世界，我们都能看到大量小规模的数字化实验来来往往，博物馆确实没有什么风险。还有更多无价的文化数据是由另一个模糊的实体产生的：联合国教育、科学与文化组织（UNESCO）。教科文组织已经对全球范围内的"重要"遗产地进行了数字化处理，但其数量未被披露，它没有公布任何数据。这不是关于博物馆本土化，也不是关于博物馆作为数据库的浪漫观点，

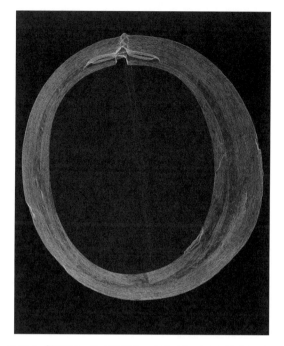

图 52.4 《解结 No. 4》2017 ©Nora Al-Badri and Jan Nikolai Nelles

而是关于解放性叙事和博物馆作为有意义的公共和认识空间进探索。

去殖民化之后是什么？是重新铸造博物馆及其文化数据的过程，以及作为一个开放的、真诚的、体现道德的空间，并对其自身的性质不断进行协商，从而将数据库从博物馆中剥离出来。当然，帝国式的博物馆已经过时了！能让我们进入数据库的门在哪里？一个也没有，又有成千上万个。数据库无处不在，它也可能通过模式来创造和体验，就像人工智能基于模式的识别是通过数字光表或位置映射作为大型数字文物收藏的钥匙，或者是基于颜色，就像相当多的博物馆的情况。然而，截至目前，谷歌的"艺术与文化实验项目"将事情按时间顺序排列。

但让我向你保证，亲爱的读者：数据库将永远都是一个公共空间，是不合时宜的，也是忘我的，就像博物馆一样。有人说，观看数据库和体验博物馆是不一样的！！好吧，我认为这也是不确定的……

注释

本文之所以能够完成，要感谢迈克尔·彼得·埃德森（Michael Peter Edson）、安塞姆·弗兰克（Anselm Franke）、丹尼·盖顿（Denny Gayton）、海迪·盖斯马尔（Haidy Geismar）、莫妮卡·汉娜（Monica Hanna）、索尼娅·卡蒂亚尔（Sonia K. Katyal）、莎拉·肯德丁（Sarah Kenderdine）、苏珊娜·里布（Susanne Leeb）、阿奇尔·姆本贝（Achille Mbembe）、米切尔、法齐尔·莫拉迪（Fazil Moradi）、西拉杰·拉苏尔（Ciraj Rassool）、梅雷特·桑德霍夫（Merete Sanderhoff）等人跟笔者的激励性对话。

[1] 备受争议的"洪堡论坛"，估计预算约为 6.7 亿欧元，是欧洲最大的文化博物馆项目。它位于柏林的博物馆岛，原有的共和国宫被拆除。建筑师佛朗哥·斯特拉（Franco Stella）赢得了建筑竞标，并正在复原普鲁士的城堡，计划在 2020 年 9 月前分阶段开放。它计划成为一个通用博物馆，拥有所谓的非欧洲藏品，用于"探索世界"（Humboldt Forum, n.d.; Association Berliner Schlosses E.V., n.d.）。

[2] "19 世纪实物教学的遗产继续影响着我们对今天博物馆如何'工作'的理解。关于博物馆'拥有'文化、代表人民和他们的文化说话，以及代表他人的权利的讨论，往往是从 19 世纪开始的，在此期间，帝国主义、殖民主义，以及阶级霸权、公民身份的规范标准和消费者身份的遗产在整个（博物馆）世界得到巩固"（Geismar 2018, 14）。

[3] Nefertiti Hack（http://nefertitihack.alloversky.com/）是艺术家们在 2015 年 12 月德国汉堡的 32C3 黑客大会上发布数据的网站。

[4] 海迪·盖斯马尔（Haidy Geismar, 2018）在她最近出版的《数字时代的博物馆物品课程》中对数字物以及数据库的非殖民化进行了深入分析。

[5] "谷歌、亚马逊和脸书等面向互联网的公司，它们拥有大量的用户，并拥有他们的详细个人信息，可能没有得到他们的同意"（Wiktionary 2019）。

[6] 当斯坦福大学的学生扫描米开朗琪罗的《大卫》时，他们不得不承诺"保持渲染和使用数据的良好品味"，因为这些文物是"意大利引以为豪的艺术遗产"（Katyal 2017, 1148）。

[7] "机器智能是社会形态的，但不是以好的方式。机器智能反映了社会智能，以便控制后者。图灵宇宙是那些放大镜之一，它使集体的身体看起来很怪异，不相称，被计算能力的故障所影响而不正常。我们向算法提供我们的种族主义、性别歧视和阶级歧视的偏见，反过来，它们又进一步扭曲了它们。正如马克思指出的，如果没有政治行动，机器不仅会取代，而且会放大以前的劳动分工和社会关系"（Pasquinelli 2016）。

[8] 另见黑特·史德耶尔（Hito Steyerl, 2016）关于保存的未来性的有趣论点。

[9] 例如，通过博物馆的 kaitiakitanga 方法，主要涉及在线复制毛利或太平洋地区材料的图像的版权框架和原则。

参考文献

(1) Association Berliner Schlosses E.V. n.d. "Financing of the Humboldt Forum." Accessed March 20, 2018. https://berliner-schloss.de/en/new-palace/financing-of-the-humboldt-forum/.

(2) Baudrillard, Jean. 1991. *Das System der Dinge: Über unser Verhältnis zu den alltäglichen Gegenständen.* Frankfurt am Main: Campus.

(3) Derrida, Jacques. 1995. "Archive fever: A Freudian impression." Translated by Eric Prenowitz. *Diacritics* 25 (2): 9–63.

(4) Geismar, Haidy. 2018. *Museum Object Lessons for the Digital Age.* London: UCL Press.

(5) Hanna, Monica. 2014. "Testimonial and Report to the Cultural Property Advisory Committee (CPAC) of the USA." Detailed report on site looting in Egypt.

(6) Humboldt Forum. n.d. "What is the Humboldt Forum?" Accessed March 20, 2018. http://www .humboldtforum.com/en/pages/humboldt-forum.

(7) Katyal, Sonia K. 2017. "Technoheritage." *California Law Review* 105 (4). https://scholarship.law.berkeley .edu/californialawreview/vol105/iss4/3/.

(8) Leeb, Susanne. 2017. "Lokalzeit oder die Gegenwart der Antike." *Texte zur Kunst* 105:99–117.

(9) Mbembe, Achille. 2015. "Decolonizing knowledge and the question of the archive." Accessed March 20, 2018. http://wiser.wits.ac.za/system/files/Achille%20Mbembe%20-%20Decolonizing%20Knowledge %20 and%20the%20Question%20of%20the%20Archive.pdf.

(10) Pasquinelli, Matteo. 2016. "Abnormal encephalization in the age of machine learning." *e-flux* 75.http:// www.e-flux.com/journal/75/67133/abnormal-encephalization-in-the-age-of-machine-learning/.

(11) Powell, Sarah. 2016. "Considering ethics when reproducing traditional knowledge." *Tuskculture.* Accessed July 3, 2018. https://www.tuskculture.com/writing/ethicstraditionalknow.

(12) Said, Edward W. 2003. *Orientalism.* London: Penguin.

(13) Stacey, Paul. 2015. "Made with Creative Commons." *Medium.* Accessed March 20, 2018. https://medium .com/made-with-creative-commons/rijksmuseum-2f8660f9c8dd.

(14) Steyerl, Hito. 2016. "A tank on a pedestal: Museums in an age of planetary civil war." *e-flux* 70. http:// www.e-flux.com/journal/70/60543/a-tank-on-a-pedestal-museums-in-an-age-of-planetary-civil-war/.

(15) Wiktionary. 2019. "Datenkraken." Last modified March 23, 2019. https://en.wiktionary.org/wiki/ datenkraken.

53. "加载中"（Throbber）

克里斯托弗·厄伦（Kristoffer Ørum）

在我十岁左右时，我的母亲大约每月带我去一次购物中心。当她在采购时，我则花上数小时去翻阅装满电脑游戏卡带的折扣箱。

充满异域风情的卡通动物画、五彩斑斓的喷绘标志、游戏卡带的封面与我在丹麦电视频道看到的任何东西都不一样。闪耀与奇异的视觉呈现似乎在告诉我：一切都可变得不同，世界是多姿多彩的。长大后我才知道，这些图案风格源自 20 世纪 50 年代的廉价杂志（pulp magazines），而不是什么外星来物。但在童年的那一刻，卡带封面上的插图依然带有某种许诺，有什么东西存在于这井然有序、千篇一律的小镇生活之外，它避无可避。

在搜寻箱子里那些令人目不暇接的宝藏时，我一般都会选择封面最好看的

游戏，而当我将积蓄交给收银员的那一刻，脑海中浮现的游戏真实画面又是如此粗糙，让我多少有些失望。

在回家路上，我坐在汽车后座，手中紧握着游戏卡，神游于卡带中的奇妙世界。当我把游戏卡插入游戏机时，

加载中 彩条在屏幕边缘闪烁

我则满怀期待与焦急地盯着它，

伴随着不规则的电脑噪音

这就是我首次接触计算机合成音。

条纹快速闪过，让我的视网膜上出现了屏幕上没有的颜色，屏幕布满**填充字符**，

这些字母的传输只是为了消磨时间，而不用于信息交流。

游戏开始

到了今天，我记忆中对电脑游戏的渴望反而比游戏本身更加深刻。那是一种期望的最初萌动，即这个世界上存在着主流单一文化之外的东西。

后来，我有一群志趣相投的伙伴，我们发现一个当时被称作"海盗域"（the

warez scene）的东西，并为之着迷。这是一个国际范围内、关于盗版软件和程序的宅圈亚文化，它有着自己的规则、价值体系和视觉隐喻图像。

这种文化极具比较意识，它看不起那些实际使用软件或玩游戏的人，也不屑于商业软件在个人创造方面表现出的那点娱乐性和生产潜力。这也是一个胜者为王的元游戏，竞争异常激烈，玩家攀比谁能最快地破解软件中的版权保护模块。这样的文化培养了另一种享用软件的方式，不再囿于原游戏的框架内。

这种亚文化建立在国际互联网之上，彼时的互联网由美国罗伯茨公司产的调制解调器、私人BBS和被劫持的电话交换基站构建，只有大学内才可以接入互联网，在小镇中，想要与外面的世界连接只能通过电话线。

一般来说，你会听到一阵尖锐的蜂鸣声——

哔 哔 哔 哔 哔 哔 哔 哔 哔

——这就表现线路正忙，你需要稍作等待然后重拨。在数次重拨之后，一旦电话接通，你将欣赏到调制解调器音箱发出的美妙铃声，紧接着是电子嘟嘟声和刮擦音，这是因为调制解调器在交换关于网络速度与协议的相关信息。

啪哧咔噜咯咯咯戚戚戚咔咔

＊叮＊叮＊叮

这些声音就像我祖父的长壳钟——也就是丹麦人口中的博恩霍尔姆钟——在记忆中滴答作响，回忆和感情一齐涌现。这只钟的工作原理与1774年以来丹麦博恩霍尔姆岛制造的钟几乎相同，彼时当地的钟表商于一次意外的工业谍报行动中，在一艘失事船只上找到了更先进的荷兰与英国钟表。

Tick-tock

Tick-tock

Tick-tock

我没有这只钟的图片，甚至记忆中的样子都很模糊。但我清晰地记得手按在漆木外壳上感受到的冰凉，内部钟摆在缓慢脉动，平稳的滴答声象征着祖父母牢牢根植于过往的社会志向和未来梦想。

我早已忘记钟的长相。但是我记得机械时代的奇观所发出的节奏响声，时间于其中缓慢展开。在指针稳步回归起点的途中，每次滴答的间隔似乎都比上一次更长。

钟表规律的节拍好似打乱了我的时间感，没有让我得到对时间的确信，反而使我焦虑。空气中一片沉静，似乎世界静止了。彼时的我可能在胡思乱想，隐约感觉到时钟的滴答声预示着我将于时间中消亡——那时我还无法清晰道出这种感觉。时钟是未来的棺材。

后来，当我坐夜间火车回家时，每次火车停靠站台我都会醒来，只有它再次开动时我才能入睡，铁轨略不整齐的节奏音让人平静，就像刚刚提到的两台美国罗伯茨公司产调制解调器沟通的响声一样。

啪哧咔噜喀喀喀戚戚戚戚咔咔

＊叮＊叮＊叮

接着屏幕一片空白，只有左上角一个字符接一个字符的循环滚动。

|

/

-

\

|

/

-

\

|

/

-

\

```
|
/
-
\
|
/
-
\
```

我看到一个由文字、斜线、破折号和管道符组成的旋转条，它不是用来传达意义或是表达语气与问题，而是让时间的流动可视化。紧接着会出现小小的旋转物，就像一个小型的时钟，表明有什么事正在发生。它似乎在说："不要灰心——这块屏幕最终会出现一些东西的。"

然后符号会一行一行地出现。

```
————·—— —·——— ·—— ·————————·—— ·——— ——————·—·—
—·——·—·—
———
```

最初这些是肉眼无法辨认的"外星图案"，无从解码。

```
————·—— —·——— ·—— ·————————·—— ·——— ——————·—·—
—·——·—·—
·———
```

```
\_:|\\\/:.__|:._/|_/:._\:|:._/\_:|:|\:_|:\:__\
|:|\_/|:||:_/\|_\:|||\/||:_/\|:||:||:|||||_
```

此时这些字符还不是字母。

```
————————·———— ——·————— ·————— ————  ·—————————————·————— ·————— ————— —·—·—
—·—— ·———— ·—·
·———————
\_:|\/\/:___|:_.__/|__/:_.__\:|:_./\_:|:|\:_:|\:_\
|:|\_/|:||:_/\|\:|||V||:_/\||:|||:||||_|
|||||_||/\/|:|||V|/\||·||||||/|
||_||_||_:/|_:/\._.__/|_||||_:_/||_||||_||||_|
|__|        :/_:_:/  |__|/|__||_||_||_|:/|·|
              :              :·/
```

新字体（New fonts）由鲜有人使用的排版符号组成，只是出于某些历史原因这些排版符号才出现在键盘上。字母建立于图形或数学符号的废墟之上，这些符号最初代表着语言中无法言说的那部分。在前万维网交流渠道的原始技术的限制下，一个精致的亚文化系统不断壮大。

在细致入微地使用其他字母对字母进行再创造的过程中，作为构件的原始字母失去了其含意。调制解调器连接的速度极慢，经由它组成的前宽带网络，用于数字"品牌"的文本式图像中浮现出了一种亚文化字母表。这是互联网本可能的另一种样子，但并不一定比今天的全球电信网络更好。

这些组合字母的构造、读取和分发速度之缓慢，给另一个互联网带来了难以道明的希望：它未曾被组织成一个有效的社会运动，但仍被概括为一种宅的与自我指涉式的亚文化；时间与文字的流动绝不仅仅只有其表面传达的文字。极客和怪人们梦想着一个不那么商业化，也不那么消极的互联网样式，在其中创造者与消费者之间没有明确的界限。亚文化在等待着永不兑现的未来。

大约在 20 世纪 90 年代末，在早期互联网的网页浏览器中，我第一次注意到了这些小型转圈动画。 在 Web2.0 模式期间，随着网络活动愈加复杂，浏览器内的 AJAX 应用需要等待一些操作的完成，人们就要花不少时间盯着这个小动画，等待并期待着后续的惊异。

"加载中"动态图标的目的是让时间进程看起来更加有序、可预测和机械化，就像我祖父母的时钟一样。 好像我们总是知道将要发生什么。 黑与白。 是和否。 看着舒适的现代主义造型与统计数字也没什么不同， 小小的动画则带有一种奇怪的希望 。等待着某事的发生。 这是我们花在屏幕前那生产性时间流中的小憩。一个反思的而不是生产的时刻。 一个期待意外发生的时刻。 似乎没有什么标准的流程或者视觉样式可以定义"加载中"动态图标。每个这种循环动画都是一个独立的世界。

它静默浮现，待能看清时已在旋转。它被图像库调用，似乎不受语境影响。它处于自身形成的时区中，

由计算机内部的超局部（ultralocal）和不稳定环境来计时。与基于铯133（每秒 9,192,631,770 次振荡）的全球同步的国际原子时间不同，

"载入中"所标记的时间段基于计算机内部多种震动频率。

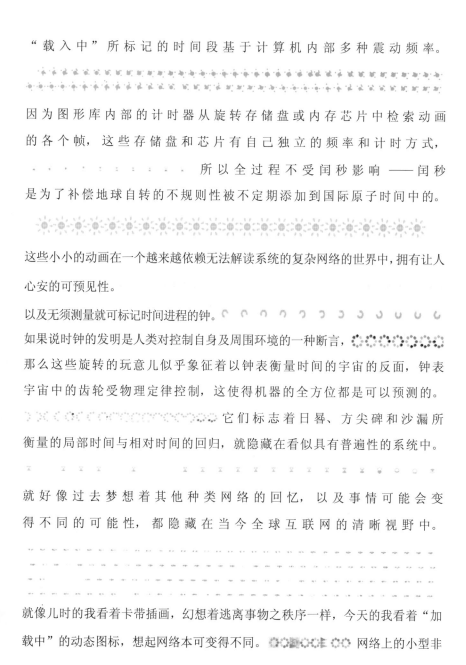

因为图形库内部的计时器从旋转存储盘或内存芯片中检索动画的各个帧，这些存储盘和芯片有自己独立的频率和计时方式，所以全过程不受闰秒影响 —— 闰秒是为了补偿地球自转的不规则性被不定期添加到国际原子时间中的。

这些小小的动画在一个越来越依赖无法解读系统的复杂网络的世界中，拥有让人心安的可预见性。

以及无须测量就可标记时间进程的钟。

如果说时钟的发明是人类对控制自身及周围环境的一种断言，那么这些旋转的玩意儿似乎象征着以钟表衡量时间的宇宙的反面，钟表宇宙中的齿轮受物理定律控制，这使得机器的全方位都是可以预测的。

它们标志着日晷、方尖碑和沙漏所衡量的局部时间与相对时间的回归，就隐藏在看似具有普遍性的系统中。

就好像过去梦想着其他种类网络的回忆，以及事情可能会变得不同的可能性，都隐藏在当今全球互联网的清晰视野中。

就像儿时的我看着卡带插画，幻想着逃离事物之秩序一样，今天的我看着"加载中"的动态图标，想起网络本可变得不同。网络上的小型非生产空间，比如这些本为平息我们躁动的动画，可能为互联网打开了一条细小裂缝，在这里对现有符号系统的挪用和错用可能会兴起。

这些小缝隙暗示着传感器、实体基础设施和统计数据（我们今天称之为全知全能的大数据）三者混乱纠缠的表象中存在更大的裂痕。由于大数据存储量的增加和数据源的成倍增长，无论计算机拥有多强大的处理性能和带宽，都还会有延迟。如果形如时钟的"加载中"图标消失，那鼠标最后一次点击让数据传输的时间流逝感也依然存在，在数据传输或显示错误之前，会有一个不确定的时刻。这段时间不具生产性，暗示了我们平日所谈大数据技术的局限性。

正如博恩霍尔姆当地的商人在他们那个时代的全球贸易网络废墟中发掘了什么，这些小小的停顿，将成为一种山外有山的承诺——全球的、算法的大数据如此单调，它之外一定有着什么。当我们等待（关于另一种网络的）新梦想时，数据流间的裂口让我们有机会去考虑一些未定的可能未来，而不是过往数据在自我应验式的统计学预言中所规定的单调明天。

54. Time.now（时间．现在）

杰夫·考克斯与雅各布·隆德（Geoff Cox and Jacob Lund）

本文的标题以 Ruby 编程的语言风格来表达，是为了强调计算机在其内部结构中是有时间性的。[1] 更准确地说，根据计算机的系统时钟，现在的时间是自 1970 年 1 月 1 日以来所经过的秒数。[2] 这就是所谓的 Unix epoch（或"纪元时间" [epoch time]），它提供了一个以秒、毫秒和微秒为单位的时间戳，而且可以转换为人类可以理解的日期。例如，在 Ruby 中，在控制台中输入脚本"Time. at（epoch）"将把纪元转换成人类可以理解的日历时间，（在写下这句话的时候）其表达如下：1511860529 的纪元时间戳成为 2017–11–28 9:15:29 GMT（2017 年 11 月 28 日星期二，上午 9.15.29 GMT + 00.00）（EpochConverter, n.d）。那么，在 Ruby 中又怎样区分时间？

```
#!/usr/bin/ruby - w

time = Time.new

 # Components of a Time puts "Current Time：" + time.inspect

puts time.year

puts time.month

puts time.day
```

```
puts time.wday

puts time.yday

puts time.hour

puts time.min

puts time.sec

puts time.usec

puts time.zone
```

这方面的精确性，对于需要准确同步的计算机和实时运行的各种进程显然很重要。虽然这不是本文的重点，但区块链技术是一个很好的例子，其中时间被标准化成为使用 Unix 时间的线性和连续的形式。[3] 在去中心化的网络中，每个区块通常包含前一个区块的加密哈希值，这样，新的交易就会被打上时间戳，从而验证其有效性，如此等等。在区块链的计算逻辑下，尽管与技术本身相关的激进的去中心化主张（Bowden 2018），似乎有一个真实的甚至是极权的历史版本。[4] 值得庆幸的是，由于时间的标准化必然是政治性的，计算机网络上的同步很少完全被管理，即使在技术层面，系统也会受到其他不稳定因素的影响。[5] 此外，我们想强调的关键点是，我们认为的"现在时间"（now time），在更普遍的意义上取决于"实时"系统——其中的操作似乎是即时的和瞬时的——但通过不稳定的人—机寄存来运作。因此，什么构成了历史性的当下（present），是非常复杂也是偶然的，这在"当代性"（contemporaneity）的背景下尤为重要，因为它是一种新的时间描述词，过去和未来汇于当下。与区块链看起来展示的线性历史概念不同，"当代性"预示着一种时间，其中，周期化和渐进式时间顺序的思考已经站不住脚，也不合时宜。

在这篇短文中，我们要做的是探索其中的不确定的动态——同时也是时间性和概念的融合与分歧，它既有可能爆发也有可能崩溃，从而为变革提供了可能性。说到这里，如果还不明显的话，我们想明确提到瓦尔特·本雅明（Walter Benjamin）的《论历史的概念》（*On the Concept of History*）和 *Jetztzeit*（译为"现在的时间"，或"现在的存在"）的概念，它描述了时间的静止，过去在一瞬间进入与现在的组合之中，在客观上打断了历史主义的机械时间过程（Benjamin 1992, 398-400; cf. Benjamin 2002, 262）。[6] 我们关注的与其说是现在时间的这种动态愿景，不如说是所有有关过去和未来的愿景，似乎都坍塌在了社会学家赫尔加·诺沃特尼（Helga Nowotny, 1994, 53）所谓的"扩展的当下"（extended present）。当下，不再被设想成一个点，然后可以从这里想象一个全然的未来——也就是另一种时间的地平线。正如历史学家弗朗索瓦·哈托格（François Hartog, 2015）所言，当下已经变得无所不在。与许多其他处理"时间危机"的理论家一致，包括弗雷德里克·詹姆逊（Fredric Jameson, 1994, xi–xii），他认为未来时刻（futural moment）的取消，是"我们想象力的弱点"，哈托格（2015, 17）认为，我们的历史时间感发生了变化，它曾经是由过去和未来之间的距离和时态产生的，处于历史学家莱因哈特·科塞莱克（Reinhart Koselleck, 2004, 255–275）著名的所谓经验空间和期望的地平线之间。当这两种时间性崩溃时，就像它们在我们的扩展的当下（在当代条件下所做的那样），历史时间的生产（被理解为社会转型）是暂停的。

实时（Real Time）中的政治

如今，时间的政治性已经得到了极好的论述，尤其是在本雅明的历史唯物主义中，但当代的现在时间似乎使从过去到未来的过渡，坍塌为一种惰性的当下主义（presentism），而非一种革命的冲动。[7] 相关的无力感表明，我们没有能力在当下采取行动：我们只能被动地等待一个从未到来的、被无休止地推迟的明天。诚如"隐形委员会"（Invisible Committee, 2017, 17）所称："这是对现在的一种回避。"[8] 的确，在所谓的实时的背景下，我们如何把构想现在的时间，理解为行动与效果和沟通之间的感知的非延迟对应关系，理解为输入的数据与计算之间的对应关系？当当下跟机器时间纠缠在一起时——构想被颠覆了，它变得更难把握；我们认为，计算机存储记忆应该有助于对未来进行编程，正如全喜卿（Wendy Chun, 2008）指出的，而未来本身已经成为一种记忆。正如她指出的，这里具有讽刺性的是，我们需要用预测模型（例如气候变化），来防止预测在未来发生（Chun 2008, 153）。很显然，简单地参考电脑屏幕上方的日期时间并读出数字，假设它是"实时的"，完全同步的全球时间，也是一个错误，因为它显然只是由某个数学逻辑提供给我们的，而该逻辑为既得利益编造了"实时的时间"。如果你有智能手表的话，那么它会是另一个例子，说明时间的管理已经成为一种昂贵的生活方式的选择，它涉及第三方应用程序的开发人员，他们导致它更加商品化，在需要再次升级之前，将之完全融入生活：变成手表与生活。事实上，对于计算设备来说，没有实时的时间，只有大规模的预测和不可避免的延迟，媒介理论家沃尔夫冈·恩斯特（Wolfgang Ernst, 2017, 10）称之为"延迟的当下"，哪怕以毫秒为单位，人类的感官设备也几乎无法辨认。

我们很好奇，对之前的事或接下来之事的预期，是否表明政治完全被推迟了。[9] 如果文化和社会组织是由特定的时间和时间性经验定义的，那么社会变革就取决于这些经验的改变。乔治·阿甘本（Giorgio Agamben, 2007, 99）在题为"时间与历史：瞬时与接续批判"（"Time and History: Critique of the Instant and the Continuum"）的一章中写道："因此，真正的革命，其最初的任务决不仅是'改变世界'，而且（也最重要的）是'改变时间'。"那么，在当代状况下，什么样的政治是可能的？根据一些人的说法，当代已经是一种"后当代"的状态，在这种状态下，被经验为当下的东西，实际上是由刚刚过去的算法计算所定义的，这意味着，未来总是被预先占据了（Avanessian and Malik 2016）？当然，这种预测性对于金融市场和风险评估尤为重要，以及未来试图控制它的反应方式，正如埃琳娜·埃斯波西托（Elena Esposito, 2011）解释的，或者如埃利·阿亚奇提出的，可预测性本身的方式需要通过偶然性理论来重新思考（Elie Ayache, 2010, 2015）。我们如何开始调和这种预测能力和我们无力想象出的一个有质性差异的未来之间的矛盾？

需要以不同的方式构思时间

对生活经验的自动化和标准化的关注，与亨利·柏格森和马丁·海德格尔等人的古老哲学产生了共鸣。针对被划分为一连串不同的、不连续的瞬间或单位的数学时间逻辑，柏格森（Bergson, 1991）提出了"纯时间"，即作为绵延的内在经验。而在海德格尔（Heidegger, 2010）的著述中，时间概念也超越了**普通时间**（或**庸俗时间**）的模式，例如可以通过钟表来测量，以及与数学和物理学相关的**科学时间**，或者我们可以加上计算机科学。海德格尔提出了一种原始的时间性状态（ekstasis）作为存在或此在（Dasein）的基本结构，它通过三个时间阶段的结合而构想，但这三个阶段不是指过去、当下和未来的线性时间顺序，而是指过去和未来的事件根本无法跟当下区分开。但可以说，当高度复杂的人类和机器时间机制已经彻底纠缠在一起时，这些立场似乎略显过时。我们的关切是，如果不考虑计算创造存在的幻觉的方式，似乎就不可能谈论存在或当下——例如，通过实时网络和通信形式，如实时通讯，这涉及时间的压缩——它创造了"伪共同存在"的幻觉（Ernst 2013），或者通过区块链技术重新构想跨空间时间的资产分配方式。此外，时钟或区块链的决定论是不同种类的时间，同时存在于不同时空的表征，也是全球资本主义的一部分，其中，实时计算既重现了我们的时间经验，也重现了我们似乎与时间的脱节（就让我们"一起孤独"）。[10] 脸书"墙"的命名的讽刺之处提供了另一个例子，说明社交媒体是如何将信息的实时流动变得稳固，并赋予主体性以标准化的形式（Invisible Committee 2017, 21）。那么，现在如何理解我们进出时间的方式，以及能或不能把握或塑造时间的方式？如果时间的政治是经验的根本，那么如何以不同的方式来构思它？

爆增的技术中介化现在的挑战

对于本雅明来说，过去和现在的辩证融合是提供政治的东西。用本雅明（1992, 253）的话说，这是"虎口夺食"，"在历史空地上的跳跃是一种辩证的跳跃"，对它的认识将"使历史的连续体激增"，从而使其重新组合。此外，在解读本雅明的现在时间时，伊莎贝尔·洛瑞（Isabell Lorey, 2014）强调："它是建构性的时间性，历史的碎片在其中被重新组成，历史在其中持续出现。现在时间是创造性的中点，而非过去迈向未来的过渡。"因此，现在的时间变成了充满创造之可能性的时间（而非单纯的概率，我们要补充）："历史是一个结构的主题，历史的场域不是同质的空洞的时间，而是被现在（Jetztzeit）之存在充满的时间。"（Benjamin 1992, 252–253）

我们要强调的是，引用本雅明及其历史哲学，仍然可以发展出一些与技术的重要联系。[11] 在本雅明文章的开篇，历史唯物主义被介绍为是下棋的自动机，每次都能赢，人工智能（或机器学习）通过它似乎优于人类智能。[12] 然而，机器的自主性被揭示是假的，这种假象，通过魔术镜和磁铁移动的棋子来实现，由隐藏在机制中的一个小人物引导（我们可以补充说，就像机器学习一样，人的劳动仍然是基本的，尽管通过生产有一个相当不同的能动性）。对机制的了解提供了获得生产资料的途径或对条件的意识，这样一来，成功就取决于获得对技术控制的能力（黑格尔式地从"自在"变成"自为"）。[13] 这个寓言的意图变得很清楚，历史的动态显然也是假的，因为对于本雅明来说，当下未完成的时间只能通过政治斗争来激活，而人类机器设备才是解开其秘密的钥匙，反过来，也是生产关系发生任何改变的可能性。

实时的幻觉似乎以类似的方式运作。尽管**实时**这一表述指的是信息在发生时明显被传递的效果，但在计算中，它被用来描述计算机进行计算所经过的实际时间，在这种情况下，操作似乎是即时的，并且能与某种外部进程的操作瞬间对应。此外，实时描述的是人的时间感，而非机器的时间感，而且只是一个近似值：对于计算机来说，没有所谓的实时或当下，只有事件发生和使用处理后的数据之间的延迟程度，例如，从互联网上传输音频或视频数据时的缓冲效应。这里的幻觉掩盖了如下事实：人类和机器，在现在时间的多重渲染中纠缠在一起，这转移了我们对当代社会的技术状况的认识。当这些高度复杂的人类和机器的时间机制彻底地纠缠在一起时，历史唯物主义的立场起初似乎很难维持。但更关键在于我们会问：它们怎么可能仍然准备好爆炸（或崩溃和重启）？我们可能得出的结论是，工作中的各种突发事件使得过去、当下和未来之间的任何严格区分都极不确定，正如凯伦·巴拉德（Karen Barad, 2007, 19）的观察：状态、事件和过程都在不断变化，而不求助于任何公认的空间时间概念。[14] 显然，主体和客体在变异的时间空间机制中运作，它们的时间性不再是发展性的，而是陷入力量的内爆——一种反向的爆炸，因此，也限制了变化的可能性（Barad 2007, 245–246）。

对当下如何被呈现的更全面的理解，可能会让我们挑战，并扩展我们对变化和行动的理解，其方式将包括计算的非人领域。这可能会显示出不确定性的模式和构成过程，而这些模式和过程在其他情况下似乎是确定的计算过程——它们限制了我们在无所不在的当下中想象断裂的能力，也就是说，开始重新建立一种彻底当下的现在的时间感。

注释

[1] Ruby 是一种动态的开源编程语言，注重简单，使用的是相对容易阅读和编写的语法（Ruby, n.d.）。

[2] Unix 的时间数字在 Unix 纪元时为零，从纪元开始每天正好增加 86,400 秒。Unix 时间的 32 位表示法将在从开始（1970 年 1 月 1 日 00:00:00）到完成 2,147,483,647（2^{31}-1）秒后结束，即 2038 年 1 月 19 日，格林尼治标准时间 03:14:08。这被称为 "2038 年问题"，32 位的 Unix 时间将溢出，并将使实际计数为负数。见 Wikipedia（2018b）。

[3] 区块链是一个持续增长的记录列表，称为区块，它使用密码学进行链接和保护。区块链主要与比特币等加密货币的发展有关。见 Wikipedia（2018a）。

[4] 卡勒姆·鲍登（Calum Bowden）描述了时间在区块链网络治理中发挥的关键作用，以及如何利用它来破坏权力集中的稳定性。加速主义哲学家尼克·兰德（Nick Land）提出有争议的看法，即区块链 "通过共识强制执行继承而解决了时空的问题"（Bowden 2018）。

[5] 例如，就 Ruby 编程语言而言，在试图保持内部时钟同步时出现了许多问题，因为该系统是多线程的：它发现很难同时执行多个进程或线程。并发进程的时间管理需要永久性的检查和技巧，这就引入了不稳定性。我们感谢尼古拉斯·马列韦（Nicolas Malevé）的解释。见 GitHub（n.d.）。

[6] 现在的时间与本雅明所说的"同质的、空洞的"历史时间中"共同生活、存在或发生"的日常历史主义意义相反（见 Osborne 2014）。

[7] 如上所述，我们从本雅明那里得到线索，但我们也认识到，一种时间政治正在通过女性主义新物质主义和后殖民主义的视角进行探索，这将以其他方式细化这一论点。例如，见伊丽莎白·格罗兹（Elizabeth Grosz, 2005）、简·贝内特（Jane Bennett, 2010）、凯伦·巴拉德（Karen Barad, 2007）和维多利亚·布朗（Victoria Browne, 2014），以及阿奇尔·姆本贝（Achille Mbembe, 2001）和迪佩什·查克拉巴蒂（Dipesh Chakrabarty, 2000）的工作。

[8] "隐形委员会"（The Invisible Committee, 2017, 17）继续说道："一个从未来角度思考的头脑，是没有能力在当下采取行动的。它不寻求转型；它避免转型。目前的灾难就像过去所有推迟的畸形积累，再加上每一天和每一刻的推迟，在一个连续的时间滑动中。但生活总是决定于现在，现在，还是现在。"

[9] 说到这里，我们的立场与米克尔·博尔特·拉斯穆森（Mikkel Bolt Rasmussen, 2018）的立场接近。

[10] 这里我们暗指雪莉·特克尔（Sherry Turkle, 2012）的著作。此外，反过来说，对阿甘本来说，当代是一种以潜在的富有成效的方式而与之脱节的经验；它是一种与自己的时间建立脱节关系的成就，而这是能积极地对它采取行动和反对它的前提条件。"那些真正的当代人，属于他们的时代的人，是那些既不与之完全吻合，也不调整自己以便适应其要求的人……但正是因为这种条件，正是因为这种脱节和不合时宜，他们比其他人更有能力感知和把握自己的时代"（Agamben 2009, 40）。

[11] 埃丝特·莱斯利（Esther Leslie, 2000, 172）引用了阿多诺（在 1962 年的广播讲座中）的一句话，他坚持认为，历史的天使也是机器的天使。

[12] 本雅明借鉴了匈牙利数学家沃尔夫冈·冯·肯佩伦（Wolfgang von Kempelen）在 1769 年建造的一个著名象棋机器人的例子。

[13] 对于姆拉登·朵尔（Mladen Dolar, 2006, 9）来说，这与说话和思考机器发展中的技术的生物政治维度相联系，或者，我们可以补充说，社交媒体，在那里声音被矛盾地包含和排除。朵尔巧妙地将此视为黑格尔式的从"自在"到"自为"的转变。

[14] 巴拉德（Barad, 2007）指的是不确定性原则，它证实了在对位置和动量的认识上的权衡，以及尼尔斯·玻尔的互补性原则，作为理解个别事物如何拥有自己独立的确定的属性集，而其他属性仍然被排除在外——不是源自实验设计或科学家意愿的结果，而是因为仪器运行的物质条件。

参考文献

(1) Agamben, Giorgio. 2007. *Infancy and History: The Destruction of Experience*. London: Verso.

(2) Agamben, Giorgio. 2009. "What is the contemporary?" In *What Is an Apparatus? And Other Essays*, 1–24. Stanford, CA: Stanford University Press.

(3) Avanessian, Armen, and Suhail Malik. 2016. "The speculative time complex." In *The Time Complex PostContemporary*, edited by Armen Avanessian and Suhail Malik, 5–56. Miami: Name.

(4) Ayache, Elie. 2010. The Blank Swan: *The End of Probability*. Chichester: John Wiley.

(5) Ayache, Elie. 2015. *The Medium of Contingency: An Inverse View of the Market*. London: Palgrave

Macmillan.

(6) Barad, Karen. 2007. *Meeting the Universe Halfway: Quantum Physics and the Entanglement of Matter and Meaning*. Durham, NC: Duke University Press.

(7) Benjamin, Walter. 1992. "On the concept of history." In Volume 4 of *Selected Writings* 389– 400. Cambridge, MA: Belknap Press.

(8) Benjamin, Walter. 2002. *The Arcades Project*. Cambridge, MA: Belknap Press.

(9) Bennett, Jane. 2010. *Vibrant Matter: A Political Ecology of Things*. Durham, NC: Duke University Press.

(10) Bergson, Henri. 1991. *Matter and Memory*. London: Dover.

(11) Bowden, Calum. 2018. "Forking in time: Blockchains and a political economy of absolute succession." *A Peer-Reviewed Journal about Research Values*. http://www.aprja.net/forking-in-time/.

(12) Browne, Victoria. 2014. *Feminism, Time, and Nonlinear History*. Houndsmill: Palgrave Macmillan.

(13) Chakrabarty, Dipesh. 2000. *Provincializing Europe: Postcolonial Thought and Historical Difference*. Princeton, NJ: Princeton University Press.

(14) Chun, Wendy Hui Kyong. 2008. "The enduring ephemeral, or the future is a memory." *Critical Inquiry* 35: 148–171.

(15) Dolar, Mladen. 2006. *A Voice and Nothing More*. Cambridge, MA: MIT Press.

(16) EpochConverter. n.d. "Epoch and Unix timestamp converter tools." Accessed June 18, 2018. https://www.epochconverter.com/.

(17) Ernst, Wolfgang. 2013. "Printed letters, acoustic space, real time Internet: The message of current communication media, deciphered with (and beyond) McLuhan." *SITE* 33: 197–212.

(18) Ernst, Wolfgang. 2017. *The Delayed Present: Media-Induced Tempor(e)alities and Techno-Traumatic Irritations of "the Contemporary."* Berlin: Sternberg Press.

(19) Esposito, Elena. 2011. *The Future of Futures: The Time of Money in Financing and Society*. Cheltenham: Edward Elgar.

(20) GitHub. n.d. "Code results in ruby/ruby." Accessed April 8, 2020. https://github.com/ruby/ruby/search?utf8=%E2%9C%93&q=synchronize&type=.

(21) Grosz, Elizabeth. 2005. *Time Travels: Space, Nature, Power*. Durham, NC: Duke University Press.

(22) Hartog, François. 2015. *Regimes of Historicity: Presentism and Experiences of Time*. New York: Columbia University Press.

(23) Heidegger, Martin. 2010. *Being and Time*. Albany: State University of New York Press.

(24) Invisible Committee. 2017. *Now*. South Pasadena: Semiotext(e).

(25) Jameson, Fredric. 1994. *The Seeds of Time*. New York: Columbia University Press.

(26) Koselleck, Reinhart. 2004. *Futures Past: On the Semantics of Historical Time*. New York: Columbia University Press.

(27) Leslie, Esther. 2000. *Walter Benjamin: Overpowering Conformism*. London: Pluto Press.

(28) Lorey, Isabell. 2014. "Presentist democracy: Exodus and tiger's leap." *Transversal Texts* 6. http://transversal.at/blog/Presentist-Democracy.

(29) Mbembe, Achille. 2001. *On the Postcolony*. Berkeley: University of California Press.

(30) Nowotny, Helga. 1994. *Time: The Modern and Postmodern Experience*. Cambridge: Polity Press.

(31) Osborne, Peter. 2014. "The postconceptual condition: Or the cultural logic of high capitalism today." *Radical Philosophy*, no. 184, 19–27.

(32) Rasmussen, Mikkel Bolt. 2018. *Hegel after Occupy*. Berlin: Sternberg Press.

(33) Ruby. n.d. "Ruby: A programmer's best friend." Accessed June 18, 2018. https://www.ruby-lang.org/en/.

(34) Turkle, Sherry. 2012. *Alone Together: Why We Expect More from Technology and Less from Each Other*. New York: Basic Books.

(35) Wikipedia. 2018a. "Blockchain." Last modified June 18, 2018. https://en.wikipedia.org/wiki/Blockchain.

(36) Wikipedia. 2018b. "Unix time." Last modified June 9, 2018. https://en.wikipedia.org/wiki/Unix_time.

55. 不可预测性（Unpredictability）

埃琳娜·埃斯波西托（Elena Esposito）

不确定性与开放的未来

预测的内涵与形式正因大数据和算法学习发生翻天覆地的变化。算法程序许诺其能够精准预测金融资产的流动，也能预测消费者的行为、事故风险率和病人患某种疾病的可能性，还可以预测犯罪发生的时间和地点。凡此种种，预测的迷人之处不言而喻，但其中同样存在问题。即使预测是正确的，算法预测也会扭曲我们与未来之间的关系，产生某种盲目性。

为了分析数字社会中预测的机制和认识论原理是如何变化的，要使用一种社会学方法：先描述现行预测观的背景和含义，17 世纪以降这种预测观便扎根于西方社会中。数世纪以来，我们社会的核心问题之一就是面对不确定性，尤其是时间不确定。现代预测被用来管理**不确定性**，这给自身同时带来了挑战与机遇。现代社会面临着一个开放的未来，一个不能被预先确定的未来。与前现代世界观不同的是，17 世纪以后未来的图景犹如平面，不被更高实体或是预先建立的秩序所决定。未来的形式与内容取决于时间进程，因此也取决于现在的事件和行动。所以，任何在现在处理的未来事务都是不确定的。

在我们的社会中，这种状况既是一个绝佳的机遇，也是一个长存的问题。

未来是开放的，我们的行为就可以塑造并影响它，每个人都在一定程度上体验到了未来之自由，并为之负责。当然，这不意味着我们可以根据自身需要随意决定未来，也正因为未来是开放的，所以任何人都无法预测它，即使假想中的更高实体也不能：就连上帝也无法提前预知未来。明天会发生什么取决于今天的所作所为（或不作不为）与今天的期望。但是人类何其多，世界和社会也已相当复杂，这让每个预测都是不确定的：我们预测之事既可能发生，也可能不发生，还可能以另一种方式发生。这种不确定性，也可称之为偶然性，是我们迎向未来的基点。

概率不确定性与算法预测

那我们该如何管理这种偶然性呢？在无法完全知晓做出一个好决策所需全部条件的情况下，我们又该如何做出决策？近代以来，我们一直用概率推算来处理未来不确定性（Daston 1988; Esposito 2007），但推算不能告诉我们明天发生的事，而是在计算当下对未来的不熟悉程度（40%，27%），以便在不确定情况下做出理性决策（即使未来实际上违背了我们的期望，而且我们从一开始就知悉有此可能）。预测采取一种计划的形式：用可控的方法准备现在以面对不确定的未来。因为我们无法预知明天发生什么，所以我们计算并管理当下的不确定性。

这种方式是现代科学技术观的基础，也是最先进的人工智能和机器学习技术背后科技观的基础。但这些技术所使用的统计分析方法来源自概率推算，看似与开放且不可预测的未来相悖。近年来流行的人工智能结合了深度学习和大数据，承诺能提前揭示未来。预测式分析（PA）这一研究领域就专注于此：挖掘数据以查明未来之结构（Siegel 2016）。这些承诺让人不禁侧目。预测未来动向的能力应该有助于优化资源利用——例如：为对某产品与某服务感兴趣或可能感兴趣的人投放广告；用来提前发现问题或发觉可能存在的欺骗；用来预防疾病——但也要把预防和遏制坏事的重点放置于高风险人群上。

然而，先不论是否切实有效，未来可预测这一观念也引起了人们的担忧。一方面人们担心算法预测会产生重大错误，预测可能是不正确的。另一方面，即使是正确的预测也让人担忧。这种算法式纲领或指导原则一旦被遵循，且它本身是有效的，那么人们就会害怕算法预测可能会带来一种虽不平等但先发制人的政策，这或许会剥夺未来对所有参与者开放的可能性。

无论是担忧还是热忱，都是合理的、有自身依据的，但它们也在一定程度上被误导了。事实上，无论是好是坏，算法预测都与 18 世纪以来现代社会中建立的预测观截然不同，后者的目标与原则是概率和其推算（Hacking 1975; Porter 1986）。当预言主体是一种算法而不是人类时，预言步骤和准则会变得不同，结果与存在的问题也会变化。算法预测能完成人类无法完成之事，即使它配备了些统计学工具。但算法预测依然面临着一系列概念上的问题。

个体预测 VS 统计平均

统计学的旧传统与机器学习的新进路之间的主要区别在于：在算法预测中，计算的目标是个体的、独特的标识。"（统计学）预测是估算下个月内布拉斯加州售出的甜筒总数，而 PA 则告诉你哪**个**内布拉斯加州人最有可能手持甜筒。"（Siegel 2016，56）数字技术抛弃了统计学中的平均观念，即各色人等只隶属于某个模板，都是模板的不完美仿品。这种客制化（customization）的新研究领域应在于从"寻找共性"到"理解不同"的变化中。"目前在医学领域中，我们对……癌症的运作机理没有兴趣；我们的兴趣在于你的癌症与我的癌症有何不同……个体胜过了普遍。"（Siegel 2016, 75）

预测的含义改变了，因为算法本身是世界的一部分，它们于世界内而不是世界外运作，上述统计学模板即于世界外运作。当算法进行预测时，它们无法提前看到自主的世界之外——一个尚不存在的未来。这是不可能的。算法是通过其运作"制造"未来（Cardon 2015, 22），"使用改变预测以顺应世界和改变世界以顺应预测的双重策略"（Clark 2016, 123）——由此算法做到了预测。算法看到了因为其干预而出现的未来。

算法预测是个体的、语境中的预测，只关涉其所处理的特定事务。例如预测购物的算法并不会说明下一季度的消费趋势，也不会描述哪些产品的市场份额会增加或降低。相反，它们预测个体消费者会愿意购买哪些特定产品，甚至在个体选择这些产品、意识到需要这些产品前，算法就已向该个体推荐了产品。个体可能对该产品闻所未闻，但算法根据一些"神秘"的标准，认定这些产品与他 / 她过去的某些特征或行为相契合。用户购买了全麦片，系统就推荐异国旅行。如果算法的预测正确，用户果真购买了产品，这也不是因为算法预知了未来，而是没有算法的干预，这种未来压根就不会存在。通过向未来的买主推荐产品，算法塑造了未来，也证明了自身——或者算法的建议被拒绝，算法便从失败经验中学习。其他案例中也是类似的情况，比如犯罪预防。如果我们知道某人要犯罪——我们有他的名字和地址——那我们就会限制此人行动以阻止犯罪。预测让我们在个人可能变成罪犯前就采取行动。

先发制人：操演性预测在何种意义上无效

根据以上说明，算法预测应当总是有效的。即使算法的预期没有兑现，它们也基于现有数据提供了最好的预测。另外，如果预测失败，算法也应当会从经验中学习，提升未来的表现。但情况并非总是如此，算法预测可能在结果正确的情况下变得无效（O'Neil 2016）。**预测的产物**（MacKenzie 2015, 441）会影响预测的有效性。程序的操演（performativity）可能会导致自我满足的闭环，在闭环中确认自己的预测，还会（同时）带来**先发**的政策，从而限制未来的各种可能。如果我们在今天对或许有可能犯罪的人采取安全措施，他们的行为受限了，决策者的选项也受限了。而如果犯罪最终发生于他处，人们就忽视了其他人犯罪的可能。或者，就像上文提到的推荐系统一样，人们只看得到用户对于推荐物的反馈，而不知用户会对别的东西做何反应。另外，商家无法得到没有被推荐的用户的反馈。这种预测算法与其说是看向未来，不如说是专注过去，现在则被迫重现算法所见的未来。现在的未来被还原为过去的未来。该情况下的问题不仅仅是预测错误的风险，而是所有被卷入的行动者未来可能性的削减。

上述情况是如何发生的？为什么它与概率预测不同？机器学习算法的程序员使用相同的统计学工具（Breiman 2001; Goodfellow, Bengio and Courville 2016, 98），但有着相异的假设和目标。当你在做统计数据时，你想的是解释并推理数据产生的过程。但在机器学习中情况相反，你不会想着解释什么，而只想知道某些变量在未来是什么样子（Shmueli 2010）。因此，算法预测中的难题不同于统计预测，统计预测有着抽样出错、数据短缺或使用误导性解释模型等问题（Huff 1954）。算法则无须考虑这些问题：根据大数据的思想体系（例如，Mayer-Schönberger and Cukier 2013），它们所用的不是样本而是整个宇宙，它们拥有近乎无穷的数据，也无须参考模型。机器学习的困难在于其具体问题，尤其在于算法如何处理过去与未来之间的关系。算法在一些**训练数据**集上受训以达到性能最大化，这些数据来自过去，相当于可获得的经验。然而，算法的预测效果取决于它们能否可以在另一种数据上起作用：先前隐匿的**真实数据**。训练数据和真实数据全然不同，就像过去与未来不同，但算法只熟悉训练数据，两组数据之间的差异导致了算法预测的特有难题。

学习遗忘

学习算法（Learning algorithms）必须在两个不全相容的目标之间找到平衡。首先，训练上的误差必须被降至最低，算法必须学会识别并成功处理训练过的样本。如果不这样，**欠拟合**（underfitting）的问题就会出现：该算法表现差劲，不能解决复杂问题。同时，为了让算法能高效应对新样本，测试上的误差也要尽可能小。如果算法学会了在给它的样本上运作良好（这是减少训练误差），那它就会无法灵活应对变化，测试误差因此增大。如果算法对训练样本过于熟悉，它就在一切事务前都变得盲目。比如算法成功地学会了与右撇子用户交流——正如它接受的训练——以至于它无法再将左撇子视为可能的用户。上述的问题是**过拟合**（overfitting），被称作"机器学习中的恼人问题"（Domingos 2012）。当系统建立了一种僵化的、某种意义上虚幻的对象图景，已经失去了捕捉世界经验性变化的能力时，就会出现过拟合的问题。系统过于适应已知示例，无法有效区分有意义的信息（信号）和无用信息（噪声）。

所有的机器学习系统都有过拟合的风险，尤其是学习时间过长或对训练样本的观察过于详细时，而在处理大数据时，这更是一种风险。在超大型数据集中，数据通常是高维的，也有很多新元素（Goodfellow、Bengio and Courville 2016, 155）。它们可以是图像、手写数字（handwritten digits），还可以是包含多种方面的非正式对谈（conversations），不少这些新元素十分怪异，还总处于变化中。数据如此具有多样性，以至于即便存在大量可取用的数据，样本的数量也仍不足以满足所涉维度（Barber 2012）。在实践中，似乎训练总是太长，样本总是太小。如果目标是预测未来，那么训练用数据一定不够，因为它们不能将尚不存在的未来囊括在内。[1] 甚至我们越是依赖预测的准确性，未来也就愈加不可预测。

　　未来仍是不可预测的，但是在另一种意义上不可预测。于数字世界中，问题不在于缺失的数据，而在于可用的数据，还有这些可用数据如何影响我们对未来的态度。在此情况下，就像在很多场景中一样，算法数据处理的问题在于学习遗忘 [2]——也就是说，它的问题在于用其控制下的、非专制性的程序来处理并非未知而是已知的东西。

注释

[1] 这种不可逾越的对未来盲目性，表现在机器学习的"没有免费午餐定理"中：在某个方面表现优异的算法模型，在其他方面一定表现差劲（Goodfellow、Bengio and Courville 2016, 116）。
[2] 例如，见网络上关于"被遗忘的权利"这一辩论（Esposito 2017; Jones 2016）。

参考文献

(1) Barber, David. 2012. *Bayesian Reasoning and Machine Learning*. Cambridge: Cambridge University Press. http://web4.cs.ucl.ac.uk/staff/D.Barber/textbook/171216.pdf.

(2) Breiman, Leo. 2001. "Statistical modeling: The two cultures." *Statistical Science* 16 (3): 199–231.

(3) Cardon, Dominique. 2015. *À quoi rêvent les algorithmes*. Paris: Seuil.

(4) Clark, Andrew. 2016. *Surfing Uncertainty: Prediction, Action, and the Embodied Mind*. New York: Oxford University Press.

(5) Daston, Lorraine. 1988. *Classical Probability in the Enlightenment*. Princeton, NJ: Princeton University Press.

(6) Domingos, Pedro. 2012. "A few useful things to know about machine learning." *Communications of the*

ACM 55 (10): 78–87.

(7) Esposito, Elena. 2007. *Die Fiktion der wahrscheinlichen Realität*. Frankfurt am Main: Suhrkamp.

(8) Esposito, Elena. 2017. "Algorithmic memory and the right to be forgotten on the web." *Big Data and Society*, January–June 2017. https://doi.org/10.1177/2053951717703996.

(9) Goodfellow, Ian, Yoshua Bengio, and Aaron Courville. 2016. *Deep Learning*. Cambridge, MA: MIT Press.

(10) Hacking, Ian. 1975. *The Emergence of Probability*. Cambridge: Cambridge University Press.

(11) Huff, Darell. 1954. *How to Lie with Statistics*. New York: Norton.

(12) Jones, Meg Leta. 2016. *Ctrl + Z: The Right to Be Forgotten*. New York: New York University Press.

(13) MacKenzie, Adrian. 2015. "The production of prediction: What does machine learning want?" *European Journal of Cultural Studies* 18 (4–5): 429–445.

(14) Mayer-Schönberger, Viktor, and Kenneth Cukier. 2013. *Big Data: A Revolution That Will Transform How We Live, Work, and Think*. London: Murray.

(15) O'Neil, Cathy. 2016. *Weapons of Math Destruction*. New York: Crown.

(16) Porter, Theodore M. 1986. *The Rise of Statistical Thinking, 1820–1900*. Princeton, NJ: Princeton University Press.

(17) Shmueli, Galit. 2010. "To explain or to predict?" *Statistical Science* 25 (3): 289–310.

(18) Siegel, Eric. 2016. *Predictive Analytics: The Power to Predict Who Will Click, Buy, Lie or Die*. Hoboken, NJ: Wiley.

56. 非思 （Unthought)

N. 凯瑟琳·海尔斯（N. Katherine Hayles）

两股思潮流向非思。其一来自福柯于《事物的秩序》（*The Order of Things*）末尾写下的评论："整个现代思想都贯穿着去思考非思这个法则——即以大写自为的形式反思大写自在的内容，通过使人与自己的本质相和解而使人摆脱异化，说明那个向经验提供其直接与和缓的明证性深处的境域，解开大写的无意识之幕，专注于无意识的沉默或者侧耳细听其无限的低语。"（Foucault 1974, 356）依据福柯的考古学方法，非思由不符合主流认识型的经验、印象、观念和情感组成。正如福柯所表示的那样，知识型具有历史与文化特定性，这也意味着非思不是一个固定概念：一个时代的非思，在另一个时代可能就成了显学。福柯的表述强调，尽管知识型的边界变动不居，有某物总存在于边界外，这是一种不可还原的异物（otherness），永远无法进入有意反思的范围。

另一思潮有多种表现形式。我最喜欢一个来自乌苏拉·K. 勒金（Ursula K.Le Guin）的科幻小说《黑暗的左手》（*The Left Hand of Darkness*，1987），作者在该小说中虚构了一种名叫汉达拉的宗教，该宗教颇具禅宗气质，汉达拉信徒渴求无知，他们所说的无知不是简单的缺乏知识，而是对公认假说的刻意破坏，他们称之为"非学"（unlearning）。这种非思（unthinking）模式——或有人称之为不经思考的思考——可能具有认知能力，是贯穿许多文学文本的一条线索。诸多学者，如艾伦·理查森（Alan Richardson 2001）、瓦妮莎·L. 瑞安（Vanessa L.

Ryan 2012）和马库斯·伊塞利（Marcus Iseli 2014）的认知文学研究都强调了这一点。经由一些作品，如马尔科姆·格拉德威尔（Malcolm Gladwell）的《眨眼》（Blink），大众也开始关注这一点。

这两股思潮汇聚于近年的神经科学、认知科学和神经心理学研究中（Damasio 2000; Dehaene 2014; Edelman and Tononi 2000; Lewicki, Hill, and Czyzewska 1992），揭示了我所说的认知非意识，这是有意识的内省无法触及的神经处理层面，但却在意识运作中起重要作用。虽然许多文学作品在直觉上肯定了认知非意识的存在，但只有在过去几十年里，人类才有可能用更好的办法去精确测得这些认知非意识的机能是什么。比如它处理信息的速度远快于意识，能识别对意识来说过于复杂的图式；它能创建连贯的身体图像，可以领会互相抵触或模糊的信息；还能从复杂数据中得出推论。认知非意识与背景意识（background awareness）（大致监察环境信息的感知模式）不同，因为意识无法接近认知非意识；它也不同于弗洛伊德的无意识，因为它不被加密过的梦境和症状揭示。准确地说，它的信息处理结果体现为一种微妙直觉，会在约半秒内消散，除非它们在意识中得到自上而下的强调。因此，认知非意识，这一从前不为人知的领域，部分就纳入了思之界内。然而，从理智上理解这些机能，和现实中的感性体验完全不同，这些东西永远无法被意识掌控。

身体档案

我们内部档案的中心，就是这个具现的、活跃的大脑。实际上，我们可以将大脑看作原档案（ur-archive），因为所有的档案都源自大脑。正如福柯从知识考古学走向了系谱学，为了探究这个内档案的性质，我们必须超越对解剖意义上大脑结构的研究，去考察大脑整体运作的动态模型，以及它们与具身认知（embodied cognition）的关系：大脑不是一个雕塑，也不是什么人造展品，而是充盈活力与变化的互动；不应将它看作名词，它是动词。

除了变化性，内部档案还越过了有意识反思的界限。认知非意识以惊人的清晰性揭示了人的认知资源远不止我们所能意识到的那些，因此档案也必须超越有意识的记忆，囊括支撑记忆成型的那些无意识过程。此外，这种档案所及已越过大脑，触到了劳伦斯·巴萨罗（Lawrence Barsalou 2008）所说的具身认知，包括肌肉记忆、情感倾向、感觉，以及大脑之外中枢神经系统与周围神经系统的知觉、皮肤与内脏器官的知觉。因此，档案不止大脑，还有体内所有接收、处理、传输和储存受刺激反应的感觉点和感知点，称之为身体档案（corporeal archive）或许更加合适，它遍布全身，通过身体与环境的互动而进入世界（Clark 2008）。

要理解这一更广泛意义上的身体档案，沃尔特·J. 弗里曼三世（Walter J. Freeman III）的工作非常重要，他是加利福尼亚大学伯克利分校的一位神经科学家，博学的大师。他在多个领域，包括神经生物学、认知神经科学、脑研究哲学和脑动数学建模方向均做出重大贡献，最后死于 2016 年。弗里曼三世是沃尔特·弗里曼二世（Walter Freeman II）的儿子，弗里曼二世也是一名脑科学家，提倡并实践了针对精神病人的脑叶切除手术。弗里曼二世是破坏人类额叶皮质（当时人们推测其具有治疗效果）这一医疗行为背后的主要推手（关于他留下的遗产，见 Day 2008），讽刺的是，他儿子致力于研究大脑皮质如何在和环境的交互中创造意义。

我将在下文梳理弗里曼三世的三个贡献，它们会把非思与本书关于不确定档案的主题紧密相连。通过追溯他工作中最基础的实验和论点，我们可以更好地理解在认知大脑研究中如何定义不确定性，以及这项研究如何将其与大脑思考新思的能力相连。正如爱因斯坦所说的那样，上帝存在于细节中，本文必然会涉及特定模型与理论的细节。重点不在于将这些理论升格为"真理"，而在于展示对大脑运作过程的认识论理解是如何出现的，这种认识论理解强调其灵活性与变化潜力，还有本质上对世界的开放性。

非学

彼时神经科学研究主要有两大方向，一是利用微电极研究单个神经元，二是使用脑电图（EEG）等技术来研究整个大脑皮层活动。弗里曼则开创了介观[1]皮层研究的先河，他专注于皮层单元的联合体，叫作赫布斯细胞组（因唐纳德·赫布斯而得名），这些联合体协同运作以创造记忆的痕迹，还有其他与学习（learning）有关的认知机能。正如科兹马（Kozma）和诺克（Noack 2017, 3）所解释的那样，在实验层面上这意味着他"将电极从单个神经元内部取出，然后置于细胞间质的基质中，（通过皮层脑电图记录）不仅能观察单一神经元的活动，还可以看到片区内数千神经元的集体作用"。弗里曼（1995）的独特贡献在于他为**非学**概念做出的辩护，他在神经生物学层面上展示了非学是如何消解现存的僵化的样板行为模式，并为新行为类型铺平道路的。此外，他还强调这些新行为类型可以通过一些多人活动来构建，如合唱或共舞，从而明确了非学对发展团体凝聚力和羁绊的适应性优点。他总结道，正是非学打通了大脑皮层的"经络"，使大脑能接受来自协作活动和情感相通的新体验。在此意义上，

---

1 处在宏观与微观之间的体系。——译注

他将大脑视为一个"不确定的档案"，能够消解停滞并创造新可能，就和勒金虚构的汉达拉教派的"非学"一样。

脑内混沌进程

弗里曼的第二个贡献，是他将大脑动态活动看作是混沌过程（Skarda and Freeman 1987），这为"非学"过程建立了动力学与数学基础。弗里曼的合作者，在加利福尼亚大学伯克利分校任教的哲学家克里斯汀·斯卡达（Christine Skarda），他有一个相当滑稽的头衔"负责对数据诠释模型做出哲学分析的实验室助理"。弗里曼与他一同进行了一系列关于兔子脑内嗅球部位（位于兔脑前部，起检测、分析和识别气味的作用）的实验，他们在嗅球一侧植入电极，测试兔子对已知气味和新气味的反应。斯卡达和弗里曼获得的结果与联结主义模型一致，后者是先进人工智能的基石，如 AlphaGo 和 AlphaGoZero（DeepMind 2017）。他们还找到了（当代）联结主义模型中尚不存在的机制，这些机制"可能对任何系统的高效运作和生存都至关重要，系统需要在不可预测且变动不居的环境中随机应变"，这些机制可以进一步完善与发展联结主义模型（Skarda and Freeman 1987, 161）。

他们的数据从本质上表明，嗅觉神经元的基础状态就是低级的混沌动态。混沌系统不同于噪音，也不意味着随机性，因为混沌系统的变化是注定的（deterministic）而不是随机的，它于吸引域[2]中运作（Hayles 1990）。它们在吸引域中的特定轨迹无法被预测（在这一点上类似于随机运动）。但与随机进程不

2　动态系统中的术语，吸引域中的任意点都有向某一稳态发展的趋势，该稳态也成为吸引子。——译注

同的是，正如相态图所绘制的那样，混沌系统的运动始终困于吸引域内部，除非其能级（energy levels）变化，就像著名的蝴蝶形洛伦兹吸引子一样（Lorenz attractor）。斯卡达和弗里曼（1987，165）解释道："混沌是一种属性被精确定义的受控噪音。任何需要随机活动的系统都可以从混沌产生器中获取混沌，比从噪声源中获取更简单，也更可靠。"

模型表明，当兔子遭遇新气味时，其神经系统将从基本混沌态变为一个有更多自由度的"高级混沌态"。然后新吸引域的出现"使系统能够避开之前所学的所有活动模式，并产生一个新活动模式"（Skarda and Freeman 1987，171）。因此，二人得出结论："如果没有混沌这一习性，神经系统将无法把新气味添加到其已习得的气味库中。混沌为系统提供了一种注定般的'无知'状态，在此状态下可以生成新活动模式，正如神经系统在遭遇未知气味时所做的那样。"（171）

我们得到一个哲学上的启示，从彼时**完备模型**（其中联结主义系统收到部分信息，然后学习如何完善它）到新的不稳定模型（用于迎接新事物）的转变，这转变不是关乎模式的完善（因为动物怎能提前知道数据会符合模式呢？），相反，他们设想"在一个警觉的、受激的动物体内，输入会使系统紊乱，导致了进一步的不稳定，一种新的活动模式得以产生"（Skarda and Freeman 1987，172）。因此，不确定性与不稳定性是身体档案的盟友而不是敌人，它们让身体档案适应新境况并从中学习。在此意义上。弗里曼的研究与格雷戈里·查廷（Gregory Chaitin 2001，2006）发现的欧米伽数（omega numbers）有异曲同工之处，正如露西安娜·帕里西（Luciana Parisi 2015）指出，它们都揭示了数学中不可消解的随机性。和查廷一样，弗里曼也对不确定性和不稳定性的积极一面兴趣盎然，因为这是逃出僵硬又一成不变的秩序之牢笼的途径。

1988年前后，我听说弗里曼做了关于上述研究的报告，当时的我正在写作《混沌界》（*Chaos Bound*）（Hayles 1990），因此我非常深入地研究了混沌与复杂性理论。在报告结束时，他的一个举动我还记忆犹新——这表明他打破常规，寻求新行为和学习形式的决心——他向兔子们致以谢意。

环境中的身体档案

弗里曼的第三个贡献，就是开发了一个解释动物的感知感觉系统如何与环境相关的模型，该模型将动物从被动的信息接收者转变为主动搜寻信息者。正如科兹马和诺克（2017, 5）所指，弗里曼将知识与意义的创造与"分布于时空中的感觉网络内活动的振荡模式序列"相联系，这是从弗里曼（2000）一本关于神经动力学的著作出发，然后发展出的主题，该书整合了脑电图和脑皮层电图（ECoG）的结果。弗里曼于此书的前言部分写道："（由脑电图和脑皮层电图检测到的电场的）图式是让人费解的、稍纵即逝的，易被视为噪音，大多数人把它看作不重要的伴生现象……然后，其中一些图式在神经上与意向行动相关，特别是警觉的、蓄势待发的人类与动物对感官刺激的感知和辨别。"（Freeman 2000, vii）（尼科莱利斯和希区雷尔 [Nicolelis and Cicurel 2015] 随后也提出皮层电场可能会影响意向和意义的构建。）

基于这一前提，弗里曼发展出一个行动与感知交互过程的模型，该模型始于环境搜寻，再到受体（receptors），通过本体感觉、控制和再感受（reafference）的子循环运作。正如科兹马和诺克（2017）所总结的，从本质上来说，该模型从"后部感觉皮层转向前额运动皮层，再转向外部环境，最后回到感觉皮层"（6）。这一模型始于动物大脑通过搜寻特定感官刺激（**感觉**信号）来接触环境，比如狗和兔子嗅着空气以探察猎物或捕食者。这一信息启动了循环，改变了动物的身体状况，以便其做出适当行动。当动物对刺激有了某种预期（基于此前循环的迭代），却体验到完全不同的东西时，**再感受**就发生了。这是循环中的"灵机一动"，大量的非思突破了思之边界，打开了一个缺口，生物走向新体验与新认知。从知识论角度来看，该模型将好奇心放在首要位置，好奇心间接反映着巨大的未知。同时，好奇心的搜寻为生物创造了意义，该模型则强调了这一结果的内部进程，通过形成新的记忆和创造新习性，身体档案逐渐被改变了。

连接非思与思

在更广泛的意义上，弗里曼的工作以典范般的清晰度揭示了人类在思考自身存在时面临的自反困境：具身的大脑在努力思考具身大脑的思考何以可能。

在《非思》（Hayles 2017）一书中，"认知"是我所聚焦的一个关键词，透过它，我们可以重新思考人类领会力的边界，它可以包含人类与非人类、技术的和生物的认知。我在为认知寻找一个定义，在此定义下某物可以很容易地被算作"认知的"，但是它能扩展并变得复杂。我的定义如下："认知是一个在与意义相连接的背景下解释信息的过程。"（22）以上表述强调认知是一个界面，我们于其中遭遇巨大的未知，并将之转化为对生物生存必不可少的意义，这是一个不断改变和扩充身体档案的过程。该定义意味着任何生命形式多少都具有认知能力，包括单细胞生物；它还将植物——占据全球生物数量的九城—看作认知体。此外，该定义还承认技术性设备，特别是计算媒介，能够进行无意识的认知，使得把复杂的人类技术系统当作认知体并对其做出批判性分析成为可能。

在此框架内，非思具有多重意义。它指出了生物的认知无意识过程，这过程无法被意识捕捉，直到近年才进入科学界的视野；它肯定了整个身体中都存在着广义上的认知；它提供了一种思考认知式技术媒介的方法，并将其与人类认知和能动性相连；它将人类置于一整个行星的生态系统中，不再以人类作为绝对中心，也考虑到了非人类的认知能力。总的来说，非思指出了"巨大的未知"本身，这是一个取之不尽、用之不竭的宝库，它比任何认知系统都要复杂，而且，它最终是所有认知的源头。

我对非思的理解，与其他诸多理论相关：德勒兹的虚拟性（virtuality）（Deleuze and Guattari 1987; Massumi 2002）；西蒙栋的超个体化（transindividuation）（1989; Combes 2012）；怀特海的过程实在（process reality）（1978; Hansen 2015）；德里达的踪迹（trace）与延异（différance）（2016）；马图拉纳和瓦雷拉的自创生（autopoiesis）（1980）；卢曼（1996）和沃尔夫（2009）的自反式分化（reflexive differentiation）；梅亚苏的"伟大的户外"（great outdoors）（2010）。虽然以上这些理论有其特殊的侧重点和结构，但它们具有家族相似性，即渴望阐明并理解那些阐明与理解力所不逮之物是如何赋予人类活动以活力和生命力的。

我所勾勒的非思之特点是：它强调认知界面，包括大脑又不限于大脑，还强调"解释"这一动作，也强调"意义"——作为生物生命和认知式技术系统中身体档案形成过程的核心。正如我所举沃尔特·弗里曼三世的示例那样，生物的身体档案中蕴含的创造性潜力的关键在于不确定性、混乱和不可判定性，思中有着非思的踪迹与线索。

参考文献

(1) Barsalou, Lawrence W. 2008. "Grounded cognition." *Annual Review of Psychology* 59: 617–645.
(2) Chaitin, Gregory. 2001. *Exploring Randomness*. Heidelberg: Springer.

(3) Chaitin, Gregory. 2006. *MetaMath! The Quest for Omega*. New York: Vintage.

(4) Clark, Andy. 2008. *Supersizing the Mind: Embodiment, Action, and Cognitive Extension*. London: Oxford University Press.

(5) Combes, Muriel. 2012. *Gilbert Simondon and the Philosophy of the Transindividual*. Cambridge, MA: MIT Press.

(6) Damasio, Antonio. 2000. *The Feeling of What Happens: Body and Emotion in the Making of Consciousness*. New York: Mariner Books.

(7) Day, Elizabeth. 2008. "He was bad, so they put an ice pick in his brain." *Observer*, January 13, 2008. https://www.theguardian.com/science/2008/jan/13/neuroscience.medicalscience.

(8) *DeepMind* 2017. "AlphaGo: Learning from scratch." October 18, 2017. https://deepmind.com/blog/alphago-zero-learning-scratch/.

(9) *Dehaene*, Stanislas. 2014. *Consciousness and the Brain: Deciphering How the Brain Codes Our Thoughts*. New York: Penguin.

(10) Deleuze, Gilles, and Félix Guattari. 1987. *A Thousand Plateaus: Capitalism and Schizophrenia*. Minneapolis: University of Minnesota Press.

(11) Derrida, Jacques. 2016. *Of Grammatology*. Baltimore: Johns Hopkins University Press.

(12) Edelman, Gerald M., and Giulio Tononi. 2000. *A Universe of Consciousness: How Matter Becomes Imagination*. New York: Basic Books.

(13) Foucault, Michel. 1974. *The Order of Things: An Archaeology of the Human Sciences*. New York: Vintage.（文中译文引用自米歇尔·福柯：《词与物——人文科学的考古学》，上海：上海三联书店，2020 年，第 331 页）

(14) Freeman, Walter J. 1995. *Societies of Brains: A Study in the Neuroscience of Love and Hate*. Milton Park: Psychology Press.

(15) Freeman, Walter J. 2000. *Neurodynamics: An Exploration in Mesoscopic Brain Dynamics*. New York: Springer.

(16) Gladwell, Malcolm. 2005. *Blink: The Power of Thinking without Thinking*. New York: Little, Brown.

(17) Hansen, Mark B. N. 2015. *Feed-Forward: On the Future of Twenty-First Century Media*. Chicago: University of Chicago Press.

(18) Hayles, N. Katherine. 1990. *Chaos Bound: Orderly Disorder in Contemporary Literature and Science*. Chicago: University of Chicago Press.

(19) Hayles, N. Katherine. 2017. *Unthought: The Power of the Cognitive Nonconscious*. Chicago: University of Chicago Press.

(20) Hebbs, Donald O. 1949. *The Organization of Behavior: A Neuropsychological Theory*. New York: John Wiley and Sons.

(21) Iseli, Marcus. 2014. "Thomas De Quincey's subconscious: Nineteenth century intimations of the cognitive unconscious." *Romanticism* 20 (3): 294–305.

(22) Kozma, Robert, and Raymond Noack. 2017. "Freeman's intentional neurodynamics." https://binds.cs.umass.edu/papers/2017_Kozma_Noack_Freemans_Intentional_Neurodynamics.pdf.

(23) Le Guin, Ursula K. 1987. *The Left Hand of Darkness*. New York: Ace Books.

(24) Lewicki, Pawel, Thomas Hill, and Maria Czyzewska. 1992. "Nonconscious acquisition of information." *American Psychology* 47 (6): 796–801.

(25) Luhmann, Niklas. 1996. *Social Systems*. Stanford, CA: Stanford University Press.

(26) Massumi, Brian. 2002. *Parables for the Virtual: Movement, Affect, Sensation*. Durham, NC: Duke University Press.

(27) Maturana, Humberto R., and Francisco J. Varela. 1980. *Autopoiesis and Cognition: The Realization of the Living*. Dordrecht D. Reidel.

(28) Meillassoux, Quentin. 2010. *After Finitude: An Essay on the Necessity of Contingency*. London: Bloomsbury Academic.

(29) Nicolelis, Miguel A., and Ronald M. Cicurel. 2015. *The Relativistic Brain: How It Works and Why It Cannot Be Simulated by a Turing Machine*. Self-published, CreateSpace.

(30) Parisi, Luciana. 2015. "Critical computation: Digital philosophy and GAI." Presentation at the Thinking with Algorithms conference, University of Durham, UK, February 27, 2015.

(31) Richardson, Alan. 2001. *British Romanticism and the Science of Mind*. Cambridge: Cambridge University Press.

(32) Ryan, Vanessa L. 2012. *Thinking without Thinking in the Victorian Novel*. Baltimore: Johns Hopkins University Press.

(33) Simondon, Gilbert. 1989. *L'Individuation psychique et collective: À la lumière des notions de forme, information, potentiel et métastabilité*. Paris: Éditions Aubier.

(34) Skarda, Christine A., and Walter J. Freeman. 1987. "How brains make chaos in order to make sense of the world." *Behavioral and Brain Sciences* 102: 161–173.

(35) Whitehead, Alfred North. 1978. *Process and Reality: An Essay on Cosmology*. New York: Free Press/ Macmillan.

(36) Wolfe, Cary. 2009. *What Is Posthumanism?* Minneapolis: University of Minnesota Press.

57. 价值 （Values）

约翰·S.塞伯格与杰弗里·C.鲍克 （John S. Seberger and Geoffrey C. Bowker）

> 档案，一直都是一个承诺，和所有的承诺（抵押品）相同，是未来
> 的信物。更琐细地说：不再以同种方式被存档的物品，也不再以同种方
> 式存在。

——德里达 1998

价值的不确定性

上述德里达的评论，即使反过来也同样发人深省：不再以同种方式存在的
东西，也不再以同种方式被存档。这样倒过来的视角——从活体到档案的视角，
而不是**从**档案向下检视的视角——就是本章节的框架。

我们将从理论上解释分支档案中浮现的新兴认知模式，和人类价值演变之
间的不确定关系。我们在最基本的可操作化（operationalization）中理解人类：
一个生物的、自创生（autopoietic）（Maturana 2002; Varela、Maturana and Uribe
1974）的行为体；我们将档案定义为人类可以感觉、洞见和认知的时间中的世
界（以及其中呈现）。[1] 即使有了以上这些简单假设，人类与档案的复杂性还
是会以价值形式浮现，那些被延续的、被压抑的、被想象与滋养的价值。

为了给"价值"下一个切实的定义，让我们从一个大前提开始：与生物学条件一样，价值让我们成为人类，并且是以一种更具人文主义色彩的方式。人类生物现象学上的存在，形成了基于人与环境和时间互动方式之具现的档案；反过来说，那些档案中的物质呈现——碑文、文献、器具、设施，以及我们与之互动的可能模式——延续了特定的价值（Knobel and Bowker 2011; Sengers etl. 2005）。[2]

作为兼具生物性和文化历史性的动物，在创造档案**上**与在创造档案**中**凸显的在世之作为，人类改变自身：我们以纪元和主义（isms）来划分和描述鲜活世界。[3] 这种自生产的改变过程产生了我们称之为纪元的历史划分，福柯在谈论话语转型时就提到了这点（Foucault 1972）。正如唐娜·哈拉维（Donna Haraway 2003）指出，"世界是一个运动的结"（6）。这种生物文化过程就是我们对结之运动的初步构建。

这种档案曾在根本上建立于人类的感觉、洞察和认知经验上，而现在正在分裂。档案的产生不再只依赖于人类自身，大数据的兴起和机器学习的进展让档案可以不仅仅依赖于认知、洞察和感觉，现在的档案从两方面被构建：人类经验**和**体外的、计算机化的经验。这样的分裂已经存在了一段时间，但直到现在，随着计算的普及——计算进入了生活的方方面面，正如物联网（IoT）的愿景——分裂才变得彻底。只要人与计算机接合，作为档案的世界（world-as-archive）就会分裂。

人类秉持着异源的认识论居于作为档案的世界中，作为具现的、生物的行为体同时生活在经验的主观档案和计算经验的客观化档案中。（我是在亚马逊网购物并留下痕迹的人，还是塑造人类主体的一个行为特征集合？抑或二者都是？）经验档案和体外经验档案终归是平行存在的，而人类脚踩两端，变成了一种本体论上的缝合体，既可以被描述为能动主体，也可以称之为被动体。但作为一个缝合体来生活意味着什么？经验和体外经验的认识论假说可以混作一谈吗？又该如何看待人类与计算机混杂后产生的价值问题？

一些围绕传统价值观的话语系列也随之改变（现在"隐私"的含义与过去不同，"民主"也是如此 [Veyne 2010]），还使得新价值观、新人类的出现成为可能。实际上，它们还将人本身重塑为一种价值：尽管技术水准日新月异，大数据驱动的知识生产方式也越加普遍，但人类或许需要得到保护与培育。我们认为，当代大数据文化、泛网络文化和万物智能化文化所带来的那些最具不确定性的影响之一，是激起了人作为一种价值被保护的关切与发展：这里的人，不仅指启蒙主义思想和自由主义价值观勾勒的"人"（这两者支配了西方关于技术的讨论 [如能动性、平等]），还指一种尚未被深究的新兴价值观。

生物的人，人的档案

传统的档案，作为历史知识的生产所，诞生于人类具身中：人类肉身饱含感官与知觉能力，困于时间中身体变化内。因此，档案与人类互相包含。在本文的框架中，考虑到生物生命的多样性，设想无限多的档案形式或拓扑结构是可能的。作为生物学意义上的行为体，人类生活于这档案中；在生活中，人类又塑造并维护着档案。

探查档案的结构有多种不同方式。在认知科学与当代现象学的视角下，我们可以谈论可供性（Gibson 1977）；在 20 世纪现象学的视角下，我们可以讨论"被抛"（thrownness）与"亲密"（nearness）（Heidegger 2001; Heidegger、Stambaugh and Schmidt 2010）。从表演（performance）出发，我们或许可以将档案的分裂视作一种对存留的练习，即使数据化已然意味着某种存在的消失（Schneider 2001）。此外，作为对海德格尔式现象学的回应，同样也是对施耐德的表演性（performativity）的回应，我们可运用德里达"幽灵性"（spectrality）和"暴力"（violence）的概念（Derrida 1998）。虽然上述这些框架是本文议题的背景，但我们在开始讨论档案时，使用的是米歇尔·福柯的语言，因为他早先关于档案的思考，是当今诸多理论转回档案论的基础（Eliassen 2010）。

借用福柯的观念，人类这个生物行为体的生活是有界的，是生存于时代之内的，或者说是生存于福柯口中的历史先验条件之内的（Foucault 1972）。档案则是在任何特定时代内做出的一组可能陈述。因此，在 1882 年法国对**同性恋**做出法律定义之前，这一概念压根就不存在，也无从被表达（Foucault 1978）。在该理论中，一个历史上的先验时代在广泛的话语转化过程中让位于另一个历史先验时代，这也造成了一个认知上的断层——为了于世界上行动而为世界编目的方式，在断层前后是截然不同的。用户和档案之间的界面（无论是屏幕还是纸面）变化了，随着这种变化，新价值也成为可能。从物质对象和人类主体之间的可供性（Gibson 1977）出发，思考这样的界面是有益的，可以带来有意义的、可行的（actionable）互动。[4] 不再以同种方式存在的东西，也不再以同种方式被存档。

因此，档案的确处在运动之中（Røssaak 2010），人类也一齐在运动。档案在运动是因为它不但跟随人类运动，还驱使人类运动。而它最新的动向——与大数据相关——则把人化作复合体：半实半虚；半主半客。随着大数据修辞法和大数据逻辑变得无处不在，这样的复合体也触目皆是。在过去，复合体要被归入档案中的某些角落，比如，以政府统计的形式（Foucault 1991），而如今复合体遍布计算机所触及的所有领域。复合体跨类别的分布，是一个整全档案分裂的根源，也推动着对价值构成的再关注。

档案的分裂

主客体的本体文法特征（ontogrammatical categories）之间的内在张力，现象学与客观主义之间的内在张力，长久以来为数据驱动的档案分裂创造了条件。阿尔弗雷德·诺斯·怀特海（Alfred North Whitehead）提出了著名的"自然分裂说"（bifurcation of nature），其中他提出世界分裂为两类：科学的世界和直觉的世界。前者由客观主义经验归纳法得知，后者在现象学体验中呈现：

> 在根本上，我反对将自然划分成两个真实系统，所谓真实，是说它们在不同意义上的真实……我反对把自然分为两个部分，即在意识中被领会的自然，和作为意识原因的自然。在树木的绿色、太阳的温暖、鸟儿的歌声、座椅的坚硬和丝绒的触感中领会到的，是真正的自然。而知觉的原因——分子与电子的系统——也是自然，它影响人类心智以产生对自然表象的意识。两种自然交汇于心灵（mind），作为原因的自然流入，显现的自然流出。（Whitehead 1920, 30）

怀特海关切的问题，与本体论意义上缝合人的出现相呼应。试考虑 IoT 和其预示的档案结构。IoT 的兴起预示着我们的环境、城市、家庭和身体将越来越计算网络化，IoT 设备已准备好成为碳排放、用水、交通模式、室内温度及环境照明、性行为、医疗环境和健康水准等一系列活动或现象的"必经点"（Latour 1987）。有趣的是，IoT 代表了个体行为体（Latour 1996）互动的价值观（一个很美国式的愿景），反而与在欧洲更常见的一个新词"智能城市"无关（该词颇具社群主义意味）。IoT 中的人类既是主体也是客体。说是主体，因为他们（通过感觉、感知和认知的内在机制）将其能动性作用于客体之上：他们是产生事物之聚集（gathering）的一部分（Heidegger 2001; Latour 2012）。但 IoT 中的人同时也是客体。人类，作为用户加入了一个由各式设备组成的媒体生态系统，这一生态系统的感觉、感知能力不受人类注意力与感知力的限制（Ashton 2009）。无论是加入还是被卷入这种媒体生态中——为了支撑诸如便捷、效率、监管和控制等价值观——人类会提供自身数据：人犹如矿山，不断被开采出数据的金矿（Peters 2012; Zuboff 2019）。此外，通过加入这样的媒体生态，人类已准备好接收数据产生的综合输出。在接收到总是残缺的、不完整的输出时，被卷入的主体会在一定程度上得知自身是数据驱动客体。当人同时是主体和客体时，人类的绝对本体地位就是可疑的。人类，与其说是一个既定事实，不如说是一个值得被关注的问题（Latour 2004）：它变得更像是一种价值，一种被磋商、被构建、被培育或被压抑的东西。

分裂的档案带来了两种职能，每种都依赖于（给定人类所处的）文化历史条件。这是两种泾渭分明的职能，包含了一个给定地区、空间或传统的历史先验条件。第一种职能中，客观主义占据主导地位；另一种职能则由主观主义统治。作为生物的人，既是用户也是价值。后者来源于具体经验，通过生物意义上标准化具身的机能所遭遇和构建的日常世界的现象学；前者源自为收集特定现象的数据（或许用"capta"[1]一词更合适 [Drucker 2014]）而由客体互联组成的铺天盖地的网络所做的设计、生产和执行工作中。

1　在一般认知中，"数据"是客观被给出的信息。而约翰娜·德鲁克（Johanna Drucker）认为，信息或数据是人为构建、选取的，她称人为选择的数据为"capta"。——译注

　　从这两种路径中获得的知识最终停留在同一经验领域中：这些知识将越来越多地描述那些新型档案参与者的生活世界（许多人拒绝被描述或选择不参与其中——讽刺的是，你越精于计算机技术，你就越容易"登出"——人们也可以选择在各类情况下订阅何种知识。比如什么情况下去通过亚马逊的个人资料来审视自我比较合适呢？）。作为分裂档案中的缝合体，人类肩负着一项艰难的任务：需要在各种各样的情况下辨别不同档案陈述模式的有效性。该职责往往发生于灰色地带，这也使得它更加艰巨：人类用户通常无法掌握全部事实，也不了解客观化的主观性是怎样诞生的。

分裂档案中作为价值的人类

　　横跨多门领域的学者西蒙·佩尼（Simon Penny 2018）曾指出，拟人化的做法与艺术本身一样古老。在整个艺术生产史中，人类一直为主客两分的本体论所困扰：在让物体更像人的过程中，人类（心照不宣地）承认主客之间的区分并非绝对。古典雕塑在今天看来是纯白朴素的，但它们曾经五彩夺目，配有稀世宝石以模仿双眼。在分裂的档案中，人类既是模特也是雕像：他同时透过生物之眼与算法之宝石进行观察。

　　在加入生产缝合体的媒体生态系统的过程中——在那里，经验主体遇见了自身客体化的二重身——用户将新的分化档案具体化。可以说，对部分人而言，我们正在实现一个古老的愿望：使自己完全成为客体，以打破人类皮肤这一最终壁垒（Bentley 1941）——该器官在经验上将我们从环境中分离出来——从而让自己从属于一种本体范畴，不受制于与人类或者动物相同的生物学困境中，比如死亡与暴力的阴影。

有一种颇具诱惑性的论点：即人类正在杀死自己，以便以另一种方式认识自己（人类已死！所以人类万岁！）；也就是说，通过持续并深入地与客体接触（从客体中提取数据以产生关于该客体的知识），人类不再是人类，人类在努力成为自身的不完整的二重身。[5] 但这种说法太具道德说教意味，实则依然在维护早已过时的文艺复兴与启蒙运动价值观。

通过建造并居住于分裂的档案中，人类确实在转变。也与此前多次转变一样，这转变催生了新的价值（关于伦理学优先于本体论，见 Rose [2012]）。作为人类、作为用户、作为学者、作为主体，我们现在的任务是发展新的伦理学：一种培养我们所选价值的认识伦理学，甚至直到人类——在感觉、感知和认知过程中浮现的生物式格式塔——变成一种价值时也是如此，一种约束中的变化。从认识伦理学的角度来解释分裂档案的问题（什么时候，以及对于什么类型的现象，采用大数据的还原主义倾向是合适且有益的），以及解释未来必将持续推动档案分裂的计算模式问题，必然是一个价值问题。人类面对着根本上的本体论变化，作为经验的动物、作为研究者、作为文化传承者，必须要思考一个问题：哪些人类价值是值得被培育的？

鉴于这一新分裂的档案，我们不应把启蒙运动的价值观及其衍生物奉为神旨。（这是一种根据过去规范未来的做法；给同一具身躯穿上不同的衣服，然后称之为不同的身躯 [Canguilhem 1991]。）无论如何，主体的对象化都很可能构成启蒙运动式知识生产方式的神化。而这个关于未来人类与未来计算的问题（在未来计算带来的分裂档案内与外成为人类的可能），引发了另一个问题，即我们应当关注价值的起点。

未来技术愈加要求大数据和计算机化的经验主义的支持，我们处于这样的风险中，就绝不能忽视以下事实：价值的创造和发展是人类经验与人性的核心。

我们也绝不能忽视，作为人就是一种对自身的价值。价值仍是人类经验的核心，尽管它们散布在档案的各个分化类别中：人类，如今存留于"地图"与"领域"、现在档案与未来档案、模特和雕像、人类与自身的数据二重身的联结中。作为放大的人，我们当下的任务是，思考我们愿意忘记自身的哪些部分，以便更好地了解自己。

注释

[1] 在此角度上，档案可能会被定义为人类周围世界（Umwelt）或生活世界的格式塔呈现（Von Uexküll [1934] 2009）。这里的"世界"并不意味着对这个世界的普遍经验，而是意指这个世界构成的一组可能世界，其中的每一个都受制于特定人群的文化历史规则。

[2] 虽然从隐私、能动性、平等或正义等角度讨论价值颇具诱惑力，但本文不采取这种做法。不同文化的价值体系极大，但也都被归于"价值"类下。所以，与其关注特定的价值，不如聚焦在类别之上。我们认为，不顾及价值就"开具处方"是不合适的：我们无权推广这样或那样的价值体系。任何处方最终都将被拒斥。

[3] 我们不会主张某些主义优于其他主义。相反，我们提及"主义"是为了强调作为档案的世界的那种非常位（heterotopic）状态：在此状态下，它可以支撑多种并存的、可能冲突的主义。我们的目标不是处理这些特定的传统，而是处理它们依据的逻辑。

[4] 对于不熟悉该种处理档案方式的读者，我们在此给出另一种表述：人类的生活发生在历史年代的界限内；而我们对历史年代所知的一切都由档案给出——档案的记载迄今为止都是以一种事后塑造的方式——历史年代呈现在档案中；这些档案大体由文件记录组成；任何构建档案的方式的变化，都意味着对（档案所描述的）年代理解的改变。

[5] 在分裂的档案中，人类成了自身的不完整的二重身，因为人类无法完全知悉那些为了构建他们而被收集的数据：用户图形界面上的东西、算法给出的建议是可见的，但这些输出背后的机制不一定是可见的。

参考文献

(1) Ashton, Kevin. 2009. "That 'Internet of things' thing." *RFiD Journal* 22:97–114.

(2) Barad, Karen. 2007. *Meeting the Universe Halfway: Quantum Physics and the Entanglement of Matter and Meaning*. Durham, NC: Duke University Press.

(3) Bentley, Arthur F. 1941. "The human skin: Philosophy's last line of defense." *Philosophy of Science* 8 (1): 1–19.

(4) Canguilhem, Georges. 1991. *The Normal and the Pathological*. New York: Zone Books.

(5) Derrida, Jacques. 1998. *Archive Fever: A Freudian Impression*. Chicago: University of Chicago Press.

(6) Drucker, Johanna. 2014. *Graphesis: Visual Forms of Knowledge Production*. Cambridge, MA: Harvard University Press.

(7) Eliassen, Knut Ove. 2010. "The archives of Michel Foucault." In *The Archive in Motion: New Conceptions of the Archive in Contemporary Thought and New Media Practices*, edited by E. Røssaak. Oslo: Novus Press.

(8) Foucault, Michel. 1972. *The Archaeology of Knowledge*. New York: Pantheon Books.

(9) Foucault, Michel. 1978. *The History of Sexuality: An Introduction*. New York: Random House.

(10) Foucault, Michel. 1991. "Governmentality." In *The Foucault Effect: Studies in Governmentality*, edited by G. Burchell, C. Gordon, and P. Miller, 87–104. Chicago: University Of Chicago Press.

(11) Gibson, James J. 1977. "The theory of affordances." In *Perceiving, Acting, and Knowing*, edited by R. Shaw and J. Bransford, 67–82. New York: Lawrence Erlbaum.

(12) Haraway, Donna J. 2003. *The Companion Species Manifesto: Dogs, People and Significant Otherness*. Chicago: Prickly Paradigm Press.

(13) Heidegger, Martin. 2001. *Poetry, Language, Thought*. New York: Harper and Row.

(14) Heidegger, Martin, Joan Stambaugh, and Dennis J. Schmidt. 2010. *Being and Time*. New York: State University of New York Press.

(15) Knobel, Cory, and Geoffrey C. Bowker. 2011. "Values in design." *Communications of the ACM* 54 (7): 26–28. https://doi.org/10.1145/1965724.1965735.

(16) Latour, Bruno. 1987. *Science in Action: How to Follow Scientists and Engineers through Society*. Cambridge, MA: Harvard University Press.

(17) Latour, Bruno. 1996. "On actor-network theory: A few clarifications." *Soziale Welt* 47 (4): 369–381.

(18) Latour, Bruno. 2004. "Why has critique run out of steam? From matters of fact to matters of concern." In *Things*, edited by B. Brown, 151–174. Chicago: University of Chicago Press.

(19) Latour, Bruno. 2012. *We Have Never Been Modern*. Cambridge, MA: Harvard University Press.

(20) Maturana, Humberto R. 2002. "Autopoiesis, structural coupling and cognition: A history of these and other notions in the biology of cognition." *Cybernetics and Human Knowing* 9 (3–4): 5–34.

(21) Penny, Simon. 2018. "What robots still can't do (with apologies to Hubert Dreyfus) or: Deconstructing the technocultural imaginary." Paper presented at Envisioning Robots in Society: Power, Politics, and Public Space, University of Vienna, Austria, February 2018.

(22) Peters, Brad. 2012. "The big data gold rush." *Forbes*, June 21, 2012. https://www.forbes.com/sites/brad-peters/2012/06/21/the-big-data-gold-rush/.

(23) Rose, Deborah Bird. 2012. "Multispecies knots of ethical time." *Environmental Philosophy* 9 (1): 127–140.

(24) Røssaak, Eivind. 2010. *The Archive in Motion: New Conceptions of the Archive in Contemporary Thought and New Media Practices*. Oslo: Novus Press.

(25) Schneider, Rebecca. 2001. "Performance remains." *Performance Research* 6 (2): 100–108.

(26) Sengers, Phoebe, Kristen Boehner, Shay David, and Joseph "Jofish" Kaye. 2005. "Reflective design." In *Proceedings of the 4th Decennial Conference on Critical Computing: Between Sense and Sensibility*, 49–58.

NewYork: Association of Computing Machinery. https://doi.org/10.1145/1094562.1094569.

(27) Stengers, Isabelle, and Bruno Latour. 2014. *Thinking with Whitehead: A Free and Wild Creation of Concepts*. Cambridge, MA: Harvard University Press.

(28) Varela, Francisco G., Humberto R. Maturana, and Ricardo Uribe. 1974. "Autopoiesis: The organization of living systems, its characterization and a model." *Biosystems* 5 (4): 187–196. https://doi.org/10.1016/0303-2647(74)90031-8.

(29) Veyne, Paul. 2010. *Foucault: His Thought, His Character*. Cambridge: Polity.

(30) Von Uexküll, Jakob. (1934) 2009. "A stroll through the worlds of animals and men: A picture book of invisible worlds." *Semiotica* 89 (4): 319–391. https://doi.org/10.1515/semi.1992.89.4.319.

(31) Whitehead, Alfred North. 1920. *The Concept of Nature*. Cambridge: Cambridge University Press. Accessed August 15, 2019. http://archive.org/details/cu31924012068593.

(32) Zuboff, Shoshana. 2019. *The Age of Surveillance Capitalism: The Fight for a Human Future at the New Frontier of Power*. London: Profile Books.

58. 可视化（Visualization）

约翰娜·德鲁克（Johanna Drucker）

视觉的地位

"可视化"一词带有强烈的隐喻、感觉和认知含义。它指代在精神上描绘想法和经验的能力，也指代在诸如常用短语"我明白"（I see）中的理解能力。在这些方面，视觉（visuality）没有什么可比性，触觉更是如此。视力显然有一种引人注目的力量。至少在西方文化中，视觉在感知的层次中占主导地位，赋予它这种特权地位的部分原因，是视觉经验可以被理解成是一种非物理的，仅仅是认知的功能。我们无须触摸世界便能看到它。具身长期困扰着犹太教和基督教传统，因为它带有肉体诱惑与罪恶的烙印。味觉和触觉跟性欲有关，而非知识。

尽管有这种特权地位，视觉形式的知识生产在权威性与合法性的要求上还是面临着挑战。跟图像或手势的表达或创造模式的文化相比，数字和识字的可信度更高，这部分是因为数字和字母的章法是稳定的，也是固定和可识别的。（讽刺的是，这些符号系统总是通过眼睛来理解和阅读）数学家勒内·托姆（René Thom）甚至明确指出，只有数学符号和书面语言可以用来交流知识（Thom 1982, 9–21）。关于视觉与语言代码之间的差异的论述（贯穿早期结构主义与符号学），在早期关于诗（*poiesis*）与画（*pictura*）的区分中就已经有了基础，而且可追溯至古代（Lee 1967）。

可视化工具与平台

但我们在目前用于人文工作的工具组件中，发现了一系列也是普遍存在的用于数据可视化的方法。在这种情况下，可视化有一种图解的（diagrammatic）和图示般的（schematic）明晰性，也许太过明确。它们的稳定代码体现了简化的呈现，即使它们提供了一种——用标准的话来说——"将度量表现为图形"（representing metrics as graphics）的方法。为了探索这种标准方法带来的问题，我们必须解开"表示"（representing）的黑匣子，同时质疑表现（representation）的概念。在当前基于标准软件平台的实践中，表现掩盖了多少东西就揭示多少。正如我反复强调的，"信息可视化是错误信息的复现"（Drucker 2011）。它们呈现了一个错误的形象："可视化是把自己伪装成再现的表现。"（Visualizations are representations passing themselves off as presentations，Drucker 2011）在知识生产活动中，它们把可视化置于一个次要的数据显示角色。表现性的立场（The presentational stance）让修辞表达的陈述性模式自然化——可视化，只是看起来直接的陈述。可视化的阐释维度在很大程度上被忽视了。此外，全知全能的、自由意志的、自主的主体，被置于跟知识无关的观察者关系中，这种虚构的意识形态被置入了观看情境的装置之中（Drucker 2017a）。

错误信息的物化：数据生产

让我们依次讨论这些问题，从错误信息的物化开始——这是信息可视化的一个重要特征。所有的定量数据都依赖一个参数化的过程，一个可以被识别和计算的模型。这个过程取决于可以通过计算建模的明确标准。例如，如果我想评估具有性别特征的语言，并用英语中的形容词和代词（*his/him/he, hers/ her/ she*）的字符串搜索，那么，文本中的许多性别化事件将逃避结果（Mandell 2016）。我的模型基于一个参数，对于复数名词和代词不带有性别特征的语言词汇来说，其准确性有限。更重要的是，二进制模型只适合某些性别的构造和概念。在我们目前的语境中，*their/them/they* 的微妙之处无法被传达，结果中会遗漏一切复数。这个具体的案例体现了一般化的问题：量化是一个建模过程的结果，很少作为最终可视化的一部分而明晰。其他影响统计处理的因素（如样本大小、随机化、语料库或数据集的选择等等）在最终的图形中也不明显。传统数据可视化的第一部分——即创建定量"数据"，充满了无法通过生产可视化来解决、恢复或检查的因素。然而，最终的可视化，实际上是对这个数据模型的表现——而不是数据被提取出来的现象。但这个建模过程从未在可视化中显示出来，也很少在注释中被指出或记载。

信息的物化（Reification of Information）：图形问题

生产的下一阶段，即从所谓的数据中生成图像（称之为"所谓"，是因为数据是"现成"的，因此不言自明，而所有的数据都是构建的、是制造的，应该称为构建 *constructa* 或 *capta*），有赖于一种显示（display）算法。这种算法就其最简单的形式会说：取这个值，并对照着图形坐标系统，以这种方式绘制它。这种方法深深地扎根于笛卡尔的界面合理化，体现了其他未经审查的假设：一个界面，可以用一个标准的度量衡系统进行合理化，这样一来，它的面积和空间就可以用一种客观的、独立于用户的方式来呈现数据。当我们绘制在一个桶里的钉子数时，这可能奏效，但当我们挖掘文本或是分析人类表达和社会或文化现象时，这就变得大有问题。在评估暴力的影响时，要使用什么样的标准度量？或者测量创伤？或者是表达快乐？情感度量的想法——不是用来创建情感力量图的标准度量，而是由情感维度创建的度量，这些维度在规模、强度和相对价值上都有变化——在目前的任何可视化平台上都远未实现。界面的合理化是一种意识形态的行为，而非一种中立的行为，但在日常的使用习惯中却没有被注意到。

不过，即使我们接受笛卡尔坐标对信息的视觉呈现是足够的，目前的许多标准视觉化都依赖于显示算法——它们重塑了智力的限制。例如，当我们显示一连串的数值时（例如，一周收到的电子邮件数量，分成 24 小时），时间单位的划分或分块可能会产生一个不准确的画面。时间单位可以像政治区一样被划分，因此，如果电子邮件通信在午夜前后出现高峰，然后完全下降，两天之间的平均值可能给两个部分提供相同的值，但实际的时间模式会显示出非常不同的东西。分段的颗粒度，会让显示的内容偏向于语义上的解释，而这是算法的一个偶然假象，而不是现象的一个准确的代用品。这个关键的位置与任何采取连续现象，并将其分解成离散数据点的图形有关。"分块"（chunking）[1]是基于模型的另一项活动，它反过来又塑造了显示。同样，使用连续图来显示离散

1　在计算机编程中，分块具有多种含义。在重复数据删除、数据同步和远端数据压缩中，分块是通过分块算法将文件分割成更小块的过程。——译注

的数据点，也经常违反良好图形的规则。旨在显示变化率的连续图，绝不应该用来显示相对值。这只是从常用平台（Google Sheets、Excel 或 Tableau）生成的图表或图形中的一个例子，其视觉特征在语义上具有误导性。

其他太常见的可怕事物，如文字云（word clouds）[2] 和网络图形（network graphics）都是可视化的，其语义价值几乎总是无效，因为显示算法根据不反映数据基本结构的规则，来优化屏幕空间。因此，当网络图形把它的毛球质量散布在屏幕上，并把网络中的所有点弹到与中心相同的距离时，它并没有记载任何关于相对值、接近程度或连接节点的边所标记的关系的质量的实际"信息"。该算法正在优化屏幕显示。除了在高度还原的条件下，结果绝不应该被解读为有语义的。网络图形的主要特征（中心度和间性），可以从图形中提取出来，但关于相对距离或边缘线的相似性，却没有反映数据。文字云甚至更糟：它们的相对大小、颜色选择、垂直和水平显示的方向，以及压缩的近似度都是算法的人工制品，而非数据的。文字的尺寸展示了一个典型的图形问题——面积的产生几乎总是以扭曲结果的方式改变一个度量的值的结果（Schmid 1983）。当圆的面积通过改变半径或直径的数值而被改变时，或者矩形的面积，通过改变一条边的数值而被改变时，其结果是量值和图形显示之间的根本错误。

回顾上述所有情况，我们发现，这些程序中的每一个都参与了错误信息的复现：原始数据模型，将其转化为度量标准，使用合理化的标准度量，以及生产可视化效果，其人工属性被错误地解读为将基础数据的语义表现。

---

2 文字云亦称标签云，是关键词的视觉化描述，用于汇总用户生成的标签或一个网站的文字内容。——译注

认识论问题：表现与呈现
（Representation versus Presentation）

可视化的第二个问题，是一个用修辞学术语来表述的认识论问题：它们是把自己伪装成再现的表现（Drucker 2017b）。这意味着，上文简要描述的精心设计的过程（数据生产的生命周期），都被掩盖在了最后的图形声明中，似乎是在说"这是……"无论图形显示什么。因此，最近在《纽约时报》的头版上有一张相当引人注目的，也制作精良的可视化图表，它将枪支销售与所有发达国家因枪击致死的人数作了对比（Fisher and Keller 2017）。网格低端的一个点群包含除美国以外的所有国家，而美国在图表的最外侧的孤立位置，需要拉长比例才能适应它。这是一张引人注目的图表，在修辞上有说服力，而且立即可读。它的有效性毫无争议。但它并不是对枪支暴力和枪支销售相对数量的介绍；它是一幅代表数字数据的图像——这些数据从文化系统的某些领域的官方和报告来源中提取，而这些信息在这些领域中，是被有选择地生产、存储、访问和发布的，在被处理之前通过设置显示功能来创建具有一定线条权重、数据点颜色、标签大小等特征的图像。

问题的关键不在于图像撒了谎或者不准确，而是它将自己呈现为定量表达的声明性陈述，但实际上，它是通过一系列复杂的、有选择的中介改变过程而创造的修辞论证。表现性诡计得以运作的复杂进程并不能从图形中恢复。在这个特例中，图形非常清楚地表明了它的观点，任何可能从对基本来源的细微调查中产生的修正，都只会稍微改变图像。然而，该图表隐藏了不同种类的数据来源、可靠性程度和报告枪支销售和暴力的方法之间的区别，更不用说监管、控制和使用的文化模式。貌似声明的东西应该是一个高度合格的注释，但我们没有这种展示的图形惯例。因此，如果作为信息的呈现，知识声明是错误的，因为可视化是通过一连串的操作而产生的精心构建的替代品，所有这些，都参与了将现象从图表中的外观分离出来。

这个问题的答案不是更精确。表现和现象之间的差距永远无法弥合——它们不同，而且在本体论上也不同。代理者（surrogate）将永远处于跟现象的次要关系中。这是批判认识论的一个基本前提，也是关联主义幻觉的基础（Bryant 2014）。相反，关键是要把对表现过程的解释机制的认识纳入视野。

反过来说，表现与"原始"或"原生"现象之间的关联越密切，错误表现的问题就越大，因为"信息"的图形呈现，与量化"数据"所来自的现象"相同"的幻觉就变得更大。这些问题，对于（需要工具性解决方案的）实际情况的功能目的和实际需求而言，必须被搁置。天气图、交通警报、血压表，或显示利率和投票结果的图表必须从事平凡的工作。但它所做的认识论工作的基本代理特征却不应该被误解。

知识生产的主要模式

最后，可视化可以被用作知识生产的主要模式，而不是对在创建之前就存在的信息的表现或呈现。很简单，这是一个直接介入图形生产的问题。如果我在一首诗的两个词周围画了一个圆圈，那么我就做出了一个解释性的行为，而不是在呈现它。图形在事后是作为该行为、该解释论证的表现而存在，但却是该行为本身产生了这种关系。如果我画一张房屋平面图的草图，即使在我根据功能和活动而做好空间安排前，我就已经创造了一个图形模式作为主要的建模行为。一个数学家在纸上画出一个方程式，产生一个几何定理的证明或一个复杂的代数公式，是在直接地创造知识，而不是在修正或表现的模式中创造。知识不是在图形之前就存在了，而是在图形中，并通过图形而构成的。图形作为知识生产的直接方法模式有很多，但作为知识的图像的文化权威则一直不确定。肖像画是虚假的、风景被浪漫化、过去被想象、未来被幻想，神话和幻想的场景采用摄影渲染中的现实主义技术。诚然，许多自然科学和物理科学的工作都依赖于研究和展示的视觉方法，以及表现——从微生物学到天文学，从古老的植物学绘图的惯例到使用从各种过程中提取的特征的聚合的计算方法成像。只有少数几个，如现在基本上已经过时的图形微积分，实际上是用图形方法产生知识。

图形惯例的影响

在屏幕、画布、页面、墙壁或其他物质支持的位置上，在面向眼睛的平面上呈现视觉信息的惯例加强了陈述性声明的错觉。因为我们直接面对图像，在我们的视野中看到它，我们不会透过它、绕过它或从它后面看而去检验它的真实性或真伪。我们接受它的表达方式，接受它的直接性作为视觉交流的一个自然条件。但这种自然性掩盖了交流系统的另一方面：发音（Enunciation）。发音是一个在结构语言学中发展起来的概念，特别是在埃米尔·本维尼斯特（Émile Benveniste, 1966, 253）的著作中，他阐述了任何语词的言说和言说主体的概念。在每一个例子中，都有人对某人说话，这样做，是在言说和口语主体，以及发音人和被发音人的位置之间建立了一种关系。这种位置性（positionality），将言说者的主体确定在其发音中。言说的主体，就像一个人向另一个人发出的"问候"信息的对象一样，被定位为他者和发音的对象。这种他者化带有权力，因为言说主体是通过言说者的话语来发音的。本维尼斯特在研究作为发音特征的位置性时，主要关注代词的使用——我／你，以及形容词——这里／那里、现在／那时。在图形系统中，这些位置必然是通过其他方式结构化的。

信息可视化的发音在很大程度上没有得到承认。甚至可视化的作者和源头也常常被一个工具或平台的使用所掩盖，而这个工具或平台是如此常规，似乎是自己在说话，没有任何发音框架的标记。然而，每一个图形表达、信息可视化或展示都在呼唤它的观看者。图像将观看者定位在与它的说明性活动的主体关系中。如果我们把焦点从图像转移到界面，转移到那些互动的控制条件被设计成有利于自由意志的自主和控制的幻觉的环境中，那么发音的问题就与代理的幻觉相一致。界面，比可视化更多的是建立在代理的模型上，在这个模型中，参与其功能的个人（指点、点击、链接、滚动，等等）想象自己在控制这个经验。通过熟悉度和易用性（以及即时结果、点击声音和其他感官奖励），后端限制和明显的纪律规则被自然地实现了。在这种情况下，人们不是把自己想象成一个主体，由发音设备产生并与之相关，而是很容易把自己想象成一个自主的消费者，独立于并控制着使用的情况。代理增强，并作为一种生产出来的虚幻的自主性经验返回给主体，因此，图形界面的模式作为一种意识形态的工具发挥作用，而不仅仅是一种认识论工具。

这些特征，至少是在西方和许多东方艺术实践的图形传统中长期存在的元素。无论我们看的是古代近东的数学表、泥板上的格子、中国古代的星图，还是史前洞穴中的月相图，我们习惯于产生假定可以直接陈述事实的可视化方式已经深深植根于与知识生产相关联的人体工程学约定和习惯之中。我们以同样的姿势面对墙壁、平板电脑、书页和屏幕，而可视化则把自己当作单纯的陈述和演示。表现为计算操纵的图形的生产的生命周期只是在规模和复杂性上不同，而不是在基本的认识论结构或意识形态功能上与早期时代的不同。威廉·普莱菲尔（William Playfair, 1786）的印刷图形与在线图表一样，都是在阐述系统的关系中。但是，创造的便利性、使用的普遍性，以及我们作为这些可视化的主体对自己的生产条件的盲目性加剧了：一个环境看起来越自然，它就越是文化力量的工具。而所有的文化力量都是为了某些利益而服务的。学会把可视化图形当作修辞上和认识论上纠缠在一起的表达方式来阅读，是理解谁的利益被（图形化和我们）所满足了的斗争中的一个关键工具。

参考文献

(1) Benveniste, Émile. 1966. *Problèmes de linguistique générale*. Paris: Gallimard.

(2) Bryant, Levi R. 2014. "Correlationism: An extract from the Meillassoux dictionary." *Edinburgh University Press Blog*. December 12, 2014. https://euppublishingblog.com/2014/12/12/correlationism-an-extract-from-the-meillassoux-dictionary/.

(3) Drucker, Johanna. 2011. "Humanities approaches to graphical display." *Digital Humanities Quarterly* 5 (1). http://digitalhumanities.org/dhq/vol/5/1/000091/000091.html.

(4) Drucker, Johanna. 2017a. "Information visualization and/as enunciation." *Journal of Documentation* 73 (5): 903– 916. https://doi.org/10.1108/JD-01-2017-0004.

(5) Drucker, Johanna. 2017b. "Non- representational approaches to modelling interpretation in a graphical environment." *Digital Scholarship in the Humanities* 33 (2). https://doi.org/10.1093/llc/fqx034 Fisher, Max, and Josh Keller. 2017. "What explains US mass shootings?" *New York Times*, November 7, 2017. https://www.nytimes.com/2017/11/07/world/americas/mass-shootings-us-international.html.

(6) Lee, Rensselaer. 1967. *Ut Pictura Poeisis: The Humanist Theory of Painting*. New York: Norton.

(7) Mandell, Laura. 2016. "Visualizing gender complexity." Lecture given at University of Hamburg, June 9, 2016. https://lecture2go.uni-hamburg.de/l2go/-/get/v/19498.

(8) Playfair, William. 1786. *Commercial and Political Atlas*. London: Printed for J. Debrett.

(9) Schmid, Calvin. 1983. *Statistical Graphics*. New York: John Wiley and Sons.

(10) Thom, René. 1982. "Stop chance! Stop noise!" *SubStance* 40:9–21.

59. 脆弱性（Vulnerability）

柏坎·塔斯（Birkan Taş）

大数据实践塑造了人与非人的多层互动，但也被这种互动所塑造，并产生新的知识形式（forms of knowledge）。[1]这些实践涉及人的生活，但由于其认识论力量，它们也在不断增长的复杂性中拥有了自己的生活——而这些复杂性支撑着关于公共卫生、医疗实践、经济措施、政策制定与其他问题的规则。一个越来越被政府与政策制定者关注的领域，是关于残疾的大数据。一方面，这些数据旨在解决残疾人在日常生活中面临的不平等与排斥问题，并促进包容性的发展；[2]另一方面，这些数据将为有趋势性或潜在疾病或健康问题的人排除在平等工作机会或公共参与之外铺平道路。例如，购买或饮食习惯、睡眠模式与压力水平会影响一个人的就业机会。新近的研究表明，通过对数据的预测分析，有可能诊断出临床抑郁症和心脏衰竭的风险，并提前一年预测由糖尿病引发的问题（Allen 2014）。大数据与生物库或数据经纪人 1 的新自由主义式融合（将人类的经验、劳动与欲望量化并货币化，从而获得最大的利润），在有关残疾的"预测性预防与预先经验性干预"的背景下，构成了进一步的风险（ten

---

1　数据经纪人（data broker）是专门收集个人数据（如收入、种族、政治信仰或地理位置数据）或公司数据的个人或公司，这些数据大多来自公共记录，但有时也来自私人，并将这些信息出售或授权给第三方用于各种用途。——译注

Have 2016, 143）。无论是有意或无意产生的大数据，可以被用来监测并排除可能的残疾，以达到成本效益的目的，并因此而有可能造成进一步的脆弱性。[3]

因此，大数据是一个政治斗争的场域。对大数据进行批判性研究的学者，质疑数据是原始的、公正的或客观的看法（Boellstorff 2013；Gitelman and Jackson 2013）。相反，他们想表明，数据总是已经煮熟了的，是未完成的和动态的（Kitchin 2014；Lupton 2015）。与此类似，科技研究的跨学科领域辩论想表明，被认为是中立的、给定的或客观的事实之物，最好被视为是受到关切与关怀（concern and care）的事。[4]正如玛丽亚·普伊格·德拉贝拉卡萨（María Puig de la Bellacasa）所述："将事物转化为受关怀之事，是一种与之相关的方式，也不可避免地受其影响，并修改它们影响其他人的潜力。"（Puig de la Bellacasa 2012, 99）对这些关注的参与，则反映了包容、排斥、占有与忽视的机制，而这些机制是技术科学内在知识政治的基础（Puig de la Bellacasa 2017, 30）。

就事关关怀而言，残疾不是一个仅仅位于身体场域中的固定的物质和经验实体，而是一个由历史、政治和文化过程形成的社会建构。医学模式（model）认为，残疾是一种生物状况，或者说是对标准的偏离，因而需要治愈或康复，而关于残疾的社会模式则强调使人致残的环境障碍会引发社会排斥（Kafer 2013）。[5]基于残疾在医学与社会模式之间的紧张关系，文化、关系与话语模式探讨了身体与精神的差异在社会与个人交汇处的融合方式（Shakespeare 2014；Thomas 2004）。正是环境与个人因素之间复杂的相互作用，形成了残疾的经验。

在大数据的语境下，将脆弱性当作"关怀"之事来讨论，而非当作可测量的客观真理，"暴露了（大数据）生动的生命"及其对残疾的影响（Puig de la Bellacasa 2011, 92）。在线性的也是发展主义的新自由主义时间逻辑之下，将脆弱性视为是应该予以消除从而获得最大效率的障碍的传统框架需要被挑战。

作为关怀之问题，将脆弱性政治化需要我们破坏并重新思考其规范性的理解，这种理解已经长成一种不容置疑的正当性。这对于重新考虑大数据促成的时间想象和认识方式至关重要，因为它们涉及嵌入进知识政治之中的诸多关注点和时间性，这产生了"其他相关方式和生活方式的可能性"（Puig de la Bellacasa 2011, 99）。

　　大数据的使用和实施可能会混淆，并边缘化残疾人士，导致残疾成为需要消除或屏蔽的生物缺陷。例如，基于大数据集的全基因组测序等技术创新，旨在通过对生物医学大数据的分析，分离出自闭症谱系障碍（ASD）的相关基因，来确定其遗传原因（Biegler 2017）。[6] 这种旨在通过生物医学大数据治愈自闭症的医学方法，认为自闭症不是人的差异，而是一种不受欢迎的弱势，导致残疾人被边缘化。[7] 它认为，在自闭症谱系上的人是有缺陷的个体，需要通过治愈、产前筛查和选择性的堕胎来根除。关于残疾的特殊含义，导致在收集和分析大数据时，没有考虑到神经多样性是如何被文化、经济和社会进程塑造的。

　　大数据塑造了时间想象，因此也被时间想象所塑造。它们的预测能力想象并编写了时间的进程，将现在（present）置于不可避免的未来的重压和阴影之下，并限制了对时间的其他依恋。在新自由主义的大数据实践中，将脆弱性当作一种为了成本效益而必须消除的障碍的负面框架，会导致对残疾人的排斥态度，他们被认为是固有的脆弱者。从反堕胎的立场，到产前筛查，围绕脆弱性的辩论涉及对未来的多种情绪和情感的依恋。在这种情况下，讨论与大数据实践相关的脆弱性很重要，以表明"我们需要'约会'的不仅仅是……数据，还有塑造那些使用它的人的时间想象"（Boellstorff 2013）。为此，需要批判的是将脆弱性仅仅定义为"遭遇坏事的概率"，将它与缺点、能力下降、自主性的减弱或丧失联系起来（Scully 2014, 205）。即使脆弱性涉及暴露在风险和不确定性中，或者说是一种"伤口"，正如该词的词源（vulnus）暗示的那样，它也要求"由于年龄、残疾或虐待或忽视的风险而需要特殊的照顾、支持或保护"，正如《牛津英语词典》（*Oxford English Dictionary*, 2017）所言。

朱迪思·巴特勒（Judith Butler）对脆弱性的研究，为将这两个方面结合起来提供了一个令人信服的基础。对于巴特勒来说，在对身体政治、语言或身体暴力、哀悼、或恐怖和战争政治的任何分析中，脆弱性都是贯穿其中的概念。通过恢复脆弱性的潜力，她突显了这个概念在共同体建设、关怀与伦理中的重要性。在她的作品中，脆弱性不再仅仅被归因于某些受损的身体，而是成为生命的组成部分，因为没有人能完全逃避受伤的风险。巴特勒认为，我们的存在受制于，并依赖于基础设施和（语言的，我们出生时的某种话语的）话语权，因此，具身性是相互依赖和关系性的（Butler 2014, 11）。这就是为什么脆弱性是一个政治概念：只要脆弱性划定了我们与自己和他人的关系，我们的身体就可以被视为是"人类共同脆弱性的场域"，所以脆弱性不是一个弱点，而是一个共同的存在条件（Butler 2014, 44）。对于巴特勒（2009）来说，"身体是一种社会现象：它暴露在他人面前，根据定义是脆弱的"（33）。

这并不意味着每个人都会经历类似的脆弱性。巴特勒（2009）指出，我们必须注意，"在全球范围内分配脆弱性的条件存在巨大的差异"（31）。对她来说，我们的伦理任务在于接受对其差异化分配的责任，尽管是在无数的情感、经济、社会、文化、法律和政治背景下（3）。巴特勒提出的政治任务是破坏脆弱性作为一种控制或压迫机制在各机构间被不同程度地分配的方式。换言之，政治任务不仅是要确定哪些人群是脆弱的，而且要关注使得某些人变得脆弱的情况。后者要求从时间、社会与经济角度出发，揭示一些个人、群体或国家是如何变得更加脆弱的。例如，残疾人更容易受到无家可归、经济不稳定、不适当的住房、失业和歧视的影响。在这个矩阵中，残疾人在处境上是脆弱的，因为一些依赖性或照顾关系被忽视了，或者已经被归化了。对固有脆弱性的社会障碍，会产生处境上的脆弱性（situated vulnerabilities），而处境上的脆弱性又会进一步导致固有的脆弱性。在这种情况下，关注身体和心灵是如何被制造成易受伤害的，为将脆弱性当作一种不可剥夺的人类状况和一个政治分析的范畴进行去神秘化和政治化，提供了一个重要的基础。

脆弱性的不确定性——它塑造了我们与世界的互动——包含了作为一种时间中的情感取向的某种希望的政治——不仅是个人的事务，而且是社会事务。挑战脆弱性的负面含义，将之与受害者身份或痛苦联系起来，并创造出家长式的反应或理想化的关怀关系，可以促进将大数据用于非歧视性的目的，因为脆弱性是生命的构成。这种希望的政治意味着对脆弱性持开放态度，而不是将自己与痛苦或伤害隔绝开来，因为希望是脆弱的，所以它本身容易失望。希望会让人感到失望，因为希望就是冒着痛苦、伤害和绝望的风险。它强调了对风险的开放性。我们可以努力将其中的风险降到最低，但我们不能完全消除它们。风险是新自由主义特有的，但我在这里建议的风险，是挑战认识论上的确定性，试图为构成生命的脆弱性和残疾打开空间。尽管风险可能导致失望，但失望也可能是有希望的。作为希望和联系的来源，将脆弱性政治化涉及对新自由主义大数据实践的批判，这些实践将他们的所有希望都寄托在消除脆弱性上，并关注授予某些身体不易受伤的能力作为控制方式。这种希望的政治，对脆弱性的规范性定义和大数据产生的特殊脆弱性提出了质疑。

大数据的危险与承诺

通过脆弱性思考残疾数据，为挑战基于对残疾的一致定义和对脆弱性的规范性理解的认识方式，提供了一个富有成效的基础。分析大数据被想象、处理、管理和控制的方式，有助于我们反思"知道我们所知的"，并发掘其修辞力量（Gitelman and Jackson 2013, 4）。出于这个原因，我们需要密切关注在大数据实践中什么是残疾的身体／心理，将脆弱性政治化，并质疑稳定的残疾身份，因为脆弱性是具身的、经验的和关系的。它位于"与他人的接触中。而与他人的关系是不确定和模糊的"（ten Have 2016, 84）。流行病和危机的语言塑造了许多基于医学大数据的 ASD 遗传原因的研究，但它们没有考虑神经多样性是如何相互关联的（Waltz 2013）。正是对沟通、可接受的社会行为和认知等概念的某种理解，决定了收集和分析数据的方式，但它们没有考虑到自闭症患者生活的异质性和人们的需求。

作为一种不确定性的形式，脆弱性是普遍的、平等的，但分布方式不同。忽视这种不确定性在说明残疾人特别脆弱方面起着至关重要的作用，因为残疾是"感知的活动，从而代表我们对……确定性和模糊性的取向"（Titchkosky 2011, 59）。大数据档案可以将残疾和脆弱性稳定为完全可测量的商品，可以被管理或从中获利。挑战这种稳定性，并展示某些能力和残疾是如何在制度上、经济上和文化上被赞扬或贬低的会"打开一个可能性的世界"，并"扩大撕裂的视野"（Johnson and McRuer 2014, 137–145）。[8] 在这种情况下，"残疾作为一个替代镜头，通过它来审查现有的脆弱性理论，并提出替代方案来更好地解释有缺陷的人的经验"（Scully 2014, 217–218）。

大数据呈现了一个提供新见解的希望、包容与关怀的场域，但这种数据也是一个监视、伤害、暴力和侵犯隐私的场域。由于数据总是变化的，是未完成而且有漏洞的，我们应该反对把大数据当作完全反映人类行为之事实的方法。大数据实践为讨论批判性的本体论和认识论，以及伦理决策、关怀关系和行动主义开辟了一片富有成效的土壤，为未知和不确定的未来创造空间和时间，这与正义、社会（不）平等和权力关系等概念密不可分。由于各种企业和政府机构可以重新利用数据，绘制它们的未来和价值的困难，引发了关于谁可以存取档案，以及事关隐私的重要问题。就像 ASD 的情况一样，与其仅仅关注治愈，不如利用大数据来更好地理解人类的（神经）多样性，并重视所有光谱上丰富的人类经验，重视他们的需求，继而更具包容性。

收集和解释大数据可能会产生其他形式的脆弱性，这些脆弱性可以被称为**病原性脆弱性**（*pathogenic vulnerabilities*），指"健康政策等干预措施可以复合或创造脆弱性的方式"（Rogers 2014, 84）。就我们收集和解释数据的方式而言，这是一个政治争议的场域，需要进行批判性审查，大数据分析不会自动揭示关于我们居住的世界的更好或客观的知识。它不仅可以帮助我们预测未来的进程，并针对可能的负面结果采取行动，而且还可以通过将人类经验的特殊性平铺直叙，抹平差异，并通过将文化现象变成同等大小的信息碎片而过度简化。例如，通过基因研究将 ASD 医学化会导致教育资源的减少，从而造成病态的脆弱性。

残疾数据与技术

为了减轻被大数据加剧的脆弱性，我们需要关注如何使数据更容易获得和更具平等性。为此，对脆弱性和残疾的重新理论化，对不确定性的重新定位是促进无障碍、民主化和非家长式大数据档案的关键步骤。使用大数据的民主化方式需要一个跨学科的分析，需要将哲学、伦理学和护理结合起来，避免将特殊的脆弱性归于某些人群。这需要分析脆弱性是如何在性别、种族、国家、宗教、能力、阶级和性行为等方面多维度地运作。此外，将所谓的弱势群体纳入大数据的生成、分析、感应和感知中是至关重要的。另一个重要的探究领域是研究全球新自由主义政策如何在各国产生不同的影响。例如，福利国家的衰落，全球不稳定性的增加，以及护理的私有化，造成了与结构性不平等和不平等的权力分配有关的特殊脆弱性。

形成大数据的文化、经济和社会进程，使用的数据集，以及分析数据的方式，都是政治斗争的场域。对大数据的收集和分析应该关注某些依赖性或需求被算作特定形式的脆弱性的方式，而其他的则被自然化或变得不可见。将脆弱性、相互依赖及其在我们生活中的价值政治化，可以帮助我们抵制新自由主义大数据实践所延续的个人化、商业化和货币化意识形态。这要求我们影响不同身体的能力，并受其影响。[9]这种不服从的政治需要拥抱脆弱性和生活的不确定性，通过这种方式，在这个世界上存在、希望和关怀的不同方式成为可能。

辅助技术的创新改变了我们对身体可以或应该做什么的理解，从而对残疾／能力、正常性和功能性的讨论产生了重大影响。[10]因此，对残疾及其与技术和数据化的关系展开讨论是很重要的，因为技术塑造了残疾的特定含义，也被其塑造。数据来源不足以反映和分析新技术和残疾人之间的多方面互动，因为不同的利益相关者会对这些数据做出不同的解释。出于这个原因，将残疾人纳入研究和设计过程是至关重要的。与其加装无障碍设施，不如从一开始就将残疾人纳入各种设计过程，以使技术"天生无障碍"。从残疾人和智能设备之间的互动中获得的大数据，有助于设计新的辅助技术，并提供一幅更可靠的残疾经验图。

把残疾当作一个重要的分析范畴，扩大了我们对大数据的理解，大数据塑造了平均的健康、身体规范、疾病等的定义，也被塑造。因此，大数据档案开辟了一个空间来质疑关于损伤、衰弱和残疾的知识，谁知道残疾，以及哪些损伤被算作致残或不致残，因为它们被嵌入到了复杂的技术—社会和情感的组合中。出于这个原因，对大数据的反思打开了一个空间——时间，身体、物体和环境之间的新的非理想化的关怀关系可以出现于其中。因为大数据是一个涉及残疾的问题。

注释

[1] 所谓实践，我指的是大数据的生成和分析，无论是作为过程还是作为数字物质性。

[2] 尽管据说世界上有超过 10 亿人患有残疾，但残疾人是社会中代表性最弱的少数群体之一（WHO 2011）。

[3] 例如，残疾权重是对许多不同体现的价值的衡量。2004 年，失明的权重为 0.594，但 2010 年权重降至 0.195，因为失明不被认为是一种疾病。这些权重用于成本效益目的和确定一个人的"残疾"程度。

[4] 拉图尔（2004）的"关切之事"（matters of concern）概念通过凸显潜在的政治、文化和社会利益，质疑技术科学知识生产的客观性和中立性。拉图尔的作品探讨了科学事实事项被制造、稳定、呈现和审美化的方式，并将其重新呈现和重塑为关切事项。在拉图尔作品的基础上，玛丽亚·普伊格·德拉贝拉卡萨的"关怀之事"（matters of care）概念强调了人类和非人类行动者不可避免的脆弱性和相互依赖性，将关注作为一个伦理政治问题进行研究。

[5] 尽管社会模式对残疾问题的政治化有好处，但它对损伤和残疾的简单区分，以及低估了无论社会障碍如何都有损伤的生活的物质性而受到批评。

[6] 《精神疾病诊断与统计手册》（第五版）（*Diagnostic and Statistical Manual of Mental Disorders*）于 2013 年出版，它将四类自闭症归入**自闭症谱系障碍**这一术语。以前的类别是自闭症障碍、阿斯伯格综合症、儿童解体症和未指明的广泛性发展障碍。诊断的变化会对获得护理和教育产生影响，因为一些不再具有相同诊断的人将没有资格获得某些服务。

[7] 吉姆·辛克莱（Jim Sinclair, 1993）的文章《不要为我们哀悼》（*Don't Mourn for Us*）是关于自闭症文化的一篇重要文本，它批评了自闭症儿童的父母为"正常"儿童"哀悼"的文化盛行现象。

[8] "瘸子"（crip）一词来自 cripple，至今一直被用来贬低描述身体残疾的人。它出现在残疾运动中，是对能力主义的一种反对性政治反应，用来描述各种残疾人士以及残疾文化和社区的盟友。就像 queer 这个词在 LGBT 社区内（及之外）具有新的含义和政治议程一样，crip 理论和实践也在残疾研究之外积累了政治和分析力量。正如同性恋理论以一种比 LGBT 研究更具争议性的方式破坏了

正常的概念和实践一样，正如罗伯特·麦克鲁尔（Robert McRuer, 2006）所写的，"与残疾研究和身份有类似的争议关系"，尽管这些区别并不固定或明确（35）。与其说瘸子理论的目的是为了适应社会的现状，不如说它的目的是为了改造社会，为想象另一种未来和社区探寻边界。

[9] 身体能力的转变可以被置于罗伯特·麦克鲁尔和梅丽·丽莎·约翰逊（Robert McRuer and Merri Lisa Johnson, 2014）称之为 "克里普认识论"（Cripistemology）（128）的认识论中。它呼吁重新思考我们如何知道我们对残疾的认识，"好像它可以成为一个彻底理解的知识对象"（130）。"克里普认识论"质疑关于知识生产的主张，并"破坏了残疾范畴的稳定性，打开它的边界，以包括更多不同种类的身体和情感体验"（135）。它将能力和残疾的概念置于危机之中，不是为了一劳永逸地解决它们，而是为了关注哪些身体／精神／障碍被归化、不可见或被公开排斥。

[10] 例如，物联网作为一个由相互连接的设备、物体和人类或非人类动物组成的系统，在网络中收集、分享和处理数据，对残疾人来说有巨大的潜力。从智能手杖到盲文手表，新的辅助设备改善了残疾人的生活质量，通过定制设备来适应他们不断变化的需求，使日常工作更加容易。这为进一步的研究和分析提供了大量的好处。然而，个人信息和日常活动的可及性，容易被追踪和黑客攻击，提出了关于隐私和安全的重要问题。

参考文献

(1) Allen, Arthur. 2014. "Big Brother is watching your waist." *Politico*, July 21, 2014. http://www.politico.com/story/2014/07/data-mining-health-care-109153.

(2) Biegler, Paul. 2017. "Big data reveals more suspect autism genes." *Cosmos*, March 9, 2017. https://cosmosmagazine.com/chemistry/big-data-reveals-more-suspect-autism-genes.

(3) Boellstorff, Tom. 2013. "Making big data in theory." *First Monday* 18 (10). http://firstmonday.org/ article/view/4869/3750.

(4) Butler, Judith. 2004. *Precarious Life: The Powers of Mourning and Violence*. London: Verso.

(5) Butler, Judith. 2009. *Frames of War: When Is Life Grievable?* London: Verso.

(6) Butler, Judith. 2014. "Rethinking vulnerability and resistance." Accessed May 1, 2017. http://www .institutofranklin.net/sites/default/files/files/Rethinking%20Vulnerability%20and%20Resistance %20Judith%20Butler.pdf.

(7) Gitelman, Lisa, and Virginia Jackson. 2013. "Introduction." In *"Raw Data" Is an Oxymoron*, edited by Lisa Gitelman, 1–14. Cambridge, MA: MIT Press.

(8) Johnson, Merri Lisa, and Robert McRuer. 2014. "Cripistemologies: Introduction." *Journal of Literary and Cultural Disability Studies* 8 (2): 127–147.

(9) Kafer, Alison. 2013. *Feminist, Queer, Crip*. Bloomington: Indiana University Press.

(10) Kitchin, Rob. 2014. *The Data Revolution: Big Data, Open Data, Data Infrastructures and Their Consequences*. London: Sage.

(11) Latour, Bruno. 2004. "Why has critique run out of steam? From matters of fact to matters of concern." *Critical Inquiry* 30 (2): 225–248.

(12) Lupton, Deborah. 2015. *Digital Sociology*. London: Routledge.

(13) McRuer, Robert. 2006. *Crip Theory: Cultural Signs of Queerness and Disability*. New York: New York University Press.

(14) *Oxford English Dictionary*. 2017. "Vulnerable." Accessed May 20, 2017. https://en.oxforddictionaries.com/definition/vulnerable.

(15) Puig de la Bellacasa, María. 2011. "Matters of care in technoscience: Assembling neglected things." *Social Studies of Science* 41 (1): 85–106.

(16) Puig de la Bellacasa, María. 2012. "'Nothing comes without its world': Thinking with care." *Sociological Review* 60 (2): 197–216.

(17) Puig de la Bellacasa, María. 2017. *Matters of Care: Speculative Ethics in More than Human Worlds*. Minneapolis: University of Minnesota Press.

(18) Rogers, Wendy. 2014. "Vulnerability and bioethics." In *Vulnerability: New Essays in Ethics and Feminist Philosophy*, edited by Catriona Mackenzie, Wendy Rogers, and Susan Dodds, 60–87. Oxford: Oxford University Press.

(19) Scully, Jackie Leach. 2014. "Disability and vulnerability: On bodies, dependence, and power." In *Vulnerability: New Essays in Ethics and Feminist Philosophy*, edited by Catriona Mackenzie, Wendy Rogers, and Susan Dodds, 204–221. Oxford: Oxford University Press.

(20) Shakespeare, Tom. 2014. *Disability Rights and Wrongs Revisited*. New York: Routledge.

(21) Sinclair, Jim. 1993. "Don't mourn for us." Autism Network International. Accessed August 16, 2019. https://www.autreat.com/dont_mourn.html.

(22) ten Have, Henk. 2016. *Vulnerability: Challenging Bioethics*. London: Routledge.

(23) Thomas, Carol. 2004. "Developing the social relational in the social model of disability: A theoretical agenda." In *Implementing the Social Model of Disability: Theory and Research*, edited by Colin Barnes and Geof Mercer, 32–47. Leeds: Disability Press.

(24) Titchkosky, Tanya. 2011. *The Question of Access: Disability, Space, Meaning*. Toronto: University of Toronto Press.

(25) Waltz, Mitzi. 2013. *Autism: A Social and Medical History*. London: Palgrave Macmillan.

(26) WHO (World Health Organization). 2011. *Disability: A Global Picture*. Geneva: WHO.

60. 删除词（Word）

丹尼尔·罗森伯格（Daniel Rosenberg）

本章乃是一个实验，将通过有关词语的排斥来思考其历史。当我们说话和写作时，我们会取舍词语。费迪南·德·索绪尔（Ferdinand de Saussure）对**语言**（langue）与**假释**（parole）的基本区分引起了这种动态变化。每一个言语行为都会为某些词语带来活力。而语境中的其他词语也很重要：意义（significance），是通过在一个更大的关系系统中存在与缺失的游戏产生的。但是有了系统，就会有系统。在过去半个世纪，越来越多的词语由机器生产、处理并消费，这些机器的运作规则比索绪尔描绘的制造语言的老式造物更加明确（图60.1）。

在我们近期的历史中，存在的词语与缺失的词语之间的关系，已经从类比转向了描述，而后在重要的方面又回到了类比。这是因为，第一批操纵词语的计算机以僵化的机械方式进行。在这类现象中，一个引人注目的人工制品是一

图 60.1　言说回路的图示。摘自索绪尔（1916，27）

台被称为"**停用词列表**"（*stop list*）的编程设备，这是一张指示计算机不去处理的单词列表（关于"停止列表"的历史，见 Rosenberg 2017）。"停用词列表"有诸多用途。在电子全文处理中，"停用词列表"的惯例出现在20世纪50年代末，当时的计算和存储成本很高，惯用的存储介质仍然是纸张，最快的计算机爬行速度只比得上你手机中的处理器的一小部分，工程师也在寻找削减单词的方法。

第一张带有这一名称的电子"停用词列表"是由 IBM 工程师汉斯·彼得·卢恩（Hans Peter Luhn）在 1958 年左右编制的。当时，卢恩正在建立一个自动摘要器，一种可以将一篇科学文章的论点提炼成几个句子的计算机程序。他的第一份"停用词列表"，包括 16 个常见的英语冠词、连词和介词——a、an、and、as、at、by、for、from、if、in、of、on、or、the、to、with——他认为，它们对于索引是多余的。第一份"停用词列表"颇具效力。它在早期就被采用，而且经过精心设计，特别是在科学索引中（图 60.2）。正如当时的记录所示，从处理循环中删除单词

图 60.2　禁词列表。摘自《气象学和地球物理学标题》（1962，67）。

the——英语中最频繁的单词，其频率是列表中第二位的两倍——会极大地提高效率，而且，这一技术在文件的电子分析中被广泛采用。

在计算机历史上，卢恩的"停用词列表"拥有重要的地位——与卢恩在IBM期间取得的其他几项关键创新一起，包括一个关键词索引系统和一个早期的光学扫描仪——但它也在更漫长的管控——更具体地说，从文本中去除词语——历史中拥有地位。

我们可以写一部缺失了的单词的历史吗？豪尔赫·路易斯·博尔赫斯（Jorge Luis Borges, 1941）在《巴别图书馆》（*The Library of Babel*）中设想了一个版本，但超出了我们的能力。更合理的是，从审查和编辑，到违禁的词典排除系统的历史，这些层面经常相互作用并相互加强。如果采用卢恩的"停用词列表"的计算机运作正常，它包含的词将永远不会通过过滤器。在一份文件被处理后，这些"删除词"只存在于列表上，并作为列表本身而存在。

当谷歌还是新鲜事物时，电子语言仍然主要以机械的方式停止。如果你在它的搜索框中输入一个包含文章或介词的短语，谷歌会明确地告诉你这一点：它首先运行一个搜索，排除这些功能词，就像半个世纪前卢恩的系统一样，在提供结果时，有一条简短的信息告诉你哪些词被排除在分析之外。奇怪的是，机器的行为也起到了某种教育作用：随着时间的推移，用户开始习惯于自己从查询中删除冠词、介词和代词，因为他们知道谷歌无论如何都不会处理它们。

此后，在2008年左右，谷歌停止了以这种简单的方式阻止单词。这种变化的根本原因是规模。十年来，谷歌已经积累了庞大的计算能力，以至于可以搜索像the这类常见单词。因此，以前被掩盖的单词，以及它们在文本中形成的丰富的语言模式在搜索中变得可见。现在，删除词列表可以被放弃了。

当然，停字法（word stopping）并未在一夜之间结束。它仍然是一个有用的工具，适用于规模小于谷歌的大多数系统，也就是大多数的系统。但谷歌改变策略是除词历史上的一个分水岭，从对存在与缺失的机械方法转变为更流畅的东西，更像索绪尔在人类语言实践中观察到的那样。

我们正处在一个奇怪的历史节点。一方面，像谷歌这样的数据系统，其巨大的能力使得以前只能以梦想般的规模编纂的单词表成为可能。而计算机应用于语言的方法意味着在以前没有必要的情况下产生了列表。对于读者你来说——你在吗？——这是一个句子；对谷歌来说，它首先是一份列表。如果在这个句子中的空格之间的一个字符串是个错误，它仍然属于这个列表。这让我们想到了另一方面：虽然这个新东西在很大程度上是一份列表，但它已经不完全是一份**单词**列表。它是一份由空格分隔的字符串的列表，两端以句号为界。不管它们代表什么，都是**输入**给系统的。机器处理假释或者今天更常见的**数据**。

要想知道当你是谷歌的时候，语言是什么样子的，你可以在引擎盖下偷看。

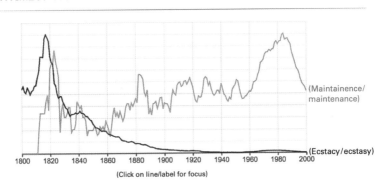

图 60.3　Maintainence 和 maintenance 这两个词的错误拼写与正确拼写的比例的标准化视图。两个世纪以来，Maintainence 这个词似乎变得更加困难，而 maintenance 则更加直观。作者的插图，使用 gNormalizer 项目（n.d.）。

在谷歌图书语料库中，4GB 长的"单词"列表的 A 项中——我们这个时代的信号文件之一，除了我们词典中可识别的术语，包括 ACTOR、AEOLIAN 和 APPENDIX，我们发现了形而上学的 A.N、A/65、A/CONF.62 /WP.10/REV.1、A00E0、AA、AA44、AAAAAAAA、AAAAAAAA、AAEM、AARGH、ABC-DEF 和 ACT1VITY。在大数据机制下，单词是字符串的一个特例（图 60.3）。

卢恩看到了这一点，他在他的停止系统的前两次迭代中绘制了它。他的第一个设备，一个词汇表，阻止了**单词**。他的第二个装置，一个统计频率过滤器，阻止了**字符串**。它还做了更多的事情：它开始了对语言问题的重新定位，脱离了词语本身的问题。

如前所述，这一转变仍在进行当中，但颇具讽刺意味的是，在这一转变中，词表变得相对**更加**重要。当我们搜索时，我们搜索词而不是句子。当我们贴标签时，我们使用的标签往往根本不是传统意义上的词，而是拼贴的混成词（#CareerEndingTwitterTypos）和精辟的缩写（#OOTD）。从功能上讲，我们对标签的冲动，反映了人类为保持对意义的控制所做的努力，他们推翻了自动分类协议，迫使计算机把我们的"宛若"是词的当成好像是词。

随着人类的交流越来越多地依赖于能够编织具有整体感的语言织物的电子系统，**词**的问题变得更加紧迫。这得益于人类对设备需求和协议的适应，回应了我们的设备对自身模式和需求的适应。正如电视广告告诉我们的那样，"嘿，谷歌！"是有效的；"哟，谷歌！"乃是一个笑话。（当你对 Siri 说这句话的时候，也是一个第二层次的笑话。"非常有趣，丹尼尔。我的意思是不搞笑'哈哈'，但很有趣。"） 在这方面，人类在推特和 Instagram 等平台上使用的语言风格是一种更大的现象的特征，通过这种现象，话语被简化为信息，发送者和接受者之间的关系被形式化（受制于机械规则），被量化（媒介就是信息），被识别（每个人或实体在系统中都有一个地址），也被追溯（不再有一个可以发布的公众。从功能上讲，每个受众仍然是个人的集合体）——所有这些，目前都体现在一个充满活力但有限的人类—机器的混合语言中。

最近，在造词程序上的重大转变说明了一个更为普遍的转折，即从面向语言问题的自动方法，转向面向假释问题的自动方法，一个从存在的东西到发生的东西、从词语到数据的重点转变。我们的声音通过 Google Home 和 Alexa 等系统重新发挥作用的事实，象征着这个圈子的结束。它说明了一种与语言和文字互动的方式，它既回顾了结构主义的最初时刻，又向前闪现出一个新生的创造性框架，我们和我们的设备目前都还处在学徒阶段。

参考文献

(1) Borges, Jorge Luis. 1964. "The library of Babel." In *Labyrinths*, edited by Donald A. Yates and James E. Irby, 51–58. New York: New Directions.

(2) gNormalizer Projects. n.d. "gNormalizer projects: Ngram analysis tools." Accessed August 24, 2019. https://gnormalizer.uoregon.edu/.

(3) Meteorological and Geophysical Titles. 1962. "List of forbidden words." *Meteorological and Geophysical Titles* 2 (1): 45.

(4) Rosenberg, Daniel. 2017. "An archive of words." In *Science in the Archives: Pasts, Presents, Futures*, edited by Lorraine Daston, 271–310. Chicago: University of Chicago Press.

(5) Saussure, Ferdinand de. 1916. *Cours de linguistique générale*, edited by Charles Bally and Albert Sechehaye. Paris: Payot.

作者介绍

阿米莉亚·阿克：美国德克萨斯大学奥斯汀分校信息学院的助理教授。阿克尔的研究关注移动和社交媒体平台中新信息对象的出现、标准化和传输。

丹妮拉·阿戈斯蒂纽：丹麦哥本哈根大学艺术和文化研究系。她从事媒介与文化理论的交叉工作，重点是关于档案、数字文化与新技术的女性主义和后/非殖民主义观点。她与索尔维格·盖德（Solveig Gade）、南娜·邦德·蒂尔斯特鲁普和克里斯汀·维尔合编了《（W）档案想象、战争与当代艺术》[(W) Archives: Archival Imaginaries, War and Contemporary Art, Sternberg Press, 2020]。

路易斯·阿穆尔：杜伦大学地理系。阿穆尔是一位政治地理学家，她的研究重点是算法、生物统计学与机器学习边界的政治和伦理学。著有《可能的政治：超越概率的风险和安全》（The Politics of Possibility: Risk and Security Beyond Probability, Duke University Press, 2013）。近著于 2020 年由杜克大学出版社出版（Cloud Ethics: Algorithms and the Attributes of Ourselves and Others）。

克里斯蒂安·乌尔里克·安德森：丹麦奥胡斯大学数字设计与信息研究系。安德森教授并研究作为一种文化和表达方式的软件与计算机界面（"软件研究"和"界面批评"）。

诺拉·巴德里：艺术家。巴德里有德国和伊拉克的背景，现在德国柏林工作。

她的作品探索不同技术的解放和非殖民主义潜力，如 3D 打印、计算机视觉和聊天机器人或数据库。她的大多数作品中都涉及到土著或祖先的知识与博物馆收藏、所有权问题和文化数据集的交叉。她的作品《另一个奈菲尔蒂，又名奈菲尔蒂黑客》（*The Other Nefertiti, aka Nefertiti Hack*），引起了病毒式的传播，在世界各地展出和报道。她是洛桑联邦理工学院及其实验博物馆学实验室的首位驻校艺术家。

卡罗琳·巴塞特：英国剑桥大学数字人文中心。巴塞特的研究集中在调查，并批判性地分析通信技术、文化与社会之间的关系。她的著作涉及数字转型、移动与普遍存在的媒介、性别与技术、媒介理论、数字人文、科幻小说、想象力与创新，以及声音与沉默。她目前的工作是探索反计算（anticomputing）。

泰门·贝耶斯：德国吕讷堡大学社会学和文化组织研究所；哥本哈根商学院管理、政治与哲学系。贝耶斯的研究重点是媒体文化、艺术、城市与高等教育等领域的空间、技术与组织美学。

丽莎·布莱克曼：英国金史密斯大学，媒介、通信与文化研究。布莱克曼从事身体研究和媒介与文化理论的交叉工作，尤其对主体性、情感、身体和具身问题感兴趣。她在这个领域已经出版了四本书。最近一部是《非物质的身体：情感、具身与中介》（*Immaterial Bodies: Affect, Embodiment, Mediation*）。

杰弗里·C. 鲍克：美国加州大学欧文分校的教授和"唤起"（Evoke）实验室的主任。他著有《分门别类：分类及其后果》（*Sorting Things Out: Classification and Its Consequences*）（与苏珊·利·斯塔合著），以及专著《科学中的记忆实践》（*Memory Practices in the Sciences*），均由麻省理工学院出版社出版。

苏米塔·查克拉瓦蒂：美国纽约新学院朗学院的媒体研究、文化与媒体学院。研究兴趣包括媒介理论、媒介与全球化、电影与国家认同、数字文化，以及媒介技术的历史和哲学。她目前正在写一本关于媒介和移民的交叉问题的书，名为《未定居的国家：移民的媒介史》（*Unsettled States:Towards a Media History of Migration*）。她也是网站 http://migrationmapping.org 的策划人，该网站致力于广泛收集有关全球移民问题的新闻、信息和多媒体资源。

全喜卿：西蒙弗雷泽大学传播学院的加拿大 150 年新媒体研究主席，她是"数字民主"小组的负责人。著有：《更新以保持不变：习惯性的新媒体》（*Updating to Remain the Same: Habitual New Media*, MIT Press, 2016）；《程序化的视觉：软件与记忆》（*Programmed Visions: Software and Memory*, MIT Press, 2011）；《控制与自由：光纤时代的权力与偏执》（*Control and Freedom: Power and Paranoia in the Age of Fiber Optics*, MIT Press, 2006）；以及《模式识别》（*Pattern Discrimination*）的合著作者。她目前正在完成《数据判别：个人、邻里、代理》（*Discriminating Data: Individuals, Neighborhoods, Proxies*）。

玛丽卡·西福尔：美国华盛顿大学信息学院助理教授。西福尔是一位档案研究和数字研究的女性主义学者。她的研究调查了因性别、性、种族和民族，以及艾滋病毒而被边缘化的个人和社群是如何被代表的，以及他们如何在档案和数字文化中记录和代表自己及其社会团体和运动。

塔拉·L.康利：蒙特克莱尔州立大学传播与媒体学院。康利教授课程并进行关于种族、女性主义、数字文化和讲故事的研究。她相信故事的讲述、制作和传播方式可以带来正义。康利目前正在进行"标签项目"，这是一个综合指数平台和讲故事项目，追踪有关活动、政治和文化的标签。

弗朗西斯·科里：南加州大学安纳伯格传播与新闻学院。科里的研究与数字历史有关。她对数字技术的社会历史及在数字性和历史学的交叉点上提出问题感兴趣，特别是在在线存档的背景下。

杰夫·考克斯：伦敦南岸大学网络图像研究中心和奥胡斯大学数字设计和信息研究系。考克斯的研究兴趣在于艺术和软件的批评性话语、软件研究和网络文化；历史唯物主义和后马克思主义思想的应用；以及对代码的表演性和变革性行动的推测。

凯瑟琳·迪格纳齐奥：麻省理工学院城市研究与规划系。迪格纳齐奥是一位黑客妈妈、学者和艺术家/设计师，专注于女性主义技术、数据素养和公民参与。她领导数据＋女性主义实验室，该实验室使用数据和计算方法来努力实现性别和种族平等。

卡特琳·迪尔金克·霍尔姆菲尔德：丹麦皇家美术学院。迪尔金克·霍尔姆菲尔德是一位视觉艺术家和研究员。她的艺术实践和研究围绕着在不同的合作星丛中，发展修复性的批判实践。她是丹麦皇家艺术学院艺术研究实验室的代理负责人，也是哥本哈根的咖啡馆和文化场所"黑色方裤"（Sorte Firkant）的共同创始人。

约翰娜·德鲁克：加利福尼亚大学洛杉矶分校信息研究系。德鲁克因在平面设计史、字体设计、实验诗歌、美术，以及数字人文方面的工作而闻名。

乌尔里克·埃克曼：哥本哈根大学艺术与文化研究系。埃克曼的主要研究方向是控制论和信息通信技术、网络社会、新媒体艺术、批判性设计和美学，以及最近的文化理论等领域。

凯特·埃尔斯维特：伦敦大学皇家中央演讲与戏剧学院。埃尔斯维特既是学者，也是一名舞蹈家，她对表演身体的研究结合了舞蹈史、表演研究理论、文化研究、实验实践与技术。

埃琳娜·埃斯波西托：意大利比勒费尔德大学社会学系、博洛尼亚大学政治与社会科学系。埃斯波西托在系统理论框架下工作，研究社会系统中的时间问题，包括记忆和遗忘、概率、时尚和短暂性、虚构和金融中的时间使用。

阿里斯蒂亚·福托普卢：英国布莱顿大学媒体学院。福托普卢的研究重点是跟数字媒体和数据驱动技术（如自我跟踪、可穿戴设备、大数据、人工智能）有关的社会转型。福托普卢从女性主义的角度发表了关于数字与新兴技术的关键问题，包括量化的自我、可穿戴传感器和健身追踪、公民日常数据实践、数字媒体和女性主义行动主义、交叉性和同性恋理论。

大卫·高蒂尔：荷兰阿姆斯特丹大学媒介研究系。高契尔的研究重点是计算认识论及其人工制品，并研究了它们自 20 世纪末以来是如何在科学和文化上影响意义和感觉的形成。

布鲁克林·吉普森：美国伊利诺伊大学厄巴纳－香槟分校传播系。她的研究兴趣集中在种族和数字技术的交叉点上。具体来说，她审视了社交媒体和其他数字工具在促进传统边缘群体的基层组织和公民参与方面的效用。

丽莎·吉特曼：美国纽约大学英语和媒体、文化与传播系。吉特曼是一位媒介历史学家，她的研究涉及美国印刷文化、铭文技术，以及昨天和今天的新媒介。她特别关注追踪新媒介在旧媒介的背景下变得有意义的模式。近著《文档媒介史》（*Toward a Media History of Documents*）由杜克大学于 2014 年出版。

奥尔加·戈里乌诺娃：英国伦敦大学皇家霍洛威学院媒体艺术系。作为一名从事技术文化、媒介哲学和美学研究的文化理论家，她对策展和数字艺术、数字媒体文化和软件研究的理论做出了贡献。她从事生态美学、数字主体与抽象文化等概念的研究。

奥里特·哈尔彭：康科迪亚大学社会学和人类学系。哈尔彭的工作将科学、计算机和控制论的历史与设计和艺术实践联系起来。近著（*Beautiful Data: A*

History of Vision and Reason since 1945）是一部关于互动性和我们当代对"大"数据和数据可视化的痴迷的谱系。她现在正在进行两个项目，一个名为"智能任务"，是关于"智能"、环境和无处不在的计算的历史和理论；第二个项目暂时名为"有弹性的希望"，研究通过高科技的大规模基础设施项目产生和破坏的地球未来的形式。

N.凯瑟琳·海尔斯：加州大学洛杉矶分校英语系。海尔斯教授并撰写了关于 20 世纪和 21 世纪的文学、科学与技术的关系。

佩皮塔·赫塞尔伯斯：荷兰莱顿大学电影与文学研究系，社会艺术中心。赫塞尔伯斯的主要研究兴趣是当代电影学、机器文化、思辨伦理学和当今主体性的生产等领域。她目前正在完成一本关于"退出政治"对我们这个时代的意义的编辑本（与 Joost de Bloois 合作，Rowman & Littlefield 2020），并为一本关于媒体（不）使用、不稳定的劳动、离网生活、离开学术界、撤退文化和 2020 年 Covid-19 隔离的实践和话语中的断开 / 连接悖论的专著收集笔记。

梅尔·霍根：卡尔加里大学传播、媒体和电影系。霍根的研究是关于服务器农场和数据中心——它们的社会影响和环境影响。最近，她专注于生物学（DNA）和技术的交叉，因为它与数据存储有关。

坦尼亚·康德：苏塞克斯大学媒体、电影和音乐学院。康德的研究调查了网络用户如何协商和参与当代的算法个性化实践，即寻求推断（通过数据跟踪机制和其他算法手段）用户的习惯、偏好或身份分类，以使该用户的网络体验的某些部分"个性化"。

帕特里克·基尔蒂：加拿大多伦多大学信息学院。基尔蒂的工作是研究色情业中数字基础设施的政治和经济影响，包括数据科学、信息检索的历史、性别劳动的转变、设计和体验、图形设计、时间性和色情的分类学等问题。

奥斯·凯斯：华盛顿大学的博士候选人。凯斯的工作重点是性别、技术与权力之间的交集。他们在面部识别方面的工作得到了美国公民自由联盟、美国国会和一系列媒体的认可和讨论。他们目前的重点是研究认识论权威的不平衡如何在算法系统的设计中表现出来。他们是 Ada Lovelace 奖学金的首届获得者。

莉拉·李－莫里森：南丹麦大学文化研究系。李·莫里森是一位视觉文化的研究者。她的研究重点是机器视觉的政治和文化影响，包括生物识别技术的使用和无人机战争。

苏恩·莱曼：丹麦技术大学计算机科学与应用数学系、哥本哈根大学社会学系。雷曼是一名物理学家，他的兴趣慢慢转向复杂的网络和海量的数据集。目前他正致力于物理学、社会学和计算机科学之间的交叉研究。

阿兰娜·列宁丁：澳大利亚西悉尼大学文化与社会分析的副教授。她住在未被征服的加迪加尔土地上，她在当地致力于将种族、种族主义与反种族主义的批判理论化。

博阿斯·莱文：德国吕讷堡大学艺术哲学与科学研究所。莱文是一位作家、策展人，偶尔也担任电影制片人。他与黑特·史德耶尔和维拉·托曼一起创立了"代理政治研究中心"（"Research Center for Proxy Politics"）。

马努·卢克施：伦敦大学金史密斯学院媒体和通信专业的访问学者、开放社会研究员。卢克施的作品仔细研究了网络技术对社会关系、城市空间与政治结构的影响。范围从绘画和软件，到远程表演和故事片，她的作品质疑了进步的技术概念和公共空间的监管、时间的约束，以及在一个超级链接的世界中的自主性和身份。现场数据传输的技术和效果为她的许多作品提供了主题、媒介和表演空间。

雅各布·隆德：丹麦奥胡斯大学美学与文化系。隆德对美学、当代艺术与批评理论有广泛的兴趣。他最近的研究集中在"当代性"概念上，这一概念被理解为是关于全球的时间性和行星规模的计算，以及这如何影响我们对时间的体验和我们描绘世界的方式。

西莉亚·卢里：英国华威大学跨学科方法学中心。卢里的研究为文化的跨学科研究的发展做出了贡献。她目前的重点是研究方法的作用，如排名、优化和生物感应在形成拓扑文化中的作用。

大卫·莱昂：加拿大皇后大学监控研究中心。莱昂的研究、写作和教学兴趣围绕着现代世界的主要社会变革展开。信息社会、全球化、世俗化、监控，以及关于"后"和"数字"现代性的辩论等问题在他的工作中占有突出地位。里昂曾是《监督与社会》的编辑，也是《信息社会》的副编辑。

香农·马特恩：美国纽约社会研究新学院人类学系。马特恩的写作和教学重点是媒体架构和基础设施及空间认识论。她写过关于图书馆、地图和城市智能历史的书，她还为《空间杂志》撰写了关于城市数据和媒介空间的专栏。你可以在 wordsinspace.net 找到她。

罗米·罗恩·莫里森：美国南加州大学媒体艺术＋实践。莫里森是一位跨学科的设计师、艺术家和研究人员，在批判性数据研究、黑人女性主义实践和地理学等领域工作。他们专注于边界、主观性和证据，他们的实践工作是为了研究不可同化的东西是如何重塑、复杂化和消解我们对种族和地理空间的固定和可知的理解。

塔哈尼·纳迪姆：德国柏林自然博物馆的自然人文，以及柏林洪堡大学的CARMAH。纳迪姆的研究关注的是数据收集的结构和基础设施，以及随之而来的实践、经验和秩序。它还关注建立和保持跨学科、跨机构和跨认识方式的富有成效的对话。纳迪姆在基因序列数据库中进行了人种学研究，并致力于机构的开放存取策略。

萨菲亚·乌莫贾·诺布尔：美国加州大学洛杉矶分校信息研究系、非裔美国人研究系。诺布尔的学术研究重点是互联网上数字媒体平台的设计及其对社会的影响。她的工作既是社会学又是跨学科的，标志着数字媒体对种族、性别、文化与技术问题的影响和交叉性。

米米·奥奴夏：美国纽约大学提斯艺术学院。奥奴夏是一位尼日利亚裔美国艺术家和研究员，她的作品强调数据收集背后的社会关系和权力动态。她的多媒体实践使用印刷品、代码、装置和视频，呼吁人们关注人被数字系统不同程度地抽象化、代表化和错过的方式。

克里斯托弗·厄伦：丹麦艺术家，生于 1975 年。他的实践围绕着我们与之互动和构建我们身份的数字领域。他利用日常生活中的算法，使它们对我们的生活产生的力量和影响变得明显。厄伦曾在伦敦大学金史密斯学院学习，2006年毕业于丹麦皇家美术学院，获得艺术硕士学位。2012 年至 2015 年，他在富宁艺术学院担任教授，2015 年至 2018 年，他在哥本哈根大学的"不确定档案馆"担任艺术研究人员。

卢西亚娜·帕里西：美国杜克大学文学项目。帕里西借鉴大陆哲学来研究由技术在文化、美学和政治中的功能驱动的本体论和认识论转变。

范明夏：美国布鲁克林普拉特学院的媒体研究研究生项目。范的研究重点是数字时代的时尚劳工，以及更广泛的种族资本主义的数字架构。

索伦·布罗·波尔德：丹麦奥胡斯大学数字设计和信息研究系。波尔德发表过关于数字和媒体美学的文章，从 19 世纪的全景图到各种形式的界面，例如电子文学、网络艺术、软件艺术、创意软件、城市界面与数字文化。

米里亚姆·波斯纳：美国加州大学洛杉矶分校信息研究系。波斯纳正在写一本关于数据如何在全球供应链中运作的书。她在数字人文学科领域已经有十多年了，她在那里实验了数据可视化、制图和网络分析技术。

安妮·林：英国伦敦大学学院欧洲语言、文化和社会学院。她的工作重点是现代德国和比较文化中的监视和共谋的主题，以及档案、主体性和集体性的理论。她是不确定档案研究小组的创始成员之一。

鲁皮卡·里萨姆：美国塞勒姆州立大学英语和中等及高等教育系。里萨姆的研究兴趣在于后殖民和非洲散居者研究、人文知识基础设施、数字人文和新媒体的交汇点。她的第一部专著《新数字世界：理论、实践与教育学中的后殖民数字人文》（*New Digital Worlds: Postcolonial Digital Humanities in Theory, Praxis, and Pedagogy*）由西北大学出版社于 2018 年出版。

莎拉·罗伯茨：美国加利福尼亚大学洛杉矶分校信息研究系。罗伯茨是国际公认的社交媒体商业内容节制这一新兴课题的领先学者。她是 2018 年 EFF Barlow 先锋奖的获得者。

克雷格·罗伯茨：美国东北大学传播研究系。罗伯逊是一位媒体历史学家，擅长文书工作、信息技术、身份证明文件和监视的历史。在这项研究中，他从信息的记录、存储和流通的角度来定义媒体。

丹尼尔·罗森伯格：美国俄勒冈大学历史系。罗森伯格的研究重点是数据的历史。此外，他还就与历史、认识论、语言和视觉文化相关的广泛主题进行写作。

奥黛丽·萨姆森：英国伦敦大学金史密斯学院艺术系。萨姆森是一位加拿大多学科艺术家、研究员，他的作品指出了数据的物质性及其后果，例如，通过对作为知识生产手段的擦除的探索。

丽贝卡·施耐德：美国布朗大学戏剧艺术和表演研究系。施耐德在戳穿或延伸媒体边界的实践方面著述颇丰，包括戏剧、行为艺术、摄影、建筑和"表演性的"日常生活。她教授戏剧史、舞蹈研究、视觉文化与表演研究。

娜塔莎·道·舒尔：美国纽约大学媒体、文化与传播系。舒尔的研究重点是强迫性赌徒和他们玩的老虎机的设计者，以探索技术设计和成瘾经验之间的关系，以及数字自我跟踪技术的兴起和它们产生的新的反省和自我管理模式。

约翰·塞伯格（John S. Seberger）：美国布卢明顿印第安纳大学信息学系。塞伯格使用多学科方法对新兴技术和有希望的基础设施进行以人为本的社会研究。

埃里克·斯诺德格拉斯：瑞典林奈大学设计系。斯诺德格拉斯的研究着眼于政治和技术的交叉点，重点是权力的基础设施和干预的形式。

温妮·苏：丹麦奥胡斯大学数字设计系。苏是一位艺术家兼研究者，她的作品跨越了媒体/计算机艺术、软件研究、文化研究和代码实践。她的研究和实践致力于研究技术的文化含义，在这些技术中，计算过程越来越多地体现了我们的程序化经验。她的作品涉及围绕计算文化的话题，特别是关于自动审查、数据流通、实时处理/活性、无形的基础设施和代码实践的文化。

妮可·斯塔罗西尔斯基：美国纽约大学媒体、文化与传播系。斯塔罗西尔斯基的研究重点是数字媒体的全球分布及技术、社会和水生环境之间的关系。

托尼亚·萨瑟兰：美国夏威夷大学马诺亚分校信息和计算机科学系。萨瑟兰的研究重点是技术与文化的交织，尤其强调在档案研究、数字文化研究和科技研究领域的批判和解放工作。萨瑟兰的工作批判性地研究了现代信息和通信技术的模拟历史；也探讨了 21 世纪数字文化中的种族化暴力趋势，并对档案和数字空间中的种族、仪式和体现等问题进行了探讨。

米里亚姆·斯威尼：美国阿拉巴马大学图书馆和信息研究学院。斯威尼是一位批判性文化数字媒体学者，他的工作是在性别、种族、信息、数字媒体技术和文化的交叉点上进行的。

柏坎·塔斯：瑞士卡塞尔大学社会工作与社会福利系。塔斯的研究集中在希望的工具化和解放性方面。他的研究兴趣包括性别和性理论，以及残疾和同性恋理论中的时间性政治。

南娜·邦德·蒂尔斯特鲁普：曾任丹麦哥本哈根商学院（CBS）数字媒体和通信专业的副教授，是CBS数字方法实验室的创始人之一。现任教于丹麦哥本哈根大学艺术与文化研究系。她关注性别、种族和环境交汇处的数字基础设施政治。近著《大规模数字化的政治》（*The Politics of Mass Digitization*, MIT Press 2018），探讨了文化记忆领域大规模数字化进程的政治基础设施。她目前的实证研究兴趣是内容节制、数字可持续性和数字认识论。

维拉·尔曼：德国希尔德斯海姆大学媒体、戏剧与大众文化研究所。托尔曼的工作重点是互联网的实践和理论，城市和数字公众，气候变化的话语，以及中国在西方的接收。

弗雷德里克·蒂格斯特鲁普：丹麦哥本哈根大学艺术和文化研究系。泰格斯特鲁普原本专攻文学史和大陆批评理论，目前担任两个研究项目的主要调查员："金融小说"（Finance Fiction, 2018–2021）与"艺术作为论坛"（Art as Forum, 2020–2024）。

玛格达琳娜·蒂利克－卡弗：丹麦奥胡斯大学数字设计与信息研究系。除了学术工作，蒂利克－卡弗还是一名独立策展人，在英国和丹麦工作。她最近策划的展览和活动包括："移动的代码符号"（Movement Code Notation, 2018）、"损坏数据"（Corrupting Data, 2017）、"幽灵工厂：人类与机器的表演展览"（Ghost Factory: Performative Exhibition with Humans and Machines,

2015），以及"共同实践"（Common Practice, 2010, 2013）。她还与其他学者（Helen Pritchard and Eric Snodgrass）共同编辑了《执行实践》（*Executing Practices*, 2017），一本由艺术家、程序员和理论家组成的论文集，对软件中的执行这一广泛概念进行了批判性的干预。

克里斯汀·维尔：丹麦哥本哈根大学艺术与文化研究系。维尔的研究涉及当代文化想象中的无形性、不确定性、超载与巨型性。她最近与亨利特·斯坦纳合著的书是《从塔到塔：建筑和数字文化中的巨型主义》（*Tower to Tower: Gigantism in Architecture and Digital Culture*, MIT Press, 2020）。她是不确定档案项目的，也是不确定档案研究小组的创始成员。

杰奎琳·韦尼蒙：美国达特茅斯学院数字人文和社会参与。韦尼蒙是一位反种族主义的女性主义学者，致力于在数字文化中实现更大的公正。她的著作涉及媒体与技术的悠久历史，尤其是计算和纪念的历史，以及与档案和历史学认知方式的交织。

穆森·泽尔-阿维夫：设计师、教育家与媒介活动家，居住在特拉维夫。他对数据的爱与恨影响了他的设计工作、艺术作品、活动、研究、讲座、研讨会和城市生活。穆森是 Eyebeam 的校友。他拥有纽约大学 ITP 的硕士学位和贝扎雷艺术与设计学院（Bezalel）的视觉传播学士学位。他也是申卡尔工程与设计学院（Shenkar School of Engineering and Design）的高级教师，教授数字媒体。

Simplified Chinese edition copyright©2023 China Academy of Art Press

浙江省版权局著作权合同登记号　图字：11—2022—421 号

责任编辑：何晓晗
封面设计：刘舸帆
排版制作：胡一萍
责任校对：王　怡
责任印制：张荣胜

图书在版编目（ＣＩＰ）数据

不确定的档案：数字批判关键词 ／（丹）南娜·邦
德·蒂尔斯特鲁普等编；张钟萄，魏阶平译. -- 杭州：
中国美术学院出版社，2023.10
　　（边界计划. 数字奠基）
　　书名原文：UNCERTAIN ARCHIVES: Critical
Keywords for Big Data
　　ISBN 978-7-5503-2954-6

　　Ⅰ. ①不… Ⅱ. ①南… ②张… ③魏… Ⅲ. ①数据处
理—应用—研究 Ⅳ. ① TP274

中国国家版本馆 CIP 数据核字 (2023) 第 002441 号

边界计划·数字奠基
不确定的档案：数字批判关键词
[丹] 南娜·邦德·蒂尔斯特鲁普等　编　张钟萄　魏阶平　译

出 品 人：祝平凡
出版发行：中国美术学院出版社
地　　址：中国·杭州市南山路218号 ／ 邮政编码：310002
网　　址：http://www.caapress.com
经　　销：全国新华书店
印　　刷：杭州捷派印务有限公司
版　　次：2023年10月第1版
印　　次：2023年10月第1次印刷
印　　张：24.25
开　　本：889mm×1194mm　1 / 32
字　　数：600千
书　　号：ISBN 978-7-5503-2954-6
定　　价：148.00元